人力资源和社会保障部职业能力建设司推荐
冶金行业职业教育培训规划教材

现代电炉炼钢操作

主　编　俞海明
副主编　秦　军

北　京
冶 金 工 业 出 版 社
2016

内 容 提 要

本书为冶金行业职业技能培训教材，根据冶金企业的生产实际和岗位技能要求编写，并经人力资源和社会保障部职业培训教材工作委员会办公室专家评审通过。

本书内容分为电炉炼钢基础和现代电炉炼钢操作两部分，共16章。在电炉炼钢基础部分，围绕电炉炼钢操作需要以浅显易懂的表述方式介绍了应当了解的基础理论知识。在现代电炉炼钢操作部分，详细地介绍了电炉炼钢各个环节的操作工艺和操作要点。本书以达到改进操作和提高电炉钢质量的目的。

本书可以作为钢铁企业职工的培训教材，也可以作为工程技术人员的参考资料。

图书在版编目(CIP)数据

现代电炉炼钢操作/俞海明主编．—北京：冶金工业出版社，2009.7（2016.1 重印）
冶金行业职业教育培训规划教材
ISBN 978-7-5024-4937-7

Ⅰ．现…　Ⅱ．俞…　Ⅲ．电炉炼钢—技术培训—教材
Ⅳ．TF741

中国版本图书馆 CIP 数据核字（2009）第103887号

出 版 人　谭学余
地　　址　北京市东城区嵩祝院北巷39号　邮编　100009　电话　(010)64027926
网　　址　www. cnmip. com. cn　电子信箱　yjcbs@ cnmip. com. cn
责任编辑　刘小峰　美术编辑　张媛媛　版式设计　张　青
责任校对　王贺兰　责任印制　牛晓波
ISBN 978-7-5024-4937-7
冶金工业出版社出版发行；各地新华书店经销；三河市双峰印刷装订有限公司印刷
2009年7月第1版，2016年1月第3次印刷
787mm×1092mm　1/16；25.25印张；674千字；383页
56.00元

冶金工业出版社　投稿电话　(010)64027932　投稿信箱　tougao@cnmip. com. cn
冶金工业出版社营销中心　电话　(010)64044283　传真　(010)64027893
冶金书店　地址　北京市东四西大街46号(100010)　电话　(010)65289081(兼传真)
冶金工业出版社天猫旗舰店　yjgycbs. tmall. com
（本书如有印装质量问题，本社营销中心负责退换）

冶金行业职业教育培训规划教材
编辑委员会

序

吴溪淳

改革开放以来，我国经济和社会发展取得了辉煌成就，冶金工业实现了持续、快速、健康发展，钢产量已连续数年位居世界首位。这其间凝结着冶金行业广大职工的智慧和心血，包含着千千万万产业工人的汗水和辛劳。实践证明，人才是兴国之本、富民之基和发展之源，是科技创新、经济发展和社会进步的探索者、实践者和推动者。冶金行业中的高技能人才是推动技术创新、实现科技成果转化不可缺少的重要力量，其数量能否迅速增长、素质能否不断提高，关系到冶金行业核心竞争力的强弱。同时，冶金行业作为国家基础产业，拥有数百万从业人员，其综合素质关系到我国产业工人队伍整体素质，关系到工人阶级自身先进性在新的历史条件下的巩固和发展，直接关系到我国综合国力能否不断增强。

强化职业技能培训工作，提高企业核心竞争力，是国民经济可持续发展的重要保障，党中央和国务院给予了高度重视，明确提出人才立国的发展战略。结合《职业教育法》的颁布实施，职业教育工作已出现长期稳定发展的新局面。作为行业职业教育的基础，教材建设工作也应认真贯彻落实科学发展观，坚持职业教育面向人人、面向社会的发展方向和以服务为宗旨、以就业为导向的发展方针，适时扩大编者队伍，优化配置教材选题，不断提高编写质量，为冶金行业的现代化建设打下坚实的基础。

为了搞好冶金行业的职业技能培训工作，冶金工业出版社在人力资源和社会保障部职业能力建设司和中国钢铁工业协会组织人事部的指导下，同河北工业职业技术学院、昆明冶金高等专科学校、吉林电子信息职业技术学院、山西工程职业技术学院、山东工业职业学院、济钢集团总公司、中国职工教育和职业培训协会冶金分会、中国钢协职业培训中心等单位密切协作，联合有关冶金企业和职业技术院校，编写了这套冶金行业职业教育培训规划教材，并经人力资源和社会保障部职业培训教材工作委员会组织专家评审通过，由人力资源和社会保障部职业能力建设司给予推荐。有关学校、企业的各级领导和编写人员在时间紧、任务重的情况下，克服困难，辛勤工作，在相关科研院所的工程技术人员的积极参与和大力支持下，出色地完成了前期工作，为冶金行业的职业技能培训工作的顺利进行，打下了坚实的基础。相信这套教材的出版，将为冶金企业生产一线人员理论水平、操作水平和管理水平的进一步提高，企业核心竞争力的不断增强，起到积极的推进作用。

随着近年来冶金行业的高速发展，职业技能培训工作也取得了巨大的成绩，绝大多数企业建立了完善的职工教育培训体系，职工素质不断提高，为我国冶金行业的发展提供了强大的人力资源支持。今后培训工作的重点，应继续注重职业技能培训工作者队伍的建设，丰富教材品种，加强对高技能人才的培养，进一步强化岗前培训，深化企业间、国际间的合作，开辟冶金行业职业培训工作的新局面。

展望未来，任重而道远。希望各冶金企业与相关院校、出版部门进一步开拓思路，加强合作，全面提升从业人员的素质，要在冶金企业的职工队伍中培养一批刻苦学习、岗位成才的带头人，培养一批推动技术创新、实现科技成果转化的带头人，培养一批提高生产效率、提升产品质量的带头人；不断创新，不断发展，力争使我国冶金行业职业技能培训工作跨上一个新台阶，为冶金行业持续、稳定、健康发展，做出新的贡献！

前　言

本书是按照人力资源和社会保障部的规划，得到冶金工业出版社的支持，参照行业职业技能标准和职业技能鉴定规范，根据企业的生产实际和岗位技能要求编写的。书稿经人力资源和社会保障部职业培训教材工作委员会办公室组织专家评审通过，由人力资源和社会保障部职业能力建设司推荐作为行业职业技能培训教材。

本书可以作为钢铁企业职工的培训教材，可以作为中高职院校的教材或者学生熟悉和了解现场的参考书，也可以作为工程技术人员的参考资料。书中介绍的各项操作方法和技术，均经过笔者的亲身操作，大多曾在《钢铁》、《特殊钢》、《炼钢》、《工业加热》、《江苏冶金》等期刊杂志上发表。本书立足于浅显易懂，以注重改进操作为主要目的。

本书由俞海明、秦军编写。秦军负责第1、2、15章的编写，俞海明负责其余章节的编写。全书由俞海明统稿审定。

本书参考了大量文献，这些参考文献给予笔者很大启发和帮助。在本书的写作过程中，《特殊钢》杂志社的汪学瑶老师将自己的研究成果无私提供给笔者参考，《工业加热》杂志社也给予了笔者鼓励和支持。从动笔开始到结束，历时9年，终于草成此书。全书草成以后，冶金工业出版社提出了许多具体的修改意见，使得全书的内容焕然一新，更具有可读性。冶金工业出版社的严谨、负责、专业的作风，给笔者以深深的感动，帮助笔者少走了许多弯路。

在本书出版之际，笔者感谢教育和培养我、支持和鼓励我的师长、同事、朋友和家人，感谢教我炼钢的启蒙师傅张谊，感谢八钢，这个具有优良传统的企业，激励了我，给了我许多学习的机会。感谢参考文献的作者，感谢为本书编写提供资料和帮助的人们。

由于笔者学识所限，书中不足之处，真诚希望读者给予批评指正。

俞海明

2009年3月

目　录

电炉炼钢基础

现代电炉炼钢操作

电炉炼钢基础

1 电炉炼钢技术与电炉冶炼钢种

1.1 电炉炼钢技术的发展

在19世纪，科学家和学者们研究和发现了电热现象的基本规律，为电炉炼钢的发展奠定了理论基础。其中，1802年，彼得罗夫发现了电弧的应用方法，指出可以利用电能来熔炼矿石提取金属。安培提出了分子电流的假设理论。1827年，欧姆揭示了导电定律。1831年，法拉第揭示了电磁感应现象。1834年，德国物理学家楞次归纳出了电磁感应的基本定律。1841年，焦耳根据自己的实验提出了可以把电能转换成热能的定量规律。他们的研究为电炉的发展奠定了基础。1896年，艾奇逊发明了石墨化炉，这是工业电炉的先例。1899年，赫劳特发明了电弧炉。1927年，英国的电炉公司首先研制生产了中频感应炉。1964年，施维博实验成功了超高功率电炉。1982年，第一座直流电炉在联邦德国投产。

随着工业化的进程和发展，传统的平炉和转炉的生产特点决定了对于一些高温合金、特殊钢的冶炼上具有局限性，这就促进了电炉的应用和推广。80年代末到90年代，随着工业产生的循环废钢的积累，产生了大量的废钢，这些废钢在转炉和平炉的生产中，只能够消耗掉1/3左右，其余的用来炼铁得不偿失，同时作为一种不可降解的工业垃圾，电炉炼钢的应用缓解了这种矛盾，也使得电炉成为了对环境友好型的工业化生产方法，使得电炉的推广和应用得到了青睐和普及。同时，为了适应航天工业和核工业的发展需求，各种真空电炉和特种电炉得以产生。

现代电炉炼钢主要指超高功率电炉炼钢。超高功率电炉的概念是由美国联合碳化物公司的施维博（W. E. Schwabe）与西北钢线材公司的罗宾逊（C. G. Robinson）提出的。美国首先在135t电炉上进行了提高变压器功率、增加导线截面等的改造，结果取得了意想不到的结果，冶炼周期、电耗和全员生产率有了显著的进步，从而揭开了现代电炉炼钢的新篇章。国际钢铁协会IISI（International Iron and Steel Institute）1981年在巴西会议上提出了电弧炉额定功率水平的具体分类方法，按照每吨钢占有的变压器额定容量来划分高功率，超高功率的界限。额定功率（Rated Power）在400～700kV·A/t之间为高功率电炉，大于700kV·A/t为超高功率。随后德国、奥地利、英国、意大利、瑞典和丹麦纷纷开始发展超高功率电炉，不再建设普通功率的电弧炉，并且在建设设计中积累了大量的经验和技术，同时也产生了许多研究和制造电炉短流程工艺设备的著名公司和制造商，如德马克、福克斯、奥钢联、达涅利、康卡斯特等公司。由于技术的不断进步和积累，新工艺的应用，现代电炉的发展已经达到了一个崭新的水平，冶炼的钢种范围也日益广泛，尤其是在新铁料（如碳化铁、冷生铁、热装铁水、Corex铁水、直接还原铁）应用以后，以及各种先进精炼手段装备的保证下，几乎所有的长流程转炉冶炼的钢种，电炉也能够生产。

目前超高功率电炉主要应用的技术有：

（1）变压器额定容量大型化，电炉炉膛直径扩大，达到5.8～6.8m左右。

（2）采用各种先进的水冷技术，包括管式水冷炉壁和管式水冷炉盖技术、喷淋水冷炉盖技术、电极喷淋水技术等。

（3）利用化学热代替电能的技术，包括辅助能源输入技术、二次燃烧技术、多功能氧燃烧嘴技术。

（4）计算机智能调节技术，包括电极送电的自动控制调节技术、计算机控制的自动供电曲线、氧燃烧嘴的自动控制技术、自动出钢技术等。

（5）偏心炉底出钢技术和钢水在线冶炼称量技术，这项技术可以实现少渣出钢或者无渣出钢。

（6）废钢预热技术，包括竖式电炉的废钢预热、双炉壳电炉的废钢预热、多级废钢预热技术、料篮预热废钢技术、连续加料的废钢预热技术等。

（7）高阻抗电炉技术。高阻抗电炉技术可以缓解电网能力的不足，减小对于当地供电质量的影响。直流电炉的出现在一定程度上也缓解了以上的矛盾。

（8）底吹气技术。利用底吹气技术，可以增加钢渣界面的反应能力，提高钢水的质量，优化冶炼的工艺。

（9）电炉冶炼区域的密封罩（doghouse）技术、高效率的除尘技术、烟气水冷却技术、烟气余热回收利用技术等。

（10）各种强化供氧技术，包括炉门自耗式炭氧枪、超声速炭氧枪。

由于采用了各类先进的技术，一些短流程的超高功率电炉的冶炼周期已接近同等装入量的顶底复吹转炉的水平。德国巴登公司BSW厂的两座90t超高功率交流电炉的冶炼周期已控制在30min左右，有超过45%炉次的冶炼周期进入30min以内，该厂为了环保要求，没有采取废钢预热技术。

1.2　中国大型电炉炼钢技术的发展概况

“八五”期间，国内先后建设了三十几个现代化的电炉炼钢车间。电炉等主要设备大多数是从国外引进，电炉容量为50～150t。其中，70%以上电炉具备20世纪80年代末90年代初国际水平。引进的炉型既有交流（AC）电炉，也有直流（DC）电炉。直流电炉有瑞士ABB公司生产的多触针式风冷底电极电炉；德国MAN-GHH公司的水冷棒式底电极和风冷导电耐火材料底电极式的电炉；此外，法国的IRSID-CLECIM公司、瑞典的ASEA公司、意大利的达涅利等公司也生产不同形式的直流电炉。我国引进的设备主要是前三家。三家技术设备的差异是炉底电极结构上的不同。其中，新疆八一钢铁股份公司第二炼钢厂和第三炼钢厂分别引进了德马克公司的70t直流电炉和美国Newport钢厂的110tFUCHES交流电炉各一座。引进交流电炉的厂家比较多，容量和形式多种多样，经过多年的运行和摸索后，在电炉炼钢方面积累了大量宝贵的经验，带动了相关产业的发展，产生了积极的经济效益。这些大型电炉将发展成为我国电炉钢生产的主流。这些现代电炉炼钢的短流程生产线，具有以下明显的特点：

（1）功率水平超高功率化，单位功率提高到700～1000kV·A/t。

（2）炉容量趋大型化，大多数达到90～150t，其中100t级的占到了大多数。

（3）电炉形式多样化，有直流炉、交流高阻抗电炉以及新型废钢预热电炉等。

（4）采用了炉壁氧燃烧嘴、二次燃烧，超声速氧枪等强化用氧技术。

（5）均采用了“三位一体”（典型的是 EAF + LF + CCM）或“四位一体”（典型的是 EAF + LF + VD + CCM）的工艺布局。

（6）在炼钢原料上采取了应用多种新铁料的工艺。

（7）在后续精炼工艺装备的配置上做了许多卓有成效的工作，有的钢铁企业在配置了一些世界先进水平的装备，如 VD、VOD、SKF、近终形连铸机、CSP 生产线，显示出了强大的竞争力。其中，江苏江阴兴澄钢铁集团 100t 的短流程超高功率直流电炉生产线，在“四位一体”的装备优势下生产轴承钢、齿轮钢等系列优质钢，目前已经成为全球第三大轴承钢生产企业。珠江钢厂的 2×150t 超高功率交流电炉生产线，在珠钢人的努力下，不仅全员劳动生产率居世界领先的地位，而且开发了许多具有自主知识产权的专利技术，集装箱板的生产占据了国内的主要市场份额。国内部分超高功率电炉的情况见表 1-1。

表 1-1　国内 50t 以上大电炉的基本情况

企业名称	电炉容量/(t/MV·A)	电炉炉型	炉外精炼	连铸机	投产年份
张家港永新钢厂	70/54	交流	LF	4 流方坯	1991
舞阳钢铁公司	90/60	交流	LF/VD	单流板坯	1991
涟源钢铁公司	60/25×2 台	交流	LF	连铸	1992
天津钢管公司	150/100	料罐预热	LF/VD	4 流圆坯	1992
无锡锡兴钢铁公司	70/30	双壳炉	LF/VD	4 流方坯	1995
张家港沙钢润忠公司	90/65	竖炉	LF/VD	5 流方坯	1995
上海浦东钢铁公司	100/76×2 台	DC	LF/VD	单流板坯	1995
淮阴钢铁公司	70/60	高阻抗	LF	4 流方坯	1995
宝山钢铁公司	150/100	DC 双壳炉	LF/VD	6 流圆坯	1996
南京钢铁公司	70/60	高阻抗	LF	5 流方坯	1996
江苏锡钢公司	70/54	交流	LF	4 流方坯	1996
苏州苏兴特钢公司	100/100	DC	LF/VD	5 流方坯	1998
上海五钢公司	100/76	DC	LF/VD	5 流方坯	1996
江阴兴澄钢铁公司	100/100	DC	LF/VD	5 流方坯	1997
大冶特钢公司	60/56	DC	LF/VD	4 流方坯	1997
杭州钢厂	80/60	DC	LF	5 流方坯	1998
重庆特钢公司	100/75	交流	LF/VOD	4 流方坯	1999
珠江钢铁公司	150/120	指式竖炉	LF/VOD	单流薄板坯	1998
长城特钢公司	100/90	DC	LF/VD	4 流方坯	1998
安阳钢铁公司	100/72	指式竖炉	LF/VD	单流板坯	1999
新疆八一钢厂二炼钢厂	70/60	DC	LF	4 流方坯	1999
兰州钢厂	70/45	DC		弧形连铸机	2000
北满特钢公司	90/85	DC	LF/VD	4 流方坯	2002
广州珠江钢厂	150×2/120	AC	LF	薄板坯	1999
新疆八一钢厂三炼钢厂	110/80	AC	LF	薄板坯	2006

国内交流电炉的研发时间较长，目前已经有大型的超高功率电炉在国内钢厂投产。从20世纪80年代末开始，直流电炉在“八五”期间得到了国家的重视开始研发。国内各高校、科研院所与厂家合作，已经成功地开发出了30t以下的水冷钢棒式的底电极，多触针风冷底电极式的直流电炉以及炉底导电砖型式的直流电炉。同时在引进外国的先进电炉后，国内的许多厂家、大专院校和科研单位也加快了电炉现代化进程的改造与研究，北京科技大学、东北大学在电炉炼钢的技术创新上做了大量的理论研究和实践，目前已经有许多具有自主知识产权的技术在逐步的转化为生产力。其中，长春电炉设备厂和机械部西安电炉研究所不仅在研究设计上取得了一系列的成果，而且能够生产现代电炉的系列产品，此外在上海、无锡等地也有电炉相关设备的制造厂。国产化电炉主要有：成都无缝钢管厂的10t、30t直流电炉、首钢特钢30t和涟源钢铁厂的60t直流电炉均系国产设备，投产、试产顺利。交流电炉改造为直流电炉也有了获得成功的实例。目前对于60～100t的交流、直流电炉正在研究、制造、攻关。但是不论交流或直流电炉，国内的电气控制技术（电气控制、计算机、仪表）与国外相比还有一定的差距。

1.3 电炉冶炼钢种基础

随着电炉炼钢原料的多样化以及技术和工艺设备的进步，目前电炉几乎可以冶炼转炉能够生产的钢。

电炉钢目前随着资源环境的变化，冶炼优钢比冶炼普钢的利润空间会更大，目前电炉冶炼的特点决定了电炉在冶炼高强度建筑用钢、弹簧钢和非调质钢具有较大的优势。在后续精炼手段装备水平较高的短流程企业，生产钢种的范围将会有更大的选择余地，根据订单生产是短流程企业生存的基础。电炉生产常见的钢种有：

（1）高强度建筑用钢，以HRB335～HRB700为代表。国外已经开始规模化生产强度在700～900MPa的超细晶粒钢，利用电炉的特点生产高强度建筑用钢是一种理想的选择之一。

（2）弹簧钢。目前弹簧钢的品种已经很多，中低碳高强度弹簧钢是今后发展的一个趋势。现代电炉的特点使得电炉既能够把磷脱除到一个较低的水平，还可以实现留碳操作，十分有利于弹簧钢的冶炼，而且短流程生产线的生产组织也比较有利于冶炼弹簧钢时，各个工序之间的配合和时间上的衔接。

（3）轴承钢。电炉可以通过原料上的搭配，生产轴承钢时，可以降低合金的消耗。还可以通过调整出钢时的成分，达到减轻精炼工序的压力，提高钢水的质量。冶炼轴承钢精炼的装备水平是决定质量的关键。EAF—LF—VD—CCM的短流程生产线，生产轴承钢和齿轮钢就比较有质量保证。

（4）齿轮钢。齿轮钢在电炉的冶炼，除了电炉的粗炼钢水要提高质量外，精炼的装备水平更加重要。

（5）抽油杆用钢。抽油杆钢是一类比较适合于电炉冶炼的钢种。

（6）钢丝以及钢绞线用钢。此类钢种电炉冶炼时的难度不大。

（7）各种机械用钢。电炉冶炼各种机械用钢，要根据后续精炼装备水平具体选择，有些机械用钢，精炼装备水平不高，如EAF—LF—CCM的生产线生产40Cr，性能上可能会存在一定的问题。

（8）冷轧用板坯。电炉冶炼冷轧用板坯，有一定的难度，但是通过强化原料的优化选择，采用热装铁水，配加直接还原铁等新铁料，也是一样可以满足质量要求的。

（9）热轧用板坯。热轧用板坯的冶炼，在电炉生产也是一种取得效益的生产模式。

1.3.1 钢与生铁的区别

生铁是碳含量在1.7%以上并含有一定数量的硅、锰、磷、硫等元素的铁碳合金的统称，主要用高炉生产。目前伴随着炼铁工业的发展，以 Corex 方法为代表的炼铁新工艺的生产将会对铁的概念有进一步的扩展。生铁一般分为三大类：即供炼钢用的炼钢生铁、供铸造用的机件和铸造工具用的铸造生铁，以及如用于铁合金生产的高炉锰铁和硅铁等的特种生铁。此外，还有含特殊元素钒的含钒生铁。生铁的非铁元素杂质较高，是不能进行塑性加工的铁碳合金。

钢是指以铁为基体、碳为主要元素的多元合金，是含碳量一般在2.11%以下，并含有其他元素的可变形的铁碳合金（在铬钢中含碳量有可能大于2.11%，但2.11%通常是钢和铸铁的分界线）。钢的品种繁多，成分性能和用途各不相同，为了便于生产、管理和使用，通常把钢分为碳素钢和合金钢两种。但是钢的分类方法繁多，主要有以下的分类方法。

1.3.2 钢的分类

1.3.2.1 按碳含量分类

按冶炼工艺过程中是否有目的地加入合金元素可把钢分为碳素钢和合金钢两大类，按碳含量不同又把钢分为低碳钢、中碳钢、高碳钢三类。

碳素钢是指碳含量在0.0218% ~2.11%之间，并且不含有特意加入合金元素的铁碳合金，简称碳钢。碳素钢具有以下优点：

（1）冶炼工艺简单，对于磷、硫元素的要求较低，所以生产成本较低，钢材的价格便宜，能够被消费者普遍接受。

（2）力学性能和工艺性能能够达到大多数一般机械制造用钢的要求，可以作为许多工业部门的基本用钢，如可以作为船板钢，厂房、桥梁以及建筑结构用钢，也可以制成各种型材，如圆钢、方钢、H 型钢、槽钢、工字钢等。

（3）作为建筑用钢的碳素钢可以按照不同的要求去生产，而且一些碳素钢之间的成分界线是差别不大的，可以简化生产工艺降低成分控制的危险。例如生产 Q235 时碳的成分超标，如果合金元素在控制的中限左右，可以作为其他碳素钢使用。

由于目前钢铁业的发展，超高功率电炉冶炼的钢种一般都进行了精炼炉的比较充分的脱氧处理，所以碳素钢的分类主要可以按照以下几种方式分类：

（1）按照钢中的碳含量分为三种：

1）低碳钢，指钢中的碳含量在0.0218% ~0.25%之间的碳素钢；

2）中碳钢，指钢中的碳含量在0.25% ~0.60%之间的碳素钢；

3）高碳钢，指钢中的碳含量大于0.60%的碳素钢。

（2）按照钢的质量分类，主要是指钢中的磷硫元素的含量：

1）普通钢，钢中的 S≤0.050%、P≤0.045%，主要牌号代表有 Q235 系列；

2）优质钢，钢中的 S≤0.035%、P≤0.035%，主要代表有 20 ~85 号系列钢以及 15Mn ~70Mn 系列钢；

3）高级优质钢，钢中的 S≤0.025%、P≤0.025%，主要代表有 30 号钢等；

4）特级优质钢，钢中的 S≤0.015%、P≤0.025%。

（3）按照钢的用途可以分为：

1）碳素结构钢，一般用于制造各种机械零件和工程结构件，碳含量一般小于0.70%；

2）碳素工具钢，主要用于制造各种刀具、模具和量具，碳含量一般大于0.70%。

1.3.2.2　按钢中合金元素含量分类

按钢中合金元素总含量的多少划分，钢可分为低合金钢、中合金钢和高合金钢。一般合金元素总含量小于3%的为普通低合金钢，合金元素总含量为3%～5%的为低合金钢，大于10%的叫做高合金钢，而合金元素总含量位于3%～10%之间的叫做中合金钢。顺便指出，此种划分方法目前没有统一的规定，不仅各国不一样，就是同一国家不同钢厂的划分也不一样。按钢中所含的主要合金元素不同可分为锰钢、硅钢、硼钢、铬镍钢、铬镍钨钢、铬锰硅钢等。

钢绝不是简单的铁碳二元合金，而是以铁、碳为主要元素的多元合金。由于冶炼时所用的原材料及冶炼方法或工艺等因素的影响，钢中免不了含有少量的其他元素，如Mn、S、P、Cr、Ni、Si、Cu等。它们的存在对某些钢有时起到有益的作用，但有时也会产生不利的影响。例如，少量的Cr、Ni、Cu存在，对钢的加热与热处理、焊接性能及冷变形加工等均能产生不良的后果，因此在一般钢中都规定出它们最高的许可含量。通常，这些元素均作为残余元素看待，而不认为是合金元素。合金元素是指为了获得某种性能，有目的并按一定含量范围把一种或几种元素加入钢中的元素。合金元素不一定直接参与改变钢的性能，大部分是由于它们的引入影响到相变过程，以间接的方式发挥作用。

凡加入一定数量的合金元素而获得一系列特殊性能的钢均称为合金钢。即使加入元素的含量有限（如低硼钢中的硼），也能使钢获得一定的性能，那么这种钢就可认为是合金钢。特殊钢的定义，目前国际上没有严格的规定，各国根据本国的实际情况有不同的规定。一般认为因化学成分、特殊的冶炼方法或加工方法而造成与普通钢不同并具有特殊性能的合金，统称为特殊钢。合金元素含量很高的合金钢，如含Cr13%以上并加有Ni、Mo等元素的不锈钢也是特殊钢。普通钢由于冶炼或加工特殊，也可列为特殊钢；在某些情况下，合金元素含量不高，但钢获得了一定的性能，也可称为特殊钢；各种合金钢及纯铁都属于特殊钢。化学成分、冶炼方法、加工方法是特殊钢的基本特征。

1.3.2.3　按冶炼方法分类

按照炼钢炉设备不同，钢可分为平炉钢、转炉钢、电炉钢。其中电炉钢包括电弧炉钢、感应炉钢、电渣钢、电子束熔炼及有关的真空熔炼钢等。

按选用炉衬的材质不同，平炉钢、转炉钢、电炉钢均可分为酸性和碱性两类。

1.3.2.4　按脱氧程度分类

按照脱氧程度的不同，钢可分为沸腾钢（不经脱氧或只经微弱脱氧）、镇静钢（脱氧充分）、半镇静钢（脱氧不完全，介于镇静钢和沸腾钢之间）。此外，还有氧含量极低的特殊镇静钢。

目前，利用电炉冶炼的钢90%以上的都是镇静钢，而经真空等处理的镇静钢多为特殊镇静钢。

1.3.2.5　按质量水平等级分类

按质量水平等级的不同，钢可分为普通钢、优质钢和高级优质钢。普通钢的S、P以及其他杂质的含量较高，如普通钢一般S≤0.050%、P≤0.045%。优质钢对S、P及其他杂质含量均有较严格限制，一般 S≤0.040%、P≤0.035%，对于优质合金钢则要求更严些。此外，合金钢对力学性能和低倍组织也有一定的要求。高级优质钢除对 S、P 等杂质含量有非常严格的限制外，还对力学性能、低倍和高倍组织更有相应的严格要求。

1.3.2.6 按金相组织分类

按钢的奥氏体分解转变方式不同可分为亚共析钢、共析钢、过共析钢。理论上铁碳合金的共析碳含量为0.77%，亚共析的碳含量小于0.77%，而过共析的碳含量大于0.77%。合金元素溶入奥氏体时都使共析碳含量降低，而某些高合金过共析钢凝固时有奥氏体和碳化物的共晶体形成，这种共晶体被称为莱氏体，这种钢叫做莱氏体钢。

按正火后的组织不同可分为珠光体钢、贝氏体钢、马氏体钢及奥氏体钢。

按加热及冷却时有无相变和在室温时的主要组织可分为铁素体钢、半铁素体钢、奥氏体钢和半奥氏体钢。

1.3.2.7 按加工和热处理工艺分类

按加工成形的方式不同，钢可分为压力加工用钢和切削加工用钢等。按热处理工艺的不同可分为调质钢、低温回火钢、渗碳钢、氰化钢等。

1.3.2.8 按用途分类

根据钢的用途不同，可大致分为以下三类：

（1）结构钢。目前生产最多、使用最广的是结构钢，它包括碳素结构钢和合金结构钢，主要用于制造机器和结构的零件及建筑工程用的金属结构等。

（2）工具钢。它包括碳素工具钢和合金工具钢及高速钢，再细分又有刃具钢、量具钢和模具钢之分等。

（3）特殊性能钢。就是具有特殊物理化学性能或力学性能的钢，称为特殊性能钢。这种钢的种类比较繁多，如轴承钢、不锈钢、弹簧钢及其他磁性钢或高温合金钢等。

原冶金工业部规定的八大类特殊钢，就是按上述用途划分的，即碳素结构钢（碳结）、合金结构钢（合结）、碳素工具钢（碳工）、合金工具钢（合工）、高速钢、轴承钢、弹簧钢与不锈钢。

不锈钢是一系列在空气、水、盐的水溶液、酸以及其他腐蚀介质中具有高度化学稳定性的钢种。在空气中耐腐蚀的钢称为不锈钢，在各种腐蚀性较强的介质中耐腐蚀的钢种称为耐酸钢。通常，我们把不锈钢与耐酸钢统称为不锈耐酸钢，或简称为不锈钢。根据习惯用法，不锈钢一词常包括耐酸钢在内。

不锈钢按化学成分可分为：铬钢（及铬钼钢）、铬镍钢、铬锰钢（或铬锰氮钢）、铬锰镍钢等；按显微组织可分为：奥氏体钢、铁素体钢、奥氏体—铁素体（或铁素体—奥氏体）复相钢、马氏体钢、铁素体—马氏体复相钢。按用途可分为：耐海水不锈钢、耐点蚀不锈钢、耐应力腐蚀破裂不锈钢、耐浓硝酸腐蚀不锈钢、耐硫酸腐蚀不锈钢、深冲用不锈钢、高强度不锈钢、易切削不锈钢等。

1.3.3 钢的编号

钢的编号是为了区分识别各个不同的钢种，更便于生产、运输、选择、使用、储存与管理。各国钢的编号方法及规律虽然不同，但所表示的内容均不外乎是冶炼方法、质量等级、化学成分、组织状态及性能与用途等。中国标准规定钢的编号，主要是用阿拉伯数字和元素符号表示化学成分，还有的钢类或合金用汉语拼音字母和阿拉伯数字代表其他内容，如产品名称、用途、特性和工艺方法等，一般原则如下：

（1）优质碳素结构钢和合金钢。概括地说，排在钢牌号前面的数字是取钢中碳平均含量的千分之几或万分之几的整数，后面跟着标定的是合金元素的化学符号和数字，而这个数字是表示该元素平均含量的百分之几或千分之几且也取整数。低合金钢、合金结构钢和弹簧钢在牌号的头部用两位数字表示平均碳含量的万分之几。合金工具钢、高速工具钢、高碳轴承钢等一般不标出碳含量的数字；如平均碳含量小于1.00%时，可用一位数字表示碳含量的千分之几。不锈耐酸钢、耐热钢等，一般用一位数字表示平均碳含量的千分之几；平均碳含量小于0.1%的用“0”表示；碳含量不大于0.03%的用“00”表示。合金元素含量一般都在元素符号后面用数字标明，取的是该元素平均含量的百分之几的整数；如平均合金含量小于1.5%，则牌号中仅标明元素，一般不标明含量；如平均合金含量为1.50%～2.49%、2.50%～3.49%、22.50%～23.49%、则相应地写成2、3、23。但高碳铬轴承钢的铬含量是用千分之几表示，而平均铬含量小于1%的合金工具钢，铬含量也用千分之几表示，但在含量数值之前加一个数字“0”。例如：平均铬含量为0.60%的合金工具钢表示为“Cr06”。滚珠轴承钢前面冠以汉语拼音字母“G”以示区别于其他合金工具钢。某些钢牌号的末尾带“A”者为高级优质钢，经电渣重熔冶炼的特级优质钢，牌号后加“E”。还有些专门用途的低合金钢、合金结构钢，在牌号头部（或尾部）加代表该钢用途的符号，如“ML”表示铆螺钢，“g”表示锅炉用钢，而“H”，表示焊接用钢等。

（2）碳素结构钢。碳素结构钢的牌号由汉语拼音字母“Q”为前缀，后接三位数字，该三位数字表示厚度或直径小于16mm钢材的标准屈服强度，中间用破折号连接，而后标定的是质量等级与脱氧程度。质量等级有A、B、C、D四个等级，脱氧程度为：沸腾钢用汉语拼音字母“F”表示；半镇静钢用汉语拼音字母“B”表示；镇静钢和特殊镇静钢则分别用汉语拼音字母“Z”与“TZ”表示。但在牌号表示法中“Z”与“TZ”，均予以省略。

（3）碳素工具钢。碳素工具钢的牌号由汉语拼音字母“T”为前缀，后面标定的数字表示平均碳含量的千分之几；如锰含量较高时，在数字之后标出锰元素符号；如在牌号尾部加符号“A”时，表示为高级优质碳素工具钢。

（4）易切削钢。易切削钢的牌号是用汉语拼音字母“Y”和数字表示，而该数字表示钢中平均碳含量的万分之几。硫或硫磷易切削钢，牌号中不标出易切削元素符号，而含Ca、Pb、Sc等易切削元素的易切削钢，在牌号尾部标出易切削元素符号。锰含量较高的易切削优质碳素结构钢，在符号“Y”和数字之后标出锰元素符号。例如，平均碳含量为0.04%、锰含量较高（1.20%～1.55%）的易切削碳素结构钢，牌号表示为“Y40Mn”。

（5）铸钢。优质碳素结构铸钢、合金铸钢、不锈钢等铸钢，均在原牌号头部加符号“ZG”；轧辊用铸钢，在原牌号头部加符号“ZU”。

（6）电工用硅钢。电工用热轧硅钢、电工用冷轧无取向硅钢、电工用冷轧取向硅钢的牌号的头部分别用汉语拼音字母“DR”、“DW”、“DQ”和之后的数字表示，而该数字表示典型产品的最大单位铁损值。牌号尾部加符号“G”的，表示在高频率下检验的；牌号尾部未加符号“G”的，表示在频率为50Hz时检验的。

（7）电工用纯铁。电工用纯铁的牌号用汉语拼音字母“DT”和数字表示，该数字是表示不同牌号的顺序号。电磁性能为高级、特级、超级，在数字之后分别加符号“A”、“E”、“C”。

（8）高温合金。在应力和高温（600～650℃以上）同时作用下，有长时间的抗蠕变能力并具有高持久强度及高抗蚀性能的金属材料称为耐热合金或高温合金。高温合金根据基本成形方式或特殊用途，可分为变形高温合金、铸造高温合金、焊接用高温合金及粉末高温合金；根据合金的基本组成元素，将合金分为铁基合金、镍基合金和钴基合金；根据合金的主要强化特征，将合金分为固溶强化型合金和时效硬化型合金。变形高温合金的牌号采用汉语拼音字母“GH”作前缀后接四位数字。其中第一位数字表示分类号，即用1、2、3、4、6分别表示固溶强化型铁基合金、时效硬化型铁基合金、固溶强化型镍基合金、时效硬化型镍基合金、钴基合金，而5目前排空。符号“GH”后的第二、三、四位数字表示合金的编号。铸造高温合金采用汉语拼音字母“K”作前缀，后接三位数字。其中“K”后第一位数字表示分类号，即用2、4、6分别表示时效硬化型铁基合金、时效硬化型镍基合金、钴基合金，而“K”后的第二、三位数字表示合金的编号。焊接用的高温合金丝是在前缀符号“GH”前加符号“H”，即采用“HGH”为前缀后接四位数字来表示。该四位数字的意义与变形高温合金的相同。粉末高温合金是在前缀“GH”前加符号“F”，即采用“FGH”，作前缀后接数字来表示。符号“FGH”后第一位数字表示分类号（前缀符号后的数字位数及特定含义待定）。

（9）耐蚀合金。在氧化或还原气氛中，或在强酸、强碱、高温高压水应力、苛性介质应力的长时间作用下，具有耐腐蚀能力的镍基材料称为耐蚀合金。耐蚀合金根据基本成形方式的不同，可分为变形耐蚀合金和铸造耐蚀合金；根据合金的基本组成元素不同，可分为铁镍基和镍基合金。铁镍基合金含镍30%～50%且镍加铁不小于60%，镍基合金含镍不小于50%；根据合金的主要强化型特征，将合金分为固溶强化型合金和时效硬化型合金。变形耐蚀合金的牌号采用汉语拼音字母“NS”为前缀，后接三位数字表示。其中符号“NS”后第一位数字表示分类号，即用1、2、3、4分别表示固溶强化型铁镍基合金、时效硬化型铁镍基合金、固溶强化型镍基合金、时效硬化型镍基合金；而“NS”后第二位数字表示不同合金的系列号，即用1、2、3、4分别表示Ni-Cr系、Ni-Mo系、Ni-Cr-Mo系、Ni-Cr-Mo-Cu系；符号“NS”后第三位数字表示不同合金牌号的顺序号。焊接用的耐蚀合金丝在符号“NS”前加符号“H”，即采用“HNS”为前缀，后接三位数字；铸造耐蚀合金在符号“NS”前加符号“Z”，即采用“ZNS”为前缀，后接三位数字。两种合金各位数字所表示的意义均与变形耐蚀合金的相同。

（10）精密合金。精密合金是具有某些特殊物理性能的合金总称。牌号是在汉语拼音字母“J”前面用数字表示精密合金的类别，即用1、2、3、4、5、6分别表示软磁合金、变形永磁合金、弹性合金、膨胀合金、热双金属和精密电阻合金，而符号“J”后第一、二位数字表示不同合金牌号（热双金属例外）的序号。序号从01开始，可编到99。合金牌号的序号原则上应以主元素（除铁外）百分含量的中值表示。若合金序号重复，其中某合金序号可采用主元素百分含量与另一合金元素百分含量之和的中值表示，或以主元素百分含量的上（或下）限表示，以示区别。对于同一合金成分，由于生产工艺不同、性能也不同的合金，或同一合金成分、用途不同、性能要求也不同的合金，在必须予以区别时，应在序号之后标以汉语拼音字母相区别，该字母为表示合金的主特性或用途的汉语拼音的第一个字母。热双金属字母“J”后的第一、第二位数字表示比弯曲公称值的整数（单位为10^{-6}/℃）；第三位及其后的数字表示电阻率公称值；数字后的字母“A”、“B”分别表示被动层相同而主动层不同的两种热双金属牌号。

2 电炉炼钢过程中的物理化学基础与钢渣性质

2.1 炼钢过程中的物理化学基础知识

物理化学知识中，热力学可以预言反应发生的可能性，是炼钢过程中涉及到各类计算的基础知识之一，是科学炼钢的基础。掌握基础的物理化学知识，是一个合格炼钢工的基本素质。

2.1.1 热力学基础

2.1.1.1 热力学第一定律的基础知识

系统与环境：人们通常把所研究的物质称为系统，把系统以外，和系统密切相关的物质称为环境。因为系统和系统周围的环境是人为划定的，所以系统的大小是由研究者根据需要来决定的。例如电炉炼钢过程中，可以把钢液和炉渣看做系统，把炉气、炉衬等看做环境。

系统可以根据与环境是否存在物质与能量的交换分为三类：

(1) 系统与环境不仅存在能量的交换，而且还存在着物质的交换，这样的系统称为敞开系统。

(2) 只是存在能量的交换，不存在物质交换的系统称为封闭系统。

(3) 既不存在能量交换而且不存在物质交换的称为孤立系统。

系统的性质：系统的性质就是系统的各种物理量，它包括系统的物理性质和化学性质。物理性质包括：温度、压力、体积、浓度、密度、黏度、内能等。化学性质包括：酸碱度、金属性、非金属性，氧化性和还原性等。

状态和状态函数：系统的状态是系统的物理性质和化学性质的综合表现。系统性质中，只要有任意一个性质发生变化，系统的状态就会发生变化。当系统的所有性质都确定时，系统的状态也就能够确定。系统的各个性质之间，是彼此联系，相互制约的。系统的性质称为系统的状态函数，如系统的温度、压力、体积、内能等。

2.1.1.2 热效应和化学方程式

在等温等压或者等容条件下进行的化学反应，系统吸收和放出的热量叫做化学反应热。化学反应的热效应用 Q 表示，并且规定吸热为正值，放热为负值。化学反应热效应的大小与参与反应物质的性质、数量、温度和压力等因素有关。

热化学方程式是注明物质的聚集状态与热效应的化学方程式。书写热化学方程式时，应该注明以下内容：

(1) 参与反应物质的物态，即聚集状态，常见的包括固态、液态和气态。对于不同的固态结晶状态，如 $C_{石墨}$、$C_{金刚石}$，除了 298K 和 10.3kPa 的标准状态条件外，必须注明进行反应中的温度和压力等影响因素。

(2) 化学反应。如果正反应是放热反应，那么逆反应就是吸热反应，二者数量相等，符号相反。

2.1.1.3 热力学第一定律

能量的形式及其转化：能量有各种不同的形式。系统的物理过程和化学过程，必然会伴随能量从一种形式到另外一种形式的转化，或者从一个物体传递给另外一个物体。但是在转化和传递过程中，能量的数量保持不变。这是因为物质在不同类型的运动中，产生了不同形式的能量，如热运动产生内能、电能、化学能和原子能等。各种能量之间是可以相互转化的，如化学能转化为热能、电能转化为热能等。

热力学第一定律及其表达式：在任何过程中，当系统内的能量发生变化时，必然伴随吸热和放热现象的产生，对外做功或者得到功，否则这个能量不可能变化。其变化规律为系统内能的变化等于系统从环境吸收的热量减去它对环境做的功。热力学第一定律指出，一个孤立系统的各种形式的能量总和是一个常数。也就是说，能量可以从一种形式转化为另外一种形式，但是人们不能够创造能量和消灭能量。系统的内能是它具有各种能量的总和。通常使用符号 U 代表内能，单位是 J 或者 kJ。它包括系统内分子运动的动能、分子间相互作用的势能、分子内部原子和电子运动的能量，以及原子核内的能量。但是内能不包括系统做宏观机械运动的动能和系统在外力场中的势能。一定状态下系统内能的绝对值目前还没有办法测定，所以在讨论系统能量的时候，必须选定某一个状态为参考状态，进而讨论系统在某一状态和参考状态之间的差值。内能是系统的一种性质，所以它是状态函数。系统处于一定的状态，内能有一个定值，系统的状态变化时，内能的变化只是决定于始态内能值和末态内能值，而与过程所经历的途径无关。设一个系统从状态 1 变化到状态 2，过程中系统和环境交换了热量 Q 和功 W，热力学第一定律可以描述为：

$$\Delta U = U_2 - U_1 = Q - W \tag{2-1}$$

式中，ΔU 为内能的变化值；U_1 为始态的内能值；U_2 为末态的内能值；Q 为系统和环境交换的热能，一般规定系统吸热为正，放热为负；W 为系统对于环境所做的功，系统对于环境做功为正，环境对系统做功为负。

热与功：实验证明能量的转换只有两种形式，即热与功。热与功是能量传递或者交换的形式，它们都不是状态函数，因为处于一定状态（包括平衡状态和静止状态）的物质既不放热也不吸热，更不做功，所以不涉及功和热的问题。只有在过程进行中才能够放热或者吸热，做功或者得到功。

膨胀功：当系统发生变化时，往往伴随着体积变化，这种系统因为体积的变化所做的功，叫做膨胀功。膨胀功的大小与过程有关。过程不同，膨胀功也不同。当外力 $p_{外}$ 为常数时，体积由 V_1 变化到 V_2 时，所做的膨胀功为：

$$W = p_{外}(V_2 - V_1) \tag{2-2}$$

2.1.1.4 恒容热效应

一个化学反应如果在恒定的容器内进行，这个反应的热效应叫做恒容热效应，用 Q_V 来表示，根据热力学第一定律，则有：

$$\Delta U = Q_V - W \tag{2-3}$$

因为 $W = p_{外}(V_2 - V_1)$，在恒容条件下，$V_2 - V_1 = 0$，所以恒容热效应 Q_V 可以表示为：

$$Q_V = \Delta U \tag{2-4}$$

2.1.1.5 恒压热效应

一个化学反应在恒定的压力下进行，这个反应的热效应就称为恒压热效应。一般用 Q_p 来表示。根据热力学第一定律：

$$\Delta U = Q_p - W = Q_p - p_{外}(V_2 - V_1)$$

$$Q_p = \Delta U + p_{外} V_2 - p_{外} V_1$$

$$= U_2 - U_1 + p_{外} V_2 - p_{外} V_1$$

$$= (U_2 + p_{外} V_2) - (U_1 + p_{外} V_1) \tag{2-5}$$

式中，U 为内能；p 为压力；V 为体积；它们都是状态函数，所以（$U + pV$）也是状态函数。令$(U + pV) = H$ 代入上式，得：

$$Q_p = H_2 - H_1 = \Delta H \tag{2-6}$$

式中，H 为焓；ΔH 为焓的变化值，是一个状态函数；Q_p 则为恒压热效应。

对于一个无限小的变化过程有：

$$dU = \delta Q - \delta W \tag{2-7}$$

上述的功和热是系统和环境进行能量交换的两种形式，它们的单位是 J 或者 kJ。一般规定，使得系统的能量增加的功和热取正值，使得系统能量减少的功和热取负值。需要说明的是，在上述无限小的变化过程中，功和热的交换量写成 δQ 和 δW，而不写成 dQ 和 dW，这意味着功和热不是系统的状态函数，系统在一个过程中与环境所交换的功和热是与过程所经历的路径有关。

2.1.1.6 比热容

比热容的定义为单位数量的物质（通常采用 1mol）在加热或者冷却过程中温度升高或者降低 1K 所吸收或者放出的热量。其定义为：

$$c_m = \frac{\delta Q}{dt} \tag{2-8}$$

对于 1mol 的理想气体的恒容过程有：

$$c_{V,m} = \frac{\delta Q_V}{dt} = \frac{dU_m}{dt} \tag{2-9}$$

对于恒压过程则有：

$$c_{p,m} = \frac{\delta Q_p}{dt} = \frac{dH_m}{dt} \tag{2-10}$$

比热容的单位是 J/(mol · K)。炼钢过程中常用的是恒压 $c_{p,m}$。

对于理想气体来讲，$c_{p,m}$和 $c_{V,m}$的关系是：

$$c_{p,m} - c_{V,m} = R \tag{2-11}$$

式 2-11 是理想气体的恒压摩尔热容与恒容摩尔热容的关系式，R 为通用气体摩尔常数，$R = 8.314$J/(mol · K)。而 $c_{p,m}$和 $c_{V,m}$的比值称为比热容商：

$$\frac{c_{p,m}}{c_{V,m}} = \gamma \tag{2-12}$$

由于物质的热容随温度的变化呈非线性关系，所以一般用实验式来表示它们之间的关系：

$$c_{p,\mathrm{m}} = a + bT + cT^2 \tag{2-13}$$

或者：

$$c_{p,\mathrm{m}} = a + bT + cT^{-2} \tag{2-14}$$

式中的 a，b，c 为系数。炼钢过程中的常用物质的系数可以从有关参考书目中查出。

2.1.1.7 升温过程的焓变计算

设在恒压下加热某物质，使其从 298K 经过相变温度 T_t、熔点 T_f 和沸点 T_b 达到 T，则有：

$$\mathrm{d}H = nc_{p,\mathrm{m}}\mathrm{d}T \tag{2-15}$$

对式 2-15 积分以后可以得到：

$$Q_\mathrm{p} = \Delta H = \int_{298}^{T_\mathrm{t}} nc_{p,\mathrm{m}}(s_1)\mathrm{d}T + n\Delta H_\mathrm{t} + \int_{T_\mathrm{t}}^{T_\mathrm{f}} nc_{p,\mathrm{m}}(s_2)\mathrm{d}T + n\Delta H_\mathrm{f} + \int_{T_\mathrm{f}}^{T_\mathrm{b}} nc_{p,\mathrm{m}}(l)\mathrm{d}T + n\Delta H_\mathrm{b} + \int_{T_\mathrm{b}}^{T} nc_{p,\mathrm{m}}(g)\mathrm{d}T \tag{2-16}$$

式中，ΔH_t，ΔH_f 和 ΔH_b 分别为物质的相变潜热、熔化潜热和汽化潜热；T_t，T_f，T_b 分别为物质的相变温度、熔点和沸点。

2.1.1.8 化学反应的热效应和盖斯定律

按照热力学第一定律，在恒温恒压的条件下，反应物质焓的总和与生成物质焓的总和之差等于该化学反应的热效应。即：

$$\Delta_\mathrm{r} H = \Sigma H_{\text{生成物}} - \Sigma H_{\text{反应物}} \tag{2-17}$$

盖斯在 1840 年指出，假设相同的反应物，经过不同的途径得到相同的生成物，那么反应的恒压热效应或者恒容热效应是一定的，与过程的途径无关。所以在明确了过程在恒压或者恒容下进行，热效应不和过程有关。

2.1.1.9 基尔霍夫定律

在恒压下，将式 2-17 对温度微分：

$$\frac{\mathrm{d}\Delta_\mathrm{r} H}{\mathrm{d}T} = \Sigma\left(\frac{\mathrm{d}H}{\mathrm{d}T}\right)_{\text{生成物}} - \Sigma\left(\frac{\mathrm{d}H}{\mathrm{d}T}\right) = \Sigma v_\mathrm{B}\Delta_\mathrm{r} c_{p(\mathrm{B})} \tag{2-18}$$

这就是著名的基尔霍夫定律。它说明过程焓变的温度系数等于由该过程所引起的热容的变化。

对式 2-18 做定积分以后得到：

$$\Delta_\mathrm{r} H^\ominus(T\mathrm{K}) = \int_{T_1}^{T_2} \Delta_\mathrm{r} c_p \mathrm{d}T \tag{2-19}$$

如果 $T_1 = 298\mathrm{K}$，则有：

$$\Delta_\mathrm{r} H^\ominus(T\mathrm{K}) = \Delta_\mathrm{r} H^\ominus(298\mathrm{K}) + \int_{298}^{T_2} \Delta_\mathrm{r} c_p \mathrm{d}T \tag{2-20}$$

其中：

$$\Delta_\mathrm{r} c_p = \Sigma v_\mathrm{B} c_{p,\mathrm{m(B)}}$$

式中，B 代表反应式中的物质；v_B 为该物质的化学计量系数，反应物的 v_B 为负值，生成物的 v_B 为正值。

2.1.1.10 标准生成热

由稳定的单质化合物生成 1mol 化合物的热效应称为该化合物的生成热（$\Delta_f H_m$），标准状态下的生成热叫做标准生成热，以 $\Delta_f H^{\ominus}_{m(B,TK)}$ 表示。实验表明，压力对于焓变的影响不大，可以忽略不计，所以 $\Delta_f H^{\ominus}_m$的上角标“$\ominus$”经常不予标注，即 $\Delta_f H^{\ominus}_m$与 $\Delta_f H_m$ 通用。炼钢中常用的化合物的 $\Delta_f H^{\ominus}_{m(B,298K)}$ 的值有关热力学书籍有提供，稳定单质的 $\Delta_f H^{\ominus}_{m(B,298K)} = 0$。

由于 H 是广度性质，具有加和性，所以 298K 时的反应热效应为：

$$\Delta_r H^{\ominus}_{(298K)} = \Sigma v_B \Delta_f H^{\ominus}_{m(B,298K)} \tag{2-21}$$

式中，B 代表反应式中的物质；v_B 为该物质的化学计量系数（即化学方程式中该物质的系数），反应物的 v_B 为负值，生成物的 v_B 为正值。

如果已知 298K 的反应热效应，就可以利用式 2-20 计算出任何温度下的反应热效应。

2.1.1.11 热力学第二定律

热力学第一定律是自然界的普遍定律，它说明了自然界里无论发生什么样的过程，一个孤立系统的能量是保持不变的，这是毫无疑问的。但是把这个定律反推，就会发现：“在一个孤立系统里，只要使得系统的总能量保持不变，这个过程就可以进行。”这显然是不合理的，这就产生了在不违反第一定律的前提下，过程进行的可能性和方向的问题，对于这一问题，第一定律不能够解释，只能够由著名的热力学第二定律来解决。

热力学第二定律有多种表述，比较普遍的说法是：一切自动过程都是不可逆的。或者说，实际上能够发生的过程都是不可逆的。

既然自动过程具有不可逆性，而一个不可逆过程的始态和末态之间必然存在着差别，这就使人联想到可能存在着一个由第二定律确定的状态函数，在所有的自动过程中，这个函数只能够在一个方向上单调的变化。

研究者找到了这个由第二定律所决定的状态函数，并且命名为熵（S），它的定义是：

$$dS = \frac{\delta Q_R}{T} \tag{2-22}$$

即熵的变化等于可逆过程的热温熵。

从这个定义很难看出熵的物理意义。从统计的观点来看，一个有大量质点组成的系统总是要自动地从混乱程度低（即热力学概率小）的状态向混乱程度高（即热力学概率高）的状态过渡，而熵正是热力学概率的函数，即混乱度的函数，它们之间的定量关系为：

$$S = k\ln\Omega \tag{2-23}$$

式中，k 为玻耳兹曼常数；Ω 为混乱度，即可能实现某种状态的微观状态数。

由于在不可逆的过程中 $\delta Q_{iR} < \delta Q_R$，而熵是状态函数，所以：

$$dS > \frac{\delta Q_{iR}}{T} \tag{2-24}$$

对于孤立系统，$\delta Q = 0$。结合式 2-22 和式 2-24 可以得到：

$$dS \geqslant 0 \tag{2-25}$$

可见在孤立的系统中，过程自动向熵值增加的方向进行，过程达到平衡的时候，系统的熵值最大。需要说明的是，用熵变来判断过程进行的可能性，仅仅局限于孤立系统。

2.1.1.12 自由能

大多数的冶金过程发生在恒温恒压的条件下，而且系统通常只做膨胀功，对于这一类的过程，为了判断过程的方向和限度，在第一和第二定律的基础上定义了一个新的状态函数，即自由能 G：

$$G = H - TS \tag{2-26}$$

恒温恒压下其变量为：

$$\Delta G = \Delta H - T\Delta S \tag{2-27}$$

很显然，自由能 G 也是系统的性质，是具有加和性的状态函数。

2.1.2 化学反应速度的概念

研究化学反应，最主要的问题是：(1) 化学反应是否能够发生，也就是化学反应进行的方向。(2) 化学反应进行的快慢程度，即化学反应速率的大小。(3) 化学反应进行的限度，也就是化学平衡。了解这几个问题，在电炉炼钢过程中，可以控制掌握脱碳反应的速度，大概熟悉脱硫和脱磷的渣料的加入对于缩短操作时间的影响等。

化学反应，一般是随着温度的升高化学反应的速率增加，化学反应一般分为以下几种：

(1) 化学反应的速度与温度的升高成指数关系。

(2) 爆炸性的化学反应。当达到一定的温度极限，化学反应以爆炸程度进行。

(3) 在温度不高的情况下，化学反应速度随着温度的升高而增加，但是达到某一个温度以后，反应速率下降。

(4) 温度升高反应速率增加，但是当达到一定的温度以后，温度升高反应速率下降，但是继续升温，反应速率又迅速地以燃烧速度进行。

化学反应速率是指在一定的条件下，某一个化学反应的反应物转变为生成物的速率。对于恒容反应来说，通常以单位时间内，某一个反应物浓度的减少或者生成物浓度的增加来表示。例如对于恒容反应 $a\mathrm{A} + b\mathrm{B} \rightarrow c\mathrm{C} + d\mathrm{D}$，在恒温条件下，其平均速率可以表示为：

$$\bar{v}_i = \Delta C_i / \Delta t \tag{2-28}$$

式中，$\bar{v}_i$ 为化学反应的速率；ΔC_i 为物质 i 在时间间隔 Δt 内的浓度变化。

化学反应速率一般规定为正值。考虑到反应物浓度随着时间的变化而不断的减少，ΔC_i 为负值，为了使反应速率取正值，当以反应物浓度的改变来表示 $\bar{v}_i$ 时，在表示式前应该加上负号。在炼钢生产中经常会用到脱碳速率，这是炼钢过程中的基本术语。

关于化学反应速率的理论主要有分子碰撞理论和过渡状态理论（也叫活化配合物理论）。碰撞理论认为，物质之间发生化学反应的条件是反应物分子，或者原子、离子、原子团之间必须发生碰撞。但是反应物分子之间的碰撞并非充分条件。对于大多数的化学反应来说，事实上只有少数或极少数能量较高的分子碰撞时才能够发生反应，这种反应发生的碰撞称为有效碰撞。分子发生有效碰撞所必需具备的最低能量，称为临界能。具有等于或者大于临界能的分子称为活化分子，活化分子具有的平均能量与反应物分子的平均能量之差称为活化能。

每一个化学反应都有其特有的活化能。通过实验测定，大多数化学反应的活化能在 60 ~ 250kJ/mol 之间。活化反应分子的百分数越大，有效碰撞的次数多，反应速率就大一些。反应的活化能是决定化学反应速率的重要因素。

碰撞理论较好地揭示了有效碰撞的化学反应现象，但是不能说明反应过程及其能量的变化，为此产生了过渡状态理论。过渡状态理论认为，化学反应不只是通过反应物分子之间简单的碰撞就能够完成的，而是碰撞以后，先要经过一个中间的过渡状态，即先形成一种活性集团，也叫活化配合物，然后再分解为产物。过渡状态理论中，所谓的活化能实质上是反应进行所必须克服的能垒。过渡状态理论中活化能的定义与分子碰撞理论不同，但是含义在实质上是一致的。

影响化学反应速率的因素主要有浓度、压力、温度和催化剂。

2.1.3　化学平衡

2.1.3.1　化学平衡的特征

化学平衡具有以下的特征：

(1) 化学平衡状态最主要的特征是可逆反应的正反方向的反应速率相等。可逆反应达到平衡以后，只要外界条件不改变，反应体系中各物质的量将不会随时间的改变而变化。

(2) 化学平衡是一种动态的平衡。

(3) 化学平衡是有条件的。化学平衡只能在一定的外界条件下才能保持，当外界条件改变时，原有的平衡就会破坏，在新的条件下建立起新的平衡。

影响化学平衡的因素主要有：

(1) 温度。化学平衡常数随着温度的变化而变化。同一个化学反应在不同的温度下平衡常数不同。实践证明，对于吸热反应，随着温度的升高，平衡常数增大；对于放热反应，随着温度的升高，平衡常数减小。前者温度升高，有利于反应物向生成物方向进行；后者温度升高，不利于反应向生成物方向进行。

(2) 反应物质的浓度或者分压的影响。当化学反应处于平衡时，增加反应物的浓度或者分压，或者减少生成物的浓度或者分压，化学反应向着生成物方向移动；反之亦然。

(3) 总压对于平衡的影响。在温度一定时，如果反应中气体反应物及气体产物的摩尔数不等时，改变反应的总压，化学平衡移动的方向总是向着对抗外界条件改变的方向进行。

2.1.3.2　化学平衡常数

对于任何的可逆反应 $aA + bB \rightarrow cC + dD$，在一定的温度下达到平衡时，各生成物平衡浓度幂的乘积与反应物平衡浓度幂的乘积之比为一常数：

$$K = \frac{a_C^c a_D^d}{a_A^a a_B^b} \tag{2-29}$$

式中，K 称为化学平衡常数。

平衡常数是衡量化学反应进行所能够达到限度的特征常数。对于同一类型的化学反应来说，在给定的条件下，K 越大，表示正反应进行得越彻底。

在一定的温度下，不同的化学反应，各有各自特有的 K 值。温度对于平衡常数 K 的影响最为明显。

书写平衡常数表达式的时候，需要注意以下两点：

(1) 在平衡常数的表达式中，习惯上将生成物的平衡浓度幂的乘积做分子项，反应物的平衡浓度幂的乘积做分母项，并且固体、纯液体或者溶剂不写进平衡常数表达式。例如

$2CaO_{(s)}+[S]+1/2[CaSi]=CaS_{(s)}+1/2CaSiO_{4(s)}$，这是由硅元素参与脱硫的化学反应：

$$K=\frac{a^{1}_{(CaS)}a^{\frac{1}{2}}_{(CaSiO_4)}}{a^{2}_{(CaO)}a^{1}_{[S]}a^{\frac{1}{2}}_{(CaSi)}}=\frac{1}{a^{1}_{[S]}a^{\frac{1}{2}}_{(CaSi)}} \tag{2-30}$$

（2）平衡常数的表达书写形式，要与反应方程式的书写形式相符。例如合成氨反应：

$$N_2+3H_2 \rightleftharpoons 2NH_3 \qquad K_1=\frac{a^2_{NH_3}}{a^1_{N_2}a^3_{H_2}} \tag{2-31}$$

$$\frac{1}{2}N_2+\frac{3}{2}H_2 \rightleftharpoons NH_3 \qquad K_2=\frac{a_{NH_3}}{a^{\frac{1}{2}}_{N_2}a^{\frac{3}{2}}_{H_2}} \tag{2-32}$$

$$\frac{1}{3}N_2+H_2 \rightleftharpoons \frac{2}{3}NH_3 \qquad K_3=\frac{a^{\frac{2}{3}}_{NH_3}}{a^{\frac{1}{3}}_{N_2}a_{H_2}} \tag{2-33}$$

其中：

$$K_1=K_2^2=K_3^3 \tag{2-34}$$

所以在使用和查阅平衡数据时，必须注意它们所对应的化学反应方程式。

2.1.4 溶液

溶液是指两种或两种以上物质组成的均一体系，其成分能在一定范围内变动。冶金中的钢液、熔渣及均匀的混合气体等都是多组分的溶液。

2.1.4.1 理想溶液

在任何温度、任何压力和任何浓度下，如果溶液中每一组元都服从拉乌尔定律，即称之为理想溶液。拉乌尔定律的数学式为：

$$p_i=p_i^*x_i \tag{2-35}$$

式中，x_i 为理想溶液中组元 i 的摩尔分数；p_i 为纯组元（$x_i=1$）的饱和蒸气压。

要满足上述定义，各组元的分子体积必须非常接近，异名分子间的相互作用力和同名分子间的相互作用力应该基本相同，而且在形成溶液时也没有缔合、离解等现象发生。

由于各组元的摩尔体积相差不大，且混合时相互吸引力物变化，所以形成的溶液的体积将等于混合前各组元体积的总和；同时，混合时没有热效应；另外，在恒温、恒压下形成溶液时自由能的变化为：

$$\Delta G=RT\Sigma x_i \ln x_i \tag{2-36}$$

因为 $x_i<1$，所以 $\Delta G<0$，过程自发进行。

可以想像，这样的理想溶液实际上是不存在的。生产中遇到的一般都不是理想溶液。但是如果一种实际溶液和上述理想溶液偏差不大，如铁和锰形成的溶液，则不妨用理想溶液的规律去处理，这样可使问题简化。

2.1.4.2 稀溶液

设两组元 1 和 2 形成溶液，这两组元不具备理想溶液组元所具有的特性。如果溶质 2 的浓度和溶质 1 的浓度相比较非常小，即 $x_1\to1$，$x_2\to0$ 时，所形成的溶液称为理想溶液，简称稀溶液。例如氢、氮、氧等溶于钢或渣中，或硫、磷等溶于钢液中所形成的溶液均属于此类。

在稀溶液中，组元 1 分子四周几乎全是同名分子，也即该组元分子在溶液中所处的条件与在纯物质中几乎没有什么不同，故对组元 1 的行为，仍可用理想溶液的定律（即拉乌尔定律）

加以描述：

$$p_1 = p_1^* x_1$$

组元 2 分子的周围也几乎全是组元 1 的分子，其所处条件与在纯组元中差别极大。组元 2 即稀溶液中溶质的蒸气压可用亨利定律加以描述，其数学式为：

$$p_2 = Kc_2 \tag{2-37}$$

式中，c_2 为溶解过程达到平衡时溶质在溶液中的浓度，它可以采用任一浓度单位，在冶金中常采用质量分数；p_2 为溶解过程达到平衡时，溶质在液面上的蒸气分压；K 为比例常数，称为亨利常数，其值随 T、p 组元性质以及所用的浓度单位有关。

例如氢在金属中的溶解，在气相中它呈分子状态，在金属中则以原子状态存在，其溶解反应为 $1/2H_2 = [H]$，一定温度下溶解过程达到平衡时，溶解度与分压间的关系为：

$$p_2^{1/2} = Kc_2 \tag{2-38}$$

此式 2-38 称为平方根定律或西华特定律。

2.1.4.3 真实溶液和活度

如前所述，理想溶液各组元在任何浓度都服从拉乌尔定律，但这种溶液是不存在的。实际溶液大多数对拉乌尔定律呈现或大或小的偏差，也就是说，蒸气压往往大于或者小于拉乌尔定律的计算值，即对拉乌尔定律有正偏差或者负偏差。

发生偏差的原因之一是液体中有缔合分子存在，形成溶液时缔合分子解离，因而引起偏差，如反应 $A_n = nA$，可使单位体积中分子数增多，既然蒸气压正比于单位体积中的分子个数，故蒸气压将发生正偏差。

通常缔合分子离解时 $\Delta H > 0$，故可认为形成溶液时，如果 $\Delta H > 0$ 将有正偏差。

与此相反，如果形成溶液时组元形成化合物将使单位体积内的分子个数减少，而且分子越复杂越不易挥发。这时溶液蒸气压将发生负偏差，这种情况常在 $\Delta H < 0$ 时发生。

另外，形成溶液时分子间引力的改变也会导致偏差。

对于稀溶液的溶质，当溶液不够稀时，实测的蒸气压也常与按亨利定律的计算值有偏差。

拉乌尔定律和亨利定律是讨论理想溶液和稀溶液的热力学性质的基础，其他定律都是在这两个定律的基础上建立起来的。如果溶液的蒸气压数值不服从这两个定律，那么其他定律也就都不成立了。

拉乌尔定律和亨利定律形式简单，物理含义明确，应用起来非常明确。人们希望对实际溶液的参量加以校正，从而保留两个定律的原来形式，使之对实际溶液也能适用。

对于理想溶液的组元 i，其蒸气压服从拉乌尔定律，即：

$$p_i = p_i^* x_i \tag{2-35}$$

而对于实际溶液中的组元 i，其蒸气压的数值却不服从拉乌尔定律。式中的 p_i^* 是 i 在纯态时的饱和蒸气压，对于一定的 i 和恒温下，p_i^* 为一恒量，所以上述蒸气压 p_i 值的变化，其问题显然出在 x_i，要对实际溶液组元 i 的浓度 x_i 进行修正。

把实际溶液中组元 i 的浓度 x_i 乘上一个校正系数 γ_i 可以得到如下等式：

$$p_i = p_i^* \gamma_i x_i$$

γ_i 称为组元 i 的活度系数，其值一般由实验得出。令：

$$\gamma_i x_i = a_i \tag{2-39}$$

a_i 称为组元 i 的活度，则可得：

$$p_i = p_i^* a_i \tag{2-40}$$

由上两式可以看到，活度实际上是被校正后的浓度，或叫做有效浓度。显然，经过上述校正，式2-40保留了拉乌尔定律的形式。应该注意，如果我们找出了某一组成的实际溶液中某一组元在某温度的活度，则在应用拉乌尔定律或者其他由此导出的各定律的数学式时，都必须用活度来代替浓度。

显然，对于理想溶液：

$$\gamma_i = 1;\ a_i = x_i;\ p_i = p_i^* x_i$$

当溶液对拉乌尔定律有正偏差时：

$$\gamma_i > 1;\ a_i > x_i;\ p_i > p_i^* x_i$$

当溶液对拉乌尔定律有负偏差时：

$$\gamma_i < 1;\ a_i < x_i;\ p_i < p_i^* x_i$$

对于稀溶液，式2-38中的 c_2 的浓度以质量分数表示时，则当 $w_{[B]\%}=1$ 时，$K=p_2$。所以 K 的物理含义是当溶质浓度为单位浓度（1%）时，溶质的蒸气压值，它在恒温时也应是个常量。如果溶质的浓度不十分低，溶质的蒸气压对于亨利定律也有偏差。采用同样的处理方法，将 c_2 乘上一个校正系数，可以得到：

$$p_i = Kf_ic_i \tag{2-37a}$$

$$p_i = Ka_i \tag{2-41}$$

$$a_i = f_ic_i \tag{2-42}$$

式中，f_i 为组元 i（不太稀溶液中的溶质）的活度系数。对于理想的稀溶液，由于溶质服从亨利定律，对初始浓度没有必要进行校正，所以 $f_i=1$，而 $a_i=c_i$。

由以上讨论可知，活度系数 γ 和 f 可以用来衡量实际溶液和理想溶液的偏差程度。但是偏差是一个相对概念，要比较偏差的大小必须选择一个标准状态，而标准状态的选定则是人为的，选定时要考虑应用是否方便。我们规定某组元的活度等于1的状态是该组元的标准状态，而所选定的标准状态应该使理想稀溶液的组元活度等于其浓度。

对于理想溶液中的组元和理想稀溶液里的溶剂，以拉乌尔定律为基础，选择纯物质为标准状态：

$$x_i = p_i/p_i^*$$

对于实际溶液，以 a_i 代替 x_i，可得：

$$a_i = p_i/p_i^*$$

对于纯物质因为 $p_i=p_i^*$，活度 $a_i=1$，所以纯物质 i 就是物质 i 的标准状态，即对于纯物质 i，$x_i=1$，$a_i=1$，因此 $\gamma_i=1$，$a_i=x_i$。

对于稀溶液里的溶质，选定标准状态时，一般以亨利定律为基础。在火法冶金中，浓度常用质量分数表示，人们以浓度为1%又服从亨利定律的假象状态为标准状态。

此时，亨利定律写为：

$$p_i = Kw_{[B]\%}$$

对于不理想的稀溶液：

$$a_i = p_i / K \tag{2-43}$$

$$a_i = f_i w_{[B]\%} \tag{2-44}$$

在标准状态时，$a_i = w_{[B]\%} = 1$，$f_i = a_i / w_{[B]\%} = 1$。

把式 2-40 和式 2-42 写成通式，可得：

$$a = p / p_{(标)} \tag{2-45}$$

可见，活度可以认为是两个蒸气压的比值，其中分母是标准状态的蒸气压。于是活度可以定义为组元在溶液中的实际蒸气压与它在标准状态下的蒸气压之比。当组成一定时，测得的 p 一定，但如选定的 $p_{(标)}$ 不同，则算出的活度值也不相同。炼钢中常见物质的标态通常按以下方法选择：

（1）作为溶剂的铁液，如果其中其他元素的溶解量不高，可视 $w_{[Fe]} = 100\%$，$x_{Fe} = 1$，以纯物质为标态，$a_{Fe} = x_{Fe} = 1$，$\gamma_{Fe} = 1$；

（2）钢液中的溶质元素以 1% 为标态，$a_i = f_i w_{[B]\%}$，对于写成饱和溶液的溶质则以纯物质为标态，其活度 $a = 1$；

（3）理想溶液的组元以纯物质为标态，稀溶液的溶质则以 1% 为标态，可分别用其浓度代替活度；

（4）熔渣中的主要组元的浓度往往比较高，常以纯物质为标态；

（5）有气体参加反应时，以其分压为 100kPa 时为标准状态。

2.2 金属熔体的物理性质

金属熔体包括铁水和钢液，不仅是冶金过程的终端产品，而且也是冶炼过程中多相反应的直接参与者。电炉炼钢的任务是将电弧加热以后的金属熔体通过化学物理反应，将它们变成合格钢水的过程，炼钢的过程是在金属熔体中进行的，金属熔体的结构和性质对于电炉炼钢的工艺过程有着直接的影响，了解金属熔体的物理性质对于炼钢很关键。金属熔体的物理性能主要包括钢液的密度、黏度、熔点等，它们的性质对于冶炼的工艺有着决定性的作用。

2.2.1 元素在铁液中的溶解

铁液能够溶解大量的金属元素和少量的非金属元素，各个元素在铁液中的溶解度差别很大，有的能够完全溶解，有的只是部分溶解，或者是微量的溶解。元素在铁液中的溶解度与元素的原子半径、晶格类型以及和铁原子的相互作用力有关。通常情况下，晶格类型和铁的晶格越相似，原子半径与铁原子半径越相近，性质越相似的，它们同铁原子的作用力与铁原子之间的作用力越相似，溶解就越容易。

能够完全溶解于钢液的元素主要有：铝、铜、硅、锑、金、锡、铍、锰、钛、铈、镍、钒、铬、铅、锆、钴、铂。

部分溶解的金属元素有：钼和钨。

实际不溶解的金属元素有：铋和银。

部分溶解的非金属元素有：硒、砷、硼、氧、碳、硫、氢、氮和磷。

炼钢温度下汽化的元素主要有：钙、锌、锂、镁、汞和钠。

根据元素溶解以后与铁形成溶液的类型的不同，可以分为以下五种溶液：

（1）与铁形成近似于理想的溶液。这些元素包括：锰、镍、铬、钒、钨、钼和铌元素等。这些元素在合适的温度下能够完全溶解。

（2）与铁形成近似规则的溶液，典型的是铜和铝元素。

（3）与铁形成稀溶液，主要指氢和氮。

（4）与铁形成实际溶液。如碳、氧、磷、硅、硫、钛、锆，由于原子半径和铁有较大的差别，在铁液中的溶解度有一定的限制，与铁形成实际溶液。

（5）在铁液中不溶解的元素，包括银、铅、铋、锌、钙、镁。钙和镁在炼钢温度下汽化挥发，进入炉气；铅、银、铋则不溶解于铁液，沉积在炉底，并且在毛细管的作用下渗入耐火材料的缝隙，损坏炉衬或降低炉衬寿命。

根据以上的论述，在电炉炼钢过程中，能够起到极大的参考作用。例如，控制好含有铅的废钢，预防直流电炉的炉底寿命的缩短；钙不溶解于铁液，利用和别的元素搭配，可以增加钙在钢中的溶解度，起到控制夹杂物的作用。炼钢过程中的常见元素的物理性质见表 2-1。

表 2-1　炼钢过程中常见元素的物理性质

元素名称	元素符号	相对原子质量	密度/$t \cdot m^{-3}$	熔点/℃	沸点/℃
铁	Fe	55.85	7.86	1538	3000
碳	C	12.01	2.55（石墨）	>3550	4827
硅（矽）	Si	28.09	2.33	1410	2355
锰	Mn	54.94	7.20	1244	2097
磷	P	30.97	1.82（红磷）	44	280
硫	S	32.06	2.07	113	445
铝	Al	26.98	2.70	660	2467
钙	Ca	40.08	1.54	842～848	1487
镁	Mg	24.31	1.74	651	1107
钒	V	50.94	5.96	约 1890	约 3000
钾	K	39.10	0.86	64	774
钠	Na	22.99	0.97	98	892
铌	Nb	92.91	8.57	约 2468	4927
钛	Ti	47.88	4.5	1675	3260
锡	Sn	118.69	7.28（白锡）	232	2260
钴	Co	58.93	8.9	1495	2900
钼	Mo	95.94	10.2	2610	5560
硼	B	10.81	2.34	2300	2550
镍	Ni	58.69	8.90	1453	2732
铬	Cr	52.00	7.20	1890	2482
铜	Cu	63.55	8.92	1083	2595
钨	W	183.85	19.35	3380	592
铅	Pb	207.2	11.34	327	1744
碲	Te	127.60	6.00	450	约 990
铋	Bi	208.98	9.80	271	约 1560
砷	As	74.92	5.727	817	613（升华）
稀土	RE	>140	5.2～9	795～1652	1427～3468
氢	H	1.01	0.0902kg/m^3（标态）	-259	-253
氧	O	16.00	1.429kg/m^3（标态）	-218	-183
氮	N	14.01	1.25kg/m^3（标态）	-210	-196
氟	F	19.00	1.696kg/m^3（标态）	-210	-118
氯	Cl	35.45	3.165kg/m^3（标态）	-101	-35
氩	Ar	39.95	1.784kg/m^3（标态）	-189	-185

2.2.2　扩散系数

元素在钢液中的扩散，通常被认为是与反应速度控制环节有关的重要性质。扩散系数可以分为自扩散系数和互扩散系数。在纯物质中质点的迁移称为自扩散，这时候得到的扩散系数称为自扩散系数。在溶液中各组元的质点进行相对的扩散，这时得到的扩散系数称为互扩散系数。通常所说的扩散系数，如果不加说明的情况下是指互扩散系数。

扩散是系统中存在浓度差的时候，物质的自动迁移的过程，物质总是从浓度高的区域向浓度低的区域迁移，最后使得物质的浓度趋于均匀。1855 年，菲克总结出了菲克第一定律，即扩散速度与物质通过垂直于扩散方向的截面积 A 和浓度梯度 $\frac{\mathrm{d}c}{\mathrm{d}t}$ 成正比。数学表达式为：

$$\frac{\mathrm{d}n}{\mathrm{d}t} = -DA\frac{\mathrm{d}c}{\mathrm{d}x} \tag{2-46}$$

式中，$\frac{\mathrm{d}c}{\mathrm{d}x}$ 为浓度梯度，$\mathrm{mol/cm^4}$，由于扩散是从高浓度向低浓度方向进行的，所以浓度梯度为负值，在方程式右边加负号，使扩散速度保持正值；A 为物质所经过的界面面积，$\mathrm{cm^2}$；D 为扩散系数，$\mathrm{cm^2/s}$。

研究表明：

$$D = \frac{T}{6\pi r\eta} \tag{2-47}$$

式中，T 为温度；r 为扩散质点的半径；η 为介质的黏度。

经过增加扩散物质经过的截面积，提高浓度梯度，适当地改变介质的温度、黏度和扩散质点的半径，有利于加快物质的扩散。总的来讲，影响扩散系数的因素主要有：

（1）介质的黏度。介质的黏度增加，质点在其中的扩散阻力增加，扩散速度下降。

（2）温度。温度提高，可以使介质的黏度下降，增加质点的动能，可以提高扩散速度。

（3）质点的半径。质点的半径越小，扩散速度越快。

了解本节内容以后，可以清楚地明白在电炉炼钢的过程中，加矿石脱碳需要一定的温度条件，否则氧化铁在反应的扩散中速度较慢，会滞留在炉渣中，降低脱碳速度，引起大沸腾的事故。还有在强供氧条件下的脱碳反应也是要通过炉渣中的氧化铁扩散完成的，在不同的温度阶段制定不同的供氧制度，对于操作的安全性和经济性都很重要。在电炉的还原期的扩散脱氧过程，或者出钢前，考虑到配加合金的种类，对于元素成分的均匀化的影响等。

2.2.3　钢的熔点

钢的熔点一般是指钢完全转变成均一液体状态时的温度，或是冷凝时开始析出固体的温度。钢的熔点是确定冶炼和浇铸温度的重要参数，并对钢锭或连铸坯的正常凝固也起着决定性的作用。

许多纯金属的熔点都很高，这主要是多数的金属键结合比较牢固。纯铁的熔点约为 1538℃，当某元素溶入后，可使纯铁原子间的作用力减弱，因此铁的熔点就降低。纯铁熔点降低的程度，取决于加入元素的浓度、原子量和凝固时该元素在熔体与析出的固体之间的分配。所有元素都能够降低或者增加纯铁的熔点，但各个元素对熔点降低的数值是不同的。这与元素在周期表中所处的位置有关：一般是随元素周期的增加熔点降低值 ΔT 将减小，如Ⅰ周期的元素 H，每溶解 1% 能使纯铁的熔点降低 1300℃；Ⅱ周期的元素 B、N、O、C，每溶解 1% 能使纯铁的熔点降低70～90℃；Ⅲ周期的元素Si、P、S，每溶解1%能使纯铁的熔点降低8～30℃，而Al仅降低5℃；Ⅳ周期的元素Mn、Co、Ni、Cr每溶解1%，使纯铁的熔点降低5℃，但Ti元素却能降低17℃；而Ⅴ、Ⅵ周期的Mo、W等元素每溶解1%，能使纯铁的熔点降低2℃以下。这主要是因为周期越大，元素的原子半径也越大，难以使金属键的结合减弱，所以铁的熔点降低较小。

在电炉钢中，元素对熔点影响最大的是C，而H、O、N虽然对ΔT值影响较大，但钢中含量很低，一般认为它们能使钢的熔点降低约2℃。它们与其他元素一起又能使钢的熔点降低5℃，而钢中气体能使钢的熔点降低约7℃。所以，它们对钢熔点的下降不起主要作用。需要注意的是，凡经真空处理的钢液，熔点均略有提高。钢的熔点的计算可以用下式表示：

$$T_{熔} = 1538 - \sum \Delta T w_{[B]} \tag{2-48}$$

式中，$T_{熔}$为钢的熔点,℃；1538为纯铁的熔点,℃；ΔT为钢中某元素含量增加1%时铁的熔点降低值,℃；$w_{[B]}$为钢中某元素的质量分数,%。

了解本节的内容，主要是方便冶炼过程中，大概了解一些基础的常识。例如，冶炼时提高炉料的配碳量，可以降低电炉内熔池的形成温度，有利于降低铁耗；在制定工艺制度时，计算出钢水的液相线温度，规定电炉的出钢温度，连铸浇铸时要求的钢水过热度的范围。钢中常见元素对于钢熔点的影响见表2-2。

表2-2　各个元素在钢中的溶解对于钢液熔点的影响

化学元素	化学符号	适用范围/%	钢中增加1%含量时温度的降低值/℃
碳	C	<1.0	65
		1.0	70
		2.0	75
		2.5	80
硅	Si	0～3.0	8
锰	Mn	0～1.5	5
磷	P	0～0.7	30
硫	S	0～0.08	25
钒	V	0～1.0	2.0
钛	Ti		18
锡	Sn	0～0.03	10
钼	Mo	0～0.03	2
硼	B		90
镍	Ni	0～9.0	4
铬	Cr	0～18	1.5
铜	Cu	0～0.3	5
钨	W	18W及0.66%C	1.0
砷	As	0～0.5	14
氢	H	0～0.3	1300
氧	O	0～0.3	80
氮	N	0～0.3	90
铝	Al	0～1.0	3.0

2.2.4 钢液的黏度

黏度是钢液的重要性质，钢液黏度增加时，元素在其中的扩散速度减慢，影响冶炼过程中的化学反应速度。钢液黏度的增加，还将会影响钢中气体的排出和非金属夹杂物的上浮脱除，影响钢液凝固时的偏析、补缩等。它对冶炼过程中温度参数的制定，钢锭、连铸坯的结晶都有很大的影响，因此了解钢液的黏度是非常必要的。

一般液体的黏度是指液体移动时，各个液层分子间发生内摩擦力的大小，或者以各种不同速度运动的液体各层之间所产生的内摩擦力。

设M、N为两个互相接触的液体层，以不同的速度沿接触面方向运动。以 $v+\mathrm{d}v$ 运动的M层受到一个与运动方向相反的力 f，它力图使M层的运动减慢下来；而M层对N层也施予与 f 大小相等但方向相反的力，它力图使N层运动加速，这里的 f 称为内摩擦力。显然，该内摩擦力 f 与两液体层的速度差 $\mathrm{d}v$ 成正比，与两层接触面积的大小 A 成正比，与两层距离 $\mathrm{d}y$ 成反比，有：

$$f = \eta A \frac{\mathrm{d}v}{\mathrm{d}y} \tag{2-49}$$

式2-49称为牛顿黏度经典公式，式中比例系数 η 叫做内摩擦系数或黏度系数，简称黏度。式中表示的黏度被称为动力黏度，单位为Pa·s。

为了使用方便，有时也采用运动黏度。动力黏度 η 与液体的密度 ρ 之比称为运动黏度，常用符号 ν 表示，即：

$$\nu = \frac{\eta}{\rho} \tag{2-50}$$

运动黏度的单位为 m^2/s。

正常熔渣的黏度比钢液大，且钢液的黏度在高温下也不算高。由于钢液黏度的实际测定是相当复杂的，在实际应用中，常采用流动性这个概念。

黏度的倒数称为液体的流动性，如用 ψ 表示，则：

$$\psi = \frac{1}{\eta} \tag{2-51}$$

必须指出，牛顿黏度经典公式只适用于均匀液相体系，不能用于多相分散体系。又因为它没有把黏度和液体的其他性质联系起来，所以牛顿黏度经典公式只可定性地说明黏度概念，不能用于实际计算。

影响钢液黏度的主要因素有：

（1）温度。随着温度的升高，钢液的黏度降低，即流动性变好。黏度与温度的关系式为：

$$\eta = A\exp\left(\frac{E_\eta}{RT}\right) \tag{2-52}$$

式中，A 为常数；E_η 为液体黏性流动活化能，是液体质点从一平衡位置移到另一平衡位置所需最小能量或移动途中需克服的能垒，J/mol；R 为气体常数，$R=8.314\mathrm{J/(mol\cdot K)}$；$T$ 为绝对温度；K。

由式2-52可知，温度 T 越高，黏度 η 越小。随着温度的升高，纯铁液和合金钢的黏度下降。这是由于温度升高，钢液密度降低，原子间距增大，原子穿过比较容易。另外，也由于温度的升高，钢液中的固体小颗粒如MnS、TiO_2 或其他低熔点夹杂物都熔化了，因此钢液的流动性也就增大。但在冶炼过程中，如果钢液温度过高，则吸气严重，且对耐火材料的侵蚀也严重。因此，不能全靠升温来改善钢液的流动性，而只能适当地提高温度。

（2）钢液成分。钢液成分中的碳对黏度的影响非常大。这是由于碳含量的变化引起钢液组元和结构的变化，使密度和熔点发生变化，从而引起黏度变化的缘故。碳含量对钢液黏度的影响，在碳含量小于0.15%时，钢液随碳含量的增加，黏度大幅度下降。原因有二：一是这时钢液的结构近似于δFe近程排列，钢液的密度是随碳含量的增加而降低，当碳含量为0.15%时出现最小值；二是与钢液中生成的FeO分子团较少有关。因FeO分子团能降低钢液的流动性。而这时钢液中的氧含量很高，且随碳含量的增加而氧含量下降，即钢液中生成的FeO分子团较少，所以钢液的流动性变好，黏度下降。在碳含量位于0.15% ~0.40%时，钢液中同时存在δFe和γFe两种结构，密度是随碳含量的增加而增大，故碳含量为0.40%时出现最大值。这时除钢液的结构发生变化外，也与钢液中生成的Fe_3C的体积较大有关，所以当碳含量位于0.15% ~0.40%时，钢液的黏度是随碳含量的增加而提高。在碳含量大于0.40%时，钢液的结构为近似于γFe的近程排列，这时钢液的密度是随碳含量的增加而降低。另外，又因碳含量的增加使钢的熔点也下降，所以当碳含量大于0.40%时，钢液的黏度是随着碳含量的增加继续下降。生产实践证明，在同一温度下，高碳钢钢液的流动性比低碳钢钢液的流动性好。因此，一般在冶炼低碳钢时，温度要控制得略高一些才能保证冶炼任务的顺利完成。

由于Si、Mn、Ni能使钢的熔点降低，所以随着钢液中的Si、Mn、Ni含量的增加，钢液的黏度降低，尤其是含量很高时，黏度降低更显著。在实际生产中，浇铸含Si、Mn或Ni高的钢液流动性较好，不容易结瘤，主要的道理就在于此。随着钢液中Ti、W、V、Mo、Cr含量的增加钢液的黏度也增高。原因主要是这些元素容易生成它们的各种碳化物，这些碳化物不但熔点高且体积大，所以增加了钢液的黏度。

（3）非金属夹杂物。随着钢液中非金属夹杂物含量的增加，其流动性降低，特别是悬浮的固态非金属夹杂物对钢的黏度影响更大。钢液中固态锐角的非金属夹杂物Cr_2O_3、Al_2O_3等越多，两相接触面越大，内摩擦力也就越大，钢液的流动性也就越差。钢液中的脱氧产物对流动性的影响也是很大的。当钢液分别用Si、Al或Cr脱氧，初时由于脱氧产物的生成，使钢中的夹杂物含量增高，黏度增高，而后随着夹杂物的不断上浮或形成低熔点的夹杂物不断熔化，黏度又会逐渐下降。所以，含Si、Al、Cr等易氧化元素的高合金钢的钢液黏度在很大程度上决定于钢液的脱氧情况；如果脱氧不良，钢液的流动性一般是不好的。

在实践生产中，由于钢的化学成分总是规定在一个较小的规格范围内，依靠调整成分来改变钢液的黏度是相当有限的。因此，炼钢工只有通过调节温度和去除夹杂物或改变夹杂物的形态等手段来提高钢液的流动性，尤其是脱氧产物的去除更具有实际意义。

2.2.5　钢液的表面张力

表面张力是阐明炼钢过程中各种界面现象不可缺少的重要概念。它不仅对新相的生成，如CO气泡的产生、钢液凝固过程中结晶核心的形成等有影响，而且对相间反应，如脱氧产物的生成、凝聚或夹杂物和气体从钢液中排除、渣钢分离及钢液对耐火材料的侵蚀等也有影响，还有渣洗炼钢、液渣保护浇铸及泡沫渣的应用与电渣钢冶炼等新工艺的出现均和表面张力紧密相连。此外，钢液的表面张力与质点间的作用力大小有关系，所以掌握钢液的表面张力还有助于了解钢液的结构。

任何物质的分子之间，无论在什么情况下，都有吸引力。钢液因原子或分子间距非常小，其间的吸引力较强。而这种吸引力，在钢液表面层和钢液内部所引起的变化是不同的，这是因为在钢液内部，每个质点受到各方面的吸引力是均匀的，即钢液内部每一质点所受到的吸引力的合力等于零，所以质点保持平衡状态。而钢液表面层质点受钢液内部质点的吸引力大于气体分子对钢液表面层质点的吸引力，这是因为气体分子间距较大，分子数目较少且气体密度小的缘故。由此可知，钢液表面层质点所受的吸引力的合力不等于零，且方向指向钢液分子间的吸引力向钢液内部。因此，钢液表面层质点处于不平衡状态，钢液表面层质点被钢液内部质点拉紧，产生了自发的缩小表面的倾向，如果使表面增大时，必须消耗一定的能量或施加一定的力才能实现。这种使钢液表面产生自发缩小倾向的力称为钢液的表面张力。通常用符号 σ 表示，单位为 N/m。实际上，钢液的表面张力就是指钢液和它的饱和蒸气或空气界面之间的一种力。

在炼钢过程中，影响钢液表面张力的因素很多，但主要有温度、钢液成分及钢液的接触物等，其中影响最大的还是钢液成分：

（1）钢液成分。在溶液中，凡使溶剂表面张力降低的溶质称为表面活性物质；凡使溶剂表面张力增大或不变化的溶质称为表面不活性物质。

在1550℃时，纯铁的表面张力约为1.7～1.9N/m。溶质元素对纯铁液表面张力的影响程度取决于它的性质与铁的差别的大小。如果溶质元素的性质与铁相近，溶质原子与铁原子之间的作用力和铁原子本身之间的作用力大体相似，对纯铁液的表面张力影响较小。反之，溶质元素的性质与铁的差别越大，对纯铁液表面张力的影响就越大。一般说来，金属元素对纯铁液表面张力的影响较小，而非金属元素的影响就较大。下面具体地分析一些元素对钢液表面张力的影响。

S、O 元素是很强的表面活性物质，只要含有很少量的 S 和 O 就能使钢液的表面张力大大下降。产生这种影响的原因主要是由于它们在钢液中的生成物 FeS 或 FeO 被排挤到钢液表面；根据求得的 S、O 在钢液表面的吸附量可知：当硫含量为0.02%，氧含量为0.04%时就达到饱和浓度，这时它的表面层结构可分别认为近似的 FeS 或 FeO，所以才使钢液的表面张力下降很大。在电炉钢的冶炼过程中，不仅对氧，就是对硫如没有特定的规格要求，最终也要最大限度地降低含量，从而提高钢液的表面张力，以保证有利于渣钢分离及非金属夹杂物的上浮。和 S、O 相比，N 对钢液表面张力的影响约略小些，这可能与它的原子半径较大有关。P、B 元素也是较强的表面活性物质，也能大大降低钢液的表面张力。C 对钢液表面张力的影响呈现出复杂的关系。如前所述，炼钢熔体的结构和密度随着碳含量的增加而发生变化，同时它的表面张力也随着碳含量的增加而发生相应的变化。由此不难看出，钢液的表面张力与结构和密度的关系。Ni、Cr、Co 的影响较小，原因是这些元素有的与铁的性质相近，也有的是本身的表面张力不大。Si、Mn 等元素有减小表面张力的倾向。

（2）温度。对单元液体而言，一般是温度升高，表面张力减小，达到沸点时，液相和气相的界面消失，此时的表面张力为零。对多组元的液体来说，多数是随着温度的升高而表面张力减小，但也有随着温度的升高而增大的，如碳素钢液的表面张力就是随着温度的升高而增大。温度升高表面张力减小是由于质点的热运动增强，质点间的平均距离增大，密度降低，质点间的相互作用力减弱，因而表面张力也就减小。对于碳素钢液，当温度升高时，表面张力增大，原因之一可能是使复杂的质点群解体成较小的质点而引起表面张力增大；此外，当温度升高时，表面活性物质如 C、O 等的热运动增强，使钢液表面过剩浓度减小或浓度均匀化，也引起表面张力增大，有关这一论点可从钢液成分的影响得以进一步的理解。一般情况下，在钢的冶炼过程中，由于温度的变化范围较小，因此温度对钢液表面张力的影响并不具有更大的实际意义。

（3）接触物。在炼钢过程中，钢液与炉衬、熔渣或夹杂物及气体等接触，相互间产生了张力。这些张力随接触物性质的不同而发生变化，且同一表面张力的钢液与不同物质以及不同成分的炉衬、熔渣、夹杂物等接触时，它们之间的张力也有所不同。

2.2.6 钢液的密度

单位体积钢液所具有的质量称为钢液的密度，固态钢的密度为 7.8 ~ 7.9g/cm³。密度常用符号 ρ 表示，即：

$$\rho = \frac{m}{V} \tag{2-53}$$

式中，m 为钢液的质量，g；V 为钢液的体积，cm³。

密度的倒数称为比体积（比容），用符号 ν 表示，单位为 cm³/g。

在 20℃时，钢的密度按以下通式计算：

$$\rho_{20℃} = 7.88 + \Sigma\Delta\rho w_{[B]} \tag{2-54}$$

式中，$\rho_{20℃}$ 为纯铁液在 20℃时的密度，g/cm³；7.88 为钢在 20℃时的密度，g/cm³；$\Delta\rho$ 为钢中某元素含量增加 1% 时密度的变化量，g/cm³；$w_{[B]}$ 为某元素的质量百分数，%。

钢中常见元素对于纯铁密度的影响见表 2-3。

表 2-3 钢中常见元素对于纯铁密度的影响

元 素		C	Si	Mn	P	S	Al	Ni	Cr	Cu	W	H
对于纯铁密度的影响	适用范围 w/%	<1.55	<4.0	<1.5	<1.1	<0.2	<2.0	<5.0	<1.2	<1.0	<1.5	<0.15
	每增加 1% 的密度 $\Delta\rho$/t · m⁻³	−0.040	−0.073	−0.016	−0.117	−0.164	−0.120	+0.004	+0.001	+0.022	+0.095	+0.100

例 1：计算滚珠轴承钢 GCr15SiMn 的密度。钢种的成分如下：

元素	C	Si	Mn	Cr	P	S
含量/%	1.0	0.5	1.0	1.5	0.02	0.01

解：把有关数据代入 $\rho_{20℃} = 7.88 + \Sigma\Delta\rho w_{[B]}$，可以得到：

$$\rho = 7.88 - 0.04 \times 1.0 - 0.073 \times 0.2 - 0.016 \times 1.0 + 0.001 \times 1.2 - 0.0117 \times 0.02 - 0.164 \times 0.01 = 7.79\text{t/m}^3$$

影响钢液密度的因素主要有钢液的化学成分和温度：

（1）温度。一般情况下，随着钢铁材料温度的升高，由于原子间距随着温度升高而增加，纯铁的比体积增大，密度降低。但随着温度的进一步的升高，纯铁的晶格类型也发生转变：当温度升到 912℃时，发生 αFe 向 γFe 的转变，这时比体积减小，密度增大；当温度升到 1394℃时，却发生 γFe 向 δFe 的转变，这时比体积增大，密度降低；这是因为 αFe 和 δFe 的致密度为 0.68，而 γFe 的致密度为 0.74，所以 αFe(δFe)的密度比 γFe 的密度小。纯铁液密度的测定结果差别较大，但在 1550℃时普遍认为约为 7.04g/cm³ 左右。钢的密度与纯铁密度的变化相似，碳素钢从室温到熔化为液态，随着温度的升高产生体积膨胀；固体熔化及在液态时体积膨胀较大，而在固态时体积膨胀较小。所以，浇铸时为了避免钢锭或铸钢件产生缩孔等缺陷，对于钢液的过热问题是影响浇铸质量的一个重要的因素。

（2）钢液成分。各种金属元素和非金属元素对纯铁密度的影响不同，有的使密度增大，有的使密度降低，也有的对密度影响不大。其中，碳在钢中对密度的影响是较大的且又比较复杂。当碳含量为0.15%和0.40%时，铁碳熔体的密度出现最小值和最大值，这是因为铁碳熔体的结构发生了变化。在碳含量小于0.15%时，结构为近似于δFe的近程排列；当碳含量超过0.40%时，结构为近似于γFe的近程排列；当碳含量在0.15%～0.40%时是过渡性的，同时存在着上述两种结构的排列；当碳含量接近共晶成分（约4.2%）时，密度又有明显的最大值。这是由于质点间有强烈的相互作用，熔体具有压缩趋势造成的。

在钢液中，当碳含量大于0.40%后，密度是随碳含量的增加而降低，且碳含量越高、温度越高，尤其是当温度大于1600℃时，由于温度高能使渗碳体 Fe_3C 发生分解，即 $Fe_3C \rightarrow 3Fe + [C]_{石墨}$，上述反应中析出的是石墨碳，而石墨碳的密度较小，约为 $1.85g/cm^3$，所以能使钢的密度降得更低些。这也是高碳钢浇铸后易出现缩孔的主要原因。

钢中W、Cr、Ni、Cu等元素含量增加时，密度增大。因为这几种元素本身的密度大于铁的密度，所以相应也使钢的密度增大。钢中Al、S、P、Si和V等元素含量增大时，密度减小，是因为它们本身的密度小于铁的密度。钢中Mn含量变化时，密度虽略有变化，但影响不大，这是因为锰的密度与铁的密度相差不大。

除此之外，钢的密度还与钢的组织有关，一般是按马氏体→屈氏体→索氏体→珠光体→奥氏体的顺序依次增高。

从钢液的密度讨论中可知，钢的密度依钢种而变，而且同一钢种，在不同的温度下，密度也不同。严格说来，不仅不同的钢种，钢液的密度是不同的，就是同一钢种，因钢液成分不同，密度也略有微小的不同。但是，这种微小的不同往往可忽略不计。为了研究问题方便起见，通常将45号钢在20℃时的密度（$7.81g/cm^3$）定为钢的标准密度。在20℃时，某钢种的密度与钢的标准密度之比，称为该钢种的相对密度系数。

在冶炼和浇铸时，必须注意钢液密度的不同，如为了保证钢水量的计划要求，节约原材料，必须正确估计钢水量，这势必要考虑钢液的密度或钢种的化学成分：含碳高（如T12A）的钢液密度小，含钨高（如W18Cr4V）的钢液密度大，而含铝高及含硅高（如38CrMoAl及60Si2Mn）的钢液密度也小。浇铸后，不仅同等钢锭、连铸坯或铸钢件的重量不一样，就是得到相同重量的钢锭、连铸坯或铸钢件的支数或件数也不一样。

2.2.7 钢液的热导率

热导率也叫导热系数，简而言之就是钢的导热能力，是当体系内维持单位温度梯度时，在单位时间内流经单位面积的热量。钢的热导率用符号 λ 表示，单位为W/(m·℃)。钢的热导率对钢的加热、传热、散热影响很大，尤其是对钢锭或铸件的结构与偏析更有直接的关系。

钢的导热是靠钢中分子的热振动或自由电子的运动来完成，影响因素主要是钢的成分、组织、温度、非金属夹杂物含量的多少以及钢中晶粒的细化程度等：

（1）钢的成分。通常钢中合金元素越多，钢的热导率越低。在合金钢中，合金元素能破坏晶体点阵结构和其中势能体系等规律，使分子的热振动受到阻碍或使电子难以顺利通过，增加了它们运动的阻力，这就必然会降低钢的热导率，所以一般合金钢的热导率都比碳钢差，且合金元素的含量越高则越差。各种合金元素对钢热导率的影响次序是：C、Ni、Cr最大，Al、Si、Mn、W次之，而Zr最小。因此，在相同碳含量的情况下，铬镍钢的热导率就比其他合金钢更低，所以对于高铬镍钢的加热都是缓慢升温，并有足够的保温与均热时间。高碳钢的热导率比低碳钢的低。碳钢热导率的变化，一般是随碳含量的增加而降低。

（2）钢的组织。一般说来，具有珠光体、铁素体和马氏体组织的钢，热导率在加热时都降低，但在临界点 A_{C3} 以上加热时，热导率将增加，这是由于在组织上出现了奥氏体，而奥氏体的热导率在加热时是增加的。钢锭经退火后热导率约增大50%，轧、锻钢坯经退火后热导率约增加15%～20%，钢经轧制加工后，热导率要比铸态钢的高，主要原因是钢的组织发生了变化，且枝晶间界性质也获得了改善，而经淬火后的马氏体钢的热导率则比较小。

（3）钢的温度。各种钢的热导率随温度变化的规律是不一样的。在800℃以下碳钢的热导率随着温度的升高而下降，且热导率越大，下降越显著。在800℃以上，碳钢的热导率随着温度的升高而稍有升高。各种合金钢的热导率随温度变化的情况与各种钢在室温下的 $\lambda_{室温}$ 大小有关。如 $\lambda_{室温}=33\sim35W/(m\cdot℃)$ 的合金钢，随着温度的升高，λ 是降低的；$\lambda_{室温}=23\sim26W/(m\cdot℃)$ 的合金钢，随着温度的升高，λ 的变动比较小；$\lambda_{室温}<23W/(m\cdot℃)$ 的合金钢，λ 随着温度的升高而升高。在高温下各种钢的热导率相差无几。

（4）钢中非金属夹杂物含量。通常钢中非金属夹杂物含量越多，则钢的热导率越低。这是因为夹杂物破坏了钢的连续性和势能体系的规律，使分子的热振动受到阻碍或使电子的移动比较困难，增加了它们运动的阻力，这就必然会降低钢的导热性能。

（5）钢中晶粒细化程度。钢的晶粒细化增加了晶界长度，这种晶界长度的变化，使钢中的势能体系规律也发生变化，结果是晶粒越细化的钢，热导率越低。通过控制铸坯的冷却方式，是控制钢坯晶粒的一个干预手段。

2.2.8 金属熔体的吸气特性

氢和氮在各种状态的铁中都有一定的溶解度，氢和氮在金属熔体中的溶解过程是一个吸热的过程，（氮在 γFe 中的溶解例外），所以溶解度随温度的升高而增加。气态的氢和氮在纯铁液或钢液中溶解时，气体分子先被吸附在气—金属界面上，并分解成两个原子，然后这些原子被钢液吸收。因而其溶解过程可写成下列化学反应式：

$$\frac{1}{2}H_2 \longrightarrow [H] \qquad \lg K_H = -\frac{1670}{T} - 1.68 \tag{2-55}$$

$$\frac{1}{2}N_2 \longrightarrow [N] \qquad \lg K_N = -\frac{564}{T} - 1.095 \tag{2-56}$$

在小于 10^5Pa 的压力范围内，氢和氮在铁液（或钢液）中的溶解度都符合平方根定律：

$$a_H = f_H[H\%] = K_H\sqrt{p_{H_2}} \tag{2-57}$$

$$a_N = f_N[N\%] = K_N\sqrt{p_{N_2}} \tag{2-58}$$

式中，a_H，a_N 分别为氢、氮在铁液中的活度；f_H，f_N 分别为氢、氮的活度系数；［H%］，［N%］分别为气体在铁液中的质量百分数；K_H，K_N 分别为氢、氮在铁液中溶解的平衡常数。p_{H_2}，p_{N_2} 分别为气相中氢、氮的分压力，以大气压为单位。

在固态的纯铁中，气体的溶解度除了和纯铁的温度有关外，还取决于铁的晶体相结构。在不同的相结构中，气体溶解反应的热力学数据不同——溶解度不同，溶解度随温度变化的速率不同（见表2-4）。由此可计算出在不同温度下，气体在铁中的溶解度（表2-5）。

表 2-4 不同状态下气体在铁中溶解反应的热力学数据

铁的状态	$\frac{1}{2}H_2 \rightarrow [H]$		$\frac{1}{2}N_2 \rightarrow [N]$	
	$\lg K_H = \lg \frac{[H\%]}{\sqrt{p_{H_2}}}$	$\Delta G^\ominus$	$\lg K_N = \lg \frac{[N\%]}{\sqrt{p_{N_2}}}$	$\Delta G^\ominus$
α 和 δ	$-\frac{1575}{T} - 2.156$	$7206 + 9.86T$	$-\frac{1575}{T} - 1.01$	$7206 + 4.62T$
γ	$-\frac{1580}{T} - 2.037$	$7229 + 9.32T$	$\frac{450}{T} - 1.925$	$-2059 + 8.81T$
液　态	$-\frac{1670}{T} - 1.68$	$7640 + 7.69T$	$-\frac{564}{T} - 1.095$	$2580 + 5.01T$

表 2-5 不同温度下气体在铁中的溶解度

状态	液　态			δFe			γFe			αFe		
温度/℃	1650	1590	1534	1534	1470	1390	1390	1250	910	910	620	410
[H]/%	28.2×10^{-4}	26.5×10^{-4}	24.9×10^{-4}	9.38×10^{-4}	8.72×10^{-4}	7.89×10^{-4}	10.30×10^{-4}	8.43×10^{-4}	4.24×10^{-4}	3.26×10^{-4}	1.20×10^{-4}	0.34×10^{-4}
[N]/%	409×10^{-4}	400×10^{-4}	391.6×10^{-4}	131.3×10^{-4}	128.0×10^{-4}	110.4×10^{-4}	206.8×10^{-4}	219×10^{-4}	266.3×10^{-4}	45.6×10^{-4}	16.8×10^{-4}	4.8×10^{-4}

由表 2-5 中的数据可见，当铁液凝固时，溶解度急剧地减小。例如，氢的溶解度就减小一半，而从 1650℃降到 410℃时，溶解度降到原来的 1/83，这是因为气体原子在铁中的溶解是形成间隙式固溶体。凝固后，固体铁中原子间的间距要比液态时紧密得多，造成了溶解度的急剧下降。αFe、δFe 与 γFe 之间，也因点阵结构不同，溶解度也不一样。αFe 和 δFe 系体心立方，点阵常数为 0.286nm，而 γFe 是面心立方，点阵常数较大，达到 0.356nm，所以气体溶解度较高。一般的气体在钢液中的溶解度都是随温度的降低溶解度减小。唯有氮在 γFe 中的溶解度是例外，它随温度的降低而升高。这是因为此时有氮化物（Fe_4N）的析出，所以增加了氮的溶解度，又因为该反应是放热的，所以随温度降低溶解度增大。

以上讨论的是气体在纯铁中的溶解情况。如果在铁内除溶解有氢（或氮）之外，还溶解有其他元素 j，那么 j 元素必然会影响气体的溶解。这种影响通常用气体的活度系数来描述，也就是当有 j 存在时，气体的活度系数不能再被认为等于 1。此时气体的溶解度可能增加，也可能降低。为了定量地描述第三组元对气体溶解度的影响，常用相互作用系数 e_H^j 或 e_N^j，其表达式为：

$$e_i^j = \frac{\partial \lg f_i}{\partial [j\%]} \tag{2-59}$$

e_i^j 不是常数，但是在一定的 j 含量范围内，特别是当 j 含量范围不太大时，可以把它当作常数。这样由式 2-59 积分可以得出：

$$\lg f_i = e_i^j [j\%] \tag{2-60}$$

由式 2-59 可计算在［j%］含量下，i 的活度系数 e_i^j。在 1600℃下，第三组元对气体在铁中溶解的相互作用系数列于表 2-6。

表 2-6 j 组元对氢（或氮）在铁中溶解的相互作用系数

j	C	S	P	Mn	Si	Al	Cr	Ni	Co	V	Ti	O
e_H^j	0.06	0.008	0.011	-0.0014	0.027	0.013	-0.0022	0	0.0018	-0.0074	-0.019	-0.19
e_N^j	0.13	0.007	0.045	-0.02	0.047	-0.028	-0.047	0.011	0.011	-0.093	-0.53	0.05

当钢中存在多种组元时，认为每种组元对活度系数的影响有叠加性，即：

$$\lg f_i = \lg f_i^j + \lg f_i^k + \lg f_i^l + \cdots$$

$$\lg f_i = e_i^j[j\%] + e_i^k[k\%] + e_i^l[l\%] + \cdots \qquad (2\text{-}61)$$

邱依考教授提出了以下计算1600℃下，氢和氮活度系数的公式：

$$\lg f_H = 0.06[C\%] + 0.03[Si\%] - 0.0023[Cr\%] - 0.001[Mn\%] - 0.002[Ni\%] + 0.003[Mo\%] + 2.5[O\%] + \cdots \qquad (2\text{-}62)$$

$$\lg f_N = 0.13[C\%] + 0.048[Si\%] - 0.045[Cr\%] - 0.02[Mn\%] + 0.01[Ni\%] - 0.011[Mo\%] + \cdots \qquad (2\text{-}63)$$

由式2-62和式2-63可计算不同成分的钢在1600℃时氢或氮的溶解度：

$$[H\%] = 24.7 - 2.35[C\%] - 0.85[Si\%] - 0.75[Al\%] - 0.17[Co\%] - 0.14[Nb\%] - 0.0[Ni\%] + 0.12[Cr\%] + 0.65[Ti\%] + 0.05[Mn\%] \qquad (2\text{-}64)$$

$$[N\%] = 0.044 + 0.1[Ti\%] + 0.013[V\%] + 0.0102[Nb\%] + 0.0069[Cr\%] + 0.0025[Mn\%] - 0.019[Al\%] - 0.01[C\%] - 0.003[Si\%] - 0.0043[P\%] - 0.001[Ni\%] - 0.001[S\%] - 0.0004[Cu\%] \qquad (2\text{-}65)$$

有关气体溶解度的热力学讨论可以估算各种钢气体溶解度的数值，但是并不等于钢中气体实际溶解的数量。在实际炼钢过程中，钢中气体远未达到饱和值。但是钢中气体溶解度的估算结果，可用于比较气体在钢中溶解的趋势，以及估计各种脱气方法脱气的最大限度，即热力学的可能性。

钢中气体可来自于与钢液相接触的气相，所以它与气相的组成有关。氮气在空气中约占79%，而在炉气中氮的分压力，由于CO等反应产物逸出，稍低于正常空气，约在$(0.77 \sim 0.79)\times 10^5$Pa之间。空气中氢的分压力很小，约为$5.37\times 10^{-2}$Pa左右，与此相平衡的钢中含氢量是$0.02\times 10^{-6}$。由此可见，决定钢中含氢量的不是大气中氢的分压，而应该是空气中的水蒸气的分压和炼钢原材料的干燥程度。空气中水蒸气的分压随气温和季节而变化，在干燥的冬季可低达304Pa，而在潮湿的梅雨季节可高达6080Pa，相差20倍。至于实际炉气中水蒸气分压有多高，除取决于大气的湿度外，还受到燃料燃烧的产物、加入炉内的各种原材料、炉衬材料（特别是新炉体）中所含水分多少的影响。其中，主要是原材料的干燥程度。实测表明，即使空气很干燥（$p_{H_2O} = 300 \sim 400$Pa），由于石灰烘烤不好及废钢锈多，所测炉气中p_{H_2O}可高达4053Pa。炉气中的H_2O可与钢液进行如下反应：

$$H_2O \longrightarrow 2[H] + [O] \qquad \Delta G^\ominus = 48290 + 0.75T$$

$$\lg K'_{H_2O} = \lg\frac{[H\%]^2[O\%]}{p_{H_2O}} = -\frac{10557}{T} - 0.164 \qquad (2\text{-}66)$$

式2-66改写成：

$$[H] = K_{H_2O}\sqrt{\frac{p_{H_2O}}{[O\%]}} \qquad (2\text{-}67)$$

由式 2-66 可算出 1600℃时，$K_{H_2O}=1.26\times10^{-3}$。

假设氧化性钢液（如氧化末期扒渣时的情况）中，$[O\%]_{氧}=0.05$，已脱氧钢液中，$[O\%]_{成}=0.002$，则上述炉气含水蒸气的情况下，氢在钢液中的溶解度分别为：氧化性钢液 $[H]=0.00113\%$；已脱氧钢液，$[H]=0.00564\%$。由此可见，钢液中氢的含量主要取决于炉气中水蒸气的分压，并且已脱氧钢液比未脱氧钢液更容易吸收氢。所以在电炉炼钢的还原期，出钢和浇铸过程中，因钢中氧已很低，如使用未经烘烤的铁合金或未经充分干燥的钢包、使用粉化的石灰等，钢液吸收氢的效果就比较明显。

2.3 炉渣熔体的物理化学性质

2.3.1 炼钢炉渣概述

2.3.1.1 熔渣的作用

炼钢过程中电炉熔渣的作用主要有：

（1）通过调整炉渣的成分来控制钢液的氧化和还原反应的进行速度。

（2）脱除钢中的杂质（如 S、P、Pb、Zn 等），将它们转变为各种化合物稳定在炉渣中，或者通过炉渣排出。

（3）吸收夹杂物。通过炉渣将钢中的各类夹杂物吸附在渣中，达到净化钢液的目的。

（4）覆盖钢液，防止钢液的吸气和降温散热；减少吹炼过程中的飞溅损失。

（5）炉渣是电炉炼钢过程中加热钢液的传热介质，可以稳定电弧燃烧；在电渣炉熔炼时，熔渣是电阻的发热体。

（6）用作保护熔渣时，可减少钢液裸露时金属的氧化，防止散热，提高钢锭、铸坯的表面质量。

2.3.1.2 熔渣的来源

熔渣的来源主要有：

（1）来源于炼钢过程中有目的加入的造渣材料，如石灰、白云石、萤石及火砖块等。

（2）一部分是来源于炼钢过程中的必然产物，包括原材料带入的杂质及合金元素的氧化产物或脱硫产物，在冶炼过程中上浮到钢液的表面。如 Fe、Si、Mn、Cr、Ti、V、Al、P 的氧化物及 Ca、Mn、Mg 的硫化物等。

（3）化学和高温热对炉衬耐火材料的侵蚀作用物，也是熔渣的主要来源之一，如碱性渣中的 MgO 和酸性渣中的 SiO_2 等。

2.3.1.3 电炉炼钢对熔渣的要求

电炉炼钢对熔渣有以下要求：

（1）导电能力大以及熔点不宜太高，并具有适当的流动性和相对的稳定性，即在一定的温度下，不因成分的微小变化而引起黏度急剧的改变。

（2）能确保冶炼过程中各项化学反应的顺利进行。

（3）渣钢易于分离。

（4）对炉衬耐火材料的侵蚀要尽量小。

（5）选用的造渣材料应该资源丰富、价格便宜，容易获得。

2.3.1.4 熔渣的分类与组成

不同的炼钢方法往往采用不同的渣系进行冶炼，但因炼钢电炉的炉衬有酸性和碱性之分，所以电炉钢的熔渣也有酸性、碱性之分，此外还有中性渣系。当渣酸性化物占优势，即$\frac{\Sigma CaO}{\Sigma SiO_2}<1$时，称为酸性渣；当渣中碱性氧化物占优势，即$\frac{\Sigma CaO}{\Sigma SiO_2}>1$时，称为碱性渣；当$\frac{\Sigma CaO}{\Sigma SiO_2}\approx 1$时，称为中性渣。根据电炉钢的冶炼过程，又可将熔渣分为氧化渣、还原渣以及合成渣。常见的还原渣有白渣及电石渣；合成渣的种类较多，主要用于液渣保护浇铸及炉外精炼等。

电炉钢熔渣的组成主要有 CaO、SiO_2、MnO、FeO、Al_2O_3、MgO、P_2O_5 等氧化物，按它们在冶炼过程中的性质不同又可分为三类：碱性氧化物（CaO、MgO、MnO、FeO）；酸性氧化物（SiO_2、TiO_2、P_2O_5、V_2O_5）；两性氧化物（Al_2O_3、Cr_2O_3、Fe_2O_3、V_2O_3）。

此外，熔渣中还含有少量的硫化物、氮化物、碳化物、氟化物及微量的气体等。

2.3.2 熔渣结构理论模型

熔渣的各种物理化学性质以及金属和熔渣之间的反应，都和炉渣的结构有关，要了解熔渣的真正本性，以便从量的方面精确地控制冶金过程，就必须弄清熔渣的各种物化性质及渣钢间的反应和结构之间的关系。所以对于炉渣的结构研究很重要，但是由于高温熔渣的结构非常的复杂，并且目前还受到研究方法和测试手段的限制，所以直到如今还不能确定液态炉渣的结构，目前关于熔渣结构的理论是与熔渣在高温下的黏度、密度、导电性和电解性等是间接推断的。20 世纪 20 ~ 30 年代，以德国人申克为代表的冶金学者对于凝固熔渣进行了岩相分析，认为冶金炉渣和岩石的结构相似，并且以此为依据，提出了熔渣结构的分子理论，但是这种理论无法解释熔渣的冶金过程的一些现象。在随后的几十年来，冶金工作者在这方面做了大量的探索，形成了几种熔渣结构模型的基本理论，主要有熔渣的分子结构理论、离子结构理论以及分子和离子共存结构的理论。

2.3.2.1 熔渣的分子结构模型

熔渣的分子理论最早是由申克提出来的，后经启普曼等人的进一步发展，要点可归纳如下：

（1）熔渣是由自由的简单氧化物分子和复杂化合物分子组成。自由氧化物分子有：SiO_2、P_2O_5、CaO、FeO、MnO、MgO、Fe_2O_3、Al_2O_3，还有硫化物 CaS、MnS 等，而复杂化合物分子有：$CaO\cdot SiO_2$、$2CaO\cdot SiO_2$、$2FeO\cdot SiO_2$、$m CaO\cdot n Fe_3O_4$、$2MnO\cdot SiO_2$、$3CaO\cdot P_2O_5$、$Ca_4P_2O_9$ 等。

（2）熔渣是一种理想溶液，因此钢液与熔渣间的反应可以应用理想溶液的各种定律。在定量计算上，常假定熔渣中存在某些化合物，利用它们的生成或解离使熔渣符合理想溶液的规律。

（3）酸性氧化物和碱性氧化物相互作用形成复杂化合物，这些氧化物与复杂化合物之间处于动平衡状态，例如：

$$CaO\cdot SiO_2 = CaO + SiO_2 \qquad K_1 = \frac{N(CaO)N(SiO_2)}{N(CaO\cdot SiO_2)} \tag{2-68}$$

$$(2FeO \cdot SiO_2) \Longrightarrow 2(FeO) + (SiO_2) \qquad K_2 = \frac{N^2(FeO)N(SiO_2)}{N(2FeO \cdot SiO_2)} \tag{2-69}$$

当温度升高时，化合物的离解度增大，自由氧化物的浓度增高。

(4) 熔渣中只有自由氧化物才有参加冶金反应的能力，例如钢液的脱硫反应[FeS] + (CaO)═(FeO) + (CaS)，渣中存在自由氧化钙时能参加上述反应，而 $2CaO \cdot SiO_2$、$Ca_4P_2O_9$、$3CaO \cdot Fe_2O_3$ 中的 CaO 处于化合状态，不能参加反应。

熔渣的分子结构模型理论论证了熔渣有分子存在这一事实，在炼钢上成功地解释了熔渣的氧化能力及变化原因等。但这一学说还是不完全的，根据分子结构模型理论只能解释熔渣对拉乌尔定律的负偏差，而无法解释对拉乌尔定律的正偏差，也无法解释熔渣的导电以及电解过程的本质等；在定量计算中，计算的结果与实际的结果偏差较大。

2.3.2.2 离子理论

许多学者经过研究以后认为，高温冶金炉渣具有离子结构，其理由是：

(1) 组成熔渣的酸性或者碱性氧化物在固态都具有离子结构，没有理论可以说明这样的氧化物在熔融状态下反而具有分子结构。

(2) 熔融的炉渣可以导电，其比电导值和典型离子化合物的比电导值相近，并且远远高于分子组成的液态绝缘体，同时熔渣的比电导的温度系数为正值。

(3) 熔渣可以电解。

(4) 如果用两个成分不同的金属熔体作为电极，以熔渣作为电解质，熔渣和金属熔体可以形成原电池。

根据以上的分析可以肯定，熔渣中存在带电的质点，具有离子结构。

熔渣的离子结构模型理论的要点如下：

(1) 熔渣是由简单的和复杂的离子构成，无中性的分子存在。如在熔渣中由带正电荷的阳离子 Ca^{2+}、Fe^{2+}、Mn^{2+}、Mg^{2+} 等和带负电荷的阴离子 O^{2-}、S^{2-}、SiO_4^{4-}、PO_4^{3-} 等构成，而无中性的分子如 FeO、MnO、CaO 等。

(2) 熔渣和金属间的相互作用属于电化学性质。如在炼钢过程中，熔渣和钢液之间存在下列反应：$(Fe^{2+}) + 2e = [Fe]$；$(Mn^{2+}) + 2e = [Mn]$；$(O^{2-}) = [O] + 2e$；$(S^{2-}) = [S] + 2e$；$(SiO_4^{4-}) = [Si] + 2[O] + 2(O^{2-})$；$2(PO_4^{3-}) = 2[P] + 5[O] + 3(O^{2-})$。

(3) 熔渣中的每个离子周围都是异电性的离子，也就是说异电性的离子均匀的相间排布。

(4) 等电荷的离子与附近离子的相互作用是完全等价的。也就是说，熔渣中的金属阳离子和氧的负离子相互作用上是完全等价的。

熔渣的离子结构模型理论指出了熔渣中具有离子本性，也定性地解释了许多冶金问题，如熔渣的导电以及电解过程的本质等。但是忽略了分子的本性，在探讨熔渣和钢液间的相互作用时，只注重电化学的研究，而对于热力学的运用却很不够。另外，该理论无法解释熔渣的微不均匀性问题，并在定量计算中也有它的局限性，因此这个理论也是不完全的。

2.3.2.3 熔渣的分子—离子共存结构模型理论

由于分子结构模型理论和离子结构模型理论都是不完全的，且在使用过程中两个理论均无法解释熔渣和钢液间的平衡等问题，前苏联邱依考教授提出了炉渣结构的第三种理论，即分子—离子共存理论。分子—离子共存结构模型理论要点如下：

(1) 在熔渣的组成中，以离子键结合的碱金属和碱土金属的氧化物、硫化物或者氟化物，

它们会分解为 Na^+、Ca^{2+}、Mg^{2+} 等阳离子和 O^{2-}、F^-、S^{2-} 等阴离子，靠共价键结合的酸性氧化物 SiO_2、P_2O_5、Al_2O_3，则以分子存在，以混合键结合的盐类，其离子键可能离解，而共价键部分将保留。

$$FeO = Fe^{2+} + O^{2-}$$

$$MnO = Mn^{2+} + O^{2-}$$

$$MgO = Mg^{2+} + O^{2-}$$

$$CaO = Ca^{2+} + O^{2-}$$

$$CaS = Ca^{2+} + S^{2-}$$

$$CaF_2 = Ca^{2+} + 2F^-$$

$$2CaO \cdot SiO_2 = 2Ca^{2+} + SiO_2 + 2O^{2-}$$

（2）熔渣内的化学反应符合质量作用定律。

（3）离子和分子之间存在着动态平衡，即炉渣中同时还存在着以下反应：$2Ca^{2+} + SiO_2 + 2O^{2-} = Ca_2SiO_4$。

2.3.3　熔渣的物理性质

炉渣的物理性质主要包括炉渣的熔点、黏度、密度、表面张力、扩散系数、导电性和导热性。研究的目的在于了解它们对于炼钢过程的影响以及自身的影响因素，为冶金反应提供最佳的条件。

2.3.3.1　熔渣的熔点

熔渣的熔点的定义是：在炉渣被加热时，固态渣完全转变为均匀液相或者冷却的时候液态渣开始析出固相的温度。炼钢过程产生的炉渣是由多种化合物构成的体系，它的熔化过程是在一个一定的温度范围内进行的。针对一种炉渣而言，目前还不能准确讨论它的准确熔点。通常，炼钢过程要求炉渣的熔点应低于所炼钢的熔点40～220℃，电炉钢炉渣的熔点一般低于所炼钢熔点的60～120℃，以促使熔渣在冶炼过程中充分发挥出功能作用。

在炼钢的温度下，组成炉渣的金属氧化物的熔点远远高于炉渣的熔点。炉渣的熔点较它们各自氧化物熔点低，目前的解释是化学键的作用下，复杂化合物的键能减弱，使得炉渣的熔点大幅度下降。这样才使熔渣的形成有可能。其中，CaO、MgO 和 SiO_2 及 FeO 是碱性渣中的主要成分，它们决定或影响着该类炉渣熔点的高低。不同炉渣的熔点，取决于成渣过程中生产的岩相化合物，这些岩相化合物的熔点是各不相同的，炉渣中的化合物及其熔点见表2-7。

表2-7　炉渣中的化合物及其熔点

化合物	矿物名称	熔点/℃	化合物	矿物名称	熔点/℃
$CaO \cdot SiO_2$	硅酸钙	1550	$CaO \cdot MgO \cdot SiO_2$	钙镁橄榄石	1390
$MnO \cdot SiO_2$	硅酸锰	1285	$CaO \cdot FeO \cdot SiO_2$	钙铁橄榄石	1205
$MgO \cdot SiO_2$	硅酸镁	1557	$2CaO \cdot MgO \cdot 2SiO_2$	钙黄长石	1450
$2CaO \cdot SiO_2$	硅酸二钙	2130	$3CaO \cdot MgO \cdot 2SiO_2$	镁蔷薇辉石	1550
$2FeO \cdot SiO_2$	铁橄榄石	1205	$2CaO \cdot P_2O_5$	磷酸二钙	1320
$2MnO \cdot SiO_2$	锰橄榄石	1345	$CaO \cdot Fe_2O_3$	铁酸钙	1230
$2MgO \cdot SiO_2$	镁橄榄石	1890	$2CaO \cdot Fe_2O_3$	正铁酸钙	1420

通过表2-7可以清楚地认识到，炼钢过程炉渣的熔点是千差万别的，影响电炉炉渣熔点的主要原因有：

（1）炉渣碱度。这一点主要指渣中氧化钙的含量。炉渣碱度不同，炉渣的岩相结构不一样，一般来讲，炉渣的碱度越高，熔点也随之上升。炼钢过程中加入过量的石灰，就会导致成渣速度较慢，就是这个原因。

（2）渣中氧化镁含量。渣中含有一定量的氧化镁，有利于降低炉渣的成渣温度，这主要是因为合适的氧化镁含量会在冶炼过程中生成低熔点的钙镁橄榄石。但是氧化镁含量过高，会引起炉渣熔点的上升。前苏联的索克洛夫研究了 $CaO + MgO = 62\% \sim 66.2\%$，$CaF_2 = 9\%$，$Al_2O_3 + SiO_2 = 24\% \sim 29\%$，渣中氧化镁对于熔点的影响，炉渣熔点的温度 t 和氧化镁含量之间的关系为：

$$t = 1208 + 15.5w_{(MgO\%)} \tag{2-70}$$

因此，可以看到，要获得熔点不大于1400℃的炉渣，氧化镁的含量不能超过12%。电炉炼钢过程中，有时由于炉底镁砂浮起或炉衬剥落，渣中MgO含量增加而使炉渣的熔点升高，导致炉渣的黏度增加，流动性变差。在氧化期自动流渣时，渣中常带有暗黑色的斑点，一般多是未能够溶解的镁砂颗粒。

（3）渣中氧化铁含量。由于氧化铁的离子半径不大，和氧化钙同属于立方晶系，有利于向石灰的晶格中迁移，并且生成低熔点的化合物，从而降低了炉渣的熔点。在电炉的氧化期，如果炉渣的熔点较高，石灰没有完全熔化，或者电炉扒渣以前炉渣太黏，需要在送电的同时，向钢渣界面吹氧，提高渣中氧化铁的含量，降低炉渣的熔点，提高炉渣的流动性，原理就基于此。

一般电炉炼钢的氧化渣的熔点约为1230~1525℃。还原渣的熔点一般在1430~1520℃之间。

2.3.3.2 熔渣的黏度

合适的炉渣的黏度在0.02~0.1Pa·s之间，相当于轻质机油的黏度，钢液的黏度在0.0025Pa·s左右，相当于松节油的黏度，熔渣的黏度是钢液黏度的8~10倍。

炉渣的黏度是炉渣的重要的物理性质之一，它对元素的扩散、渣钢间的物化反应、气体的逸出、热量的传递、铁耗以及炉衬的使用寿命等均有很大的影响。O、S、P等元素在熔渣内或渣钢界面两相间的扩散速度主要受熔渣黏度的影响，一般是与熔渣的黏度成反比，即黏度增大，元素的扩散速度减慢。在电炉钢冶炼的过程中，氧化和还原的反应速度也取决于反应物在渣内的扩散速度。如氧化期的脱碳，如果熔渣过黏，CO气泡通过渣层的排除将会遇到很大的阻力，从而影响气泡的继续生成，相应减慢了碳氧反应的速度，同时黏度增加，使得炉渣中弥散的铁珠的量增加，相应增加了铁耗。此外，炉渣在钢包炉或者还原期过黏，炉渣的扩散脱氧的过程减慢，钢液吸附夹杂物的能力下降，钢液吸气降温的几率增加。大量的实践表明，钢液的扩散脱氧速度随着熔渣黏度的降低而升高，所以在还原初期要造流动性好的稀薄渣是优化电炉还原期的一个重要的操作要点。

在电炉钢冶炼的过程中，熔渣的黏度过大有害，但过小也不利。倘若熔渣很稀，会造成对炉衬的直接侵蚀、冲刷严重，并且对钢液的加热也不利。炉渣黏度过小，炉渣的泡沫化程度就会受到限制，导致炉渣包不住电弧，弧光放出大量的热不能完全被熔渣吸收而反射到炉顶和四周的炉壁上，既浪费了热量又增加了炉衬的热负荷。另外，电炉炼钢的热量主要是靠熔渣进行传导的，因此黏度的大小也影响温度在熔池中的分布，这一点对于容量大的电炉更为明显。在实际生产中，熔渣黏度的相对稳定性也是极为重要的。这是因为在冶炼过程中，熔渣的成分总是要经常变化的，所引起的黏度的变化将会影响对各种物化反应的控制。

影响熔渣黏度的因素主要有：

（1）固相质点。如果熔渣中存在固相质点，即固态微粒时，二者之间要产生液相—固相的界面，这使得液体流动时，需要克服的阻力增加，因此有固相质点的熔渣的黏度远大于相同组成的单项熔渣的黏度。电炉还原期间的增碳，炭粉和 CaC_2 都会使熔渣的黏度升高，这是因为碳本身的熔点高，大约为3750℃，而且往往呈固体微粒状态悬浮于渣中，所以加入炭粉对提高熔渣的黏度极为有效。渣中加入 CaC_2 后，会使 CaO 含量增高，能导致熔渣碱度增高，黏度也增高。电炉炉衬被侵蚀以后，渣中会有大量未能够溶解的镁砂颗粒，或者含铬较高的炉料，铬氧化以后，部分 Cr_2O_3 以固相质点弥散在渣中，它们都是炉渣黏度增加的原因。

（2）熔渣组成。从熔渣结构的概念出发，一般认为炉渣组成对于其黏度的影响，表现在对于离子半径的影响和是否产生固相质点的影响两个方面。对于单相熔渣，其黏度在很大程度上取决于组成的离子半径的大小。当渣中存在着复合阴离子，特别是当阴离子的聚合程度高时，它们的体积很大，从一个平衡位置移到另外一个平衡位置，需要克服的黏滞阻力很大，因此黏度很大。当炼钢炉渣的碱度很低，SiO_2 含量很高时，由于有硅酸根离子的存在，炉渣的黏度增加。与此相反，提高渣中碱性氧化物的含量，由于能够使得复杂阴离子解体，所以可以降低炉渣的黏度。在酸性渣中提高 SiO_2 含量时，会导致熔渣黏度的升高；相反，在酸性渣中提高 CaO 含量时，会使黏度降低。产生上述变化的原因是：SiO_2 在均匀的酸性熔渣内生成结构复杂、体积大且活动性小的络合负离子（$Si_2O_3^{2-}$），这种络合负离子在熔渣中排列较有秩序，堆积得最紧密，使得渣内每一质点从某一平衡位置移到另一平衡位置发生困难，因此黏度增高而流动性降低；在酸性渣中加入 CaO 后，渣中 O^{2-} 增加，改变了 Si 和 O 的比例关系，促使硅氧负离子的键断裂变成体积较小的离子，从而减少熔渣中的内摩擦系数使熔渣黏度降低。

在碱性渣中，熔渣的流动性一般随着碱度的升高而降低。这种变化的原因可能是由于 CaO 熔点较高，加入碱性渣中后，既提高了熔渣的碱度又提高了炉渣的熔点；另一原因，就是 CaO 加入后，熔渣中将会析出固态微粒，从而也使黏度增高。

在碱性渣中，MgO 对黏度的影响最大，当渣中氧化镁含量超过 10% ~12%，Cr_2O_3 的含量超过 5% ~6% 以后，都会使得渣中出现固态微粒，增加炉渣的黏度。

由于 CaF_2 的电离度高，产生的 F^- 离子可以替代 O^{2-} 离子促使 $Si_xO_y^{z-}$ 解体，能够降低碱性炉渣和酸性炉渣的黏度。

Al_2O_3 属于两性氧化物，在中性渣或者碱性渣中，显示酸性，所以能够和 SiO_2 一样，形成复合铝氧阴离子，使得炉渣的黏度增大。在酸性渣中，Al_2O_3 会显示碱性，有破坏复合阴离子的作用。

FeO、CaF_2 及 Al_2O_3 均能降低碱性渣黏度，CaF_2 还能降低酸性渣的黏度。

（3）温度。一定成分的炉渣，升高温度以后，可以提供液体流动所需要的黏滞活化能，而且可以使某些复杂的复合阴离子解体，或是使得固体微粒消失，所以能够降低炉渣的黏度。随着冶炼温度的升高，酸性渣和碱性渣的黏度均有所降低，而碱性渣的过热敏感性比酸性渣大，特别是在温度较低时，升高温度对提高碱性渣的流动性更有效。这可能是由于温度的不同对熔渣内摩擦系数的影响也不同。

综上所述，影响熔渣黏度的因素可大致归纳以下几条规律：

（1）碱性氧化物可降低酸性熔渣的黏度，升高碱性熔渣的黏度；酸性氧化物可降低碱性熔渣的黏度，升高酸性熔渣的黏度。但也有例外，如 FeO，这是由于 FeO 自身的熔点较低的原因。而两性氧化物对熔渣黏度的影响尚无确切的规律。

（2）熔渣黏度与氧化物在渣中存在的形态有关。如果氧化物以尺寸较小、结构简单的离子（阳离子 Ca^{2+}、Mn^{2+} 和阴离子 O^{2-}）形态存在时，会降低渣的黏度；如果是形成结构复杂的（$Si_xO_y^{z-}$）络合负离子，会升高渣的黏度，而且结构越复杂，在渣中堆积越紧密，黏度越高；如果氧化物在渣中呈固态微粒状态存在时，数量越多，黏度越高。

（3）均匀熔渣的黏度较低，非均匀熔渣的黏度较高，由均匀熔渣向非均匀熔渣过渡时，熔渣的黏度将急剧升高。

（4）炉渣的熔点高，黏度也高，如果向熔渣中加入高熔点的同类性能氧化物，则炉渣的黏度升高。

（5）温度升高时，熔渣的黏度降低，碱性渣的敏感性更大。

2.3.3.3 熔渣的密度

熔渣的密度能决定熔渣所占据的体积大小及钢液液滴在渣中的沉降速度。熔渣是由各种化合物组成的，熔渣的密度与渣中氧化物的组分、含量以及温度有关。FeO、MnO、Fe_2O_3 等密度大（5.24～5.7g/cm³）的组分含量高，则炉渣的密度大；CaO、SiO_2、Al_2O_3 等密度较小（2.65～3.5g/cm³）的组分含量高，则炉渣的密度低。炉渣的密度不服从组分密度的加和规律。组分之间可能有引起熔体内某些有序态改变的化学键出现，因而改变了熔渣的密度。

但是固态炉渣的密度可近似地用单独化合物的密度和组成计算：

$$\rho_{渣} = \Sigma\rho_i w_i \tag{2-71}$$

式中，$\rho_{渣}$ 为固体炉渣的密度，g/cm³；w_i 为渣中各组成化合物的质量分数，%；ρ_i 为渣中各组成化合物的密度，g/cm³。

当渣中含有大量密度大的化合物（FeO、MnO、Cr_2O_3）时，熔渣的总密度就大，而占据的体积就小。在电炉钢的冶炼过程中，一般氧化渣的密度均大于还原渣的密度。

目前，有关熔渣的密度与组成及温度的关系的研究还不多，但在1400℃时熔渣的密度与组成的关系见下式：

$$\frac{1}{\rho_{渣}} = 0.286w_{CaO} + 0.45w_{SiO_2} + 0.204w_{FeO} + 0.35w_{Fe_2O_3} + 0.237w_{MnO} + 0.367w_{MgO} + 0.48w_{P_2O_5} + 0.42w_{Al_2O_3} \tag{2-72}$$

式中的各组成为质量分数。当熔渣的温度高于1400℃时，密度常用下式求出：

$$\rho_T = \rho_{渣} + 0.07\left(\frac{1400 - T}{100}\right) \tag{2-73}$$

式中，ρ_T 为温度高于1400℃时某一温度下熔渣的密度，g/cm³；$\rho_{渣}$ 为熔渣在1400℃时的密度，g/cm³；T 为温度，℃。

用式2-73计算的误差不大于5%。一般液态碱性渣的密度为3.0g/cm³，固态碱性渣为3.5g/cm³，而 FeO＞40%的高氧化铁渣的密度为4.0g/cm³，还原初期熔渣的密度约为3.0g/cm³，酸性渣一般为3.0g/cm³，泡沫渣或渣中存在弥散气泡时，密度低一些，所占据的体积也就要更大一些。

2.3.3.4 熔渣的透气性

在冶金上，熔渣的透气性是指熔渣传递氢的能力，即在单位时间内透过熔渣而使钢液吸收氢的数量。常用符号 Δ[H] 表示，也可用氢在熔渣与钢液中的含量比值 $\frac{(H)}{[H]}$ 的变化趋势来表示。$\frac{(H)}{[H]}$ 下降，表明熔渣的透气能力增大；$\frac{(H)}{[H]}$ 上升，表明熔渣的透气能力减小。

炉气中的水蒸气除了在电弧的作用下，一部分离解成氢原子直接被钢液吸收外，还有一部分氢以 OH^- 状态溶解于熔渣中，而 OH^- 穿过渣层及渣钢界面扩散到钢液表面并在表面层分解为［H］和［O］，同时放出电子使钢液的表面层带负电荷，为了维持钢液表面层的电导性，就要吸引渣中正电性较强的 Fe^{2+} 和 Mn^{2+} 向钢液转移，进而促使 OH^- 继续不断地转移。因此，熔渣的透气现象既有物理过程又有化学过程。

影响熔渣透气性的主要因素有：

（1）炉气中水蒸气分压。熔渣的透气性随着炉气中水蒸气分压的增大而增大。实践已证明，Δ[H] 与气相中的 $\sqrt{p_{H_2O}}$ 成线性关系。因此，在冶炼过程中千方百计地降低炉气中水蒸气的分压对减少电炉钢中的气体含量是极为有利的。

（2）熔渣成分。熔渣的成分决定了熔渣的物化性质，如碱度、黏度及氧化或还原能力等。一般说来，提高渣中 CaO 含量或降低渣中 SiO_2 的含量均使熔渣的碱度升高黏度增大，而熔渣的透气性降低。实验指出，熔渣的碱度为 2.5 时，还原渣黏度为最低，流动性最好，透气性也最大；当碱度大于或小于 2.5 时，黏度都增大，熔渣的透气性也相应减小。在熔渣中降低铁离子和锰离子的含量也能使熔渣的透气性降低。氧化渣的透气性较差而还原渣的透气性较好的道理可能就在于此。

（3）温度。炉渣的透气性随着温度的升高而下降，即温度升高，熔渣的透气性增大，这与氢在钢液中的溶解度随着温度的升高而升高，而氢在渣中的溶解度却随温度的升高而降低的结果是一致的。

2.3.3.5 熔渣的表面张力

熔渣也具有表面张力的性质，它主要影响渣钢间的物化反应及熔渣对夹杂物的吸附等。冶金学者早已发现熔体表面张力的大小与键型有关。金属键物质的表面张力最大，一般在 1～2N/m 之间；离子键物质为 0.3～0.8N/m；共价键物质最小，在 0.1N/m 以下。

钢和铁属于金属键结构，表面张力最大。熔渣是多种键型氧化物的混合体，而组成渣的氧化物多是离子键型及共价键型结构，因此熔渣的表面张力多是介于这些氧化物的表面张力之间，所以熔渣的表面张力普遍低于钢液的表面张力。电炉钢熔渣中含有多种或较高的合金元素，在一般情况下，它的表面张力要高于平炉钢或转炉钢熔渣的表面张力。电炉钢各种熔渣的表面张力大致如下：氧化渣（35%～45% CaO，10%～20% SiO_2，3%～7% Al_2O_3，8%～30% FeO，2%～8% P_2O_5，4%～10% MnO，7%～15% MgO）的表面张力为 0.2～0.35N/m；还原渣（55%～60% CaO，20% SiO_2，2%～5% Al_2O_3，8%～10% MgO，4%～8% CaF_2）的表面张力为 0.35～0.45N/m；钢包处理用的 CaO-Al_2O_3 系合成渣（55% CaO，20%～40% Al_2O_3，2%～15% SiO_2，2%～10% MgO）的表面张力为 0.4～0.5N/m。浇铸用的合成渣（10%～20% CaO，20%～25% SiO_2，1%～2% FeO，5%～20% MnO，30%～35% CaF_2）的表面张力为 0.2～0.3N/m。

影响熔渣表面张力的主要因素有：

（1）温度。一元氧化物的熔渣的表面张力一般是随着温度的升高而降低。温度升高，体系内的质点热运动增强，质点间距增大，相互作用力减弱，使表面张力降低。对于复杂多元的熔渣来说，由于温度的升高引起渣的成分及浓度均匀性的改变，而且这种改变对熔渣表面张力的影响尚无普遍规律，既有可能使表面张力降低，也有可能使表面张力增加。一般情况下，在高温冶炼时，由于温度的变化范围较小，所以温度对熔渣表面张力的影响也小。因此，在研究熔渣的表面张力时，也很少考虑温度的影响。

（2）熔渣成分。根据柯札克维奇等人的实验研究，在同等条件下，向简单的 FeO 熔体中，分别加入 Al_2O_3、CaO、MnO 和 SiO_2 及 P_2O_5 等氧化物，在 1400 ~ 1430℃保持恒温，测其表面张力得知，SiO_2 和 P_2O_5 降低 FeO 熔体的表面张力。这是因为该两种氧化物是酸性氧化物，在 FeO 熔体中形成复合阴离子 $Si_2O_7^{6-}$ 与 PO_4^{3-}，它们的静电矩比简单阴离子 O^{2-} 更小，而组分的静电矩越小，熔剂的表面张力降低就越大。因此，它们多是被排斥到表面发生吸附，即 SiO_2 和 P_2O_5 是 FeO 熔体的表面活性物质，从而使表面张力降低；Al_2O_3 则相反，即使补加量不大时，也可提高表面张力；当加入 CaO 时，开始降低表面张力，以后逐渐增加，这是因为复合阴离子在相界面的吸附量发生了变化；MnO 的作用近似于 CaO。各种氧化物对 FeO 熔体表面张力的影响。

对于复杂的碱性渣而言，一般认为凡降低简单 FeO 熔体表面张力的物质，也同样降低此渣系的表面张力，即 SiO_2 和 P_2O_5 氧化物将使复杂的碱性熔渣的表面张力降低。而 CaO 和 MnO 及 Al_2O_3 可在不同程度上使此渣系的表面张力增加，这是由于该三种氧化物能在熔渣中电离出金属离子和 O^{2-} 的缘故。最后应指出，柯札克维奇等人的实验结果没有考虑含量的变化以及反应热效应等因素的影响，因此也有局限之处，所以一般只能用于定性、粗略地讨论问题。

2.3.3.6 熔渣的导电能力

熔渣的导电性是电弧炉和电渣重熔炉的重要参数之一。电炉炼钢过程中的渣料大多属于离子晶体。从分子理论的角度出发，我们可以得出，渣料的导电性很差或者基本上不导电。炼钢过程中的化学溶解或者高温区的电弧的溶解，使得它们在液体状态下，解离为不同的离子或者络合物，属于典型的电解质溶液，使得熔渣具有很大的导电能力，这样才使电炉炼钢成为可能。在一定的电压下，熔渣中带电荷的离子和其中的自由电子的混合流动使熔渣具有了导电性。在生产中会常常遇到这样的现象，在电炉熔清阶段，磷高补加石灰，加入石灰渣料如果量比较大，刚好在电极的下方，这时通电时，电极下降到石灰渣料上，电极就不会起弧通电，通常需要吹氧，将石灰吹开，才能够进行正常的通电冶炼。事实上，熔渣的导电能力，在冶炼过程中是一个由小变大的过程。熔渣的导电能力常用电导率 γ 或 σ 表示，它等于电阻率的倒数，单位为 S/m。熔渣电导率的大小主要取决于渣中离子数目的多少，当然也取决于正、负离子间的相互作用力，即离子在渣中移动的内摩擦力。

影响熔渣导电能力的主要因素有：

（1）熔渣黏度。熔渣的电导率 γ 与黏度 η 有下列关系：

$$\gamma^n \eta = 常数 \tag{2-74}$$

式中，n 为大于 1 的指数。这种关系是因为熔渣黏度的降低，引起了带电荷的离子和自由电子的移动所受的阻力（内摩擦力）减少的缘故。一般情况下，熔渣电导率的增长要比黏度的减少来得慢。这是由于渣内质点的活动性不同造成的。因为电导率取决于活动性较大的带电离子和自由电子，而熔渣的黏度取决于活动性较小的离子，所以熔渣电导率的增长要比黏度的减少来得慢。

（2）温度。一般规律都表明熔渣的电导率随着温度的升高而增加。这是因为随着温度的升高能使熔渣的黏度降低，另外由于温度的升高，熔渣中的带电离子和自由电子的活化能增大，使它们的运动加快，所以导电能力增加。

(3) 熔渣成分。实验证明，熔渣中碱性氧化物越多，导电能力越强，熔渣中酸性氧化物越多，导电能力越差，因此酸性渣的导电能力不如碱性渣；另外，低价氧化物的熔渣具有较大的电导率，这是因为电子和离子能同时导电的结果，所以熔渣中 FeO 增加使电导率增加。因此，氧化性熔渣的导电性能比还原性熔渣的好。Al_2O_3 和 SiO_2 本身的电导率很低，熔渣中 Al_2O_3 和 SiO_2 的含量增加后，使电阻增高而电导率降低，这也决定了还原性熔渣的导电能力不如氧化性熔渣的好。CaO 一般能提高熔渣的导电能力，尤其是在酸性渣中更为显著。

碱性氧化渣的电导率（S/cm）可根据实验确定的下述公式算出：

$$\gamma_{1600℃} = -0.032 - 0.054w_{Al_2O_3} - 0.0569w_{SiO_2} - 0.062w_{P_2O_5} + 0.015w_S + 0.753w_{MnO} + 0.34w_{FeO} - 0.35w_{Fe_2O_3} - 0.13w_{MgO} - 0.145w_{CaO} \tag{2-75}$$

式中，各组元的含量为质量分数，适用范围为：$(Al_2O_3)=5\% \sim 11\%$，$(SiO_2)=18\% \sim 25\%$，$(P_2O_5)=1\% \sim 3\%$，$(S)=0.1\% \sim 0.3\%$，$(MnO)=9\% \sim 16\%$，$(FeO)=7\% \sim 14\%$，$(Fe_2O_3)=0.6\% \sim 3.5\%$，$(MgO)=8\% \sim 13\%$，$(CaO)=24\% \sim 40\%$。

固体炉渣的渣中空隙多，其间又充满了空气，所以在电炉炼钢变压器输出电压的作用下，一般没有导电能力或导电能力极差，所以一般电炉熔清以后停炉，炉内凝固的条件下，要求加部分的废钢，帮助起弧，精炼炉发生故障以后，渣面结壳，是造成电极不导电断电极的常见事故，需要特别注意。

2.3.3.7 熔渣的焓变

熔渣的焓变量是指单位质量的熔渣温度升高时所吸收的热量，它的数据在电炉的热平衡过程中会经常遇到，焓变量的计算公式如下：

$$\Delta H_{slag} = \Delta H_T - \Delta H_{298} = \int_{298}^{T_{熔}} c_s \mathrm{d}T + L_{熔} + \int_{T_{熔}}^{T} c_l \mathrm{d}T \tag{2-76}$$

式中，ΔH_{slag}为熔渣的焓变量；c_s，c_l 分别为熔渣在固态和液态的比热容；$L_{熔}$为熔化潜热。

对于碱性炉渣，其熔化区间为 1250 ~ 1525℃，基本的热力学数据为：$c_s = 0.7757 + 2.615 \times 10^{-4}t + 1.6318 \times 10^{-7}t^2$ kJ/(kg·℃)；$L_{熔} = 167.36 \sim 209.2$ kJ/kg；$c_l = 1.1966$ kJ/(kg·℃)。

一般认为，在 1000℃时，固体碱性渣的比热容为 1.255kJ/(kg·℃)，1650℃液体渣的比热容约为 2.51kJ/(kg·℃)。在 1600℃时，液体碱性渣的焓变值为 1924.96kJ/kg。

2.3.3.8 熔渣导热性

炉渣的导热性常用导热系数（热导率）λ 来表示，单位是 W/(m·℃)或 kJ/(m·h·℃)。熔渣的导热性直接影响电炉炼钢熔池升温的快慢。

炼钢过程中，没有搅拌和对流条件，也没有气泡上浮的多元熔渣的导热系数为 8.368 ~ 12.55kJ/(m·h·℃)，比熔化状态的平静金属的导热系数低 86% ~ 91%，略有搅拌的泡沫渣的导热系数可达到 16% ~ 25.1%，当熔池处于剧烈的脱碳反应期间，炉渣的导热系数可以提高到 368.8 ~ 418.4kJ/(m·h·℃)，同时金属的导热系数可以提高到 7530 ~ 8370kJ/(m·h·℃)，从而使得熔池快速升温。所以，电炉炼钢的氧化期是炼钢升温最有利的时期。

2.3.3.9 氢、氮在熔渣中的溶解

熔渣中的氢是由炉气中的水蒸气和(O^{2-})反应生成，并以(OH^-)形式存在。反应式如下：

$$\{H_2O\} + (O^{2-}) \rightleftharpoons 2(OH^-)$$

渣中 O^{2-} 越多，溶解氢的能力越强，而（O^{2-}）是碱性氧化物解离产生的，所以碱性渣溶解氢的能力比酸性渣大得多，碱度越高，即渣中 CaO 的含量越高，氢的溶解度越大。当熔渣组成和温度一定时，溶解氢的数量和 $\sqrt{p_{H_2O}}$ 成正比。氢在渣中的分布是不均匀的，熔渣越黏越不均匀，一般是与炉气接触的渣面氢含量高于渣钢界面处的氢含量。

熔渣中的氮常以 CN_2^{2-}、CN^-、N^{3-} 形式存在，它在熔渣中的溶解也随炉气中分压力的大小而定。氮化物比氧化物的稳定性较小，所以氮在还原性熔渣中的溶解度比在氧化性熔渣小。

2.3.4 炉渣的化学性质

熔渣的化学性质主要取决于熔渣中主要氧化物的含量和性质。就炉渣的化学性质对于冶炼的影响来讲，影响冶炼电炉炼钢进程的主要因素有炉渣的碱度、氧化性、还原性和透气性。

2.3.4.1 炉渣的碱度

碱度是判断熔渣的酸碱性及其强弱的指标，对炼钢过程中的脱磷、脱硫、脱碳，防止熔池金属液体的吸气降温，钢液的传热都有重要的影响。

组成熔渣的氧化物按照化学性质划分，可以分为碱性氧化物、酸性氧化物、两性氧化物三种。一般情况下，碱性氧化物将其组成中的氧离子提供给酸性氧化物，两性氧化物则根据情况不同，既可以表现出酸性，也可以表现出碱性，在目前采用的碱性渣中它通常呈现酸性。按照结合的强度，炼钢渣中的酸性氧化物按照酸性由弱而强的顺序依次为：$Fe_2O_3 \rightarrow Al_2O_3 \rightarrow P_2O_5 \rightarrow SiO_2$；碱性氧化物由弱而强的顺序依次为：$FeO \rightarrow MnO \rightarrow MgO \rightarrow CaO$。

熔渣的碱度通常是碱性组元的和与酸性组元的和之比，常用 R、B 等表示，碱度的概念表示如下：

$$R = \frac{w_{CaO} + w_{MgO} + w_{MnO} + w_{FeO}}{w_{SiO_2} + w_{P_2O_5} + w_{Al_2O_3} + w_{Fe_2O_3}} \tag{2-77}$$

这种方法比较麻烦，又没有考虑各种酸碱氧化物的强弱的不同，实际生产中应用得较少，实际上在生产中常用的表示方法有：

（1）分子论的表示方法：

1）原料中磷含量较低时，用碱性最强的氧化钙和酸性最强的二氧化硅的质量分数表示：

$$R = \frac{w_{CaO}}{w_{SiO_2}}\text{（炉料中含磷较低）} \tag{2-78}$$

2）炉料中含磷量较高的时候，考虑到渣中 P_2O_5 与 CaO 结合组成稳定的 $3CaO \cdot P_2O_5$，要消耗部分的 CaO，所以用以下公式表示：

$$R = \frac{w_{CaO} - 1.18w_{P_2O_5}}{w_{SiO_2}}\text{（炉料中含磷较高）} \tag{2-79}$$

式中，$1.18 = 3CaO/P_2O_5 = 3 \times 56 \div 144$。有时候为了简便，也采用以下公式表示：

$$R = \frac{w_{CaO}}{w_{SiO_2} + w_{P_2O_5}}\text{（炉料中含磷较高）} \tag{2-80}$$

3）加白云石造渣的时候，渣中含量较高的时候，也可以采用下式表示：

$$R = \frac{w_{CaO} + w_{MgO}}{w_{SiO_2}}\text{（炉料中含氧化镁较高）} \tag{2-81}$$

4）理论研究中，采用摩尔分数比或者 100g 熔渣中物质的量之比来表示碱度：

$$R = \frac{x_{CaO}}{x_{SiO_2}} \tag{2-82}$$

$$R = \frac{x_{CaO} + x_{MgO}}{x_{SiO_2}} \tag{2-83}$$

$$R = \frac{x_{CaO} - 4x_{P_2O_5}}{x_{SiO_2}} \tag{2-84}$$

$$R = \frac{n_{CaO}}{n_{SiO_2}} \tag{2-85}$$

$$R = \frac{n_{CaO} + n_{MgO}}{n_{SiO_2}} \tag{2-86}$$

（2）离子论的表示方法。从炉渣的离子理论出发，炉渣的碱度应该是渣中自由氧离子的浓度。因为在酸性渣中，氧离子的浓度几乎为零。但是在碱性渣中，这一数值很高，当渣中加入酸性氧化物的时候，会发生以下的反应：

$$SiO_2 + 2O^{2-} \longrightarrow SiO_4^{4-}$$

$$Al_2O_3 + 3O^{2-} \longrightarrow 2AlO_3^{3-}$$

$$Fe_2O_3 + 3O^{2-} \longrightarrow 2FeO_3^{3-}$$

$$P_2O_5 + 3O^{2-} \longrightarrow 2PO_4^{3-}$$

因此炉渣中 $w_{SiO_2} + w_{Al_2O_3} + w_{P_2O_5}$ 的总值越小，渣中自由氧（O^{2-}）离子的浓度越大，炉渣的碱度也越高。

此外，炉渣的碱度还取决于渣中阳离子的种类，当$(Ca^{2+})/(Fe^{2+})$的比值增加时，由于与熔渣的键能减小，氧离子的活度增加，所以炉渣的碱度增加。

如果熔渣是理想溶液，碱度可以表示为：

$$R = x_{FeO} + x_{MnO} + x_{MgO} + x_{CaO} - 3x_{Fe_2O_3} - 3x_{Al_2O_3} - 3x_{P_2O_5} - 2x_{SiO_2} \tag{2-87}$$

由于实际生产中所有大部分的熔渣中，$w_{SiO_2} + w_{Al_2O_3} + w_{P_2O_5}$ 都超过 15%，所以不能当做理想溶液来处理。

（3）光学碱度（optical basicity）。光学碱度是 1971 ~ 1975 年间由 J. A. Duffy 和 M. D. Ingram 在研究玻璃等硅酸盐物质时提出的，而为 Sommerville 所倡导，应用于炉渣的理论研究领域内。

表 2-8 为冶金中氧化物的光学碱度及其有关参数。

表 2-8 氧化物的光学碱度及其有关参数

氧化物	光学碱度 Λ		电负性 χ	氧化物	光学碱度 Λ		电负性 χ
	测定值	理论值			测定值	理论值	
K_2O	1.40	1.37	0.8	SrO	1.07	1.01	1.0
Na_2O	1.15	1.15	0.9	CaO	1.00	1.00	1.0
BaO	1.15	1.15	0.9	MgO	0.78	0.80	1.2
MnO	0.59	0.60	1.5	Fe_2O_3	0.48	0.48	1.8
Cr_2O_3	0.55	0.55	1.6	SiO_2	0.48	0.48	1.8
FeO	0.51	0.48	1.8	B_2O_3	0.42	0.43	2.0
TiO_2	0.61	0.60	1.5	P_2O_5	0.40	0.40	2.1
Al_2O_3	0.605	0.60	1.5	CaF_2		0.20	4

由多种氧化物或其他化合物组成的炉渣，其碱度则和渣中的 $a_{O^{2-}}$ 有关，所以用 $B = \lg a_{O^{2-}}$ 表示碱度。在这种情况下，$a_{O^{2-}}$ 应由渣中各组成化合物“释放电子”能力的综合来表示炉渣的光学碱度，即可用下式来计算炉渣的光学碱度：

$$\Lambda = \sum_{B=1}^{n} x_B \Lambda_B \tag{2-88}$$

式中，Λ_B 为氧化物的光学碱度；x_B 为氧化物中阳离子的摩尔分数，它是每个阳离子的电荷中和负电荷的分数，即氧化物在渣中的氧原子的摩尔分数：

$$x_B = n_O x'_B / \Sigma n_O x'_B \tag{2-89}$$

式中，x'_B为氧化物的摩尔分数；n_O 为氧化物分子中氧原子数。

例如 $CaO-SiO_2$ 系（1∶1）：

$$x_{SiO_2} = \frac{2x'_{SiO_2}}{x'_{CaO} + 2x'_{SiO_2}} = \frac{2}{3}$$

$$x_{CaO} = \frac{x'_{CaO}}{x'_{CaO} + 2x'_{SiO_2}} = \frac{1}{3}$$

$CaO-P_2O_5$ 系（1∶1）：

$$x_{CaO} = \frac{x'_{CaO}}{x'_{CaO} + 5x'_{P_2O_5}} = \frac{1}{6}$$

$$x_{P_2O_5} = \frac{5x'_{P_2O_5}}{x'_{CaO} + 5x'_{P_2O_5}} = \frac{5}{6}$$

对于氟化物，如 CaF_2，2 个 F^- 与 1 个 O^{2-} 的电荷数相同，故 1 个氟原子数则取 1/2。

例 2：试计算成分为 $w_{CaO} = 44.05\%$、$w_{SiO_2} = 48.95\%$、$w_{MgO} = 2.0\%$、$w_{Al_2O_3} = 4.6\%$ 的炉渣的光学碱度。

解：计算炉渣的光学碱度，需要计算出氧化物组分的摩尔分数：

组　分	CaO	SiO_2	MgO	Al_2O_3
n_B	0.79	0.82	0.05	0.04
x'_B	0.46	0.48	0.03	0.02

$$\Sigma n = 1.70 \quad \Sigma n_O x'_B = 1 \times 0.46 + 2 \times 0.48 + 1 \times 0.03 + 3 \times 0.02 = 1.51$$

各氧化物的光学碱度为 $\Lambda_{CaO} = 1$，$\Lambda_{SiO_2} = 0.48$，$\Lambda_{MgO} = 0.78$，$\Lambda_{Al_2O_3} = 0.605$，而炉渣的光学碱度为：

$$\Lambda = \Sigma x_B \Lambda_B = \frac{1 \times 0.46}{1.51} \times 1 + \frac{2 \times 0.48}{1.51} \times 0.48 + \frac{1 \times 0.03}{1.51} \times 0.78 + \frac{3 \times 0.02}{1.51} \times 0.605 = 0.65$$

由前面的讲述可知，以分子结构假说为基础的计算炉渣碱度或过剩碱时，需要弄清楚有关氧化物的酸碱性，才能确定它们在碱度计算分式中的位置或过剩碱计算式中的正、负符号。虽然一些常见氧化物是比较清楚其化学性质的，但对于某些氧化物，如 TiO_2 及特别是在高温下，或对于一些不含氧的中性化合物，就更难考虑它们对炉渣碱度的影响，如炉外精炼渣中的 CaF_2、$CaCl_2$ 等卤化物。而采用从离子理论观点导出的光学碱度，就能将这些影响因素考虑进去，比较科学和全面。

2.3.4.2 熔渣的氧化能力

炼钢生产中，熔渣的氧化性是指熔渣向金属相提供氧的能力，也可以认为是熔渣氧化金属熔池中杂质的能力。熔渣的氧化能力是指在一定温度下，单位时间内由熔渣向钢液供氧的数量。在其他条件一定的情况下，熔渣对钢液的氧化能力决定了脱磷、脱碳以及夹杂物的去除等，因而规定着电炉钢生产的熔化和氧化过程。渣中溶解的纯氧含量少，而熔渣中氧的总含量却比溶解的纯氧含量高得多。多余部分的氧一般以 FeO 和 Fe_2O_3 的形式存在，其中主要是 FeO。当渣中存有大量的简单自由 FeO 时，才会使熔渣具有很大的氧化能力；相反，当 FeO 含量很低时，钢渣之间氧的分配比例发生改变，熔渣具有还原能力。

熔渣对钢液的氧化能力可能以两种方式实现：一种是熔渣中 FeO 在钢液和熔渣两相中分配，从而使钢液中也有 FeO；另一种可能是通过熔渣中的 O^{2-} 向钢液转移。熔渣中有各种正负离子，如 Ca^{2+}、Mn^{2+}、Fe^{2+}、O^{2-}、SiO_4^{4-} 等，它们都有向钢液中转移的趋势，但这种转移趋势的大小取决于离子半径的大小和对铁的亲和力的大小。由于熔渣中 O^{2-} 与钢液中铁的亲和力最大，而在所有的负离子中，O^{2-} 的离子半径小于 SiO_4^{4-} 等的离子半径，（O^{2-} = 0.132nm、PO_4^{3-} = 0.276nm、SiO_4^{4-} = 0.279nm），因此，O^{2-} 可先于其他负离子由熔渣转移到钢液中，即 O^{2-} ══ [O] + 2e。

又由于 Fe^{2+} 在正离子中具有较小的离子半径（Ca^{2+} = 0.106nm、Mg^{2+} = 0.078nm、Mn^{2+} = 0.080nm、Fe^{2+} = 0.075nm）和最大的正电性，因此在发生 O^{2-} 由熔渣向钢液转移的同时，也伴随着 Fe^{2+} 的转移，从而才保持熔渣与钢液二相的电中性，即：Fe^{2+} + 2e ══ [Fe]。

将以上两式相加，得 O^{2-} 由熔渣相转移到钢液相的反应，即：O^{2-} + Fe^{2+} ══ [Fe] + [O]。由此可见，熔渣中的 FeO 氧的传递与转移起着重要的作用。

按照分子理论，由于 FeO 在钢液和熔渣两相之间的溶解服从分配定律，因此用渣中含有的氧化铁（FeO 和 Fe_2O_3）含量的多少来表示炉渣的氧化性。氧化能力的表示方法较多，启普曼等冶金学者用渣中 FeO 的活度 $a_{(FeO)}$ 来表示的方法比较完善。在酸性渣中，$a_{(FeO)}$ 等于浓度，所以该种渣的氧化能力可用（FeO）的浓度直接来表示。在酸性渣冶炼的氧化期，如果向渣中加入足够的 CaO 时，不仅增加了熔渣中的 O^{2-}，也降低了自由态 SiO_2 浓度，即增大了自由态 FeO 的浓度，同时提高了该种熔渣的氧化能力。

在碱性渣中，由于 CaO 等氧化物对 FeO 的活度有影响，即这种渣不是理想溶液，因此它的氧化能力不能像酸性渣那样直接用 FeO 的浓度来表示，通常采用下式表示：

$$a_{(FeO)} = \frac{[\%O]}{[\%O]_{饱和}} \tag{2-90}$$

式中，[%O] 为与任意熔渣相平衡时，铁液中的氧含量；$[\%O]_{饱和}$ 为与纯 FeO 熔渣相平衡时，铁液中的氧含量。

而：

$$\lg\frac{[\%O]}{a_{(FeO)}} = -\frac{6320}{T} + 2.734 \tag{2-91}$$

设 $L_O = \dfrac{1}{[\%O]_{饱和}} = \dfrac{a_{(FeO)}}{[\%O]}$，则：

$$\lg L_O = \frac{6320}{T} - 2.734 \tag{2-92}$$

式中，L_O 为氧在渣铁间的平衡分配系数。

熔渣的氧化能力主要取决于组成和温度。在一定的温度下，随着熔渣中 $a_{(FeO)}$ 的升高，铁液中［%O］含量也相应增高。当 $a_{(FeO)}$ 一定时，随着温度的升高，铁液中［%O］含量也提高，即熔渣对铁液的氧化能力提高。在其他条件相同的情况下，高温钢液的脱碳速度比低温钢液的脱碳速度快就与此有直接关系。

式 2-90 只适用于铁液中除氧外而无其他杂质的情况，如铁液中含有其他合金元素或脱氧元素时，就不能正确地反映熔渣的氧化能力。因此，对于钢液来说，式 2-90 也不适用，在这种情况下，就得寻找其他办法来加以解决。熔渣对钢液的氧化能力一般是用钢液中与熔渣相平衡的氧含量和钢液中实际氧含量之差来表示，即：

$$\Delta[\%O] = [\%O]_{渣-钢} - [\%O]_{实} \tag{2-93}$$

用离子方程式表示为：

$$(FeO) = (Fe^{2+}) + (O^{2-}) \underset{还原}{\overset{氧化}{\rightleftharpoons}} [Fe] + [O]$$

当 $\Delta[\%O] > 0$ 时，渣中的氧能向钢液中扩散，使钢液不断受到氧化，此时的熔渣称为氧化渣；当 $\Delta[\%O] < 0$ 时，钢液中的氧能向渣中扩散转移，即熔渣能夺取钢液中的氧，这时的熔渣具有脱氧能力，被称为还原渣；当 $\Delta[\%O] = 0$ 时，说明熔渣既不能向钢液供氧，又不能夺取钢液中的氧，这时的熔渣称为中性渣。

式 2-93 中的 $[\%O]_{渣-钢}$ 可用下式求得：

$$[\%O]_{渣-钢} = \frac{a_{(FeO)}}{L_O} \tag{2-94}$$

式中，$a_{(FeO)}$ 为熔渣中 FeO 的活度，与熔渣的组成和温度有关；L_O 为氧在熔渣与钢液间的分配系数；而［%O］是在氧化末期主要与碳含量有关，因此可得出 $\Delta[\%O]$ 的关系式如下：

$$\Delta[\%O] = f(\Sigma(FeO)、R、[C]、T) \tag{2-95}$$

式 2-95 说明 $\Delta[\%O]$ 是熔渣 FeO 的总量、碱度、钢液中的碳含量及温度的函数。当 $\Sigma(FeO)$ 一定时，在同样的温度下，$a_{(FeO)}$ 随着熔渣中碱度 R 的改变而改变：在低碱度（$R<1.87$）范围内，随着熔渣碱度 R 的升高，$a_{(FeO)}$ 也增大。在高碱度（$R>1.87$）范围时，随着碱度 R 的升高，$a_{(FeO)}$ 下降。$a_{(FeO)}$ 随着碱度改变的原因主要是由于在低碱度渣下，渣中酸性氧化物 SiO_2 增加并与 FeO 形成 $2FeO \cdot SiO_2$，从而降低了 $a_{(FeO)}$，所以也减少了熔渣对钢液的氧化能力。在这种情况下，如果增加渣中 CaO 和 MgO 等强碱性氧化物的含量，由于 CaO 和 MgO 分别与 SiO_2 形成比 $2FeO \cdot SiO_2$，更稳定的 $CaO \cdot SiO_2$ 和 $2MgO \cdot SiO_2$ 等硅酸盐，并从 $2FeO \cdot SiO_2$ 中取代出来了 FeO，增加了渣中的 $a_{(FeO)}$，从而又提高了熔渣对钢液的氧化能力。在其他条件相同的情况下，当 $R=1.87$ 时，熔渣对钢液的氧化能力为最大，钢液中溶解的氧也最多。因此炉渣有较高的碱度时，就能够使之有较高的氧化性。据测试，炉渣的碱度达到 2 的时候，氧化铁的活度最大。

在电弧炉碱性渣冶炼时，由于火砖块中含有大量的 SiO_2，能够降低熔渣中的氧化能力，因此在钢液的脱碳氧化过程中，提倡使用较高碱度的炉渣进行冶炼操作，不提倡用火砖块来改善熔渣的流动性。

2.3.4.3 熔渣的还原能力

$\Delta[\%O] < 0$ 的熔渣称为还原渣。在平衡条件下，熔渣的还原能力主要取决于渣中（FeO）

含量和碱度 R。碱度为1.87时，钢液中的［O］含量最高。碱度相同时，(FeO) 越低，［O］含量越少。在碱度为3.0的条件下，如 (FeO) 为0.5%时，［O］含量为0.009%；如 (FeO) 为0.25%时，［O］含量为0.005%，因此，为了保证钢液具有合乎要求的氧含量，还原期熔渣的碱度应保持3.0左右，出钢前渣中 (FeO) 含量应小于0.5%。电炉钢的还原渣和炉外精炼用渣常把 Σ(FeO) 降到 0.5% 以下，碱度控制在 3.0 ~ 4.0 范围。保护浇铸用的酸性渣，Σ(FeO) <0.5%，碱度要控制在 1 以下。在生产中为了充分发挥熔渣的还原作用，除控制 Σ(FeO) 和碱度外，还要控制熔渣中还原物质（C、Si 等）的数量、搅拌程度、还原渣的流动性及保持时间等，因为这些参数均和钢液中的氧含量有直接关系。

不同钢种含有不同的 Mn、Si、B、Ti、Al、RE 等元素。随着钢中这些元素含量的提高，熔渣中组元的化学稳定性相对降低；原来在冶炼碳素钢时稳定的组元可能变得不稳定，有的反而会对钢中元素起氧化作用，如在冶炼 18CrMnTi 钢时，因钢液中含 Ti，渣中或耐火材料中的 SiO_2 可成为氧化剂，在出钢和浇铸过程中 Ti 含量不断减少，Si 含量不断增加。再如渣洗用 $CaO\text{-}Al_2O_3$ 渣系、电渣重熔用 $Al_2O_3\text{-}CaF_2$ 或 $CaO\text{-}CaF_2$ 渣系、保护浇铸用的 $CaO\text{-}Al_2O_3\text{-}SiO_2$ 渣系，含 FeO 量都很少，具有良好的还原能力。随着熔炼温度和金属中易氧化元素含量的提高，熔渣中的 SiO_2 也可能起氧化剂的作用。

2.3.4.4 熔渣的容量

炼钢生产过程中，对于钢铁有害的物质，如硫、磷、氮、氢、水蒸气都能够在熔渣中溶解，并且保留在渣中。通常把熔渣容纳或者溶解这些物质的能力称为炉渣的容量。电炉炼钢过程中常见的是硫容量和磷容量。

A 硫容量

电炉炼钢过程中的硫容量记作：

$$C_S = \left(\frac{K_{[S]}}{K_{[O]}}\right) C'_S \tag{2-96}$$

式中，C'_S为金属熔体中的硫在熔渣中溶解的硫容量；$K_{[S]}$，$K_{[O]}$分别为氧气和气体硫在金属熔体中的平衡常数：

$$\frac{1}{2}O_2 = [O] \qquad \lg K_{[O]} = \frac{6118}{T} + 0.151 \tag{2-97}$$

$$\frac{1}{2}S_2 = [S] \qquad \lg K_{[S]} = \frac{7054}{T} - 1.224 \tag{2-98}$$

实验测得硫容量与碱度 R 的关系可以表示为：

$$\lg C_S = -5.57 + 1.39R \tag{2-99}$$

大量的研究表明，炉渣的硫容量是随着炉渣的碱度提高而增加。由于 Al_2O_3 的酸性比 SiO_2 的弱，使用 Al_2O_3 代替 SiO_2，能够提高炉渣的硫容量。

实际电炉炼钢生产中的炉渣硫容量往往比计算的数值大许多，这是因为电炉炼钢的热力学条件和动力学条件比较优越造成的。通过改变动力学条件，一种碱度的炉渣的硫容量能大幅度地增加。例如三期冶炼的电炉，在出钢过程中先出还原渣，然后出钢水，炉渣的硫容量将增加 0.5 ~ 5 倍。

B 磷容量

在电炉炼钢的氧化过程中，炉渣中的磷一般是以离子状态存在的，磷在氧化渣中的溶解度可以利用磷容量或者磷酸盐容量来表示。

电炉炼钢的熔渣中，加入碱性较强的氧化物，而且阳离子半径越小，炉渣的磷容量越大。所以含有 Na_2O 和 BaO 的渣系，磷容量较大。由实验得到的金属熔体中的磷在炉渣中的容量 $C'_{PO_4^{3-}}$ 与熔渣的光学碱度 Λ 关系可以表示为：

$$C'_{PO_4^{3-}} = \frac{29990}{T} - 23.74 + 17.55\Lambda \tag{2-100}$$

在超低磷钢种的冶炼和脱磷操作比较复杂的不锈钢冶炼过程中，采用石灰和 BaO 的渣系是优化脱磷操作的最佳选择之一。不同的炉渣的磷容量见图 2-1。

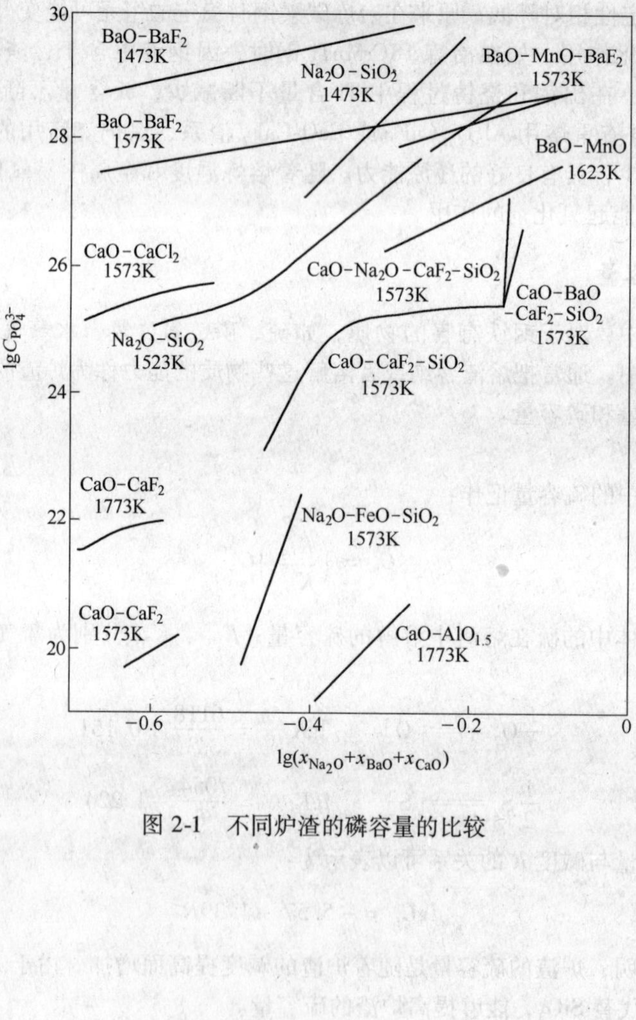

图 2-1 不同炉渣的磷容量的比较

3　电炉炼钢过程中的基本反应

电炉炼钢的主要任务可以简要地概述如下：

(1) 在废钢铁炉料中配碳，在熔池形成以后进行脱碳，通过脱碳反应，达到促使熔池沸腾，熔池沸腾以后，不仅能够促进传热，而且能够促进废钢铁料中的杂质通过沸腾上浮，然后被炉渣吸收，达到净化钢液的目的。

(2) 通过熔池的沸腾，能够将熔池中的气体溶入脱碳产生的CO气泡，将钢中的部分气体随着脱碳反应产生的CO气泡上浮，达到去除的目的。

(3) 脱除钢中的磷、硫、锌、铅等有害元素。

(4) 脱氧。前面所述的磷、锌和铅以及少量硫的脱除是在氧化的条件下进行的，也就是在电炉炼钢的氧化期完成的。在这一过程中，钢液中溶解了大量的氧。由于氧也是钢中的有害元素，在完成有害元素的脱除以后，对钢液进行脱氧。脱氧的方法是向钢液中加入脱氧剂，也就是向钢液中加入与氧的亲和力大于铁与氧亲和力的元素的铁合金。

(5) 合金化。在氧化期废钢铁炉料带入的硅、锰等基本上已经氧化了，为了保证钢材成品中的合金元素的含量，在传统的三期冶炼的工艺中，出钢前，或者出钢过程中，向钢中加入各类的铁合金，如硅铁、锰铁、铬铁等。在超高功率电炉的工艺中，这一过程是在出钢过程和精炼炉完成的。

(6) 温度的调整。电炉炼钢过程是一个持续调整温度的过程。需要熔池的氧化过程产生的沸腾来搅拌熔池，促进传热，同时氧化期的泡沫渣可以提高埋弧的效果，提高电效率。

3.1　熔化、氧化过程金属元素的氧化反应

3.1.1　铁的氧化

铁与氧的亲和力比其他元素（Cu、Ni、Co除外）小，只要有别的元素存在，它就很难与氧结合，但在铁基钢液中，由于铁的浓度最大，所以它还是首先被氧化。钢液中铁和氧的主要反应同式3-1、式3-2和式3-5。式3-1和式3-2是吸热反应，而式3-5是放热反应。当钢中的C、Si、Mn、P等元素进行氧化反应时，氧的主要来源是FeO，因此铁的氧化能为其他元素的氧化储存氧，这也说明FeO对氧的传递起着重要作用。

电炉的炼钢过程中，铁在红热状态就能够被氧气氧化。铁的氧化是发生率和发生量最大的化学反应。在冶炼期间，吹入熔池的氧气分子高温下分解为氧原子并且被吸附在铁液的表面上，进而与铁和其他元素作用生成各种氧化物。铁的氧化物有三种，即FeO、Fe_2O_3、Fe_3O_4。FeO、Fe_2O_3都是稳定的，前者的稳定性更强。Fe_3O_4可以看作是FeO·Fe_2O_3，铁的氧化物以FeO为主。铁的氧化是一个及其重要的反应，它将氧从气相向熔池中的传输有着决定性的作用。

铁的氧化可以表示为：

$$2Fe + O_2 = 2(FeO) \tag{3-1}$$

$$2(FeO) + \frac{1}{2}O_{2(g)} = (Fe_2O_3) \tag{3-2}$$

对于加矿氧化的电炉，可以表示为：

$$(Fe_2O_3) + Fe = 3(FeO) \tag{3-3}$$

$$(Fe_3O_4) + Fe = 4(FeO) \tag{3-4}$$

在一些射流氧枪的作用下，氧气射流可以直接射入熔池，如超声速集束氧枪，它的射流可以射入金属熔池内部和铁发生反应。发生的化学反应类型，经过热力学条件的计算可以认为如下：

$$3[Fe] + 2O_2 = [Fe_3O_4] \tag{3-5}$$

$$[Fe_3O_4] + Fe = 4[Fe] + 4[O] \tag{3-6}$$

$$2[Fe] + O_2 = 2[FeO] \tag{3-7}$$

当氧气射流射入熔池时，在熔池上部钢液内的冲击动能最大，氧气泡附近的铁液多数产生的是式 3-9 的反应，随着氧气射流的衰减，在熔池中下部，氧气泡较少，反应以式 3-10 为主。需要说明的是，现在有文献证明，在电炉的冶炼过程中，吹氧助熔时，废钢的温度低于570℃，铁的氧化产物以 Fe_3O_4 为主，大于570℃，则以 FeO 为主。

电炉炼钢过程中炉渣覆盖在钢液的表面，所以氧从气相向金属相的传输必须经过渣相。炉渣结构的分子理论认为，炉渣的传氧过程为：

$$2(FeO) + \frac{1}{2}\{O_2\} = (Fe_2O_3) \tag{3-8}$$

$$(Fe_2O_3) + Fe = 3(FeO) \tag{3-9}$$

$$(FeO) = [O] + Fe \tag{3-10}$$

也就是说，渣中的氧化亚铁在渣气界面被气相的氧氧化，生成的三氧化二铁通过对流或者扩散向下传质到钢渣界面，被钢液中的铁原子还原成为氧化亚铁，然后按照分配定律将氧传给钢液。

按照炉渣的离子理论，氧从气相经过渣相向金属相的转移过程也是二价铁离子在炉渣的上表面被气相氧化成为三价铁离子，后者在扩散和对流的作用下传输到熔渣的下面，在那里又被金属中的铁还原成二价铁离子，同时把氧带入熔池。

如果单纯地考虑氧从气相向熔池金属相的转移，那么金属熔池中的氧含量取决于上述的传氧过程达到平衡时炉渣的氧化性。熔池铁液中氧的饱和含量可以用下式表示：

$$w_{[O]\%} = 0.23a_{(FeO)} \tag{3-11}$$

事实上，钢液中的实际氧含量低于上式的计算数值，主要是由于传输进入熔池的氧，用于氧化其他的杂质元素，传氧过程没有达到平衡的原因。

电炉炼钢过程中，熔池中杂质的氧化有两种方式，即直接氧化和间接氧化。

直接氧化是指气相中的氧与熔池中的各种元素硅、锰、碳、磷等直接发生作用，反应的趋势取决于反应的自由焓。例如对于硅的氧化可以表示为：

$$[Si] + \{O_2\} = SiO_2 \tag{3-12}$$

间接氧化是指气相中的氧现将铁氧化成氧化亚铁，然后渣中的氧化亚铁按照分配定律部分地扩散并且溶解于金属中，然后溶解在金属中的氧与金属中的各种金属元素相互反应，将其氧化，如熔池中的碳的氧化：

$$(FeO) = [O] + Fe \tag{3-13}$$

$$[O] + [C] = \{CO\} \tag{3-14}$$

也可以直接写成：

$$(FeO) + [C] = \{CO\} + [Fe] \tag{3-15}$$

这种表达方式可以认为在钢渣界面上，熔池中的碳被熔渣中的 FeO 氧化生成了一氧化碳气泡，必须要注意的是间接氧化中，熔池中的杂质元素绝不是和气相中的氧直接反应的。

在电炉冶炼过程中，直接氧化与间接氧化所占的比例，要根据供氧的情况来判断。总体来讲，间接氧化的反应量占总反应量的90%以上，这一点，笔者在实践中和借鉴同行的文献中是可以肯定的。

3.1.2　硅的氧化

硅在铁液中能够无限溶解，但是硅和铁液形成的不是理想溶液。在所有的杂质元素中，Si 与 O 的亲和力较大，但次于 Al 和 Ti，而强于 V、Mn、Cr。因此，钢液中的硅在熔化期将被氧化掉70%，少量的残余硅在氧化初期也能降低到最低限度。电炉炼钢过程中，硅的氧化对于炉渣的形成有着重要的影响，硅的氧化是在熔化期大量被间接氧化掉的，在有熔池形成和炉渣覆盖的条件下，硅的氧化可以写成：

$$[Si] + 2(FeO) = (SiO_2) + 2[Fe]$$

$$\Delta_r G_m^{\ominus} = -351.71 + 0.128T(\text{kJ/mol})$$

$$\lg K_{Si} = \lg \frac{a_{(SiO_2)}}{w_{[Si]\%}\, a_{(FeO)}^2} = \frac{18360}{T} - 6.68 \tag{3-16}$$

在吹氧助熔和熔池炉渣没有形成之前，硅也有部分按照以下反应被直接氧化：

$$[Si] + \{O_2\} = (SiO_2)$$

$$\Delta_r G_m^{\ominus} = -827.13 + 0.228T(\text{kJ/mol})$$

$$\lg K_{Si} = \lg \frac{a_{(SiO_2)}}{w_{[Si]\%}\, \dfrac{p_{O_2}}{p^{\ominus}}} = \frac{43210}{T} - 11.9 \tag{3-17}$$

硅的氧化物 SiO_2 是不溶于钢液只溶解于炉渣的酸性氧化物。不论是直接氧化还是间接氧化，硅的氧化是放热反应，并随着温度的升高氧化程度减弱，且在碱性渣下比在酸性渣下氧化得充分。硅在熔池内的存在，会减缓其他元素的氧化反应的进行。电炉熔池内的硅含量超过0.05%，碳的氧化就会被抑制。

所以在冶炼高铬不锈钢或返吹其他钢种时，炉料中往往配入一定量的硅，或者在返回吹氧法中，在吹氧结束时，向渣面加一定量的硅铁粉，还原炉渣中的氧化铬，以保证钢液的快速升温及减少铬的烧损。反应生成物 SiO_2 不溶于钢液中，除一部分能上浮到渣中外，还有一部分呈细小颗粒夹杂物悬浮于钢液中，SiO_2 可与其他夹杂物结合生成硅酸盐，如果去除不当而残留在钢中能成为夹杂物。

在熔渣中，如果有过量的（FeO）存在，硅氧化生成的（SiO_2）与之发生以下反应：

$$(SiO_2) + 2(FeO) = (2FeO \cdot SiO_2) \tag{3-18}$$

按照离子理论，上述反应可以表示为：

$$[Si] = (Si^{4+}) + 4e \tag{3-19}$$

$$(Si^{4+}) + 4(O^{2-}) \longrightarrow (SiO_4^{4+}) \tag{3-20}$$

$$2(Fe^{2+}) + 4e \longrightarrow 2Fe \tag{3-21}$$

综合以上可以得到：

$$[Si] + 2(Fe^{2+}) + 4(O^{2-}) \longrightarrow (SiO_4^{4+}) + 2Fe \tag{3-22}$$

由于 Fe^{2+} 的离子半径很小，所以电正性很强，当它们与（SiO_4^{4+}）邻近时，由于 Fe^{2+} 和 O^{2-} 之间的强作用力，可以使得（SiO_4^{4+}）解体。所以 $2FeO \cdot SiO_2$ 不稳定，在碱性渣中，随着石灰的熔化，$2FeO \cdot SiO_2$ 中的 FeO 能被更强的碱性氧化物 CaO 从硅酸铁中置换出来，即：

$$2(CaO) + (2FeO \cdot SiO_2) \longrightarrow (2CaO \cdot SiO_2) + 2(FeO) \tag{3-23}$$

由于生成的正硅酸钙（$2CaO \cdot SiO_2$）在炼钢的温度下是稳定的化合物，按照离子理论的观点，渣中 Ca^{2+} 的浓度增加以后，围绕着 SiO_4^{4+} 的主要是 Ca^{2+}，后者不会夺取 SiO_4^{4+} 中的 O^{2-} 使之解体，因此能够形成稳定的离子团，使 SiO_2 分解压力变得更低，渣中 $a_{(SiO_2)}$ 变得更小，所以在碱性渣下，硅的氧化较完全，而且冶炼后期温度升高也不会发生 SiO_2 的还原反应。在酸性炉衬的冶炼过程中，由于酸性渣的操作，熔渣通常被 SiO_2 所饱和，此时炉渣中的 $w_{(SiO_2)}$ 约占 50% ~70%，而且炉衬中含有大量的 SiO_2，这就为硅的还原创造了有利的条件，在温度达到一定的程度以后，就会发生硅的还原反应。

3.1.3　锰的氧化

锰在铁液中可以无限溶解，而且与铁形成的溶液近似于理想溶液，即可以在定量讨论的时候可以直接使用锰在钢中的质量百分浓度近似的代替它的活度。锰的氧化和还原是炼钢过程中的重要反应之一。在熔化期，锰与氧的亲和力比硅小，到了熔化末期锰大约烧损50%左右。如果熔化期渣中 FeO 含量和碱度较低时，锰的氧化烧损可能还要少。在氧化期，钢液中的锰继续氧化，当熔池钢液中的锰含量超过0.25%，电炉的脱碳速度就会明显的下降，锰的氧化以间接氧化为主。锰的氧化反应可以表示为：

$$[Mn] + (FeO) \longrightarrow (MnO) + [Fe]$$

$$\Delta_r G_m^{\ominus} = -123.35 + 0.056T(kJ/mol)$$

$$\lg K_{Mn} = \lg \frac{a_{(MnO)}}{w_{[Mn]\%}\, a_{(FeO)}} = \frac{6440}{T} - 2.95 \tag{3-24}$$

同样的，在吹氧助熔的时候，废钢铁料中的锰也会被氧气直接氧化一部分：

$$[Mn] + \frac{1}{2}\{O_2\} \longrightarrow (MnO)$$

$$\Delta_r G_m^{\ominus} = -361.65 + 0.107T(kJ/mol)$$

$$\lg K_{Mn} = \lg \frac{a_{(MnO)}}{w_{[Mn]\%}\sqrt{\frac{p_{O_2}}{p^{\ominus}}}} = \frac{18860}{T} - 5.56 \tag{3-25}$$

锰的氧化也是放热反应，且随着温度的升高氧化程度减弱。当钢液的温度升高到一定程度时，锰的氧化反应趋于平衡。在有过量的 FeO 存在时，生成的 MnO 将会结合成为 $2(FeO, MnO) \cdot SiO_2$。在电炉碱性炉渣的操作中，随着碱度的增加，（CaO）能将（MnO）从硅酸锰或铝酸锰中置换出来而形成比较稳定不易分解的复合化合物，$2(FeO, MnO) \cdot SiO_2$ 会逐渐向 $2CaO \cdot SiO_2$过渡。反应方程式为：

$$2(FeO,MnO) \cdot SiO_2 + 2CaO = (2CaO \cdot SiO_2) + 2(FeO,MnO) \quad (3\text{-}26)$$

$$(MnO \cdot Al_2O_3) + (CaO) = (CaO \cdot Al_2O_3) + (MnO) \quad (3\text{-}27)$$

从以上的反应可以看出，在氧化期炉渣碱度上升以后，部分的 MnO 在炉渣中处于游离的状态，在温度升高电炉喷吹炭粉的时候，就会被还原进入钢液，影响电炉的脱碳反应速度。超高功率电炉冶炼时，这一点尤其明显，在后面超高功率电炉的脱碳章节中将会做详细的介绍。因此，全熔后钢液中的锰含量较高时，可在氧化初期在较低的温度下进行氧化，并采取自动流渣或换渣的方式去除。

通常在传统的电炉炼钢的实际冶炼过程中，锰含量的变化被看成是钢液温度高低的标志。这是因为熔池温度升高后，由于碳的氧化反应使渣中的（FeO）含量不断降低，溶于熔渣中呈游离状态的（MnO）就要参与碳的氧化反应，这时已趋于平衡的锰的氧化反应被破坏，而转变为锰的还原，反应式如下：

$$(MnO) + [Fe] = (FeO) + [Mn] \quad (3\text{-}28)$$

$$(FeO) + [C] = [Fe] + \{CO\} \quad (3\text{-}29)$$

$$(MnO) + [C] = \{CO\} + [Mn] \quad (3\text{-}30)$$

如果氧化末期钢液中的锰含量比前期高或氧化过程中锰元素没有损失，说明氧化沸腾是在高温下进行的。如果氧化末期钢液中的锰含量损失较多，说明氧化沸腾有可能是在较低的温度下进行的。

锰的氧化反应生成物 MnO 在钢液中的溶解度很小，将上浮进入渣中，其中一部分在上浮途中与悬浮在钢液中的细小不易上浮的 SiO_2、Al_2O_3 结合成硅酸锰和铝酸锰，即：

$$m[MnO] + n[SiO_2] = [mMnO \cdot nSiO_2] \quad (3\text{-}31)$$

$$m[MnO] + n[Al_2O_3] = [mMnO \cdot nAl_2O_3] \quad (3\text{-}32)$$

这些硅酸锰和铝酸锰属于颗粒大、熔点低并易于上浮的化合物。为了更好地去除钢中夹杂，在冶炼用途重要或碳含量较低的钢种时，在氧化末期建立了保持锰的工艺制度。

3.1.4 铬的氧化及铬与碳的选择氧化

3.1.4.1 铬氧化反应的基本特点

1600℃时，铬在铁液中的溶解度是58%，并且与铁形成理想溶液。铬与氧的亲和力与锰和氧的亲和力接近，Cr 比 Fe 易氧化，但被氧化性比 Al、Ti、Si 等弱，氧化的产物主要有 CrO、Cr_2O_3、Cr_3O_4 三种。在酸性渣下，铬被氧化成显碱性的 CrO，并且可以与渣中的 SiO_2 生成 $CrO \cdot SiO_2$。在碱性渣下，铬主要被氧化成为显中性的 Cr_2O_3，并且可以与渣中的二价碱性氧化物生成尖晶石型的铬酸盐 $MeO \cdot Cr_2O_3$。Cr_3O_4 可以看成是 $CrO \cdot Cr_2O_3$。铬的氧化反应式如下：

在酸性渣下：

$$[Cr] + (FeO) = (CrO) + [Fe] \quad (3\text{-}33)$$

$$[Cr] + (MnO) = (CrO) + [Mn] \quad (3\text{-}34)$$

$$2[Cr] + (SiO_2) = 2(CrO) + [Si] \quad (3\text{-}35)$$

在碱性氧化渣下：

$$2[Cr] + 3(FeO) = (Cr_2O_3) + 3[Fe] \quad (3\text{-}36)$$

$$2[Cr] + 3[O] = Cr_2O_{3(s)} \quad (3\text{-}37)$$

$$2[Cr] + 4[O] + [Fe] = (FeO \cdot Cr_2O_3)_{(s)} \quad (3\text{-}38)$$

以上的反应式也表明了渣中 FeO 能使铬的收得率降低，且当炉料中的铬含量很高时，转入熔渣中的铬损失也多。炉渣的碱度对于渣中 Cr_2O_3 含量的影响见图 3-1。

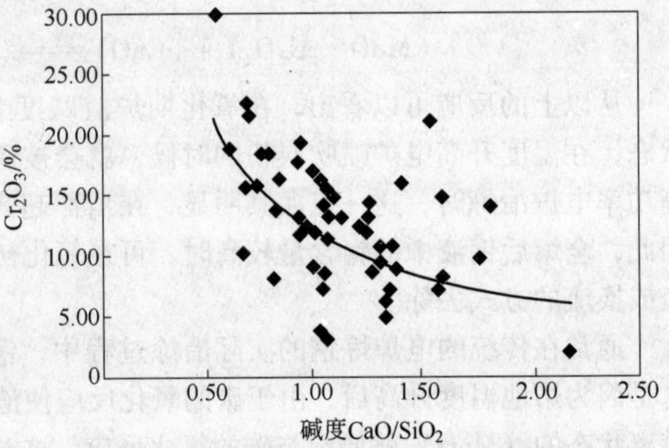

图 3-1　炉渣碱度对于渣中 Cr_2O_3 的影响

铬的氧化物在渣中的溶解度均不大，一般不超过 10%，加上它们的熔点都很高，如 Cr_2O_3 的熔点为 2275℃，所以电炉炼钢过程中，只要有少量的铬氧化就会出现铬的固体氧化物析出，使得钢和炉渣的黏度急剧上升，高铬的熔渣很黏，能影响其他元素氧化反应（如脱磷）的正常进行。因此，为了减少铬的损失及保证冶炼的正常进行，不宜使用含铬高的炉料。而渣中析出物的组成，可以认为与钢液的含铬量有关，随着钢中铬含量的增加，析出物中的 Cr_2O_3 所占的比例增加。高温下脱碳能抑制铬的氧化损失，这一点对于采用返吹法冶炼低碳高铬钢具有极其特殊的意义。换言之，高温不利于铬的氧化，所以为了降低钢中的铬含量，一般均采用偏低的温度并选用矿石氧化的方式进行。熔池内铬含量不同析出物也不同，它们各自的反应和热力学数据如下：

（1）$w_{[Cr]} \leqslant 3\%$ 时：

$$2[Cr] + 4[O] + [Fe] = (FeO \cdot Cr_2O_3)_{(s)}$$

$$\Delta G_m^{\ominus} = -1022700 + 438.8T$$

$$\lg K = \lg(a_{[Fe]} a_{[Cr]}^2 a_{[O]}^4) = \frac{-53420}{T} + 22.92 \quad (3\text{-}39)$$

（2）$w_{[Cr]} \geqslant 3\%$ 时：

$$2[Cr] + 3[O] = Cr_2O_{3(s)}$$

$$\Delta G_m^{\ominus} = -843100 + 371.8T$$

$$\lg K = \lg(a_{[Cr]}^2 a_{[O]}^3) = \frac{-44040}{T} + 19.42 \quad (3\text{-}40)$$

（3）$9\% \geqslant w_{[Cr]} \geqslant 3\%$ 时：

$$2.33[Cr] + 4[O] + 0.67[Fe] = Fe_{0.67}Cr_{2.33}O_{4(s)}$$

$$\lg K_{Cr} = \lg(a_{[Cr]}^{2.33} a_{[O]}^4) = \frac{-51460}{T} + 21.69 \quad (3\text{-}41)$$

（4）$w_{[Cr]} \geqslant 9\%$ 时：

$$3[Cr] + 4[O] = Cr_3O_4$$

$$\lg K_{Cr} = \lg(a_{[Cr]}^3 a_{[O]}^4) = \frac{-52400}{T} + 24.26 \quad (3\text{-}42)$$

3.1.4.2　铬与碳的选择氧化

在含有铬和碳的电炉熔池中，铬和碳的氧化关系对于冶炼不锈钢，是一个重要的问题，它将会涉及到炼钢的整个系统平衡的问题。在冶炼不锈钢的时候，人们总是希望脱碳保铬，而在另外的一些特殊场合，需要脱铬，消除铬对于钢材的不利影响。铬和碳氧化反应的热力学数据如下：

$$[C]+[O]=\!=\!=\{CO\} \qquad \Delta_r G^{\ominus}(C)=-22200-38.34T \tag{3-43}$$

$$\frac{2}{3}[Cr]+[O]=\!=\!=\frac{1}{3}Cr_2O_3 \qquad \Delta_r G^{\ominus}(Cr)=-281033+123.9T \tag{3-44}$$

$$Cr_2O_{3(s)}+3[C]=\!=\!=2[Cr]+3\{CO\} \qquad \Delta_r G^{\ominus}=-776500-486.82T \tag{3-45}$$

当 $\Delta_r G^{\ominus}=0$ 时，表示钢液中的碳和铬有相等的氧化趋势，其对应的温度叫做碳和铬的氧化转换温度。

令反应式3-45中的 $\Delta_r G^{\ominus}=0$，就可以求出碳和铬的氧化转化温度为：

$$T=\frac{776500}{486.82}=1595(K)=1322℃$$

也就是说，在反应处于标准状态，即 $w_{[Cr]}=1\%$，$w_{[C]}=1\%$，$p_{CO}=101325Pa$，$a_{(Cr_2O_3)}=1$，在高于1322℃的温度条件下，吹氧操作时，钢中的碳优先于铬氧化。

不锈钢的实际生产中，钢液中的含铬量通常在10%以上，而钢中的碳含量大多数低于1%，甚至更低。因此即使熔池温度在1600℃以上，吹氧脱碳时，铬的氧化也会随之进行。具体的铬碳的氧化转换温度应该运用以下的等温方程计算：

$$\Delta_r G=\Delta_r G^{\ominus}+RT\ln\frac{a_{[Cr]}^2(p_{CO}/p^{\ominus})^3}{a_{[C]}^3 a_{(Cr_2O_3)}} \tag{3-46}$$

在高铬钢吹氧法脱碳时，$a_{(Cr_2O_3)}=1$，$p_{CO}=101325Pa$，如果把钢中铬和碳的活度近似地用它们的浓度代替，通过实验可以得到：

$$\lg\frac{w_{[Cr]\%}}{w_{[C]\%}}=-\frac{13800}{T}+8.76 \tag{3-47}$$

根据式3-47可以计算出不同温度下钢中碳和铬的定量关系，钢中的铬含量一定时，碳含量随着温度的提高而降低。脱碳温度对于[Cr]/[C]的影响见图3-2。

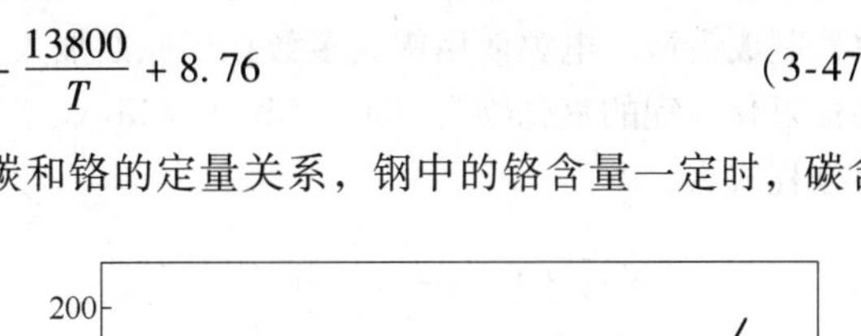

图3-2　脱碳温度对于[Cr]/[C]的影响

有冶金学者做过计算，在 $w_{[C]}=0.10\%$ 时，钢液含铬量最多只能够达到 $w_{[Cr]}=2\%$ 左右，满足不了不锈钢的冶炼需要。当把熔池的温度提高到1770℃时，与 $w_{[C]}=0.10\%$ 时平衡的 $w_{[Cr]}=10\%$。如果把温度提高到1800℃时，与 $w_{[C]}=0.10\%$ 时平衡的 $w_{[Cr]}=18\%$。这说明了要使钢液的 $w_{[C]}$ 降到0.10%以下，并且还要保持钢液的含铬量在18%，这时熔池的温度必须高于1800℃，所以在一般的电炉冶炼不锈钢时，必须在高温下吹氧脱碳，以达到脱碳保铬的目的。

在冶炼超低碳不锈钢时，需要把钢中的碳含量降到0.10%以下，这时仅仅依靠高温就不能够保证铬的回收率，这需要降低 p_{CO} 才能够实现减少铬氧化的量，这是VOD真空炉吹氧脱碳和AOD炉氩氧混吹脱碳冶炼不锈钢的基本原理。

3.1.5 钒、铌的氧化

3.1.5.1 钒的氧化

自然界中的钒以 V_2O_5 的形式伴生于铁矿石中，一般的钒铁矿 V_2O_5 的含量在0.2%～1.4%之间。转炉炼钢过程中，含钒的铁水在吹炼初期即被大量的氧化，以 V_2O_3 存在于炉渣中，将含钒的炉渣使用苏打焙烧变为钒酸钠，再用水浸出，加酸分解，可以得到 V_2O_5 的沉淀物，最后使用石灰作为熔剂，以硅铁作为还原剂，可以制备电炉炼钢使用的钒铁。钒对氧的亲和力介于硅锰之间。当熔池中（FeO）的含量很高时，它几乎全部氧化。钒的氧化也是放热反应，因此偏低的氧化温度可使钒的氧化损失增加。反应式如下：

$$2[V] + 3(FeO) = (V_2O_3) + 3[Fe] \qquad \Delta_r G_m^{\ominus} = -905420 + 275.1T \qquad (3\text{-}48)$$

$$2[V] + 5(FeO) = (V_2O_5) + 5[Fe] \qquad (3\text{-}49)$$

温度升高到一定的程度以后，碳将优先于钒氧化而抑制钒的氧化。钒既易氧化，产物（V_2O_3）、（V_2O_5）也极易还原。如果炉中剩留的含钒氧化渣较多，或炉壁和炉盖处悬挂的含钒氧化渣较多，在电炉炼钢的还原气氛下，将有一部分的钒被还原回钢中。这种情况在利用含钒炉料冶炼钒钢时尤要注意，以避免钒的成分超出规格。

3.1.5.2 铌的氧化

我国的某些地区的铌铁矿、烧绿石含有稀土元素和铌，高炉炼铁时，稀土元素的化合物进入炉渣，铌被还原进入铁水，铁水中的含铌量约在0.05%～12%。炼钢过程中，铌首先被氧化进入炉渣，将这种炉渣扒出，在经过一系列的富集过程，将含铌较高的炉渣在电炉内用碳还原，制成铌铁。电炉使用铌铁多数在还原期加入，回收率稳定。但是在氧化的炉渣中，铌也将会被氧化。铌的氧化物有 NbO、Nb_2O_4、Nb_2O_5 三种。炼钢温度下，铌的氧化产物为 Nb_2O_4，反应方程式为：

$$[Nb] + O_2 = \frac{1}{2}Nb_2O_4 \qquad \Delta_r G_m^{\ominus} = -80240 + 220.83T\,(\mathrm{J/mol}) \qquad (3\text{-}50)$$

铌和钒一样，和碳的氧化之间存在着选择性的氧化问题。根据方程式：

$$[Nb] + 2CO = \frac{1}{2}(Nb_2O_4) + 2[C] \qquad \Delta_r G_m^{\ominus} = -525092 + 305T\,(\mathrm{J/mol}) \qquad (3\text{-}51)$$

由等温方程式可以得知，在熔池温度低于1400℃时，铌优先于碳氧化，和渣中的金属氧化物结合成为稳定的复杂化合物。温度大于1400℃时，碳将优先于铌氧化。

3.1.6 钨、钼、镍、钴、铜等元素的氧化

钨在吹氧助熔的过程中有一小部分会被氧化，生成 WO_3，反应如下：

$$2W + 3O_2 = 2WO_3 \qquad (3\text{-}52)$$

WO_3 为酸性氧化物，除有一部分能被还原外，当渣中碱度达到足够高时，又能发生下述反应：

$$(WO_3) + (CaO) = (CaWO_4) \qquad (3\text{-}53)$$

因此，相对比较而言，酸性熔炼钨几乎不受损失，而碱性熔炼损失较大。此外，WO_3 的沸

点约为1850℃，所以还有一部分的WO_3可能在电弧的光柱下升华而使钨挥发。不难得出，矿石法氧化能使钢液中的钨蒙受损失，且碱性熔炼损失更大。因钨铁的生产比较困难，价格较高，所以矿石法冶炼不应使用含钨的炉料。然而钨的熔点高，密度大，易沉积炉底，如果FeO的含量不高时，钨的氧化损失也是有限的，这样就为利用装入法或返吹法冶炼高钨钢提供了可能。

钼对氧的亲和力几乎与铁一样，在电炉钢的冶炼过程中，如含量不高，它的氧化损失很微小，一般可忽略不计。但在冶炼高钼钒（Mo>4%以上）时，氧化损失必须予以考虑，这是因为钼的氧化与氧化程度是随钢中钼含量的增加而增加，即钼的氧化损失与钼在钢液中的浓度有关。Ni、Co、Cu对氧的亲和力比铁小很多，在炼钢条件下不会被氧化，但Ni有时也有损失，那是在电弧高温区挥发的结果。通过氧化方式，As、Sb、Sn元素在氧化期一般是很难去除的。

3.2 硫的氧化和脱硫反应

3.2.1 硫的氧化

硫的沸点较低，仅为445℃，在炼钢温度的条件下应为气态，但在熔池中，硫能溶解在钢液和熔渣中。目前，对于硫在钢液中的存在形式尚有争论，有人认为是FeS或硫原子，也有人认为是S以气体的形式存在于钢液中，还有人认为一部分是S以离子形式存在于钢液中，一部分以FeS的形式存在于钢液。关于硫在炉渣中的存在形式，分子理论认为是以（CaS）、（MnS）、（FeS）等化合物存在，离子理论认为硫主要是以-2价的硫离子存在于碱性炉渣之中，也有的以硫酸根离子存在。现在的学者通过研究已经证明，硫在炉渣中的具体存在形式与体系的氧分压有关。体系的氧分压远远低于0.1Pa时，硫以S^{2-}存在；体系的氧分压大于10Pa时，硫主要以SO_4^{2-}存在。在酸性渣中硫的存在形式应为S^{2-}或复杂的阴离子团。硫是活泼的非金属元素之一，并且在纯铁液及钢液中又是表面活性物质，在炼钢温度下能够和很多金属元素和非金属元素结合，形成气态，固体或者液态的化合物，使得脱硫的形式多样化。钢液脱硫的基本原理是：把溶解于钢液中的硫转变为在钢液中不溶解的相，并使之进入渣中或经熔渣再向气相逸出。

炉渣的分子理论不能够解释氧化性的炉渣能够脱硫的事实，所以离子理论的脱硫原理得到了公认，离子理论认为脱硫按照以下的方式进行：

$$[S] + (O^{2-}) = (S^{2-}) + [O] \qquad (3\text{-}54)$$

从式3-54可以看到，碱性氧化渣和钢液之间的脱硫反应，是硫在钢渣界面上伴随电子转移的置换反应。每个硫原子转移到渣中，经过钢渣界面要获取两个电子：

$$[S] + 2e = (S^{2-})$$

硫原子吸收的两个电子是渣中的氧离子经过钢渣界面提供的：

$$(O^{2-}) - 2e = [O]$$

渣中的氧离子是包括氧化铁在内的自由氧化物提供的。酸性渣中没有自由的氧离子和硫酸根离子（SO_4^{2-}），所以脱硫能力极低。

脱硫的反应可以写成：

$$(O^{2-}) + [S] = [O] + (S^{2-}) \qquad (3\text{-}55)$$

3.2.2 气化脱硫

很多的学者和冶金工作者通过研究发现，在不同的炼钢方法中，有相当数量的硫是通过气化去除的，在含有氧化铁的熔渣中，铁离子参加了气化去硫的过程，反应如下：

$$6(Fe^{3+}) + (S^{2-}) + 2(O^{2-}) == 6(Fe^{2+}) + \{SO_2\} \tag{3-56}$$

$$6(Fe^{2+}) + \frac{3}{2}(O_2) == 6(Fe^{3+}) + 3(O^{2-}) \tag{3-57}$$

结合以上两式以后可得：

$$(S^{2-}) + \frac{3}{2}\{O_2\} == (O^{2-}) + \{SO_2\} \tag{3-58}$$

从以上的反应可以看出，高氧化铁含量的炉渣有利于气化脱硫，高碱度，也就是高 (O^{2-}) 对于气化脱硫是不利的，而且钢渣间的界面反应是气化脱硫的基础，所以电炉炼钢过程中，气化脱硫只能是可遇而不可求的脱硫方式。实际操作中加强炉渣的脱硫是主要的。

根据有关学者的研究，碱性氧化渣脱硫的主要影响因素为：

(1) 提高炉渣的温度和钢液的温度，有利于加速反应物和生成物的扩散，降低炉渣的黏度，可以改善脱硫的动力学条件。

(2) 提高炉渣的碱度能够使得渣中氧离子的活度增加，也就是说使得炉渣中自由的氧离子的浓度增加。有利于脱硫。从化学平衡移动的角度讲，增加炉渣的碱度，也就是增加了炉渣中的 CaO 的含量，有利于脱硫反应向生成物方向移动。依靠氧化性炉渣脱硫的碱度一般在 3.0 左右，脱硫比较明显。

(3) 降低钢中氧的浓度，渣中氧化铁含量控制在 10% ~16%，有利于脱硫的反应进行。

从上面的分析可以看出，电炉的生产工艺对于氧化脱硫的操作比较不利，据作者的分析和实践操作对比，认为在电炉氧化期脱硫的量最大不超过 30%，这对于普通功率的电炉来讲还是对于超高功率电炉来说都是很客观的，所以电炉的脱硫一般以还原脱硫为主。有一点是一种共识，那就是在电炉的三期冶炼中，采用单渣法冶炼一些硫要求不高的钢，在硫脱不下来的时候，最有效的方法就是扒渣造还原渣，或者直接将氧化性的单渣还原成为半还原渣或者还原渣，也有的是在电炉出钢过程中使用脱硫剂或者合成渣在出钢过程中进行脱硫操作的。

目前电炉炼钢的品种日益增加，电炉的脱硫分为含合金元素钢种的脱硫和铝镇静钢的脱硫。脱硫的操作主要在还原期，或者电炉出钢过程中以及精炼炉进行。

3.2.3 电炉炼钢的还原性脱硫

按照分子理论的观点，碱性还原渣的脱硫由以下的步骤进行：

(1) 硫由钢液向炉渣扩散：

$$[FeS] == (FeS) \tag{3-59}$$

(2) 在炉渣中转变为稳定的化合物：

$$(FeS) + (CaO) == (CaS) + (FeO) \tag{3-60}$$

所以总的反应可以写成：

$$[FeS] + (CaO) == (CaS) + (FeO) \tag{3-61}$$

平衡常数为：

$$K_S = \frac{a_{(FeO)}a_{(CaS)}}{a_{[FeS]}a_{(CaO)}} \tag{3-62}$$

或者可以近似地写为：

$$K_S = \frac{w_{(FeO)}w_{(CaS)}}{w_{[FeS]}w_{(CaO)}} \tag{3-63}$$

硫在渣钢间的分配系数 L_S 表示为：

$$L_S = \frac{w_{(S)}}{w_{[S]}} \tag{3-64}$$

平衡常数和温度之间的关系为：

$$\lg K_S = -\frac{6024}{T} + 1.79 \tag{3-65}$$

电炉的还原期，白渣条件下的硫的分配系数可以达到40～120。影响电炉脱硫的主要影响因素有：

（1）还原渣的碱度。由脱硫的反应式可见，渣中含有 CaO 是脱硫的首要条件。由于酸性渣中的氧化钙全部被二氧化硅所结合，所以没有脱硫能力。随着炉渣的碱度增加，渣中自由的氧化钙含量增加，炉渣的脱硫能力增加，碱度过高，会增加炉渣的黏度，降低在钢渣界面脱硫的动力学条件。实践表明，电炉炉渣的碱度在2.0～3.0之间的还原性炉渣，脱硫的动力学条件较好，脱硫反应易于进行。炉渣的碱度和硫的分配系数之间的关系见图3-3，相同的操作条件下炉渣碱度和脱硫率之间的关系见图3-4。

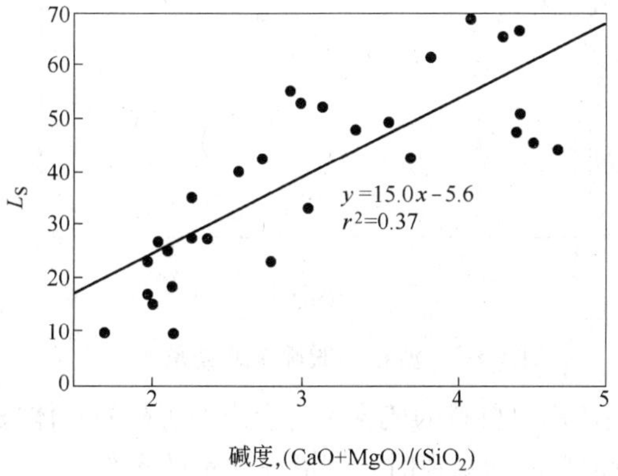

图 3-3　炉渣的碱度和硫的分配系数之间的关系

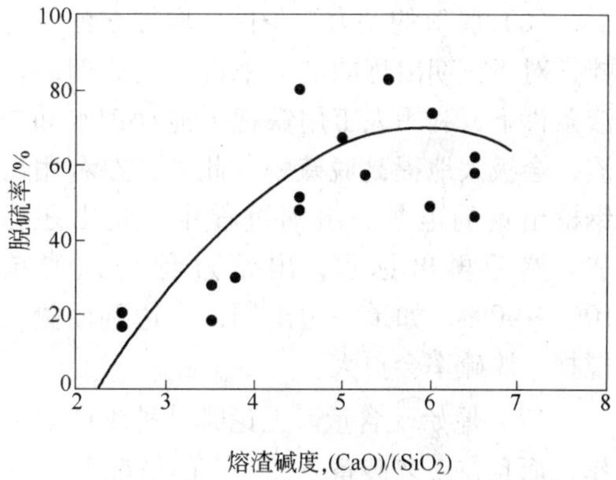

图 3-4　相同的操作条件下炉渣碱度和脱硫率之间的关系

（2）渣中氧化铁的含量。在还原渣操作的条件下，降低渣中氧化铁的含量，有利于脱硫反应的平衡向脱硫的方向移动，有利于脱硫的操作。炉渣的碱度和渣中氧化物含量对于硫的分配系数的影响见图3-5，钢中氧含量对于脱硫率的影响见图3-6。

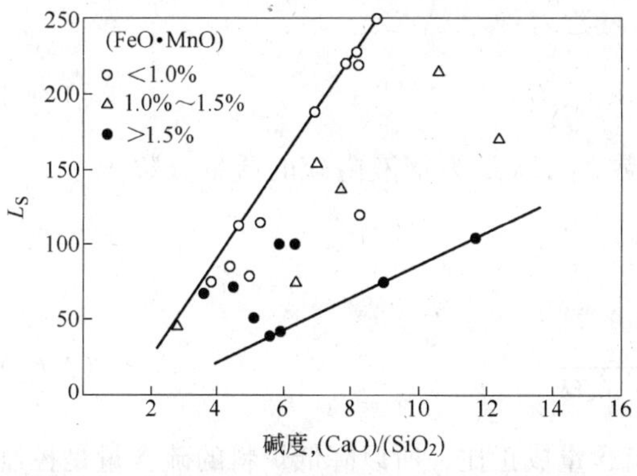

图 3-5　炉渣碱度和氧化性对于硫分配系数的影响

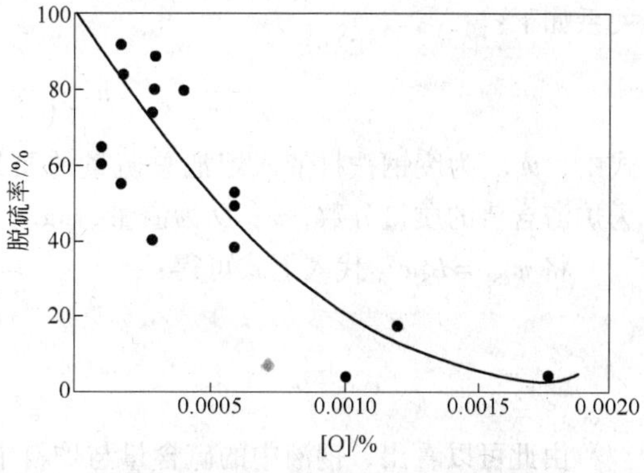

图 3-6　钢中氧含量对于脱硫率的影响

（3）渣中 CaF_2 和 MgO 含量。向炉内加入适量的萤石，能够改善炉渣的流动性和提高成渣速度，改善熔池中的硫向反应界面扩散的动力学条件，同时萤石还能够直接与硫反应，生成挥发性的脱硫产物，提高脱硫的能力，所以目前以萤石为原料之一的喷粉脱硫剂就是这个原因。但是在电炉内使用萤石的负面影响也比较多，所以利用萤石脱硫的工艺是一种接近于杀鸡取蛋的操作方法。

（4）熔池温度。从平衡常数和温度之间的关系可以看出，在电炉炼钢温度范围内，平衡常数随温度的波动变化不大，但是随着温度的升高，炉渣的流动性将会改善。由于钢渣间的脱硫反应的限制环节是硫的扩散，提高温度，钢液的流动性也会提高，硫的扩散能力增加，有利于脱硫反应。

（5）渣量。在保证炉渣碱度的条件下，合适地增加渣量，可以降低炉渣中脱硫产物的浓度，会提高炉渣的硫容量，有利于脱硫的反应进行。渣量过大，会使得渣层变厚，脱硫反应的速度将会被抑制。炉渣的渣量和脱硫率之间的关系见图 3-7。

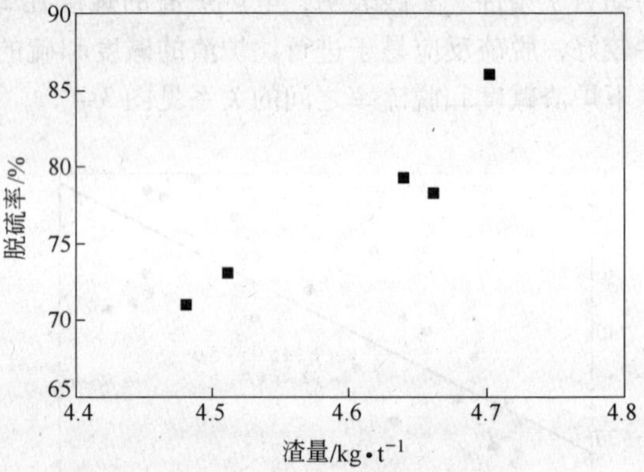

图 3-7 渣量与脱硫率的关系

（6）脱硫的动力学条件。增加熔池的搅拌，对于三期冶炼的电炉来讲，还原期的白渣条件下，利用人工用铁耙子搅动钢水和炉渣，会极大地提高脱硫率。此外，在利用出钢槽出钢的电炉，出钢过程中，先出还原渣，然后再出钢水，出钢过程可以脱硫 10%～40%，如果一边出钢，一边利用氩气搅拌，脱硫率会更大。

（7）原始硫含量。无论哪一种生产方法，炼钢使用原材料的硫含量将会影响脱硫的具体操作，而且在工艺装备条件一定的情况下，还决定着冶炼时间结束时，钢液硫含量的多少。三期冶炼的普通电炉，如果废钢铁料带入的硫含量过高，还原期需要进行换渣操作，增加工人的劳动强度。我们在生产 SPHC 和其他一些低合金铝镇静钢时，经常遇到由于废钢铁料中的硫没有检测方法，也没有调配好的情况下，电炉出钢的硫很高，精炼炉到站以后，硫含量超过 0.090%，无法冶炼而被迫改换钢种，所以在强化冶炼脱硫的同时，还应该控制废钢铁料带入电炉的硫含量的范围，以优化操作。

当硫在渣钢间的分配系数一定时，钢液的硫含量取决于炉料的硫含量和渣量，它们之间的关系如下：

$$w_{(\Sigma S)} = w_{[S]} + w_{(S)}Q \tag{3-66}$$

式中，$w_{(\Sigma S)}$ 为废钢铁料带入熔池总硫量的质量分数，%；$w_{[S]}$ 为钢液内硫的质量分数，%；$w_{(S)}$ 为炉渣含硫的质量分数，%；Q 为渣量，kg。

将 $w_{(S)} = L_S w_{[S]}$ 代入上式可得：

$$w_{[S]} = \frac{w_{(\Sigma S)}}{1 + L_S Q} \tag{3-67}$$

由此可以看出，钢液中的硫含量与炉料中的硫含量成正比，所以降低炉料的硫含量是控制硫含量的有效手段之一。钢液内的初始硫含量和终点硫含量的关系见图 3-8。

3.2.4　电炉生产线的特殊脱硫方法

由于电炉生产线的配置主要有：

（1）EAF + 连铸（CCM）生产线；

（2）EAF + LF + VD（RH）+ CCM 的合金钢棒材生产线；

（3）EAF + LF + CCM 的板坯生产线；

（4）铁水预处理 + EAF + LF + VOD（AOD）+ CCM 的不锈钢生产线。

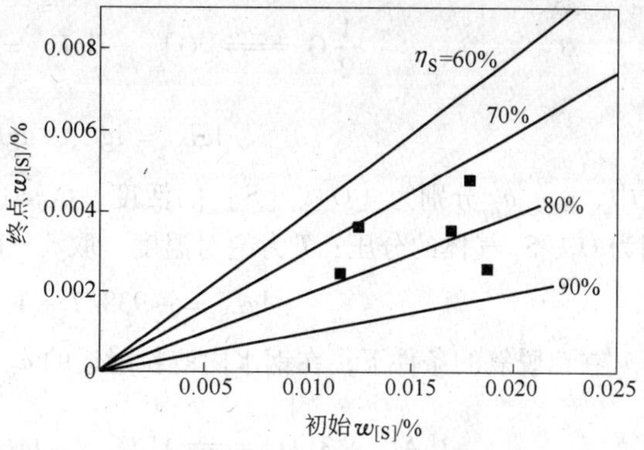

图 3-8　初始硫含量与终点硫含量的关系

生产低硫钢的关键在于：控制废钢铁炉料入炉的含硫量，电炉的强化脱硫，电炉的出钢脱硫，铁水脱硫，未脱氧钢的喷粉脱硫和精炼炉 VD 炉的脱硫。所以脱硫的形式多种多样，以下做简要介绍。

3.2.4.1　铝镇静钢的合成渣脱硫反应

在一些短流程的板坯生产线，经常生产一些低合金的铝镇静钢，钢中的合金化元素只有锰和铝，而且含量不降低。由于铝是强脱氧元素，随着钢中铝含量的增高，硫的分配系数 L_S 增大。这是因为钢中只有强脱氧物质如铝及钙存在时，才能保证钢水的充分脱氧，而只有钢水充分脱氧时，才能保证炉渣的充分脱硫。实践证明，仅仅依靠石灰和萤石脱硫，炉渣的硫容量是不大的，而且多数铝镇静钢对于硅的含量有严格的限制，常见的钢种在 0.05% 以下，萤石中含有部分的 SiO_2，添加萤石往往会导致钢种成分中的硅超标，所以目前电炉经常采用不含二氧化硅的合成渣来脱硫，这类合成渣熔点低，硫容量较高，对于脱硫的效果比较明显，能够在电炉出钢的过程中就能够脱除 10% ~60% 的硫，使用合成渣脱硫的关键在于控制好出钢的温度和加铝脱氧的力度。加铝量的多少对 L_S 的影响极大。例如当(CaO) = 40% 时，[Al] = 0.01%，(%S)/[%S] = 10；而当[Al] = 0.05%，(%S)/[%S] ≥60。在(CaO) = 50% 时，[Al] = 0.01%，(%S)/[%S]≥60；当[Al] =0.05% 时，(%S)/[%S] =600。这个结果表明，炉渣成分的不同，用不同的铝量可以使脱硫有很大的差别。最常用的合成渣为 $12CaO \cdot 7Al_2O_3$ 这一点在后面的章节会详细的介绍。

对于采用铝脱氧的钢水，脱硫反应可以表示为：

$$3(CaO) + 2[Al] + 3[S] = (Al_2O_3) + 3(CaS)$$

$$\Delta G^{\ominus} = -RT\ln \frac{a_{(CaS)}^3 a_{(Al_2O_3)}}{a_{(CaO)}^3 a_{[Al]}^2 a_{[S]}^3} \tag{3-68}$$

3.2.4.2　一般合金钢的合成渣脱硫反应

合成渣脱硫包括渣洗脱硫，出钢过程中添加合成渣进行脱硫，或者精炼炉添加合成渣造渣脱硫。所使用的合成渣一般为还原性的炉渣，具有熔点低、硫容量较高的优点，脱硫效率也很理想。

在硫、氧气氛中，钢中［S］、［O］与气相中的 S_2、O_2 平衡关系为式 3-69 和式 3-70：

$$\frac{1}{2}S_2 = [S] \qquad \lg K_S = \lg a_S p_{S_2}^{1/2} = \frac{7063}{T} - 1.153 \tag{3-69}$$

$$\frac{1}{2}O_2 = [O] \qquad \lg K_O = \lg \frac{a_O}{p_{O_2}^{1/2}} = \frac{6125}{T} - 0.177 \tag{3-70}$$

$$\lg L_S = \lg C_S + \lg K_O - \lg K_S - \lg a_O + \lg f_S \tag{3-71}$$

式中，a_O，a_S 分别为［O］、［S］的活度；$C_S = (\%S)p_{O_2}^{1/2}p_{S_2}^{1/2}$；$f_S$ 为硫的活度系数；p_{S_2}，p_{O_2} 分别为 O_2、S_2 气体的分压；T 为绝对温度。取 $f_S = 1$，则综合上面可以得到：

$$\lg L_S = -938/T + 1.33 + \lg C_S - \lg a_O \tag{3-72}$$

在铝脱氧的条件下，在钢水内渣粒附近的 a_O 可由下式决定：

$$2[Al] + 3[O] = Al_2O_3 \qquad \lg K_{Al} = \lg \frac{a_{Al_2O_3}}{a_{Al}^2 a_O^3} = \frac{64000}{T} - 20.57 \tag{3-73}$$

式中，$a_{Al_2O_3}$，a_{Al} 分别为 Al_2O_3 及 Al 的活度。

当 $f_{Al} = 0.02$ 时：

$$\lg L_S = \frac{20395}{T} - 5.52 + \lg C_S - \frac{1}{3}\lg a_{Al_2O_3} + \frac{2}{3}\lg[\%Al] \tag{3-74}$$

以上的分析说明，为了提高硫的分配系数，应该降低合成渣渣中 Al_2O_3 的活度，提高钢中［%Al］。根据有关的实验结果，当渣中 $(CaO)/(Al_2O_3)$ 的质量比达到 7：3 时，渣已被 CaO 所饱和，因此不可能将 $CaO\text{-}Al_2O_3$ 合成渣中的 CaO/Al_2O_3 值提得很高。

钢液脱硫时的硫容量 C_S 是合成渣吸收硫能力的参数。在常用的合成渣中，CaF_2 仅作为降低熔点的成分加入合成渣内，而 Al_2O_3、SiO_2 等成分除了可以降低熔点外，可使熔渣保持与钢中上浮夹杂物相似的成分，减小夹杂与渣之间的界面张力，使之更易于上浮。CaC_2 具有脱氧和脱硫的双重性，实践表明，合成渣中不添加电石，钢液的脱硫率会明显的下降。

3.2.4.3 精炼炉（LF）的脱硫反应

在炉外精炼操作中，由于钢水含硫量较低，可以认为渣钢间脱硫反应的限制环节是硫在钢水的传质情况（即忽略化学反应等的影响），由此可将脱硫速度表示为：

$$\frac{d[\%S]}{dt} = -k\frac{F}{V}\left([\%S] - \frac{(\%S)}{L_S}\right) \tag{3-75}$$

式中，F 为平静时的渣钢界面积，m^2；V 为钢水体积，m^3；k 为表观脱硫速度常数，m/s，在气体搅拌的条件下为 $k = 500\left(D_S\frac{Q}{F}\right)^{\frac{1}{2}}$；$D_S$ 为钢水中硫的扩散系数，m^2/s；L_S 为 t 时刻硫在渣—钢间的分配系数；Q 为在温度 T 和压力 p 下通过界面的实际气体流量，m^3/s；t 为时间，s；（%S）为渣中硫含量，%；［%S］为钢中硫含量，%。

当反应过程中 L_S 变化足够小，且忽略进入气相的硫量时，则脱硫率可表示为：

$$\eta_S = \frac{[\%S]_0 - [\%S]_{终}}{[\%S]_0} \tag{3-76}$$

令无因次参数为：

$$\lambda = L_S\frac{W_S}{W}$$

式中，λ 为渣、钢成分和渣量的函数，它是硫分配系数 L_S 和吨钢渣量的乘积。并令搅拌条件

函数为:

$$B = k\frac{F}{V}t$$

由此得:

$$\eta_S = \frac{1 - \exp[-B(1 + 1/\lambda)]}{1 + 1/\lambda} \tag{3-77}$$

从以上公式可以清楚地看出影响脱硫率的关键因素是炉渣的性质和数量以及搅拌能量。为了提高脱硫率，应首先从改进炉渣成分和增大渣量着手；在操作过程中从增大吹气量，加强搅拌着手。喷射冶金的实践证明恰当地选择炉渣成分（参数 λ）和足够的搅拌能量（参数 B）可使脱硫率达到80% ~90%。

在对脱硫动力学的研究上，目前仍然存在着分歧意见，但对影响脱硫速度的以下因素的结论是比较一致的:

(1) 炉渣的脱硫能力取决于炉渣的碱度和渣中氧化铁的含量，脱硫速度随碱度 CaO/SiO_2 增加而上升，随 SiO_2 增多而下降；脱硫速度随 C、Si、Mn 和 Al 等脱氧元素增加而加速，但 Cu、Ni 和 P 的增加则未发现有明显的影响。

(2) 对于高碱度的炉渣，脱硫的限制环节是钢液内的硫向反应界面的扩散速度。增加精炼炉的氩气搅拌强度将会有利于脱硫反应的进行。

(3) 向炉渣中加 CaF_2 可以加速脱硫，是因为 CaF_2 可改善炉渣的流动性。

(4) 脱硫反应的电化学性质表现为:

进行硫的传输的阴极半电池反应为:

$$[S] + 2e = (S^{2-}) \tag{3-78}$$

在电化学上平衡的不同的阳极半电池反应为:

$$[Fe] = (Fe^{2+}) + 2e \tag{3-79}$$

$$(Si) = (Si^{4+}) + 4e \tag{3-80}$$

$$(Al) = (Al^{3+}) + 3e \tag{3-81}$$

$$(O^{2-}) + C = \{CO\} + 2e \tag{3-82}$$

对于冶炼周期要求在45min 左右，生产硫低于 0.0020% 以下的钢种，采用 LF 生产的基本工艺是:

(1) 白渣操作，控制渣中(FeO + MnO) ≤1.0%；

(2) 控制炉渣指数 $\frac{CaO(\%)}{SiO_2(\%)Al_2O_3(\%)} = 0.3 \sim 0.4$；

(3) 控制渣量为 15 ~25kg/t 左右；

(4) 控制处理前钢水含硫量[S]≤0.0050%；

(5) 合理地控制钢水的吹氩搅拌强度。

3.2.4.4 VD 过程的真空脱硫反应

VD 过程的真空脱硫特点如下:

(1) 真空下良好的脱氧，为脱硫创造了良好条件。

(2) 真空下的强搅拌，加速了渣—钢界面反应和硫在钢、渣中的传质速度，大大加快了脱硫反应，使其更易达到平衡。

(3) 由于真空屏蔽了大气的干扰，避免了 LF 大气下强搅拌带来的钢水吸气及二次氧化等问题，同时由于真空的作用降低了精炼过程的温度损失，可延长精炼处理时间而提高脱硫效果。

(4) VD 真空下不可能通过气相反应而直接去硫，VD 过程仍是以熔渣脱硫为主要途径。

(5) 真空下精炼高碳钢时，在碳参与下，可能发生以下反应：

$$CaO_{(s)} + [C] + [S] \xlongequal{} CaS_{(s)} + CO \tag{3-83}$$

从而提高脱硫效果，但通过这种方式去除的硫的比例不大。

VD 炉脱硫时可能发生的化学反应和平衡常数见表 3-1。

表 3-1　VD 脱硫可能发生的化学反应和平衡常数

序　号	反 应 式	平衡常数 K'
1	$[S] = \frac{1}{2}S_{2(g)}$	2.5175×10^{-3}
2	$[S] + \frac{1}{2}H_2 = HS_{(g)}$	1.1197×10^{-4}
3	$[S] + [H] = HS_{(g)}$	0.048×512
4	$[S] + H_2 = H_2S_{(g)}$	2.2195×10^{-4}
5	$[S] + 2[H] = H_2S_{(g)}$	491.30
6	$[S] + [C] = CS_{(g)}$	2.214×10^{-6}
7	$2[S] + [C] = CS_{2(g)}$	7.305×10^{-7}
8	$[S] + [C] + [O] = COS_{(g)}$	0.050×32
9	$2[S] + [O] = S_2O_{(g)}$	7.8492×10^{-8}
10	$[S] + [O] = SO_{(g)}$	6.954×10^{-5}
11	$[S] + 2[O] = SO_{2(g)}$	7.893×10^{-4}
12	$[S] + 3[O] = SO_{3(g)}$	$2.444 \times 4 \times 10^{-9}$
13	$[S] + [Si] = SiS_{(g)}$	4.512×10^{-5}
14	$2[S] + [Si] = SiS_{2(g)}$	$4.749 \times 5 \times 10^{-7}$

3.2.4.5　喷粉脱硫反应

喷粉脱硫有两种方法：

(1) 用76% CaO、17% CaF_2、7% SiO_2 渣粉对不锈钢水脱硫。日本住友金属工业公司钢管制造厂坂根武良等于 VOD 炉吹氧脱碳后将上述渣粉（<50 目）以 0.8kg/(min · t)的速度喷入钢水，在喷入量为12kg/t 的条件下，可使 SUS304 不锈钢的硫含量稳定地脱除到 0.001% 以下，最低可达 0.0002%，脱硫后的炉渣碱度为 2 以上。

(2) 用80% CaO、20% CaF_2 的渣粉脱除不锈钢的硫。日本住友金属公司中心研究室欣默（K. Shinme）等在 2.5t 真空感应炉内向 0.04% C、0.1% ~0.2% Si、0.2% Mn、0.01% S 和 19% ~29% Cr 的不锈钢水喷入上述渣粉，在喷吹速度为 0.67kg/(min · t)，炉渣碱度为 2.5 ~3 的条件下可以容易地将硫含量脱到 0.0001% 的程度。

综上所述，虽然日新月异的科学技术对钢中硫含量提出了极高的要求，但通过适当的造渣制度和脱氧制度，这些要求也是基本上可以满足的。

采用喷粉脱硫，反应动力学过程可分为：

(1) 持久反应，即渣钢界面脱硫反应，反应速度为：

$$[S]_t = [S]_0 \exp(-\alpha W) \tag{3-84}$$

式中，α 为速度常数；W 为喷粉速度，kg/min。

（2）瞬间反应，即脱硫粉剂上浮过程中脱硫剂颗粒内硫的扩散速度：

$$[S]_t^{1/2} = [S]_0^{1/2} - \beta W \tag{3-85}$$

式中，β 为速度常数。

从 CaO 系与 $CaCO_3$ 系脱硫粉剂在混铁车内脱硫时 $[S]_t$ 连续变化对 α、β 参数的影响可以看出，当 $[S]_t \geqslant 0.013$ 时，脱硫以瞬时反应为主。相反，在低硫含量区域内，脱硫以渣钢界面反应为主。$CaCO_3$ 粉剂脱硫，粉剂分解产生气体搅动熔池并提高 CaO 的活性，脱硫效果优于 CaO 系粉剂。处理最低硫含量可达到 0.0012%。

3.2.4.6 铁水预处理脱硫

随着喷粉技术的出现，铁水外部脱硫的技术得到了迅速发展。由于喷粉冶金克服了反应表面面积小（即渣—金属界面小）以及硫从渣—金属界面向渣整体界面移动困难的两大难点，以喷粉技术为基础发展起来的现代外部脱硫工艺在将铁水硫含量降至很低水平方面非常有效。梅尺一诚等人在 100t 铁水罐上比较了 KR 法与喷粉法同时脱磷、脱硫的冶金效果，无论脱磷还是脱硫，喷粉法均优于机械搅拌法。铁水喷粉脱硫是一种非常经济、高效的脱硫方法，在工业生产中采用以后可以起到事半功倍的效果。由于铁水中氧化量低，C、Si 等元素含量高，可提高硫的活度，有利于脱硫；同时铁水中氧含量低，渣—铁间硫的分配比高，脱硫效率高；铁水脱硫具备良好的动力学条件，使得脱硫反应速度快，处理成本低，高炉、炉外精炼和转炉每脱除 1kg 硫的成本分别是铁水脱硫成本的 2.6 倍、6.1 倍和 16.9 倍。混铁车脱硫和铁水包喷镁脱硫的工艺装备示意图见图 3-9 和图 3-10。

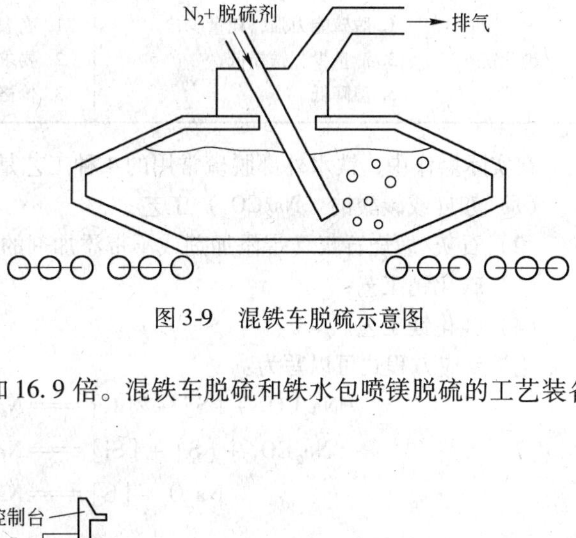

图 3-9 混铁车脱硫示意图

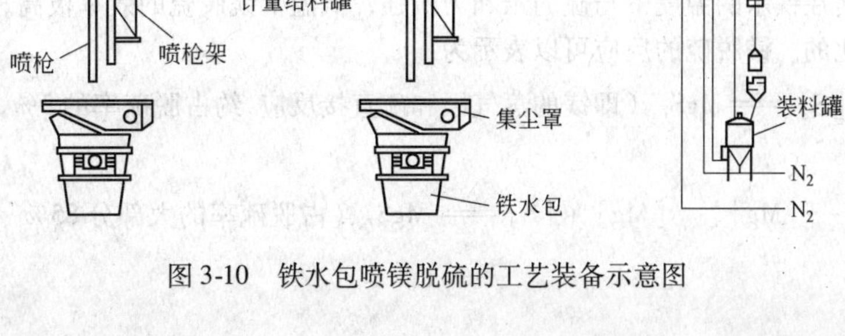

图 3-10 铁水包喷镁脱硫的工艺装备示意图

铁水脱硫按处理容器可分为：混铁车、铁水罐和铁水包脱硫 3 种方法。按脱硫工艺，可分为机械搅拌法脱硫（KR 法）和喷粉法脱硫。脱硫的工艺比较见表 3-2。

表 3-2 不同脱硫工艺的对比

脱硫剂	优 点	缺 点
苏打或碳酸钠	价格便宜，且无需使用昂贵的设备	1. 脱硫过程是吸热过程，需要提高铁水的温度； 2. 硅酸钠渣对各种耐火材料具有较强腐蚀作用； 3. 脱硫后渣流动性不好，扒渣比较困难； 4. 脱硫效率低下； 5. 环境污染比较严重
石灰/煅烧石灰	价格便宜，来源广泛	1. 脱硫动力小，易产生固态反应物及固体产品； 2. 需使用精细粒度（约 50μm）的石灰； 3. 渣量大，铁损高
碳化钙	1. 价格便宜，易于获得； 2. 铁水温度高时，脱硫效率很高	1. 碳化钙的运输必须保存在惰性气体内； 2. 需使用防爆仪器，投资高； 3. 铁水温度低时脱硫效果差
钝化镁	1. 脱硫能力强，耗量少； 2. 渣量少，铁损低； 3. 温降低	1. 高温时，镁的蒸气压力很高，脱硫效率低； 2. 要求喷入铁水包的深度大； 3. 价格高

在实际操作中，铁水外部脱硫常用的 4 种工艺是：

（1）苏打或碳酸钠（Na_2CO_3）工艺；

（2）石灰/煅烧石灰（带添加剂或不带添加剂的 CaO）工艺；

（3）碳化钙工艺；

（4）钝化镁工艺。

化学反应方程式可以写为：

$$Na_2CO_3 + [S] + 2[C] = Na_2S + 3\{CO\} \tag{3-86}$$

$$Na_2CO_3 + [S] + [Si] = Na_2S + SiO_2 + \{CO\} \tag{3-87}$$

$$Na_2O + [S] = Na_2S + [O] \tag{3-88}$$

$$2CaO + [S] + \frac{1}{2}[Si] = (CaS) + \frac{1}{2}(Ca_2SiO_4) \tag{3-89}$$

$$CaC_2 + [S] = (CaS) + 2[C] \tag{3-90}$$

采用金属镁脱硫时，镁喷入铁水，在铁水的温度下发生液化、气化，并且溶解于钢水，即 $Mg_{(g)} \rightarrow Mg_{(l)} \rightarrow \{Mg\} \rightarrow [Mg]$。

由于金属镁在铁水的温度下与硫的亲和力极强，低温下镁脱硫的效率极高，其他的脱硫剂是无法和其相比的。镁脱硫的反应可以表示为：

$$\{Mg\} + [S] = MgS_{(s)}\text{（即镁的蒸气区和硫直接反应，约占脱硫率的 3\% ～ 15\%）} \tag{3-91}$$

$$\{Mg\} \longrightarrow [Mg] \qquad [Mg] + [S] = MgS_{(s)}\text{（占脱硫率的大部分 85\% ～ 97\%）} \tag{3-92}$$

目前，镁脱硫的方法有联合喷吹法与混合喷吹法两种工艺。联合喷吹工艺优于混合喷吹工艺。乌克兰开发的氯化盐钝化镁脱硫工艺，喷吹纯镁，粉剂消耗量仅为0.5～1.0kg/t，镁脱硫效率 η_{Mg} 可高达60%～70%，是一种比较好的处理方法。

在铁水预脱硫过程中，粉剂消耗量对于脱硫率的影响见图3-11。图3-11反应出粉剂消耗对于脱硫率的影响。从图中可看出，在CaO系脱硫剂中配加30%金属镁，可大幅度提高CaO系的脱硫效率。很显然，镁脱硫粉剂优于其他脱硫粉剂，主要优点是：

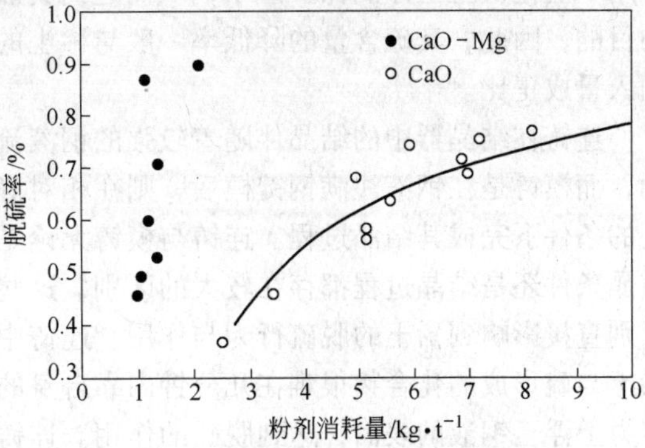

图3-11　粉剂消耗量对于脱硫率的影响

（1）适宜生产超低硫钢，处理后铁水硫含量小于0.0030%；

（2）粉剂消耗多，根据粉剂配比与脱硫方法波动在0.5～2.0kg/t(铁)；

（3）处理过程温降小，在8～10℃范围波动；

（4）处理过程铁损小；

（5）脱硫处理的综合成本低。

由于金属镁的造价较高，因此，镁脱硫的效率 η_{Mg} 是评价镁脱硫工艺的重要参数：

$$\eta_{Mg} = \frac{M_{Mg}}{M_S} \frac{\Delta[S] \times 10^{-6}}{Mg单耗(kg/t)} \frac{100}{1000} \tag{3-93}$$

影响镁脱硫效率的因素主要有：

（1）处理温度。处理温度越高，η_{Mg} 越低。

（2）喷吹镁粉的速度。喷吹速度越快，脱硫率就会呈现出增加的趋势，喷镁速度的最佳值为 $v_{Mg}=0.05\sim0.08kg/(min \cdot t)$。

（3）钢液深度，以大于2.0m为宜。

（4）处理容器。对于镁脱硫，铁水罐处理明显优于混铁车，它们之间的对比见表3-3。

表3-3　镁系脱硫剂不同处理方法的比较

粉剂类型	初始 $[S]_0$ /%	终点 $[S]_t$ /%	脱硫率 /%	处理容器	粉剂消耗 /kg·t⁻¹	喷吹时间 /min	温降/℃	η_{Mg}/%
$CaO+CaC_2+10\%Mg$	0.044	0.005	88.6	铁水罐	2.4	8.6	10.3	121.93
				混铁车	4.0	12	14.4	73.11
$CaO+CaC_2+30\%Mg$	0.044	0.005	88.6	铁水罐	1.886	9.4	11.3	51.70
				混铁车	2.516	11.3	13.6	38.75

3.2.4.7　模铸和连铸的稀土脱硫反应

研究证明，在模铸钢的结晶过程中加入稀土，能使钢中硫含量降低。其作用机理为：稀土加入钢中后，由于稀土具有较强的金属性，它与硫的亲和力远大于与铁和硫的亲和力，因此钢液中的硫元素很快与稀土元素形成硫化稀土。由于硫化稀土的密度小于钢液的密度，在浮力的作用下硫化稀土上浮到保护渣中，从而达到脱硫的目的。因此，其硫含量的降低率一般与稀土的加入量成正比。

连铸在结晶器中的结晶伴随着较强的钢液流动，而模铸是在钢液注满钢锭模后，则在相对静止的条件下完成其结晶过程。连铸与模铸无论是结晶条件还是结晶过程都存在较大的区别，这些区别直接影响到稀土的脱硫行为与作用。连铸中稀土与硫形成的化合物很难在几分钟内靠自身的浮力上浮至钢液的表面，达到脱硫的作用。连铸机在结晶器喂入稀土以后的脱硫机理是：在连铸中加入稀土后，稀土将减小一次枝晶的间距，增加结晶器中钢液的回流速度，增强保护渣净化作用，从而达到脱硫的目的。

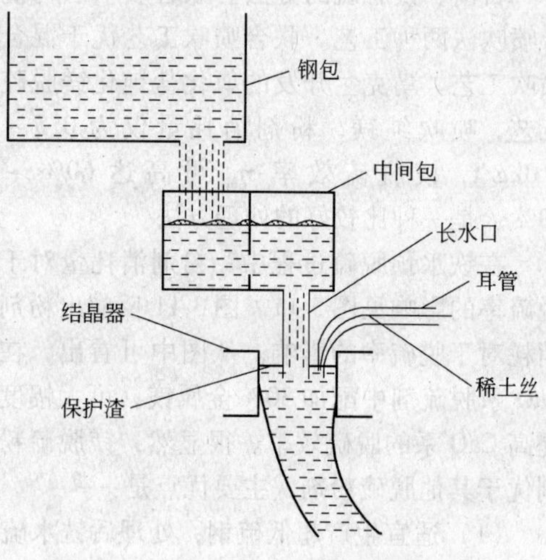

图 3-12　结晶器喂入稀土脱硫的示意图

结晶器喂入稀土脱硫的示意图见图 3-12。

3.3　磷的氧化和脱磷反应

磷在钢中的溶解热 122382J/mol 与 Fe_2P 的生成热 144360J/mol 相近，因此一般认为磷在铁中以 Fe_2P 的形式存在。但这仅在熔体中的 $w_{[P]\%}$ 接近于 Fe_2P 的化学计量时才成立，对一般的合金钢，炉料熔化后，$w_{[P]\%}$ 一般在 0.04% 左右在这样小的 $w_{[P]\%}$ 的范围，虽然可能有 Fe_2P 的群聚态出现，但以分子 Fe_2P_2 存在的可能性极小。磷通常是钢中的有害元素，只在极特殊的钢中才作为有用的元素加入。磷的危害主要在于：

（1）使钢的韧性显著下降易产生裂纹，这种现象称为钢的冷脆性。磷在钢中与铁形成磷化铁，磷化铁比碳化铁更稳定而溶解于钢液中。但在固体钢中溶解度极低，以 Fe_2P 或 Fe_3P 等形式析出，使晶格产生歪扭，这可能就是磷产生冷脆的原因。碳含量越高，磷所引起的脆性越大，在生产大型的钢锭或钢坯时，这种现象尤为严重。

（2）降低钢的冲击韧性，特别对铬镍钢的影响更显著，对铬锰钛钢的影响也较明显。

（3）磷在钢中偏析严重，仅次于硫。原因是磷加入铁便扩大了固相线和液相线间的距离，所以含磷的铁合金从液态至固态需要通过较宽的温度距离，这样便使含磷浓度较高的铁液（熔点较低）充填在先已凝固的枝晶夹缝中而形成磷的偏析。磷在铁中的扩散速度较慢，因此具有磷偏析的钢要想获得均匀的组织是很困难的。所以，在冶炼过程中，要尽量降低钢中磷含量，一般优质钢中要求 $P<0.030\%$，而高级优质钢中要求 $P<0.015\%$，极特殊的要求 $P<0.005\%$。

3.3.1　脱磷反应机理

3.3.1.1　分子理论的脱磷反应机理

磷对氧的亲和力比铁大，按照分子理论，脱磷的反应是通过炉渣传入的氧化亚铁（FeO）与磷在钢渣界面发生氧化反应并放出大量的热，其反应式为：

$$2[P] + 5(FeO) = (P_2O_5) + 5[Fe] \quad \Delta H = -260.0\text{kJ} \tag{3-94}$$

生成物 P_2O_5 密度小，又几乎不熔于钢液，但熔于炉渣，一旦生成即转入渣相。因为渣中含有较高的 FeO，所以 P_2O_5 就和 FeO 结合成磷酸铁盐存在于渣中，即：

$$(P_2O_5) + 3(FeO) \longleftrightarrow (3FeO \cdot P_2O_5) \qquad \Delta H = -127.9\text{kJ} \tag{3-95}$$

但是 P_2O_5 和 $3FeO \cdot P_2O_5$ 都是不稳定的氧化物，在炼钢时，温度稍升高就会分解，使磷回钢液中去。因此，在炼钢温度下，以 FeO 为主的炉渣脱磷能力很低。

为了使脱磷彻底，使已被氧化的磷不大量返回钢液，就需要向炉渣中加入强碱性氧化物 CaO，使五氧化二磷和氧化钙生成稳定的磷酸钙，从而提高炉渣氧化脱磷能力。其反应式为：

$$(P_2O_5) + 4(CaO) \longleftrightarrow (4CaO \cdot P_2O_5) \qquad \Delta H = -689.7\text{kJ} \tag{3-96}$$

所以脱磷的整个反应如下：

$$2[P] + 5(FeO) + 4(CaO) \longleftrightarrow (4CaO \cdot P_2O_5) + 5[Fe] \quad \Delta H = -949.7\text{kJ}$$

$$K_P = \frac{a_{(4CaO \cdot P_2O_5)}}{w_{[P]\%}^2 a_{(FeO)}^5 a_{(CaO)}^4} \tag{3-97}$$

启普曼认为脱磷反应的平衡常数和温度之间的关系为：

$$\lg K_P = \lg \frac{x_{(4CaO \cdot P_2O_5)}}{w_{[P]\%}^2 x_{(FeO)}^5 x_{(CaO)}^4} = \frac{40067}{T} - 15.06 \tag{3-98}$$

温克勒将上式中的 $x_{(FeO)}$ 换算成为 $w_{[O]\%}$ 得出：

$$\lg K_P = \lg \frac{x_{(4CaO \cdot P_2O_5)}}{w_{[P]\%}^2 w_{[O]\%}^5 x_{(CaO)}^4} = \frac{71667}{T} - 28.73 \tag{3-99}$$

把平衡常数的表达式做变形处理，可以得到：

$$w_{[P]\%} = \sqrt{\frac{a_{(P_2O_5)}}{K_P w_{(FeO)\%}^5 w_{(CaO)\%}^4}} \tag{3-100}$$

从上面的方程式可以得到，仅仅从热力学角度来看，脱磷的基本条件是：渣中较高的（FeO）含量，较高的碱度，合适的渣量和适宜的低温条件。

3.3.1.2 离子理论的脱磷反应机理

离子理论认为，脱磷的反应按照以下的步骤进行：

钢液中的磷离子向反应界面扩散在反应界面磷离子首先被氧化：

$$[P] + 4(O^{2-}) \longleftrightarrow (PO_4^{3-}) + 5e \tag{3-101}$$

然后聚集在金属相中的过剩电子通过以下过程得到消除：

$$2.5(Fe^{2+}) + 5e \longleftrightarrow 2.5[Fe] \tag{3-102}$$

结合以上的反应可以表示为：

$$[P] + 4(O^{2-}) + 2.5(Fe^{2+}) \longleftrightarrow (PO_4^{3-}) + 2.5[FeO]$$

$$K_P = \frac{a_{(PO_4^{3-})} a_{[FeO]}^{2.5}}{a_{[P]} a_{(O^{2-})}^4 a_{(Fe^{2+})}^{2.5}} \tag{3-103}$$

平衡常数与温度之间的关系为：

$$\lg K_P = \frac{9000}{T} - 5.3 \tag{3-104}$$

从上面的离子反应方程式可以看出，增加渣中的铁离子和氧离子，脱磷才能够进行，而且由于温度和平衡常数的关系，故纯氧化铁的炉渣脱磷能力不大，这是因为 Fe^{2+} 的电正性很强，会使得邻近的 PO_4^{3-} 解体，如果用离子半径较大的金属阳离子取代 Fe^{2+}，就会增加 PO_4^{3-} 的稳定性，提高脱磷的效率，例如利用钙离子替代铁离子，也就是提高炉渣的碱度。这和分子理论的观点是一致的。

3.3.2 还原脱磷

磷在元素周期表中属于第Ⅵ族元素，磷原子最外层有 5 个价电子，它可以完全失去 5 个价电子变成正 5 价，也可以获得 3 个电子变成负 3 价，电炉炼钢过程中，氧化脱磷就是使得金属中的磷失去 5 个价电子形成各种磷酸盐而固定在炉渣中，还原脱磷则是使得金属中的磷得到 3 个价电子，形成磷化物转入炉渣而被去除。氧化脱磷和还原脱磷取决于体系的氧势。形成磷化物的形态取决于体系的氧势，百川和佐野测定的还原脱磷的氧化脱磷的临界氧分压在 10^{-13} 左右，当氧分压低于此值的时候，进行的是还原脱磷，高于此值的时候，发生的是氧化脱磷。还原脱磷的方程式可以表示为：

$$Ca_{(l)} + \frac{2}{3}[P] + \frac{4}{3}O_2 = \frac{1}{3}(3CaO \cdot P_2O_5) \tag{3-105}$$

或者：

$$\frac{1}{2}P_{2(g)} + \frac{5}{4}O_2 + \frac{3}{2}(O^{2-}) = (PO_4^{3-})$$

$$Ca_{(l)} + \frac{2}{3}[P] = \frac{1}{3}(Ca_3P_2) \tag{3-106}$$

也可以表示为：

$$\frac{1}{2}P_{2(g)} + \frac{3}{2}(O^{2-}) = (P^{3-}) + \frac{3}{4}O_2 \tag{3-107}$$

由以上合并可以得到：

$$(Ca_3P_2) + 4O_2 = (3CaO \cdot P_2O_5) \tag{3-108}$$

电炉常用的脱氧剂是 CaC_2 和 CaSi，采用电石脱磷的反应为：

$$CaC_2 + [O] = CaO + 2[C] \tag{3-109}$$

$$CaC_2 + [P] = Ca_3P_2 + 2[C] \tag{3-110}$$

采用硅钙合金脱磷的反应为：

$$3CaSi + 2[P] = Ca_3P_2 + 3[Si] \tag{3-111}$$

在精炼炉的操作中，会经常发现白渣条件下，钢液内的磷含量会有所下降，就是这个道理。需要说明的是，还原脱磷的炉渣水解以后会产生对于人体和环境有害的物质，需要特殊的处理。

3.3.3 炉渣组成对脱磷的影响

脱磷的渣系很多，有十几种渣系之多，常见的主要有 CaO 基、BaO 基、CaO + BaO 复合渣系。

熔渣结构的分子理论认为，磷在渣钢间的分配系数和渣中的（FeO）和（CaO）的活度有直接的关系，渣中（FeO）的作用在于将钢液中的磷氧化成为（P_2O_5），是脱磷的必要条件；渣中（CaO）的作用则是和（P_2O_5）结合生成稳定的磷酸盐，将脱磷的产物稳定在炉渣中，是保证脱磷效果的重要条件。

从离子理论的角度看，如果渣中没有 Fe^{2+}，由于聚集在金属中的过量电荷无法中和掉，脱磷反应也无法进行。另外，如果渣中没有 Ca^{2+}，即（CaO），由于 Fe^{2+} 对于 O^{2-} 的束缚能力很强，$\gamma_{O^{2-}}$ 的值极小，也达不到脱磷的要求。

当渣中 CaO 的含量提高，FeO 的含量降低，磷的分配系数先是增大到一定的数值以后又会降低。这是由于 Ca^{2+} 的浓度增大时，一方面能够使 Fe^{2+} 的浓度减少，这对于脱磷反应是不利的，另一方面又能够使 $\gamma_{O^{2-}}$ 的数值增大，又有利于脱磷反应，这些原因使 L_P 曲线出现极值。据有关文献介绍，脱磷最有效的碱度是：

$$R = \frac{w_{(CaO)}}{w_{(SiO_2)} + w_{(P_2O_5)}} = 2.5 \sim 3.0$$

启普曼认为，当碱度低于 2.75～3.0 时，提高碱度有利于脱磷的反应进行。与此相反，提高渣中（FeO）的含量，而（CaO）的含量降低时，由于 Fe^{2+} 和 O^{2-} 之间的作用力比较强大，使得 PO_4^{3-} 解体的几率增加，所以增加（FeO）的含量，可以使得脱磷的能力增加，这种能力增加到一定的程度就会随着（FeO）的含量增加而下降。氧化铁的活度和炉渣的碱度有着密切的关系，多元渣系的等 $a_{(FeO)}$ 的曲线图（1600℃）见图 3-13。

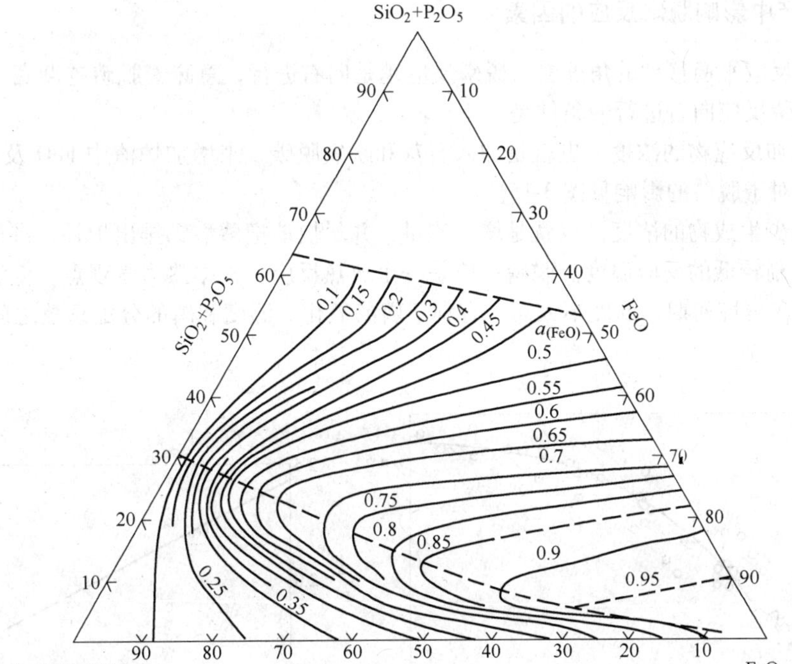

图 3-13 多元渣系的等 $a_{(FeO)}$ 的曲线图（1600℃）

不同碱度的炉渣和脱磷指数之间的关系见图 3-14。

苏联的索科洛夫认为，碱度在 2～3 之间，渣中（FeO）≥20% 对于脱磷有利，实践生产证明，不同的碱度和氧化铁的氧化渣的脱磷能力不同。

Mn^{2+} 的离子半径（0.091nm）大于 Fe^{2+}（0.083nm），所以 Mn^{2+} 与 O^{2-} 之间的作用能小于

Fe^{2+}。将 FeO 部分地换成 MnO 时，一方面，$\gamma_{O^{2-}}$ 增大，有利于脱磷，另一方面，由于 $x_{(Fe^{2+})}$ 减小，又不利于脱磷的反应。

实践证明，渣中的 MnO≤12%时，随着渣中 MnO 含量的增加，脱磷指数增大，超过 12%以后，增加渣中 MnO 的含量，会降低脱磷指数。

Mg^{2+} 的影响和 Mn^{2+} 类似，但是渣中 MgO 含量增加时，会增加炉渣的黏度，影响脱磷反应的动力学条件。MgO 在渣中只要不影响炉渣的黏度，对于脱磷有利，反之亦然。SiO_2 和 Al_2O_3 都能够使得 $x_{(Fe^{2+})}$ 减小，使得脱磷指数下降，特别是 SiO_2 可以使得临近的 PO_4^{3-} 解体。但是（Al_2O_3）可以加速成渣，改善炉渣的流动性，改善脱磷反应的动力学条件。

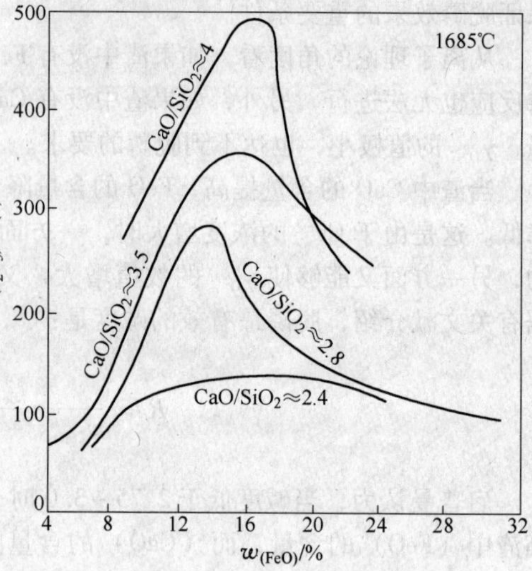

图 3-14　不同碱度和氧化铁含量的炉渣和脱磷指数之间的关系

3.3.4　生产中影响脱磷反应的因素

从脱磷反应平衡移动的角度看，脱磷反应越是向右进行，意味着脱磷越彻底，脱磷的效果越好。使脱磷反应向右进行的条件是：

（1）增加反应物的浓度。也就是加入石灰和吹氧脱碳，来增加炉渣中 FeO 及 CaO 的浓度。炉渣的碱度对于脱磷的影响见图 3-15。

（2）减少生成物的浓度。也就是增大渣量，并尽快地把磷酸钙排出炉外，进行流渣操作。

（3）控制较低的反应温度。脱磷反应是一个放热反应，根据热力学观点，低温有利于放热反应进行，在熔炼初期，温度不太高，有利于磷的氧化。温度和磷的分配系数之间的关系见图 3-16。

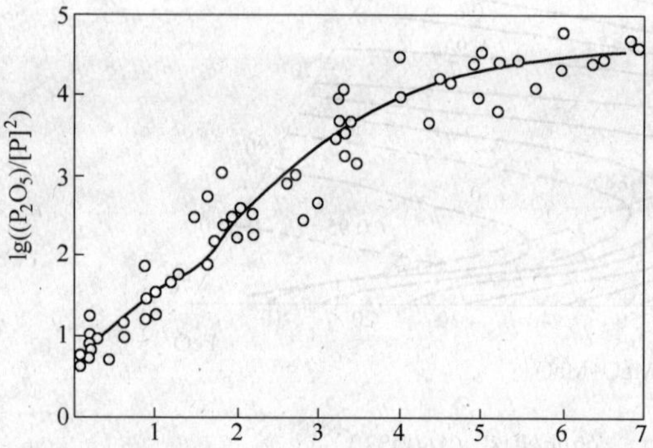

图 3-15　炉渣碱度对于脱磷的影响

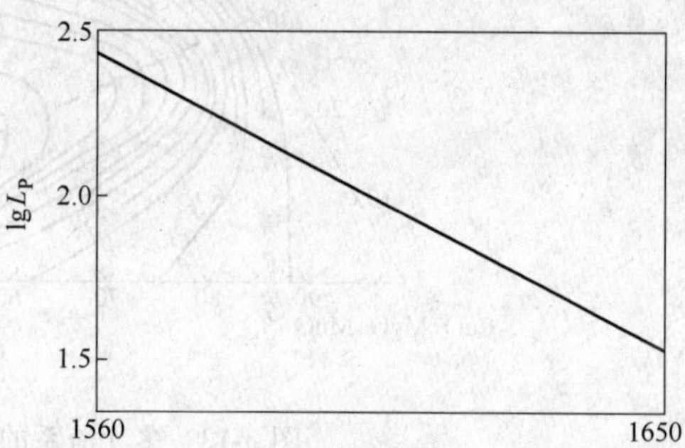

图 3-16　温度和磷的分配系数之间的关系

（4）设法增加钢与渣的接触面。所以应加强搅拌，而氧化沸腾能使熔池充分搅拌。在装备有低吹气（DDP）技术的电炉，脱磷效果就比较明显。脱磷的平衡常数与搅拌能之间的关系见

图 3-17。

当前电炉中脱磷的普遍趋向是把氧化期的脱磷任务提前到熔化期内进行，使进入氧化期时的磷含量已降到规格范围之内，在氧化期内再进一步将磷氧化到规格一半以下。这是因为熔化后期及氧化初期熔池温度较低，从脱磷反应的平衡常数与温度的关系中可以看出，此时脱磷的热力学条件非常有利。但是需要注意的是，温度过低将使炉渣的流动性变差，脱磷的反应也不易进行。熔化期的吹氧助熔能适当提高熔池的温度，改善钢液和炉渣的流动性，并利用吹氧在钢渣界面产生良好的沸腾，增大钢渣的接触界面，使脱磷反应顺利地进行。

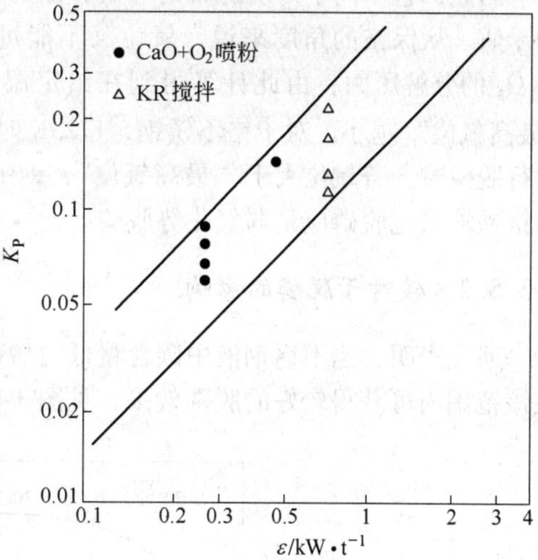

图 3-17 脱磷的平衡常数与搅拌能之间的关系

钢中磷的氧化反应是在炉渣参与下进行的，因此不论是熔化后期还是氧化前期，脱磷的关键都在于造好氧化性强、大碱度、流动性良好的炉渣。

总的来讲脱磷的最佳热力学、动力学条件是：

(1) 降低反应温度，1300℃低温有利于脱磷反应进行。

(2) 提高钢水、炉渣的氧化性，有利于脱磷反应。

(3) 提高钢中磷的活度和增加渣量，有利于脱磷反应。

(4) 适当的碱度。

(5) 对熔池进行强力搅拌。熔化期的正确操作，可以把钢中的磷去除 50% ~70%，剩余的残存磷在氧化期借助于渣钢间的界面反应、自动流渣、补造新渣或采用喷粉脱磷等办法继续去除。

(6) 选择合理的脱磷渣系。

3.3.5 不锈钢的脱磷

磷对不锈钢的局部腐蚀和加工性能有不利影响，冶金专家在 20 世纪就提出脱磷到 0.0014% 的要求。在不锈钢冶炼工艺中，除了通过严格控制原材料中的磷来得到理想的磷含量控制成分外，不锈钢脱磷技术可分为氧化脱磷和还原脱磷。氧化脱磷过程需要 BaO 基或其他碱金属氧化物基的碱性渣，钢中的磷是以磷酸盐的形式脱除。而还原脱磷需要 Ca 基熔剂，钢中的磷是以磷化物的形式脱除。

3.3.5.1 氧化脱磷的特点及碳的影响

最高氧位（弱氧化势脱磷）氧化脱磷的反应式可写为：

$$[P] + \frac{5}{4}O_2 = \frac{1}{2}(P_2O_5) \qquad \Delta G^{\ominus} = -666210 + 271.7T \qquad (3\text{-}112)$$

不锈钢在氧化脱磷的同时还发生以下的反应：

$$[Cr] + \frac{3}{4}O_2 = \frac{1}{2}(Cr_2O_3) \qquad \Delta G^{\ominus} = -553700 + 170.34T \qquad (3\text{-}113)$$

因此，它不同于传统的碳钢与低合金钢氧化脱磷。不锈钢的氧化脱磷关键是解决脱磷保铬的矛盾。从保铬的角度来说，氧位又不能过高。假设所用渣系为 Cr_2O_3 饱和，通过计算得出 Cr_2O_3 的分解压力，由此计算得到在给定温度条件下脱磷时的“最高氧位 p_{O_2}”。温度越低，“最高氧位”越小。对于铬不锈钢，1723K 时的最高氧位约是 10^{-13}。当采用氧化法对高铬铁液进行脱磷时，若氧位大于“最高氧位”，钢中铬的氧化量将大大增加，导致回收率降低。因此，高铬铁液氧化脱磷应是弱氧化势脱磷。

3.3.5.2　碳对于脱磷的影响

研究表明，当不锈钢液中碳含量低时脱磷率极低，许多渣系存在一个最佳碳含量的范围，在该范围内可获得较好的脱磷效果，见图 3-18。

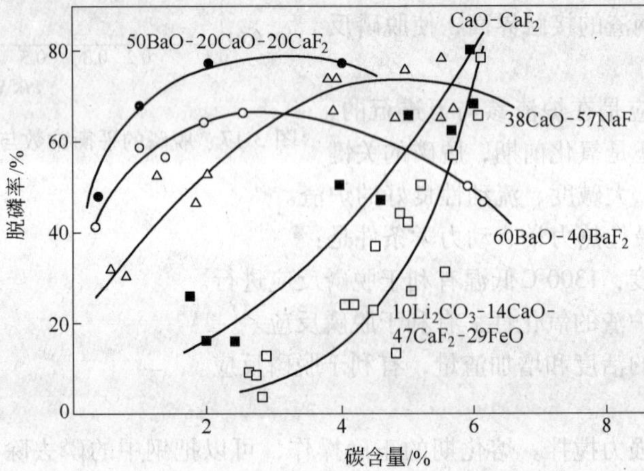

图 3-18　碳含量对于不锈钢脱磷效果的影响

碳在不锈钢氧化脱磷中还起着另一个作用，即改变钢中铬和磷的活度，如图 3-19 所示。董元篪等对高铬铁基熔体中磷和铬的活度进行了研究，得出了磷、碳与铬的活度相互作用系数分别是：

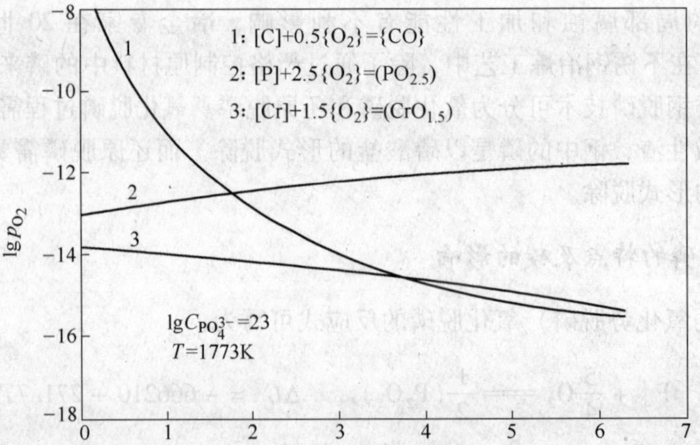

图 3-19　铬、磷、碳三种元素之间的选择性氧化和临界碳含量

（[Cr] = 18%，[P] = 0.02%，(P_2O_5) = 0.05%）

$$\varepsilon_{Cr}^{C} = -6.55 \quad \varepsilon_{P}^{C} = 13.38 \quad ([C] < 20\%)$$

可见，碳可降低铬的活度，大幅度提高磷的活度，显然较高的碳含量有利于不锈钢的氧化脱磷。

3.3.5.3　还原脱磷的特点及碳的影响

还原脱磷渣系多为 Ca 基渣系，反应式为：

$$Ca_3P_2 + 4O_2 = Ca_3(PO_4)_2 \qquad \Delta G^{\ominus} = -3626436 + 793.32T \tag{3-114}$$

无论是氧化脱磷还是还原脱磷，都由临界氧位决定。还原脱磷只在非常低的氧位下才有可能。当用钙基渣系作为脱磷剂时，碳含量是影响不锈钢还原脱磷过程的一个重要因素。当加入含钙脱磷剂，Ca 在脱磷的同时，也有可能和碳作用生成 CaC_2，即发生［P］和［C］竞争夺 Ca 的反应：

$$CaC_2 + \frac{2}{3}[P] = \frac{1}{3}(Ca_3P_2) + 2[C]$$

$$\Delta G^{\ominus} = 590837 - 107.82T$$

$$K = \frac{a_{(Ca_3P_2)}^{\frac{1}{3}} a_{[C]}^{2}}{a_{CaC_2} a_{[P]}^{\frac{2}{3}}} \tag{3-115}$$

这表明在用 Ca、CaSi 和 CaC_2 作为脱磷剂进行脱磷时，金属液的碳含量不宜过高。取 $a_{(CaC_2)} = 1$ 时，$a_{[C]} = a_{[C]}^*$，$a_{[C]}^*$ 称为临界活度，该值在 0.7% ~ 1.0% 之间。当 $a_{[C]} < a_{[C]}^*$ 时，表示有较高的脱磷率，$a_{[C]} > a_{[C]}^*$ 时，如用 Ca 作脱磷剂还原脱磷，Ca 更易与［C］结合生成 CaC_2 析出，如用 CaC_2 作脱磷剂还原脱磷时，CaC_2 不易分解，起不到脱磷的作用，所以脱磷效率急剧下降，见图 3-20。

研究人员在开发一种不锈钢还原脱磷工艺实验中，碳含量在 0.32% ~ 0.76% 的范围内时未发现脱磷率与碳含量有明显的关系，却发现 $\Delta[C](=[C]_{起始} - [C]_{终点})$ 与脱磷率存在一定的关系（图 3-21），所以说明了脱碳量越小的炉次脱磷率越高，脱碳量越大的炉次脱磷率越低。这说明 C 和 Ca 反应生成 CaC_2，消耗了 Ca，导致 Ca 的利用率下降，脱磷率下降。

对不锈钢脱磷的要求为：氧化脱磷要求 $[C] = 2\% \sim 6\%$，还原脱磷要求 $[C] < 1.0\%$。对于电炉生成的不锈钢母液来讲，

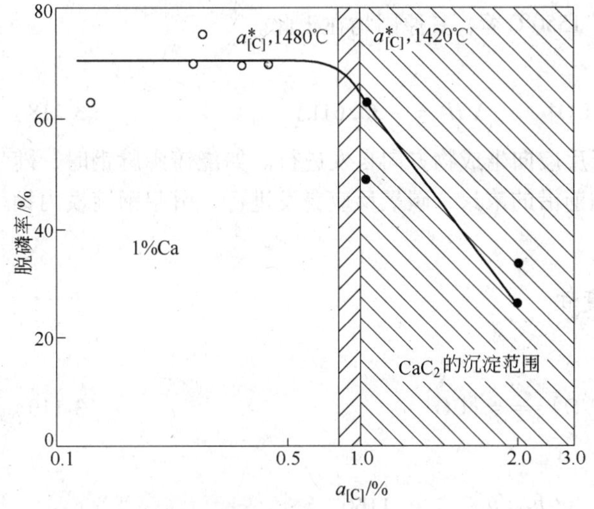

图 3-20　使用钙基渣脱磷时 $a_{[C]}$ 与脱磷率的关系

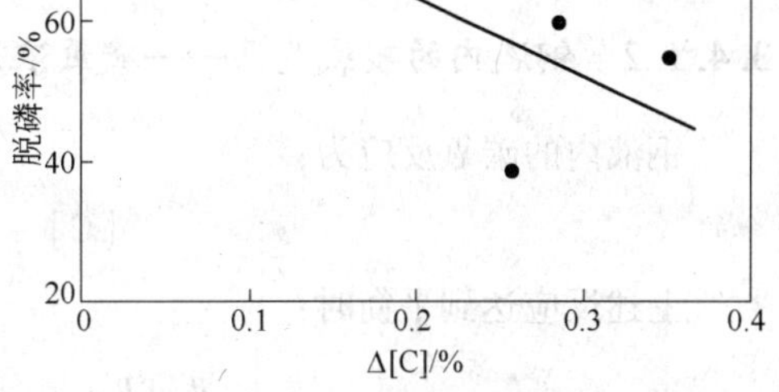

图 3-21　Δ[C]对于不锈钢脱磷的影响

其碳含量正好在氧化脱磷所需的最佳范围之内，氧化法脱磷效果明显。对于采用返回法冶炼不锈钢出现的脱磷问题，因碳含量低，更适合采用还原脱磷。

3.4 碳的氧化和脱碳反应

炼钢用的铁水是铁和碳以及一些其他杂质的溶液。铁水中的碳含量通常稳定在3.5% ~4%左右。碳与铁液形成非理想溶液。但当碳含量不高时，碳的活度系数$f_C \approx 1$。碳与氧的亲和力小于硅而与锰相当，电炉炼钢过程中碳的氧化产物是几乎不溶于钢液的CO气体和少量的CO_2气体。在电炉炼钢过程中，碳的氧化是化学热热量的主要组成部分，所以掌握脱碳反应的原理及其应用和规律是控制炼钢反应的最基本的技能。

3.4.1 碳氧反应热力学

碳氧反应的热力学主要研究碳氧反应的热效应、平衡时的碳氧浓度积及熔池内的实际碳氧反应。

3.4.1.1 碳氧反应的热效应

研究碳氧反应热效应的目的，主要是为了了解温度对碳氧反应的复杂影响，同时获得热力学计算所需的数据。现对炼钢过程中常见的几个碳氧反应的热效应$\Delta_r H^\ominus$讨论如下：

（1）气态氧和钢中碳相互作用的热效应：

$$\frac{1}{2}\{O_2\} + [C] = \{CO\} \qquad \Delta_r H^\ominus = -152.47\text{kJ} \tag{3-116}$$

这是一个放热反应，因此一般认为碳的直接氧化是电炉脱碳升温的主要热源。

（2）渣中的氧化铁和钢中碳相互作用的热效应：

$$(FeO) + [C] = [Fe] + \{CO\} \qquad \Delta_r H^\ominus = 85.31\text{kJ} \tag{3-117}$$

$$\lg\left(\frac{p_{CO}}{a_C a_{FeO}}\right) = -\frac{5170}{T} + 4.736$$

可见，钢液与熔渣之间的两相反应是一个吸热反应，提高温度有利于反应向生成物方向进行。电炉炼钢中规定加矿氧化温度必须大于1550℃等，其原因均在于此。

（3）钢中的氧和碳相互作用的热效应：

$$[C] + [O] = \{CO\} \qquad \Delta_r H^\ominus = -35.61\text{kJ} \tag{3-118}$$

这是一个弱放热反应，降低温度有利于反应向生成物方向自发进行。如浇铸沸腾钢时，随着钢锭模内钢水温度的下降及碳和氧在结晶前沿的浓聚，碳氧反应自发进行，引起钢锭模内钢水沸腾。

3.4.1.2 钢液内的碳氧关系——碳氧浓度积

钢液内的碳氧反应为：

$$[C] + [O] = \{CO\} \tag{3-119}$$

上述反应达到平衡时：

$$\lg K_C = \lg\frac{p_{CO}/p^\ominus}{a_{[C]}a_{[O]}} = \lg\frac{p_{CO}/p^\ominus}{w_{[C]\%}f_C w_{[O]\%}f_O} = \frac{1160}{T} + 2.003 \tag{3-120}$$

式中，p_{CO}为气相中CO的分压，Pa；$p^{\ominus}$为标准大气压，101325Pa；$a_{[C]}$，$a_{[O]}$分别为碳、氧的活度；$w_{[C]\%}$，$w_{[O]\%}$分别为钢液中碳、氧的质量分数；f_C，f_O分别为碳、氧的活度系数。

由于钢液中的碳氧反应为弱放热反应，所以其平衡常数会随着温度的升高而略有下降，1600℃时的K值为419。

为了分析炼钢过程中溶解在钢液中的碳和氧之间的关系，常将p_{CO}近似取作101325Pa；当钢液的含碳量较低时，f_C和f_O均接近1，计算公式为：

$$\lg f_C = 0.298 w_{[C]\%} \qquad w_{[C]} = 0.1\% \sim 1.0\%$$

$$\lg f_O = -0.421 w_{[C]\%} \qquad w_{[C]} = 0.1\% \sim 1.0\%$$

因此取$a_{[C]} = w_{[C]\%}$，$a_{[O]} = w_{[O]\%}$，则平衡常数表达式可简化为：

$$K_C = \frac{1}{a_C a_O} = \frac{1}{w_{[C]\%} w_{[O]\%}} \tag{3-121}$$

为了讨论方便，以m代表$1/K_C$，则上式可写成：

$$m = w_{[C]\%} w_{[O]\%} \tag{3-122}$$

称m为碳氧浓度积。此时，m值也具有化学反应平衡常数的性质，即在一定温度和压力下为一常数，而与反应物和生成物的浓度无关。在1600℃、101325Pa下实验测定的结果是$m = 0.0023$。

可见，反应平衡时钢液中的碳含量和氧含量之间呈双曲线关系，即在一定温度时，当钢中的碳含量高时，与之相平衡的氧含量就低；反之亦然。

实际上，m并非是一个常数，随温度及$w_{[C]\%}$的变化而变化。在不同的碳含量和温度时的m值列于表3-4。

表3-4　不同温度和含碳量的m值（$w_{[C]\%} w_{[O]\%}$）

$w_{[C]\%}$	温度/℃				
	1500	1550	1600	1650	1700
0.01	1.76×10^{-3}	1.91×10^{-3}	2.06×10^{-3}	2.19×10^{-3}	2.33×10^{-3}
0.05	2.11×10^{-3}	2.22×10^{-3}	2.34×10^{-3}	2.44×10^{-3}	2.55×10^{-3}
0.10	2.20×10^{-3}	2.30×10^{-3}	2.41×10^{-3}	2.51×10^{-3}	2.60×10^{-3}
0.50	2.51×10^{-3}	2.61×10^{-3}	2.72×10^{-3}	2.83×10^{-3}	2.94×10^{-3}
1.00	2.91×10^{-3}	3.02×10^{-3}	3.16×10^{-3}	3.27×10^{-3}	3.40×10^{-3}

从表3-4中的数据可见，含碳量一定时，随着温度的升高m值将增大，这是因为钢液中的碳氧反应为弱放热反应的缘故。温度对于电炉炼钢过程中C-O平衡关系的影响见图3-22。

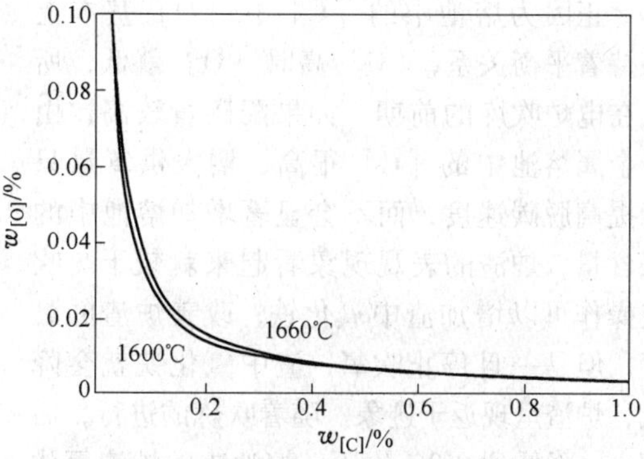

图3-22　温度对于C-O平衡关系的影响

在一定温度下m值不守常的原因，在碳高时是由于碳和氧的活度系数均不等于1；在碳低时则是由于部分碳按照下列反应：

$$[C] + 2[O] = \{CO_2\} \tag{3-123}$$

氧化成了CO_2，其质量分数可由上例脱碳反应平衡常数计算得出，如表3-5所示。

表 3-5　不同温度下，$p_{CO}/p^{\ominus}+p_{CO_2}/p^{\ominus}=1$ 与 Fe-C-O 熔体相平衡的气相中 CO_2 的质量分数

$w_{[C]}$/%	温度/℃				
	1500	1550	1600	1650	1700
0.01	20.1	16.7	13.8	11.5	9.5
0.05	5.6	4.3	3.3	2.7	2.1
0.10	2.8	2.0	1.7	1.3	1.1
0.50	0.44	0.34	0.26	0.21	0.16
1.00	0.16	0.12	0.034	0.070	0.060

由表 3-5 中数据可知，在炼钢温度下，只有当碳含量低于 0.1% 时，气相中 CO_2 才能达到 1% 以上，可见炼钢熔池中碳的氧化物产物绝大部分为 CO，所以一般性的讨论时可近似地取 $p_g \approx p_{CO}$。

由于 C-O 反应产物为气体 CO 和 CO_2，$p_g = p_{CO} + p_{CO_2}$，所以当温度一定时 C-O 平衡还要受到 p_g 或 p_{CO} 变化的影响。低压条件下有利于碳氧反应的进行。

3.4.1.3　熔池中碳和氧的实际关系

无论何种炼钢方法，氧化结束时熔池内的碳氧反应均未达到平衡，钢液的实际氧含量高于在该情况与碳平衡的氧含量，如果将与 $w_{[C]}$ 相平衡的 $w_{[O]平}$ 值和实际熔池中的 $w_{[O]实}$ 之差称为过剩氧 $\Delta w_{[O]}$，即：

$$\Delta w_{[O]} = w_{[O]实} - w_{[O]平} \tag{3-124}$$

再将此式代入 $m = w_{[C]\%} w_{[O]\%}$ 中，可得到：

$$\Delta w_{[O]} = w_{[O]实} - m w_{[C]}^{-1} \tag{3-125}$$

过剩氧 $\Delta w_{[O]}$ 的存在是熔池中发生碳氧反应的必要条件，其大小主要与以下条件有关：

(1) 脱碳反应动力学。脱碳速度大时，则碳氧反应接近平衡，过剩氧少；反之，过剩氧就多。

(2) 钢液含碳量。钢液的含碳量越低，则过剩氧越小，即 $w_{[O]实}$ 越接近于与平衡的氧含量 $w_{[O]平}$。实测的碳氧平衡关系见图 3-23。

正因为熔池中的［C］和［O］基本上保持着平衡关系，［C］高时［O］就低，所以在电炉吹炼的前期，如果配碳量较高，由于金属熔池中的［C］很高，增大供氧量只能提高脱碳速度，而不会显著增加熔池中的氧含量，炉渣的表观现象看起来就较干。吹渣操作可以增加渣中氧化铁，改善炉渣的黏度，但是一旦停止吹氧，渣中氧化铁就会降低，炉渣呈现返干迹象。随着吹炼的进行，后期 $w_{[C]}$ 降低到 0.2% 以下，熔池中的炉渣氧化铁含量就会明显增加，炉渣的黏度就会改善。

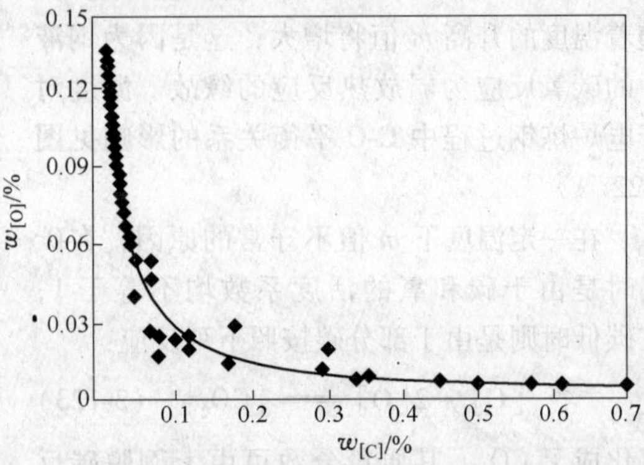

图 3-23　电炉实测的碳氧平衡关系

3.4.2 碳氧反应动力学

动力学要解决的问题是反应步骤、限制性环节及反应速度。

3.4.2.1 碳氧反应的步骤

在炼钢炉内，金属和炉气之间隔有一层炉渣，反应物CO不可能直接进入气相，而只能在熔池内部以气泡的形式析出，使整个反应机理变得复杂。一般认为，碳氧反应过程至少包括以下三个环节：

(1) 熔池内[C]和[O]向反应区扩散；

(2) [C]和[O]进行化学反应；

(3) 生成CO气泡并长大上浮而排出。

3.4.2.2 碳氧反应的限制性环节

由碳氧反应的步骤可知，熔池中的碳的氧化反应是个复杂的多相反应，包括扩散、化学反应及新相生成等几个环节。

A CO气泡的生成与上浮

碳氧反应产物CO在金属中的溶解度很小，只有以CO气泡形式析出才能使碳氧反应顺利进行。

由溶液的基本理论可知，要在一个均匀的溶液中生成一个CO气泡新相，一个首要的条件就是要求生成新相的物质CO在钢液中有一定的过饱和度。这是因为物质在溶液中以过饱和状态存在时，其自由能要大于它纯态时的自由能。这样，在它以一个新相面析出的过程中，自由能变化量为负值，该过程就能自发进行。

其次，在一个均匀的液相中要析出一个新相，而且这个新相能够长大，还要求最早生成的种核能够达到一定的尺寸，即要达到“临界半径”。大于临界半径的种核长大过程中的自由能变化ΔG为负值，小于临界半径的种核长大过程中自由能变化为正值，后者即使种核能够生长，也将重新熔化于溶液中。

上述的过饱和度和临界半径有一定的关系，如果析出物质在溶液中的过饱和度很大，那么新相析出要求的临界半径就较小；反之，就要求种核具有比较大的临界半径。实际生产中，钢液中的CO不可能达到很大的过饱和度，这就要求CO在析出时先要生成半径较大的种核，也就是说在溶液的某些地方，在某一瞬间，在一个很小的体积内聚集大量的形核质点。显然，这种现象出现的几率是非常小的。

假设由于某些条件，在钢液中形成了半径达到临界尺寸的CO种核，则CO生成的种核所受到的压力是：

$$p_{CO} \geqslant p_{气} + \rho_{钢} g h_{钢} + \rho_{渣} g h_{渣} + 2\sigma_{钢}/r \tag{3-126}$$

式中，p_{CO}为CO气泡所受到的压力，MPa；$p_{气}$为炉气压力，约为0.1MPa；$\rho_{钢}$，$\rho_{渣}$分别为钢液和炉渣的密度，分别为$7t/m^3$和$3t/m^3$；$h_{钢}$，$h_{渣}$分别为气泡上方钢液和渣层的厚度，m；$\sigma_{钢}$为钢液的表面张力，为1.5×10^3N/m；r为CO气泡的半径，达到临界半径时，约为10^{-9}m。

仅由表面张力引起的压力就高达$2\sigma_{钢}/r = 2\times1.5\times10^3\times10^{-3}/10^{-9}\text{Pa} = 3.0\times10^3\text{MPa}$。可见，在均匀的钢液内部形成CO气泡是不可能的。

实际生产中发现，熔池内CO气泡的生成并不困难，原因是熔池中存在着现成的气泡萌芽

(气—液界面)，使得 CO 气泡的生成极为容易。

就像烧开水一样，最初的气泡绝不会是在水中突然出现的，而是从壶底渐渐产生，道理很简单，在液体（水）与固体（壶底）接触之处存在有未被排净的空气，这些残留的气体就可能称为生成气泡的萌芽。在电炉炼钢炉内，从微观上讲，炉衬的表面存在着许多小孔和缝隙，而且在与钢液接触前均被空气所充满。其中一些小孔的半径或缝隙的宽度远大于钢液中 CO 的饱和度所要求的临界半径，但在与钢水接触时因界面张力的作用又不至于被钢液完全填充而残留有部分空气，这些小孔和缝隙就是生成 CO 气泡的理想地点。一些导热性较差，不易熔化的废钢原料也会成为 CO 气泡的理想形核地点。尤其是当炉衬不被钢液所润湿，即润湿角 $\theta > 90°$ 时，孔洞中的钢液面向下突出，此时因表面张力引起的附加压力为负值（随气泡长大，界面积减小），就是说它不仅不对气泡施加压力，反而会减轻气泡承受的其他压力。

随着小孔内表面上的碳氧反应的进行，反应产物 CO 气体不断进入气泡使之渐渐长大。当气泡涨到一定程度时便脱离小孔而上浮，与此同时，小孔内还残留一部分气体继续作为气泡的萌芽。

上浮过程中 CO 气泡，在途经碳氧反应未达平衡的钢液时，其表面也是很好的碳氧反应地点（有很大一部分碳是 CO 气泡表面氧化掉的）。因此，随着 CO 气泡的上浮，其内的 CO 气体及沿途吸收的氢气和氮气不断增加，它所承受的压力渐小，气泡的尺寸渐大，上浮的速度也渐快，最后冲破液面进入气相并引起熔池沸腾。

还应指出，当钢渣界面上还有未熔质点如石灰、萤石、铁矿石等存在时，其上的裂缝和孔洞也可能作为生成 CO 气泡的异质核心。这一观点可以由电炉熔池的表面沸腾时，气泡冲出液面时小而无力的现象得到证明。

综上所述，对于电炉炼钢炉内的碳氧反应，其新相——CO 气泡的生成并不困难，吹氧炼钢时，钢液中弥散分布的氧气泡和上浮过程中的 CO 气泡表面、炉衬及造渣材料表面的裂缝和小孔中都是碳和氧良好的反应地点。

B　化学反应与扩散

既然 CO 气泡可以顺利生成，那么就可由反应的表观活化能数值来判断化学反应与扩散哪一个步骤是限制性环节。

有关研究认为，当表观活化能 $E \geqslant 1050\text{kJ/mol}$，化学反应是整个过程的限制性环节，当表观活化能 $E \leqslant 418\text{kJ/mol}$ 时，过程受扩散控制；而当表观活化能处于 $418\text{kJ/mol} < E < 1050\text{kJ/mol}$ 时，过程同时受扩散和化学反应控制。

根据有关文献报道，碳氧反应的表观活化能 E 波动在 62.8 ~ 146kJ/mol 之间，因此可以认为碳氧反应过程受扩散控制，即钢液中的碳或氧向反应区扩散是整个反应的限制性环节。实际上高温下碳氧反应是非常迅速的，属瞬时反应。

3.4.2.3　碳氧反应速度

碳氧反应速度常用单位时间内的脱碳量来表示，符号 v_C，单位%/min。

在碳和氧的扩散中，研究表明，两者的扩散速度比为：

$$\Delta = \frac{v_{\text{Cmax}}}{v_{\text{Omax}}} \approx \frac{w_{[\text{C}]}}{w_{[\text{O}]}} \frac{\sqrt{D_\text{C}}}{\sqrt{D_\text{O}}} \tag{3-127}$$

式中，v_C，v_O 分别为碳和氧在钢液中的扩散速度，%/s；D_C，D_O 分别为碳和氧在钢液中的扩散系数，属于同一数量级，但 $D_C > D_O$。

另外，只要 $w_{[C]}>0.07\%\sim0.10\%$，由碳氧浓度积可知，$w_{[C]}$便远远大于 $w_{[O]}$，因此便有 $v_C>v_O$。

由以上分析得出，在炼钢的大部分时间内，［O］的扩散是碳氧反应的限制性环节；而当 $w_{[C]}$过低时，［C］的扩散将控制碳氧反应。

于是，根据边界层扩散理论，碳氧反应速度可表示为：

$$v_C = -\frac{dw_{[O]\%}}{dt} = \frac{A}{V_M}\cdot\frac{D_O}{\delta_M}(w_{[O]\%} - w_{[O]\%^*}) \tag{3-128}$$

式中，A 为气—液两相的界面积，cm^2；V_M 为钢液的体积，cm^3；D_O 为氧的扩散系数，cm^3/s；δ_M 为扩散边界层的厚度，cm；$w_{[O]\%}$为钢液中氧的质量分数；$w_{[O]\%^*}$为气泡钢液界面上氧的质量分数。

感应炉的吹氧实验也证明了这一点，钢液 $w_{[C]}>0.07\%$时，脱碳速度与 $w_{[C]}$无关，而随供氧强度的提高呈直线增加：

$$v_C = kI_{O_2} \tag{3-129}$$

式中，k 为由供氧强度决定的常数；I_{O_2}为供氧强度，$m^3/(min\cdot t)$。

增大供氧强度可以加大钢液与反应界面之间氧的浓度差，使氧的扩散动力增大；同时，还可以加强熔池的搅拌，减小边界层的厚度、增大气液两相的界面积等，因此可以提高碳氧反应速度。需要说明的是，在电炉熔炼的初期，熔池温度较低，气体氧与铁液反应生成的 FeO 在低温下溶解度不高，没有溶解在铁液中，而聚集起来与氧气进一步生成 Fe_3O_4，产生大量的褐色烟尘。

比较而言，吹氧时的供氧速度远大于加铁矿石时的供氧速度，所以电炉吹氧氧化的脱碳速度比加矿石氧化的脱碳速度要快得多，前者通常为 0.025%～0.085%/min；后者一般仅为 0.008%～0.016%/min。超声速集束氧枪射流射入金属熔池的最高脱碳速度可以超过 0.10%/min 以上，由于多点供氧，熔池是均匀沸腾，不属于爆炸反应，所以脱碳反应进行期间，不会出现钢渣喷溅事故；当脱碳反应被抑制以后，钢渣间氧的浓度差过大，就会引起爆炸反应，导致钢渣喷溅剧烈的事故。

3.4.3 电炉冶炼过程中的脱碳反应

现代超高功率电炉冶炼中的脱碳，主要方式是采用自耗式的氧枪、超声速氧枪以及超声速集束射流氧枪进行脱碳冶炼操作，部分厂家的电炉还采取了炉壁超声速氧燃烧嘴进行辅助能源的输入和吹氧脱碳。脱碳反应的速度主要受熔池中钢液成分、温度和吹炼方式三个方面的限制。

3.4.3.1 脱碳过程的基本化学反应

脱碳反应的实质是碳的氧化反应，反应的方程式如下：

$$[C] + [O] = \{CO\} \tag{3-130}$$

此外，还有下述反应同时相伴发生：

$$CO + [O] = \{CO_2\} \tag{3-131}$$

$$[C] + 2[O] = \{CO_2\} \tag{3-132}$$

$$[C] + CO_2 = 2\{CO\} \tag{3-133}$$

在炼钢条件下，以下的反应也是重要的反应：

$$[C] + [FeO] \xlongequal{} [Fe] + \{CO\} \tag{3-134}$$

碳氧反应以后的生成物是 CO 和 CO_2。二者生成物的比例与反应温度、钢中碳含量及氧含量有关。当冶炼温度较低，钢中碳含量也低，且氧含量很高时，反应生成的 CO_2 较多，而 CO 较少。这种情况在钢中碳含量小于 0.20% 时比较明显。在氧化期钢液中的碳含量大于 0.2% 时，由于反应时气相压力的变化不大，而且 CO_2 也是碳的氧化剂，所以碳氧反应的生成物主要是 CO，因此钢液脱碳反应的主体是式 3-130 和式 3-134。

3.4.3.2 影响脱碳反应进行的主要环节

影响脱碳反应进行的主要环节有：

（1）熔池中碳和氧的扩散对于脱碳反应的影响。在现代电炉熔池中采用吹氧脱碳，扩散过程主要是指［FeO］在钢液中的扩散，以及碳向反应区的扩散。这些扩散过程之所以能够进行，是由于氧在渣钢两相之间服从氧的分配定律，即高浓度的向低浓度转移扩散。当钢液中氧含量低于与渣中氧平衡的数值时，氧由渣中进入钢中。在钢液内部［FeO］的扩散也是由于产生浓度差引起的。

渣中（FeO）向钢液中的扩散速度可写成下式：

$$v_{(FeO)} = \mu d(FeO)/dx \tag{3-135}$$

式中，$v_{(FeO)}$ 为（FeO）的扩散速度；d(FeO)/dx 为扩散方向上距离为 dx 内（FeO）浓度的改变量；μ 为自扩散系数。

从以上的关系中可以得知，影响（FeO）扩散的因素有：

1）熔池中的温度。熔池中的温度越高，自扩散系数 μ 越大，对（FeO）的扩散越有利。

2）炉渣中（FeO）的含量。炉渣中（FeO）的含量越高，渣层内（FeO）浓度梯度越大，$v_{(FeO)}$ 越大，即增大供氧量有利于（FeO）的扩散。

3）熔渣的黏度。炉渣的黏度越低，自扩散系数 μ 越大。

4）反应界面。扩大渣钢反应的界面，可增大扩散速度。

5）钢液内部的运动。加强钢液的内部搅拌，可以改善扩散条件，有利于（FeO）的扩散，也有利于熔池内的碳向反应界面扩散，促进了脱碳反应的进行。直流电炉和采用底吹气技术的电炉脱碳操作比较容易就说明了这一点。

当熔池形成以后，钢液中的实际碳含量 $[C]_{实际}$ 高于临界碳含量 $[C]_{0.8\%}$ 时，氧的扩散成为脱碳反应进行的限制性环节；而当钢液中的实际碳含量［C］低于临界碳含量 $[C]_{0.8\%}$ 时，碳的扩散成为限制性的环节。$[C]_{临界}$ 的实际测定值在 0.2% ~0.8% 之间。碳浓度在 0.2% 以上，脱碳反应的产物主要为 CO，碳的浓度小于 0.2% 以后，脱碳反应的产物主要为 CO_2，脱碳反应所需要的氧气量也不一样。

（2）CO 气泡的生成。在某些情况下，碳氧反应产物 CO 气泡的生成也可能成为脱碳反应的限制环节。CO 分子在钢液中的溶解度很小，甚至不溶解，所以 CO 气泡必然向气相中迅速析出，这样才能使碳的氧化反应能够继续进行。但在钢液内部没有现成的气相，而产生新的气液相界面时又需要极大的能量，且新生成的气泡越小，所需的能量越大。经研究及生产实践证明，向钢液中吹入某种气体，由于大量气泡的弥散存在，在钢中就不存在 CO 气泡新相生成的困难。碳和氧都是表面活性物质，它们均能向气泡表面扩散，并吸附在气泡上进行化学反应，熔池中如果有现成的气泡，气泡的表面有利于 CO 气泡的生成。良好的镁砂炉底炉坡一般具有孔隙度较大的粗糙表面，钢液对它们润湿不好，当润湿角大于90°，这些孔隙不能被钢液充填而存有气体，如在这些部位进行碳氧反应，也不存在CO气泡新相生成的困难。在已经渣化的炉底炉坡上，炉底炉坡的孔隙被堵塞时，不易生成CO气泡。在电炉炼钢的氧化期，由于钢液升温较快，炉底炉坡的残渣，或者已粉化的镁砂能够及时浮起，CO气泡的形成最终也比较容易。在多数情况下，脱碳的反应产物，CO气泡主要是在炉底炉坡和钢渣界面处生成的。

除此之外，熔渣流动性不好或渣钢界面浮有固体辅料时，如造渣材料或矿石粉等，在那里也可以进行碳氧反应而生成CO气泡，从而出现渣钢界面的沸腾。渣钢界面沸腾对于常规脱磷比较有利，对钢液的去气、除夹杂及均匀温度等都有积极的促进作用。在这里还需指出，钢液与非金属夹杂物颗粒之间的界面也是产生CO气泡种核的地方，特别是当钢液对夹杂物润湿不好时，更有利于CO气泡的生成。直接还原铁、冷生铁也属于有利于气泡形成的物质。

（3）CO气泡的逸出条件。由于CO气泡在钢中几乎不溶解，CO气泡生成以后，它就会向外排出进入气相。在熔池中，随着CO气泡的产生、长大，它的上浮力也增大。当上浮力超过气泡周围介质对气泡的黏着力时，气泡就脱离原来的位置而上升。在上升过程中，一方面在气泡的表面上继续进行碳氧反应，另一方面溶于钢液中的氢和氮也通过扩散进入气泡中，以及气泡的相互碰撞等，能促进气泡的迅速长大。当然，上升时静压力的减少也使气泡进一步长大。一旦CO的逸出压力大于气泡承受的总压力时，就能逸出熔池。气泡由此不断地上升、长大并逸出，进而引起了熔池的搅动与沸腾。熔池较深，对于一氧化碳气泡的排出有影响，从而影响脱碳。合适的炉渣碱度和黏度，对于气泡的排出比较有利，有利于脱碳反应的进行。在自耗式氧枪吹炼时，当脱碳反应受到抑制以后，将氧枪不断地伸入熔池，就是利用在熔池内部产生大量的气泡，搅动熔池，促进脱碳反应。

3.5 出钢过程钢液的脱氧反应

3.5.1 脱氧反应热力学

当碳被氧化到较低的浓度时，钢液内就存在着较高量的氧（$w_{[O]}=0.02\%\sim0.08\%$）。这种包含氧的钢液在冷却凝固时，不仅在晶界析出FeO及FeO-FeS，使钢的塑性降低及发生热脆，而且其中的［C］及［O］将继续反应，甚至强烈反应。因为其内在的氧在冷却的钢液中溶解度减小，出现偏析时，毗连于凝固层的母体钢液的含氧量增高，超过了$w_{[C]}w_{[O]}$平衡值，于是CO气泡形成，使钢锭包含气泡，组织疏松，质量下降。因此，只有在控制沸腾（沸腾钢）或不出现沸腾（镇静钢）时，才可能获得成分及组织合格的优质钢锭或钢坯。为此，对于沸腾钢，$w_{[O]}$需降到$0.025\%\sim0.030\%$，对于镇静钢，$w_{[O]}$应小于0.005%。

向钢液中加入与氧亲和力比铁大的元素，使溶解于钢液的氧转化成不溶解的氧化物，自钢液中排出，这称为脱氧。按氧除去方式的不同，有3种脱氧方法。第一种称为沉淀脱氧法，也是应用最广的方法。它是向钢液中加入能与氧形成稳定氧化物的元素（称脱氧剂），而形成的氧化物（脱氧产物）能借自身的浮力或钢液的对流运动而排出。第二种方法称为扩散脱氧法，是利用氧化铁含量很低的熔渣处理钢液，使钢液中的氧经扩散进入熔渣中，而不断降低。第三种方法称为真空脱氧法。利用真空的作用降低与钢液平衡的p'_{CO}，从而降低了钢液的$w_{[O]}$及$w_{[C]}$量。

脱氧元素的脱氧反应可表示为：

$$\frac{x}{y}[M]+[O]=\!=\!=\frac{1}{y}(M_xO_y)$$

$$K^{\ominus}=\frac{a_{M_xO_y}^{1/y}}{a_{[O]}a_{[M]}^{x/y}}=\frac{a_{M_xO_y}^{1/y}}{(w_{[O]})(w_{[M]})^{x/y}}\frac{1}{f_O f_M^{x/y}} \tag{3-136}$$

在形成纯氧化物时，$a_{M_xO_y}^{1/y}=1$，$K'=1/K^{\ominus}=a_{[O]}a_{[M]}^{x/y}\approx(w_{[O]})(w_{[M]})^{x/y}$，$K'$称为脱氧常数，它是脱氧反应平衡常数的倒数，等于脱氧反应达平衡时，脱氧元素浓度的指数方与氧浓度的乘积。其值愈小，则与一定量的该脱氧元素平衡的氧浓度就愈小，而该元素的脱氧能力就愈强。另外，由 $\Delta_r G_m^{\ominus}=-RT\ln K'$可知，元素与氧的亲和力愈强，$\Delta_r G_m^{\ominus}$ 也愈小，脱氧反应就进行得愈完全。因此，K'能用以衡量元素的脱氧能力。

元素的脱氧常数可由以下两种方法得出：

（1）直接取样测定脱氧反应达到平衡时，钢液中脱氧元素与氧的浓度；

（2）用由 H_2-$H_2O(g)$ 混合气体与钢液中脱氧元素的平衡实验测定，即可由下列反应的 $\Delta_r G_m^{\ominus}$ 组合求得：

$$\frac{x}{y}[M]+H_2O(g)=\!=\!=\frac{1}{y}(M_xO_y)+H_2 \qquad \Delta_r G_m^{\ominus}=-RT\ln K_1\ \ \text{J/mol} \tag{3-137}$$

$$H_2+[O]=\!=\!=H_2O_{(g)} \qquad \Delta_r G_m^{\ominus}=-130282+59.24T\ \ \text{J/mol} \tag{3-138}$$

$$\frac{x}{y}[M]+[O]=\!=\!=\frac{1}{y}(M_xO_y) \qquad \Delta_r G_m^{\ominus}=-130282+59.24T-RT\ln K_1\ \ \text{J/mol} \tag{3-139}$$

利用上述脱氧反应的平衡常数作出脱氧反应的平衡图，用来比较各元素的脱氧能力，选择不同冶炼工艺对于脱氧剂的选择。

式 3-136 中的$f_O=f_O^O f_O^M\approx f_O^M$，$f_M=f_M^M f_M^O\approx f_M^M$，因为$w_{[O]}$很低，所以$f_O^O$、$f_M^O\approx1$，则：

$$K'=(w_{[O]})(w_{[M]})^{x/y}f_O^M[f_M^M]^{x/y}$$

即：
$$w_{[O]}=K'/\{f_O^M[f_M^M]^{x/y}(w_{[M]})^{x/y}\} \tag{3-140}$$

或：
$$\lg w_{[O]}=\lg K'-e_O^M w_{[M]}-\frac{x}{y}e_M^M w_{[M]}-\frac{x}{y}\lg w_{[M]} \tag{3-141}$$

由上式可绘出一定温度下，脱氧元素的脱氧平衡曲线。各脱氧元素的平衡 $w_{[O]}$ 随着其平衡 $w_{[M]}$的增加而减少，并在某一 $w_{[M]}$浓度时，$w_{[O]}$出现了极小值。这可由以下的数学转换处理来说明。

将式 3-141 对 $w_{[M]}$求导，并命之等于零，可得出 $w_{[M]}$及 $w_{[O]}$的极值：

$$\frac{\mathrm{d}\lg w_{[O]}}{\mathrm{d}w_{[M]}}=-\frac{x}{2.3y}\times\frac{1}{w_{[M]}}-e_O^M-\frac{x}{y}e_M^M=0$$

故：
$$(w_{[M]})_{\min}=-\frac{x}{2.3y\left(e_O^M+\dfrac{x}{y}e_M^M\right)} \tag{3-142}$$

又：
$$\frac{\partial^2\lg w_{[O]}}{\partial(w_{[M]})^2}=\frac{x}{2.3y(w_{[M]})^2}>0$$

即 $\lg w_{[O]}=f(w_{[M]})$ 曲线在 $(w_{[M]})_{\min}$的值处有极小值，如 $|e_M^M|<|e_O^M|$，则：

$$(w_{[M]})_{\min}=-\frac{x}{2.3ye_O^M} \tag{3-143}$$

再将 $(w_{[M]})_{min}$ 代入式 3-141 可求得其对应的 $w_{[O]}$。$(w_{[M]})_{min}$ 称为脱氧元素加入的最佳量。$(w_{[M]})_{min}$ 还能用以比较各脱氧元素的脱氧能力的大小。因为脱氧能力最强的元素，其 $(w_{[M]})_{min}$ 也最低。但它不是钢液脱氧的实际要求值，因为钢液脱氧时加入脱氧元素的量，是受钢成分规格要求限制的，另外，由于某些脱氧元素也是钢的合金元素，还应满足这方面的要求。

对同一脱氧元素，随着它的平衡浓度不同，可能有不同的脱氧产物生成。浓度低时，脱氧产物是含有 FeO 的复杂化合物或固溶体及液熔体。不能形成熔体的脱氧产物，其活度为 1，不会影响脱氧曲线的形状及斜率，但形成熔体的产物则使曲线的形状变复杂。

例如，对于铝的脱氧，随着 $w_{[Al]}$ 的不同，可生成 $FeO \cdot Al_2O_3$（铁铝尖晶石）及 Al_2O_3，其反应如下：

$$2[Al] + 4[O] + [Fe] \Longleftrightarrow FeO \cdot Al_2O_{3(s)} \qquad \Delta_r G_m^{\ominus} = -1373063 + 445.01T \quad J/mol$$

$$\lg K_{(I)}^{\ominus} = -\lg(a_{Al}^2 a_O^4) = \frac{71712}{T} - 23.24 \quad 或 \quad \lg(a_{Al}^2 a_O^4) = -\frac{71712}{T} + 23.24 \qquad (3\text{-}144)$$

这是由于加入的铝量低，钢液中有较高量的 [O]，能以 FeO 形式和生成的 Al_2O_3 结合成 $FeO \cdot Al_2O_{3(s)}$。

又：

$$2[Al] + 3[O] \Longleftrightarrow Al_2O_{3(s)} \qquad \Delta_r G_m^{\ominus} = -1218799 + 394.13T \quad J/mol$$

$$\lg(a_{Al}^2 a_O^3) = -\frac{63655}{T} + 20.58 \qquad (3\text{-}145)$$

根据式 3-144 及式 3-145 可以分别做出脱氧直线：$\lg a_O$-$\lg a_{Al}$（由活度做出的脱氧平衡曲线是直线），可由两直线的交点得出两种脱氧产物生成的临界平衡浓度或它们存在的优势区。所做的铝脱氧的平衡直线图是以活度值表示的，但能等价于浓度值表示的图。这是炼钢生产中采用的常见工艺方法。采用铝脱氧的 Al-O 平衡状态图如图 3-24 所示。

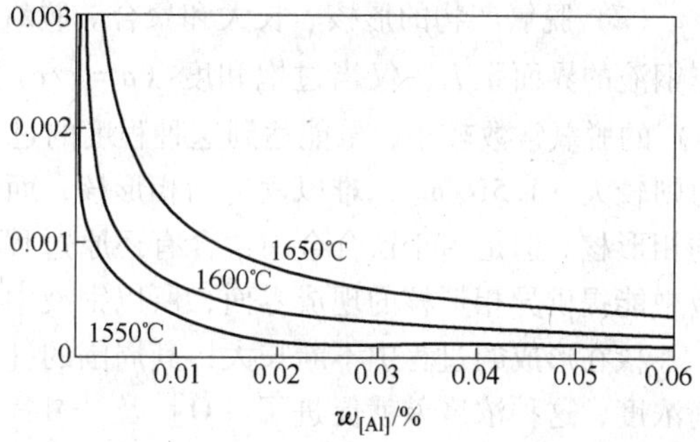

图 3-24 1873K 采用铝脱氧的 Al-O 平衡图

脱氧反应的热力学条件主要有：

(1) 脱氧元素与氧的结合能力越强，脱氧产物越稳定，而该元素的脱氧能力越强，与相同量的各元素平衡的氧浓度就越低，或为了达到同样的氧浓度，强脱氧元素的平衡浓度就越低。各元素脱氧能力的大小是 Al > Ti > Si > Cr > Mn。但生产中则多采用比较便宜的 Mn、Si、Al 做脱氧剂。前两者是以其铁合金的形式使用的。

(2) 脱氧产物的组成与温度及脱氧元素的平衡浓度有关。$w_{[M]}$ 低及 $w_{[O]}$ 高时，则形成 FeM_xO_y 复杂化合物；$w_{[M]}$ 高及 $w_{[O]}$ 低时，则生成纯氧化物 M_xO_y，如其熔点高过钢液的温度，则呈固相存在。

(3) 脱氧反应是强放热的，随着温度的降低，脱氧元素的脱氧能力增强，所以在钢液冷却及凝固过程中，就不断有脱氧反应继续进行。此外，脱氧元素形成的偏析及富集，也促进脱氧反应再度发生。这样形成的脱氧产物是难以排出的，在钢中称为夹杂物。因此，应在需要完全脱氧时，加入足够量的强脱氧剂，降低钢液中的残氧量，以减少脱氧反应再次发生。例如镇静钢的生产。

加入不同脱氧剂后钢中总氧量的变化见图 3-25。

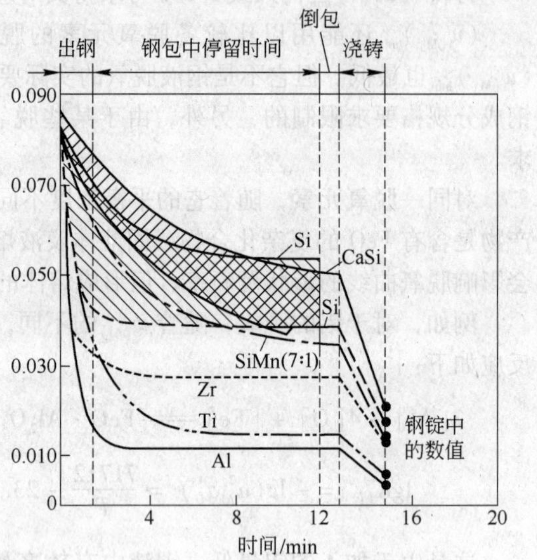

图 3-25 加入不同脱氧剂后钢中总氧量的变化

3.5.2 脱氧反应动力学

脱氧剂加入到钢液中后，直到脱氧反应达到平衡时，$w_{[O]}$迅速下降，而由脱氧产物形成的夹杂物数量则迅速上升，达到最大值，总氧量这时仍保持恒定，但随着脱氧产物的不断排出，从而总氧量也迅速下降，最后达到稳定值。

脱氧环节由脱氧剂的溶解，脱氧产物的形核、长大、聚合及脱氧产物的排除并为熔渣所吸收等环节组成：

（1）脱氧剂的溶解及均匀分布。脱氧剂在钢中溶解主要与加入物，如铁合金的熔化温度，钢液的温度及溶解过程的热效应有关。低熔点的脱氧剂，如铝、硅、锰等是由熔化转入钢液中；而高熔点的合金物，如钨、钼、硼的铁合金则以溶解方式转入钢液中，而溶解过程比熔化过程慢得多。它们的溶解时间范围较宽，在不利条件下是以 20～40min，强烈地搅拌熔池，如吹氩，可大为缩短溶解时间，约 2～3min。脱氧元素一旦溶解，即与钢液中氧瞬时发生反应。

（2）脱氧产物的形核、长大和聚合。脱氧产物的形核决定于$w_{[M]}$及$w_{[O]}$的过饱和度及晶核与钢液的界面张力。仅当过饱和度（$a=c/c_{平}$）为10^2～10^8，方能均相形核。强脱氧剂（Al、Ti）的脱氧常数较小，虽能达到这种程度的过饱和度（10^6），但其形成的氧化物与钢液界面张力则较大（1.5N/m），难以发生均相形核；而较弱的脱氧剂，如 Mn、Si 等，则更不可能发生均相形核。但是由于铁合金中常含有还原过程的夹杂物，而铝表面有难熔的 Al_2O_3，它们在钢液中能提供异相形核的现成界面，所以钢液中脱氧产物能在过饱和度不高的条件下异相形核。

核在形成的过程中不断长大，其周围的［O］及［M］的浓度很快贫化，而核表面呈现平衡浓度，这种浓度差就促进了［O］及［M］向核的表面扩散，而使核进一步长大。据测定，核生长过程的时间是10^0～10^1s 数量级。

成长的核在相互碰撞中，合并而发生聚集，使粒子变大。聚合的驱动力是体系界面能的降低。由于钢液—产物质点间的界面张力远大于产物粒子间的界面张力，即钢液对产物质点的润湿性较差，因而产物质点易于聚合。液体质点比固体质点更易聚合，能达到很大的尺寸（30～100μm）。由于液体质点多呈球形，碰撞上浮时，阻力较小，而且聚合后体系的界面能降低较多。固体质点，特别是像 Al_2O_3，尺寸小（3～8μm），形状又极不规则，不易聚合，只能凝结（烧结），而且凝结速度较慢，还可为熔体的运动出现再分裂。但是，当这种固相微粒和钢液的界面张力很大时，不易为钢液所润湿，则可借钢液的强大对流运动而排出。

（3）脱氧产物的排出及为熔渣所吸收。聚合后的脱氧产物质点，达到一定尺寸后（100～200μm），能借自身的浮力，从钢液中迅速排出。其上浮速度可由下述的斯托克斯公式估算。

由黏滞介质中固体球形质点所受的浮力$\left(F_f=\dfrac{4}{3}\pi r^3 g\Delta\rho\right)$与阻力（$F_Z=6\pi r\eta u$）相等，可得：

$$\frac{4}{3}\pi r^3 g\Delta\rho = 6\pi r\eta u$$

$$u = \frac{2}{9}gr^2\frac{\Delta\rho}{\eta} \tag{3-146}$$

式中，r 为新相球形质点的半径，m；$\Delta\rho$ 为钢液与脱氧产物的密度之差，kg/m^3；η 为钢液的动力黏度，Pa·s；g 为重力加速度，9.81m/s^2。

斯托克斯公式严格来说仅适用于尺寸小于0.1mm的固体质点，对于液体质点，可用考虑了液体质点黏度的影响的公式：

$$u = \frac{2}{3}gr^2\frac{\Delta\rho}{\eta}\times\frac{\eta+\eta_{(1)}}{2\eta+3\eta_{(1)}} \tag{3-147}$$

式中，$\eta_{(1)}$ 为脱氧产物的黏度，Pa·s。

此外，熔池中出现的对流运动，不仅能提高质点的聚合速度，也能使质点排至表面的概率增加。一般认为，质点尺寸大于10μm的，主要依靠上浮力排出，而较小质点则需依靠对流运动排出，如 Al_2O_3 质点的排出。

熔池内产生的或吹入的惰性气体生成的气泡，不仅对熔体产生强烈的搅拌运动，而且也可使某些脱氧产物的质点（质点的表面张力较小时）黏附在气泡上，而被带出。从钢液浮出的脱氧产物，易于向钢液面上的熔渣层内转移。它们转移时单位面积的吉布斯自由能的变化为：

$$\left(\frac{\partial G}{\partial A}\right)_{p,T} = \sigma_{\text{s-产物}} - \sigma_{\text{m-产物}} \tag{3-148}$$

式中，$\sigma_{\text{s-产物}}$，$\sigma_{\text{m-产物}}$ 分别为脱氧产物与熔渣及钢液的界面能，J/m^2；A 为相界面面积，m^2。

大多数氧化物和硫化物与熔渣间的界面张力均比钢液间的界面张力小得多，所以，$(\partial G/\partial A)_{p,T}<0$，即脱氧产物能自发地进入熔渣内，而被其所同化。此外，脱氧产物如能与炉衬耐火材料发生反应，生成低熔点的化合物，则也能为炉衬所吸收。但是某些脱氧能力很强的脱氧剂，也能使炉衬的氧化物脱氧，生成新的氧化物，而使钢液中夹杂物增多。

有人认为，脱氧剂转入钢液达到均匀分配是脱氧过程动力学限制的环节。但是，人们最关心的是脱氧产物尽快排出，而不使其在钢液中残存，成为夹杂物的量最少这一环节。

因此，应根据钢中对脱氧程度的要求（沸腾钢及半镇静钢仅需部分脱氧，而镇静钢则需全脱氧），选择脱氧强度适宜的脱氧剂。其次要求良好地组织脱氧，尽可能使脱氧产物从钢液中排出，降低钢液中残存的夹杂物量，为此，要求能生成熔点低而易聚合的液相脱氧产物，脱氧产物与钢液有较大的界面张力或不易为钢液所润湿，并提高钢液的搅拌强度。

3.5.3　单一元素脱氧反应

单一元素脱氧的反应可写作：

$$x[\text{M}] + y[\text{O}] \Longleftrightarrow \text{M}_x\text{O}_y \qquad K = \frac{a_{\text{M}_x\text{O}_y}}{a^x_{[\text{M}]}a^y_{[\text{O}]}} \tag{3-149}$$

如以脱氧产物在铁水中的溶解来表示，则有：

$$\text{M}_x\text{O}_y \Longleftrightarrow x[\text{M}] + y[\text{O}] \qquad K = \frac{a^x_{[\text{M}]}a^y_{[\text{O}]}}{a_{\text{M}_x\text{O}_y}} = \frac{[\%\text{M}]^x[\%\text{O}]^y f^x_{\text{M}} f^y_{\text{O}}}{a_{\text{M}_x\text{O}_y}} \tag{3-150}$$

当钢水中脱氧元素含量不高时，可以认为 $a_{[\text{M}]}=[\%\text{M}]$，$a_{[\text{O}]}=[\%\text{O}]$，并令 $a_{\text{M}_x\text{O}_y}=1$，那么式3-150可以写作：

$$K = [\%M]^x[\%O]^y f_M^x f_O^y \tag{3-151}$$

式中，当［%M］趋近于零时 $f_M = f_O \to 1$。

全氧量中既包括溶解氧量［a_O］，又包括未上浮的脱氧产物 M_xO_y。脱氧产物也会因温度和脱氧剂含量增加而改变，如1600℃下当 Cr < 3% 时脱氧产物为 $FeCr_2O_4$，Cr > 3% 时脱氧产物为 Cr_2O_3；类似的情况还有 V_2O_4、V_2O_3、Ti_2O_5、Ti_2O_3 等。

3.5.3.1 锰的脱氧反应

锰是脱氧能力比较弱的脱氧剂。而它的脱氧产物是由 MnO + FeO 组成的液熔体或固溶体，与温度及［Mn］的平衡浓度有关。$w_{[Mn]}$ 增加，脱氧产物中的 $w_{(MnO)}/w_{(FeO)}$ 比增加，其熔点提高，倾向于形成固溶体。

锰的脱氧反应为：

$$[Mn] + [O] = (MnO) \qquad \lg K_{Mn}^{\ominus} = \lg \frac{a_{MnO}}{w_{[Mn]} w_{[O]}} = \frac{12760}{T} - 5.58 \tag{3-152}$$

它的脱氧产物是由 MnO + FeO 所组成，近似理想溶液，$\gamma_{MnO} = \gamma_{FeO} = 1$。$a_{FeO} = w_{(FeO)}$，而 $a_{MnO} = w_{(MnO)} = 100 - w_{(FeO)}$。此外 Fe-Mn 系也是理想溶液，$f_{Mn} = 1$，$f_O = 1$。钢液中的［O］在钢液和脱氧产物中会出现再分配：$w_{[O]}/w_{(FeO)} = L_O$。

代上例关系式入锰脱氧反应的平衡常数中，可得出锰脱氧的氧平衡浓度计算式：

$$w_{[O]} = \frac{100L_O}{1 + K_{Mn}^{\ominus} L_O w_{[Mn]}} \tag{3-153}$$

式中，$\lg L_O = -6320/T + 0.734$。

上式仅适用于形成液熔体的脱氧产物。当 $w_{[Mn]}$ 很高或温度很低时，可形成固溶体的脱氧产物，需在式 3-153 中计入反应中 FeO、MnO 凝固的吉布斯自由能变化。因此，随着 $w_{[Mn]}$ 的提高及温度的降低（$K_{Mn}^{\ominus}$ 增大），平衡氧浓度减小，即锰的脱氧能力增强，而脱氧产物的熔点也相应提高，因为其内 MnO 的含量增加。

由于锰的脱氧能力在温度下降时增强，所以当钢液冷却到结晶温度附近时，锰能有较强的脱氧能力，这在生产沸腾钢锭时，它就能控制钢锭模内钢液的沸腾强度。因为在低温下，它对［O］的亲和力大于［C］对［O］亲和力，减弱［C］在后期的氧化，而使钢液的沸腾减弱或停止。此外，在生产镇静钢（全脱氧钢）时，锰和其他强脱氧剂同时加入进行脱氧，可形成含有 MnO 的液体产物，并能提高其他强脱氧剂的脱氧能力。使用锰脱氧的状态图见图 3-26。

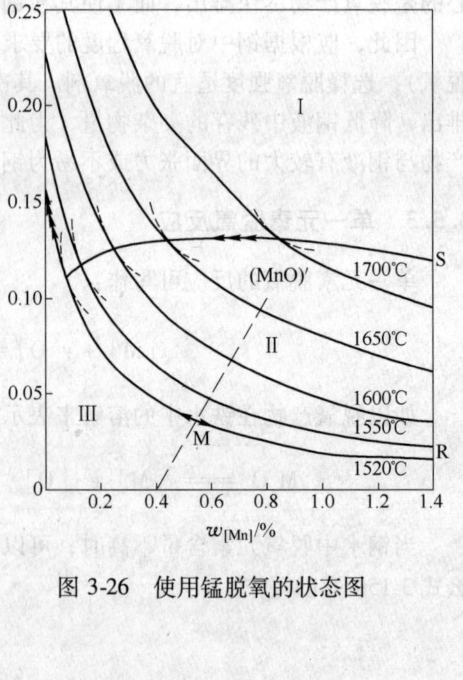

图 3-26 使用锰脱氧的状态图

3.5.3.2 硅的脱氧反应

硅是比锰强的脱氧剂，常用于生产镇静钢。仅当 $w_{[Si]}$ 在 0.002% ~ 0.007% 及 $w_{[O]}$ 在 0.018% ~0.13% 的范围内，脱氧产物才是液相硅酸铁（$2FeO \cdot SiO_2$），而在一般钢种的含硅量（$w_{[Si]} = 0.17\% \sim 0.32\%$）范围内，脱氧产物是 SiO_2。硅的脱氧反应为：

$$[Si]+2[O] = (SiO_2) \qquad \lg K_{Si}^{\ominus} = \lg \frac{1}{w_{[Si]}w_{[O]}^2} = \frac{31038}{T} - 12.0 \qquad (3\text{-}154)$$

上式中 $a_{SiO_2}=1$，而 $f_{Si}f_O^2=1$，故有

$$w_{[Si]}w_{[O]}^2 = 1/K_{Si}^{\ominus} = K'_{Si}$$

这是因为随着 $w_{[Si]}$ 的增加，f_{Si} 也增加，但 f_O 却减小，互为补偿，使 $f_{Si}f_O^2 \approx 1$。因此，可用上式来估计与一定的 $w_{[Si]}$ 平衡的 $w_{[O]}$。使用硅脱氧的状态图见图 3-27。

一般钢种的含硅量可较大地降低钢液中的 $w_{[O]}$，但是当钢液中 $w_{[C]}$ 由于选分结晶，发生偏析时，其浓度增高，和硅的脱氧能力相近或更高时，则［C］和［O］将再度强烈反应，析出 CO 气泡。因此，仅用硅脱氧是不能抑制低温下发生的碳脱氧的反应，不能使钢液完全镇静，获得优质的镇静钢锭或钢坯。为此，需加入比硅脱氧能力更强的脱氧剂，如铝。SiO_2-Al_2O_3 系统状态图见图 3-28。

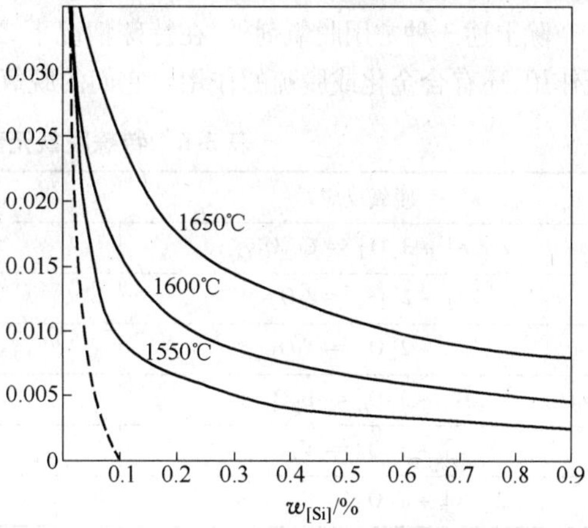

图 3-27 使用硅脱氧的状态图

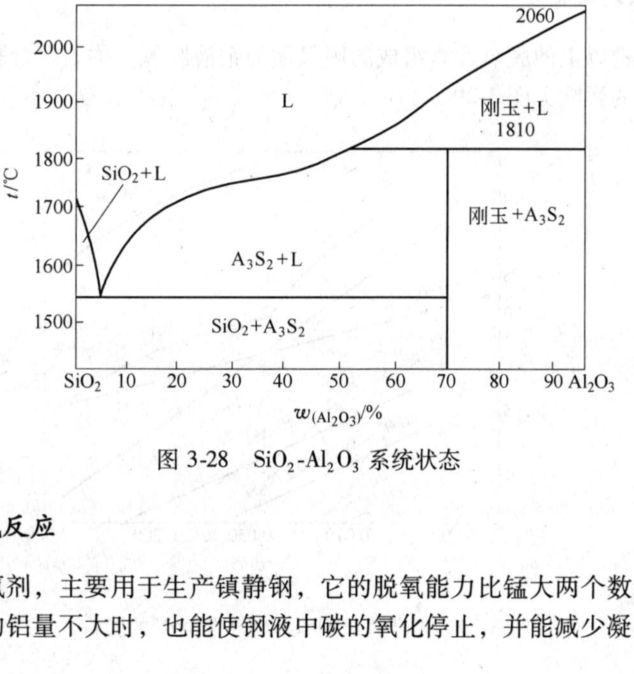

图 3-28 SiO_2-Al_2O_3 系统状态

3.5.3.3 铝的脱氧反应

铝是很强的脱氧剂，主要用于生产镇静钢，它的脱氧能力比锰大两个数量级，比硅及碳大一个数量级。加入的铝量不大时，也能使钢液中碳的氧化停止，并能减少凝固钢中再次脱氧生成的夹杂物。

仅当铝浓度很低（$w_{[Al]}<0.001\%$）时，才能形成熔点高达 1800～1810℃ 的铁铝尖晶石（$FeO \cdot Al_2O_3$），一般是形成纯 Al_2O_3，其脱氧反应是：

$$2[Al]+3[O] = Al_2O_{3(s)} \qquad \lg K_{Al}^{\ominus} = \lg \frac{1}{w_{[Al]}^2 w_{[O]}^3} = \frac{63655}{T} - 20.58 \qquad (3\text{-}155)$$

式中，$a_{Al_2O_3}=1$，而 $f_{Al}^2 f_O^3 \approx 1$，故有 $w_{[Al]}^2 w_{[O]}^3 = 1/K_{Al} = K'_{Al}$。

由上式可计算得，1600℃时 $K'_{Al}=4.0\times10^{-14}$，因此，当 $w_{[Al]}=0.01\%$ 时，$w_{[O]}=0.0007\%$，在这样低的 $w_{[O]}$ 下，钢液中的［C］不可能再发生脱氧反应了，所以用铝脱氧，才能使钢液完全达到镇静。

铝脱氧生成的 Al_2O_3 是熔点很高的细小不规则形状质点，难以聚合成大质点，但它能在钢液强大的对流作用下排出一些，因为钢液对 Al_2O_3 的黏附功小，不易为钢液所润湿。

除上述3种常用脱氧剂外，在特殊情况下，还应用了一些特殊脱氧剂，它们不仅具有较强的脱氧作用，还有合金化或脱硫的作用。它们的脱氧反应及其脱氧常数的温度关系式如表3-6所示。

表 3-6　特殊脱氧元素的脱氧反应及脱氧常数

脱氧反应	$\lg K^{\ominus}=f(1/T)$	1600℃ 的 K'
$2[Ce]+3[O]=Ce_2O_{3(s)}$	$-81090/T+20.19$	8.0×10^{-24}
$[Zr]+2[O]=ZrO_{2(s)}$	$-44160/T+13.9$	2.0×10^{-10}
$[Ti]+2[O]=TiO_{2(s)}$	$-36600/T+13.32$	6.0×10^{-7}
$2[B]+3[O]=B_2O_{3(s)}$	$-46510/T+16.38$	3.5×10^{-9}
$2[V]+3[O]=V_2O_{3(s)}$	$-42810/T+17.1$	1.8×10^{-6}
$2[Cr]+3[O]=Cr_2O_{3(s)}$	$-78930/T+39.21$	1.2×10^{-3}

3.5.4　复合脱氧反应

3.5.4.1　脱氧的原理及特点

利用两种或两种以上的脱氧元素组成的脱氧剂使钢液脱氧，称为复合脱氧。复合脱氧剂脱氧对于钢中氧含量的影响见图3-29。

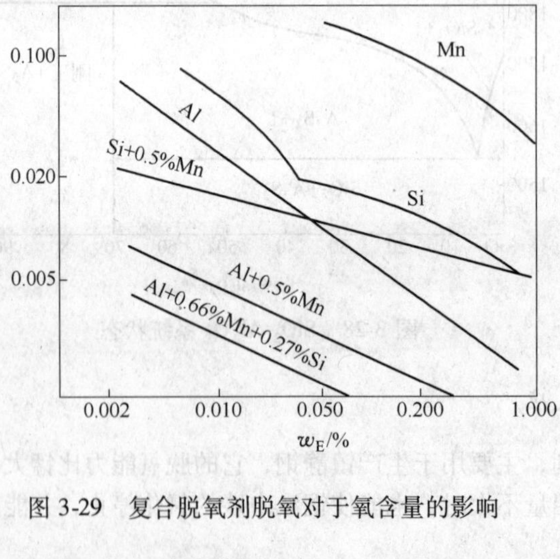

图 3-29　复合脱氧剂脱氧对于氧含量的影响

用 SiMn 合金脱氧时，将同时发生下列脱氧反应：

$$[Mn]+[O]=(MnO)\qquad w_{[O]}=\frac{w_{(MnO)}\gamma_{MnO}}{f_{Mn}w_{[Mn]}K_{Mn}^{\ominus}}\tag{3-156}$$

$$[Si]+2[O]=(SiO_2)\qquad w_{[O]}=\left[\frac{w_{(SiO_2)}\gamma_{SiO_2}}{f_{Si}w_{[Si]}K_{Si}^{\ominus}}\right]^{1/2}\tag{3-157}$$

同时钢液中还出现下列耦合反应：

$$[Si] + 2(MnO) = (SiO_2) + 2[Mn] \tag{3-158}$$

$$2(MnO) + (SiO_2) = (2MnO \cdot SiO_2) \tag{3-159}$$

即两种脱氧元素同时参加脱氧，耦合形成的产物则结合成复杂的化合物，$2MnO \cdot SiO_2$ 或 $MnO \cdot SiO_2$，与脱氧元素的平衡浓度有关，同时使它们分别脱氧形成的产物的活度及相应平衡的 $w_{[O]}$ 降低。其次，它们的脱氧产物形成了低熔点的复杂化合物，又使脱氧产物易于聚合及排出。由于 Si 的脱氧能力比 Mn 的脱氧能力强，故强脱氧元素又能从弱脱氧元素形成的脱氧产物中夺取氧，而使之分解，出现了反应式 3-158。与钢液中 $w_{[O]}$ 平衡的弱脱氧元素的 $w_{[Mn]}$ 要比与此 $w_{[O]}$ 平衡的强脱氧元素的 $w_{[Si]}$ 高得多。故 $w_{[Mn]}$ 仅能控制反应式 3-156 的 $w_{[O]}$，而 $w_{[Si]}$ 则控制了整个钢液的氧浓度，它比硅单独脱氧时的低（由于 a_{SiO_2} 降低了），所以弱脱氧剂能提高强脱氧剂的脱氧能力。

脱氧时，钢液的平衡 $w_{[O]}$ 可由反应式 3-136 得出。因为脱氧达到平衡时，反应式 3-156 ~ 式 3-158 同时达到平衡，而各反应的平衡 $w_{[O]}$ 是相同的。这可由反应式 3-156 来计算复合脱氧时钢液的平衡 $w_{[O]}$，即：

$$w_{[O]} = \frac{w_{(MnO)}\gamma_{MnO}}{f_{Mn}w_{[Mn]}K_{Mn}^{\ominus}} \tag{3-160}$$

式中的 γ_{MnO} 和脱氧产物渣系的组成或性质有关。

当形成的脱氧产物是为 SiO_2 饱和的酸性渣系（$FeO\text{-}MnO\text{-}SiO_{2(饱)}$）时，脱氧产物的状态（固态或液态）与脱氧后钢液中 $w_{[Mn]}/w_{[Si]}$ 比有关。保持 $w_{[Mn]}/w_{[Si]} \geqslant 4$，可获得液态的产物。使用硅和锰脱氧时的平衡关系见图 3-30；使用硅锰脱氧对于钢液中间铝氧平衡的关系见图 3-31。

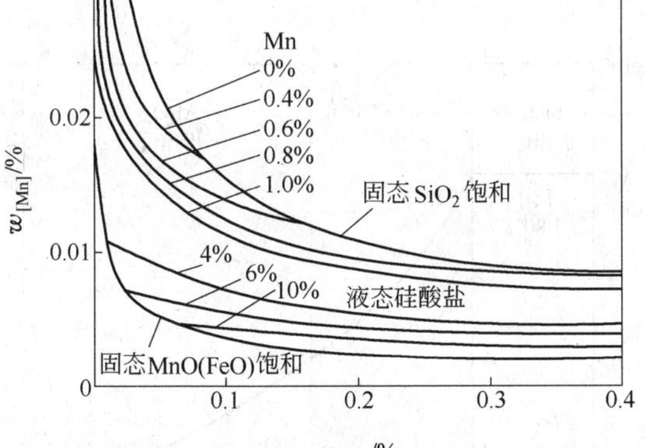

图 3-30 使用硅和锰脱氧时的平衡关系

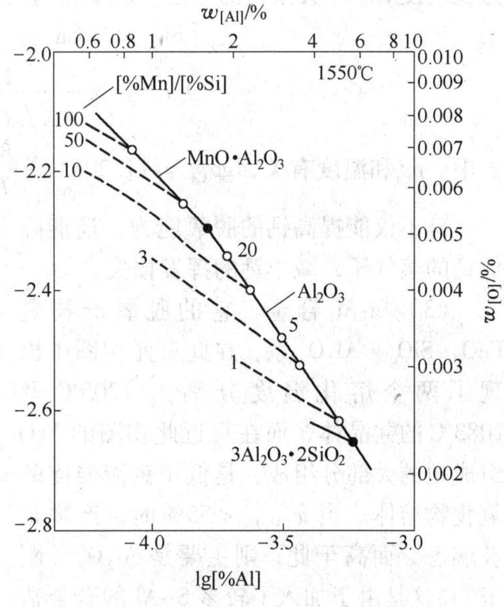

图 3-31 使用硅锰脱氧对于钢液中间铝氧平衡的关系
（1550℃，[%Mn] + [%Si] = 1）

3.5.4.2 复合脱氧剂种类和用量计算

除上述的 SiMn 复合脱氧剂外，还有下列种类：

（1）ASM 合金。它是 Si-Mn-Al 的复合脱氧剂，成分为 $w_{[Al]} \approx 5\%$，$w_{[Si]} \approx 5\%$，$w_{[Mn]} \approx 10\%$，其余为 Fe，它的脱氧产物为液体铝酸盐，如 $3MnO \cdot Al_2O_3 \cdot 3SiO_2$。1600℃时锰对于铝脱氧能力的影响见图 3-32。

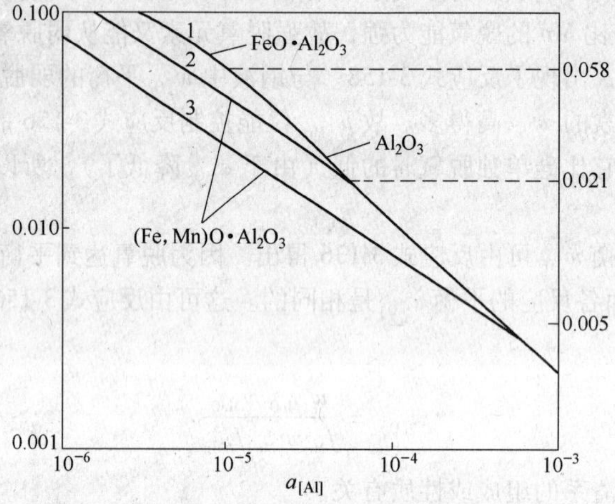

图 3-32 1600℃时锰对于铝脱氧能力的影响

（2）Si-Ca 合金。其成分为 $w_{[Si]} = 55\% \sim 65\%$、$w_{[Ca]} = 24\% \sim 31\%$、$w_{[C]} = 0.8\%$，它是 $CaSi_2$、FeSi 及自由 Si 的共熔物。熔点970～1000℃，密度 2500～2800kg/m³，它的脱氧产物是硅酸钙（$2CaO \cdot SiO_2$），但常在铝脱氧后加入，能生成液态的铝酸钙 $C_{12}A_7$，提高 Al 的脱氧能力及改变 Al_2O_3 夹杂物的形态。脱氧反应可表示为：

$$[Si] + 2[Ca] + 4[O] = (2CaO \cdot SiO_2)$$

$$\lg K^{\ominus} = \lg \frac{1}{w_{[Si]} f_{Si} p_{Ca}^{2} w_{[O]}^{4}} = \frac{34680}{T} - 10.035 \tag{3-161}$$

式中，p_{Ca}和温度有关，$\lg p'_{Ca} = 11.204 - \dfrac{8.819}{T} - 1.0216\lg T$，Pa。

硅不仅能提高钙的脱氧能力，还能降低钙的蒸气压，减小钙的挥发损失。

（3）Si-Al 合金。它的脱氧产物是 $FeO \cdot SiO_2 \cdot Al_2O_3$ 系，在此三元相图中出现了两个熔化温度分别为 1205℃ 及 1083℃的共晶体，而在靠近此相图的 FeO 组成角的大部分组成，是低于钢液温度的氧化物熔体。当 $w_{(Al_2O_3)} < 55\%$ 时，产物是玻璃态，而高于此，则主要是 Al_2O_3（刚玉），这是由于加入了较多 Si-Al 的合金造成的，会使钢液的流动性变坏，也易使连铸水口堵塞。钢中铝含量对于析出物的组成影响见图 3-33。

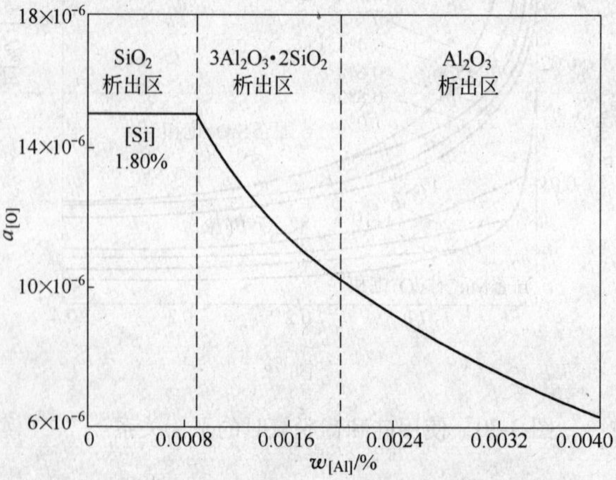

图 3-33 钢中铝含量对于析出物的组成影响

（4）Ca-Al 合金（或 Al + CaO）。它是 $CaAl_2$、CaAl、$CaAl_3$ 组成的熔体，脱氧时能形成液态球形 $C_{12}A_7$（$12CaO \cdot 7Al_2O_3$）产物，改变残存脱氧产物的形态，并降低其含量。钢中钙含量和铝含量对于脱氧析出物的组成影响见图 3-34。

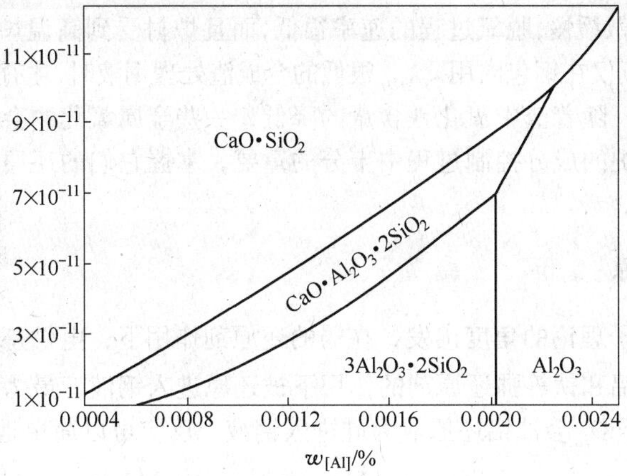

图 3-34　钢中钙含量和铝含量对于脱氧析出物的组成影响

（5）其他。以 Si、Ca 元素为基加入碱土类元素（Ba、Mg、Sr）及 Al、B、Mn、W、RE 等元素的三、四硅系复合合金，以及以 Ba 为主要元素的含钡复合合金，是近年来开发的新脱氧剂。例如，硅铝钡铁合金（$w_{[Si]}$ = 18% ~ 22%、$w_{[Al]}$ = 38% ~ 42%、$w_{[Ba]}$ = 7% ~ 8%、Fe 余量）能用以代替铝硅合金，节约铝的用量，改善夹杂物的形态及降低其含量。

3.5.4.3　脱氧剂用量的计算

脱氧时，加入的脱氧剂元素 M 是使钢液中的初始 $w^0_{[O]}$ 降低到规定的 $w_{[O]}$，及与钢液中规定的 $w_{[O]}$ 平衡的 $w_{[M]}$，或满足于钢中规定的 $w_{[M]}$ 所需的量之和，即：

$$w'_{[M]} = xM_M\left[\frac{w^0_{[O]} - w_{[O]}}{16y}\right] + w_{[M]} \tag{3-162}$$

式中，$w^0_{[O]}$，$w_{[O]}$ 分别为钢液中初始氧及规定的最后氧或与 $w_{[M]}$ 平衡的氧的质量分数；$(w^0_{[O]} - w_{[O]})/16$ 为 100kg 钢液中被元素 M 脱除的［O］的物质的量，mol/100kg；$\frac{xM_M}{y}$ 为与 1mol［O］(16kg) 形成氧化物 M_xO_y 的脱氧元素（M）的摩尔质量，即所需的 $w_{[M]}$（100kg 钢）；M_M 为 M 的摩尔质量；$w_{[M]}$ 为钢中要求的脱氧元素 M 的质量分数，或与钢液中规定的［O］平衡的 $w_{[M]}$，由脱氧常数及钢液最后规定的氧的质量分数计算。

脱氧元素在加入过程中还要烧损，因而脱氧元素或其脱氧剂的实际加入量应计入烧损值。

3.5.5　扩散脱氧过程中的还原反应

扩散脱氧是利用熔渣使钢液脱氧，脱氧反应发生在钢液—熔渣界面上。

如向熔渣内加入强脱氧剂（例如硅铁粉、炭粉、电石粉或铝粉、CaC_2 等）使渣中保持很低的（FeO）浓度，而钢液中的 $w_{[O]}$ 高于与熔渣平衡的 $w_{[O]}$，即 $w_{[O]} > a_{FeO}L_O$ 时，钢液的［O］经过钢—渣界面向熔渣内扩散，而使 $w_{[O]}$ 不断降低，直到 $w_{[O]} = a_{FeO}L_O$ 的平衡状态。

扩散脱氧可在能形成还原气氛的电炉内进行，渣中的（FeO）才易于保持在很低的值。由于脱氧剂加在渣层内，脱氧反应在渣钢液界面进行，脱氧产物不进入钢液中，就不会玷污钢液，因而在原则上说是冶炼优质钢较好的脱氧方法。同时在利用高碱度及（FeO）量很低的炉渣时，还能深度脱硫。

但是,在一般电炉内进行扩散脱氧有某些重大缺点:由于钢液—熔渣的比表面小及熔池的搅拌作用弱,钢液中氧的扩散缓慢,脱氧过程的速率很低,而且炉衬受到高温炉渣的侵蚀严重。由于这些原因,因此,扩散脱氧仅在钢包内用 $w_{(FeO)}$ 很低的合成渣处理钢液时,才有较大的效果。

扩散脱氧过程中，随着渣中氧化铁含量的降低，一些金属氧化物会被还原成为单质金属进入钢液，这一点在电炉的成分控制过程中十分的重要，掌握它们的还原反应的特点，可以优化工艺路线和操作方法。

3.5.5.1 SiO_2 的还原

SiO_2 的还原从离子理论的角度出发，在弱的还原剂作用下，电炉炼钢的条件下被还原的可能性不大，只有在被铝和钛等强还原剂的作用下被还原进入钢液，最为典型的是冶炼低硅铝镇静钢的时候，渣中的 SiO_2 会被铝还原成为硅进入钢液，反应可以简单地表示为：

$$3(SiO_2)+4Al \xlongequal{} 3[Si]+2Al_2O_3 \tag{3-163}$$

在冶炼含有较高钛元素的成分控制过程中，冶炼中也会有钢液增加硅含量的现象，这种现象的发生，包含有以下的几个方面的元素：

（1）合金化的钛铁中间含有一定的硅，在合金化过程中使得钢液增加硅。

（2）加入钛铁的成分中，含有一定量的铝，产生式 3-163 的还原反应。

（3）也有部分渣中的（SiO_2）被钛元素还原。实际上，钛的还原性远没有铝的强，被还原的量较少。反应可以表示为：

$$(SiO_2)+Ti \xlongequal{} [Si]+(TiO_2) \tag{3-164}$$

所以在冶炼含钛元素的钢种时要充分的考虑各个合金元素的相互影响，给合金的调整留有余地。

一般来说还原反应都是吸热反应，所以高温条件下进行的可能性比低温条件下更大。此外被还原金属和非金属氧化物的量还会与渣子的组分有关。

3.5.5.2 MnO 的还原

渣子中间的 MnO 在炉渣中间氧化铁降低到一定的程度以后，就会被金属活动顺序在它之前的金属元素和非金属元素还原，MnO 的被还原的温度比氧化铁高，反应式可以表示为：

$$2(MnO)+Si \xlongequal{} 2[Mn]+(SiO_2) \tag{3-165}$$

$$(MnO)+C \xlongequal{} [Mn]+\{CO\} \tag{3-166}$$

$$3(MnO)+2Al \xlongequal{} 3[Mn]+(Al_2O_3) \tag{3-167}$$

在电炉的三期冶炼过程中，如果扒渣不彻底，就会出现以上的还原反应，造成锰的回收率超过 100%，最高的达到 110%。在采用 EBT 出钢的电炉，出钢下渣和带渣也会造成这种现象的发生。

3.5.5.3 钒氧化物的还原

目前电炉炼钢过程中已经把钒渣球作为合金的替代品，在电炉炼钢过程中使用，这种钒渣球就是利用了钒的氧化物能够被还原进入钢液的原理制成的，有的钒渣球是和碳化硅压制在一起，也有和其他还原剂压制在一起使用的。钒的高价氧化物 V_2O_5 是酸性金属氧化物。V_2O_3 和 VO 是碱性氧化物。V_2O_3 和 MnO 的稳定性比较接近。钒的氧化物还原反应可以表示为：

$$(V_2O_3) + 3C \xlongequal{\quad} 2[V] + 3CO \tag{3-168}$$

$$2(V_2O_3) + 3[Si] \xlongequal{\quad} 4[V] + 3(SiO_2) \tag{3-169}$$

3.5.5.4 铬氧化物的还原

铬的氧化物主要有 CrO 和 Cr_2O_3 两种。常见的使用电石、碳化硅等含有碳和硅元素进行造渣操作的还原反应可以表示为：

$$(Cr_2O_3) + C \xlongequal{\quad} (CrO) + \{CO_2\} \tag{3-170}$$

$$(Cr_2O_3) + Si \xlongequal{\quad} (CrO) + (SiO_2) \tag{3-171}$$

$$2(CrO) + Si \xlongequal{\quad} 2[Cr] + (SiO_2) \tag{3-172}$$

$$(CrO) + C \xlongequal{\quad} [Cr] + \{CO\} \tag{3-173}$$

目前流行的利用铬铁矿预装在电炉炉底，就是利用上述反应的原理，代替合金进行含铬钢种的生产。例如，铬铁矿配加钼铁矿热兑铁水生产不锈钢母液，利用铬铁矿配加碳化硅，在加料时加在炉底生产高速钢，效果据报道比较理想。

铬的氧化物被还原的速度取决于温度和炉渣的碱度。一般来讲，黄渣和黄绿渣的渣况条件下，调整铬的成分要留足余地，否则会造成铬的成分超标，其道理就基于此。

3.6 电炉冶炼过程中熔池终点碳的控制

控制钢中的氧含量，可以极大地减轻脱氧合金化的操作难度。从 20 世纪 30 年代开始，很多人通过实验室测定、热力学计算、实际生产数据分析对 Fe-C-O 系的平衡进行了研究。根据文献研究 CO-CO_2 混合气体同铁液中碳和氧的平衡结果，得出了在 Fe-C-O 系整个浓度范围内近似的[C]-[O]关系实验式如下：

$$\lg[\%O] = -\frac{1160}{T} - 2.003 + 0.16[\%C] - \lg[\%C] + \lg p_{CO} \tag{3-174}$$

由于氧在钢液和炉渣之间存在平衡分配比 $L_O = [\%O]/(a_{FeO})$；在炉渣成分和温度一定的情况下，分配比 L_O 一定，则式 3-174 可改写为：

$$\lg[\%O] = -\frac{5170}{T} + 4.736 - \lg[\%C] - \lg f_C - \lg L_O \tag{3-175}$$

其中，[%O] 和 [%C] 是钢液中的氧含量和碳含量。在 1600℃，熔渣的成分如表 3-7 所示条件下，可以计算出电弧炉冶炼过程中 1600℃ 钢液中 C-Fe 的选择氧化平衡点为[C] = 0.035%。计算时，根据旋转坩埚内氧化铁与铁液的平衡试验，渣中 a_{FeO} 取 0.3，此时熔池中的溶解氧为 0.075%。该计算结果与实际生产测试结果相符。

表 3-7 熔渣成分（%）

FeO	MnO	CaO	MgO	SiO_2	P_2O_5
15	10	40	10	20	5

因此，用 [C] 来预报 [O]，可以防止钢液过氧化，同时指导出钢过程的脱氧。根据权威文献中[%O][%C] = 0.0025，可知实际熔池氧含量高于平衡值。出钢过程由于加入铝块或Fe-Al-Si 等脱氧，钢中的溶解氧迅速降低，LF 开始，GCr15 轴承钢 [O] 仅为 0.0011% ~ 0.002%，SCM420 齿轮钢 [O] 可大于 0.0035%，说明钢中的氧既受钢中铝的控制，也与碳含量有一定关系。冶炼低碳钢时，对于 20MnSi 类型的钢，可将终点碳控制在 0.07% 以上，对于碳要求不高于 0.06% 的一些钢种，终点碳控制在 0.04% ~ 0.045%。这样可减少铁损，提高金属收得率，降低脱氧铝的消耗及 LF 的电耗，减少渣料消耗及 LF 电极和耐火材料消耗，提高钢液的洁净度。

4 电炉热工基础和电炉设备

4.1 电炉热工基础

电炉炼钢用以加热废钢等物料主要是利用电热效应所产生的热量，以实现和满足炼钢所需要的物理化学反应所需要的条件。

能是物质的一种属性，它反映物质做功的能力。电能是物质中电荷所具有的能量，热能是物质中分子或者原子紊乱运动所具有的能量，物质中电荷运动时，在一定的条件下，电力做功，把电能转化为热能，即电热效应。通常定义，1A 的电流通过 1Ω 的电阻时，电功率为 1W，1s 产生 1J 的热量，即电热转换当量是 1W = 1J/s。电炉是一种有炉膛的设备，炼钢时利用电弧弧光的放电效应把电能转化为热能，达到废钢的熔化，熔清钢水的升温，氧化期、精炼期钢水升温的目的。

电炉炉膛中参与热交换的物质是电弧、炉料和炉衬，炉衬包括炉壁和炉顶，三者共同构成一个封闭的体系，电弧是热源，炉料是受热体，而炉衬是绝热体。炉衬把炉料和电弧与外界大气隔离，减少热损失。热交换包括辐射、传导和对流。实际的传热过程是这三种基本传热方式的不同组合。在实际生产中有以下两种类型的传热。

(1) 热从热源直接向固体炉料传递，以及随后的炉料加热和熔化的过程。

(2) 向熔体传热，固体炉料在熔体内部熔化或者溶解。

电炉的传热属于复杂的综合传热。电炉炉膛内的热交换比较复杂，以辐射传热为主。电炉炉膛内部在冶炼过程中的传热分为以下步骤：

(1) 电弧直接向熔池液面辐射。

(2) 电弧向炉衬的表面辐射。

(3) 炉衬内表面向熔池液面辐射。

(4) 炉衬内表面向炉衬内表面辐射，包括炉顶向炉墙的辐射、炉衬向炉顶的辐射。

(5) 熔池液面向炉衬内表面辐射。

(6) 熔池上表面向钢液内部传导和对流传热。

(7) 通过炉衬、炉门、水冷件和烟道的散热。

电炉炼钢过程中常用固体炉料废钢做主要原料，在电弧被固体炉料包围以后，输入炉内的电弧功率直接被固体炉料吸收，所以输入功率越大，固体炉料的熔化速度越快，在这个阶段，炉衬承受电弧的辐射强度较小。

在熔化期的末期，电炉内存在由钢液和熔渣组成的熔池，高温弧光以辐射的方式，把热能传给被加热的熔池和炉衬（包括炉墙和炉盖）。其中约 10% ~30% 的电弧功率是从电弧的端面直接射向熔池面，70% ~90% 的电弧功率是从弧柱体射向炉衬和熔池，二者约各占一半。炉渣的黑度在 0.5 ~0.6 之间，钢水的黑度为 0.65，所以尽管电弧与渣面的距离很近，但是钢渣直接吸收电弧功率的比重不多，炉渣吸收的功率大概是电弧功率的 0.275 ~0.33 倍，所以有 70% 的电弧功率是由电弧光和熔池面辐射到炉衬内表面（所以电炉镁炭砖的导热性一般有严格的要求）。炉衬的黑度高达 0.8 ~0.9，所以炉衬的内表面被加热到比熔池温度高许多的温度。虽然炉衬本身不是一个放热体，但是能够吸收弧光辐射来的热量而具有高温。当炉衬温度稳定以后，它吸收的热量，除了一小部分经过热交换散失以外，大部分都反射给炉渣，所以炉衬是传递热量的中间介质。这一点使我们不难理解新炉体烘烤时，为什么要执行缓慢升温的工艺。

在实际的生产中，如果能够增加炉渣的黑度，并且减少电弧弧光向炉衬的辐射强度，那么炉衬的热负荷就会下降，这就是泡沫渣埋弧操作，能够提高炉衬寿命的主要原因。

炼钢的熔池是由钢液和液态熔渣组成的。炉渣位于钢液和电弧之间，电弧从上面加热炉渣，炉渣再以热传导的方式来加热钢液。由于钢液内部没有垂直方向的自然对流，电弧产生的电动力的范围仅仅局限于电弧下面的局部熔池，而整个熔池是接近于平静状态的，所以只是依靠自上而下的定向热传导来加热熔池深处的钢液，效果是较差的。

以上的描述，在一座15t的电炉上进行了测量验证。经过测量，炉渣与钢液表面的温度差在180℃左右，在经过对钢液的搅拌以后，这种温度差可以缩小到26℃。研究者同样在一个熔池直径为3.4m，熔池深度为0.5m，装入量为20t的电炉，使用钨钼热电偶测温的结果表明，在平静的熔池中，钢液沿着纵深的温度差为0.5～1.5℃/cm；人工使用耙子搅拌以后，能够使得温度差降低到0.5℃/cm。钢渣之间以及钢液纵深方向上的温差，对于炉衬来讲是不利的，

所以在电炉炼钢过程中，采用以下方法是提高熔池传热的有效途径：

(1) 电炉氧化期的脱碳反应，是能够搅动熔池、强化对流传热的有效手段。电炉的温度控制要在这一阶段将温度控制在一个合理的水平。因为脱碳反应产生的一氧化碳气泡能够在逸出的过程中，造成熔池剧烈沸腾，能够减小钢液内部的温度差，所以合适的配碳量和沸腾量，是电炉提高热效率的关键环节之一，电炉的脱碳反应能够控制持续到氧化期结束，这是最理想的结果。

(2) 容量较小、自动化程度不高的电炉，使用人工搅拌，可以均匀熔池的温度和成分，是一种有效的方法。

(3) 电炉底吹气系统可以减少熔池垂直方向的温差，是一种可以简化工艺的手段。

(4) 直流电炉的磁场力对于熔池的搅拌比较明显，所以直流电炉的传热效率较高。对于使用返回法冶炼的钢种，直流电炉是一种比较经济的选择。例如电炉冶炼不锈钢母液，就要选择直流电炉或者具备底吹气工艺的交流电炉，比较有利于工艺的操作。

在电炉熔池的水平方向上，除了电极极心圆下面的高温区以外，熔池水平方向上的温度差比熔池垂直方向上的差要小许多，而且水平方向上的温差的绝对值不会随着炉子容量的加大而增加。钢包炉因为氩气的搅拌，可以减少钢液纵深方向的温差，吹氩不正常或者没有吹氩的情况下冶炼，发生的穿包事故原因就基于以上的分析。

4.2 电弧结构和起弧原理

电炉炼钢的过程，主要就是将电能转化为热能，促使废钢达到熔化并且继续升温，满足炼钢不同阶段物理化学反应的需求，这主要是通过电弧来实现的。

电弧炉内的实际起弧原理是：当两根电极与电源接通以后通电时，将两极做短时间的接触，即短路以后分开，保持一定的距离，在电极两极之间就会出现电弧。这是因为电极接触时，短路电流非常大，而电极的接触并不是理想的平面接触，只是某些凸起点的接触，在这些接触点中，通过的电流密度非常大，即大的短路电流，很快将接触点加热到很高的温度。电极分开以后，阴极表面产生热电子发射，发射出的电子在电场的作用下向阳极方向运动，在运动中碰撞气体的中性分子，使之电离为正离子和电子。此外，电弧的高温使得气体，包括金属的蒸气，发生热电离，电场的作用也使气体电离。产生的带电质点在电场的吸引下，电子向阳极，正离子向阴极运动，所以电流能够通过两极之间的气体。由于电子的质量和体积较小，到

达阴极的可能性大，电弧主要靠电子导电，在此过程中放出大量的热和强烈的弧光。

电弧在电离气体时吸收热量，由电场提供。带电质点复合放出电离时吸收的能量，或是使中性质点激化而发光，或者是加强紊乱运动，也叫热运动而发光升温。靠同时进行的电离和复合过程，电弧把电能转化为热能。

整个电弧由阴极区、阳极区和弧柱三部分组成。

阴极区是指电弧中紧靠阳极端面的气体微薄区域，厚度大约等于电子在气体中的自由程（约 10^{-6}cm）。所谓的阴极斑点就是电流集中通过的小块面积，它的温度很高，是热电子发射最激烈的地方。阴极斑点是阴极端面上存在氧化物或者杂质的斑点，该点的逸出功降低，容易发射热电子，阴极亮斑随着阴极斑点的转移而移动，这是阴极亮斑跳动的现象。阴极区的电流中主要是阴极发射的电子流，还有弧柱中的正离子流，前者向弧柱移动，后者则撞击阴极使之加热，阴极区的范围很窄，所以电场的强度很大，能够达到 10^6V/cm，因此电子从阴极表面逸出以后就得到加速。

阳极区是指电弧中紧靠阳极的区域，阳极区比阴极区的范围要大，但是压降相差不大，所以阳极区的电场强度比阴极区小，阳极区电流集中的地方，也会出现光亮的斑点，叫做阳极斑点。

弧柱是指介于阳极区和阴极区的区域。电弧中三个区域产生的热量都是电能提供的，但是机理不同，温度也不一样。

阴极区热能的产生是由于正离子碰撞到阴极上，给出自己的电离功和动能，转化为热能，此外电流通过阴极区克服阴极区压降也产生热能，所产生的热能用于电子的逸出功，阴极蒸发和熔化所需要的热能，以及辐射和传导的热能损失。

阳极区的热能来源于电子撞击阳极时释放出的全部动能和逸出功，转化为热能。与阴极区相比较，阳极区不支付电子的逸出功，所以阳极区产生的热量多，温度高于阴极区，这就是直流电炉以炉底作为底阳极的原因。

对于炭质电极来讲，阴极亮斑的温度为 3000～4000℃，大电流电弧温度较高，阳极斑点的温度在 4900℃左右。

弧柱中热能的产生基本上是由于带电质点复合所放出的能量。气体，包括金属蒸气分子或者原子最初吸收电能而电离成正负离子和电子，然后正离子捕获电子，正负离子复合成中性分子，又放出相当于电离功的光和热。在常压和绝热条件下，弧柱中单位体积产生热量的多少和所到达的温度，取决于气体电离功的大小，弧柱最高温度 T_{max} 与电离电位关系可以表示为：

$$T_{max} = 810V_i \tag{4-1}$$

炼钢电炉的电弧气体中，除了空气以外，还有金属和碳的蒸气，综合电离电位在 6～10V，所以理论上弧柱的最高温度在 4720～7727℃。因为向其他物体传热，弧柱的实际温度较低。弧柱热在熔化热中所占的比例因为炉型的不同而不同，炼钢电炉中，电弧热基本上是弧柱热。

4.3 冶炼过程的能量供给与热交换

4.3.1 电炉炼钢过程中的能量供给制度

电炉冶炼各个阶段的钢液具有一定的温度，温度制度是要靠合理的能量供给制度来实现的，电炉炼钢的能量供给制度是指在不同的冶炼阶段向电炉输入电弧功率的多少以及辅助能源的多少。以下做简要分析。

4.3.1.1　熔化期

电炉加入废钢铁料以后，电弧在固体炉料上面和接近炉盖的区域起弧，弧光会辐射到炉盖，如果炉料的配加和布置得比较合理，电极很快就会插入炉料内，电弧就会被炉料包裹。当电弧被炉料包裹以后，直到炉料大部分被熔化，电弧暴露在熔池面上为止，这一阶段，炉料直接吸收电弧的功率，炉衬几乎不参加热交换，所以电炉可以输入最大的电压和电弧功率，各类烧嘴在这一阶段也要满功率地输入能量。

随着废钢的熔化，电弧暴露在熔池面上，炉衬参与了热交换，熔池非高温区主要依靠炉衬辐射而加热，由于炉墙的位置和熔池之间的夹角略大于90°，炉盖可以认为是与熔池液面平行的，所以可以认为，在加热熔池方面，炉盖起着主要的作用。输入电炉电弧功率的分配可以表示为：

$$P_{电弧} = P_{有用功率} + P_{热损失} + P_{炉衬储热}$$

式中，$P_{电弧}$为电弧的功率，kW；$P_{有用功率}$为加热炉渣和钢液的功率，kW；$P_{热损失}$为通过炉衬和其他途径散失的功率，kW；$P_{炉衬储热}$为炉衬储存的能量，使得炉衬升温，kW。

随着冶炼的进行，炉衬的温度升高，炉衬储存能量的程度降低，$P_{热损失}$增加，$P_{有用功率}$由两部分组成，一部分是电弧直接辐射给炉料或者熔池，另外一部分是首先辐射到炉衬，再从炉衬反射给熔池，炉衬反射给熔池功率的大小，由炉衬的温度和熔池表面温度的四次方之差来决定：

$$q = \frac{4}{800} \times \left[\left(\frac{T_1 + 273}{100} \right)^4 - \left(\frac{T_2 + 273}{100} \right)^4 \right]$$

式中，q为炉衬辐射给熔池面的热流，kW/m^2；T_1为炉衬的内表面温度，℃；T_2为熔池表面上的温度，℃；$\frac{4}{800}$为辐射系数，kW/(m^2·K^4)；角度系数取为1。

熔化期的温差大，这种传热可以大量的进行。随着熔池温度的升高，这种传热的进行程度变小，当输入的电弧功率不变时，由于熔池表面温度的升高，$P_{有用功率}$将会下降，$P_{热损失}$和$P_{炉衬储热}$将会增加，$P_{热损失}$的增加，将会增加冶炼的电耗，$P_{炉衬储热}$的增加会引起炉衬温度的升高。当温度升高到炉衬耐火度的时候，炉衬就会损坏，特别是炉盖。为了减少热损失和延长炉衬、炉盖的寿命，输入电炉的电弧功率要随着熔池温度的升高而降低。很多的时候，炉衬的薄弱部位，是在废钢熔清70%左右穿炉的。就是以上传热因素造成的。

4.3.1.2　氧化期

氧化期由于脱碳反应的作用，熔池剧烈沸腾，熔池内部的对流传热得到强化，钢液内部的温差小，为钢液的升温操作提供了有利的条件。同时由于氧化放热反应，熔池的升温速度会更快，所以要根据装入量和配碳量，合理地调整送电的档位和输入电炉的电弧功率。

需要特别说明的是，在超高功率电炉的生产中，如果氧化期脱碳反应能够正常的进行、温度控制得合理，即使是炉役后期的薄弱处也很少穿炉。穿炉就是在脱碳反应没有开始，熔池内部钢液之间的传热较差，炉渣乳化以后经常发生，就说明了这一点。

4.3.1.3　还原期

由于还原期冶炼的期间，熔池平静，熔池内部主要是导热，钢液上下的温差大。此时尽管炉衬的温度已经很高，甚至接近于炉衬耐火材料的耐火度，钢液升温还是很困难，所以不能够大功率的送电，以免损伤炉衬。在普通功率的电炉生产中，在还原期间，采用强化人工搅拌、底吹气搅拌、电磁搅拌，或者将还原期移到钢包炉进行，是提高炉衬寿命的有利途径。

泡沫渣的应用，包括电炉的泡沫渣和精炼炉的泡沫渣，就是通过埋弧达到提高炉渣黑度、屏蔽电弧、降低炉衬温度、提高炉衬寿命的目的。三期冶炼的普通功率的电炉，炉衬的寿命在100～300炉之间；超高功率电炉的炉衬寿命，最高的可以达到1000炉以上，除了采用泡沫渣工艺以外，将还原期移到钢包炉进行，是主要的影响因素之一。

4.3.2 冶炼过程中的热交换

4.3.2.1 传导传热

物体内部依靠分子、原子或电子的热运动（热振动）而引起的热量传输过程称为传导传热。传导传热的基本定理是傅里叶定律。单位时间内的传热量称为热流 φ，J/s 或者 W；而通过单位传热面的热流称为热流密度 q，$J/(m^2 \cdot s)$或者 W/m^2。按傅里叶公式，有：

$$dQ = -\lambda \frac{\partial t}{\partial n} dF d\tau \tag{4-2}$$

即传导传热量与其在传热方向上的温度梯度 $\frac{\partial t}{\partial n}$ 和传热面积 dF 以及传热时间 $d\tau$ 成正比。式中负号表示传热向温度下降的方向；λ 为导热系数，又叫热导率。

4.3.2.2 对流换热

流体流经物体表面引起的热量传递称为对流换热，发生在液体和固体之间，或者液体和气体之间、气体和固体之间。按牛顿热流量方程：

$$\varphi = \alpha(t_1 - t_2)F \tag{4-3}$$

式中，$t_1 - t_2$ 为流体与固体之间的温度差，℃；F 为换热面积，m^2；α 为对流传热系数，$W/(m^2 \cdot ℃)$。

4.3.2.3 辐射传热

由于物体内部分子、原子或离子的振动（或跃迁），一切物体都向外界辐射电磁波，单位表面积辐射的热流量与表面温度的关系遵循斯忒藩-玻耳兹曼定律：

$$\varphi = \varepsilon\sigma(T + 273)^4 \tag{4-4}$$

式中，φ 为单位表面积辐射的热流量，W/m^2；ε 为物体黑度，在0～1之间取值；σ 为黑体辐射常数（斯忒藩-玻耳兹曼常数），其值为 $5.672 \times 10^{-8} W/(m^2 \cdot K^4)$；$T$ 为物体的表面温度，℃。

固体在空气中冷却时的辐射散热计算公式为：

$$q = \varepsilon_w C_o \left[\left(\frac{T_w + 273}{100}\right)^4 - \left(\frac{T_a + 273}{100}\right)^4\right] \tag{4-5}$$

式中，ε_w 为固体表面黑度系数，在0～1之间取值；C_o 为黑体辐射系数，$C_o = \sigma \times 108 = 5.672 W/(m^2 \cdot K^4)$；$T_w$ 为固体表面温度，℃；T_a 为环境空气温度，℃。

4.3.2.4 电炉炼钢过程中升温的焓变计算

电炉炼钢过程中的加热过程可以简化为恒压的过程。比热容的定义是单位数量（通常取

1mol）的物质在加热或者冷却过程中温度升高或者降低1K所吸收或放出的热量。比热容用符号 c_m 表示，单位为J/(mol · K)，炼钢条件下常用的是恒压热容 $c_{p,m}$。

设在恒压下加热某物质，使其从298K经过相变温度 T_t，熔点 T_f 和沸点 T_b 达到 T，则有：

$$\mathrm{d}H = nc_{p,m}\mathrm{d}T \tag{4-6}$$

对式4-6积分以后可以得到：

$$Q_p = \Delta H = \int_{298}^{T_t} nc_{p,m}(s_1)\mathrm{d}T + n\Delta H_t + \int_{T_t}^{T_f} nc_{p,m}(s_2)\mathrm{d}T + n\Delta H_f + \int_{T_f}^{T_b} nc_{p,m}(l)\mathrm{d}T + n\Delta H_b + \int_{T_b}^{T} nc_{p,m}(g)\mathrm{d}T \tag{4-7}$$

式中，ΔH_t，ΔH_f 和 ΔH_b 分别为物质的相变潜热、熔化潜热和汽化潜热。

例如，已知纯铁的熔点为1538℃，固态比热容为 $17.47 + 2.48 \times 10^{-2}T$J/(mol · K)，计算1kg的铁从600K加热升温到1600K需要的热量。将有关数据代入上式，可以求出1mol的铁从600K升温到1600K需要的热量为：

$$\Delta H = n\int_{600}^{1600}(17.47 + 2.48 \times 10^{-2}T)\mathrm{d}T = \frac{1000}{56}[117.47 \times (1600 - 600) + 2.48 \times 10^{-2} \times (1600^2 - 600^2)] = 799107(\mathrm{J})$$

即熔化1kg的铁共需要799107J的热量。

4.4 电炉炉型

4.4.1 直流电炉和交流电炉的分析对比

本书提及的电炉是用于炼钢的电弧炉。电炉炼钢的形式上讲有各种各样的电炉。从电流的频率来讲，分为交流电炉和直流电炉两种。在电炉发展过程中，交流电炉一直起着主导作用。目前电炉炼钢总产量占世界总产钢的30%以上，但是世界上电炉炼钢使用的炉型中交流电炉占有绝对优势，直流电炉炼钢所占的比例不大。目前世界上已经建设成功和投产的直流电炉有130台以上，直流电炉的产量占电炉炼钢的30%左右。

交流电炉是通过三相电极在炉膛内利用电弧击穿钢铁料起弧产生热量炼钢。电极起弧时，相与相是通过钢铁料构成回路，热量一般在电炉炉料的表面。在冶炼初期的穿井过程，热量集中在中间三相电极附近，钢铁料从中间慢慢熔化至炉壁处的炉料。电炉内的废钢被加热到能够满足冶金物理化学的要求时，进行冶炼的工艺操作，直到由废钢铁料转化成的熔池钢水的各项指标满足冶炼钢种的需要，就可以出钢，直接浇铸或者再次经过精炼炉的处理以后浇铸，这就是电炉炼钢的基本过程。

直流电炉是在电炉变压器二次出线后经过半导体元件或可控硅元件整流，得到一个阳极和一个阴极的直流电源。阳极安置在电炉炉底，石墨电极部分为阴极，通过炉膛内的钢铁料，在表面起弧，同时在电流通过炉膛内的所有钢铁料时，都因电流从下而上的流动而产生热量，缩短了冶炼周期，热量损耗也有所减少。在炉料熔化为钢水时，由于直流电流从一个方向向另外一个方向恒定的流动，在炉膛内产生的电磁力，对熔化的钢水起到搅拌作用（钢水自下而上流动），对钢水的成分、温度控制起到了良好的均匀化和调节的作用。此外，由于只有一根电极，直流电炉的冶炼电极消耗大幅度减少。

以下笔者针对八钢的70t直流电炉和110t交流电炉的实际运行情况以及各种文献资料做简

要的分析说明：

(1) 对于电网的影响。直流电炉炼钢技术的研究和推广以及应用，较早的是在欧洲的一些国家，但是发展并不快，而在美国、日本、东南亚地区的一些国家却广泛采用。其中主要的原因是电力条件的影响。交流电炉的短路容量为电炉变压器容量的 80～100 倍，在电网容量较小时，为减少对电网的无功冲击及闪烁和谐波的危害而影响供电质量，需要额外的增设动态补偿装置。图4-1和图4-2为交流电炉和直流电炉冶炼与出钢的实体照片。直流电炉的短路容量为电炉变压器的 40～50 倍，可不设动态补偿装置或减小装置的容量，但仍需用功率因数补偿和谐滤波装置。在大容量可控硅整流元件问世并且投入实际应用后，加上底电极技术的完备，到20世纪90年代直流电炉炼钢技术发展成炼钢的一种独特的技术。在电力能力相对较弱的地区，

炉盖旋开式的交流电炉　　　　竖式交流电炉

图 4-1　不同形式的交流电炉的冶炼和出钢照片

直流电炉的冶炼状态　　　　直流电炉的出钢状态

图 4-2　直流电炉的冶炼和出钢的实体照片

直流电炉具有首选的选择权，以及较大的生存空间。

（2）投资成本上的比较。在投资上，因为交流电炉不需要整流器、底电极、底电极导电母排和母线。直流电炉需要增加底电极、可控硅整流器、电流电抗器和直流控制系统，底电极冷却系统，以及相应的土建机械部分，所以交流电炉在设备上的投资要低于直流电炉。在电极和电极的升降控制装置方面，由于交流电存在的"集肤效应"，所以交流电炉使用的电极在和直流电炉使用的电极的设备，包括升降旋转系统的投资也有差异。直流电炉需要 1 根电极，交流电炉需要 3 根电极，而使用的电极直径与价格及成本的关系十分密切，ϕ710mm 电极比 ϕ600mm 价格高，ϕ750mm 比 ϕ600mm 价高 40%。交流电炉的电极消耗比直流电极的消耗高 0.8kg/t 以上，直流电炉 ϕ710mm 以上的电极接长站，需要专门的机械旋紧装置，而交流电炉的电极接长只需要人工就可以完成。综合比较以后，直流电炉单电极费用远超出交流电炉较小直径的电极费用，交流电炉显示出优越性，使得直流电炉比交流电炉的投资要高 25% ~ 30%（上动态补偿装置）或 10% ~ 15%（不上动态补偿装置）。所以根据不同形式的投资概算的详细对比后认为，交流电炉的投资比直流电炉低 10% ~ 30%。

（3）冶炼工艺上的比较。在冶炼工艺上，主要有以下几点的区别：

1）直流电炉在冶炼过程中，直流电炉通电过程产生的磁场力对于熔池的搅拌能力要比交流电炉的强大，需要指出的是，直流电炉的磁场力的方向是磁力线的方向，所以熔清后在底电极附近钢液呈现"涌泉"状的钢液流动。所以直流电炉冶炼过程中钢渣界面的反应能力要比交流电炉的要好。直流电炉的脱碳、脱磷、脱气反应要比交流电炉要更快，更有利于操作。直流电炉的磁场搅拌作用相当于一般采用了底吹气技术电炉的作用。

2）由于脱硫反应主要在还原期进行。电炉冶炼的碱度一般控制在 2.0 ~ 2.5 之间，实际操作时的碱度在 1.8 ~ 2.5 之间，电炉的氧化期依靠化学离子交换反应脱硫的量很少，不超过 20%，所以在脱硫反应上，二者的差别不大。

3）在一些特殊的情况下，要进行脱铅和脱锌的操作，直流电炉比交流电炉更加迅速和有效。

4）一些文献的研究认为，电化学反应在不同的电炉能力也不同，笔者根据多年亲身实践的结果认为，电化学反应的作用不足以影响冶炼的进程，所以在电化学反应的比较上二者差距不大。

5）泡沫渣的控制比较。由于不同的电流和电压，所以泡沫渣的要求也不相同。由于直流电炉磁场作用的影响，所以存在着"偏弧现象"。"偏弧现象"是指直流电炉冶炼过程中，电弧受磁场的影响向变压器一侧方向偏移的现象。"偏弧现象"虽然有控制的措施，但是不能够消除。这种现象严重影响着冶炼的进程，容易引起水冷盘温度升高报警引起断电，导致冶炼中断，水冷盘的寿命下降，一些严重的偏弧甚至会击穿水冷盘。在偏弧区附近的耐火材料一般情况下侵蚀的速度比其他部位的要快许多。交流电炉的偏弧现象较少，二者泡沫渣的操作上，直流电炉要比交流电炉的要求和难度要大。直流电炉和交流电炉的电压与弧长的关系，以及泡沫渣的要求见表 4-1。

表 4-1　电压与弧长及泡沫渣的高度要求

电炉的形式	直流电炉	交流电炉
电压 V 与弧长 L(mm) 的关系	$L=(1.1\sim1.3)V$	$L=V$
泡沫渣的高度 H 要求	$H\geqslant 2L$	$H\geqslant 1.5L$

6）在冶炼进程中，直流电炉对于出钢后留钢量的要求较高，对于废钢料的导电性能要求比较高，否则会发生底电极不导电的事故。所以直流电炉对于废钢的要求较高，而交流电炉对于废钢铁料的要求比直流电炉低。而且发生底电极不导电以后，需要熔池在高温条件下的长时间的处理，一般在 10 ~ 180min 左右。总体来讲，直流电炉的事故率比交流电炉高。

7）交流电炉的极心圆的布置，使交流电炉的冷区范围比较小，反之直流电炉的冷区比交流电炉的多，容易发生 EBT 冷区，炉壁冷区的废钢大量的黏结，发生诸如出钢成分出格和出钢量不稳定，造成钢包渣线下移，降低了钢包的使用寿命等现象。

8）由于底电极的特点，所以一般水冷棒式的直流电炉的出钢温度有严格的限制，一般小于1630℃，所以不利于生产的温度动态调配，出钢过程中的脱氧去除夹杂物、脱硫各个方面存在着局限性，交流电炉在这一方面对于温度的要求比较宽，更加有利于生产的动态控制和强化出钢过程的冶金反应。

9）冶炼效果上，直流电炉的电耗、电极消耗、钢铁料消耗比交流电炉的要好。表 4-2 是二者的比较。

表 4-2 直流电炉和交流电炉的冶金效果的对比

项　目	直流电炉和交流电炉比较
耐火材料成本/元	直流电炉比交流电炉低 5% ~31%（包括电极孔小炉盖）
电耗/kW · h · t^{-1}	交流电炉比直流电炉低 0.5% ~5.1%
电极消耗/kg · t^{-1}	直流电炉比交流电炉低 21% ~40%
铁耗/kg · t^{-1}	直流电炉比交流电炉低 0.6% ~13.2%
台时产量/t · h^{-1}	交流电炉比直流电炉高 2.45% ~24%
吨钢成本/元	交流电炉比直流电炉低 10.5% ~65%

（4）维护上的比较有以下几点：

1）直流电炉的底电极是直流电炉的一个显著的特征，不管是导电砖形式的、多触针形式的，还是水冷棒式的底电极，在维护上，风冷、气冷、水冷都需要额外的维护要求，水冷的水质、导电率都有严格的要求，而且在更换底部电极或者更换炉衬时，大多数需要离线后在专门的平台进行，所以直流电炉的维护面要比交流电炉的维护面大。

2）直流电炉的石墨电极直径比较大，需要专门的接长站，需要专门的机械旋紧装置，增加了维护点和故障点，而对于交流电炉这一方面的要求比较低，不需要专门的机械旋紧装置。

3）在电极升降机构和导电横臂上，交流电炉的维护比直流电炉的维护点要多。

（5）对于环境的影响。不同的电炉对于环境的影响是不同的，可以分以下几部分比较：

1）交流电炉在熔化期的噪声比直流电炉高 10 ~20dB，熔清后泡沫渣埋弧的条件下，直流电炉的噪声影响要比交流电炉的噪声影响低。

2）交流电炉由于炉顶的电极孔比直流电炉多，所以对于现场环境的影响比直流电炉严重，烟尘的发生量比直流电炉的多。

3）交流电炉对于电网的冲击比直流电炉要大许多，所以在用电高峰期更加容易被限电停产。

随着国内电力事业的大力发展和建设，电炉的建设应该充分考虑到具体的实际情况选择电炉的形式，以利于维护和冶炼成本的降低，交流电炉的运行总体评价效果充分显示了它的优越性，直流电炉作为特殊时期的产物，具有的优势也是交流电炉不能替代的。

4.4.2 直流电炉底电极

直流电炉炼钢的最大特点就是电流方向和大小是恒定的，电压没有闪烁。交流电炉炼钢的电流方向和大小是交变的，做周期性的变化，直流电炉的电流没有交流电炉的集肤效应，所以一般直流电炉只有一根石墨电极，采用风冷或水冷棒式的底电极 3 ~4 根，也有采用多触针式的底电极，还有导电炉底式的底电极。通常情况下底部的为阳极，顶部的石墨为阴极。

直流电炉的各种底电极的导电原理和优缺点是各不相同的，下面做简要说明：

(1) 水冷棒式的底电极。这种底电极是由3～4根铜钢复合焊接的钢棒组成的。钢棒进入炉底部分采用镁炭质的圆形镁炭质套砖保护，埋在炉底捣打料中。铜钢复合焊接的水冷钢棒在冶炼过程中上部与钢液直接接触，下部喷水冷却。由于直流电炉具有偏弧效应，电弧在冶炼过程中会偏向靠近变压器一侧，使得位于偏弧方向的热负荷加剧。将底电极做成矩形可以部分消除和缓解偏弧现象，图4-3是水冷棒式的底电极示意图。该种底阳极的缺点是危险性大，已经有过底电极穿钢的报道。而且需要的水冷辅助设备多，维护点多，对于出钢温度有严格的要求，一般在水冷棒上部的测温点大于450℃，下部测温点大于650℃，就不允许冶炼了。底电极的损耗主要取决于电流大小和炉底耐火材料的厚度。底电极内部和附近钢水对于耐火材料的侵蚀是决定底电极寿命的主要因素，从某一种意义上讲，炉底的侵蚀也就是底电极的侵蚀。

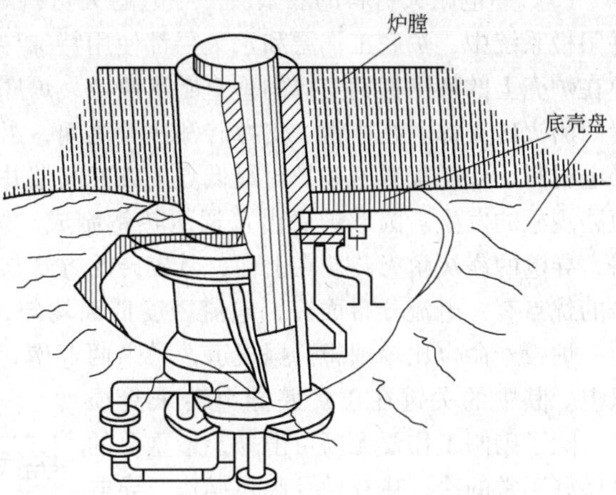

图4-3　水冷棒式的底电极示意图
（图中钢棒外面是底电极的套砖）

(2) 多触针式的风冷底电极。这种底电极的结构简图见图4-4。这种形式的底电极比较合理和安全。针状底电极约由200根“接触针”组成。触针是由多个钢片组成的扇形元件，围绕炉底中心呈环状排列复合而成的炉底导电结构。在这种导电结构中，电流是由这些钢片构成的导电网络通过炉底实现的，接触针的底端用压缩空气进行空冷，以便通过热传导保持底电极有安全的温度。这种导电炉底对于耐火材料的要求不高，上部的钢片熔融后，与耐火材料强烈地烧结在一起，阻止了钢片的向上漂浮，从而保证了导电的可能性，底电极消耗均匀每炉约1mm，这种炉底不能进行热修补，因为这可能覆盖接触针造成不导电现象的产生，因此，炉底的寿命决定了底电极的厚度，底电极的厚度为600～700mm，其寿命大概为600～1400炉。钢片对于附近的耐火材料造成的侵蚀原理图见图4-5。

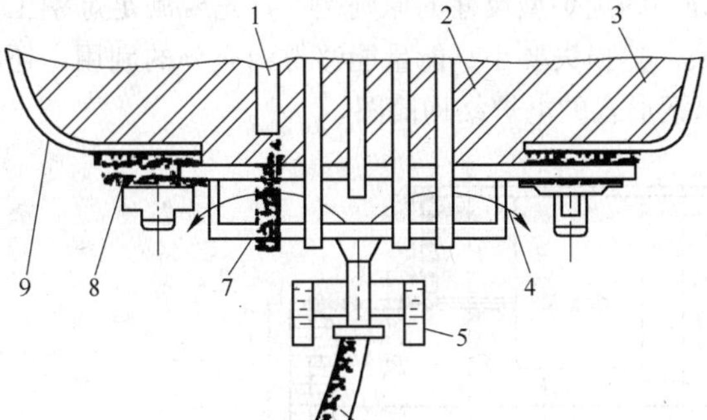

图4-4　多触针导电炉底的结构示意图
1—接触销；2，3—耐火材料；4—冷却空气出口；
5—大电流电缆；6—冷却空气管入口；
7—测温用热电偶；8—绝缘；9—炉壳

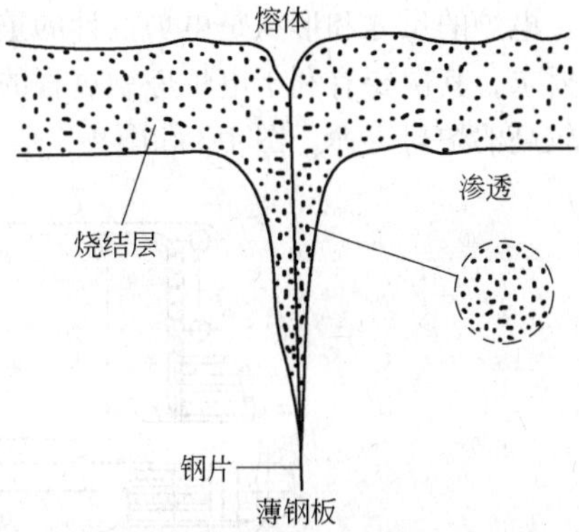

图4-5　多触针导电炉炉底钢片与
炉底料作用基本原理

（3）导电耐火材料的底阳极。导电耐火材料炉底是 ABB 公司直流电炉的核心技术。在这种阳极系统中，炉底工作层和永久层都使用特殊导电镁炭砖砌筑的。这种电炉的炉底有一个电焊在炉壳上的环形槽钢支撑的垂直圆形法兰，炉底法兰安装在槽钢内侧，并且由许多等距离放置的耐火砖支撑。在槽钢、支撑砖和法兰之间，由捣打耐火材料填实，支撑砖和捣打料均为不导电材料，外围配置了和炉衬最低点上方的高架井口结构，可以预防像铅等重金属渗漏造成的短路现象的发生。圆形炉底由普通耐热钢制成，炉底的内侧用一张大的、扇形、环状铜板覆盖，导电的镁炭耐火砖放在上面，其砌砖的方式与通常采用的砌砖技术一样。这种工艺体现出来的优点有：电流分布面广，电流密度低而均匀，钢液被磁场搅拌的作用比较明显，操作方便，炉役寿命也比较理想。据报道，马来西亚南达钢厂 ABB 型 DC 炉阳极寿命可达 4000 炉次以上。其中的关键在于炉底导电砖未受损坏，除了砌制工作要无懈可击外，最重要的是做好正常的冷、热补炉及起弧操作。导电镁炭砖是经过特殊处理的含碳在 10% ~ 15% 的镁炭砖，与普通镁炭砖相比，砖中的碳基结构由处理前的不连续孤岛状态变为连续状态的网络结构，为电流的传导提供了连续的通路，导电砖下面的永久层砖采用石墨含量较少，导热率较低的镁炭砖，但是也经过特殊处理，由于这种工艺使用的耐火材料比较昂贵，所以使用的厂家不多，图 4-6 是该形式底电极的示意图。

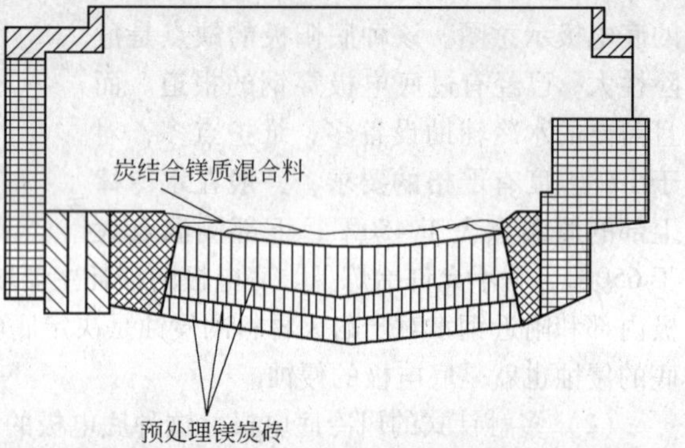

图 4-6　导电耐火材料炉底的示意图

不论哪一种形式的底电极结构，底电极的温度和出钢温度、冶炼时间有着直接的关系，尤其是冶炼时间，是决定底电极温度的关键，所以直流电炉提高冶炼周期降低底电极的温度是保证底电极安全的关键。实际生产中，直流电炉出现脱碳或者脱磷困难，冶炼周期延长时，底电极温度大幅度升高，导致电炉停炉等底电极降温和补炉底的现象是比较普遍的。

4.5　电炉本体结构

电炉的尺寸和形状是电炉设计的重要部分。确定炉型尺寸的原则是：首先要满足炼钢工艺的要求，其次要有利于电炉炼钢过程的热交换，热损失要小，能量能够得到充分的利用，还要有较高的炉衬寿命。图 4-7 和图 4-8 是 EBT 出钢形式的电炉结构简图。

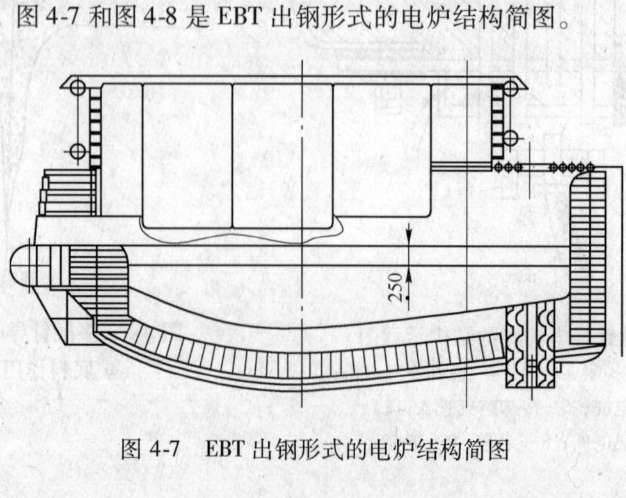

图 4-7　EBT 出钢形式的电炉结构简图

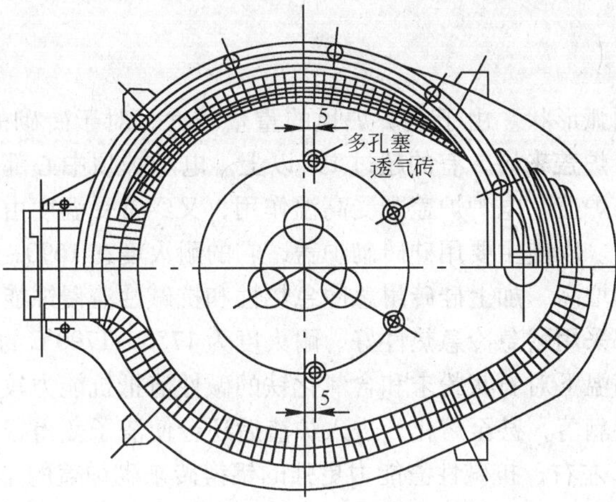

图 4-8　EBT 出钢形式的电炉俯视图

4.5.1　炉缸

炉缸一般采用球形和圆锥形联合的形状，底部为球形，熔池为截头圆锥形，圆锥的侧面与垂线成 45°角，球形地面的高度约为钢液总深度的 20%。球形底部的作用在于熔化初期易于聚集钢水，既可以保护炉底，防止电弧在炉底直接接触耐火材料，又可以加速熔化，使得熔渣覆盖钢液减少钢液的吸气降温，圆锥部分的侧面和垂线成 45°角，保证电炉倾动 40°左右就可以把钢液出干净，并且有利于热修补炉衬的操作。熔池中钢液的体积可以表示为:

$$V = MV_0 \tag{4-8}$$

式中，V 为熔池中钢液的体积，m^3；M 为电炉设计的公称容量，t；V_0 为钢液的质量体积，设计时取 $145m^3/t$。钢液面的直径与钢液的深度之比为 3.5 ~5.5 之间。

4.5.2　炉膛

炉膛一般也是锥台形。炉墙的倾角一般为 6° ~7°之间，炉墙的倾斜是为了便于补炉操作。倾角过大会增加炉壳的直径，热损失增加，机械装置也要增大。炉膛的高度是指电炉熔池斜坡平面，即炉墙角到炉壳上沿的高度。炉膛高度要保持在一个合理的高度，以避免炉顶过热和影响加料的操作。炉膛过高，散热损失加大，而且要求厂房的高度也要相应的增加。一般来讲，5t 以下的小电炉，炉膛高度和炉膛的熔池直径之间的比在 0.5 ~0.6；容量在 10 ~40t 的电炉，炉膛高度和炉膛的熔池直径之间的比在 0.45 ~0.5；80t ~180t 的电炉在 0.4 ~0.45 之间。随着电炉容量的增加，相对高度减小，是为了缩短电极长度，母线长度，以减少电阻和阻抗，同时降低厂房的高度。

4.5.3　电极位置

将三个电极从炉盖上的电极孔插入炉内，排列成等边三角形使得三个电极的圆心在一个圆周上，叫做电极的极心圆，电极的极心圆确定了电极和电弧在电炉中的位置。电极的极心圆分布太大，将会加剧炉壁的热负荷，影响炉衬寿命；太小，又会造成电炉内的冷区面积扩大，影响冶炼。一般电极的极心圆分布半径和熔池半径之比在 0.25 ~0.35 之间，大电炉和超高功率电炉的比值还要小一些。

4.5.4　炉顶拱度

电炉的炉顶是一段圆弧形状。由于电炉炉顶的重量较大，对于砖砌的5t电炉来讲，炉顶的重量接近5t，对于水冷炉盖来讲，有的超过10t以上。电炉炉顶中心部位的小炉盖采取预制块，或者水冷、半水冷的炉盖。电炉炉盖既受高温作用，又经常受温度由高温到低温的剧变作用，对耐火材料要求较高。以前主要用硅砖砌炉盖，它的耐火度在1690～1710℃之间，随着电炉冶炼强度的增加，炉温增高，加上硅砖耐急冷急热性和抗碱性渣侵蚀能力均差，硅砖炉顶已不能满足要求。目前大都采用耐急冷急热性好、耐火度为1750～1790℃的高铝砖来砌炉盖。高铝砖使用中的缺点是在高温下对石灰粉末和含氧化铁的碱性渣抵抗能力较差。砖体在石灰粉末和氧化铁的作用下，逐层剥落，甚至熔化，进入炉渣后还会使渣子变得很稀。因此，有厂已采用耐火度更高，在2100℃左右，抗碱性渣能力更强的铝镁砖来砌炉盖的主要部分，只在电极孔和加料孔附近仍用高铝砖。超高功率电炉的炉顶采用水冷炉盖，电极小炉盖采用外圈水冷的高铝质预制块。

此外，采用砖砌的拱顶，由于拱顶的内表面比外表面小，这样可以采用上大下小的楔形砖砌筑，砖与砖之间彼此楔紧，使拱的稳定性更大。在冶炼实际中，带有电极孔的炉盖中央部分寿命最低，有了一定的拱度，使中央部分离炉内的高温区远些也有利于提高炉盖的寿命。但是这个拱度也不能过分提高，否则在出钢时，炉顶砖就容易翻落。

4.5.5　炉墙与炉门

确定炉墙厚度的原则是为了提高炉衬寿命和减少热损失。炉墙厚度一般在230～450mm之间。

炉门的尺寸应该尽量小，只要能够满足工艺操作就可以。一般设计中炉门宽与熔池直径之比在0.2～0.3之间，炉门的高与宽之比在0.75～0.85之间。炉门槛平面与渣面平齐，也可以比渣面高20～40mm。采用三期冶炼、容量在40t以上的普通电炉，通常在炉门侧面还设有一个辅助工作门。

4.5.6　炉衬

电炉的炉衬分为炉底和炉墙，目前最前沿的技术之一就是：炉墙一般采用镁炭砖砌筑，炉底有采用炉底不定形捣打料修砌的，也有采用砖砌的。

由于炉墙位于炉坡墙脚上，炉墙底部的镁炭砖的砖长度要比炉墙的长，如墙脚的砖比炉墙的薄，墙脚一经钢渣侵蚀，炉墙就有倒塌的危险；另外，一般渣线均在炉坡墙脚附近，炉坡墙脚厚些，补炉镁砂很容易补在墙脚的凸出部分之上，不易滚下，这对提高炉衬寿命很有好处。

此外，炉坡倾角一般要小于45°。45°在物理上又叫自然堆角。砂子等松散材料堆成堆后，它的自然堆角正好是45°。之所以把炉坡筑成45°，也可以小一些，是因为当炉坡被侵蚀后，可投补镁砂或打结料去修复它，利用镁砂自然滚落的特性可以很容易使炉坡恢复原有的形状，这就有利于保持熔池应有的容积，稳定钢液面的位置，方便冶炼的工艺操作。如果炉坡角度大于45°，镁砂不能自然滚下，就会造成炉坡上涨，减少了熔池容积，就会提高钢水面，对操作不利。

一座超高功率直流电炉的尺寸和数据见图4-9和表4-3。

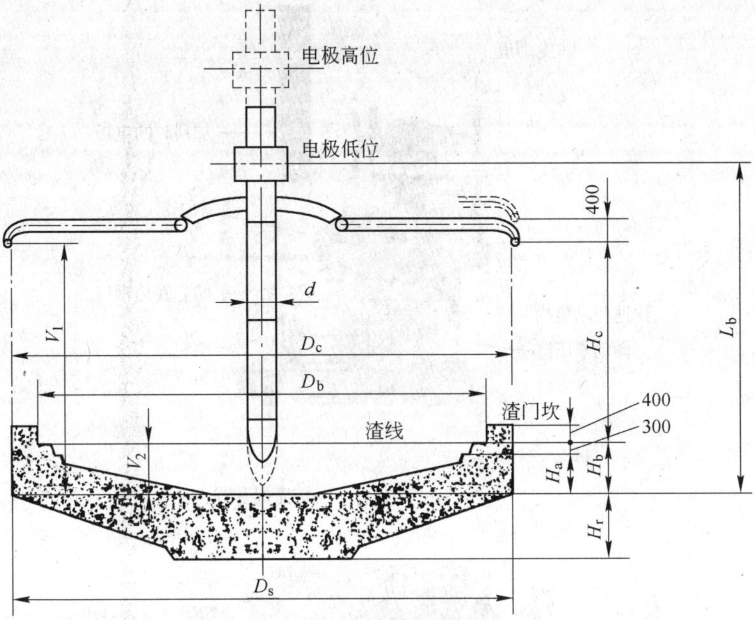

图 4-9　一座电炉的基本结构

表 4-3　一座超高功率直流电炉的尺寸介绍

水冷壁内径	D_c	7400mm	熔池容积	V_2	36.6m^3
电极直径	d	710mm	钢水熔池最大高度	H_b	1430mm
炉壳直径	D_s	7300mm	夹持器低位到炉底的距离	L_b	6760mm
炉壳高度	H_c	3580mm	石墨电极行程	L_h	5680 + 800mm
炉膛内径	D_b	6248mm	钢水高度	H_a	1113mm
双炉体中心间距	E	16000mm	炉底耐火材料厚度	H_r	1100mm
炉膛内容积	V_1	180m^3			

4.6　电炉机械设备

电炉的机械设备包括：电极夹持器、电极立柱、电极升降机构、氧枪机构、供氧阀站、各类介质气体的阀站、EBT 滑板机构、炉体倾动机构、炉盖旋出或开出机构、除尘系统、各类的水冷件、废钢预热设备、钢包车等。一座超高功率电炉的设备基本全貌见图 4-10。

4.6.1　电极夹持器

电极夹持器将电极夹持在一定的高度上，并把通过水冷电缆传来的大电流传送到电极上，需要接放电极时，夹持器可以方便地松开。电极夹持器种类较多，小电炉采用螺母栓式和楔式夹持器，大电炉大多数采用液压或者风动压杆式夹持器。电极的夹紧是依靠夹持器弹簧的张力，而电极的放松是靠压缩空气或者液压块压缩弹簧实现的。夹持器横臂位于炉顶，温度很高，采用铜管导电结构，这样既可利用管壁输送电能，又可利用铜管通以冷却水来增加供电线

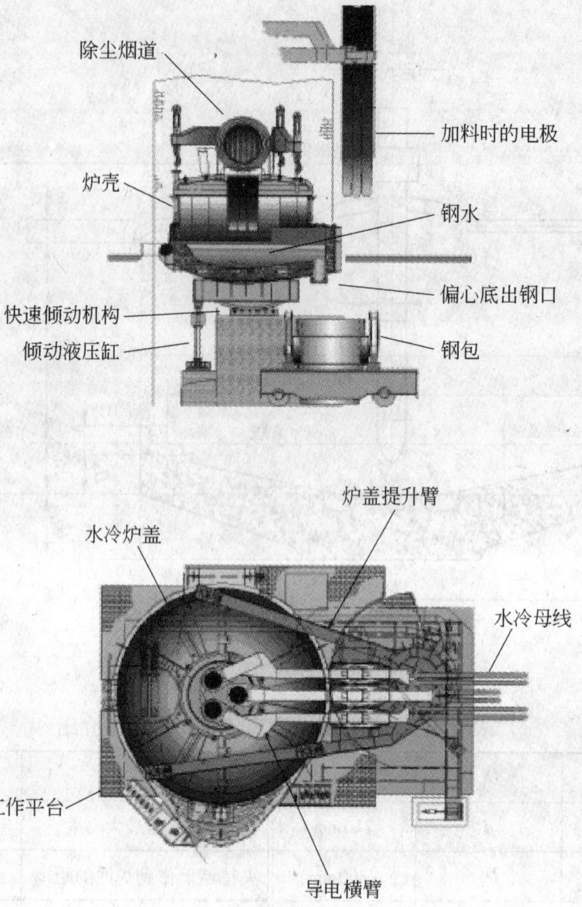

图 4-10　一座电炉的设备视图全貌

路的机械强度和减小电阻。

电极夹持器及电极臂是电炉短网电路中的两个最重要的部件，尤其是电极夹持器，它是影响电炉短网电路电参数的关键零件，同时，它对电炉的安全运行也是极为重要的。为了提高电炉的效率，一是采用水冷电极夹持器，降低电极夹持器的温度，减少电极的氧化；二是改善电极夹持器的结构，使电极夹持器和石墨电极之间的接触面积及夹持力合适，以减少它们之间的接触电阻，降低损耗，进而使产生的热量减少。随着电炉容量的不断提高，现在的大型电炉上采用一种新型的电极夹持器。在夹持部位套装上铜瓦，有冷却水管和夹持器相连，当需要更换夹持器时，只更换铜瓦就行了，这不但大大地简化了维护工作，而且还节省了大量的材料及零件加工量。在电极夹持器与石墨电极四周用喷淋水雾的方法冷却石墨电极，对降低电极温度，减少电极夹持器与石墨电极间的接触电阻有很大的好处。这也是很多电炉为增加夹持器寿命采取的常用措施。图 4-11 是电极夹持器

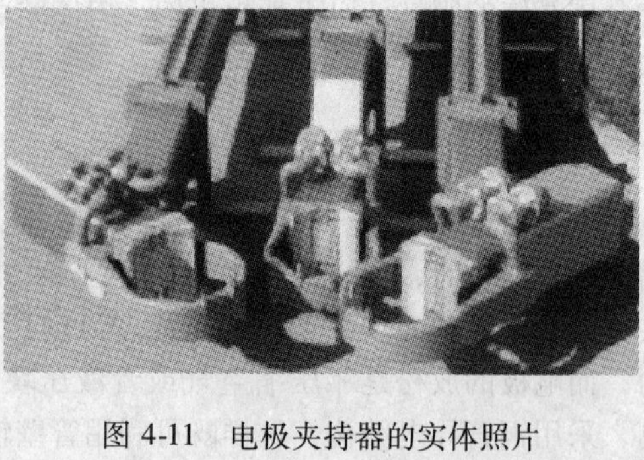

图 4-11　电极夹持器的实体照片

的实体照片。

4.6.2 电极升降机构

电极升降机构用以升降电极。电极升降机构有升降车式和活动支柱式两种类型。小型电炉过去多采用升降车式机构，这种机构比较简单，由钢丝绳滑轮组软连接，也有采用齿条硬连接代替钢丝绳滑轮组的连接。大中型电炉均采用机械马达或液压驱动，活动支柱式的升降设备的高度较小，采用液压系统驱动。图4-12为一座竖式电炉电极升降装置的示意图。

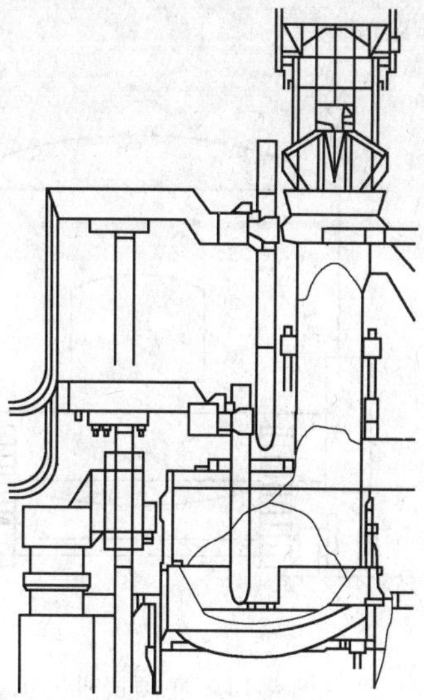

图 4-12 电炉电极升降装置的示意图

4.6.3 炉体倾动机构

炉体倾动机构用以倾动炉体，向出钢口方向倾动 10°～15°（EBT 形式出钢）或者 30°～45°（出钢槽出钢）出钢；向炉门方向倾动以便出渣。目前可分为侧倾和底倾两种。侧倾如图 4-13 所示。这种机构简单，但由于炉子全部重量都落在两个扇形齿轮上，倾动时炉壳受到的压力很大，易使炉壳变形，所以一般只用于 3t 以下的小炉子上。

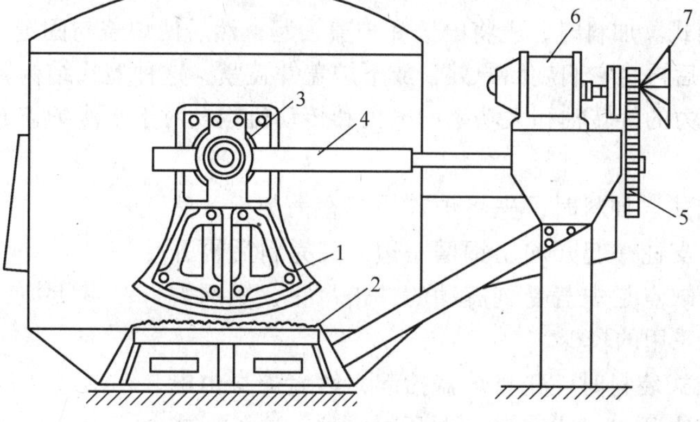

图 4-13 侧倾机构示意图

1—扇形齿轮；2—水平齿条；3—带螺纹的滑块；4—丝杠；5—减速齿轮；6—电动机；7—手动轮

底倾机构目前常见有三种，一种是由电动机带动装有两个倾动齿轮的长轴旋转，长轴上的倾动齿轮与固定在炉底下的两根扇形齿条啮合，并随之运动而带动炉体倾动，如图 4-14 所示。另一种底倾机构是由齿轮带动两根固定在炉底上的直齿条运动而使炉子倾动的。第三种是位于炉体框架下，炉门左侧由伸缩液压缸实现的，在炉底钢结构框两侧有直线齿轮条，在圆形炉底两侧设有圆弧齿轮配合实现齿条和齿轮的啮合，保证倾动的平稳。这种形式主要用于容量较大的电炉，见图 4-15。

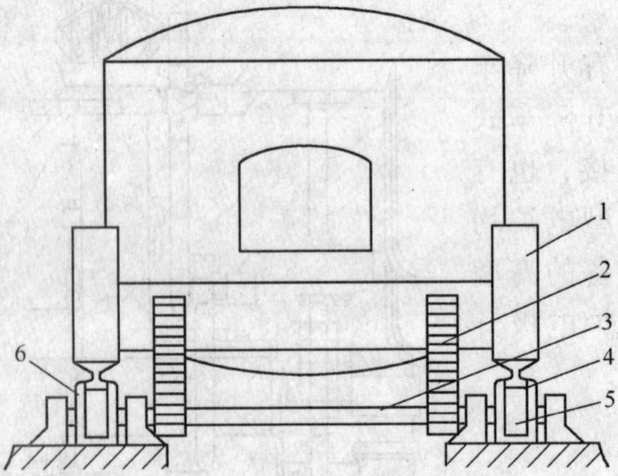

图 4-14　底倾式机构示意图

1—倾动摇架；2—弧形齿条；3—倾动长轴；
4—倾动齿轮；5—手托轮；6—有槽托轮

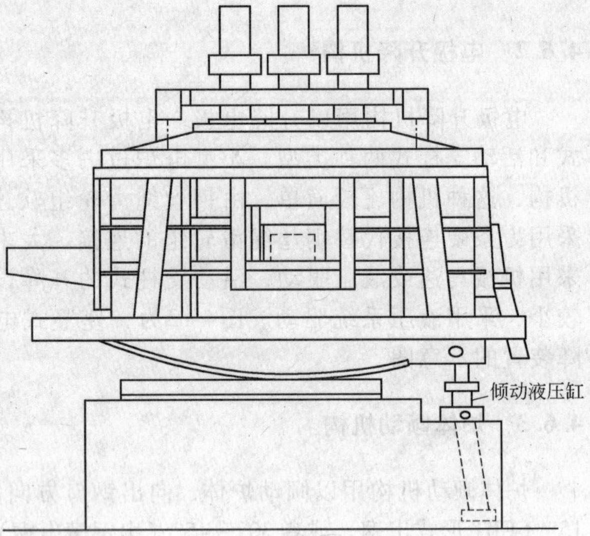

图 4-15　液压倾动装置示意图

4.6.4　炉盖旋出或开出机构

炉盖旋出或开出机构的任务是将炉盖开启以便从炉顶加入炉料。目前从炉顶加料根据炉盖开放形式的不同，大致可分三种形式：

（1）炉盖旋出式。加料时，先将电极和炉盖抬起，然后使炉盖与固定支柱一起绕垂直轴向外旋转。当料加完后再将它们旋回原处，放下炉盖并盖紧。这种型式结构轻便，电极炉盖不受振动，但要有强有力的旋转轴和大功率的电机和传动机构，对于水冷炉盖的旋转，一般采用液压马达进行旋转。

（2）炉盖开出式。加料时，先将炉盖吊起在吊架上，然后炉盖连同吊架、支柱一起开向出钢槽一边，装完料后再开回原地。这种结构缺点是炉盖受到震动的冲击严重，短网需要额外加长，所以采用的较少。

（3）炉身开出式装料时，先将炉盖抬起，然后炉身由电动机驱动向炉门一边开出，装完料后再开回原地。这种形式要求炉前必须有一定位置，可使炉前操作平台开出，炉体开动时需要较大功率的台车，但它克服了上面两种装料法的缺点，所以目前被广泛采用在20t以下的电炉。但是受到台车的能力限制和不稳定因素的影响，大型的电炉一般都采用炉盖旋出的形式进行加料操作。

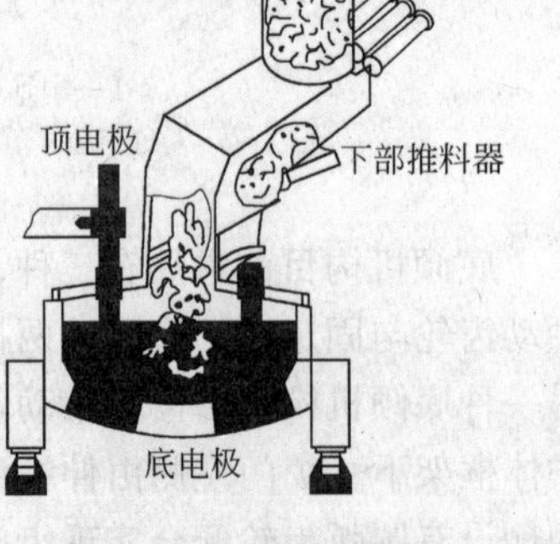

图 4-16　竖井废钢预热装置示意图

4.6.5　废钢预热装置

不同的电炉有不同的废钢预热装置，废钢预热装置大多数是用水冷件构成的炉顶上部的竖井或者是电炉侧面的废钢预热窑。典型的见图 4-16 和图 4-17。

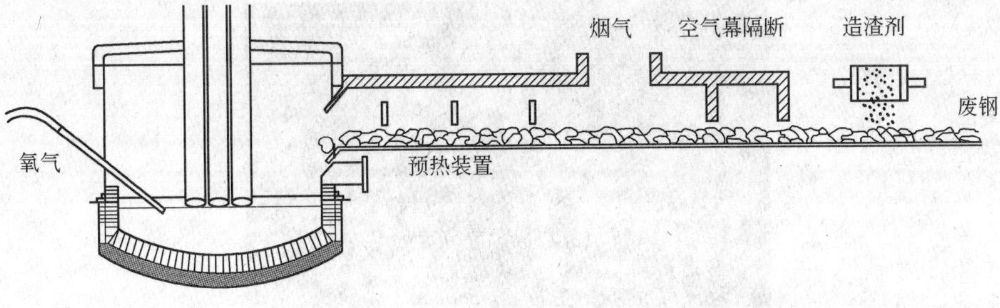

图 4-17　Consteel 电炉废钢预热装置的设备简图

4.6.6　水冷装置

电炉生产过程中，炉内温度可高达1800℃以上。对于炉衬（包括炉盖）、炉门、炉顶机械设备的寿命威胁很大，也使炼钢操作工的工作条件恶化，劳动作业环境的温度升高，因此，电炉构件中许多都采用水冷却来降温，以便提高使用寿命和改善劳动条件，优化工艺结构。常见用水冷却的构件有：电极夹持器、炉盖圈、水冷炉盖（图 4-18）、电极孔水冷圈、水冷炉壳（也叫水冷盘，一般使用在渣线的上部，图4-19）、炉门框、炉门及炉门挡板，水冷烟道等。由于冷却水通过高温区后，水温升高，有时还有蒸汽产生，必须将这些热水、热汽迅速排出，让冷水顺利流入才能保证水冷的效果。由于热水比冷水轻，水蒸气更轻，只有当出水管布置在构件的上部，才能使这些热水、热汽顺利排出。反之，如果进水管在上面，出水管在下面或低于构件上部水平面时，就会有一部分热水或热汽上升到上面的进水管附近，形成汽袋，其中的热水和热汽不能顺利排出，在高温作用下，温度和压力不断增加，当汽袋中水汽的压力加大到超过进水压力时，冷水就不能进入构件，炉膛传给水冷构件的热量全部被用来加热构件中的水，使它很快汽化，产生巨大压力，直至构件爆开。因此，在设计水冷构件时，一定要合理布置进水和出水管的位置。目前水冷件的发展是以高速水冷盘和喷淋水冷炉盖为发展方向的。

图 4-18　带有除尘弯管的电炉水冷炉盖

图 4-19　水冷炉壳的局部照片

4.6.7　偏心炉底出钢机构

EBT 机构通常是由滑板机构和气动（或者液压）驱动机构组成的，还有相应的控制阀站。

4.6.8　除尘系统

除尘系统包括水冷烟道、燃烧室、沉降室、屋顶罩等组成。除尘系统如图 4-20 和图 4-21 所示。

图 4-20　一座大型电炉的除尘外貌

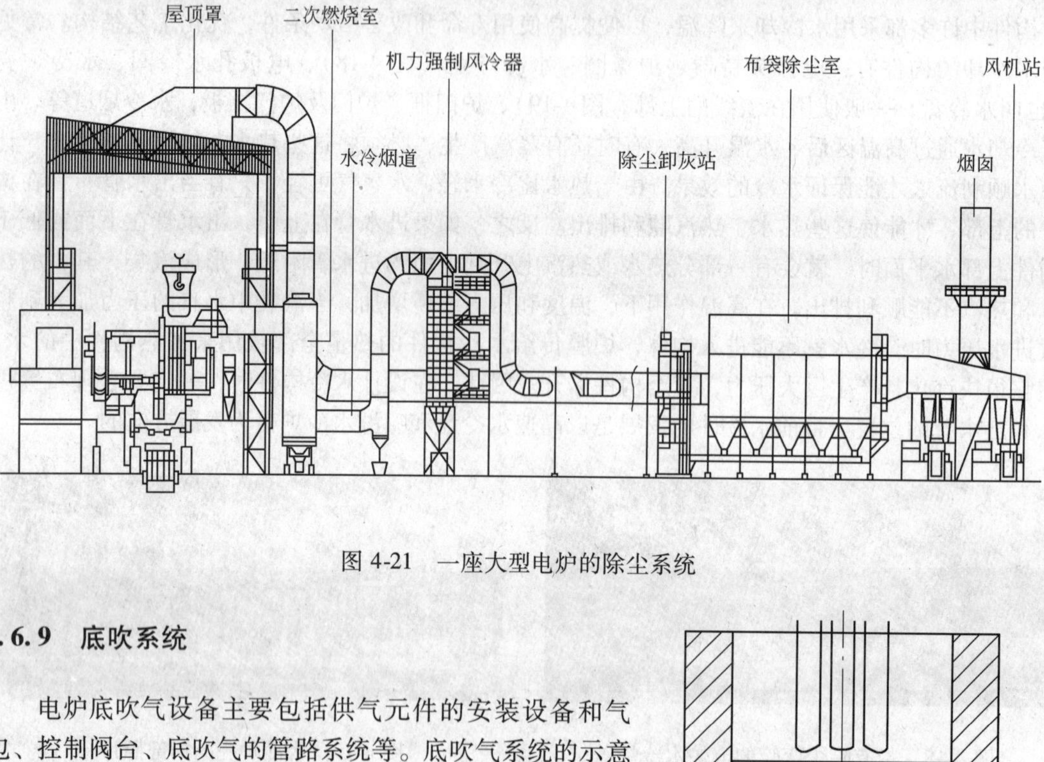

图 4-21　一座大型电炉的除尘系统

4.6.9　底吹系统

电炉底吹气设备主要包括供气元件的安装设备和气包、控制阀台、底吹气的管路系统等。底吹气系统的示意图见图 4-22。

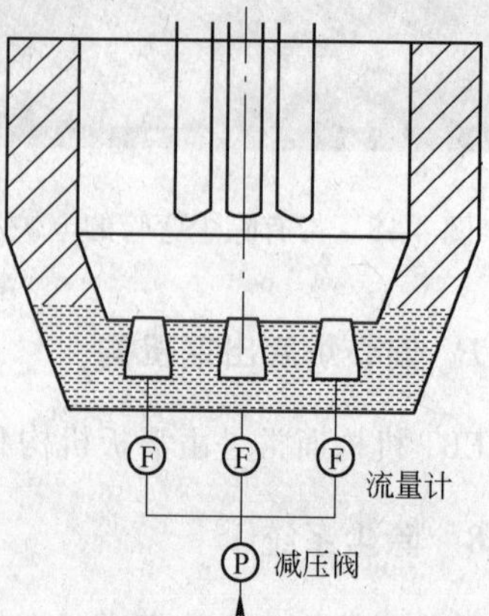

图 4-22　电炉底吹气系统的示意简图

4.7　电炉主要电气设备

炼钢电弧炉主要通过短网、电炉变压器（包括直流电炉的整流变压器）、电抗器、短路器和隔离开关而接到高压电力网上的。图 4-23 是一座电炉的电气设备的主系统图。

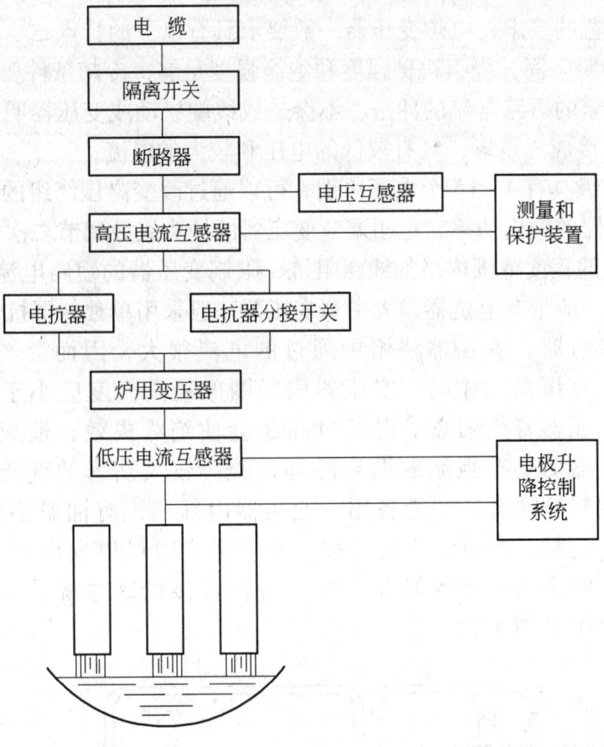

图 4-23 电炉供电系统简图

4.7.1 变压器

变压器是利用电流互感现象的原理制成的。电炉的变压器是一种具有很大过载容量（允许过载20%～30%）的降压变压器。变压器的次级输出的是低电压大电流。在变压器的高压侧，配有电压调节装置，供不同冶炼阶段调节电炉的输入电压，即通常所说的电压换档装置。该装置分为有载调压和无载调压两种方式。有载调压在结构上比较复杂，能够在电炉不断电的条件下进行电炉的冶炼电压调节，有利于电炉的缩短冶炼时间和缩短通电时间，是一种比较先进的调压装置。无载调压需要提升电极，断电以后调压，才能够重新送电冶炼。变压器的容量可以表示为：

$$P_0 = KB_eM/\tau\cos\varphi\eta_e\eta_tK_u \tag{4-9}$$

式中，P_0 为变压器的额定容量，kV · A，是以电炉熔化期的能量平衡为基础来确定的；M 为电炉的公称容量，t；B_e 为熔化每吨钢的电能消耗，一般取 420～440kW · h/t；τ 为熔化时间；$\cos\varphi$ 为功率因数；K 为过载系数，一般取 1.2；η_e 为平均电效率一般取 0.85～0.9；η_t 为平均热效率，5t 以下的电炉取 0.65～0.75，10～20t 电炉取 0.75～0.8，电炉容量越大，其数值可以适量再取大一些；K_u为平均利用系数，一般取 0.85～0.9。

对于以废钢为主的电炉，熔化期的冶炼时间占冶炼周期的 1/3 以上，所以加大电炉变压器的容量，可以缩短冶炼周期，提高台时产量，降低电耗。高功率电炉和超高功率电炉的设计思想就基于此思路。对于冶炼合金钢的电炉，由于精炼期较长，精炼期所需要的功率比熔化期小许多。假如采用高功率电炉或者超高功率电炉，配备炉外精炼的手段，电炉主要以熔化废钢，粗调钢水的质量，对于发挥变压器的能力有极大的意义。

根据电炉冶炼工艺的要求，电炉变压器一般要求具有以下的特点：

（1）变压器结构要坚固，绕组机械强度和绝缘强度足够，冷却条件要好，能够承受较大的过载能力和熔化期频繁的短路电流的冲击，不会造成线圈松动或变压器明显升温；

（2）变压器次级接成三角形，具有较低的电压和较大的电流；

（3）变压器的次级具有 4～15 个电压级别，可以通过改变高压绕组的接线来选择所需要的次级电压和调节变压器的输出功率，也叫调节变压器的抽头级数调节二次侧电压；

（4）为了在一定的程度范围内增加线路阻抗，限制变压器的短路电流在 2～3 倍的安全值以内，小型变压器中一般带有电抗器，大中型变压器一般采用单独的电抗器配合使用。

（5）在变压器运行时，变压器绕组中通过的电流很大，因而会产生热量，使变压器温度升高，一般要求变压器工作时，变压器内线圈的最高温度应小于 95℃，否则线圈绝缘会迅速老化，使变压器寿命缩短。温度过高还会使绝缘失效；造成线圈短路，而把变压器烧坏，所以变压器需要有强制的循环冷却措施。较大功率的变压器一般设有三套有水冷却器，正常使用时开两套，一套备用，变压器内部还设有油温检测装置，对于油温、水温、油气瓦斯、水流量、油流量进行监控，出现异常时可以发出一级警报和二级警报，一级警报发生以后，将会引起冶炼跳闸，变压器将直接切断电源，停止工作。变压器的强制循环油冷却的简图见图 4-24。

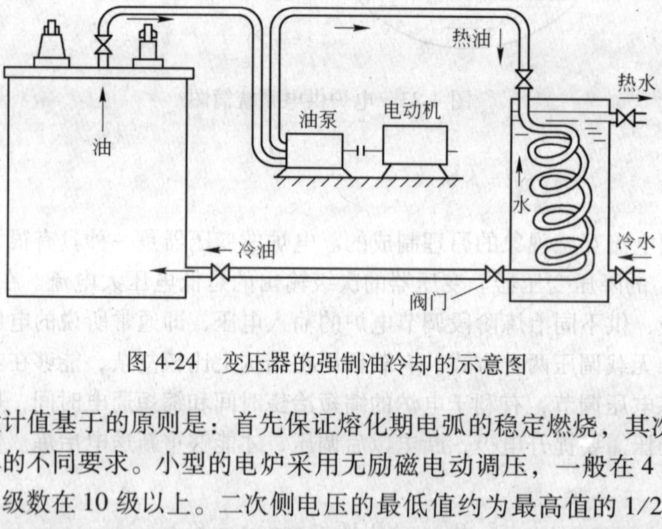

图 4-24　变压器的强制油冷却的示意图

二次电压的设计值基于的原则是：首先保证熔化期电弧的稳定燃烧，其次是保证炼钢的各个阶段对于电功率的不同要求。小型的电炉采用无励磁电动调压，一般在 4～6 级，大中型电炉采用有载调压，级数在 10 级以上。二次侧电压的最低值约为最高值的 1/2～1/3。额定电流在二次最高电压确定以后求得，普通电炉的额定电流为最大电弧功率电流的 0.7～0.8 倍，对于高功率电炉和超高功率电炉，额定电流值为最大电弧功率的 0.9～1.2 倍。在炼钢过程中经常会发生短路，所以要求变压器有一定的过载能力。

对于超高功率直流电炉来讲，变压器通常是特种整流变压器，采用油水冷却。其中有三套以上的油水强制换热器，正常冶炼时开二备一。变压器内部有一个一次绕组和两个二次绕组，两个二次绕组同时绕在一个铁芯上，分别从变压器左右两侧出线，这样可以消除绕组中产生的偶次谐波和直流分量，图 4-25 为电气接线的示意图。提高直流电炉功率的关键是整流器。

4.7.2　隔离开关

隔离开关是在电炉设备检修时用来断开高压电源线路的三相刀闸形的空气开关。它具有明显开断点，但是却没有像负荷开关那样的灭弧罩。因此，隔离开关的接通和切断只能在真空中，油开关或者在保护性空气（CN_1 型或者 CN_2 型）氛围下断开，而且不能在有负载条件下断开，否则闸刀和铁子之间会产生电弧而使闸刀熔化，并极易造成相间及对地的短路。

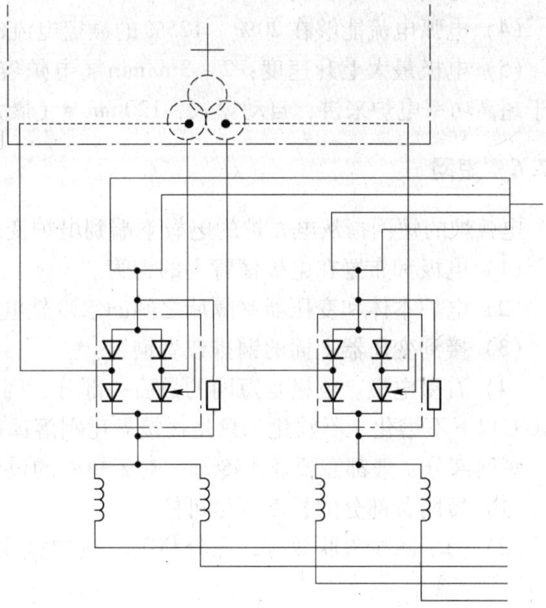

图 4-25　直流电炉的直流变压器接线示意图

4.7.3　短路器

短路器是变压器的次级输出端和短网负载之间的开关，结构比较简单。冶炼过程的操作程序是首先接通隔离开关，然后合上短路器刀闸进行送电冶炼，检修时首先断开短路器，然后切断隔离开关。短路器一般采用真空短路器或者利用油进行灭弧的油开关短路器。

4.7.4　电抗器

交流电炉的电抗器是一个三相铁芯线圈，与变压器高压线圈串联，特点是即使在通过短路电流的情况下，其铁芯也不饱和。电抗器可以装在变压器的内部，也可以做成独立的电器，其主要作用是稳定电弧和限制短路电流。直流电炉的电抗器主要有两个作用：一是起弧或塌料时，限制短路电流上升速度，确保整流装置的电流堵截快速反应，避免整流装置过电流，保证快速熔断器的保护功能；二是平缓电弧负荷带来的波动并减少对供电系统的反馈。

4.7.5　电极升降调节器

弧压即弧长通过电极调节系统来保持恒定。通过液压比例阀放大器、比例阀或伺服阀、电极升降液压缸来实现。

电炉炼钢过程中，废钢的料况是不同的。由调节系统的输出确定电极升降的速度，电极不断地进行升降运动，特别是在熔化期，电极和废钢铁料接触短路，炉料不断地熔化塌料、电弧长度、电弧电流、电弧电压、电弧输入功率都在不断的变化，会导致参考值和实际值之间有相当大的误差。为解决这一问题，通常采用一积分环节，以上述差值作为输入，来确定电极的上下运动，根据炉子的操作情况对此信号进行修正。当熔化轻薄料时，电极下降速度相对高一些；当电极接触到大块废钢时，此值迅速设定为零。由轻料迅速熔化引起的短时间短路，对电极移动没有影响。此外，还设有一些连锁逻辑控制以保障供电回路各设备的安全正常运行。电极升降自动调节器的作用就是及时地调节电极的升降，使得电炉的电参数尽可能保持恒定，以利于缩短熔化时间，减少熔化期的电耗，减少电弧对于电网的干扰，并且可以防止电极折断的发生，减轻电弧辐射对于炉衬的侵蚀。

对于电极调节器的技术要求主要有：

（1）灵敏度要高，其中不灵敏区要求小于15%。

（2）速度要快。正常的电气制度遭到破坏时，调节器能够迅速的使之恢复，恢复时间不超过0.2～0.4s。

（3）稳定度要求较高。

（4）电弧电流能够在 20% ~125% 的额定电流的范围内整定。整定精度不低于 5%。

（5）电极最大上升速度：2 ~ 3m/min（电炉容量在 0.5 ~ 5t）；3.5 ~ 6m/min（10 ~ 50t）；对于超高功率电炉来讲，自动模式：120mm/s（最大）；手动模式 200mm/s（最大）。

4.7.6 短网

电弧炉的短网指从电弧炉的电极下端到电炉变压器的次级出线端之间的一段线路。包括：

（1）电极和布置在电极横臂上的铜管。

（2）电炉本体和变压器室隔墙之间的水冷软电缆。

（3）接到变压器上面的铜排或者铜管。

（4）石墨电极。电极是短网的最后一部分，因为碳质材料具有良好的导电性，又能在高温 3800℃以下不熔化、不软化，只是缓慢氧化剥落掉皮。所以，目前主要使用碳质材料做电极。

短网部分一般都需要通水冷却。对于短网的设计要求主要有：

（1）短网各部分的长度要尽可能短。

（2）为了减少集肤效应，充分利用母线的截面，母线的厚度要小；矩形母线的宽厚比要大。

（3）电流方向不同的导线要尽可能的靠近，即双线制接法，把把持器处接成三角形，使得各个导线的磁场相互抵消。

（4）尽量做到三相平衡。

（5）母线的支撑件利用非磁性材料制作。

（6）短网材料一般使用铜制材料制备。

（7）导电横臂采用铜钢复合材料或者铝合金材料制作。

短网部分的水冷母线示意图见图 4-26。

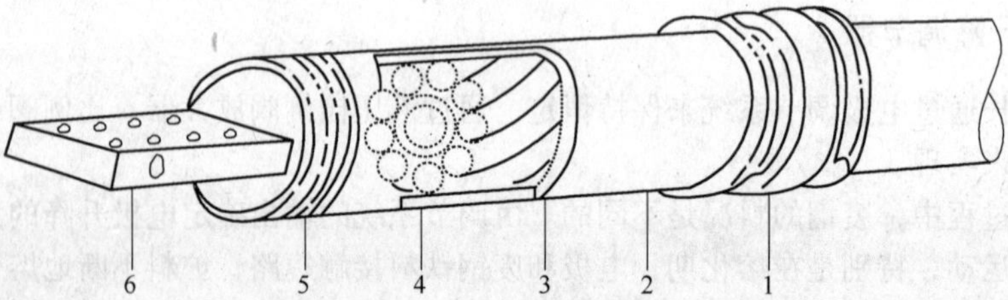

图 4-26　水冷母线的示意图

1—保护套；2—橡胶管；3—铜线；4—中心管；5—不锈钢钢箍；6—导电接头

4.7.7 电磁搅拌器

电磁搅拌器主要应用于普通功率 10 ~ 50t 的电炉。电磁搅拌器主要用薄钢片折叠的铁芯用铜管绕成的线圈组成。结构和原理相当于异步电动机定子的一段。主要利用磁场来搅拌熔池的钢液。线圈有两组，当其中通入两相 0.5 ~ 1Hz 的低频率交流电时，沿着炉底就会产生一个流动的磁场，磁场驱动钢液沿着一定的方向流动，比如当需要扒渣时，改变连接法，钢液就会反方向移动，将炉渣集中在炉门区，以利于扒渣的操作。

电磁搅拌器的作用对电炉的冶炼生产的主要作用有：

（1）由于电炉炉内钢液温度的分布是不均匀的，电磁搅拌作用可加速钢液温度的均匀，加速废钢的熔化，消除冷区。

（2）均匀钢液的化学成分，增加合金的熔化速度。在一些普通功率的中小型电炉上，可以取消和减轻了炼钢操作工人工搅拌熔池的操作环节，有利于降低炼钢工人的劳动强度。

（3）搅拌钢液可以增加钢渣间的物理化学反应能力，提高化学反应速度，缩短冶炼周期，提高电炉的产量。

电磁搅拌器的不利影响主要有：

（1）设备的维护条件比较苛刻，增加了设备的投入。

（2）运动的钢液加剧了钢渣冲刷炉衬材料，降低了炉衬寿命，特别是渣线部位的侵蚀速度会有所增加。

4.7.8 整流装置

电炉供电系统的整流装置有两种基本形式，即不可控制的二极管整流装置和可控制的晶闸管整流装置，从投资角度看前者较为有利，但后者在技术特性上有相当大的优越性，因而通常情况直流电弧炉的供电系统都选择晶闸管整流装置。图 4-27 是一座带有整流装置的电炉主电路系统图。

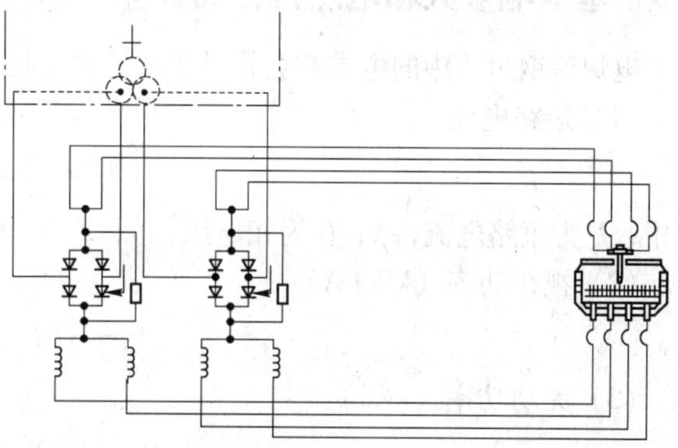

图 4-27 直流电炉整流变压器的主电路示意图

一般超高功率直流电炉的整流器采用自然开关模式的晶闸管和二极管，以带有中性点的单向续流二极管和并联移项控制为基础，同时控制电弧的弧压、弧流和 PCC 处的无功功率，可以消除逆变失败的可能性。主要特点有：

（1）变压器的中性点和整流器的中性点相连。

（2）上下半桥对应的晶闸管桥臂的触发角不相等。两个触发角之间有一个相位差。

（3）两台整流器并联工作时，二者之间相同桥臂的触发角刚好相反。

整流器的控制主要靠整流控制系统。该系统一般采用背板总线的多 CPU 运行系统。运行速度高，部分程序的处理可以达到微秒级。每个 CPU 模块有不同的分工，主模块负责电极调节控制和整流器的给定，其余的有的负责和 PLC 之间的 MODBUS 通信，负责各自的整流控制等。

主模块负责将采集到的弧压反馈信号和 PLC 通讯传来的弧压，实现弧压和有功功率的闭环控制，将比较以后的信号传给电极控制系统的液压比例阀，从而控制石墨电极的升降速度，达到调节电弧长短的目的。负责整流控制的 CPU 模块主要进行直流电流有功功率的闭环控制和无功功率的开环控制。

4.7.9 功率补偿装置

电炉冶炼过程是通过电极与炉膛内的钢铁料起弧产生热量，熔化钢铁料及加热钢水的。在电极与钢铁料起弧时，对变压器及上级电网有很大的冲击。由于起弧的强度瞬间变化量很大，在电网上会产生很多高次谐波，影响电网的供电质量，降低供电的功率因数。在电网上增加功率补偿装置，是一种保护电网安全，提高电网供电质量的很好措施。

功率补偿有静态补偿和动态补偿两种。静态补偿是在供电运行过程中，保持补偿谐波次数不变的一种补偿，补偿可以根据冶炼过程中产生比较多的谐波，有针对性地配置固定装置，也可以根据不同的冶炼过程投入不同的谐波补偿。静态补偿在冶炼电网补偿中运用得比较广泛，其操作、维护也比较简单，叫做SVC。静止式无功补偿装置在负荷多变的电力系统中，用于电压控制，提高输电容量，维持供电质量和系统的稳定运行，接于负荷侧时多为就地补偿扰动对电网的干扰，不仅提高了系统功率因数，同时通过瞬时无功补偿不仅能够减少电压的波动和闪变，维持了相间的平衡，也起到抑制谐波的作用。

动态补偿是在供电运行过程中，根据电炉运行时产生的高次谐波在电网上瞬间补偿。动态补偿的要求比较高，装备也比较复杂，电网上的谐波次数在不同时刻的分配比例不一样，在动态相互变化，动态补偿就是要根据这种相互变化的比例，来自动地分配补偿的比例，补偿在运行中产生的各种高次谐波，这种补偿对电网的供电质量带来很大的好处，可以提高供电功率因数。但控制系统和装置复杂，使用得比较少。

4.8 基本电参数和电热特性的计算

电炉炼钢过程中的电参数会常见于冶炼的监控过程和记录之中，所以在此做简要的介绍：

（1）短路电流：

$$I_s = U/Z_s \tag{4-10}$$

式中，I_s 为短路电流，A；U 为相电压，V；Z_s 为电路阻抗，Ω。

（2）视在功率（kV · A）：

$$P_o = 3UI \times 10^{-3} \tag{4-11}$$

（3）无功功率（kvar）：

$$P_r = 3I^2X \times 10^{-3} \tag{4-12}$$

式中，X 为线路感抗，Ω。

（4）电路损失（kW）：

$$P_R = 3I^2R \times 10^{-3} \tag{4-13}$$

式中，R 为电路电阻，Ω。

（5）电弧功率（kW）：

$$P_A = 3I^2R_A \times 10^{-3} = 3(\sqrt{U^2 - I^2X^2} - IR)I \times 10^{-3} \tag{4-14}$$

需要说明的是，电弧功率不是全部用来加热钢水，因为电弧要通过辐射和对流对外散热，显露于钢液面上的电弧长度是造成弧功率损失的主要原因。为减少电弧功率损失，应该采用：短弧操作，即增大弧流，降低弧压，增加炉渣的渣层厚度，但也不能无限制地增加渣量，增加渣厚要和弧长配合。采用泡沫渣技术，可达到大幅度提高炉渣高度的效果；同时使大电流短电弧供电改为高电压长电弧操作，提高了功率因数，而电压电流波动显著减少，使平均能量输入增加。电压的调节是通过变压器调压装置进行粗调，通过晶闸管触发角进行细调来实现的。

（6）有功功率（kW）：

$$P_a = P_A + P_R = I\sqrt{P_o^2 - P_R^2} \times 10^3 \tag{4-15}$$

（7）功率因数：

$$\cos\varphi = P_A/P_o = \sqrt{1 - \left(\frac{IX}{U}\right)^2} \tag{4-16}$$

（8）电效率：

$$\eta_e = P_A/P_a = 1 - \frac{IR}{\sqrt{U^2 - I^2X^2}} \tag{4-17}$$

（9）电弧电压：

$$U_A = P_A \times 10^3/3I = \sqrt{U^2 - I^2X^2} - IR \tag{4-18}$$

（10）耐火材料烧损指数：

$$R_e = \frac{P_A U_A}{3l^2} = \frac{I\sqrt{U^2 - I^2X^2} - IR}{l^2} \tag{4-19}$$

式中，l 为电极侧面到炉壁的距离，m。

耐火材料的烧损指数表征着电弧对于炉壁的烧损作用的指数，是美国的施维博（W. E. Schwabe）于1962年提出的，这个指数对于确定冶炼的工艺路线有着重要的作用，比如钢包精炼炉二次侧电压的确定就是根据耐火材料的烧损指数来确定的。

（11）最小电耗的工作电流：

$$I_{min} = \sqrt{\frac{1}{3R/P_g + 2X^2/U^2}} \times 10^3 \tag{4-20}$$

式中，P_g为电炉的固定热损失，包括炉体散热，水冷件带走的热能，烟道烟气带走的热能等。

4.9　电气设备的维护和相关常识

4.9.1　供电曲线的制定

供电曲线是在某一炉次冶炼期间和结束时功率对操作时间（熔化和精炼）和所延误时间的图形（100t电炉的供电曲线见图4-28）。一炉次冶炼总的时间称为冶炼周期。

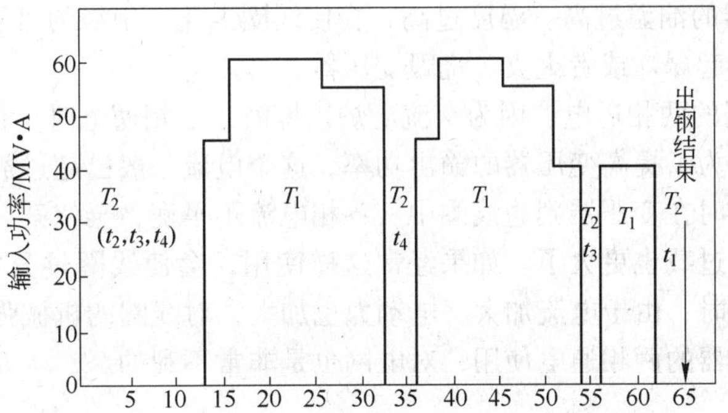

图4-28　100t电炉的供电曲线

电炉炼钢供电曲线制定的主要原则是快节奏低成本地冶炼出每炉钢水。包含以下几点内容：

（1）电气运行工作点的选择主要根据冶炼工艺特点和工艺的需要。例如，开新炉子和正常冶炼的不同，全废钢冶炼和热装铁水冶炼也不同。

（2）为了获得良好的技术经济效果，同时在兼顾生产节奏许可的范围内用好、用足次级电压。尽量使炉子在允许使用的最大电弧功率工作点运行。例如，熔化期穿井到中部以后，尽量使用最大功率送电。

（3）每篮料加入的起始阶段（起弧阶段），要短时间使用低电压低功率工作点运行，防止弧光对于炉底耐火材料的侵蚀以及和炉盖起弧击漏炉盖冷却水管。

（4）每篮料接近熔清或全炉接近熔清阶段，可适当降低电压级别和电弧功率。

（5）在某个工作点运行的时间的长短，按输入电能的总量确定。

（6）保证设备安全、稳定运行。即保证电炉变压器承受的视在功率不过载，电弧稳定高效燃烧。

（7）调压换档的次数尽可能少。一套大型变压器的有载调压装置的使用寿命一般在一百万次左右，造价在200~350万元之间，每切换一次电压，调压开关的发生费用在1.5~3元之间，所以电压有载切换次数尽可能少。

（8）供电曲线对生产节奏冲击不大。

4.9.2　变压器的正常使用

电炉炼钢用的变压器安装比较繁琐，价格昂贵，所以要做好变压器的维护和正常使用。为了保护好变压器的主要原则有：

（1）加强对于变压器的定期检修和维护，变压器的一些小的隐患就有可能造成大事故。比如检修时遗落在变压器室内的钢铁类的工器具或者废料，在磁场力的作用下，有可能吸附在变压器的某个位置，造成事故。某个电炉厂发生过废钢遗落在变压器室附近的电抗器附近，通电时，电磁力将该块废钢吸附在电抗器上，造成了起弧击穿电抗器水冷装置导致停产的事故。

（2）尽量减少变压器的跳闸次数。因为变压器跳闸时，瞬变电流有时会达到额定电流的2~7倍，它在变压器线圈内产生极大的电动力，次数多了会造成线圈变形，绝缘损坏。跳闸时，磁通很快消失，匝数较多的高压线圈会感生极高的电压，使绝缘薄弱处有被击穿的危险，因此要尽量减少变压器跳闸次数。

（3）避免变压器的油温过高。温度过高，会使线圈老化，绝缘的可靠性下降，温度过高产生的油气瓦斯还会引起爆炸或者火灾，烧毁变压器。

（4）避免长时间的两相送电。因为交流电炉冶炼时，三相通电时，在变压器副边三相线圈中，电流是平衡的，为了提高变压器的输出功率，这个电流一般已超过额定值不少。当两相通电并维持原电流大小时在变压器副边线圈中，各相电流不平衡，会使某一相线圈中通过的电流进一步增大，此线圈过载也更大了。如果经常这样使用，会使线圈过分发热，绝缘过早老化，变压器寿命缩短。同时，由于电流加大，电动力也加大，对线圈的机械强度也有不利影响。此外，大负荷电炉变压器的两相通电使用，对电网也是非常不利的。

5 电炉炼钢流程和传统电炉基本操作工艺

5.1 传统电炉炼钢的特点

电炉炼钢的设备比较简单，投资少、基建速度以及资金回收快。尤其是随着廉价的水力发电的普及与核能发电的发展，电炉的建设将得到迅猛的发展。电炉炼钢的优点主要有：

（1）电炉以废钢为资源，增加了废钢铁料的消耗速度，减少了废钢铁料对于空间的占用和污染。

（2）电炉能够冶炼温度较高的钢种。在冶炼过程中，钢液的温度控制比较灵活，温度的控制比较精确，终点温度的偏差可以控制在5℃以内。能够冶炼含有难熔元素W、Mo等元素的高合金钢，这些钢种在转炉中可能无法生产。

（3）电炉炼钢的热源主要来自于电弧，温度高达4000～6000℃，并直接作用于炉料，所以热效率较高，一般在65%以上。

（4）电炉炼钢不仅可去除钢中的有害气体与夹杂物，还可脱氧、去硫、合金化等，故能冶炼出高质量的特殊钢。

（5）电炉钢的成分易于调整与控制，能够熔炼成分复杂的钢种，如不锈耐酸、耐热钢及其他高温合金等。

（6）电炉炼钢可采用冷装或热装，不受炉料的限制，并可用较次的炉料熔炼出较好的高级优质钢或合金。随着废钢质量的下降，比如渣铁、大块含渣较多的废钢、大块铸件、轴等废钢，在转炉需要加工处理才能够消化，消化这些废钢最理想的办法就是用于电炉炼钢。电炉还能将高合金废料进行重熔或返回冶炼，从而可回收大量的贵重合金元素。

（7）适应性强，可连续生产，也可间断生产，就是经过长期停产后恢复也快。

（8）电炉生产的组织比较简单，生产系统的突发事故对于电炉的工艺冲击不明显。

传统电炉炼钢的缺点主要有：

（1）电弧炼钢的劳动工作环境的条件比较差，噪声和弧光辐射对于工人的健康影响很明显，在有防护条件的情况下，某些职业病可以减轻，但是不能消除。

（2）电炉炼钢的成品钢坯的气体含量比转炉炼钢的气体含量高。电炉炼钢过程中，一是原料的限制，二是在电弧的作用下，能解离出大量的H、N，而使钢中的气体含量增高。

（3）电炉炼钢过程中，由于有些废钢的循环使用，电炉钢坯中有害元素的含量比转炉流程的高。

（4）电炉炼钢过程中的危险源点较多，安全工作的难度较大。

（5）普通功率的中小型电炉，由于机械化作业程度较低，工人的劳动强度较大，产能水平不高。传统的电炉吹氧操作一般采用人工吹氧，劳动强度较大，效率较低，污染大，能耗高，现在国家已经明令禁止容量较小电炉的生产。

传统的电弧炉操作集熔化期、氧化期和合金化脱氧的还原期于一炉，在电炉炉内既要完成熔化、脱磷、脱碳、升温，又要进行脱氧、脱硫、去气、去除夹杂物、合金化以及温度、成分的调整，因而冶炼周期很长。缺点比较突出。但是电炉的传统三期冶炼一些品种钢，它的优势也有其独特的不可替代性，在一些地区还有较大的生存空间，而且它们的操作工艺在现代电炉的操作中，大部分是有异曲同工之处，了解这些知识也是很有必要的。

5.2　传统电炉炼钢工艺流程配置

传统电炉的配置：传统电炉的配置主要分为高架式配置和一般配置。高架配置也就是电炉建设在一个5m左右的平台上面，出钢采用钢包车或者行车吊钢包出钢，电炉的炉渣从炉门区排出，易于清理，电炉的产能受排渣操作和出钢操作的限制因素较少，也比较安全，是目前电炉建设者青睐的一种方式。一般配置是指电炉安装在厂房基础的水平面上，排渣设有渣坑，利用渣罐接渣，渣罐满了以后更换渣罐，出钢采用出钢坑，行车吊钢包放在出钢坑出钢。这种配置减少了投资，但是受到排渣能力的影响，不仅安全事故较多，而且产能受限制的因素较多，是一种落后的配置。笔者亲身经历了在3年中遇到十几起因为清理渣坑工伤的事故。

传统电炉冶炼的主要方法：电炉冶炼的主要方法有氧化法、不氧法和返回吹氧法三种。一般以有无氧化期来区分氧化法和不氧化法。而返回吹氧法是介于两者之间的一种冶炼方法。该方法既有氧化期，但又不具有氧化期的全部任务，同时要进行预还原才进入还原期，也有将其归入氧化法的。

氧化法是指整炉钢包括熔化期、氧化期、还原期、出钢全过程的一种冶炼方法。其主要特点是具有氧化期及氧化期的全部任务。

不氧化法是一种没有氧化期，而只有熔化期、还原期至出钢的一种冶炼方法。其主要特点是没有氧化期，一般不供氧，因此不能脱磷。装料时各元素成分配入为规格的中下限或略低于下限，炉料全部熔化后，只要达到温度要求，就可以还原，调整成分出钢。

返回吹氧法是一种利用返回料回收合金元素，并通过吹氧脱碳来去气、去夹杂，从而保证钢的性能要求的冶炼方法。配料时，合金元素可配至接近规格或稍低些，炉料熔化80%左右时，适量吹氧助熔。炉料全部熔化，钢水达一定温度（一般为1570℃）左右时，吹氧脱碳消除冷区废钢以及少量脱碳，脱碳量一般为不小于0.1%，然后用硅铁粉或碳化硅进行预脱氧，再扒渣、还原，最后调整成分，出钢。

普通功率的电炉炼钢的工艺流程配置主要有：

（1）普通电炉的品种钢—模铸生产线。这种生产线，一般以品种钢为主要生产品种，电炉的容量在5~30t之间，5t以下的电炉配置一般在2~4座电炉配备一台连铸机和1~6块模铸区；20t以下的电炉，2~4座电炉配一台连铸机和1~2块模铸区，30t以上的电炉一般配有连铸机和附属的1~4块模铸区。从经济角度上讲，30t以上的电炉配备连铸机和少量的模铸区进行作业比较有利，可以减少浇铸环节对于电炉的限制。

（2）电炉—精炼炉—连铸的合金钢生产线。这种类型的生产线，电炉的容量在20t以上的电炉，2~6座电炉配备1~2座精炼炉。配备合金连铸机和模铸区。

（3）电炉—精炼炉—无缝管生产线。这种生产线的电炉配置可以根据连铸机和模铸区的能力确定电炉匹配的座数和容量。

（4）电炉—AOD/VOD不锈钢生产线。这类生产线主要采用电炉炼制不锈钢母液，供AOD/VOD吹炼。一般是2台30t的电炉，配2台AOD，1台VOD和LF实现不锈钢的模铸或者连铸机的多炉连浇。

以上(1)~(3)的普通电炉生产线，电炉的生产形式比较灵活，电炉可以在电炉炉内实现三期冶炼，也可以实现熔化期和氧化期结束以后，将电炉的粗炼钢水提供给精炼炉精炼，对于生产的调度和生产的匹配十分有利。

图5-1为太钢三步法冶炼不锈钢的工艺。

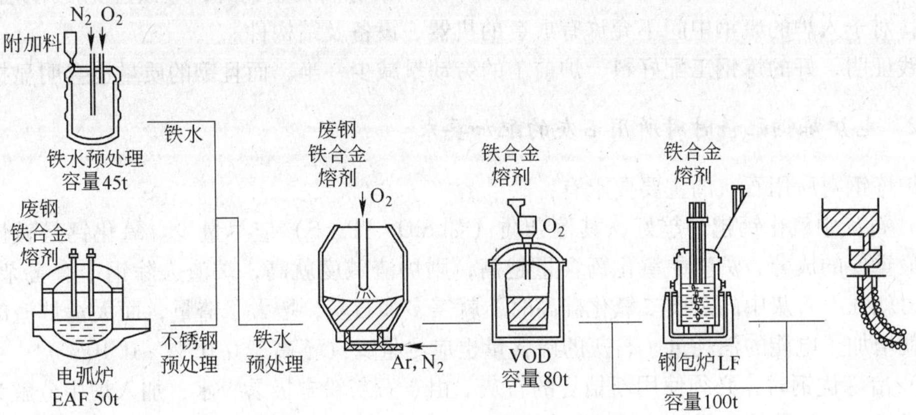

图 5-1　太钢三步法冶炼不锈钢的工艺

5.3　传统电炉三期冶炼工艺和基本操作

5.3.1　配料要求

5.3.1.1　*废钢铁料配料的操作*

电炉炼钢的配料是炼钢的一项很重要的准备工作，它直接影响到冶炼的速度和钢的质量以及炉体寿命、金属收得率等。合理的配料，对炉前控制化学成分比较有利。配料操作时必须注意以下几点：

（1）严格按冶炼钢种的要求或配料单配料。炉料中的含碳量必须根据钢种的要求配加，含磷、硫量不得过高，废钢的磷、硫含量各不得大于0.08%，以保证熔清钢水的化学成分与计算的偏差不大。料的大小要按比例搭配，以达到好装、快化的目的。

（2）炉料要经过称量，做到重量准确，以保证出钢量准确。特别是冶炼高合金钢时，合金成分较高，称量不准，会造成大量补加合金，造成钢水量不稳定，对于模铸的生产造成冲击。炉料的好坏要按钢种质量要求和冶炼方法来搭配。如果使用不好的炉料，必须充分估计其收得率；清除炉料中的泥沙等酸性物质，以免熔炼过程中降低炉渣碱度，影响氧化期去磷效果以及侵蚀炉衬。

（3）炉料中的爆炸物、密闭状的管子或者容器必须拣出或进行开孔处理以后，方可加入炉内。否则，密闭容器内部的空气受热膨胀，无处排出，内部压力逐渐增高，将会引起爆炸事故。

（4）普通电炉的搅拌能力较弱，加上升温速度较慢，吹氧的压力小，机械化程度低，所以为了减少操作的压力和炉前工的劳动强度，应该避免单重大于500kg的大块废钢入炉。

（5）由于在较低冶炼温度下，硅、锰、钛、铬等元素与氧的亲和力均比碳与氧的亲和力大，熔化期这些元素比碳早氧化，这就推迟和减缓了碳的氧化作用。因此，当炉料中这些元素含量高时，相应地碳的氧化损失就小，就要适当减少配碳量。

（6）由于油脂是碳氢化合物，在高温下会分解成碳和氢。炉料上沾有的油污，在冶炼过程中分解出许多氢，被钢水吸收，增加了钢中的有害气体，会影响钢的质量。因此，沾有大量油污的炉料也不能入炉。

（7）对采用不氧化法冶炼的炉料要求纯洁干燥。冶炼高合金钢时，应该避免使用锈蚀严重的废钢；对于入炉的废钢中间不允许有成套的机器、设备及结构件。

实践证明，好的炼钢工配好料，炉前工的劳动量减少一半，而且钢的质量也会明显提高。

5.3.1.2 电炉炼钢配料时对所用石灰的配加要求

电炉炼钢对所用石灰的主要要求有：

（1）石灰中氧化钙越高越好，其他杂质（如 SiO_2、P、S）应尽量少。氧化钙是碱性电炉炉渣中最重要的成分，炉渣中氧化钙含量越高，则炉渣碱度就高，炉渣去除钢中有害杂质磷、硫的能力就强。石灰中的杂质二氧化硅高时，就需多加石灰，增大了渣量，而大量炉渣的熔化和加热就增加了电能的消耗量。石灰的硫含量也应尽量少（不高于0.05% ~0.10%）。

（2）冶炼优钢时，必须使用新焙烧的石灰。由于石灰粉末极易吸水，加入炉中分解为氢和氧，造成炉气中氢的分压增加，从而使氢在钢水中的溶解度也增加，使钢中含气量增加，严重影响钢的质量。所以，原则上不允许使用石灰粉末。石灰在运输时要注意避免受到雨水和冰雪的袭击受潮粉化，使用时要烘烤。

（3）对于人工加入炉内的石灰，粒度控制范围一般为20 ~100mm，最大不超过120mm。对于采用料仓加入炉内的石灰，粒度控制在10 ~50mm。

（4）石灰必须配加在料篮底部，或者在加料前使用料斗子将石灰加在炉底，不能够把石灰大量地加在电极极心圆附近。

5.3.1.3 电炉炼钢对于萤石的要求

萤石的主要成分是氟化钙（CaF_2）和 CaO，主要是用来化渣和调整炉渣的黏度。所以要求萤石 CaF_2 要高，而 SiO_2 和 S 要低。一般情况下，萤石中 SiO_2 的含量要求低于20%，特殊钢冶炼用的萤石，比如冶炼铝镇静钢使用的萤石，要求 SiO_2 的含量要低于5%。

5.3.1.4 电炉使用的铁合金介绍

硅铁（Fe-Si）：硅铁用于合金化，也和脱氧剂使用。电炉用硅铁多为含硅45%（中硅）和75%（高硅）两种，含硅90%的只用于某些重要用途的合金上。中硅铁比高硅铁价格低，在满足钢种质量要求的情况下，尽量使用含硅45%的硅铁。含硅在50% ~60%左右的硅铁极易粉化，并放出有害气体，一般都禁止使用这种中间成分的硅铁。硅铁含氢量高，必须烤红后使用。

锰铁（Fe-Mn）：锰铁用于合金化，也用作脱氧剂。电炉用锰铁根据碳含量分为低碳、中碳、高碳锰铁3种，含锰量均在50% ~80%之间。锰铁含碳量愈低，磷就愈低，价格也就愈贵，因此冶炼时尽量使用高碳锰铁。锰铁以块状并经烘烤后使用，除一般锰铁外，电炉在冶炼某些特殊合金和某些不锈钢时还使用金属锰和电解锰。

铬铁（Fe-Cr）：根据碳含量，铬铁分为碳素铬铁、中碳铬铁、低碳铬铁、微碳铬铁以及金属铬多种。除金属铬外，所有铬铁的铬含量都在50% ~65%之间。在炼制铬铁时，因为铬与碳形成稳定碳化物，去碳是相当困难的，所以铬铁的价格随着碳含量的降低而急剧升高。生产中，应当尽量使用廉价的碳素铬铁或中碳铬铁，微碳铬铁和低碳铬铁主要用于低碳不锈钢。金属铬用于超低碳不锈钢、高温合金、精密合金的合金化。

钨铁（Fe-W）：钨铁含钨量在65%以上。钨铁熔点高，密度大，在还原期补加时应尽早加入，钨铁的块度不能大于80mm，并需经烘烤后使用。

钼铁（Fe-Mo）：钼铁的含钼量波动在55% ~60%之间。钼铁熔点较高，使用块度不宜过大。钼铁表面容易生锈，需经烘烤后使用，通常在炉料熔清后加入。

钒铁（Fe-V）：钒铁中钒量在40%左右，磷含量较高，炼高钒钢时应注意钢中磷的含量。钒铁使用前须经烘烤，以块状加入，小于20mm的粉粒状钒铁应桶装供应。

钛铁（Fe-Ti）：钛铁中钛含量在25%以上。钛铁除了用于合金化以外，有时也用来固定钢中的氮和获得细晶粒钢。它的密度小，须以块状加入，并经干燥后使用。

硼铁（Fe-B）：硼铁用于冶炼含硼的合金钢，钢中加入微量的硼可以显著提高钢的淬透性，改善钢的力学性能，并有细化晶粒的作用。硼铁含硼量有不低于5%和不低于10%两种。

镍（Ni）：镍用于不锈钢、高温合金、精密合金以及高级优质结构钢的合金化。镍中含镍总量不小于99.5%，而钴含量小于0.5%，并随镍含量的提高而降低。镍的含氢量很高，还原期补加的镍需经高温长期烘烤。

铝（Al）：铝是合金化材料，又是脱氧剂。作为沉淀脱氧剂的铝，在使用前应根据炉子容量的不同，熔化并浇成不同直径和质量的铝饼和铝锭，其铝含量在98%以上。

铌铁（Fe-Nb）：铌铁一般成分为：铌+钛不低于50%，碳不高于0.2%，硅为10%～11%，铝小于7%，钛小于7%，磷不高于0.15%，硫不高于0.10%。铌铁价格贵，应尽量节约使用。在还原期使用时，预先需干燥一定时间，并以块状加入。

对合金材料的管理工作包括：

（1）合金材料应根据质量保证书，核对其种类和化学成分，分类标牌存放，颜色断面相似的合金不宜邻近堆放，以免混淆。

（2）合金材料不允许置于露天下，以防生锈和带入非金属夹杂物，堆放场地必须干燥清洁。

（3）合金块度应符合使用要求，块度大小根据合金种类、熔点、密度、加入方法、用量和电炉容积而定。一般说来，熔点高、密度大、用量多和炉子容积小时，宜用块度较小的合金。常用合金的熔点、密度及块度要求可参考表5-1。

表5-1　常用合金的基本要求

合金名称	密度（较重值）/g·cm^{-3}	熔点/℃	尺寸要求
			粒度/mm
硅　铁	3.5（Si=75%） 5.15（Si=45%）	1300～1330（Si=75%） 1290（Si=45%）	10～50
高碳锰铁	7.10（Mn=76%）	1250～1300（Mn=70%） （C=7%）	10～50
中碳锰铁	7.10（Mn=81%）	1310（Mn=80%）	10～50
硅锰合金	6.3（Si=20%） （Mn=65%）	1240（Si=18%） 1300（Si=20%）	10～50
高碳铬铁	6.94（Cr=60%）	1520～1550（Cr=65%～70%）	10～50
中碳铬铁	7.28（Cr=60%）	1600～1640	10～50
低碳铬铁	7.29（Cr=60%）		10～50
硅　钙	2.55（Ca=31%） （Si=59%）	1000～1245	
金属镍	8.7（Ni=99%）	1425～1455	
钼　铁	9.0（Mo=60%）	1750（Mo=60%） 1440（Mo=36%）	10～50
钒　铁	7.0（V=40%）	1540（V=50%） 1480（V=40%） 1080（V=80%）	5～50

续表 5-1

合金名称	密度(较重值)/g·cm^{-3}	熔点/℃	尺寸要求 粒度/mm
钨 铁	16.4(W=70%~80%)	2000(W=70%) 1600(W=50%)	<80
钛 铁	6.0(Ti=20%)	1580(Ti=40%) 1450(Ti=20%)	5~50
硼 铁	7.2(B=15%)	1380(B=10%)	5~50
铝	2.7	约660	饼 状
金属铬	7.19	约1680	
金属锰	7.43	1244	

(4) 合金在还原期入炉前必须进行烘烤，以去除合金中的气体和水分，同时使合金易于熔化，减少吸收钢液的热量，从而缩短冶炼时间，减少电能的消耗。

硅锰合金和铬铁合金、高碳锰铁和硅锰铁、高碳铬铁和低碳铬铁、高硅铁和中硅铁都不能相邻堆放。它们从表面看都很相似，有的物理性能也相仿，如高碳铬铁和低碳铬铁的密度就很相近。为了避免混淆，以上四组铁合金中每两种都不能相邻堆放。

5.3.2 出钢口的堵塞操作

加料前或者一批料加入电炉以后，首先要清除上炉出钢后出钢槽上的冷钢残渣，有凹坑等要补好，使出钢槽平滑。检查出钢口是否良好，必要时应加以修补。用大块石灰和小块石灰搭配使用，把出钢口堵死、堵牢，一定要尽量向炉膛内推紧。不能单纯用大块石灰，否则在冶炼时钢渣易灌入大块石灰的缝隙中而结牢，使以后打开出钢口困难。也应避免全部用细石灰，因为这样不易堵牢，当钢水位置过高时，容易造成跑钢。必须认真做好堵出钢口的工作（从新炉开始就要注意），一定要堵紧堵牢，防止跑钢和保证出钢口处炉衬不致损坏过快。有时候在出钢口太大时，也采用大块白云石和小块白云石，拌和少许焦油堵塞出钢口，出钢时采用氧气吹开的办法。

5.3.3 加料和布料原则

正确的布料能保证熔化最快，提高炉顶炉墙的寿命，熔清以后熔池内碳的成分达到计算要求的范围之内，合金元素烧损最少，电力消耗少。

布料的原则是：上松下紧呈馒头形。上松是指靠近炉顶处要装些轻薄料，以利于电极迅速插入炉料，避免开电弧燃烧影响炉顶或炉壁寿命。下紧是指大料靠下装，保证熔化中不会因为塌料的原因将电极砸断。另外，大料摆成放射状，以免熔化过程中大料彼此搭桥，妨碍正常塌料，拖延熔化时间。呈馒头形指的是要使远离电极高温区的炉坡上的料尽量少些，使全炉炉料基本上同时化完。在轻薄料较多时也要使大料集中些，不要放在炉坡上。另外要注意的是，不导电的炉料，例如渣铁、带砖的汤道废钢、石灰、铁矿石等非金属料，不要放在电极下方，否则不易起弧，操作不小心时会断电极。铁合金不要放在电极下方，因为电弧的高温不但会使铁合金熔化，还能造成合金元素蒸发，使合金元素的熔损增加。生铁不要装在炉门口，因为生铁不易被氧气切割熔化，装在门口妨碍吹氧助熔。靠炉底应装一层小料，以减轻大块废钢对炉底的冲击损伤。布料不当将造成熔化期拖长，炉料熔损过多，使熔池熔清以后碳也达不到计算要求。

在加料时炉底要先铺上一层石灰，炉底铺加一层石灰，在装料时可减轻钢铁料对炉底的冲撞。在穿井到底时可保护炉底，减轻电弧的侵蚀作用。另外，可提早形成炉渣，覆盖钢水表面，起防止钢水增碳、吸气以及保温、稳定电弧、去磷等作用。

镍板在熔化期加入的特点：在冶炼含有镍元素的钢种时，由于铁比镍易氧化。因此，镍可以在熔化期加入，不会造成镍的大量氧化损失，而且能够提高镍板的熔化速度，需要注意的是，镍在电弧下会挥发造成损失，所以装料时要装在炉坡上，不要装在电弧下。另外，电解镍具有能够吸附氢原子的特点，所以电解镍中含有大量的氢气，熔化期加入，会对脱气有利，能够提高钢的质量。钼和镍一样，实际上是不氧化的，不会造成损失，因此可以在氧化期或熔化期加入。

5.3.4　熔化期操作

在电炉炼钢的工艺中，从通电开始到炉料全部熔清为止称为熔化期。熔化期约占整个冶炼时间的1/2左右，耗电量要占电耗总数的2/3左右。因此，加速炉料的熔化是提高产量和降低电耗的重要途径。熔化期的任务是在保证炉体寿命前提下用最少的电耗快速地将炉料熔化及升温，并造好熔化期的炉渣，以便稳定电弧，防止吸气和提前去磷。装料后应仔细检查各项设备，设备正常即可通电熔化。

5.3.4.1　*炉料的熔化*

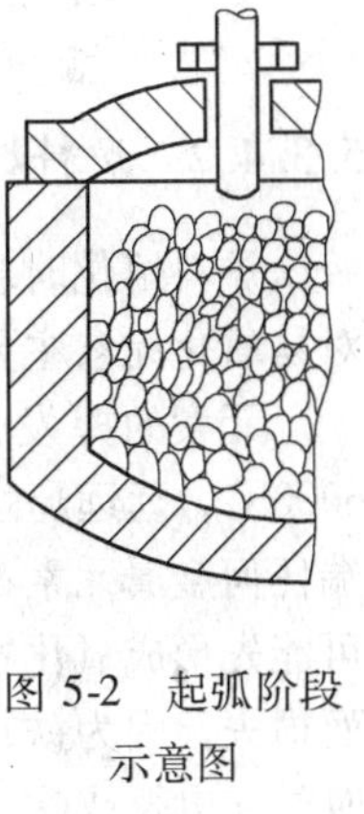

图 5-2　起弧阶段示意图

通电后电极同固体炉料起弧，使炉料熔化，而电极渐渐下降，直到电极同炉底液体钢渣直接起弧为止。然后电极开始随液面的升高而缓慢上升，直到炉料全部熔清。

炉料的熔化过程大体上可以分作4个阶段：

（1）起弧阶段（图5-2）。通电启弧时炉膛内充满炉料，电弧与炉顶距离很近。如果输入功率过大，电压过高（电弧较长），小炉盖易被烧坏，所以一般选用最小的电压档位送电，起弧阶段时间较短，约1～5min。如果在炉料上部装有较多数量的轻薄料废钢，也可以一开始就使用最大功率送电，以加速炉料熔化。

通电开始时，由于电极下面金属料突然受到高温冲击时，会发生爆裂，而且开始起弧的电弧不稳定，经常断弧，同时金属料之间有空隙，通电后金属料与金属料之间也会发生电子发射轰击的现象。由上述各方面原因造成开始通电时噪声很大，但当通电几分钟之后，因电弧已埋入料中，电弧就稳定了，噪声就会逐渐减弱。

（2）穿井阶段（图5-3、图5-4）。起弧以后，电极下电弧四周的炉料迅速熔化，在电极调

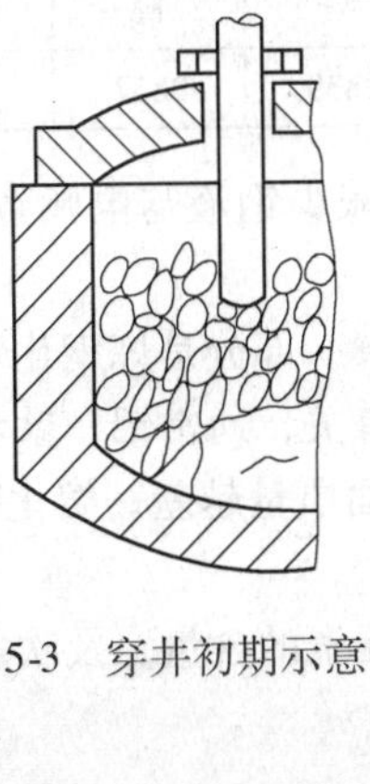

图 5-3　穿井初期示意图

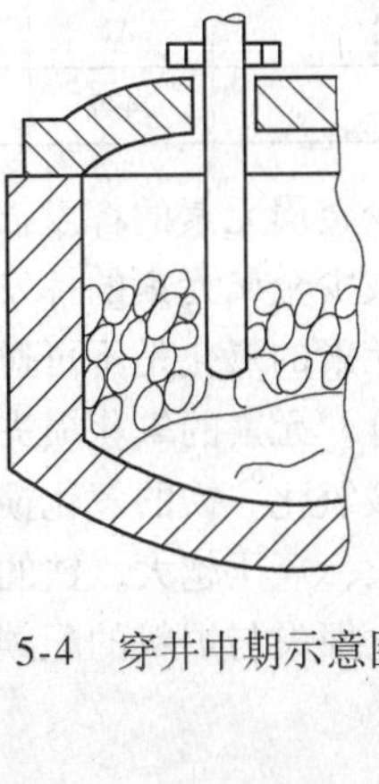

图 5-4　穿井中期示意图

节器的作用下，电极始终与炉料保持一定距离，并且随着炉料的熔化而不断下降，在炉料中打出三个洞，这一过程称为“穿井”。这阶段电弧完全被炉料包围起来，热量几乎全部被炉料所吸收，不会冲击炉衬，所以穿井阶段使用最大功率送电冶炼。

“穿井阶段”经常发生炉料倒塌，电流、电压都极不稳定，操纵台上电流表指针激烈摆动。

（3）电极上升阶段。电极“穿井”到底后，炉底已形成熔池，炉底石灰及部分元素氧化，使得在钢液面上形成一层熔渣。此时，电弧在熔池面上平稳地燃烧，电弧声以嘈杂的“嘎嘎”声变成沉闷的“嗡嗡”声。炉子上面的金属蒸气显著减少，颜色由深红褐色变为淡褐色。四周的炉料继续受辐射而熔化，钢液增加使液面升高，电极逐渐上升。这阶段仍然采用最大功率送电能，所占时间为总熔化时间的1/2左右。

（4）熔化末期阶段（图5-5）。炉料被熔化3/4以上后，电弧已不能被炉料遮蔽，电极下的高温区已连成一片，只有在远离电弧的低温区炉料尚未熔化。此时，如长时间地采用最大功率供电，电弧会强烈损坏炉盖和炉墙。此时应降低供电档位进行操作。

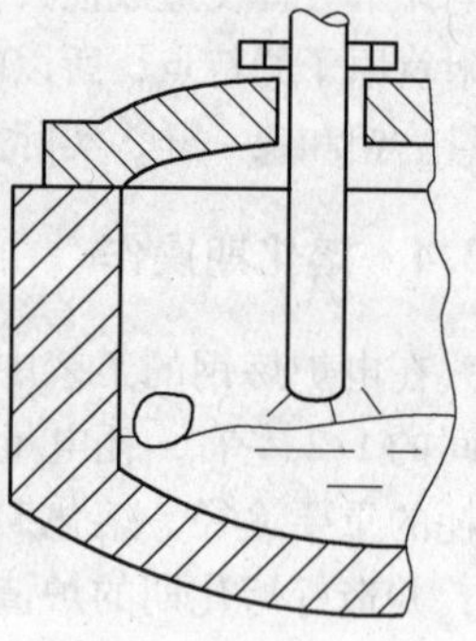

图5-5 熔化末期示意图

5.3.4.2 炉料熔化时元素的挥发与氧化

炉料熔化时会产生金属元素的挥发与氧化。对不氧化或基本不氧化元素主要是挥发损失，对易氧化元素主要是氧化损失。

元素的挥发是由于温度超过其沸点而造成的。电炉冶炼时，电弧的温度高达4000～6000℃，远远超过金属元素的沸点，就是最难熔元素钨的沸点也低于6000℃。因此，在电极下端任何金属元素都会进行挥发，并且随即为炉气所氧化而逸出。元素除了这种直接挥发外，还可能先形成氧化物，然后氧化物在高温下挥发出去，如钼、钨等元素主要是通过这种间接挥发而损失。因为铁在炉料中所占比重最大，沸点又较低，所以挥发量最多。开始通电熔化或吹氧时，在电弧或吹氧助熔的高温氧化反应作用下，炉料中的金属铁部分蒸发，产生的铁蒸气从炉中逸出，在逸出同时，这些铁蒸气和空气中的氧化合成氧化铁，其中主要是小颗粒的Fe_2O_3。它是红棕色的，颗粒很细。这样就造成从炉门及电极孔中大量冒出红棕色烟尘的现象，以后随着炉料的熔化和渣子的形成，这种红棕色的烟尘也逐渐减少。熔化时金属挥发总损失约2%～5%。各种元素的沸点见表5-2。

表5-2 各种元素的沸点（0.1MPa）

元　素	Al	Mn	Cr	Si	Ni	Fe	Mo	W
沸点/℃	2447	2051	2665	2787	2839	2857	4847	5527

为了减少金属元素的挥发损失，提前造好熔化渣，可以减少钢液与电弧直接接触的机会，能够有效地减少金属元素的挥发损失。

熔化期元素的氧化是不可避免的，一部分是有目的的氧化，一部分是炼钢化学反应进行所必须付出的代价。元素的氧化损失量与元素和氧的亲和力大小有关，通常铝、钛和硅等易氧化元素几乎全部被氧化。铁的氧化损失通常为2%～6%，废钢表面质量越差，熔化时间越长，吹氧助熔时间越长，氧压越大，铁的氧化损失也就越大。

碳的氧化损失与炉料的配碳量、钢铁料中的硅，锰，磷元素的含量，及吹氧助熔进行的时间和方式有关。熔化期采用吹氧助熔时，吹氧助熔的氧压愈大，吹氧时间愈大，碳的氧化损失愈多。一般熔化期碳的氧化损失约为10%～30%。锰的氧化损失一般为50%～60%，而硫的变化不明显。炉料中磷的氧化与熔化期的造渣有关，一般磷的氧化损失大于20%。

5.3.4.3　熔化期废钢铁料的搭桥现象

当电炉的废钢铁料料型搭配的不好，特别是下部炉料装得不密实，当下部炉料熔化时，上部炉料没有依托，还有大块炉料装在上部，而吹氧助熔又集中在下部，形成空洞，这样就在电极穿井的热区附近，产生废钢铁料的黏结现象，废钢铁料搭在一起，没有随着送电的进行及时熔化进入熔池，而是在某一个特定的环节里就会产生突然塌料的现象。电炉的这种熔化期的现象叫做废钢铁料的搭桥现象。这种现象会引起塌料打断电极和引起大沸腾事故。消除的方法也是依靠吹氧助熔料的操作。钢铁料的搭桥现象，使吹氧助熔的时间延长，吹氧难度增加。为确保熔化期不塌料，必须要有合适的布料方法。

5.3.4.4　熔化期的吹氧助熔

当通电穿井到一定的时间后，炉门附近的料达到红热的程度，并在倾炉一定的角度能够见到钢水时，氧气能与发红的炉料起氧化反应达到熔化，这时就可以开始进行吹氧助熔了。多数时候，有很多厂家采用加料以后，把炉体前倾，在炉门区加入焦油块、沥青块或者煤块进行吹氧打火，烧红炉门区的废钢，早早地进行吹氧助熔，效果也很不错。吹氧助熔时应该采取边切割、边推料的方法进行，而不应集中吹一处炉料。发现有搭棚现象应立即用氧气切割，使炉料落入熔池。吹氧助熔的程序根据布料情况的不同而出现差异。但基本原则是必须先打通炉门，以便吹氧操作。吹氧时可以先将炉料中心切断以减少塌料机会，也可两侧同时吹氧。

吹氧助熔有三种方法：

(1) 切割法。当废钢铁料产生了搭桥的现象，为了避免大面积塌料，一般都采用切割方法、使废钢炉料小块小块地浸入钢水，不致造成大量的塌料。其缺点是氧的利用率较低，炉料熔化慢。

(2) 渣面上吹氧。一般在炉料不搭桥情况下采用渣面吹氧助熔，化料较快。浅插钢水吹氧助熔。一般在炉料不搭桥，配碳又比较高的情况下采用此种方法。其优点是升温脱碳速度快、氧气利用率高，缺点是冒出的火焰大，操作条件差。吹氧助熔的氧气压力一般不宜过大，在吹氧助熔时，对大块料，氧气管不宜太靠近炉料，以免渣钢飞溅厉害，但也不能太远，以免影响化料速度。最有效的操作是氧枪头对着大块料附近的熔池钢渣界面间吹氧，不能操之过急。吹氧时应先吹中间部位，使三相熔井贯通以后形成熔池，并且逐渐扩大熔池面积，吹氧时吹钢渣界面造泡沫渣的同时，输入最大功率的能量，加速炉料的熔化。

(3) 先吹熔池的冷区废钢，即先吹炉墙周围的炉料。炉龄前期，装入量较少，炉墙厚，炉料离热点区较近，无明显的温差，而且炉料不易粘连，因此吹氧助熔时，可直接打通炉门，化清电极区炉料，迅速升温，再适当吹清边缘炉料。而炉龄后期，可用氧气先打开炉门处通道，然后吹清3号电极和1号电极间炉墙边缘炉料，再吹2号电极炉墙至出钢口边缘炉料，然后吹清炉膛中央残留炉料。

吹氧助熔，要根据不同的炉龄，采用合适的吹氧方法，取得最佳效果。笔者多年的实践表明，最好的吹氧助熔的方法是在熔池合理的配碳，增加熔化期的脱碳量，然后利用脱碳送电的同时，利用脱碳反应引起的钢水运动来搅动熔池的传热，达到助熔的方式是最有效的。

5.3.4.5 熔化期发生导电不良的现象的处理

熔化期导电不良主要是由于电极与炉料之间电阻过大、电流回路受到阻碍造成的，主要原因如下：

（1）有时炉料中间混杂有不易导电的耐火材料、渣铁、炉渣等。

（2）炉料装的空隙太大，彼此接触不良，而造成三根电极电流断路。

（3）有时由于电极升降架机械故障或电极被卡住，造成电极不能下降，会发生有类似于不导电的现象。

当发现不导电时，首先要找出原因，然后再区别情况及时加以处理。如果炉料导电不良，可在导电不良的电极下方加一些生铁、导电性良好的小切头、焦炭块或小电极块帮助起弧。这些措施中，以小块电极作用时间最长，效果最好，因为它的导电既好，又不易烧掉，但电极块不易过大，否则导电作用完成了它还没有烧掉，使钢水碳含量增加，延长了冶炼时间。

5.3.4.6 熔化期的造渣

熔化期提前造渣的作用有：

（1）稳定电弧；

（2）能覆盖钢液防止热量损失，增加炉渣的黑度，提高传热效率；

（3）防止钢液吸收气体，捕集吸收废钢铁料带入的夹杂物；

（4）减少元素的挥发，有利于脱除钢中的磷、硅、锰等元素，为氧化期创造条件。

仅从满足覆盖钢液及稳定电弧的要求，只需1% ~1.5%的渣量就已足够。渣量过多，会使熔化期有用能量消耗增加。但从脱磷的要求考虑，熔化渣必须具有一定的氧化性、碱度和渣量。

目前很多工厂已普遍把氧化期的脱磷任务提前到熔化期来完成，使炉料熔清时钢中磷含量进入控制的成分范围以内。这样，在氧化期就可以吹氧升温脱碳，省略脱磷的操作，在脱碳的同时，也伴随着脱磷反应的进行，从而加快冶炼节奏，缩短冶炼周期。

熔化期脱磷并不困难，从脱磷反应的热力学条件可知，在较低的温度条件下，造具有一定碱度的、流动性良好的氧化性炉渣，可以有效地脱磷。熔化期钢水温度较低（约 1500 ~ 1540℃），所以能否提前脱磷的关键在于造好熔化渣。

熔化期脱磷造渣与一般提前造渣的区别在于，在配料时要在料篮中一次将渣料加够，使总渣量达到废钢铁料总量的3% ~5%。由于吹氧助熔时，熔池中间的温度较低，氧和碳并未激烈氧化，此时渣中 FeO 含量可高达20%以上，所以只要造碱度为1.8 ~2.0 的炉渣，就可以使原料中的磷去除50% ~70%。在炉料熔清后进行流渣操作，大大缩短了氧化期的冶炼时间。目前国内外冶炼碳钢及低合金钢时，已毫无例外地采用这种方法。

5.3.5 氧化期操作

氧化期是氧化法冶炼的主要过程。一般讲，氧化法的炉料较差，含不纯净物质较多，氧化期的主要任务就是：去磷、去气、去夹杂、将钢水均匀加热到高于出钢温度。完成这些任务的手段主要是靠碳的氧化沸腾作用。氧化期进行得好坏，对钢的质量影响很大。要控制好氧化期操作，首先从熔化末期就要使钢液能提前氧化去磷，待钢液有足够温度，再加入大块矿石，结合吹氧脱碳，使钢液有良好而均匀的沸腾。还要根据钢水中含磷多少自动流掉部分炉渣换造新渣，待温度、成分（如碳、磷）合适即可全部扒渣，结束氧化期。

5.3.5.1 氧化期操作

对于不配备炉外精炼的电炉炼钢，为了更好地去除钢中的气体和非金属夹杂物，氧化期必须保证熔池要有一定的激烈沸腾时间，因此在脱碳过程中要求要有一定的脱碳量和脱碳速度。从现象上看，脱碳量、脱碳速度、激烈沸腾时间就是判断氧化期进行程度的主要标志：

（1）脱碳量。在电炉钢生产过程中，氧化期的脱碳量是根据所炼钢种和技术条件的要求，冶炼方法和炉料的质量等因素来确定。一般说来，炉料质量越差或对钢的质量要求越严，要求脱碳量要相应高些。

生产实践证明，脱碳量过少，达不到去除钢中一定量气体和夹杂物的目的；而脱碳量过大，对钢的质量并没有明显的改善，相反会延长冶炼时间及加重对炉衬的侵蚀，浪费人力物力，因此脱碳量过大也是没有必要的。一般认为，氧化法冶炼的脱碳量为0.20%～0.50%。

（2）脱碳速度。生产实践证明，脱碳速度过慢，熔池沸腾缓慢，起不到充分去气除夹杂的作用；而脱碳速度过快，在短时间内结束脱碳，必然造成熔池的猛烈沸腾，易使钢液裸露，吸气严重，且对炉衬侵蚀加重，这不仅对去气除夹杂不利，还会造成喷溅、跑钢等事故。所以，电炉炼钢的脱碳要求要有一定的速度。合适的脱碳速度应保证单位时间内钢液的去气量大于吸气量，并能使夹杂物充分排出。一般正常吹氧脱碳速度要求为0.005%～0.05%/min。

（3）激烈沸腾时间。氧化期的脱碳量和脱碳速度往往还不能真实地反映钢液沸腾的好坏，必须再考虑熔池的激烈沸腾时间，只有这样才能全面地表明钢中去气除夹杂及钢液温度的均匀情况等。然而，熔池的激烈沸腾时间取决于氧化的开始温度、渣况及供氧速度等，即熔池的激烈沸腾时间与脱碳量和脱碳速度有直接关系。

在电炉钢生产过程中，氧化期熔池的激烈沸腾时间不应过短或过长，一般约在15～20min就可满足要求。

5.3.5.2 氧化期操作的原则

氧化期的各项任务主要是通过脱碳来完成。单就脱磷和脱碳来说，两者均要求熔渣具有较强的氧化能力，可是脱磷要求中等偏低的温度、大渣量且流动性良好，而脱碳要求高温、薄渣，所以熔池的温度是逐渐上升的。根据这些特点，我们将氧化期总的操作原则归纳如下：

在氧化顺序上，先磷后碳；在温度控制上，先慢后快；在造渣上，先进行大渣量去磷，脱磷的过程中适量的流渣，然后进行薄渣脱碳操作。

其基本过程是：炉料全熔经搅拌后，根据冶炼钢种的成分控制要求，取样分析C、Mn、S、P。然后进行脱碳脱磷的操作和升温，待成分温度合适以后，扒渣进入还原期。

在氧化过程中，无论是脱磷还是脱碳，都要求熔渣具有较高的氧化能力和良好的流动性。理想的脱磷碱度应保持为2.5～3.0，而脱碳的碱度为2.0左右。所以氧化期要控制好熔渣的成分、流动性和渣量，在冶炼过程中，有的因炉壁倒塌或炉底大块镁砂上浮，使氧化渣的流动性变坏，这时应及时地扒出。

良好的氧化渣应是泡沫渣，可包围住弧光，从而有利于钢液的升温和保护炉衬。泡沫渣冷却后表面呈油黑色，断口致密而松脱，这表明（FeO）含量较高、碱度合适。氧化末期有时氧化渣发稠，这主要是炉衬中间的镁砂或者炉盖耐火材料进入炉渣造成的。冶炼高碳钢时，如熔渣发干，表面粗糙且呈浅棕色，表明（FeO）含量低，氧化性能差，冶炼低碳钢时，如氧化渣表面呈黑亮色，渣又很薄，表明（FeO）含量高，碱度低，这时应补加石灰。

氧化期是在确知熔清成分和温度合适的条件下开始的，但有时熔清成分不是那么理想，常见的有碳高、磷高；碳高、磷低；碳低、磷高；碳低、磷低等几种典型情况，现介绍如下：

（1）碳高、磷高。这种现象发生在氧化初期。合理的操作是补加石灰吹渣脱磷，同时送电升温，这一阶段要保持炉渣的碱度在2.0以上。待温度上升，熔池沸腾良好时，在补加石灰的同时，添加适量的矿石或者氧化铁皮，使得脱碳和脱磷操作同时进行，在炉渣发泡良好、能够自动流渣时流掉一部分炉渣，根据情况补加石灰和矿石等氧化剂，进一步脱磷脱碳，取样分析然后进入扒渣的准备期间。传统电炉专门的先脱磷，后脱碳的操作方法，不仅费时费力，而且对于冶炼时间有明显的延长。

（2）碳高、磷低。这时的操作要保证温度在1550～1580℃，保证炉渣的碱度在2.0左右。碱度不能太高，太高则炉渣太黏，不利于脱碳；碱度过低，脱碳反应不容易进行，还存在引发大沸腾事故的风险。脱碳的同时，如果熔池温度较高，也不要担心，可以在吹氧的同时，加入矿石和氧化铁皮进行降温脱碳，并在脱碳过程中去磷，直至成分控制满足工艺要求为止。

（3）碳低、磷高。这种情况下，一般炉渣的氧化性较强，炉渣较稀。这时的操作采用石灰拌加炭粉加入炉内，以最大的功率埋弧升温，在升温的同时，如果炉渣的流动性较好，温度合适，就可以以小流量的吹氧流渣。这种情况下脱磷的操作比较简单。待脱磷任务完成以后，温度合适就扒渣，扒渣以后，然后把增碳剂炭粉加在裸露的钢液面增碳，待炭粉被钢液溶解吸收充分以后，然后造渣，进入还原期。这种现象发生以后，钢水的质量将会下降，所以在出钢以后，钢包内要进行一段时间的吹氩操作，以提高钢水的质量。需要注意的是，这种情况下扒渣的温度一定要保证，如果温度不合适，会出现扒渣以后，炉内冷区废钢熔化回磷的事故。

（4）碳低、磷低。这种情况下的操作主要是保证炉渣的碱度在2.0，间歇补加石灰，在补加的石灰里添加炭粉，使炉渣泡沫化埋弧，同时增加钢渣界面的脱磷能力，并且及时地使用铁耙子搅拌熔池，促进传热，温度合适以后，扒渣增碳进入还原期。这种情况下钢水的夹杂物去除一般不理想，所以在出钢以后也要在钢包内保持一段时间的吹氩操作，弥补因为脱碳量不足引起的缺陷。这种情况下的另外的办法是在保证炉渣磷含量很低的时候，扒出部分氧化渣，补加部分石灰炭粉，利用碎块的粉末合金，如高碳锰铁粉末、硅铁的粉末加入熔池，利用化学热快速升温。

吹氧脱碳过程中估计钢水含碳量的方法为：

（1）根据吹氧时炉内冒出的烟尘颜色和多少来大约估计钢水中的含碳量。烟尘黑黄，表明熔池中的碳含量在1.0%以上；烟尘发黄色，烟色浓、剧烈，说明熔池含碳较高在0.5%～1.0%之间；反之较低；当碳小于0.5%时黄烟就相当淡了。

（2）根据吹氧时炉门口喷出来的火星粗密或稀疏来估计钢水的含碳量。火花分叉多、火星粗密，说明碳高；火花细小不分叉，飘忽无力，说明碳低。

（3）根据吹氧时火焰长短来判定。碳高时吹氧脱碳反应的产物一氧化碳会在熔池上部燃烧，熔池内部会向外喷射火焰；当吹氧脱碳火焰收缩时，熔池内部的冶炼状况清晰可见，一般碳小于0.10%。

（4）根据炉渣稀稠来估计含碳量。一般碳低炉渣就稀。

（5）　氧化期钢液中含氧含量较高，当钢液从炉中舀出时，钢液温度下降，使氧与碳之间的平衡破坏，相互反应产生一氧化碳气体逸出，使钢液爆裂。钢水含碳愈高，产生一氧化碳愈多，爆裂愈厉害，火花就愈多，所以从火花冒的多少可以判断钢液的含碳量，并且估碳时低碳钢又比高碳钢容易准确。还原期由于钢液中氧含量减少，低于钢液中碳氧的平衡值，故当钢液取出时火花冒出较少，所以较难判断钢液的含碳量。另外，还原期钢液中已有硅、锰等合金元素，破坏了火花分叉和碳含量的对应关系，所以不能按氧化期的经验来判断此时的碳含量。氧化期根据吹氧过程中用取看样勺中钢液碳火花的粗密、细疏和跳跃的高度来估计钢水含碳量，决定是否准备扒渣。碳花粗密，则含碳高；反之，含碳低。

5.3.5.3　氧化期氧化方法的对比

氧化期的氧化主要分为加矿石、氧化铁皮、烧结球氧化的方法（也叫氧化剂氧化法）和吹氧氧化的方法，也有二者结合的方法。加氧化剂氧化法的特点如下：

（1）加氧化剂氧化法能使钢水沸腾比较均匀且范围较广，有利于去除夹杂物和有害气体，又由于扩散是吸热反应，因此也有利于去磷。

（2）铁矿石等氧化剂本身含有一定的杂质，会使钢水污染。

（3）加氧化剂氧化法是一个吸热反应，会增加冶炼电耗，而且一定要待钢水温度足够时，才能有良好沸腾。

（4）由于氧化剂氧化法，氧化铁要通过炉渣扩散到钢水中起作用，达到平衡所需要的反应时间较长，因此加矿以后一段较长的时间内还有脱碳反应，往往取样分析后还有降碳现象。

（5）加氧化剂控制难度较大，控制不好，会发生大沸腾事故。

钢液中的碳氧反应要在一定的温度下才能大量进行。为了能使碳氧化产生很好的沸腾，因此规定了最低限度的氧化加矿温度。一般规定：热电偶温度大于1550℃，光学高温计温度大于1450℃，使用钢水的结膜时间判断时，结膜时间大于15s。

所以加氧化剂不仅不易于优化操作，而且不利于缩短冶炼周期、提高产能、降低消耗。

吹氧氧化时，氧气直接与钢水中的各种元素发生反应，生成的氧化铁再向渣中扩散，因此，沸腾范围不如加矿来得广泛，但是可以通过使吹氧管经常移动来弥补不足。同时因吹氧氧化为放热反应且渣中氧化铁又少，故不利于去磷。但是当用氧气助熔切割炉料或将吹氧管提至渣钢面上来吹时，渣中氧化铁增加，有相当大的脱磷能力。而且氧气比较纯洁，有利于提高钢的质量，反应平衡时间又较短，有利脱氧进行。操作实践证明，用氧气（或与矿石结合）氧化比单纯用矿石氧化的钢纯度要高。此外，吹氧还能升温，适当多吹氧可加速冶炼速度，节约电的消耗。使用吹氧和加氧化剂综合氧化的方法，不仅能够提高配碳量，提高钢水的质量，而且对于操作也是一种优化。

5.3.5.4　吹氧时吹氧管的操作控制

如果吹氧管插得过深，吹氧管的氧气流直冲炉底或炉坡会导致炉衬被毁，另外钢水飞溅厉害，吸气和冷却机会增多，钢水升温也慢，且渣钢挂结在炉盖上，容易使水冷圈被击穿漏水，在还原期掉落时又会使造渣困难，同时吹氧管的消耗量也很大。如吹氧管插得过浅，仅在渣面上吹氧，对钢水脱碳作用小，氧的利用率较低，起不到良好的氧化作用，但能使钢水升温较快，当钢水温度偏低时采用浅吹较为有利。因此，一般吹氧氧化时吹氧管插入钢渣界面附近深度约为10cm左右。在吹氧氧化时另外要注意的是吹氧管插入的角度。如插入角度过大，也极易造成吹氧过深；如吹氧角度过小，只相当于在渣面上吹氧，氧化作用也小。所以，一般吹氧角度在30°左右。

在吹氧量的控制上，如果氧气压力过大，虽然可使炉料熔化加快及钢液脱碳较快，但助熔时，金属氧化物喷得比较厉害，炉盖、炉墙易粘冷钢，氧气利用率不高。另外，在脱碳的过程中氧气压力过大，钢水沸腾过于激烈，反而易吸收气体，影响钢的质量，炉前操作的条件恶化等。压力过小，化料和脱碳速度慢，影响冶炼时间，同时沸腾较差，不易去气去夹杂，影响钢的质量。因此，应该适当地掌握控制好氧的压力。氧化期在完成脱磷脱碳反应的任务以后就可以取样分析，准备扒渣进入还原期。取样在氧化期一般取样两次以上，一次在熔清以后取样，分析磷和碳的含量，为吹氧脱磷、脱碳提供参考依据。另外一次可以根据操作的进程，认为成分控制已经完成，就可以取样准备扒渣。

5.3.5.5 熔化期和氧化期的取样操作

熔化期、氧化期（有时在还原期的初期）取出的钢水是未经脱氧的，或者是脱氧不充分的，冷却时会发生碳氧反应，造成气孔。试样产生了气孔，化验分析结果就没有代表性。因此，首先要使样勺里的钢水脱好氧，插好铝条。另外，因为铝的熔化潜热很大，要吸收很多的热量才能熔化起作用，所以要选用细薄的铝条，使之迅速熔化，如铝条稍粗，插入钢水后要稍稍移动，待熔化后才准浇入样模，以防止试样有气孔，影响化验分析。常用的如废弃的电焊（铝质）线，专用的铝线切割加工成为铝粒也可以。

5.3.5.6 炉底残余冷钢难熔的原因和消除

在氧化期，大块钢铁料造成的难熔现象主要原因有：

(1) 大块钢铁料本身比较难熔，如渣铁、大块高锰钢铸件，还有一些高熔点的铁合金，如钨铁等，容易沉积在炉底（粘炉底）。通电穿井没有到底部位置或电极到底后，时间保持不长，很快就回升了，使炉底难熔料得不到充分的加热，造成炉料粘炉底难熔。例如，熔化时如在通电和穿井后均用很高的电压送电，由于电压高，电弧功率很大，因此炉料被穿的“井”大且化得很快，炉底钢水面不断急剧上升，所以电极的电弧在炉底部分停留的时间相应很短。虽然上部料熔得快，钢水面上升很快，但埋在炉底的料由于受不到电弧充分加热，所以熔化极慢，造成了粘炉底。

(2) 配碳量不足，脱碳量不够，熔池的搅动能力较弱，造成炉料中的大块渣钢往往由于渣的传热不好而不易化掉。

以上现象的产生，解决的有效方法是增加配碳量，提高脱碳沸腾的时间，加强熔池的搅拌。此外，细化操作，在氧化期的吹氧升温要格外注意，也是很必要的，如间歇地将氧气管子插在难熔料的区域吹氧等。采用电炉炉底底吹气技术能够大幅度消除这种现象。

5.3.5.7 扒渣操作

氧化渣中含有五氧化二磷的磷酸盐，它的含量比较高，在还原条件下会产生钢液的回磷现象，造成钢水的磷高废品的事故。此外，氧化渣中含有大量的氧化亚铁，如果不扒渣，不仅要浪费大量的还原剂，而且延长炉渣被还原的冶炼时间，影响完成还原期脱氧、脱硫的任务。所以，氧化期末期要扒除氧化渣。

扒渣前的要求：

(1) 成分要求。因为脱磷是氧化反应，在还原期中不但无法进行脱磷，还会发生回磷。一旦回磷，只能进行二次氧化（也叫重氧化）。所以在除渣前必须把磷控制得低些，一般规程要求扒渣时，熔池中间的磷含量比成品钢的磷含量的下限要低才能扒渣。同时由于还原期只会增碳不能降碳，一旦发现碳高也只能重氧化，造成冶炼时间延长、炉体损坏、合金料浪费等损失。如果碳过低，除渣后必须增碳，又会使钢液气体、夹杂物增加，温度降低，冶炼时间延长，同样不利。所以，扒渣前的钢水成分首先要控制好碳、磷两个元素的含量。

(2) 温度要求。由于还原期钢液平静，熔池没有沸腾，升温很不容易，大电流送电只能使电弧下的钢水过热，吸气量增加。同时，电弧热能大量反射到炉顶、炉墙，使它们过早损坏。

所以还原期一般只是小范围的升温和保温过程，一炉钢水的升温工作主要在氧化期完成。考虑到氧化期扒渣、重造还原渣以及加铁合金使钢液合金化时的降温，通常要求氧化末期的扒渣温度，在熔池废钢全部熔清以后，熔池钢液温度要高于出钢温度，至少不低于出钢的温度要求。

（3）扒渣耙子的制作。氧化期扒渣耙子一般采用高压木屑制作或者是废电极切片制作。一般根据炉型大小和渣量的多少准备好耙子，耙子尽量准备得多一些。耙子的铁杆长度要适中，不能太长也不能太短。太长，则费力不好用；太短，则够不着熔池的最远区域。

（4）扒渣前的准备工作。扒渣前要做好炉门的清理工作，将炉门上的冷钢残渣清理干净，在炉门两侧架好两个扒渣的耳朵，在耳朵上面架一个铁棒，以利于扒渣时的操作。扒渣前还要调整好炉渣的流动性，尽量自动放渣。扒渣前如果炉渣较干，可以适量吹渣送电，添加火砖块、萤石加以调整。如果炉渣较稀，就要在扒渣过程中不时地加入炭粉，使得炉渣发泡和黏度增加，以利于扒渣的操作。扒渣过程中动作要迅速，一般要2~3个熟练工轮流作业。

（5）操作要求：

1）扒除氧化渣要迅速、彻底、干净。如果扒渣不净，炉内留氧化渣过多，还原期容易回磷，还原渣不容易造好。扒渣时间长会造成钢水温度下降，并且在快扒完的那段时间内，钢液直接与空气接触，钢中会吸收大量气体，使钢中氢、氧含量大大增加，这样钢的发纹、白点等一些缺陷更严重。

2）扒除氧化渣时先不升高电极，将要扒完时才升高电极。如果过早升高电极，这样炉内热损失多，使钢液温度下降特别厉害，加重还原期任务，使冶炼时间延长、炉衬侵蚀严重、还原期渣造得不好等，因此先不升高电极。但当渣子减少，钢水将要裸露时，升高电极一方面有利于看清渣子情况，使扒渣迅速进行，防止钢液吸收大量气体。另一方面升高电极不通电以后，可以防止石墨电极接触钢液，发生增碳现象。

3）炉渣较黏时，可以采取吹氧送电化渣，然后迅速扒渣。

5.3.6　还原期操作

还原期的任务主要是脱氧合金化，完成脱硫和化学成分元素的控制，将钢液的温度控制在出钢的要求范围。还原期是从扒渣结束以后开始的。

5.3.6.1　成分的控制

A　合金化操作

合金化调整化学成分的计算在后面的章节有专门的介绍，电炉调整化学成分的原则主要有：

（1）碳的调整一般分为2~3次，前面1~2次为粗调，将碳的成分调整到目标下限以下的0.01%~0.03%，最后出钢前一次调整到成分中限。调整时要考虑到高碳合金、脱氧剂（电石、碳化硅、炭粉）的增碳影响，还要注意电极的增碳。碳的调整要格外小心。

（2）不易氧化的化学元素，一次可以将成分调整到成分控制下限以下0.02%左右，待钢液脱氧完全，熔池成分比较稳定时可以将成分调整到中限以下0.02%~0.05%。

（3）比较易氧化的元素，也可以分为2~3次调整，第一次粗调至成分下限以下0.02%~0.05%，在炉渣被充分还原以后，第二次或者第三次将成分控制在成分中限左右。

（4）特别易氧化的元素，如钛、硼，要在终点脱氧以后调整，或者在出钢过程中调整，一次将成分调整到成分要求的中限。

B　铁合金的加入顺序

铁合金的加入顺序是首先加入脱氧能力弱的，然后加入脱氧能力较强的。合金的加入一般在扒渣结束以后，增碳操作完成，加入部分渣料造还原渣以后开始加入。合金加入的要求分别如下：

(1) 硅铁的加入。在冶炼硅钢或弹簧钢及耐热钢时，需加入大量硅铁进行合金化，所加入的硅铁必须长时间烤红。主要原因是硅铁中含有较多的氢气，烤红后可去除，而且预热硅铁也可加速熔化。此外，由于硅铁较轻，大量加入炉内时，必然有一部分硅与炉渣起脱氧作用，生成酸性产物二氧化硅，降低了局部炉渣的碱度，对钢的质量是不利的。为了防止这种情况的产生，在加硅铁的前后要加入适量的石灰，以保持炉渣碱度，并用大电压送电几分钟，使炉渣熔化和反应良好，成为均匀的白渣。硅铁的回收率在90% ~98%之间。

在精炼中，当化学成分调整好后，温度适当，渣子良好，这时就可以加入硅铁。加入以后在10 ~25min之内出钢。如果时间太短，硅铁来不及完全熔化，而且硅在钢内分布也不均匀。如时间太长，容易使钢液吸收气体，影响钢质量。

(2) 锰铁的加入。锰铁在造还原渣的同时就可以加入，锰的成分控制一般第一次控制在成分的下限。锰铁的回收率在95%以上。

(3) 铜的加入。冶炼耐候钢时，铜在钢中能提高钢的淬透性和耐腐蚀性能，钢中的铜不易氧化，故可在装料时或氧化期加入，回收率也稳定在95%以上。由于铜较贵，一般最好用含铜生铁，含铜的废钢铁料或含铜铁矿在熔化期配加一部分，少量的在还原期调整，以尽量减少纯铜的用量。

(4) 铬铁的加入。铬铁一般在还原期初期加入。铬与氧的亲和力比铁与氧的亲和力大，也就是铬比铁容易氧化。如果在熔化期、氧化期加入，铬会被氧化，不仅造成合金元素的损失，而且使炉渣变稠影响去磷和冶炼操作，所以铬铁要在精炼期加入。加入后如渣子变成绿色，说明渣子脱氧不良，必须加强还原，把渣中的氧化铬还原。还原良好后，渣子会变成白色。铬铁的回收率在还原期白渣条件下大于95%。

(5) 钒铁的加入。钒铁要在还原期加入。钒和氧的亲和力很大，很易氧化，故不能在氧化期加入，只能在还原期炉渣和钢液脱氧良好后加入。由于钒铁加入使钢水极易吸收空气中的氮气，影响钢的质量，所以不能过早加入，只能在出钢前加入。但是钒铁熔化需要一定时间，所以应在出钢前10 ~35min加入，加入量较少时，时间控制在下限，加入量较大时控制在中上限。钒铁的回收率和硅铁的回收率接近。

(6) 钼铁的加入。钼铁是一个难熔的合金，一般在还原初期加入，这样可以保证熔化完全，成分均匀。如果在后期加入，离出钢没有几分钟，钼铁来不及完全熔化，可能造成在钢液中分布不均匀，造成冶炼时间增加。钼铁的回收率一般大于98%。

(7) 铌铁的加入。铌是一种与氧的亲和力较弱的元素，所以在冶炼过程中比较容易控制掌握。一般在还原期的初期加入，加入20min以后才能够出钢，以促使其熔化均匀。当采用不氧化法冶炼时，铌也可在装料时加入。铌的回收率一般大于95%。

(8) 钨铁的加入。钨铁的特点是密度大，熔点高，加入后沉入炉底，不容易熔化。钨与镍、钼相比，与氧的亲和力较大，在熔化期加入，钨会氧化，以钨酸钙的形式存在于渣中，造成钨的损失，使钨成分的控制难度增加。因此，钨铁在还原期的初期加入，不能在熔化期或精炼后期加入，由于钨铁难熔化，精炼后期大量加入要影响冶炼时间，同时在钢水中分布也不均匀，大部分钨铁应在还原期的初期加入，只留少量的在还原期后期调整。而且加入的钨铁块度要小，而且必须烤红，以利于熔化。钨铁的回收率一般在95%以上。

(9) 铝作为合金元素的加入。铝极易氧化，故一般都在临出钢前加入。对于不同含铝量的钢种，其加入方法也略有不同：含铝量低于0.2%的钢种，一般可采用不扒渣，在出钢前2 ~

5min 插入炉内。这样铝的回收率在50%左右。如钢中含钛，铝的回收率稍高，可达55%。含铝量较高的钢种，为了防止大量加铝后炉渣回硅，使成品硅高出成分要求，就采用全部扒渣除渣方法，将还原渣全部扒渣，再加入铝块，铝块加入后，再加入2%～3%钢液料重的石灰和低二氧化硅含量的小块萤石，送电化渣均匀后再摇炉出钢，这种情况下的回收率在65%～88%。铝的回收率影响因素见图5-6～图5-9。

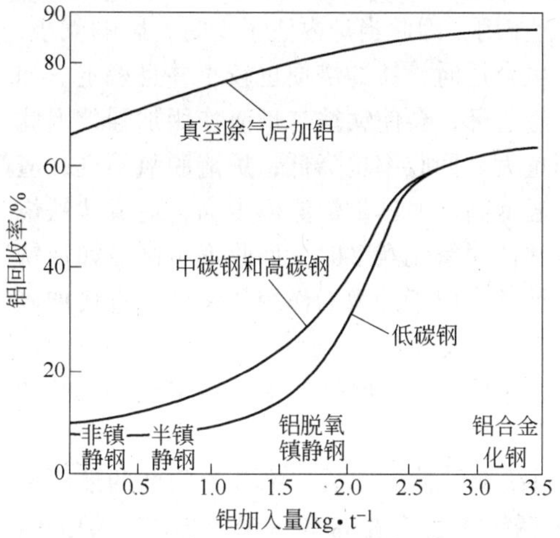

图5-6　不同条件下的铝回收率

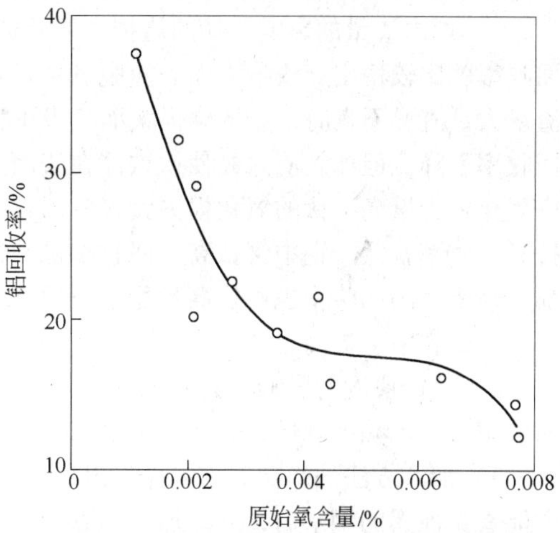

图5-7　原始氧含量对铝回收率的影响

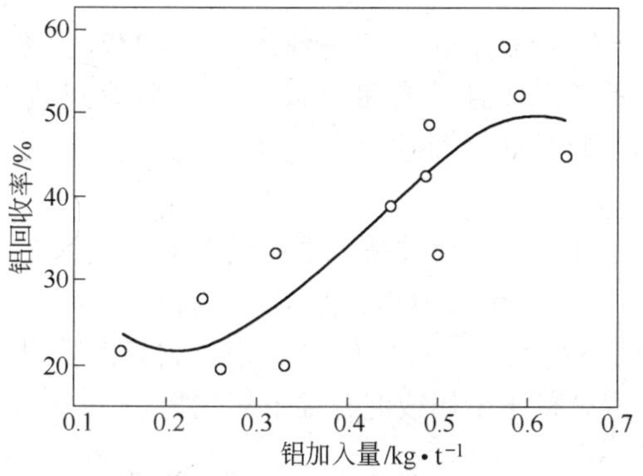

图5-8　铝加入量和铝回收率之间的关系

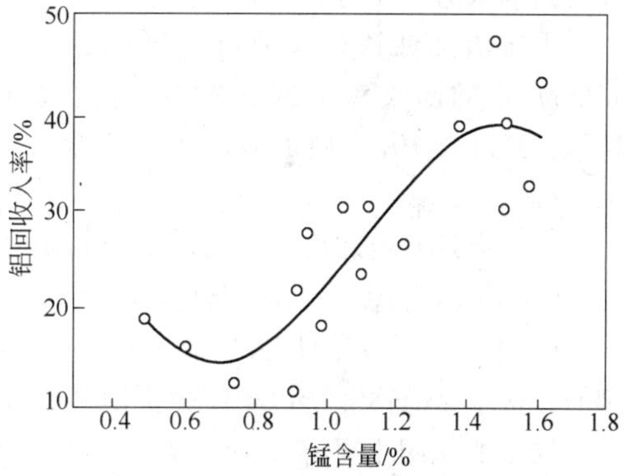

图5-9　钢中锰含量对铝回收率的影响

（10）硼铁的加入。硼极易与钢中的氧、氮化合，通常都在临出钢时加入，加硼前还必须向钢中配加适量的铝和钛，以脱氧并且稳定氮。硼的加入方法：

1）一般在出钢过程中把硼加入钢包，这时出钢的操作首先要扒大出钢口，摇炉的速度偏快一点，同时进行挡渣操作，必须让钢水先流入钢包，待钢包内有1/3左右的钢水时加入硼铁（投入或插入）。然后再让炉渣流出。炉前挡渣的方法：可先在出钢口处投加几铁锹石灰，并用扒渣的木屑耙挡住出钢口，然后迅速摇炉出钢。

2）加铝或加钛后，在炉前插入硼铁，再进行搅拌后，随即出钢。这时硼铁应扎牢在铁棒上，外面用铝皮或马粪纸包好，插入钢水时应尽量迅速，避免硼在渣中氧化损失。

以上两个方法的回收率差不多，一般为45%～85%，个别情况下会更高一些。从钢中硼的均匀性和钢的内在质量来看，后一种加入方法较好。

(11) 钛铁的加入。钛与氧、氮的亲和力很大，极易氧化和氮化而成为钢中夹杂物。因此，一般在白渣条件下，加入并完全熔化之后就出钢，即通常加入后5～15min以内就要求出钢。钛铁应加入靠炉门口处，尽量避免接近电弧，以减少烧损。另外，如数量少，加入后也不必推渣。加入钛铁以后，在炉内停留过长时间，不仅会造成回收率的降低，而且钢水的质量也会下降。另外，由于钛铁密度较小，加入炉内就浮在渣钢面上，再逐渐熔化进入钢水，因此回收率波动较大，影响因素也较复杂。影响钛回收率的因素主要是：

1）炉内渣量的影响。钛的烧损主要是通过炉渣起作用，因此当炉内渣子少时，影响就小，回收率就比较稳定。渣量大而炉渣脱氧良好且流动性也合适时，钛的烧损也较小并且稳定。如渣量大、渣况不良时，钛的烧损大而且极不稳定；炉渣过稀，会使钛铁与炉渣作用加强，因此回收率下降，但如炉渣过黏使钛铁浮在渣面上时烧损也大，回收率也降低；炉渣脱氧不良，渣中氧化铁含量高，钛的氧化损失就多，回收率降低；温度高，尤其是炉渣温度高，造成钛铁烧损，回收率就低。钢中含钛高，回收率也高，钢中含其他脱氧元素多时，回收率也高。如加钛前先插铝钛的回收率也可提高且稳定；炉顶一次加入钛铁，由于冲力的作用使钛铁可直接加入钢水，回收率也提高。

2）钛铁块度的影响。只要不全是碎块，一般不是主要因素，但是如果是粉末状，钛铁的回收率就会大幅度降低，有时会不足25%。

3）加入方法的影响。推渣操作以后加钛铁，使用铁耙子粘渣以后，推开炉门区的还原渣到能看见裸露的钢水后，立即加入钛铁。回收率如不锈钢可稳定在60%～65%左右（炉渣情况和温度高低影响不太大）。如一般含硅钒的结构钢由于与不锈钢相比脱氧程度高，故回收率可高到70%左右。

不推渣加钛铁，如炉渣脱氧良好、温度正常、流动性合适，对一般结构钢如齿轮钢20CrMnTi的回收率在50%左右。如含其他脱氧元素多，并且钛含量又高时，回收率可提高到50%～70%。如炉渣过稀、温度过高或炉渣脱氧不良，回收率就显著降低，甚至低于30%。

由于钛铁含有较多的铝和硅。铝和钛又会使炉渣中间的二氧化硅被还原造成钢液回硅，在加入时要加以考虑。例如冶炼20CrMnTi时，加钛后一般增硅在0.04%～0.08%左右。

(12) 稀土元素的加入。稀土元素是指镧、铈系的一些元素，共有17个，由于它们性质很相似，极不易分离，所以生产中常用其混合物，即用混合稀土金属或混合稀土氧化物。

稀土的作用主要有：

1）良好的去氢、氧、氮作用，降低合金结构钢的白点敏感性；

2）细化晶粒、有利于中高碳钢碳化物的均匀分布；

3）改善钢的热加工性能；

4）改善钢的力学性能，提高合金结构钢的冲击韧性。

稀土金属极易氧化，一般在出钢前插入钢水中，也可在出钢中途加入钢水中，稀土氧化物须与硝酸钠和硅钙粉等混拌均匀后，装入铁管，在出钢前插入钢水中。

5.3.6.2 还原期造还原渣的控制

A 白渣的基本常识

氧化渣一般为黑色，在氧化渣操作下，合金的回收率不稳定，脱硫率低，钢水中氧含量得不到良好的控制。如果出钢时渣子呈现灰色，即电石渣，说明渣中碳化钙含量高。碳化钙能使炉渣黏度大大增加，出钢时炉渣能很强地黏附在钢水中，不易分离，一直可能带进钢坯或者钢锭模中，增加钢中的杂质，同时会使钢水增碳。如果黄渣下出钢，则说明钢水脱氧不良。不仅会使钢水中的合金元素氧化损失，成分控制不稳定，而且会玷污钢水。白渣下钢水中的氧向渣中扩散，减少了钢中氧的含量。白渣极易与钢水分离而上浮，不致污染钢水，所以通常规定一定要在白渣下出钢。造白渣的时间快，有利于脱氧脱硫缩短冶炼时间，所以电炉冶炼优质钢出钢操作时要在白渣下出钢。由于白渣脱氧是根据扩散脱氧的原理进行的，它是表征钢水脱氧的晴雨表。扩散脱氧的过程是比较慢的，需要有一定的时间。因此，用白渣扩散脱氧如要脱氧良好，必须让钢水在白渣下保持一定的时间，使钢水中的氧充分扩散到炉渣中去。具体的保持时间要根据钢质量要求的高低而定。

所谓的白渣是电炉炼钢中常造的一种碱性渣，炉渣冷却后呈白色。白渣的碱度高（二元碱度在2~4之间），氧化铁小于1%，良好的白渣在炉中能够泡沫化埋弧，并会均匀地粘在样勺或耙子上，白渣中有正硅酸钙（也叫硅酸二钙）存在，在冷至850℃时，正硅酸钙会发生晶形转变（由α晶形转变为γ晶形），此时体积增大12%，致使渣子粉化。冷却后会变成粉状。

造白渣的方法是稀薄渣形成后向炉中加电石、炭粉、硅铁粉等，还原炉渣中的氧化亚铁、氧化锰，生成金属铁、锰和一氧化碳。随着渣中氧化物减少，炉渣就逐渐变白。有时为了提高炉渣的脱氧能力，在开始还原时适当多加些还原剂，使炉渣略呈灰色或灰白色（统称弱电石渣），随即在短时间内转变成白渣。

B 造白渣的操作

氧化期结束，在全部扒除氧化渣后加入还原期渣料，即加入新渣料，习惯称为稀薄渣料。通常由石灰、火砖块（或石英砂）、萤石等组成，其配比为：石灰：萤石：火砖块（或石英砂）=10：(3 ~ 4)：1，渣料总量为钢水量的5%左右。

在扒渣以后，这时钢水是裸露的，热量损失大，并使钢水吸收气体。因此，除了要求迅速扒渣、迅速加入还原渣料之外，为了减少吸收气体和补偿扒渣时的热量损失，还要用大电压送电，使加入的渣料能迅速熔化成流动性良好的炉渣，覆盖整个熔池液面，使还原期的操作正常进行。因此，加入还原期渣料后，需用大的电压通电化渣5~10min左右，待炉渣泡沫化以后，根据熔池的温度调整送电档位。在石灰熔化以后，就要迅速加入炭粉、碳化硅粉、或者硅铁粉、电石或者精炼渣进行扩散脱氧造渣。还原剂的加入量以炉顶冒出浓烈的白烟为标准。炉内冒出的烟尘呈灰白色，说明这时还原脱氧的气氛良好，是白渣或弱电石渣；炉内冒出烟尘淡，呈黄色，这时炉渣也是黄色，说明还原脱氧不好，需要补加脱氧剂。当加入炭粉或硅铁粉时，炉内冒出的黄烟就立即会转变成灰色或黑色的烟尘，说明炉内此时又增加了脱氧的还原气氛。但是加进去的炭粉、硅粉数量是否足够，是否能使渣子由黄色变成白色，这还有待于继续观察烟尘颜色，要让灰白色烟尘能持续一段时间才算合适。炉龄后期，炉子密封条件较差时，要适当多加还原剂，而且炉渣变化较快，更要注意及时调整。

还原期进行到一定时间后，还原剂的作用完了，这时还原反应就不会再进行。此外，炉外空气不断进入炉内，破坏了炉内还原气氛。要维持炉内还原气氛和炉渣的还原作用的继续进行，就要不断地补加还原剂，即经常均匀地加入炭粉、硅铁粉。但每次加入量不能过多，要根据渣况不断补加，避免来不及作用而使钢水增碳、增硅。加入后至出钢的间隔时间也不宜过短，否则炭粉和硅铁粉还未作用完全，也会使钢水增碳、增硅，因此正确地加硅、加炭粉能使钢液脱氧良好，对钢的质量有好处。在还原期造白渣时，如果炉外空气随意进入炉内，炉内气体氧化性增加，使渣钢进一步氧化，从而使加入的还原剂作用降低，还原渣不易造好，也不易保持。为了使炉外空气不进入或少进入炉内，保持炉内有足够的还原气氛，在还原期应注意将炉子密封好，封闭包括关闭炉门、盖严炉盖等。

C 加电石的还原操作

有时候为了缩短还原时间，采用加电石还原的方法。加电石以后，如果炉内冒出的烟尘浓，颜色发灰黑，说明炉内还原气氛很强，是电石渣；在加电石还原时，炉内温度越高，加下去的电石反应越大，火焰喷出就越激烈；反之，温度越低，加下去的电石反应就越慢，喷出的火焰也就越弱；炉渣较稀，加下去的电石首先使渣子起泡，这样电石被炉渣裹住，不能立即起反应，因此喷出的火焰就较弱。渣子黏，加下去的电石不起泡沫，而且电弧光很强，促使电石立即和炉渣起反应。所以渣子越黏电弧光作用越强，喷出的火焰就越强，并有许多大颗粒炭一起向外喷出。这时还原操作要考虑及时调整，否则容易使炉渣过灰造成电石渣，造成操作被动。

电石渣是电炉炼钢中采用的另一种碱性还原渣，它的成分组成范围为：CaO 55% ~70%，SiO_2 5% ~18%，CaC_2 1% ~4%，FeO <0.5%。这种渣子脱氧能力强，但造渣时间长，耗电量大，钢水容易增碳，且一旦造成后要破坏成白渣也较困难。因此，目前有用白渣或弱电石渣取代电石渣的趋向。造电石渣的方法是稀薄渣形成后，加入较多量的炭粉、硅铁粉或电石，将炉子密封好。在高温下，碳与氧化钙反应，生成碳化钙，这时炉子冒出黑烟，说明电石渣已形成碳化钙与渣中氧化物反应，起脱氧作用。同时，碳也还原了渣中氧化物。为继续保持电石渣，维持渣子的还原性，应继续加入炭粉和石灰。渣中含碳化钙2% ~4%，称强电石渣，冷却后呈黑色，无光泽并有白色条纹；渣中含碳化钙1% ~2%，称弱电石渣，冷却后呈灰色。电石渣放入水中，碳化钙与水起反应，生成乙炔气（C_2H_2），具有臭味。电石渣易黏附在钢液上，不易分离上浮，从而形成钢中夹杂物。因此，出钢前必须破坏电石渣，使之变成白渣。方法是：

(1) 打开炉门和炉盖的加料孔；

(2) 根据炉渣的流动性，适当补加石英砂、火砖或石灰；

(3) 加强推渣搅拌；

(4) 电石渣严重时可扒掉部分炉渣，补加石灰重新造渣，随时注意观察炉渣颜色。

D 还原期渣量的控制

还原期的渣子主要是吸收钢水中的有害杂质硫及夹杂物，脱氧、脱硫都是通过渣子进行的。渣量大，炉渣还原情况稳定，使钢的脱氧、脱硫效果良好，提高了钢的质量。另外，炉渣也起着保护钢水的作用，防止钢水吸收气体。渣量大，出钢时渣钢保证同出，互相冲洗，进一步去硫并减少钢水二次氧化，净化钢水。渣量过少渣况就不稳定，忽黄忽灰，脱氧作用差，有时盖不住钢水面（特别在推渣搅拌时），这样就使吸气增加。但渣量过大，会延长冶炼时间，增加电耗，并且渣料中带进的水分也会增多，会降低钢的质量。

E 脱硫

还原期脱硫是电炉炼钢的优点之一。还原期能将钢中的硫去除到很低的程度。操作中造好低氧化亚铁、高温、高碱度和良好流动性的还原渣，适当增大渣量，加强搅拌钢水和推渣操作，以加速渣钢界面之间的反应，尽量多地将硫去除。此外，出钢过程中也能够脱硫，这是脱硫操作的重要组成部分。操作中要保证白渣出钢，将出钢口扒大，渣流动性要好，必要时在炉门前面，使用扒渣耙子向后推渣，以利于先出渣，然后出钢，渣钢混出，快速出钢，钢包尽量放低，使渣钢充分搅拌，增加渣钢接触面，有吹氩条件的，边出钢边吹氩，效果更好，能够最大限度地将硫去除。特别需要说明的是，在炉渣呈现白渣以后，脱硫持续10min以后，熔池内部的硫仍然高于0.05%以后，要考虑换渣操作脱硫，即扒出大部分还原渣，再次造还原渣脱硫。

5.3.6.3 取样操作

取样的目的就是帮助我们掌握某一时刻钢液的温度和化学成分，以便对操作起指导作用，所以取样必须反映出熔池中比较真实的情况。电炉炼钢的特点就是熔池各部位的温度和成分是不均匀的，所以取样前首先要充分搅拌熔池，使之尽量均匀。氧化期脱碳量较大时，也可以省略人工搅拌的操作。由于人工搅拌不能完全消除熔池温度、成分的不均匀，因此，为减少因取样部位不同带来的误差，要求每次取样部位基本不变。取样部位一般是在炉门至正中间电极2号电极中间，熔池深度的1/3左右的位置上。目前取样有两种方法，一种是取球拍样，氧化期使用脱氧的球拍取样器，还原期使用不脱氧的取样器；另一种是使用样勺取样。使用样勺取样前，要在样勺上均匀地粘一层渣子。另外，取温度样时还要求取出的样勺表面上覆盖一层熔渣，否则就难以正确计算结膜的开始时间。同时在取出过程中样勺内钢水散热很快，增加了测温的误差。还原期要求在白渣或灰白渣下取样分析，因为炉渣发黄或发绿就说明渣中还有较多合金元素尚未还原，这时取钢样分析，结果就会偏低。以后随渣色变白、灰白，渣中合金元素被还原进入钢中，钢液成分还会改变。如渣色过灰（指强电石渣），取样时炉内增碳反应还在继续，钢水含碳量尚不稳定，且有时样勺内钢水也有可能被炉渣增碳而使分析不正确。所以，还原期要求在白渣下或弱电石渣下取样，并且取样温度要合适，取样前熔池要经过推渣搅拌。

5.3.6.4 电炉还原期的插铝操作

出钢前插铝的操作是在冶炼过程中用炭粉、硅铁粉、电石等进行扩散脱氧，加入硅铁、锰铁等进行沉淀脱氧后，因为铝的脱氧能力比上述脱氧剂更为强烈，出钢前还要向钢水中插铝作最终脱氧，目的是把钢水中的氧进一步脱去。此时钢水中含氧量很少，所以生成的三氧化二铝夹杂数量也很少，对钢的质量影响不大，并且能起到细化晶粒的作用，使钢的冲击韧性提高，并减小钢的时效硬化倾向。因此，在出钢前应根据不同钢种加入不同数量的铝进行最终脱氧。插铝操作要点：

（1）插铝使用中间带孔的铝饼，铝饼的单重不超过3kg。铁棒从铝饼孔洞中间穿过以后，并且使用铁丝绑紧。

（2）插铝棒不宜过短或过长。

（3）一根插铝棒不宜插铝块过多，一般不要超过5块，否则浮力太大，不易插好。

（4）插铝时要迅速将铝插入钢水，停留半分钟左右再移动。

（5）插铝时不要使铝浮在渣面上，以免烧损浪费并影响钢水深度终脱氧。有时还会使钢水增硅过多，造成硅高废品。

5.3.6.5 还原期的搅拌操作

电炉炼钢主要依靠三根电极的电弧加热，熔池面各部分受热强度差异很大，加大了整个熔池的不均匀性。为了均匀温度、成分，促进钢渣界面反应，就需要经常搅动。搅拌操作能够增加钢渣界面的反应面积，有利于脱硫和脱磷的反应，也有利于成分的均匀化。搅拌时，应先将搅拌耙粘好渣子，使渣子包住搅拌耙，不粘冷钢，然后逐渐将搅拌耙插入一定深度的钢水中进行搅拌（注意不要搅着炉底，以免炉底损坏；不要碰断电极），搅拌次数和程度视所炼钢种的成分和要求而定。质量要求高的、钢水黏度大的和合金加入多的炉次就要相对地搅拌得充分一些。为了防止铁耙或样勺被熔化掉，搅拌钢水的铁耙在炉渣较好时，可先让铁耙或样勺在渣面上来回翻动，使之均匀粘上一层炉渣。

5.3.6.6 碱性渣颜色变化的基本实践知识

碱性渣随着炉渣氧化性的高低而呈现不同的颜色。它们对控制钢的成分也有影响，如灰渣容易增碳，黄渣下加合金易使回收率偏低，黄渣下出炉容易降硅、降铬等。炉渣氧化性强时，渣中氧化物如氧化亚铁、氧化锰等含量较高时炉渣呈黑色，更强时炉渣乌黑发亮，随着炉渣的氧化性减弱，颜色也逐渐变浅，由黑色向棕色（含三氧化二铬量多时呈墨绿色）向黄色（有三氧化二铬时呈绿色）向淡黄色、奶黄色（有三氧化二铬时呈淡绿色）向白色（此时一般氧化亚铁含量不超过1%）转变。使用炭粉或者碳化硅还原的还原渣，如进一步脱氧还原会形成电石渣，根据含量的多少，炉渣颜色就随着还原强度的增加，逐渐地由灰白色（碳化钙含量小于2%）向灰色（碳化钙含量在2%左右）向深灰色（碳化钙大于2%，渣中并有游离炭粉存在）转变。

氧化期炉渣一般都呈黑色。还原期如炉渣呈淡黄、黄、棕色以至发黑时，就说明炉渣脱氧不良，须进一步加强还原，如加炭粉、硅铁粉、电石等。如果炉渣呈白色或稍带一些灰色，说明炉渣脱氧良好，可以不加或少加炭粉及硅铁粉，如炉渣过灰说明炉渣形成了一定数量的碳化钙。

5.3.6.7 氧化渣与强电石渣的区别

当采用稀薄渣下吹氧或氧化期脱碳很低，有过氧化情况发生时，即使加电石还原后，炉渣有时仍带氧化性而发黑，这时就要求将这种氧化性渣与强电石渣区别。区别方法：

（1）氧化渣中含有氧化铁很高，所以有金属光泽，而强电石渣没有金属光泽，呈暗黑色，有时还带有白色条纹；

（2）氧化渣遇水没什么现象，电石渣遇水后起反应，并分解出难闻的乙炔气体；

（3）正常电压下，电石渣从炉内冒出的烟尘浓而且带灰；

（4）氧化渣比较松，勺杆上有气孔，电石渣较致密；

（5）打开炉门观察时，如为氧化渣，炉内就较清楚，如为电石渣，炉内模糊看不清。

5.3.6.8 还原期的碳高处理

还原期碳高的解决办法，只能是吹氧降碳，即重新氧化。根据吹氧的时间不同，要取样进行碳成分的分析，直到碳达到规格，再重新还原。

防止方法：

（1）氧化期做好脱碳工作；

（2）氧化期取样分析要有代表性；

（3）不准在废钢铁料没有完全熔清时就扒渣进入还原期；

（4）加高碳铁合金时，增碳问题要慎重考虑，留有余地；

（5）还原期不要造强电石渣，以免增碳；

（6）作为扩散脱氧剂使用的炭粉不要集中加入，避免碳进入钢水造成增碳；

（7）加电石还原时，注意炉渣不要太稠也不要太稀，因这两者都易增碳；

（8）避免电极头断落钢水中，造成增碳。

5.3.6.9 还原期磷高的处理和预防

炼钢过程中在氧化期完成脱磷任务，进入还原期以后，如还原期发现磷高超过成分控制的0.03%以上就得重新氧化，可吹氧并且加小块矿及石灰重新造氧化渣脱磷（注意温度不要太高）或者扒除部分还原渣以后再进行氧化加矿脱磷。当磷降低后，扒出全部炉渣，重新造还原渣。

防止方法：

(1) 在熔化期、氧化期做好造渣脱磷工作；

(2) 必须做到高温沸腾，及时流渣，不要使炉内留渣过多；

(3) 扒渣除渣必须干净彻底；

(4) 不许带料氧化及扒渣。

5.3.6.10 样勺结膜秒数表示熔池温度的原理

样勺内钢液结膜秒数是指在炉渣正常的情况下，用凉样勺粘好渣子，从炉内取出一满勺钢水（样勺钢水上要有炉渣覆盖），然后拨开渣子，用秒表记录勺内钢水面开始结膜的时间，以示钢水温度高低。这个时间实际上是勺内过热的钢水在空气中冷却到开始凝固所需的时间。钢水温度越高，它的热量越大，钢水结膜越慢，结膜秒数就越多；反之，温度越低，结膜秒数就越少。所以当炉渣情况良好时，结膜秒数能大概地反映钢水温度高低。但是这个测温方法要受到许多外界因素如样勺粘渣的厚薄、勺温、渣覆盖情况、气温、风速以及合金元素的影响，它并不是十分精确的测温方法。例如，当样勺粘的渣子厚一些（如炉渣较黏）或反复多次粘渣，或用红热样勺舀取钢水，那么样勺中钢水冷却就较慢，结膜秒数看上去很高，但实际温度可能不高，用秒数来计算就不准确。而当渣子很稀或样勺没有粘好渣子，勺里粘的只是薄薄一层渣子时，样勺中钢水冷却就较快，结膜秒数看上去不高，但实际温度可能很高，也不准确。当样勺粘着钢水，那么钢水冷却更快，一下子就结膜了，用秒数来计算就更不准确。生产中往往会产生这些假温度现象，因此不能绝对用秒数来表示温度，而只能用来大致反映钢水温度。

5.3.7 出钢操作

电炉在成分和温度调整好了以后，就可以出钢。

出钢前要切断电源，升高电极，特别是靠近出钢口的那根电极，避免出钢过程中受钢水的侵蚀使得钢液增碳，做好炉盖和出钢槽的清洁工作，从出钢口至出钢槽要尽量平整，保证钢水流畅，防止散流而增加钢水的二次氧化，避免玷污钢水。出钢口要掏大，保证钢渣同时流出，当出钢口处有较黏的渣子堵塞时，要把渣子推入炉内。掏出钢口时，要将石灰等物扒到出钢口外，不要推进出钢口内或者出钢槽内。

出钢时一般要求先出渣，或者渣钢同时出，还有要求最后出渣的，这要和冶炼的钢种工艺结合。出钢摇炉速度不要过慢，防止二次氧化吸收大量气体；但也不宜过快，以免钢渣从出钢槽上溢出，或钢渣冲击钢包壁造成渣钢飞溅，增加二次氧化和吸收有害气体。出钢的要求一般要保证出钢脱硫的效率，摇炉操作要与行车操作配合好，避免摇炉过猛使出钢槽碰坏，或者行车来不及调整钢丝绳的高度，与电极碰在一起，出钢时要有专人指挥行车调整钢包接钢的高低和前后的位置。

5.4 传统电炉渣线与炉门的维护

普通的电炉，从安全的角度出发，整个炉底钢板要用砖砌上一定厚度的永久层，由于炉坡是圆锥形，砌砖比较困难，费工费时费料。革新后炉底砌砖是在炉底的中心部位采用砌砖，在边缘部分和罐圆部分以盐卤镁砂捣打的方法代替了原来的砌砖。使用效果相同。

这种革新的优点在于节约了砌砖的工时，省去了一道砌砖工序，消除了砖的损坏，节约了砖的消耗。

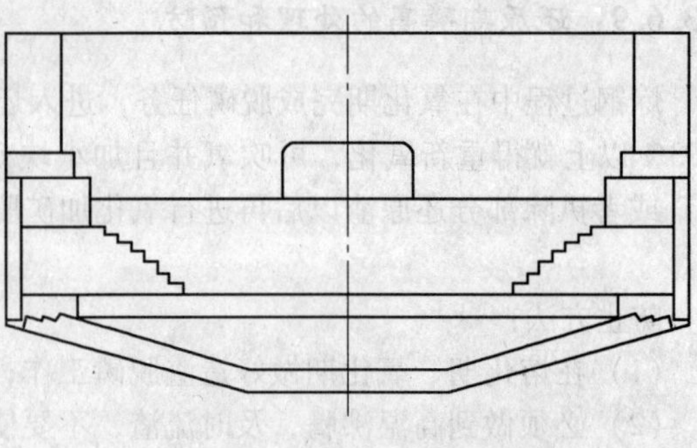

图 5-10　砖砌电炉的示意图

前面两种砌炉方式，由于作业环境较差，安全系数低，炉龄低，目前已经被镁炭砖砌炉墙，不定形捣打料打结炉底的方法取代，这种结构在后面超高功率电炉一章中有详细的介绍。新型的砌炉方法不仅提高了炉衬的使用寿命，而且降低了工人的劳动强度，省略了许多的操作环节。一种采用低档沥青镁炭砖砌筑的电炉炉衬见图 5-10。

5.4.1　渣线部位的维护

电炉炼钢炉内靠着熔渣层的这一部分炉衬，因为经常和炼钢炉渣接触，叫做炉衬的渣线部分。

炼钢过程中的炉渣中含有氧化钙、二氧化硅、氧化亚铁、氟化钙、氧化锰、三氧化二铝等。在高温下，炉渣中氧化亚铁、二氧化硅、氟化钙与炉衬渣线处的氧化镁起化学作用，生成低熔点的化合物，降低了炉衬的耐火度，加上炉渣流动的物理冲刷作用，故炉衬的渣线部分损坏得最厉害，而在电极附近的渣线，由于受到电弧光的高温辐射作用，损坏更严重。

渣线损坏以后，常用的办法是冷态的焦油碎末拌和白云石或者镁砂，通过炉门大铲将补炉料投在渣线损坏的部位。条件好一点的可以使用喷补枪喷补，这种方法在后面的章节有介绍。

5.4.2　炉门损坏的修补

炉门区由于流渣吹氧，所以炉门和炉门坡损坏得也比较严重。这些部位的修补，比较容易操作，修补的方法通常是焦油拌镁砂垫补。效率较高的是采用袋装的快补料，在出钢以后直接修补。

炉门侵蚀严重时，也可以在炉坡上修补结束以后，在炉门上垫加耐火砖，然后在砖缝处使用焦油镁砂填补黏结。

炉门坡是经常发生穿钢的部位之一，也叫炉门下巴穿钢。发生炉门下巴穿钢以后，采用的办法是将炉体摇起来，然后使用较大颗粒的镁砂焦油填筑漏点，或者使用耐灰泥和成为泥巴状做填料，把碎砖塞进填料间处理。

5.5　传统电炉的技术改造

我国公称容量在 35t 以下的电炉，其功率普遍低于 400kV · A/t，与同容量的超高功率电炉相比，这种普通型功率电炉的冶炼时间长，能量和钢铁料消耗高，究其原因，一方面与固有的变压器容量有关，另一方面是沿袭传统的冶炼工艺和砌筑工艺造成的，后者可以通过简单的技术改造来实现普通功率电炉高效化生产的目的。传统的冶炼工艺，即三期的冶炼工艺，其特征是电炉出钢量平均超出公称容量的 30% ，在炉役中后期出钢量甚至超出公称容量的 40% 以上，这种工艺在当初由电炉完成全部精炼任务的三期生产时期曾起过降低消耗、增加产量的作用。这种工艺思想指导下的砌筑工艺具有如下特征：尽可能地提升熔池高度，这突出反映在炉门及炉墙渣线的大幅度升高，炉底和炉坡采用低档沥青结合镁炭砖，它们易受腐蚀减薄，因此满足了炉役中后期最大限度扩装的需求。为保证炉衬达到一定炉次的使用寿命，炉底和炉墙的原始厚度较大。沿袭传统生产工艺给冶炼操作带来的负面影响是：废钢装料次数增加熔池钢液面提高，使冶炼中氧化渣过早流失和埋弧操作困难，且钢液的升温和成分均匀化速度缓慢。

目前中小型电炉炼钢厂为适应激烈的市场竞争，有条件者投资配套了炉外精炼设备，没有条件或在冶炼普通碳素钢的厂家也开始重视钢包后处理环节，增添了简单的钢包精炼设施，将简单钢种的还原期移到钢包内，在出钢过程中完成。普通功率的中小型电炉正在从工艺形式上与超高功率电炉趋于一致，即电炉只起快速熔化和初步精炼的作用，采用熔氧结合，快速出钢，精炼炉精炼的方式。除此以外，采用的主要手段有：

（1）采用优质新型的优质耐火材料砌筑炉体，提高炉衬寿命，改进炉型尺寸，减少加料次数，减少热流损失。图 5-11 是一座电炉改进以后的尺寸变化图。与图 5-10 相比，具有每次加料可以增加装入量的优点。

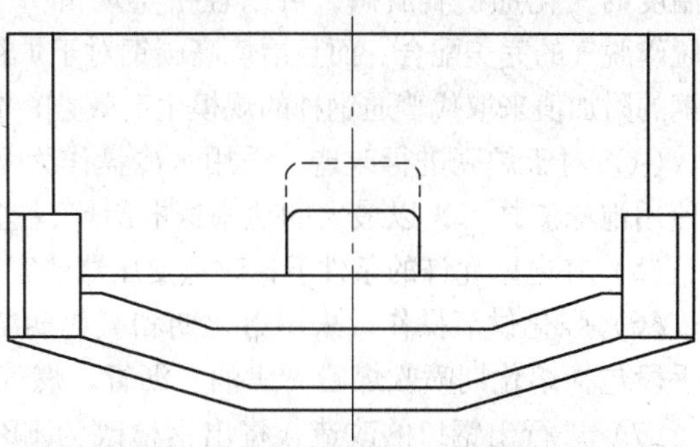

图 5-11　一座改进砌炉工艺后的电炉示意图

（2）采用底吹气技术。普通电炉的一个致命的弱点就是吹氧强度低，配碳量偏小，脱碳速度较慢，影响了熔池内部的热的对流传导，造成氧化期不能够完全利用最高功率的档位送电冶炼，而且取样前的人工搅拌钢液的搅拌力很弱，钢液的内部温度和浓度都不够均匀，造成冶炼时间长、合金收得率低。电炉底吹气技术具有投资少，易于操作掌握，能够改善冶炼的工艺结构，降低电耗，提高钢铁料和合金的回收率，改进冶炼钢种的质量，提高炉龄。实践表明，炉底吹氩气搅拌工艺可改善冶金化学反应速度，缩小冶金过程能量和浓度的梯度，基本消除外供能量造成的炉内热点及未熔废钢和铁合金引起的冷点，能够缩短冶炼时间，降低电耗，提高合金收得率及钢质量的良好效果；透气砖在使用时有良好的透气性能、不堵塞，在透气砖结冷钢以后，随着温度的升高仍能恢复透气性能，特别是返回法和返回氧化法冶炼时，具有明显的优势；而且在冶炼前期吹氮气，后期吹氩气，合理的控制对于钢水的质量不仅没有影响，而且有所改进。一座 5t 电炉底吹氩气流量的控制曲线见图 5-12，底吹氩气搅拌能 ε 与均匀混合时间 τ 的关系见图 5-13。

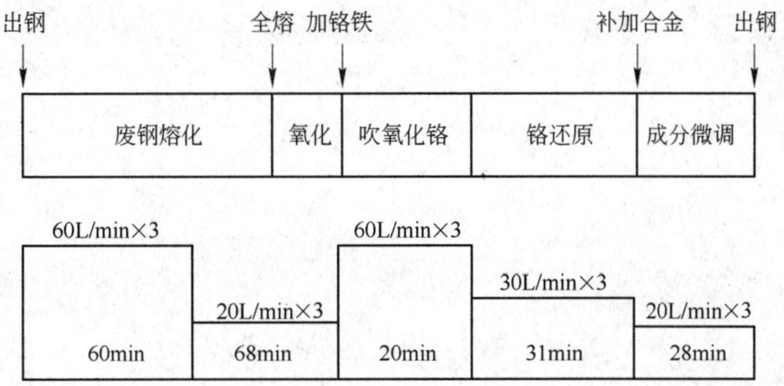

图 5-12　一座 5t 电炉底吹氩气流量的控制曲线

（3）采用减少装入量，稳定出钢量，提高配碳量，冶炼低磷优质中高碳合金钢。传统冶炼的工艺利用超装来实现产能的提高，负面影响是超装以后，熔池液面升高，脱碳量和脱碳速度不大，对于熔池的升温能力也有很大的影响。不采用超装技术，利用高配碳和矿石吹氧结合的方法，能够生产低磷优质钢，即进入氧化期以后，吹氧进行到一定的阶段，在保证碱度的前提下，边吹氧边根据温度的变化加矿石脱磷，可以轻松实现留碳脱磷脱气的完美配合。而且冶炼高碳钢对于炉衬寿命，降低出钢温度都有较大的益处。利用品种钢的附加值来取代普通钢种的规模生产效益，电炉钢的收益也会增加，是一种理想的选择。

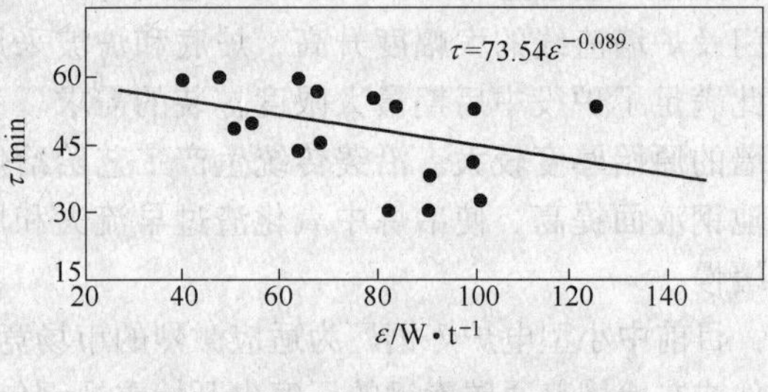

图 5-13　底吹氩气搅拌能 ε 与均匀混合时间 τ 的关系

（4）对于炉壳进行改造，采用水冷盘作为上炉壳，增加一次加料的量，减少加料次数，同时使用泡沫渣技术，以最大的功率送电冶炼，这种改进据介绍可以提高产能15%以上。

（5）在电网允许的条件下，改造变压器的容量。变压器容量越大，熔化期越短，产能越高。

（6）强化供氧操作。采用熔化期和氧化期结合的操作方法，同时强化辅助能源的输入，这些手段包括熔化期喷吹煤粉、焦油、沥青、燃气等，缩短熔化期的操作提高产能。

（7）进行出钢口的改造。将出钢槽改为 EBT 出钢，可以实现留钢留渣操作，降低短网的长度，从而降低短网的电能损失，可以优化工艺结构。

（8）在冶炼品种钢的普通功率电炉，加强废钢分类的精细化管理，可以起到事半功倍的效果。例如，废钢的分类精细化以后，用高硫废钢生产易切削钢，用含铜高的废钢生产耐候钢，不仅节省合金，工艺也会变得简单。

（9）采用含有钼、铬、镍等矿石和廉价还原剂预装在炉底，代替贵重合金冶炼工具钢或者合金结构钢的工艺。利用廉价的含有合金元素的矿石冶炼合金钢和工具钢是一门适合于普通电炉炼钢的工艺，可以降低电炉炼钢的成本，提高电炉炼钢的生存能力，可谓一举三得。例如，利用氧化镍加在废钢底部，然后加还原剂或兑加铁水，还原以后加入铬铁，炼成不锈钢毛坯料，外卖的效益就会很可观。

现代电炉炼钢操作

6　现代电炉炼钢的特点与基本工艺操作

6.1　现代超高功率电炉炼钢的特点

6.1.1　超高功率电炉炼钢的优势

电炉炼钢产量占目前世界炼钢总产量的30%以上，高功率和超高功率炼钢的产量占全部电炉炼钢的65%以上，超高功率电炉炼钢的短流程生产线具有以下的优势：

(1) 投资少。约为转炉长流程生产线的2/3左右，但吨钢成本比转炉的吨钢成本高150～400元。

(2) 建设周期短，见效快，受矿产资源的限制的因素较少，产品范围广，在具有铁水热装和直接还原铁等新铁料的条件下几乎可以生产转炉所有能够生产的钢种。

(3) 生产组织方式灵活。可以按照市场的要求，灵活地组织生产市场需要的钢种；可以按照市场的需求和市场电价、原材料的价格涨落指数，灵活地进行动态的生产计划组织，实现订单生产，在原料价格高峰期进行检修或者休整培训，在电力紧张的时候在用电低峰期生产。日本的大同制钢和国内的安阳100t电炉、兴澄钢铁的100t电炉等企业在钢铁市场疲软期，利用电力饱和的夜间组织生产，充分利用了能源的优势，能够为投资者在最短的时间内利用钢材市场的变化带来收益。

(4) 现场生产组织模式比较简单，易于生产的组织和调配。

(5) 受原料限制的因素较少。电炉炼钢所需要的主原料是废钢，目前已经有多种替代品，如冷生铁、直接还原铁、热铁水、Corex铁水、海绵铁等新原料用于电炉炼钢的技术已经成熟。由于电炉炼钢对于铁水的要求不高，而且在电炉炼钢转炉化的影响下，国外的厂家甚至利用接近100%的铁水加矿石作为冷却剂进行炼钢，效果也在预期之中。

随着目前电炉炼钢技术日新月异的发展，炼钢企业在电炉型式和设备上有了越来越多的选择。同时，超高功率电炉的技术进步也优化和促进了电气配套设施的发展，主要体现在：

(1) 采用直接导电电极横臂，利用铜钢复合或者铝导电电极臂代替大电流水冷铜管，简化了设备与水冷系统、减轻了重量、便于维护、降低电抗、提高输入功率。

(2) 采用喷淋水冷电极，减少电极侧面氧化损失，电极消耗降低5%～20%。

(3) 管式水冷炉壁、水冷炉盖代替炉壁与炉盖耐火材料炉衬，利用水冷盘的冷却水测定炉壁热流量，控制最佳输入功率，提高了电炉生产率，耐火材料耗量降低了50%，使电炉由短弧操作可改为长弧操作，功率因数由0.707提高至0.75～0.83。

（4）采用偏心炉底出钢代替普通出钢槽出钢的方式，可以实现无渣出钢、留钢操作；钢流紧密，减少了二次氧化与温降，出钢温度可降低30℃左右，炉体倾动角度减少20°～30°，短网长度缩短2m，提高了输入功率，冶炼时间缩短5～9min。

（5）氧燃烧嘴的使用，使熔化更加均匀，以燃料替代一部分电能，缩短了冶炼时间，消除了冷区，允许电极高功率供电，降低了电耗。

（6）各种类型的炭氧枪的使用，在吹氧的同时向炉渣喷炭粉，形成泡沫渣，实现埋弧操作以后，可提高功率因数，使用长弧操作，提高了输入功率与热效率。

（7）炉外精炼手段和连铸的配置，将精炼期移到钢包炉进行，由双渣冶炼改为单渣操作，加快了电炉冶炼节奏，提高了变压器利用率，高功率供电时间增长。

（8）第3、4孔加密闭罩，冶炼过程的密闭罩（dog house）的应用，以及除尘系统的优化（加烟气导流罩），净化了一次、二次烟尘，改善了环境条件，降低了电炉噪声的危害。

（9）采用废钢预热的竖炉、Consteel电炉、料篮预热，利用热烟气预热废钢，回收了余热，预热的废钢温度可达200～1000℃，缩短了冶炼时间，减少了供电时间。

（10）双炉壳电炉的冶炼工艺，可以预热废钢，使总能耗降低35kW·h/t；加快了生产节奏，冶炼周期可以缩短至45min左右，易与连铸匹配，充分利用了变压器，可使两炉之间不通电时间缩短到3min（双电极）至5min（单电极）。

（11）直流电弧炉冶炼，可以消除炉衬热点多的问题，减少了电极消耗，搅拌熔池的作用加强，减少了对电网冲击。

（12）高阻抗电弧炉工艺，利用泡沫渣埋弧操作，提高了变压器水平，降低了电极消耗，提高了功率因数，弱化了对电网的干扰。

（13）无功功率静止式动态补偿SVC的使用，消除或减弱了电炉冶炼中用电负荷造成的电压波动与谐波对电网的危害，降低了闪烁和谐波。

（14）冶炼过程计算机和自动化控制，可以按冶金模型、热模型进行最佳配料、电热平衡、最佳控制功率等进行计算，实现了控制、管理、决策，合理电气工作点动态选择，保证合理供电制度执行。

（15）智能电弧炉。利用人工智能进行电炉综合控制，解决电炉供电三相不平衡问题，减少了对电网冲击。

6.1.2　超高功率电炉炼钢生产线的主要特点

超高功率电炉炼钢生产的主要特点有：

（1）电炉的功率水平较高。功率水平是指冶炼过程中，每吨钢占有变压器额定容量的大小。功率水平是衡量电炉装备水平以及影响冶炼周期的一个重要指标，它是一个动态的值，装入量不同，功率水平也不相同，在生产中要根据变压器容量的大小决定冶炼的装入量，避免“大马拉小车，小马拖大车”这种不合理的现象。例如新疆八一钢铁股份公司70t直流电炉，变压器容量为6.3MV·A，在炉役后期装入100t废钢冶炼，不仅冶炼周期明显加长5～15min，而且金属收得率、氧耗等各方面都离设计要求和目标要求很远。国际钢联对于电炉功率水平的划分见表6-1。

表6-1　电炉功率水平的划分

类　别	RP	HP	UHP
吨钢功率水平/kV·A	<400	400～700	>700

（2）供氧强度大。目前超高功率电炉的吨钢氧耗（标态）在 28～40m^3 之间，有的甚至达到 50m^3 以上。氧气总流量在 3500～10000m^3/h 之间。供氧强度如果达不到一定的水平，熔池钢液已经形成，冶金反应不能够迅速进行，将会影响冶炼进程，出现停电或者降低输入功率等待冶金反应的进行，影响冶炼周期。

（3）冶炼周期加快。由于采用了多种现代电炉炼钢技术，目前全废钢冶炼最快的冶炼周期达 27min，相当于相同容量的顶底复吹转炉的水平。普遍的冶炼周期在 40～65min 之间。

（4）冶炼过程中的界限不再明显，熔化期与氧化期有时候成为熔氧合一，各阶段的冶金反应在不同的阶段都有进行。

（5）炼钢过程中噪声增大，一般在 80～150dB 之间，采用冶炼密封罩可以把噪声降低在 80～100dB 之间。噪声对于环境的影响见表 6-2。

表 6-2 噪声对于环境的影响

噪声/dB			
>50	>70	>90	>150
影响睡眠与休息	干扰谈话，影响工作	影响听力，引起神经衰弱头痛，血压升高	鼓膜出血，失去听力

（6）冶炼过程中的冶金反应速率加快，脱磷脱碳速度比普通功率的电炉有了成倍的提高。

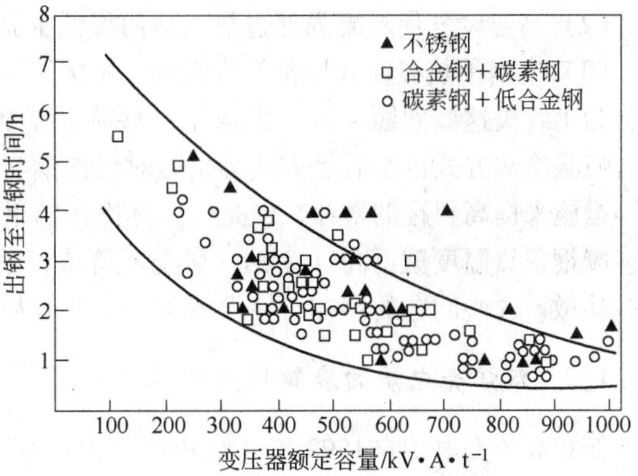

图 6-1 变压器额定功率水平与冶炼周期之间的统计关系

概括来讲，目前超高功率电炉的基本特点是：功率水平在中下（<850 kV·A/t）的，采用废钢预热，热装铁水，输入辅助化学能的手段用来提高台时产量；功率水平比较大的，除了采用以上措施外，还采用低配碳、底吹气搅拌的手段来体现超高功率电炉升温速度快的优势。电炉的主要功能是快速熔化废钢，控制钢水中碳、磷含量，满足所需的出钢温度，出钢过程粗调成分，按工序质量控制要求向炉外精炼工位提供合格钢水。图 6-1 为变压器额定功率水平与冶炼周期之间的统计关系。

6.2 现代电炉炼钢先进技术

6.2.1 废钢预热技术

当电炉采用超高功率化、氧—燃烧嘴助熔、泡沫渣、二次燃烧及强化用氧技术后，炼钢过程的废气量大量的增加。废气的温度高达 1200～1500℃，废气带走的热量占总热量支出的 15%～20% 以上，相当于 80～120kW·h/t。采用废钢预热技术，其优点是能耗降低 13.5%～20%（节电 50～100kW·h/t）、电极消耗降低 29%（0.15～0.3kg/t），降低粉尘 30%、降低转换成本 15%～21%，废钢预热的效果随预热温度的提高而提高。其中，双炉壳电炉的功率利用率可达 83%（一般电炉仅为 72%），缩短冶炼时间 20%，增产 10%～20%。为了降低能耗、回收能量，在废钢入炉前，利用电炉中排出的高温烟气进行废钢预热，是十分重要的，但是有些废钢预热技术对环境的危害是十分明显的。二噁英（dioxin）、呋喃（furan）、硫化物、氯化物等气态物质在预热过程中排放在大气里，目前还没有有效的环保治理措施，对于环境的影响即使通过现有环保技术的处理预防，效果也不尽如人意，所以在一些发达的欧洲国家，为了环境的优化，是不提倡废钢预热技术的，甚至是电炉炼钢产生的废气，除了二次燃烧使一氧化碳进一步氧化放出的热能加以利用外，烟气要进行水冷处理，以减少二噁英及呋喃的生成量，满足环境保护的要求。随着我国经济技术和环保要求的提高，可以预见，废钢预热技术面临着需要进一步的发展和改善，以满足环保的需要。主要的废钢预热方式主要有以下几种。

6.2.1.1　料罐预热法

世界上第一套料罐式废钢预热装置，是日本于1980年8月应用在50t电炉上，次年又将这种装置用在100t电炉上。之后，在不到10年的时间里，日本就有50套废钢预热装置投入运行。国内天津钢管公司的150t电炉、抚顺特钢公司50t电炉等电炉厂家配备了料罐式废钢预热装置。据介绍，料罐预热法能回收废气带走热量的20%～30%，平均节电20～25kW·h/t，节约电极消耗0.3～0.5kg/t，提高生产率约5%。但料罐废钢预热带来的问题主要有：

（1）产生白烟、臭气、二噁英、呋喃等公害，恶化了工作环境，是产生职业病的一个主要源点。

（2）高温废气使料罐局部过热，从而降低了其使用寿命。

（3）废钢预热温度低，预热废钢的量不大。

为了解决这些问题，虽然采取了一些弥补措施，如再循环方式、加压方式、多段预热方式、喷雾冷却方式以及后燃方式等措施对付白烟与臭气；采取水冷料罐以及限制预热时间、温度等措施来提高料罐的寿命，但是，实际操作结果表明这些措施不尽理想，而且这些措施均使原本废钢预热温度就不高（废钢入炉前温降大，降至100～200℃）的情况进一步恶化，综合效益甚微。这些问题的存在，使得该项技术目前基本上没有得到规模化的使用和推广。

6.2.1.2　双炉壳电炉的废钢预热技术

新式双炉壳电炉自1992年开始开发到1997年，已有20多座这种类型的电炉投产，大部分为直流双炉壳电炉。日本首先开发和采用这种双壳炉电炉并占据了大部分市场。双壳炉具有一套供电系统、两个炉体，即“一电双炉”。即一座电炉冶炼时，产生的炉气通过烟道进入另外一个装入了废钢的电炉，对废钢进行预热，冶炼结束后立即进行另外一个废钢预热了的电炉冶炼，循环冶炼操作。宝钢从CLECIM公司引进150t双壳炉运行情况看，废钢的堆密度与废钢在电炉中的布料位置对废钢预热效果影响很大。废钢预热以后温度可达300℃左右，总的电耗可降低30kW·h/t左右，冶炼周期可缩短至45min。据介绍，这种预热方式在宝钢150t双炉壳电炉使用的最大问题是烟道内部的积灰将发生周期性的堵塞现象，影响预热效果。这种电炉的示意图见图6-2。

6.2.1.3　炉料连续预热电炉

废钢连续预热电炉也叫康斯迪电炉（Consteel Furnace），20世纪80年代末在美国出现，90年代初流行，康斯迪电炉有交流和直流两种。这种电炉采用较大的留钢量，使得电炉炉内始终有熔池存在。康斯迪电炉是在连续加料的同时，利用炉子产生的高温废气对炉料进行连续预热。可使废钢入炉前的温度高达500～600℃，而预热后的废气经燃烧室进入余热回收系统或除

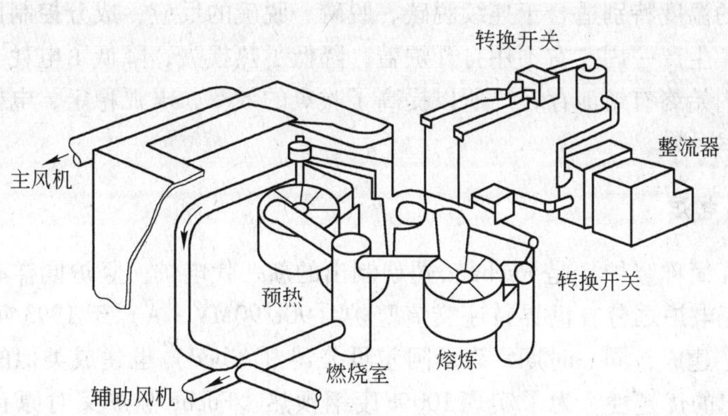

图 6-2 双炉壳的直流电炉

尘系统。我国西宁特钢 60t 的康斯迪交流电炉，把二次燃烧的含有 CO 气体的预热气体引入预热装置，在预热装置中加设一个煤气安全烧嘴，引燃烟气中的 CO，以达到充分利用炉气的目的，其过程如图 6-3 所示。根据理论核算后认为，这种预热方式是最合理的预热方式之一，而且这种预热方式可以具有以下的优点：

（1）这种电炉实现了废钢连续预热、连续加料、连续熔化，提高了生产率，降低了冶炼电耗和电极消耗，减少了渣中的氧化铁含量，提高了钢水的收得率。

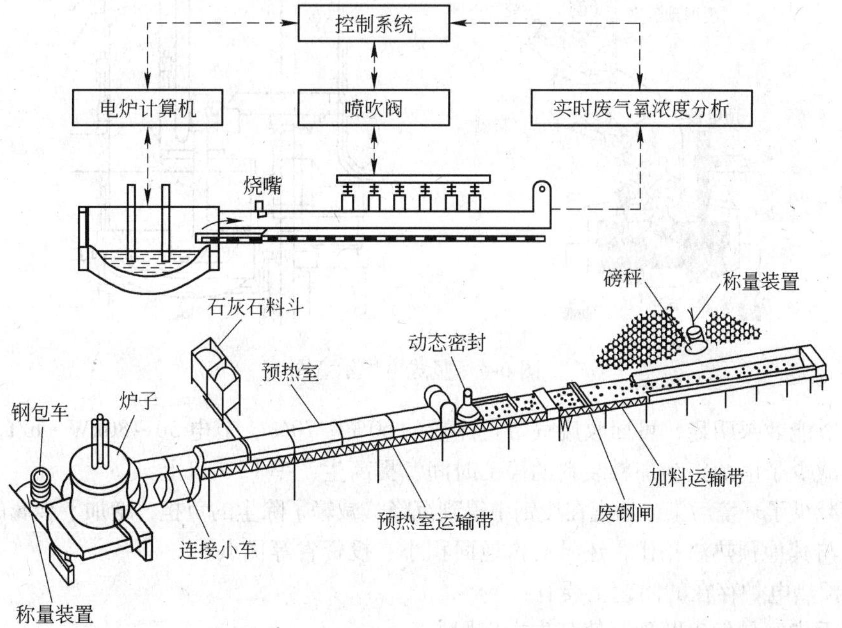

图 6-3 Consteel 电炉基本示意图

（2）由于废钢熔化速度快，降低了穿井熔化过程的噪声，减少了烟尘量以及对于电网的干扰，改善了生产车间的环境。在预热过程中，烟气中的氧化物颗粒与废钢的碰撞过程中将有一大部分减速停留在废钢中间，增加了金属的收得率约 4%，而且降低了除尘的负荷。

（3）输料道上的废钢被炉气的显热和二次燃烧的潜热预热后温度可以达到 600～650℃，预热时候炉料中的有机物被高温炉气烧掉，减少了钢液的氢、氮含量。

（4）熔池内的温度特别适合于连续脱碳、脱磷、脱硫的反应，成分控制比较容易。

（5）可以连续生产一周左右不用打开炉盖，降低了热损失，降低了电耗。

（6）因为炉内始终有熔池存在，所以提高了吹氧的效率，电弧稳定，电极的消耗较低，提高了变压器的功率因数。

6.2.1.4　竖窑式电炉

竖窑式电炉（简称竖炉）是Fuchs公司研制出的新一代电炉。竖炉同样有交流、直流，单炉壳电炉和双炉壳电炉之分。世界首座交流竖炉（90t/90MV·A）于1993年9月在法国联合金属公司（SAM）建成，同一时期卢森堡阿尔贝公司（Arbed）也建成类似的竖炉，它们在投产后即显示出突出的优越性。为了实现100%废钢预热，Fuchs竖炉又对原有的竖式电炉进行了新的发展，第二代竖式电炉（手指式竖炉）也已经在世界范围内推广使用。手指式竖炉可以实现100%废钢预热。珠江钢铁公司与安阳钢铁公司分别引进了150t和100t的竖式电炉，运行后取得了极大的成功。竖式电炉预热的简图如图6-4所示。竖炉的主要优点有：

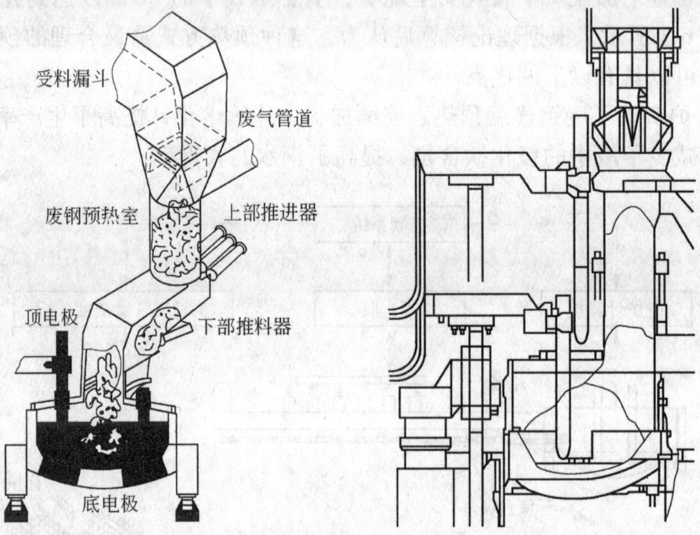

图6-4　竖式电炉示意图

（1）节能效果明显，可回收废气带走热量的60%～70%，节电50～80kW·h/t以上。

（2）减少了电炉因为加料装料的停工时间，提高生产率15%以上。

（3）减少了环境污染，烟尘在废钢中得到沉降，减轻了除尘的负担，增加了金属的收得率。

（4）与其他预热法相比，还具有占地面积小、投资省等优点。

竖式预热电炉存在的问题主要有：

（1）手指容易发生断裂，使其失去作用。

（2）温度过高会发生手指上方的废钢局部熔化，使手指黏结冷钢，形成塌料困难。

（3）要求炉料的块度搭配必须在中小型以下，否则会容易发生堵料事故。

（4）发生堵料时需要提升竖井促使塌料，影响冶炼周期。

6.2.1.5　多级废钢预热电炉

多级废钢预热（multistage preheating）技术是废钢预热技术的最新发展，多级废钢预热式电炉的主要结构见图6-5。

多级废钢预热式电炉的预热原理、运行模式、组成和特点介绍如下：

（1）竖炉分两层预热室，上下两层都可以利用手指独立操作开关。

（2）在废钢加入电炉前，可以单独分批预热废钢。

（3）预热室分为3个工位：预热位、加料位和维修位。

（4）电炉冶炼开始后，高温烟气分为两路进入预热室，一路进入下部预热室，一路进入上部预热室，解决了竖炉废钢预热不均匀，局部废钢预热温度过高粘手指的矛盾。

（5）该系统允许上部预热室不预热废钢时，废气可以直接从下部预热室进入预热室预热废钢。废气在上下预热室之间汇集进入除尘系统。

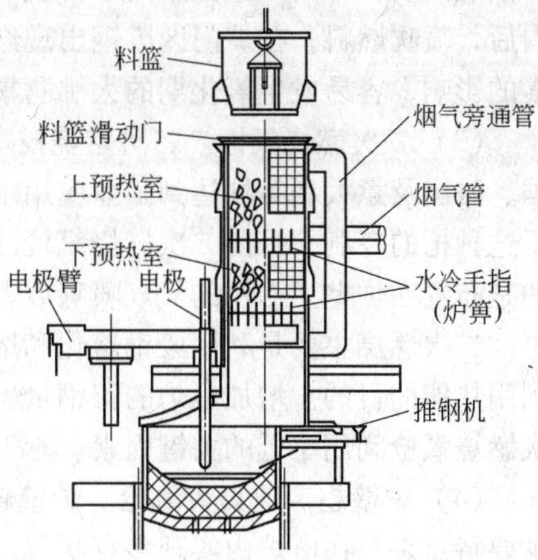

图6-5　多级废钢预热电炉示意图

该系统在日本Yamato Kogyo厂使用后，各项经济指标优于传统的竖炉单级预热的效果。

6.2.2　强化用氧技术

近代电弧炉炼钢大量使用氧气，以达到强化冶炼效果的目的，供氧量比普通功率水平的电炉有了大幅度的提高，一般吨钢氧耗在20～45m^3/t之间，有的甚至达到50m^3/t以上。强化供氧的结果是冶炼速度和台时产量大幅度的增加，冶炼电耗明显下降，最低的冶炼电耗达到180kW·h/t。电炉强化用氧技术包括：氧燃烧嘴或者氧油烧嘴助熔；炉门自耗式炭氧枪，炉门或者炉壁超声速水冷氧枪，炉壁多点吹氧的超声速集束氧枪，用于脱碳和造泡沫渣；实现炉气二次燃烧以达到节能降耗的二次燃烧氧枪以及能够实现二次燃烧的多功能烧嘴；布置在渣线部位的自耗推进式底吹氧枪Korf-arc系统等。它们的主要特点分别如下：

（1）氧燃烧嘴。西欧、日本、北美几乎所有的电弧炉都采用氧燃烧嘴进行强化冶炼。因价格、燃料的来源及操作等原因，目前氧燃烧嘴用燃气作燃料的较多，氧燃烧嘴也容易控制。在天然气充足的地区，具备焦炉或者高炉生产条件的地区，采取氧燃烧嘴的经济效益会比较明显，而且见效快。氧气—燃油烧嘴在燃气缺乏的地区使用，使用效果是和设备维护水平与重视程度紧密关联的。国内张家港润忠公司引进的90t竖炉上采用氧气—燃油烧嘴进行助熔，使用效果较好。广州钢厂引进的ABB公司的60t直流电炉的氧气—燃油烧嘴（使用轻质柴油）的效果据介绍比较理想。目前随着大型电弧炉生存环境的影响，采用氧燃烧嘴技术作为增加电炉钢竞争力的主要手段正在普及。随着烧嘴优势的体现，促进了烧嘴技术的发展，目前国内烧嘴的技术已经有了进一步的发展，集烧嘴、氧枪、二次燃烧为一体的多功能烧嘴已经开始普遍使用。

（2）炉门氧枪。炉门氧枪分为消耗式与水冷（非消耗式）氧枪，国内大多数的电炉使用炉门消耗式的氧枪。它的优点是操作灵活，能够充分发挥氧枪“点热源”的作用，在脱磷、脱碳和留碳操作，控制造泡沫渣操作方面具有独到的优势，它的缺点是必须人工更换吹氧管，操作不当时枪管消耗较快时，工人的劳动强度较大。炉门水冷超声速氧枪其主要优点是不需要更换枪管，水冷氧枪的枪管使用寿命在200～300炉左右，故障点少，减轻了操作人员的劳动强度，脱碳速度快，控制泡沫渣时，渣中氧化铁含量比自耗式氧枪控制泡沫渣的条件下，渣中氧化铁要低，氧气利用率较高，有利于降低铁耗。缺点是操作的灵活性被限制。为了提高使用率和供氧强度，有的厂家在炉门水冷炭氧枪上增加了喷吹燃烧气体或者燃油的枪，在废钢加入炉内后，喷吹燃料，在炉门区废钢出现红热状态时才使用水冷炭氧枪。在冶炼中受氧气压力等因素的影响，容易发生氧化期的大沸腾事故。

（3）二次燃烧氧枪。二次燃烧技术虽然是最近几年的技术，但发展很快，美国、日本、德国、法国及意大利等均达到工业应用水平。二次燃烧氧枪也叫 PC 枪，国内有的厂家已经取得了这种枪的专利。目前二次燃烧氧枪的形式有多种，有的是集成在炉门枪上的专用 PC 枪，有的是布置在炉壁上专用的氧气喷嘴或者具有二次燃烧功能的多功能烧嘴。

二次燃烧主要是利用废钢熔化和熔池脱碳时，吹氧产生的 CO 气体，使其燃烧放热，达到利用热能的目的。增加电炉的留钢量、改进废钢的块度配比、增加必要的燃气助熔，是解决二次燃烧氧枪利用率低的关键因素。

（4）炉壁超声速集束氧枪。炉壁超声速集束氧枪技术是最近几年流行的一门新技术。它的主要特点是：在电炉内实现多点吹氧，多点喷碳。氧气射流的射流长度较长，最长的射流可以达到 2m，射流氧气能够射入熔池内部进行脱碳，脱碳速度较快，同时采用燃气做为辅吹气体的超声速集束氧枪还具有烧嘴的多种功能。炉壁超声速集束氧枪的使用在提高劳动生产率，降低操作难度上发挥了积极的作用。其主要缺点在于氧气射流到达熔池的距离过长，通常需提高喷枪的流量以达到较高的射流速度，方能满足长行程的要求，同时还必须有燃气或辅吹氧气、氮气、氩气作为环绕保护气体。然而过度地使用氧气会产生严重的负面效应，如炉壁反溅、耐火材料的消耗加剧、电极消耗升高、钢中溶解氧含量普遍较高等缺点。其冶炼过程的实体照片如图 6-6 所示。

图 6-6　电炉采用炉壁超声速集束氧枪吹炼的实体照片

（5）渣线供氧的 Korf-Arc 技术。这种在渣线部位增设自耗式的供氧技术在德国的 BSW90t 交流电炉和新疆八一钢铁股份公司 70t 直流电炉上先后投入使用过。一般是在炉门两侧渣线部位，以及炉壁渣线部位设有三只可以推进的自耗式铜管的供氧技术，也是强化供氧的一种方式，使用后由于渣线部位侵蚀严重，炉衬寿命短，冶炼过程中不容易控制，在新疆八一钢铁股份公司的 70t 电炉上应用后，效益与投入不成比例，严重时发生过钢水沸腾激烈，导致炉体穿钢水，烧坏阳极母线，停产多日的事故，已经被实践证明是一种不可取的技术。

6.2.3　电炉底吹气技术

电炉底吹气技术（DPP）最早是在 1980 年德国蒂森特殊钢公司 110t 电炉上实现了工业化应用，主要具有以下优点：

（1）促进了废钢的熔化，减少了电炉冷区的软熔现象，有助于消除电炉炼钢过程中存在的冷区。

（2）有益于提高钢渣界面的反应速度，有助于电炉粗炼钢中夹杂物的吸附和去除，增加了脱磷脱碳的反应速度，对于缩短冶炼周期有积极的意义。

（3）增加了钢水在熔池内的运动速度，有助于消除熔池内的温度不均衡现象，可以降低出钢温度。

（4）由于底吹气的搅拌作用，钢渣界面的反应更加趋于平衡，降低了渣中的氧化铁含量，有利于铁耗的降低。

（5）由于降低了电炉的出钢温度和渣中氧化铁的含量，提高了炉衬的寿命。

由于以上的优点，电炉底吹气技术在最近几年里得到了重视和发展，国内的南京钢铁集团电炉厂、张家港润忠的交流电炉、淮钢集团的70t交流电炉先后采用了这一技术，其相关科研项目被国家列为“九五”科技攻关课题。底吹气技术主要是在电炉炉底成120°角分布装三块透气砖，透气砖和套砖之间用炉底捣打料填充。第一炉使用时不供气，透气砖受损严重时可以更换，更换方式与更换EBT套砖的方法相似。电炉的冷区如图6-7所示，底吹气砖的分布见图6-8。一般供气压力在0.3～1.2MPa之间，搅拌气体的流量（标态）控制在0.002～0.01 $m^3/(min \cdot t)$效果最佳。国外采用底吹气技术的厂家在日益增加，底吹气采用的气体有氮气、二氧化碳气体以及氩气，使用氩气作为底吹气体，可以降低钢中的氮含量。为了降低成本，部分厂家在不同的阶段使用不同的气体介质，在Oberhausen厂，生产对氮不敏感的钢种时，熔炼时钢水温度在1550℃以下时吹氮，1550～1650℃吹氩气，因为钢水温度在1550℃以下，钢水吸氮的量较小。广州珠江钢厂的2座150t电炉采用了电炉底吹气技术，并且利用氮气作为介质气体用于冶炼，不仅收到了良好的效果，而且在开发生产高质量的薄板坯的生产中，达到了质量要求，生产成本也在可控的范围内，被证明是行之有效的一门工艺技术。

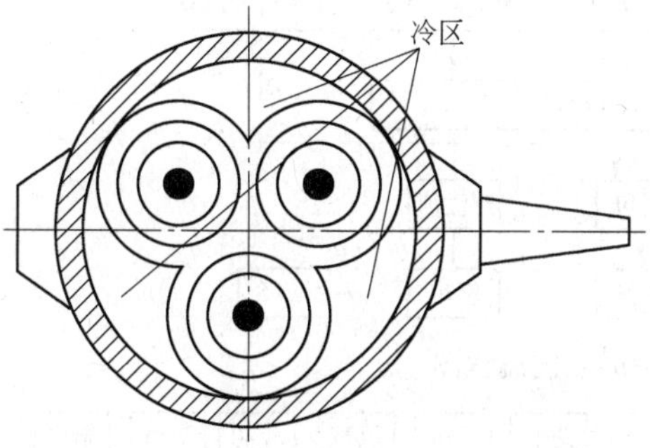

图6-7　电炉冶炼中的冷区分布图

图6-8　底吹气砖的分布简图

6.2.4　密封罩技术和高效除尘技术

电炉冶炼过程中的高分贝噪声和超声速氧枪和超声速氧燃烧嘴吹炼条件下产生的噪声，严重地影响工作区域工人的听觉和工作效率。为了降低噪声的危害，电炉采用冶炼过程中在电炉冶炼区域加装密封罩的技术，正常使用时效果比较明显，可以降低噪声10～30dB。这种密封罩一般是可以移动的，冶炼过程中关闭密封罩，冶炼结束加料时打开密封罩进行加料的操作。

现代超高功率电炉炼钢时，由于强化用氧，产生的烟气量非常大，实际生产中在没有除尘系统运行的条件下，电炉冶炼时，厂房内污染特别严重，甚至看不到行车和设备的运行状况，可以说没有高效率的除尘设备，超高功率电炉的冶炼就不可能进行。高效除尘技术主要包括水冷烟道和厂房顶部的屋顶罩两部分。水冷烟道将冶炼过程中产生的大部分烟气抽走，从电极孔和其他部位产生的烟气和粉尘由屋顶罩抽走。水冷烟道的抽气量可以动态地使用电磁阀调节，这种调节是根据冶炼的工艺要求决定的。

6.3　现代电炉炼钢的基本工艺操作过程

6.3.1　工艺准备

冶炼以前，为了保证冶炼的连续性，需要准备炼钢使用的各类废钢铁原料、渣料和铁合金、各类脱氧剂、辅助原料。废钢原料主要包括各种类型的废钢、生铁、直接还原铁、铁水等；渣料主要有石灰、轻烧白云石、萤石或者镁钙石灰等；铁合金根据冶炼钢种对于化学成分的要求准备,常见的有硅铁、锰铁、铬铁、铝铁、铌铁、钒铁、钛铁、钼铁等。脱氧剂主要有铝铁、铝块、硅钙钡合金、硅钙合金、铝锰铁、电石、精炼剂以及各种类型的合成渣等。辅助原料有增碳剂、喷吹炭粉、EBT填料;各类修补炉衬的耐火材料,主要是炉门快补料、喷补炉衬的不定形耐火材料等。

基本工器具包括：测温枪、取样器和取样器铁杆、送样的铁夹子、发送试样的炮弹、清理EBT的掀柄式烧氧枪、与之配套的吹氧钢管、相应的乙炔气瓶、乙炔气割刀、清理炉门用的叉车、撬棒、铁锹、添EBT的漏斗、铁杆、处理断电极的专用夹子、各类的吊具链条、长3m左右的钢丝绳、铁桶等。

冶炼的记录针对直流电炉和交流电炉不同。填写冶炼记录的主要目的是对于冶炼过程中的数据做分析，为质量控制做参考，为过程分析提供依据，找到和发现问题，以利于产能和总体系统的提高。典型的记录见表6-3和表6-4。工艺流程图见图6-9，物料平衡图见图6-10。

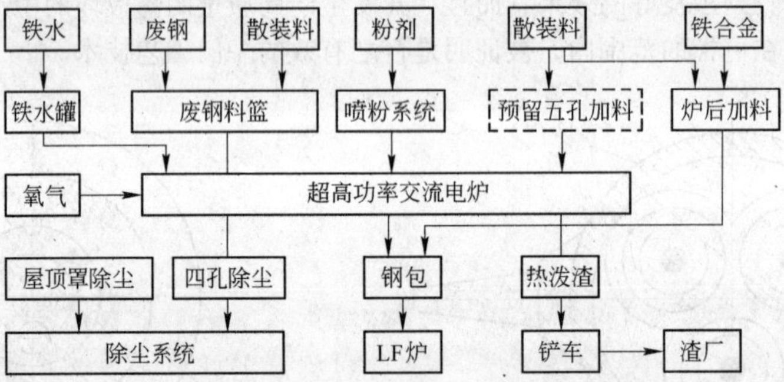

图 6-9　交流电炉的工艺流程图

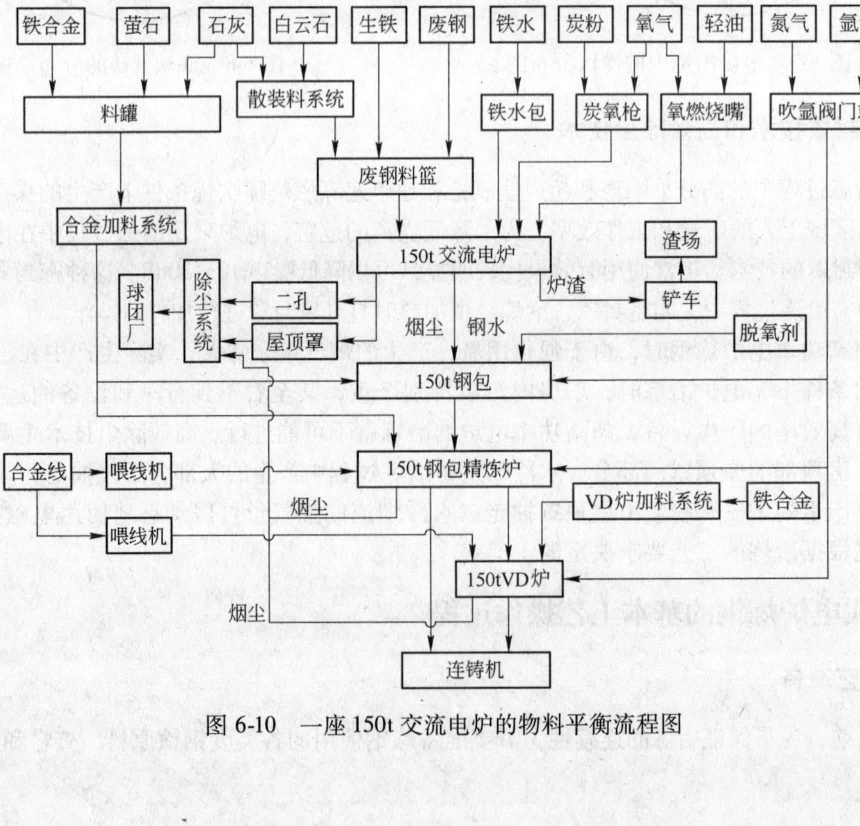

图 6-10　一座150t交流电炉的物料平衡流程图

表 6-3 典型的 100t 直流电炉的冶炼记录

日期：年 月 日 班次： 班别： 编码

制造号	铸机断面：	炉衬次数：	底电极寿命 炉	小炉盖第 炉	出钢口第 炉

次数	废钢/t	生铁/t	铁水/t	HBI/t	金属合计/t	白云石/kg	焦炭/kg	底电极温度/℃		阳极石墨电极
1								1 号		调整长度时间
2								2 号		
3								3 号		更换时间
合计								4 号		

冶炼操作记录

时间	冶炼操作		超声速集束氧枪模式				炉门枪	停工	停工分析		
	加第一批料	电耗/MW·h	1 号	2 号	3 号	4 号	模式	代码	停工原因代码说明	代码	区域代码
	加铁水量 t								操作失误	A	1：原料
	送电起弧 档								机械设备故障	B	2：电炉
	送电曲线号：								电气设备故障	C	3：精炼炉
	加第二批料								行车故障	D	4：行车
	送电档位：								外围因素	E	5：机械设备
	送电曲线号：								其他	F	6：外围
	测温 ℃								交班提示项目：		
	送电 档								接班接收信息：		
	测温 ℃								需要协调的信息：		
	送电 档										
	测温								人员到岗情况：		
	出钢℃										

备注：			铁水罐号	炉号	到达时间	毛重/t	皮重/t	净重/t
	1							
	2							
	3							
	4							

冶炼钢种代号	◆ 工艺路线1:EAF—LF—VD—CCM( ) ◆ 工艺路线2:EAF—LF—CCM( )	用户是否有特殊要求	
		有	无

出钢情况	钢包烘烤情况	红/暗红/黑包
	EBT 出钢情况	烧氧/自流

冶炼周期/min		通电时间/min		元素/%	C	Mn	P	S	Cu	Cr	Mo	氧耗
			出钢推荐成分									

出钢合金和渣料消耗/kg				冶炼取样	时间	C	Mn	P	S	Cu	Cr	Mo	氧耗
HCFeMn		石灰		1									
FeSi		萤石		2									
SiMn		增碳剂		3									
HCFeCr		合成渣		4									
SiAlBa		CaC_2		主原料成分	C	Mn	P	S	Cu	Cr	Mo	粒度/mm	烧损/%
AlMnFe		泡沫渣炭粉		生铁									
Al 块				铁水									
LCFeMn				石灰									

说明		
	1.	超声速集束氧枪模式：E—烧嘴模式；B—维持火模式；C—吹扫模式；D—脱碳模式；A—自动模式；M—手动模式，记录中间填写代码即可；AE—自动模式下的烧嘴模式；MD—手动模式下的脱碳模式；停用不用填写。
	2.	停工原因填写代码即可，比如 A2 表示电炉操作失误造成的误工；C4 表示行车电器故障误工。
	3.	出钢的特殊要求写在备注栏。

有功电耗/MW·h	出钢量/t	出钢温度/℃	通电时间/min	炉门氧枪氧耗(标态)/m^3	PC 氧耗(标态)/m^3	超声速集束氧枪消耗(标态)/m^3		
						环氧	主氧	煤气

第一炼钢工： 第二炼钢工： 炉前工：

表 6-4 典型的 150t 交流电炉的冶炼记录

日期： 年 月 日						工艺执行卡代码：		班次： 班别：	
炉号		钢种	炉衬 炉	炉壁氧枪 炉		小炉盖 炉		出钢口 炉	
次数	废钢/t	生铁/t	铁水/t	HBI/还原球团	金属合计/t	氧化铁/kg	石灰/kg	白云石/kg	焦炭/kg
1									
2									
3									
特殊情况									
合 计									

烧嘴情况			铁水情况						
序 号	寿命	油耗 /L·min^{-1}		铁水温度/℃	铁水罐号	炉 号	到达时间	毛重/t	皮重/t
1 号烧嘴	炉								
2 号烧嘴	炉								
3 号烧嘴	炉								
4 号烧嘴	炉								
5 号烧嘴	炉								

冶炼操作记录

操作顺序	时间	能耗参数				异常情况记录		误工时间/min	是否解决
		电耗 /MW·h	氧耗(标态)/m^3 炉壁氧枪	烧嘴	炉门氧枪				
加第一批料						1			是/否
送电 1 档						2			是/否
加铁水						3			是/否
送电档						4			是/否
加第二批料						5			是/否
加铁水						6			是/否
加 HBI						7			是/否
送电 档						8			是/否
送电 档						9			是/否
加第三批料						10			是/否
送电 档						11			是/否
首次测温： ℃						12			是/否
送电 档						13			是/否
二次测温 ℃						14			是/否
出钢						15			是/否

冶炼情况汇总

EBT 出钢情况	冶炼周期 /min	通电时间 /min	辅助时间 /min	有功电耗 /MW·h	无功电耗 /Mvar·h	出钢量 /t	出钢温度 /℃	是否下渣
（烧氧/自流）								（是/否）

合金消耗和渣料消耗/kg										电极更换记录	原因
FeMn		铬铁		石灰		合成渣		复合渣		A 相	
FeSi		铌铁		萤石		电石		铝渣球		B 相	
SiMn		铜板		增碳剂		炭粉/kg				C 相	

成分控制情况

操作人员		取样	氧耗(标态) /m^3	元素 / 时间	C	Si	Mn	P	S	Cr	Ni	Cu	定氧结果 [O]/%	[C]/%
炼钢工		出钢推荐范围												
助手		取样 1												
炉前工		取样 2												
		取样 3												
		终点成分												

电炉加料前准备与检查电炉加料以前冶炼工艺的检查内容主要有：

（1）第一炉冶炼时，在滑板测试结束以后，就可以直接填充EBT；连续生产时，出钢结束以后，快速将炉体前倾10°～15°，迅速处理好EBT出钢口的冷钢残渣；关闭EBT挡板，用专用填料砂灌满出钢口并呈馒头状凸起。

（2）摇平炉体，同时及时用铲车清理炉门残渣，并用炉门快补料修补铺平炉门。

（3）仔细观察炉体情况，尤其是渣线和炉门下巴部位，发现侵蚀凹坑时，应及时趁热喷补。

（4）检查各类水冷系统、管道、风机、电气及炉底测温系统、压力、炉坡温度等情况，计算机画面中有无异常和报警现象，检查确认正常即可进料通电操作。

6.3.2　进料操作

进料操作步骤为：

（1）旋开炉盖；

（2）将料篮吊至炉体上方，高度为料篮底与炉体上沿大致为同一平面，打开蛤壳式料篮；

（3）清除炉体上沿废钢，旋回炉盖；

（4）第一篮料加入炉膛后，送电冶炼到加第二篮料的时间间隔约10～20min，或视输入功率和烧嘴的使用情况而定，原则是根据第二批料的配料量的情况，确认炉内废钢基本熔清或者70%以上的废钢已经熔清，不会发生第二篮废钢料入炉以后料高，炉盖旋转不进来的压料事故。

6.3.3　冶炼操作

冶炼操作步骤为：

（1）送电操作。根据废钢的具体情况、炉况及有关工艺卡选择相应的供电曲线。进行自动或者手动送电。自动式的送电，是在选择输入供电曲线编号以后，点击“AUTO”模式，PLC将会根据预设的电耗和通电时间自动切换送电的档位。手动模式是点击：“manual”以后，炼钢操作工根据电极穿井情况手动切换送电的档位。

（2）通电以后开始吹氧助熔，包括第一次加料和第二次加料。熔池形成后，喷炭粉造泡沫渣，泡沫渣高度要求500～2500mm左右。

（3）吹氧采用超声速炭氧枪，氧气压力一般控制在0.8～1.8MPa；流量（标态）为30～200m^3/min；炭粉流量为20～200kg/min。吹氧同时喷炭造泡沫渣。

（4）熔池形成以后，根据钢种磷含量要求及时的放渣操作，确保脱磷效果；

（5）氧化后期，当炉内钢水温度达到1560℃时，炉料基本全部熔清以后，取样分析钢水中的化学成分。

（6）取样、测温和定氧使用专用的脱氧取样器沿炉门下角插入钢液下约300mm左右，探头在钢中停留时间：测温3～7s，取样5～10s，定氧6～10s；

（7）根据分析结果和钢水中的氧、碳含量，按工艺卡要求配脱氧剂、合金及辅料，并将操作指令发送给高位料仓。脱氧剂、合金及辅料加入顺序按工艺卡执行。

（8）当钢液成分和温度符合工艺卡要求，脱氧剂、合金、辅料及钢包准备就绪后就可以做出钢的准备。

6.3.4　出钢操作

出钢操作步骤如下：

（1）钢包在出钢前3～5min开到出钢位，包衬至少呈暗红色（烘烤温度超过800℃），包衬无损坏，包内无冷钢残渣，钢包就位后打开氩气；透气畅通；若检查透气砖发现不透气，不允许出钢，必须换包处理。

（2）合金、脱氧剂、增碳剂准备就位。

（3）停电，电极提升到出钢位，炉子后倾3°～5°；将操作台控制权释放到出钢台，出钢台允许出钢台激活的信号到达以后，激活出钢台，检查出钢条件，一般情况下，出钢条件不满足，出钢台不能激活。激活出钢台以后，同时打开EBT保险装置，开启EBT滑板出钢，并逐步增大炉体倾角。

（4）出钢量达到出钢总量的约1/5时，向钢包加入事先配算好的合金及各类辅料。检查料仓中的材料是否完全加入钢包内，出钢量按作业计划执行，出钢尽量保证不下渣，不带渣。出钢量达到目标要求时，迅速摇回炉子，并使炉体前倾约10°～15°。钢包离开后，对EBT进行清理，进入下一炉的填充EBT的循环操作过程中。

6.3.5　现代电炉炼钢操作实例

炼钢是一项系统的工程，直流电炉和交流电炉除了电极形式以外，炼钢的基本步骤是一样的，以下笔者简要地介绍炼钢的基本过程，每个过程的关键操作在随后的章节里做详细的分析。下面的炼钢步骤是以一座110t电炉为原型的，该电炉没有废钢预热，但是有三个氧气—煤气烧嘴。事实上，大多数电炉的设备绝大部分都是相似的，连锁条件也是差不多的。

电炉冶炼的步骤如下：

（1）开炉前设备的检查。包括：电气、机械、仪表、介质（水、氧气、煤气、氮气、压缩空气、氩气）等。一切正常后，即可开始做冶炼的准备。冶炼前必须将电极吊装完毕。

（2）挂料篮准备加废钢。通知行车工挂配好料的料篮。

（3）加料的操作。加料的操作顺序为：摇平电炉炉体，前倾支撑锁定，后倾支撑锁定，按下桌面的加料开始按钮，或者启动屏幕上的自动旋开炉盖的程序，旋开炉盖加料。按下按钮后或者点击屏幕上的加料开始后，将自动出现：电极全部上升到最高位，炉盖随后提升到最高位，门架旋转自动解锁后旋开。炉盖完全旋开后行车就可以进行加料操作。加料结束后按下加料结束按钮或者操作屏幕旋进程序对话框后旋进炉盖。一般的电炉都有连锁条件，而且基本上大同小异。主要连锁条件如下：

炉盖允许旋开的条件如下：

1）炉盖在最高位或者给定的位置（Roof is up or engage position）。

2）电极在最高位（Electrodes are at top pos）。

3）门架旋转锁定解锁（Gantry is unlocked）。

4）真空短路器断开（Vacuum circuit breaker opened）。

5）前倾支撑锁定（Back rest locked）。

6）后倾支撑锁定（Tilt lock locked）。

7）液压系统正常（Hydraulics system ok）。

在这一过程中，可能出现的问题：加料开始按钮按下后，或者屏幕启动后不响应，可以手动操作顺序如下：

1）摇平电炉，前倾支撑锁定，倾动锁定，电极全部在最高位，炉盖提升到最高位，门架旋转解锁。

2）操作桌面手动操作手柄，旋出炉盖后加料。

加料结束后可以操作桌面的自动加料结束按钮（或者手动操作手柄旋进炉盖），在这一过程中，炉盖会自动旋进，然后旋转门架锁定，炉盖下降到最低位，这一过程的连锁条件如下：

1）电极在最高位（Electrodes are at top pos）。

2）门架旋转锁定解锁（Gantry is unlocked）。

3）炉盖在最高位或者给定的位置（Roof is up or engage position）。

4）真空短路器断开（Vacuum circuit breaker opened）。

5）前倾支撑锁定（Back rest locked）。

6）后顷支撑锁定（Tilt lock locked）。

7）液压系统正常（Hydraulics system ok）。

手动操作步骤是：首先将旋转锁定（在电脑屏幕操作），然后下降炉盖，可能在此过程出现的问题是：

1）炉盖旋出后电极或者炉盖由于卸压以后下降，可通知钳工处理或者手动捅液压阀门，把炉盖捅回最高位，解决完毕后再旋转炉盖。

2）加料后炉体倾角由于加料发生变化，可以利用事故回摇手柄把炉体摇平，这个手柄一般装在出钢桌旁边，用来在事故状态回摇炉体。

3）炉壳法兰边上有加料时的废钢，可通知炉前工清理。

炉盖上升或者下降的连锁（Roof up/down permissives）如下：

1）门架锁定（Gantry is locked）。

2）门架、炉盖处于闭合状态（Gantry/roof is closed）。

3）前倾支撑锁定（Back rest locked）。

4）后倾支撑锁定（Tilt lock locked）。

5）电极不在最低位（Not electrodes at bottom position）。

6）液压正常（Hydraulics system ok）。

7）真空短路器断开（Vacuum circuit breaker opened）。

（4）送电操作。降下炉盖到最低位后，闭合隔离开关，然后闭合断路器后，按自动送电按钮或手柄送电，有时候是直接按下电极自动下降按钮即可。在此期间闭合断路器的连锁条件主要如下：

1）液压系统正常（Hydraulics system ok）。

2）炉盖在最低位（Roof is down）。

3）门架锁定（Gantry is locked）。

4）炉体的倾动角度小于2.8°（Tilting angle <2.8）（不同的炉型，规定不一样，可以调整程序）。

5）电力系统无跳闸（No power system trips）。

6）没有选择电极松放操作（Electrode clamping not selected）。

此外，水冷盘的温度、SVC等条件也在连锁范围，如果出现了报警，需要一一消除确认后，才可以送电。在送电过程中，可能出现电极下降后某一相不起弧，可以检查炉料是否有不导电物质。如果有，可在该相电极下加导电性能好的废钢消除。

（5）加料以后，解除前倾支撑与倾动锁定，然后按照工艺规定的供电曲线送电，在此期间烧嘴按照工艺要求进入相关的状态。炭氧枪也可以按照工艺要求操作，进入熔化期和氧化期的炼钢。

在此期间可能出现：

1）水冷盘温度过高或者报警后跳电，可降低送电档位，如果断路器跳，待水冷盘温度下降后合闸送电。

2）炭氧枪喷炭不正常，可以人工加入发泡剂。

3）泡沫渣高度不能过剩，能够完全埋弧就可以。如果过高，可以降低发泡剂的喷吹量，防止炉渣溢出炉壁枪进枪孔或者其他部位。

4）炉门料没有熔化，可以通知叉车清理或者采用炉门自耗氧枪吹扫清理。

（6）测温取样。取样时间可以参考炉内情况，根据泡沫渣时间或者电耗决定。泡沫渣时间在12～25min左右，全废钢电耗在350～400kW·h/t左右，兑加铁水的电耗可以根据兑加铁水的比例确定。取样的温度要合适，一般大于1560℃，炉内废钢基本熔清以后，取样才会有代表性。

（7）取样后，如果化学成分满足冶炼要求。可根据成分配合金，按照110t的出钢量，将成分配到下限即可。

（8）温度合适后（1590～1650℃）可以准备出钢。准备出钢时，断开断路器，把炉体倾动在2°和4°之间，将桌面选择转换到出钢桌出钢。出钢的基本条件是：

1）温度和成分满足冶炼钢种的要求。

2）炉内无明显的冷却和未熔化的废钢。

3）液压系统正常。

4）吹氩系统正常。

5）打开EBT滑板的气动系统正常。

6）钢包车在出钢位。

7）前倾和后倾支撑解锁。

8）电极在中部位置。

9）炉盖在最低位。

10）旋转门架锁定。

11）短路器断开。

（钢包到位后可以手动出钢，为了防止意外，将事故倾动阀门打开备用。）

（9）出钢时选择手动出钢或者自动出钢。手动出钢时，一人操作出钢，一人观察控制钢流。观察的目的是防止出钢过程不正常情况的出现，如下渣。出钢操作者在出钢到95t左右可报数提醒，考虑到安全，出钢至110t可准备结束出钢。选择自动出钢时，在出钢条件全部满足以后，激活出钢操作台，打开出钢滑板以后，按下自动出钢按钮，程序会按照出钢车上钢水称量的吨位变化倾动炉体出钢，达到出钢吨位以后，炉体自动回摇结束出钢动作。

可能出现的问题：

1）EBT滑板打开出钢不自流，可以进行烧氧处理。

2）合金加料系统出现故障，可以人工加入脱氧剂与合金。

3）倾动故障。即炉体倾动手柄不起作用时，可以使用事故手柄回摇炉体。

4）出钢过程中，脱氧正常的情况下，钢包内沸腾严重，可以考虑减少吹氩甚至停止吹氩。

以上就是交流电炉炼一炉钢的基本设备操作的过程。直流电炉除了电极形式不同以外，其余的设备操作与交流电炉也是基本一致的。电炉炼钢的过程就是这样简单而又复杂。

6.4　直流电炉冶炼工艺操作要点

6.4.1　直流电炉的冶炼启动

直流电炉特殊的电极结构决定了直流电炉冶炼开始的特殊性，一般在开始冶炼第一炉以前，要做启动起弧的准备。这种准备有的是要做底电极的起弧台架，有的要做不同形式的起弧电极。石墨电极起弧有三种方式：

（1）水冷棒式的底电极要在底电极上焊接起弧台架，这种起弧台架根据底阳极的数量来制作，比如有四根底电极的起弧台架，就要做一个没有桌面的“矩形桌子”，桌子和桌子的四条腿由铸坯制作，使用人工与底电极焊合在一起，然后在起弧台架中间加入一些切头废钢，或者堆比和导电性能良好的废钢，然后送电起弧冶炼。

（2）第二种方式与交流电弧炉冶炼的起弧方式相同。在第一批料加入一些优质废钢以后，就可以直接通电冶炼。

（3）采用启动电极。启动电极和普通电极一样，包括一个立柱、液压缸、带夹持器的电极臂和一根石墨电极。它恒定地和阳极相连并且通过炉顶进入炉内，接近中心处阴极的电弧电极。启动电极不需要进行电极调节，只是通过其本身的自重压向废钢铁料。起弧后15min左右，炉底聚集了足够数量的钢水以后，再切断起弧电极通路，退回启动电极，把启动电极升高到炉底以上，并且使用液压缸把炉顶启动电极的孔密封以后，就可以正常使用阴极石墨电极使直流电流过底阳极，进行正常冶炼了。很多大容量直流电弧炉采用了启动电极，启动电极的电源是单独的，电流很小，但需要有足以起弧的电压。启动电极能够有效地阻止电流集中在大块废钢和导电炉底之间，保护了炉底不致于过早地损坏。

6.4.2　直流电炉冶炼对留钢的要求

直流电炉的一个主要的特点就是出钢时不能把钢水出尽，要有一定数量的留钢，否则底电极内出现孔洞，与废钢接触不良会出现底电极不导电的事故。对于有热装铁水的情况下，这种钢水出尽后，可以兑加铁水弥补留钢，没有铁水的条件，出尽留钢后，只有加入起弧台架帮助起弧或者采取启动电极的措施帮助起弧。对于水冷棒式的底电极，在废钢加入后发现不导电的情况，只有吹氧升温，以高温来实现熔融钢液与底电极的打通。

6.4.3　直流电炉对渣料加入的要求

对于渣料采用料篮加入方式的直流电炉来讲，由于渣料的导电性能差，为了防止石灰或者白云石加入时堆积在底电极，发生不导电的事故，所以直流电炉的渣料控制在第二批料加入。在有合适的留钢量的情况下，第一批料也可以加入，但是带有一定的不稳定性。采用炉顶加料系统加料的电炉，渣料也是在废钢加入以后，电炉送电冶炼开始以后加入的。

6.4.4　直流电炉不导电事故的典型处理

案例1：直流电炉不导电的事故（底电极为水冷棒式）

2001年7月3日，某厂70t电炉冶炼一炉钢完出钢后，由于对金属收得率的判断失误，出钢时没有留钢，加入废钢后，送电后发现底电极1号、2号有电流，但是偏小，3号、4号无电流，无法正常冶炼，采用加入5t左右的焦炭，吹氧操作，熔池熔清后，再次边吹氧，并且持续强行送电，处理1小时后，测温在1560℃后送电时底电极电流显示正常，冶炼正常进行。

案例 2：底电极不导电事故

2002 年 2 月 12 日，某厂冶炼一炉钢结束出钢后，发现炉内钢水出空，4 个底电极出现孔洞，并且上方有高黏度炉渣覆盖，为了防止底电极不起弧，此时刚好有铁水供应，加入 6t 铁水后送电，底电极电流显示正常，这次事故发生后，平台下常备了 1 ~ 2 个起弧电极，在没有铁水的情况下，发生此类事故，就直接放入起弧台架帮助起弧。

7　现代电炉炼钢用废钢铁料

目前电炉炼钢的原料随着冶金工业技术的发展呈现出了多样化的局面，炼钢的主要原料由过去的单一的废钢发展成为现在的各种各样的新铁料，主要有：热装铁水、直接还原铁、Corex 铁水、冷生铁、碳化铁，最近报道的脱碳粒铁据介绍也是一种含碳量在1.5%左右的优质电炉炼钢原料，此外有的厂家还使用了改性生铁，即把优质烧结矿和生铁铸压成一定的形状以后使用。下面笔者将重点介绍几种新铁料的发展状况及应用。

7.1　直接还原铁

直接还原是指在矿石不熔化、不造渣的条件下将铁的氧化物还原为金属铁的工艺方法。这种方法用烟煤或天然气作还原剂，不用焦炭，不用庞大的高炉。直接还原是在固态温度下进行，所得的产品称为直接还原铁 DRI（direct reduction iron）。目前直接还原法主要有气基直接还原法和煤基直接还原法两大类。直接还原铁的金属化率均在90%左右。直接还原铁由过去的海绵铁（sponge iron）发展为现在的粒状直接还原铁（DRI）以及块状的热压块 HBI，由于直接还原铁中金属铁的含量较高，而且硫和磷的含量比较低，所以是电炉生产洁净钢的重要钢铁原料的替代品。目前全世界的直接还原铁的总产量占生铁产量的6% ~9.4%，在3000万~6000万 t 左右，气基生产直接还原铁的技术和产量都占主导地位，气基生产法主要有 Midrex 法、HYL 法、Fior 法，煤基生产法主要有 SL/RNI、Krup 法、Corex 法、DRC 法、ACCAR 法。正在开发的煤基法有 Inmetco 法、Fastmet 法、Comet 法以及 Finmet 法。竖炉法生产的 DRI 是优质废钢的替代用品，是用来生产优质钢种的理想原料。

直接还原铁目前在国内已经有许多厂家在生产。由于我国的煤炭资源比较丰富，所以在我国应以发展煤基直接还原法为主生产 DRI，同时要因地制宜，在天然气资源比较丰富的地区进行气基直接还原铁的生产，如新疆的富蕴县、阿勒泰地区、哈密等地不仅具有天然气资源，而且具有品位较高的铁矿储藏，此外在境外哈萨克斯坦、吉尔吉斯斯坦等国家，投资开发直接还原铁的工厂将是在废钢铁原料日益紧张时候的最好的选择之一。天津钢管公司150t 的交流电炉和广州珠江钢厂150t 交流福克斯电炉使用的主要原料有一部分为直接还原铁的热压块。

7.1.1　直接还原铁的理化指标

直接还原铁的主要理化指标见表7-1。

表7-1　直接还原铁的主要理化指标

组成元素	含量/%	组成的化学成分	含量/%
全　铁	90~93	SiO_2	1~3
金属铁	80~86	Al_2O_3	0.5~2
金属化率	90~94	脉石（Al_2O_3、SiO_2、CaO、MgO）	2.7~5
C	0.2~1.4		
S	0.01~0.04	残余元素的总量	0.015~0.04
P	0.04~0.07	堆密度	2.7~2.9g/cm^3

直接还原铁有三种外观形状：

（1）块状。块矿在竖炉或回转窑内直接还原得到的海绵状金属铁。

（2）金属化球团。使用精矿粉先造球，干燥后在竖炉或回转窑中直接还原得到的保持球团外形的直接还原铁。

（3）热压块铁 HBI。把刚刚还原出来的海绵铁或金属球团趁热加压成形，使其成为具有一定尺寸的铁块，一般尺寸多为 100mm × 50mm × 30mm，其密度一般高于海绵铁与金属化球团。HBI 的表面积小于海绵铁与金属化球团，使其在保管或运输过程中不易发生氧化，在电炉中使用时装料的效率高。

7.1.2　电炉炼钢对直接还原铁的性能要求

由于电炉炼钢的特殊性，所以对于直接还原铁有一定的要求，一般要求如下：

（1）密度要在 $3.0 \sim 6.5 g/cm^3$ 之间。

（2）一般要求冷态条件下抗拉强度大于 70MPa，以保证运输和加料过程中不易破碎。

（3）要求粒度合适。既不能含过量的粉尘，也不能尺寸过大，使其能避免氧化或被电炉除尘装置吸收，又能适于炉顶连续加料的要求。一般粒度要求在 10 ~ 100mm 之间。直接还原铁的实体照片见图 7-1 和图 7-2。

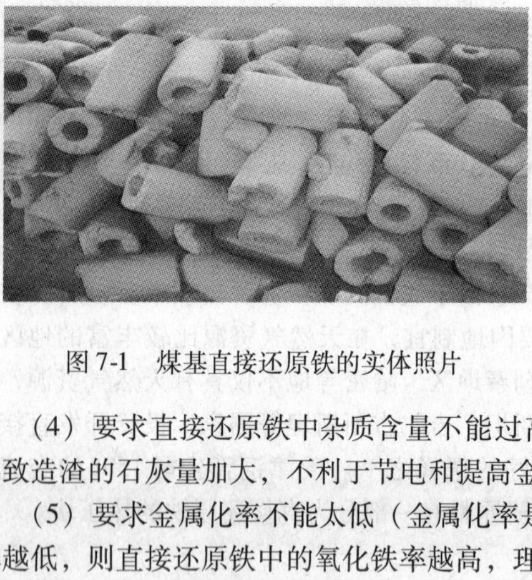

图 7-1　煤基直接还原铁的实体照片

图 7-2　Finmet 工艺生产的热压块实体照片

（4）要求直接还原铁中杂质含量不能过高，尤其是指脉石的含量。脉石的含量过高，会导致造渣的石灰量加大，不利于节电和提高金属回收率。

（5）要求金属化率不能太低（金属化率是直接还原铁中金属铁与总铁的百分比），金属化率越低，则直接还原铁中的氧化铁率越高，理论上 DRI 每增加 1%，需要 10.4kW · h/t 的电能还原氧化铁，而且会影响冶炼钢水的金属总收得率。

7.1.3　直接还原铁的加入方式

直接还原铁的密度介于炉渣（$2.5 \sim 3.5 g/cm^3$）与钢液（$7.0 g/cm^3$）之间。加入炉内后容易停留在渣钢界面上，有利于钢渣界面的脱碳反应，促进炉内传热的进行。直接还原铁用于电炉炼钢，其中金属化率和含碳量不同，所以加入量也不相同。对于碳含量和金属化率较高的直接还原铁，可以 100% 地作为电炉炼钢的废钢炉料。如果所用的直接还原铁的加入比例为 30% 以下，则可用料罐加入。料罐的底部装轻废钢，随后装入重废钢和 DRI，这样可避免 DRI 结块太多。DRI 主要装在料罐的下半部，使 DRI 尽可能装入炉内中心部位，防止直接还原铁接近炉壁以及冷区结块而不能熔化。有一种情况需要注意的是：当电弧从上部加热相当厚的 DRI 料层时，熔化的金属便充填各个 DRI 球团之间的空隙并凝结，不能渗入到球团深部，球团易烧结在一起而且密度小，难以落入钢水中，延长了熔化时间。实践表明，成批加入大于总炉料的30%的DRI时，由于DRI传热慢，会出现难以熔化的问题，恶化其经济技术指标，使用连续加料技术，会改善这种情况。连续加料一般从炉顶的加料孔加入。一是在炉顶的几何中心开一个加料孔，使DRI垂直落入；另一种方式是在炉顶半径的中间开孔，经轨道抛射落入炉内的中心区域。炉顶上部的连续加料系统必须有足够的高度，以保证DRI具有足够的动能以快速穿过渣层。由于一般的直接还原铁的含碳量比较低，不利于熔池的尽快形成。气基还原铁能较好控制DRI中的碳含量，一般可做到其中的碳与未还原的FeO相平衡，即所谓“平衡的DRI”。冶炼时无需额外配碳，DRI也不会向熔池增碳；对于煤基还原的DRI，一般碳含量在0.25%左右，冶炼时需配入一定的碳（根据DRI金属化率和所炼钢种而定），以保证熔池合适的碳含量并使DRI中的FeO还原。在采用废钢预热的竖炉和连续加料的Consteel Furnace电炉，直接还原铁的加入主要关键步骤有：

（1）采用较大的留钢量，使得直接还原铁加入后一直在有熔池存在的条件下，能够使吹氧和辅助能源输入的操作发挥最大的效率。

（2）DRI由高位料仓通过炉顶连续加入的原则是：在避免形成“冰山”的前提下，保持熔池较低的温度，以最大速度加入。以减少炉衬侵蚀和热能损失，缩短冶炼时间。具体工艺如下：

1）加入最后一篮料后废钢熔化形成熔池后，单位重量能耗达到100kW·h/t时，开始加入DRI，速度为500kg/min。

2）电耗耗值达到200kW·h/t时，DRI加入速度增至1000kg/min。

3）炉内废钢基本熔清时，DRI加入速度增至2500kg/min。

4）熔池温度达到1560℃时，DRI加入速度增至3000kg/min。每5min测温一次，保持熔池温度在1560～1580℃，若熔池温度超出此范围时，适当降低或增大加入速度。

5）DRI最后10t的加入速度应降至1500kg/min。

6）DRI最后5t，加入速度应降至500kg/min，使熔池升温，直至达到出钢温度为止。

7.1.4　直接还原铁配加铁水冶炼的操作要点分析

笔者经过的操作是以煤基直接还原铁为主，由新疆艾斯米尔公司生产，吹炼方式是炉壁超声速氧枪和一支炉门自耗式氧枪联合吹炼的。我们在生产实践中经过大量的实践证明，含碳量较低的直接还原铁，全废钢冶炼中使用效果不理想，在配加铁水的生产中取得的效果是比较理想的。结合有关文献，笔者将直接还原铁使用的基本操作要点做以下分析：

（1）不同产地的直接还原铁中脉石含量不同，大量使用时要注意渣料石灰的加入量，避免炉渣碱度低造成冶炼过程的脱磷化学反应不能达到成分控制的要求。

（2）热装铁水冶炼时，直接还原铁在第一批料随废钢铁料一起加入，并且采用较大的留钢量，对于优化脱碳脱磷操作十分有利。

（3）使用直接还原铁要注意提高入炉料的配碳量，如果配碳量不足，会造成直接还原铁形成冷区，不容易熔化。由于碳可以降低铁素体的熔点，合适的配碳量，会帮助熔池尽快形成，有利于消除直接还原铁的大块凝固现象。一般情况下，直接还原铁加入量在20%～30%，配碳量保持在1.2%～1.8%；低于20%的直接还原铁，配碳量控制在0.8%～1.5%之间是合适的。这种方式有利于炉渣的早期形成和促进脱碳反应的速度，脱磷效果好，缩短了冶炼时间。原因是直接还原铁中的氧化铁促进了石灰的早期溶解和增加了渣中氧化铁的含量。实践中铁水加入比例与直接还原铁加入比例的最佳比例为3.5∶2。

（4）热装铁水配加直接还原铁冶炼时，尽可能地使用最大的功率送电，有熔池形成时就进行喷炭操作，促使泡沫渣埋弧冶炼，尽快提高熔池的温度。

(5) 吹氧冶炼期间，要注意吹氧的操作和送电的操作，从炉门放渣的时间要尽量晚一些，脱碳反应开始以后，要来回间歇性地倾动炉体，利用脱碳反应的动力促使熔池内部的冷区消融。

(6) 冶炼过程中，铁水的比例小于20%，直接还原铁的加入量在10%～30%之间，冶炼的电耗将会增加15～50kW·h/t，所以铁水加入比例较小时，直接还原铁的装入量要偏下限，以便于快速提温和缩短冶炼周期。热装铁水的比例大于30%以后，装入量控制在中上限，有利于增加台时产量。

7.1.5 直接还原铁配加生铁冶炼的操作要点分析

直接还原铁配加生铁冶炼的操作要点分析如下：

(1) 全废钢冶炼时，直接还原铁的加入量要控制在30%以内，最佳的加入量要根据熔池的配碳量来决定。配碳量加大时，直接还原铁的加入比例可以大一点，反之亦然。

(2) 电炉的留钢量要偏大一些，直接还原铁的加入不能加在炉门区和EBT冷区。料篮布料时，废钢首先加在炉底，再加直接还原铁，当直接还原铁加入量较大时，应该分两批加入。

(3) 加入废钢铁料的配碳量要控制在1.2%～2.0%。炉渣的二元碱度要保持在2.0～2.5之间。

(4) 装入量要控制在公称装入量的中限以下，以利于熔池快速提温。

(5) 冶炼过程中，在有熔池形成时，就要考虑进行喷炭操作，以降解渣中的氧化铁含量，营造良好的泡沫渣埋弧冶炼。在有脱碳反应征兆出现时，可以根据冶炼的进程调节喷炭的速度。

(6) 直接还原铁容易在炉壁冷区和熔池靠近EBT出钢口的附近沉积，在脱碳量不大，熔池温度较低时，形成难熔的“冰山”，所以出钢温度要保持在1620～1650℃之间，出钢前还要仔细观察炉内的情况，防止冷区的存在引发事故。

(7) 在没有辅助能源输入的时候,或者熔池升温速度较慢的阶段,最好少加或者不加直接还原铁。主要是因为冶炼过程中熔池温度较低时,碳氧反应开始较晚,低温阶段铁会大量氧化加入渣中,在渣中富集以后流失,增加了铁耗,在熔池温度升高以后还有可能导致大沸腾事故的发生。

7.1.6 使用直接还原铁后金属收得率的基本分析方法

对于加入直接还原铁后金属的收得率，以下采用陈煜和李京社等人的方法。先后采用了6种指标，为此引入下列符号：G为电弧炉出钢（液）量，t；G_s为入炉废钢量，t；G_{DRI}为入炉直接还原铁量，t；T_{Fe}为直接还原铁中全铁含量,%；M_{Fe}为直接还原铁中金属铁含量,%；η_s：废钢收得率,%。

(1) 钢铁料综合收得率＝电炉的出钢量/入炉的钢铁料量，即$\eta_1 = G/(G_s + G_{DRI})$；

(2) 钢铁料全铁收得率＝电弧炉的出钢量/入炉全铁料，即$\eta_2 = G/(G_s + G_{DRI}T_{Fe})$；

(3) 钢铁料金属铁收得率＝电弧炉的出钢量/入炉金属铁量，即$\eta_3 = G/(G_s + G_{DRI}M_{Fe})$；

(4) 直接还原铁综合收得率＝DRI形成的出钢量/入炉的DRI量，即$\eta_4 = (G - G_s\eta_s)/G_{DRI}$；

(5) 直接还原铁全铁收得率＝DRI形成的出钢量/DRI带入的全铁量，即$\eta_5 = (G - G_s\eta_s)/G_{DRI}T_{Fe}$；

(6) 直接还原铁金属收得率＝DRI形成的出钢量/DRI带入的金属铁量，即$\eta_6 = (G - G_s\eta_s)/G_{DRI}M_{Fe}$。

根据他们的研究认为，配加直接还原铁对直接还原铁的全铁收得率没有明显影响。我们的实践经验是，加入直接还原铁以后，计算收得率是利用加入量乘以全铁量后按照87%～93%的回收率进入钢液，得到的结果与实际生产结果是一致的。

7.1.7　直接还原铁的使用效果

在一些废钢资源充足的地区，直接还原铁替代废钢的加入是作为净化和提高钢水质量的手段，金属化率较高和碳含量较高的直接还原铁在废钢资源缺乏的地区可以作为废钢的替代品，使用直接还原铁后的主要效果如下：

（1）对于电耗的影响。碳含量较低的直接还原铁使用后冶炼电耗有增加的趋势，这种趋势是随着入炉料的配碳量和直接还原铁的加入量动态波动的，直接还原铁加入量超过25%以后，增加的电耗比较明显。气基生产的直接还原铁，含碳量较高，脱碳反应的热效应会减少冶炼电耗的上升。

（2）对于金属收得率的影响。配加直接还原铁以后，炉料的配碳量决定了直接还原铁的金属收得率。通过提高熔池的配碳量，实行多点喷炭，增加炭氧枪喷吹炭粉的数量来调整钢渣中的氧化铁含量，促进直接还原铁中的氧化铁的还原进入钢液，是提高金属收得率的有效方法。利用直接还原铁配加高比例的热装铁水，可以显著提高金属的收得率。

（3）对于渣料的影响。实际上直接还原铁带入的脉石与废钢带入的杂质含量是差不多的，有时候甚至比废钢带入的要低。所以配加直接还原铁以后，对于渣料的影响不大，直接还原铁的加入比例在30%以内，渣料的加入量不会显著上升，有时候还可以有所下降。

（4）对于脱碳和氧耗的影响。配加直接还原铁以后，由于直接还原铁带入一定量的氧化铁会促进炉渣的熔化，提高脱碳速度，冶炼的氧耗有所下降，下降的值在0.5～3.5m^3/t。

（5）对于冶炼周期的影响。对于全废钢冶炼来讲，配加直接还原铁，由于电耗有所增加，通电时间延长，冶炼周期也随之增加。热装铁水冶炼的时候，铁水比例大于30%以上时，由于直接还原铁的加入会提高脱碳速度，控制好送电曲线，冶炼周期不会明显增加，有时候还会有所缩短。铁水加入比例低于20%时，冶炼周期取决于装入量和配碳量。总体的统计表明，热装铁水冶炼时，配加12%～30%的DRI，一般可使一炉钢的冶炼时间缩短3～5min。

（6）对于电极消耗的影响。配加直接还原铁冶炼时，电极的消耗有所上升。这主要是通电时间增加以后，增加了电极的消耗。

（7）对于钢的质量的影响。配加直接还原铁以后，钢中有害元素的含量，特别是重金属元素Ni、Cr、Mo、Cu、Sn的含量会有所下降，有利于提高钢水的洁净度，同时直接还原铁中的气体含量也比较低，配加直接还原铁以后，泡沫渣在一定的程度上比较容易控制，脱碳反应也能够比较顺利的进行，对于降低钢中的气体含量比较有利。加入直接还原铁以后，对废钢中有害元素的稀释作用见图7-3。

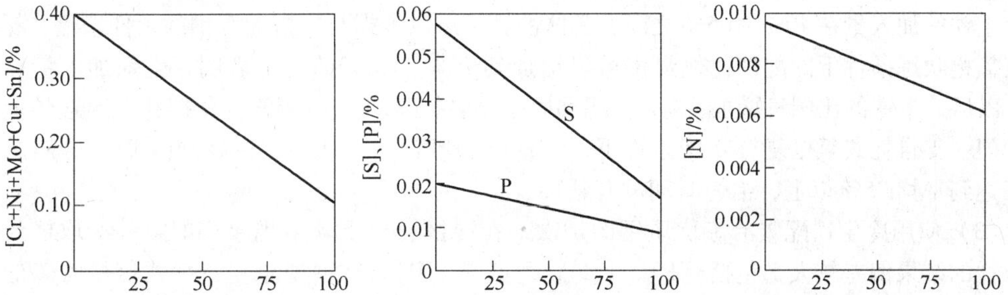

图7-3　直接还原铁加入后对有害元素的影响

(8) 对于冶炼安全的影响。含碳量较低，金属化率较低的直接还原铁使用过量后，由于氧化铁在渣中容易富集，操作不当会引发熔池大沸腾的恶性事故。同时，直接还原铁容易形成难熔的“冰山”，操作不当时，会发生出钢时堵塞出钢口，出钢量得不到保证的事故。

7.2 冷生铁

在一些大型钢铁联合企业，由于以转炉生产为主，转炉对于铁水有一定的要求，特别是硫元素和硅元素，在铁水成分超标后会出现一部分的废品铁水将选择铸造，另外一种情况是铁水的生产量大于转炉的需求量以后，一部分铁水将被铸造成冷生铁。在钢铁原料日益紧张的现代，很少有把冷生铁回炉重新炼铁的做法，而是把它作为电炉的原料利用或者外售给其他短流程企业，还有相当多的民营炼铁企业，由于投资和企业规模过小，生产的生铁一般质量不高，没有匹配相应的转炉生产线，作为短期投资的一种选择，将产品外卖，但是作为电炉炼钢的原料，是一种优质的炼钢原料。冷生铁基本成分见表 7-2。

表 7-2　冷生铁（铁水）的化学成分

成　分	金属铁	C	P	S	Mn	Si
含量/%	>93	3.8～4.2	≤0.08	≤0.6	0.2～0.4	≤1.0

7.2.1　加入冷生铁的电炉冶炼特点

冷生铁具有金属化率较高、易于保存和运输、杂质含量低的优点，目前普遍地应用于电炉的生产，采用废钢加生铁的料型结构是目前大多数短流程企业的基本料型结构。由于生铁中含有较高的碳，所以加入量过大以后，会引起熔清后碳高，需要花时间脱碳，会延长冶炼周期。作为生铁配碳冶炼时具有以下特点：

(1) 冷生铁的导热性不好，所以加入时要注意尽量避免加在炉门和出钢口附近，给冶炼操作带来困难。配料时生铁的加入应该加在料篮的中下部最为合理，这样可以利用生铁含碳量较高的优点，及早形成熔池，不仅有利于提高吹氧的效率，而且会提高金属收得率。如果加在炉门区，一是加料后堆积在炉门区的冷生铁，很有可能从炉门区掉入渣坑，造成浪费；二是影响从炉门区的吹氧操作；三是影响取样操作，或者取样的成分没有代表性。加在出钢口区，会发生堵塞出钢口的事故，或者出钢时，未熔解的生铁在等待出钢的时间和出钢过程的这段时间内发生熔解以后，导致出钢增碳现象，引起成分出格的事故。

(2) 一般来讲冷生铁的配入量在装入量的 20%～65% 之间，自耗式氧枪吹炼方式下的配加比例为 20%～45%，冶炼低碳钢取中下限，冶炼中高碳钢取中上限。超声速氧枪吹炼模式下的冷生铁的加入量在 40%～65% 之间，具体的比例可以根据与之搭配废钢的条件来定。超声速集束氧枪吹炼条件下的配加比例最多可以增加到 70%。我们的统计表明，生铁加入量在超过 40% 以后，生铁的比例每增加 5%，金属回收率将会提高 1%～1.6%，我们在超声速炉壁氧枪和炉门一支自耗式氧枪复合吹炼条件下，生铁配加废钢，生铁的比例在 60% 时，金属总体收得率达到平均 95% 以上，冶炼时间没有延长。

(3) 使用冷生铁配碳冶炼优质钢的炉次，在冷区会出现软熔现象，即第一次取样与第二次取样的结果偏差较大，包括［P］、［C］，尤其是［P］。这种现象在自耗式氧枪吹炼的条件下尤其明显。供氧强度较大的超声速氧枪或者超声速集束氧枪吹炼模式下，这种情况会有所好转。所以用生铁配碳冶炼时，终点取样温度应该在 1580～1630℃ 之间。出钢前从炉门仔细观察炉内是否有未熔的冷废钢，是必须的。

（4）加入加高比例的冷生铁冶炼时，保持炉内合适的留渣、留钢量是促进冶炼优化的关键操作。

（5）有些生铁含有较高的硅和磷，在加入生铁比例较高的冶炼炉次，要根据生铁的成分合理地配加渣料石灰，防止冶炼过程出现磷高和频繁的沸腾现象。笔者多次在实际操作中遇到这种现象：在石灰称量秤误差较大时，因为石灰加入量不够，出现过磷高的事故，而且冶炼中随着脱碳反应和冷生铁的不断熔化，炉内不断发生剧烈沸腾，从炉门溢出钢水的事故，经过后来的化验分析证实，这是由于加入的冷生铁硅含量和磷含量严重超标，石灰加入量的偏差较大造成的。

（6）冷生铁表面具有许多不平的微小孔洞和半贯穿性的气孔，有利于脱碳反应的一氧化碳气泡的形成，有利于脱碳反应的进行。在废钢资源紧张的地区，利用铁水和冷生铁一起配碳，不会延长脱碳的时间和冶炼周期。其中铁水占30%，生铁占35%的比例搭配，在实际操作中的效果最佳。

冷生铁和铁水带入的配碳量可以由下式确定：

$$C\% = Q\alpha / G \times 100\% \qquad (7\text{-}1)$$

式中，$C\%$为生铁或者铁水带来的配碳量；Q为生铁或铁水加入量；α为生铁或铁水的碳含量；G为加入的废钢铁料的总量。

7.2.2　高比例配加冷生铁冶炼操作的关键技术

利用高比例配加生铁冶炼的优点主要有：

（1）有利于调整配料的结构，减少电炉加料以后料高压料的几率。

（2）有利于提高化学能的利用比例，降低电耗。

（3）有利于提高钢铁料的收得率。

（4）有益于钢液质量的提高。

（5）较高的配碳量，引起冶炼过程的剧烈沸腾，可以消除电炉炼钢过程存在的冷区。

（6）可以稀释入炉废钢内有害元素的含量。

7.2.2.1　炉门自耗式氧枪吹炼条件下高比例配加生铁的操作要点

由于自耗式氧枪吹炼过程中，脱碳速度在0.03%～0.06%/min之间，脱碳速度较慢，所以生铁的加入比例在20%～45%，操作要点如下：

（1）料型结构采用第一篮料的加入量占总加入量的50%以上，生铁加入量占总加入生铁量的60%以上。这样做的优点在于可以减少压料时间和调整料型结构。

（2）根据电炉熔池的深度，保持合理的留钢量和留渣量，熔池较浅时，留钢量控制在5～10t之间，熔池较深的情况下，留钢量控制在7～25t之间，变压器容量较大的电炉还可以继续增大留钢量。这样做的目的除了保护炉底耐火材料以外，主要是为了提高吹氧的效率和实现早期脱碳。

（3）石灰加入量要保证在氧化后期，炉渣的二元碱度在2.0～2.5之间，石灰和白云石的量根据冶炼过程中渣况做动态的调整。需要说明的是，我们在实践中的统计分析证明，炉渣的碱度不够，不仅影响泡沫渣的质量，而且会容易引起炉渣乳化，影响脱碳反应速度，操作不当还会导致大沸腾事故的发生。

（4）一批料入炉后，供电尽可能采用最大功率输入电能，以保证最快的速度在炉底形成熔池。

（5）第一批料入炉以后，炉体向出渣方向倾动到一个合适的角度，倾动角度以炉门区不溢出钢渣为原则。炉门枪的操作采用两支吹氧管伸入到有熔池形成的区域吹氧，或者一支伸入到熔池吹氧，一支切割废钢的操作模式，这样做的优点是可以实现早期脱碳，减轻氧化期的脱碳压力，并且可以利用脱碳反应的放热加速废钢的熔化，有利于降低电耗和铁耗。

（6）一炉钢的废钢铁料全部入炉以后，供电也尽可能采用最大功率送电。炉门枪的初期操作与一批料的操作相同，全部废钢有60%以上熔清后，一支枪向钢渣界面吹氧，一支枪吹渣操作，以促进炉渣的早期熔化，这种做法的必要性在于除了保证脱磷以外，还可以减少吹损，防止炉门翻钢水现象的发生。在此阶段，供氧强度的模式选择保持在中间的模式上（一般的吹氧操作，吹氧模式有3种以上的选择）。

（7）泡沫渣的操作可以选择早期脱磷，兼顾脱碳，中后期强化脱碳的顺序，炭粉的喷吹控制应该以保持炉渣充分泡沫化为目的，炉渣泡沫化良好时，可以采用点动喷吹炭粉或者停止喷吹炭粉的操作。在良好的泡沫渣保持5min左右，有脱碳反应的特征出现以后，供氧模式采用最大模式，以强化脱碳反应的操作。熔池内部脱碳反应的基本特征是：停止喷吹炭粉以后，除尘弯管有黑色或者强烈的黑黄色火焰，有时候为黄白色火焰出现，或者炉门与炉盖处有明显或者强烈的火焰出现。

（8）高比例配加生铁的泡沫渣脱碳操作中，由于熔池中前期碳含量高，炉渣容易出现返干现象，所以强化脱碳期间，控制喷吹炭粉很必要，通电功率要根据脱碳反应速度做调整，脱碳速度较快时，可以提高输入送电功率，避免后期过吹，脱碳速度较慢时，可以降低送电功率水平，避免碳高以后出高温钢。

（9）由于脱碳反应是一个串联的反应，所以脱碳期间，不断合理地倾动炉体是促进脱碳反应的必要操作手段，也可以达到促进冷区生铁熔化的目的。

（10）取样的温度要控制在1580～1630℃之间，出钢温度控制在1590～1650℃之间，取样和出钢前要观察炉内是否完全熔清，是很必要的。

（11）脱碳反应结束后，出钢前成分中碳含量的控制，低碳钢出钢终点碳含量应该控制在低于钢种成分下限0.02%左右，中高碳钢控制在低于钢种成分下限0.05%左右，防止生铁没有完全熔解在出钢过程的增碳。

（12）熔池内碳含量的控制除了取样分析以外，烟道和炉体角度的控制也可以提供必要的辅助参考，具体的方法如下。

不喷吹炭粉时根据烟道内出现的火焰判断：

碳含量高于0.8%以后，烟道火焰一般呈现浓烈的黑色，黑黄色。

碳含量在0.5%～0.8%之间，烟道内火焰强烈，并且出现黄色或者黄白色。

碳含量在0.1%～0.3%之间，出现乳白色或者乳黄色，火焰有力。

碳含量低于0.10%以后，烟道内的火焰飘忽不定，软弱无力。

炉体倾动角度的判断参考如下，但是这只是必要的参考，而不能替代化学分析。在相同的吹氧的条件下，如果熔池内碳含量不同，供氧强度相同，脱碳的速度却不相同，不同的脱碳速度造成熔池内钢液沸腾后，钢液面的高度也不相同，熔池内沸腾剧烈，炉体向出钢方向倾动，说明碳含量较高。如果炉体能够向出渣方向倾动得足够低，说明熔池内碳含量较低。

7.2.2.2 超声速氧枪吹炼条件下高比例配加冷生铁的冶炼操作技术

随着废钢资源的萎缩，目前电炉的挑战之一就是废钢铁料的短缺和料型情况的恶化，我们在废钢短缺的时期，在110t电炉板坯生产线采用了高比例配加生铁冶炼的手段，用来提高钢水质量，提高收得率，取得和积累了一些经验。由于超声速氧枪的脱碳速度在0.05%～0.10%/min之间，所以生铁的加入量的比例保持在45%～65%是比较合适的。超声速氧枪吹炼条件下的要点如下：

（1）出钢采用较大的留钢量和留渣量，以利于在第一批废钢入炉后，炉底废钢料迅速发红，以提高吹氧的效率。

（2）废钢和生铁，特别是生铁的加入量，主要是加在第一批料内，加入配入生铁总量的70%以上，如果料型允许的情况下，生铁在第一批料全部入炉，效果会更好。第一批料的总配料量占总量的65%以上。这样做的优点在于可以尽快在炉底形成熔池，有利于吹氧的操作。一批料的送电操作要尽可能快地输入最大功率的电能。

（3）超声速氧枪在有局部熔池形成后就要进行脱碳的前期操作，吹渣2min左右，开始脱碳操作，脱碳开始的特征是烟道内有明显的碳火出现，这种模式的操作，既保证了炉渣的熔化，覆盖已经形成的熔池，有益于减少吹炼过程的飞溅损失，而且可以提高脱碳速度，利用脱碳反应产生的一氧化碳气体实现炉膛内的二次燃烧功能，有利于节电。

（4）第一批料尽可能地熔化充分一点，以减少第二批料加料后，料高炉盖旋不进来的现象。也有利于第二批料加料后氧枪的尽快使用。

（5）渣料的加入要保证炉渣二元碱度在2.0以上。加入第二批料后，前期送电要最大功率，吹氧操作以尽快能够脱碳为努力方向，脱碳反应开始后，可以根据泡沫渣的情况调整喷炭量和送电档位，并且适当地来回倾动炉体。由于脱碳反应是一个串联的二级反应，在这个过程中，脱碳反应有时候很剧烈，有时候减弱，在减弱一段时间后，又会剧烈，这是由于生铁传热差，在冷区不容易熔化造成的。在取样前，将炉体倾动在出钢方向保持一定的吹炼时间，是很必要的。此外，加在炉底的生铁表面是脱碳反应的产物，一氧化碳生成气泡前气泡形核的最佳区域，有利于超声速氧枪吹炼下的脱碳反应的进行，这一点需要炉渣的碱度作保证。炉渣的二元碱度保持在2.0～3.0，钢渣间的界面反应对于脱磷脱碳有积极的促进作用。

事实上我们在全废钢冶炼的时候，生铁的最大比例保持在65%左右，冶炼周期没有明显的延长，金属收得率和钢水的质量大幅度提高。在有铁水热装的条件下，我们采用10%～25%的铁水比例，另外配加30%～45%的生铁，冶炼效果也非常理想，脱碳速度和最大档位送电之间的配合也衔接的比较好。表7-3是一些冶炼的基本效果对比。

表7-3 超声速氧枪吹炼条件下高比例配加生铁的冶炼效果

生铁的比例/%	40	45	50	55	65（生铁＋铁水）
冶炼周期/min	52	53	55	57	53
金属收得率/%	91.5	92	93	94.5	95
电耗/$kW \cdot h \cdot t^{-1}$	351	332	330	318	260～305

需要说明的是，在实际生产中，有些废钢含有较高的抑制脱碳反应的元素（硅、锰、磷），这类废钢大量使用时，要注意减少生铁的比例，以减少脱碳操作的难度。此外，废钢配料车间的料坑，在经过一段时间后要进行清理，料池底部的废钢条间比较复杂，经过化验和分析，料池底部的碎料一般杂质元素含量较高，而且附带的非金属料较多，所以在清理料池底部

的时候，要注意减少生铁的加入量，并且适当地增加石灰的加入量，因为在这种情况下，会出现炉渣碱度不够，出现磷高和脱碳困难的问题，需要特别注意。

超声速集束氧枪的多点吹氧，多点喷炭，供氧强度较大，在采用高比例生铁冶炼时，为了提高吹氧的效率，关键之一就是要保持电炉内有较大的留钢量，保证炉渣的碱度在2.0以上，提高氧枪的吹氧效率，防止射流的反射。其他操作比自耗式氧枪和超声速氧枪要容易许多。

7.3 碳化铁

碳化铁（Fe_3C）也是气基直接还原铁的一种半工业化的实验产品，其工艺是通过气—固反应，将铁矿粉转变为碳化铁的闭环吸热的一步式工艺。经过处理的气流（CO、CO_2、H_2、CH_4、水蒸气）在550~600℃下与0.1~1.0mm的铁矿粉反应生成碳化铁。由于碳化铁具有较高的化学潜热，有害杂质含量很低，被认为是一种最有潜力的电炉炼钢原料的替代品，由于规模化生产的技术问题与资源矿产的制约，所以目前没有形成规模化的生产，但是对于它的实验性使用和工业性应用，已经有了大量的文献报道。典型的碳化铁成分见表7-4。

表7-4 典型的碳化铁成分

成分	总铁	金属铁	Fe_3C	Fe_3O_4	SiO_2	P	S
含量/%	89~94	0.5~1	88~94	2~7	2~3	<0.035	<0.01

电炉炼钢对于碳化铁的要求如下：

（1）金属化率要高。由于碳化铁中的Fe_3O_4与碳反应为还原吸热反应，当碳化铁中Fe_3O_4的含量超过19%，将会是一个负的热效应。所以电炉使用的碳化铁的金属化率要尽可能高。我们在生产中做的实验表明，还原1t的氧化铁，需要电能1~4MW·h的电能。

（2）碳化铁中的酸性物质脉石的含量要低，避免带入炉内酸性物质过多，增加石灰的用量。

（3）由于碳化铁的硬度较大，所以电炉使用时，粒度和块度要适当，用于料篮加入的，要和生铁的块度差不多，用于喷吹的，粒度要满足喷吹的需要。

7.3.1 碳化铁的加入方式

碳化铁可以将其在热态下压块，或者粒化，通过料篮向电炉中加入，也可采用在炉顶第四孔或者第五孔加入。采用料篮加入时，加入方式和加生铁的方式差不多，加在料篮底部或者中下部，在理论上讲是可行的。由于碳化铁坚硬、无黏性、流动性好，如果采用竖井预热后加入或者喷吹加入，效果会更好。在采用竖井加入时，发生碳化铁过热以后粘手指的现象会较少。采用在炉顶第四孔或者第五孔加入方式，加入的灵活性更大，不会在加料过程中发生由于黏结造成的管道堵塞。加入可在冶炼过程中进行而不必中断冶炼，能够缩短冶炼时间，还可以减少热损失，提高热效率。采用喷吹加入，则喷吹速度要控制合适。加入方式和操作主要如下：

（1）采用料篮加入方式。采用料篮加入碳化铁，主要是利用碳化铁碳含量较高的特点，加在一批料的中下部，有利于冶炼的操作，性质和操作与加冷生铁一样，较大的留钢量对于优化供电曲线和脱碳操作比较有利。

（2）采用竖井和连续加料的方式加入。采用竖井和连续加料的方式加入，尽早加入碳化铁，在理论上分析也是可行的，碳化铁应该加在竖井的中下部位，以提高预热温度，促使及早加入熔池熔化。加入过晚，对于碳化铁的溶解和脱碳操作会带来一定的影响。

（3）采用喷吹加入。采用喷吹加入方式国外的经验是：碳化铁在废钢大部分熔化后开始加入，避免在冶炼后期由于使用大功率加热而使钢中氮含量升高，以及碳化铁熔化后带入熔池的碳给冶炼带来的影响。

7.3.2　碳化铁的加入量或喷吹量的控制

碳化铁加入量主要考虑以下三个方面对于冶炼的影响：

（1）从能量上的考虑，要有利于减少电耗，缩短通电时间，提高电炉的台时产量。碳化铁的熔化以及升温到出钢温度，需要的能量来自两个方面：电能和碳化铁中的碳与氧反应放出的热量。根据计算得到，典型的含碳量为6%，含 Fe_3O_4 为46%的碳化铁在炼钢过程中所需能量的一半来自电能。碳化铁的加入量过大或者喷吹速度太快，单位时间电炉需要供给的能量也越大，否则会使熔池温度大幅度降低而影响后期操作。如果熔池的温度过低，不利于脱碳反应和泡沫渣的操作。采用料篮加入或者竖井加入方式的，可以根据不同比例的加入量，对于冶炼电耗和冶炼周期的影响，加以对比分析，确定最佳的加入量。采用喷吹方式的，对于给定的碳化铁喷吹速度，能够计算出喷吹结束时整个熔池提高到出钢温度所需的输入功率。如果该功率大于实际输入功率，则表明碳化铁的喷吹速度过快，反之还可增大喷吹量。由于碳化铁的熔点较高，难以熔化在钢水中，而是按以下反应式进行溶解：

$$Fe_3C = [C] + 3Fe \tag{7-2}$$

据估计，碳化铁的喷吹从喷入熔池到溶解约为1s。

（2）从供氧强度和吹氧方式上的考虑，要有利于提高脱碳速度。碳化铁能够带入熔池较高的碳，而与碳化铁中碳反应的氧主要来自氧气。碳化铁的加入量越大或者喷吹速度越大，要求脱碳用的供氧强度也越大，但供氧强度的增加是受供氧能力限制的。不同的供氧强度和吹炼方式决定了碳化铁的加入量和喷吹速度。在一定的供氧模式下，要根据脱碳速度来计算碳化铁加入量带来的配碳量，然后确定碳化铁的加入量。碳化铁的带入配碳量，可以根据碳化铁中的实际碳含量来确定，方法可以参考式7-1的方法。

（3）废气处理能力。电弧炉中用碳化铁炼钢时，碳化铁中的碳主要是以CO、CO_2 气体形式排出。随着电弧炉中碳化铁喷吹速度的增加，生成的炉气量便迅速增加。因此，确定碳化铁的喷吹速度必须考虑废气的处理能力。

综合以上的因素分析，采用料篮加入方式和竖井加入方式的，在自耗式炉门氧枪吹炼条件下，碳化铁的理论加入量在15%～28%，超声速氧枪吹炼条件下加入量在30%～40%，采用喷吹方式的，喷吹量控制在20%～30%。对于变压器容量较大以及采用集束氧枪的，加入量还可以再增加一些。

7.3.3　电炉炼钢用碳化铁的冶金效果

电炉加入或者喷吹碳化铁以后对于冶炼的影响主要有：

（1）对于冶炼电耗的影响。碳化铁喷入熔池后，发生以下反应：

$$Fe_3C = 3Fe + [C] \qquad \Delta H_{298} = 125.4\text{kJ/kg} \tag{7-3}$$

$$4Fe_3C + Fe_3O_4 = 15[Fe] + 4CO \qquad \Delta H_{298} = 2508\text{kJ/kg} \tag{7-4}$$

$$[C] + [O] = CO \qquad \Delta H_{298} = -13134.3\text{kJ/kg} \tag{7-5}$$

$$[CO] + \frac{1}{2}[O] = CO_2 \qquad \Delta H_{298} = -23544\text{kJ/kg} \tag{7-6}$$

可以看出，碳化铁中 Fe_3O_4 是吸热的，而碳的氧化反应是放热的。因此，碳化铁中的 Fe_3C 及 Fe_3O_4 的多少决定了碳化铁加入到熔池中时的总体热效应。据计算，当碳化铁产品中 Fe_3O_4 大于19%时，将会是负的热效应，即此时随炉料中碳化铁比例增大，电炉所需的输入功率也增大，冶炼电耗也会随之升高。图7-4是炉料中碳化铁的比例与电炉输入功率的关系。

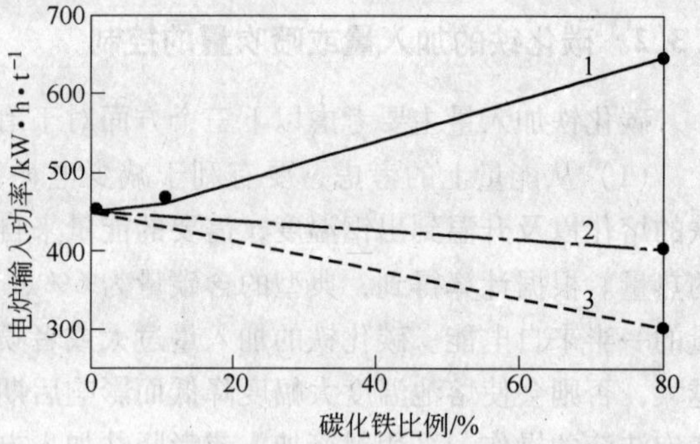

图7-4　炉料中碳化铁比例与电炉输入功率的关系
1—典型的直接还原铁；2—含 Fe_3O_4 11%的碳化铁；3—含 Fe_3O_4 5%的碳化铁

同氧气转炉一样，电炉中碳氧反应的气体产物主要是CO，因此，采用二次燃烧技术，对碳化铁炼钢也是进一步降低电耗的一个有效的途径。

（2）对于钢中气体［N］含量的影响。电炉炼钢过程氮的来源中，焦炭、铁水、冷生铁中带入的氮占了带入钢中氮总含量的40%～50%。由于碳化铁含有很高的碳含量，因此可以在冶炼过程中少加或不加焦炭，减少或避免因加焦炭而带入钢中的氮，同时，碳化铁中的碳与氧反应生成大量的CO气泡具有很好的脱氮作用。据报道，电弧炉喷吹碳化铁炼钢时，钢中的氮含量从原始的0.007%可降低到0.003%～0.004%。

（3）对于金属收得率的影响。碳化铁中的碳除与碳化铁产品中 Fe_3O_4 反应外，其余部分参与碳氧反应，由于电弧炉使用碳化铁炼钢，特别是炉料中碳化铁比例较高时，剧烈的碳氧反应降低了炉渣中的FeO含量，所以电炉中用碳化铁炼钢时，金属收得率较高。

（4）对于冶炼过程中渣料的影响。碳化铁产品几乎不含硫，磷含量也很低，同时在冶炼过程中不需要其他原料配碳，避免了由于加入焦炭粉而造成熔池硫含量的升高。因此，用碳化铁炼钢时脱硫量较小，这不仅降低了脱硫过程造渣材料的消耗和脱磷过程的渣料消耗，也有利于其他冶炼指标的提高。

7.4　脱碳粒铁和Corex铁

7.4.1　脱碳粒铁

脱碳粒铁是一种生产工艺已经实验成功，并且在30t和150t电炉上实验过的新型电炉炼钢原料。脱碳粒铁的生产流程是：先将炼钢生铁用高压水冲制成3～15mm的粒铁，粒铁的粒度可以通过控制高压水的压力和流量来控制，然后把粒铁装入回转窑中进行固态脱碳。如图7-5所示，粒铁由窑尾的给料装置连续均匀地加入窑内，依靠窑头的高炉煤气和粒铁脱碳后的产物CO燃烧所放出的热量来加热粒铁，脱碳使用的氧化剂为高炉的尾气和隧道窑的尾气 CO_2。粒铁里的碳含量可以随机控制，可以控制在0.2%～2.0%之间，有害元素含量低。与直接还原铁相比，粒铁没有脉石，可以减少炼钢的渣料，降低电耗；堆密度比较大，可以减少加料次数，电炉可以实现热装，是一种冶炼高级质量的优质炼钢原料。脱碳粒铁的主要成分见表7-5。

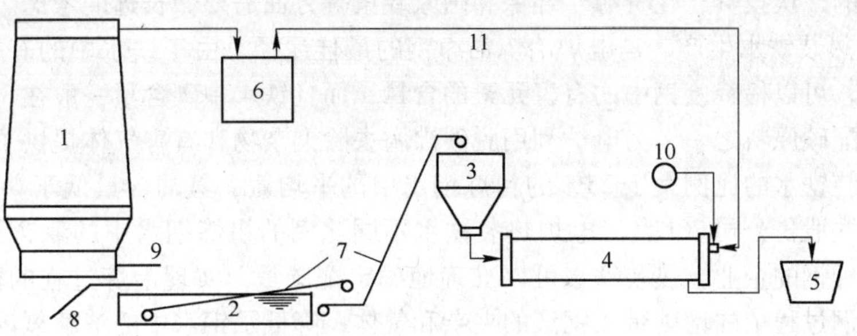

图 7-5 粒铁脱碳工艺流程示意图

1—高炉；2—水池；3—料仓；4—回转窑；5—粒铁罐；6—除尘设施；7—皮带输送机；8—高压水；9—铁水；10—风机；11—高炉煤气

表 7-5 脱碳粒铁的成分与理化指标

化学成分/%							物理性能	
C	Si	P	S	FeO	Cu	Ni + Cr + Pb + Sn	粒度/mm	密度/$t \cdot m^{-3}$
<1.5	0.6	<0.05	<0.04	<5	<0.01	<0.007	5 ~ 15	3.5 ~ 4.0

根据以上介绍可以知道，作为电炉新铁料的一种，脱碳粒铁可以根据脱碳粒铁的碳含量决定加入量，加入量可以在 30% ~100%。加在料篮底部对于减少加料对于炉底的冲击，调整吹氧操作都有好处，对于直流电炉来讲，脱碳粒铁更是一种理想的原料。

7.4.2 Corex 铁

Corex 铁是炼铁工业的一种生产新方法，目前的报道证实这是一种可以工业化生产的炼钢原料，使用与铁水（或者冷生铁）的原理大致相同。

7.5 热装铁水技术

热装铁水是一项影响电炉冶炼历史的新技术，铁水热装技术除了具有冷生铁的相同的优缺点外，还带入了大量的物理热，为缩短冶炼周期、强化冶炼创造了良好的条件。

7.5.1 热装铁水的优缺点

电炉新铁料的应用的一个共同特点就是优质废钢的替代品，电炉热装铁水生产推动了电炉炼钢转炉化的进程，电炉热装铁水生产优质钢，已经是目前一种流行的工艺趋势，主要具有以下的优点：

（1）在电力充足、废钢资源不足、铁矿石资源充足的地区，电炉热装铁水生产，是缓解废钢资源不足的重要手段。在一些地区，利用铁水作为主原料生产的综合成本远远低于利用全废钢生产的成本。目前国内有十多家电炉厂采用了此工艺。比较成功的有安阳钢铁公司 100t 交流电炉、江苏的淮钢集团的 70t 交流电炉、南京钢铁集团 100t 直流电炉、兴澄钢铁的 100t 直流电炉、沙钢集团的两座以上的电炉、苏州钢厂的 100t 电炉、宝钢集团的 150t 双炉壳直流电炉、大冶钢厂的 60t 交流电炉、新疆八一钢铁集团的 70t 直流电炉和 120t 交流电炉等。值得注意的是，在具备热装铁水的大型炼钢联合企业，具有不需要投资高炉的优势，热装铁水为电炉的生产提供了竞争力。而在一些短流程企业，建设了电炉流程后，然后投资建设小高炉，作为电炉热装铁水的二次投资，在资源、环保和国家政策等方面需要做长远的考虑。

(2) 电炉热装铁水生产，是电炉冶炼洁净钢的最佳途径。由于铁水中的有害元素含量低，金属铁含量高，可以稀释废钢中的有害元素的含量，而且铁水中碳含量一般在3.8%～4.2%之间，是最好的配碳原料之一，为电炉利用脱碳沸腾去除夹杂物和有害气体提供了十分有利的条件。在电炉热装铁水的比例大于25%的粗炼钢水中的平均氮、氢的含量低于0.006%，表7-6为新疆八一钢铁股份公司70t直流电炉热装铁水不同比例的粗炼钢水中的氮含量和基本指标。而且在冶炼特种钢的企业，热装铁水可以准确地确定配碳量，实现冶炼过程的留碳出钢操作，减少了因为出钢过程中的增碳带入钢液的夹杂和气体，降低了钢水中的溶解氧浓度，对于提高钢水的质量和降低冶炼成本具有积极的意义。新疆八一钢铁股份公司70t电炉厂在这一方面取得了成功的经验，就说明了这一点。在建厂生产初期，新疆八一钢铁股份公司就致力于留碳冶炼中高碳合金钢技术的研究，做了大量卓有成效的工作。但由于操作工操作方法和认识的不足，这项技术没有全面推广，导致冶炼的中高碳合金钢由于钢中氧化物夹杂数量过多，质量与内地的先进钢厂相比，存在着较大的差距，其中弹簧钢的抗疲劳强度的次数只有2.5×10^6次，相当于其他钢厂同样产品的一半。经过6年的不懈努力后，在生产优质中高碳合金钢全面实现了留碳操作，在提高产品质量和降低生产成本上，产生了巨大的经济效益，弹簧钢的抗疲劳强度次数比原来提高了35%以上，吨钢铁耗和氧耗控制的非常理想。

表7-6　70t直流电炉热装铁水不同比例的粗炼钢水中的［N］含量和基本指标

装入量/t	铁水/t	冶炼周期/min	终点[N]/%	终点[S]/%	出钢量/t
60.5	25	51	0.0030	0.042	77
62.8	21	46	0.0041	0.038	73
60.7	26	44	0.0039	0.047	80
64	31	48	0.0042	0.052	82
67	15	52	0.0056	0.048	72
58	35	41	0.0034	0.039	78
66	24	46	0.0044	0.051	86

(3) 在电力不足或者电炉变压器容量能力不大的短流程企业，可以作为辅助能源的重要途径。高炉铁水的温度一般在1250～1350℃之间，物理热的能量在298～340kW·h/t，同时含有硅、碳等氧化放热元素，计算的化学热为160～220kW·h/t，实践中的结果和计算结果基本吻合。在电炉的生产中，铁水的比例每增加1%，电耗将下降4.2～5.2kW·h/t。目前在一些钢厂，已经采用了热装比例大于70%的铁水热装工艺，利用超声速集束氧枪吹炼，实现了零电耗冶炼，而且冶炼周期最快的达到30min左右，从另外一种意义上讲是电炉炼钢转炉化的成功实例。铁水的兑加比例与冶炼电耗的关系见图7-6。

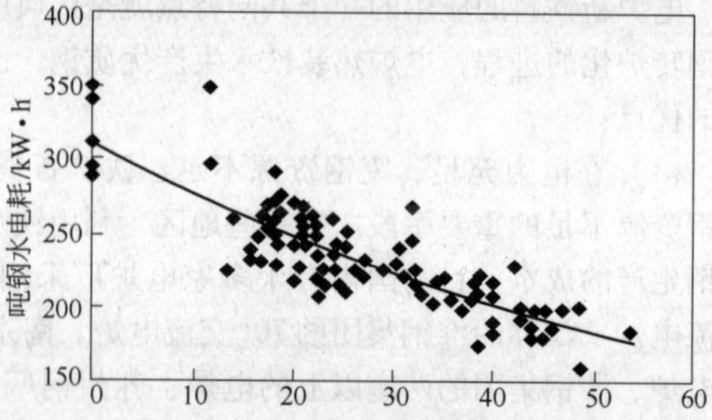

图7-6　100t竖式电炉兑加铁水比例对于冶炼电耗的影响

(4) 可以减少辅助时间，缩短冶炼周期。由于热装铁水可以减少废钢的加入量，可以减少加废钢过程引起的废钢铁料高导致的压料操作，有时候可以将全废钢冶炼加料的次数减少一次，加上铁水的热能，可以缩短通电时间。电炉的冶炼周期将会随着铁水加入比例在一定的波动范围

（20%～50%）内大幅度下降，图7-7为安钢100t竖式电炉热装铁水比例与冶炼周期的关系。从不同类型的电炉热装铁水的比例与冶炼关系的分析中可以看出，热装铁水对于任何形式的电炉，在缩短冶炼周期方面都产生了积极的影响。需要注意的是，对于采用自耗式氧枪和一般的超声速水冷氧枪吹炼条件下，铁水的比例在50%以下对于缩短冶炼周期是有益的（最佳的铁水兑加比例是25%～31%），超过这一比例，将会增加脱碳和脱磷的时间，延长冶炼周期。采用超声速集束氧枪和复合吹炼方式的电炉来讲，由于脱碳速度的增加，铁水比例可以增加到50%以上而不影响冶炼周期。

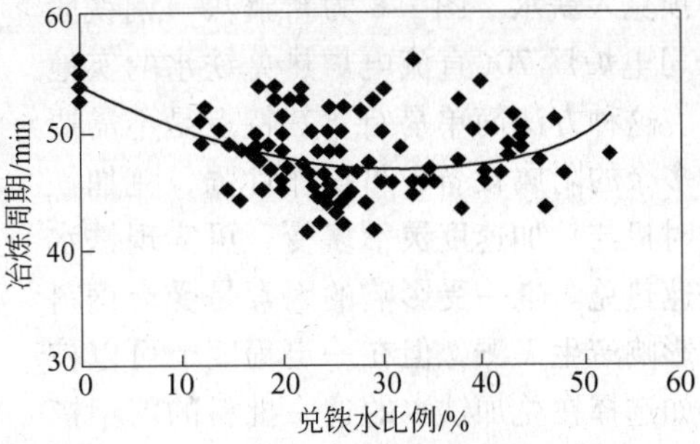

图7-7　安钢100t竖式电炉热装铁水比例与冶炼周期的关系

（5）可以提高金属的收得率。这一点可以在以下几点中得到体现：

1）热装铁水后，电炉可以提前形成熔池，增加废钢的熔化速度，缩短了熔化期，减少了电弧区金属铁的蒸发量。

2）熔池形成后，将会有炉渣覆盖着“局部熔池”，吹氧操作中合理的操作方式会减少金属铁的飞溅损失，从而提高金属的收得率。

3）缩短冶炼周期后，会减少冶炼过程中金属铁的各种损失途径和时间。

（6）电炉热装铁水可以提高炉龄。由于电炉热装铁水后，产生3个方面的作用可以提高炉龄：

1）缩短冶炼周期后可以减少钢液炉渣对于炉衬的侵蚀时间，所以相应地提高了炉衬的寿命。

2）电炉热装铁水一般可以在炉底极心圆附近形成局部熔池，可以减少电弧穿井过程对于炉底的高温侵蚀，还可以防止超声速氧枪吹氧对于吹氧区炉底的侵蚀。

3）电炉热装铁水生产的炉次，炉渣中的氧化铁含量比全废钢冶炼的炉次低，有利于提高炉衬寿命。

当然，和任何事物一样，在有利的同时，也存在着负面的影响，电炉热装铁水技术也存在着以下几个方面的不利因素：

（1）电炉热装铁水时烟气发生量大，增加了除尘系统的负担。而且在热装过程中析出的无定形石墨碳与氧化铁粉尘对于冶炼环境的影响十分明显。

（2）电炉热装铁水在冶炼操作中对于操作工的要求比较高，在冶炼中会出现炉壁黏结冷钢渣的现象，严重时会影响冶炼周期，而且炉渣会出现返干，脱碳不当时将引发大沸腾事故。

（3）电炉热装铁水生产对供氧条件的要求比较高，所以会引起导电横臂氧化严重的现象。

（4）电炉热装铁水的过程中出现的飞溅现象，在操作不当时会引起各种事故。

7.5.2　热装铁水的方式

目前世界上热装铁水的方式主要有三种方案：

（1）从炉顶兑加铁水的方式。这种方式主要应用于炉盖旋开式加料的电炉。这种方式在电炉加入废钢后，用行车吊起铁水罐，直接从炉顶兑入铁水。图 7-8 为新疆八一钢铁股份公司电炉厂 70t 直流电炉热兑铁水的实地照片。这种方法简单易行，其特点是不需要增加多余的附属设备，可操作性强，兑加铁水的时机与兑加速度灵活多变，可实现铁水的快速热兑。唯一受影响的因素是受废钢料况的影响产生飞溅，但在一定程度上可以控制，如选择在兑加铁水的这一批料的料型搭配上做调整，或者在废钢加入后送电，电极穿井后，旋开炉盖，将铁水兑加在“井”内。这种热兑方式可以将铁水兑在炉门区后，使炉门区形成热区，炭氧枪可以迅速工作，可以提高吹氧效率，尽早利用铁水的物理热与化学热，对于缩短化料时间，早期脱碳，降低电耗、铁耗，保护炉门区炉衬有积极意义。这种方式的缺点是造成了加废钢的行车与兑加铁水的行车之间的相互影响（当车间配置了两台行车时，这种矛盾可以消除或者缓解），铁水的散热损失较大。

图 7-8　70t 直流电炉热兑铁水的实地照片

（2）用专用铁水流槽车从电炉炉门（也称渣门）兑入铁水的方式。图 7-9 为这种热兑铁水的示意图。这种方式热兑铁水时受影响的因素较多，其中受渣门积渣或废钢的堆积影响最多，流槽难以插入炉内进行铁水热兑，严重影响了铁水的热兑，限制了生产能力。而且流槽车的维护是否正常也影响着热兑铁水的进行。此外，在铁水流槽车上兑加铁水时产生的烟尘也难以被炉顶除尘系统捕集，污染较大，所以此方案在生产中的实用意义不大。

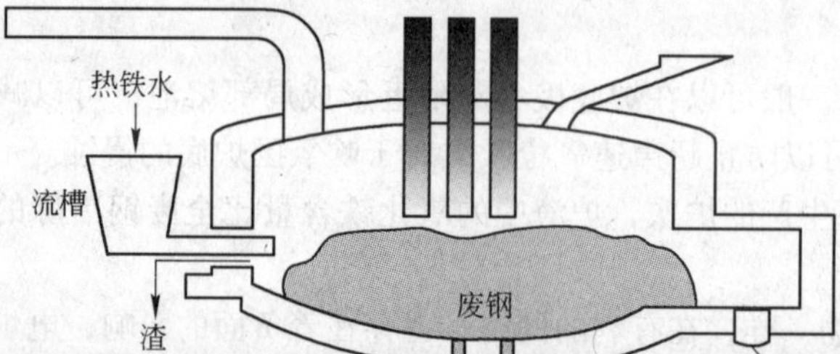

图 7-9　利用渣门热兑铁水的示意图

（3）从炉壁的特定位置用专用装置兑入。这种方式主要应用于竖式电炉和连续加料的 Consteel 电炉，这种兑加铁水的方式特别适合于超声速氧枪和超声速集束氧枪的吹炼。国内采用这种方式的主要代表是安钢的 100t 竖式电炉和广东韶钢的 90t Consteel 电炉。安钢的做法是：在电炉的出钢侧与电炉中心线呈 30°角的炉壁上开一个兑加铁水的孔，把铁水从铁水罐中倒入专门为热兑铁水设计的铁水包中，将铁水包吊到兑铁水小车上，锁定后，通过液压缸的倾动，将铁水经过铁水溜槽和兑铁水口兑入炉内，后来做了改造，直接将铁水罐通过液压缸的倾动，将铁水经过铁水溜槽和兑铁水口兑入炉内。图 7-10 为兑加铁水的实地照片。

所以本着简单实用的角度看，方案（1）和（3）是很成功的一种兑加方式。

电炉兑加铁水的方式主要是受行车能力的影响。采用从炉顶兑加铁水的电炉，一般配备

1～2台行车。配备两台行车的电炉，一台加废钢，加完废钢移开后，由另外一台行车直接从炉顶加入，这种两台行车的操作模式时间紧凑，生产效率高。配备一台行车的电炉，只有行车在加完废钢以后，电炉通电穿井，行车放下料篮，然后再吊起铁水罐进行兑加铁水的操作。这种一台行车的操作条件下，电炉的辅助冶炼时间增加，会影响冶炼周期。采用炉壁热兑铁水的电炉，使用一台行车，加料以后，电炉送电冶炼，行车放下料篮，再挂起铁水罐从炉壁兑加铁水，电炉不必停电和停止吹氧，只需要调整兑加铁水的速度就可以了，所以不会增加冶炼的辅助时间。采用一台行车作业，对于行车设备的稳定性要求较高，故障率不能太高，行车运行时的变频调速范围要宽，以满足生产的需要。

图7-10　利用专门的炉壁热兑铁水装置热兑铁水示意图

7.5.3　热装铁水的时间控制

热装铁水的时间一般采用第一篮料入炉后加入，这种时机主要基于以下几点考虑：

（1）一般来讲，目前电炉均采用出钢后电炉内留钢和留渣的技术，第一批加料后兑入铁水，上一炉次冶炼的留渣留钢中，含有较高的氧化铁，可以使铁水中的部分元素氧化放热，有利于提高吹氧效率，增加化料速度。

（2）在以水冷棒式为底电极的直流电炉中，电炉热兑铁水还可以在特殊情况下取代直流电炉必须要求的留钢量，帮助底电极起弧导电。所以在出钢控制失误的条件下，电炉炉内留钢过少，为防止底电极与废钢接触不良产生不导电现象，在出钢后首先兑入3～7t铁水，可以代替留钢帮助起弧。

（3）电炉的能量主要消耗在废钢的熔化期，统计结果表明，电炉50%以上的电能损耗在熔化期，从节约热能的角度讲，在第一批料加入电炉后兑加铁水是最合理的。

（4）第一批料加入电炉以后兑加铁水，在采用强化吹氧的操作，可以提前进行脱除部分[Si]、[Mn]、[P]、[C]的操作，达到提高热兑铁水比例的目的。

（5）出钢后，首先兑入铁水，此时电炉内所留钢渣中的氧与铁水中的碳发生剧烈的反应，从而使炉内留钢留渣与兑入铁水反应后大量溢出炉门，流入渣坑，引起铁耗的急剧上升与热能损失。我们在110t电炉就发生过数次兑加铁水时，铁水与钢渣剧烈反应，导致钢渣从炉壁氧枪孔溢出烧毁炭氧枪线路的事故。实践中的结果证明，电炉兑加铁水时，炉内的废钢处于穿井阶段或者穿井结束为最佳时机，60%的炉料熔清后兑加铁水，具有一定的危险性。

（6）采用第二批料兑加铁水，将会增加脱除铁水里的[Si]、[Mn]、[P]、[C]的操作时间，从而增加了冶炼时间。为了减小脱除[Si]、[Mn]、[P]、[C]的矛盾，在相同的供氧条件下，只有减少热兑铁水的比例。

综合以上的分析可以认为，电炉热兑铁水的最佳时机，是在第一批料加入以后，电极穿井0～3min时加入。

7.5.4 热装铁水对渣料的要求

在电炉冶炼过程中，炉渣的主要作用在于以下几点：

（1）反应介质，参与去除［P］、［S］、［Zn］、［Pb］、［Si］、［C］等不需要的杂质；

（2）覆盖钢液，防止钢液吸气降温，减少吹炼过程中铁及其氧化物的飞溅损失；

（3）埋弧传热，防止电弧裸露对炉衬的高温辐射。

我们在冶炼实践中经过大量的探索，并且参考了大量的文献，体会到电炉脱碳反应的主要部分是经过钢渣界面进行的，这一点在电炉热兑铁水的生产中也得到了充分的验证。在曾经的一段时间，受到了转炉“少渣冶炼工艺”的启发，我们做了在保证脱磷的基础上，尽可能减少渣料加入量的冶炼实践。实践以后证明，电炉冶炼用的渣料在减少到一定程度后，渣中氧化铁极其容易富集，导致大沸腾事故的频繁发生，冶炼无法正常进行。即使是我们的直流电炉经过了超声速集束氧枪的改造以后，炉渣碱度过低，在精心操作的条件下仍然发生恶性大沸腾的事故。经过渣样分析和实践的对比后说明，二元碱度低于1.5，电炉热兑铁水的冶炼状况就会恶化。所以，在增加铁水热兑比以后，渣料的加入量要根据铁水中［P］、［Si］含量，合理地调剂石灰的加入量，在没有铁水成分预报的情况下，石灰的加入量要比正常多20～25kg/t，以保证冶炼的正常进行。

7.5.5 热装铁水对冶炼电耗的影响

电炉兑加的铁水降低电耗的具体数值取决于冶炼的操作方式，例如兑加铁水的方式，兑加铁水的比例、时间，泡沫渣的质量，炉内留钢留渣的量等，以下做详细的分析：

（1）兑加铁水的方式和时间对于节省电耗的影响。兑加铁水的方式不同，铁水的物理热的损失也不同，铁水加入后化学热的利用也不同；加料时的废钢料况，以及吹氧的方式也影响兑加铁水以后的冶炼电耗。前面已经讲过，电炉冶炼电耗50%以上的热能是用来熔化废钢的，在废钢熔化阶段，化学热的利用是影响电耗的主要因素之一，所以铁水加入时间越早，吹氧的效率越高，铁水的热效应越好。冶炼时间的缩短，也会减少水冷盘、除尘烟道带走的热支出。

从炉顶兑加铁水的方式可以控制兑入点，例如采用炉门氧枪的，可以加在炉门区，对于炭氧枪的使用非常有利，提高了熔化废钢铁料的速度，节电效果好。缺点是飞溅比较大，炉壁黏结铁水的几率较大。另外是穿井后加入，飞溅减少，但是旋开炉盖次数增加一次，相应增加了热辐射，不利于节电，第二批料加料后加铁水，会增加脱碳的时间，相应水冷盘和烟气等热支出，也不利于节电。

从炉壁兑加铁水，根据电炉内的冶炼气氛，合理地控制兑加铁水的速度，可以减少铁水的散热，铁水缓慢地不断加入，可以提高吹氧的效率，提高脱碳反应的速度，有利于冶炼电耗的降低。

（2）炉内留渣对于节电的影响。增加炉内的留渣，铁水兑加后，氧化渣对于铁水内的硅、锰、磷、硫的氧化十分有利，可以减少冶炼操作时间，对于节电是十分有利的，不过留渣量过大会增加出钢过程下渣的几率，合适的留渣量需要和炉况结合，考虑到熔池的深度、出钢口的寿命和出钢时间。在出钢口前期，可以考虑增加留渣量，在出钢口后期容易下渣时，要注意减少留渣量。

（3）炉内留钢量对于节电的影响。增加炉内留钢的目的主要是增加兑入铁水后局部熔池液面的高度，提高吹氧的利用率，提高废钢熔化的速度和脱碳脱磷的效率。留钢量要考虑整个装入量和铁水的加入量。由于电炉快速熔化废钢的速度是由变压器的输出功率和装入的废钢量二者的关系决定的，所以把装入总量控制（废钢 + 留钢 + 铁水）在吨钢所占变压器的容量，满足超高功率的水平，确保吨钢功率水平不低于0.7kV·A/t，在铁水比例大于30%以后，由于铁水带入的综合热效应可以平衡因为装入量过大引起的电炉升温较慢的矛盾，可以适当增加装入量，使电炉的吨钢功率水平处在高功率电炉的吨钢水平，可以提高电炉的产能水平，冶炼电耗不会明显增加。

在铁水兑加比例较大（>25%）时，留钢量的大小根据电炉熔池的深浅决定留钢量。在铁水兑加比例大于40%以后，交流电炉可以考虑减少留钢量，保持留渣量，直流电炉的留钢量只要满足导电的需要就可以，这样对于节电的效果十分有利。

(4) 泡沫渣的操作质量对于兑加铁水节电的影响。优良的泡沫渣不仅可以埋弧，还可以提高界面的反应能力，对于提高脱碳脱磷也非常有利，在超声速氧枪的操作模式下，可以防止氧枪枪头粘钢渣，提高氧气利用率。所以，不论是自耗式氧枪，还是超声速氧枪，泡沫渣的好坏决定了热兑铁水以后的节电效果。有些情况下，为了强化脱碳，缩短脱碳时间达到缩短冶炼周期的目的，忽略了泡沫渣的操作，对于节电的负面影响也是很明显的，这在铁水热兑比例低于20%以后尤其明显。

7.5.6　提高热装铁水比例的主要方法

7.5.6.1　自耗式氧枪吹炼条件下提高铁水热兑比例的方法

采用自耗式氧枪吹炼的电炉，由于自耗式氧枪的脱碳速度比较低，所以提高自耗式氧枪吹炼过程的脱碳速度是提高兑加铁水比例的关键，主要的方法有：

(1) 适当增大电炉的留钢量和留渣量。兑入铁水后氧枪伸入留钢留渣中与兑入铁水组成的局部熔池吹氧脱碳，尽可能改变传统的“氧枪割料”操作。在送电吹氧3min左右，局部熔池即可达到脱碳的温度要求开始脱碳，由此达到“塌料，熔清”70%～80%的废钢料，然后加料的目的。此操作方法可以使熔化期的脱碳量占总配碳量的40%以上，减轻了氧化期的脱碳任务。

(2) 定期修补炉底。脱碳反应的产物一氧化碳气泡，形成于炉壁和炉底的耐火材料表面，合理的熔池深度，有利于氧枪吹炼，能够很容易地把氧气喷吹在钢渣界面，或者吹入钢液内部，有利于诱发脱碳反应的开始，提高熔池脱碳反应的活跃程度。此外，电炉熔池过深，不利于电炉熔池内钢液的“湍流”运动，不利于钢液内部一氧化碳气泡的排出，也就不利于在临界碳含量范围内，钢液内部的碳向钢渣界面或者脱碳反应区的扩散和迁移。

(3) 提高炉渣的碱度。提高脱碳速度，首先要稳定操作。将炉渣的碱度适当提高（$R \geq 2.0$），电炉的废钢铁料熔清大部分以后先化渣，成渣充分后，喷入适量炭粉用以扩大钢渣反应界面，以促使脱碳反应尽早进行。脱碳反应开始后，控制喷入发泡剂炭粉的量，以保证渣中（FeO）含量为20%左右，以获得较高的脱碳速度，促进熔化初期熔池搅动传热充分熔清。泡沫渣发泡气源通过熔池脱碳反应取得。这对于临界碳浓度范围内的脱碳很关键，也很有利。

(4) 提高供氧强度。一般来讲，供氧强度越大，氧气的利用率越高，脱碳速度也越快，增加供氧强度以后，相应地可以增加铁水的热兑比例。表7-7为70t直流电炉增加供氧强度前后的冶炼指标的对比（氧气流量（标态）增加值为$1000m^3/h$）。

表 7-7　增加供氧强度前后冶炼指标的变化

项　目	铁水比/%	电耗/kW · h · t^{-1}	冶炼周期/min	氧耗（标态）/$m^3 \cdot t^{-1}$
增加前	15 ~ 35	290 ~ 324	42 ~ 55	31.8
增加后	20 ~ 50	240 ~ 300	40 ~ 50	35.4

7.5.6.2　提高超声速氧枪吹炼条件下铁水热兑比例的方法

超声速氧枪具有较强的穿透钢渣界面的能力，但是石灰溶解的速度较慢，炉渣参与传质的作用减小了，此外超声速氧枪极其容易造成炉渣、钢水、炉气三相间的乳化，乳化现象一旦发生，就会导致钢渣混合物从炉门溢出进入渣坑，是造成脱碳困难和铁耗高的主要原因。在某种程度上，脱碳速度比自耗式氧枪要快，但是超声速氧枪吹炼条件下的脱碳操作，受影响的因素比较多，而且会产生脱磷与脱碳不能兼顾优化的矛盾，在热兑铁水生产时，这种矛盾时常会更加突出。主要体现在以下方面：

（1）超声速水冷氧枪脱碳具有一定的局限性。特别是在炉役中后期，炉底较深时，由于超声速氧枪的枪位最低位置是固定的，所以射流穿透钢渣的作用受到限制，钢渣之间的界面反应能力受到抑制，在临界碳含量范围内容易造成“碳高”，部分炉次的氧化期吹炼过程中，会出现吹炼时没有碳氧反应的征兆——碳火的出现，有的甚至出现了大沸腾事故，影响铁水热兑比例的提高。

（2）超声速氧枪在热兑铁水吹炼时，时常出现炉壁黏结钢渣现象严重，炉沿升高，影响炉盖旋转，泡沫渣生成速度较慢，部分炉次碱度正常而脱磷效果不好的现象。这在一定程度上也影响了热兑铁水比例的提高。

（3）脱碳困难时，为了防止大沸腾现象，送电搅拌熔池，造成高温钢的次数较多。

为了增加超声速氧枪吹炼条件下的热兑铁水比例，主要手段有：

（1）配加低碳的直接还原铁、氧化铁皮，作为成渣的辅助熔剂，提高成渣速度，为脱磷反应创造条件，同时为钢渣界面脱碳反应的进行提供了可靠的保证。加入量的多少根据加入铁水的具体量来确定，铁水量较大时，可以提高加入量，反之亦然。最经济的加入量是铁水量的10% ~ 40%。

（2）采用自耗式氧枪和超声速氧枪复合吹炼方式。使用自耗式氧枪作为辅助供氧手段。利用自耗式氧枪的优点弥补超声速氧枪的缺点，超声速氧枪主要进行脱碳反应的控制，炉门氧枪进行化渣操作，沿着钢渣界面吹氧，取得的效果要比超声速氧枪单独吹炼的效果好。主要体现在：

1）炉门区冷区得到了消除，造成熔池反应更加均匀地进行。测温和取样操作的困难得到了解决。

2）炉门枪的化渣作用比较明显，炉渣的成渣速度一般会提高30%，炉渣的乳化现象也会有较大程度的改善。铁耗的降低会比较明显。

3）炉渣的泡沫化能够充分满足冶炼的需要，钢渣间的传质反应能力得到了进一步的提高，反过来又促进了炉壁氧枪的操作，在临界碳含量范围内的脱碳操作也简化了。低碳钢的脱碳命中率有了大幅度的提高。

（3）采用炉门超声速氧枪和炉壁超声速集束氧枪复合吹炼。由于超声速氧枪受熔池深度的影响，在炉底较深的情况下，射流长度达不到钢渣界面或者钢液内部，利用超声速集束氧枪射流较长的优点，达到二者互补的目的，增加铁水的热兑比例。

（4）在一批料的时候，加强熔化期的吹氧脱碳的操作，减轻氧化期的脱碳任务。

（5）及时地修补或者挖补炉底，保持炉底合理的尺寸，使得超声速氧枪吹炼条件下的射流能够比较容易地穿透钢渣界面，降低操作难度。

（6）超声速氧枪吹炼条件下，对于炉渣的碱度要求较高，碱度既不能过大，也不能过小，理想的范围是二元碱度维持在2.0~3.5之间。

图7-11为炉壁超声速氧枪与炉门自耗式氧枪复合吹炼的实体照片。

图7-11 炉壁超声速氧枪与炉门自耗式氧枪复合吹炼的实体照片

需要特别说明的是，采用炉壁兑加铁水的方式，由于加入铁水的速度可以控制，超声速氧枪吹炼时，熔池内氧枪吹炼反应区内的脱碳反应比较容易进行，铁水不断进入脱碳反应区，熔池比较活跃，有利于脱碳反应的持续进行，与采用炉顶兑加铁水的方式相比，热兑铁水的比例可以适当的增加。

7.5.6.3 提高超声速集束氧枪吹炼条件下铁水（配加生铁）比例的方法

超声速集束氧枪由于具有较长的射流长度，能够轻易地将氧气射流吹入钢液内部，在钢液内部进行强脱碳，在临界碳含量范围，也具有较大的脱碳速度，所以铁水的热兑比例较大，一般最高可以达到70%，但是在铁水热兑生产时，由于选择氧化的作用，超声速集束氧枪吹炼过程的主要问题在于：

（1）乳化现象比较多。这在铁水兑加比例较大，废钢炉料中的杂质含量较高，炉渣碱度不够，或者加入的石灰过多，但是没有完全溶解的情况下出现。这种现象的出现导致炉门翻钢水进入渣坑，造成铁耗增加，出钢量下降的现象。

（2）装入量不当时，会造成炉门翻钢水，在炉底较深，留钢量不大，装入量偏小时，会造成氧化期结束时熔池成分的碳高，吹炼效果将会下降。

（3）铁水比例大于50%以后，缩短了送电时间，石灰的利用率下降，泡沫渣的质量下降，由于脱磷的效果取决于冶炼中炉渣的泡沫化程度，所以脱磷的速度减慢。冶炼过程中脱碳的任务结束以后，还要进行吹渣脱磷，增加了冶炼操作的难度。

（4）铁水比例过大，吹氧过程造成烟道和炉沿结渣现象严重，对于炉盖旋开加料形式的电炉，会影响炉盖的旋转，从而影响台时产量。

（5）铁水比例过大，对于炉衬的危害较大，特别是上炉壳和下炉壳接缝处，氧枪的配置点，容易产生漏渣和穿钢的现象。

（6）铁水的热兑比例过大，脱碳速度过快，对于炉衬的冲击比较明显，不利于炉衬寿命的提高。

（7）在废钢条件较差时，脱碳反应速度也会降低，甚至出现大沸腾事故。

所以，超声速集束氧枪吹炼时合理地提高铁水的热兑比例，对于优化冶炼十分重要，主要有以下措施：

（1）合理地控制装入量，使熔池在脱碳反应最剧烈的时候，钢水不致于从炉门溢出，影响冶炼时间。

（2）定期控制、修补好炉底，使氧枪射流能够合理地进行脱碳操作，消除炉底过深、影响射流脱碳的效果。

（3）铁水的加入比例控制在40%～60%之间，合理地进行送电操作，对于炉渣的溶解比较有利，相应减小了操作难度。

（4）采用炉门氧枪作为辅助的吹炼手段，弥补超声速集束氧枪吹炼时的缺陷。

（5）炉渣的碱度控制在2.0～2.5之间，可以防止大沸腾事故，提高脱碳速度，对于冶炼比较有利。

（6）在铁水供应充足的时候，高比例的铁水配加返回的渣铁、粒铁、氧化铁皮，可以降低冶炼过程中温度控制的难度，降低铁耗。

合理的铁水热兑比例，可以使脱碳速度有较合理的选择和控制，防止钢水的剧烈沸腾，给钢水质量和炉衬带来不利的影响。

7.6 废钢

废钢作为电炉炼钢的主体原料，是影响冶炼的最主要因素，冶炼过程的操作好坏与否，有45%以上取决于配料操作。炼钢始于废钢，这是电炉炼钢的一个基本的原则，所以掌握好废钢的搭配和渣料的配比，是炼好钢的基础。

7.6.1 对于废钢质量的要求

7.6.1.1 对于干燥度的要求

由于潮湿的废钢在加料时可能引起爆炸，不仅会对炉衬的寿命产生影响，而且会损坏水冷盘或者设备，引起生产中断。在质量上，还会引起钢中氢含量的增加。由于缺少废钢的烘烤和干燥处理的手段，新疆八一钢铁股份公司电炉厂在每年的春季和下雪的季节，都会频繁地发生因为废钢潮湿或者夹杂冰雪引起的爆炸事故，轻的事故会引起加料的中断，重大的引起爆炸后，废钢四处飞溅，最远的达到离炉体60m远的地方，水冷盘被炸漏水，主控室的玻璃被经常损坏。所以，电炉冶炼用废钢应保持干燥，其中不得夹带冰雪。最基本的要求是废钢中在潮湿不可避免时，不能有滴水现象的出现。废钢加工后在储运过程中要防止受潮。

7.6.1.2 对于密闭容器和爆炸物的要求

由于密闭容器、爆炸物在受热后也会引起爆炸，所以要杜绝密闭容器、爆炸物的入炉。这一点在使用可疑废钢或者军火销毁时，要更加小心，在使用前要予以清除或者处理。例如液化气罐、气体压力容器。使用前要切割开罐体或者瓶体后方可使用；锈蚀的炮弹状、地雷状的废钢要做特殊处理后才能够使用。我们曾经发生过1号110t行车在加入了第一批废钢料后，由于混入了锈蚀严重、外形变形的反坦克压发地雷，加完废钢后，2号110t行车紧接着进行兑入铁水的操作，在兑加铁水进行到1/3后，发生了爆炸，爆炸后废钢抛到高空20m高的行车摩电道后引起短路，导致生产中断达5小时左右的事故。

7.6.1.3 对于含有油脂类废钢的要求

由于油脂类在高温下会裂解成氢和碳，所以含油的废钢会导致钢液的氢含量增加，还会产生大火，烧坏设备。新疆八一钢铁股份公司直流电炉厂曾发生过5起以上的因为废钢中易燃物过多，引起行车加料后易燃物产生的火焰过大引发大火，行车来不及开走，火焰冲上钢丝绳，直到行车本体，引起大火的事故，直接后果是行车损坏、钢丝绳的寿命下降等恶性事故。所以，含油脂类较多的废钢在冶炼高质量钢或者对于氢有敏感性的钢种要杜绝此类废钢的加入。此类废钢主要指车床加工后的切屑、汽车的油箱、带润滑剂的轴类废钢、橡胶轮胎等。

7.6.1.4　对于有色金属的要求

一些有色金属元素如 Cu、Ni、As、Cr、Pb、Bi、Sn、Sb 在钢中大多数都是有害的元素（除非是特殊钢种有要求），而且不容易去除。这些有害元素的存在，主要是恶化钢材和钢坯的表面质量，增加热脆倾向，使低合金钢发生回火脆性，降低连铸坯的热塑性，在含氢的气氛里发生应力腐蚀，降低耐候钢和耐热钢的寿命和热塑性，降低 IF 钢的深冲性能。其中，痕量元素（Sn、Sb、As、Pb 和 Bi，统称五害元素）对钢的影响机理主要表现为：

（1）在钢坯的表面形成低熔点液相，形成网状裂纹（红脆）；

（2）在晶界（或亚晶界）偏聚削弱了铁的原子间力，脆化了晶界（回火脆）。

（3）砷在一些核工业用钢部件上使用后会产生强烈的同位素转变引起的辐射。

（4）有些有色金属，如 Pb 等，在炉底会发生沉降积累现象，除了影响钢材的质量外，对于炉底的寿命，特别是直流电炉的炉底寿命影响特别突出。据有关文献报道，由于有色金属的沉积导致的穿炉事故已经成为生产中的主要矛盾之一。

含有有色金属的废钢，必须做处理后才可以加入电炉冶炼，主要的手段之一就是每次加入量控制在一个特定的值，使入炉有色金属的含量控制在钢中成分要求的安全范围以内。新疆八一钢铁股份公司第三炼钢厂就发生过铜含量超标的事故，以及铬、镍、铜三者之和超标的事故。国内一些厂家对于钢材有色金属的含量要求见表 7-8。

表 7-8　国内一些厂家对于有色金属的含量要求

元素	允许含量/%		元素	允许含量/%	
	一般用途	深冲钢和特殊用途钢		一般用途	深冲钢和特殊用途钢
Cu	0.25	0.10	Pb	0.014 ~ 0.0021	
Sn	0.05	0.015	Bi	0.0001 ~ 0.00015	
Sb		0.005	Ni		0.100
As		0.010			

目前已有一些去除钢中有色金属元素的有效方法，对于特钢企业来讲是一个明智的选择，这些手段有：

（1）添加抑制元素。添加抑制元素硼、钛，它们会增加铜在奥氏体中的溶解度或者是与铜在晶界处形成合金，来减少或者消除铜含量超标所造成的热脆性；添加稀土元素（如添加镧和锶）可以有效抑制锌等带来的偏聚现象。

（2）固态废钢的预处理技术。固态废钢预处理是降低或者消除残余有害元素不利影响的有效手段，常用的处理技术主要有：

1）机械挑选法。目前主要是依靠废钢回收部门的人工挑选，依据有色金属的密度、使用的类型加以挑选分类。目前一种废钢自动化颜色识别系统已经产生，该系统把破碎后的废钢由皮带运输机运送到识别系统，由计算机进行感光性和色泽识别后，在特定的区域，由机械手或者气缸把废钢推到指定的区域堆放，达到去除的目的。

2）含铜废钢的冷冻处理。这种手段主要是利用液氮把含铜的废钢冷冻破碎后达到分离的目的。其优点是去除有色金属的工作效率高，缺点是投资较大。

3）硫化渣法脱铜。这是世界上研究最多的脱铜方法。主要原理是利用在600℃以上的铁液里Cu_2S比FeS稳定，采用硫化钠做渣料，促使钢中的硫化铜向渣液转移达到去除的目的。这是一种成熟的技术。

在未经处理的废钢里，常见的有害元素含量较高的废钢有：报废的电动机、汽车电瓶、轴承、易拉罐压块等。

7.6.1.5 对于放射性废钢的要求

随着冷战结束，前华约和北约在冷战期间大量的核爆破试验用的车辆、坦克等效应物，以及核电站、核设施使用过的报废钢铁原料，通过不同的渠道会进入不同的市场，所以在进口废钢辐射剂量的监测上一定要有过硬技术装备和值得信赖的部门把握。某口岸曾经发生过废钢的辐射剂量严重超标事故，为了消除辐射的影响，不得不把堆放废钢场地地下一米厚的土铲起后运走深埋处理。此外，医疗机构的废钢铁也是监控的重点。

对于放射性废钢的检测，一般是在废钢卸车以后，堆放高度不超过1m，等待10min左右，利用专用便携式仪器检测废钢释放的辐射剂量的浓度。

7.6.1.6 对于明显夹杂耐火材料废钢的要求

由于大多数耐火材料是不导电的，所以在电炉炼钢过程中，不导电物质会导致电极折断，冶炼开始不起弧，需要人工处理。既增加了工人的劳动强度，也影响了冶炼周期。此外，一些含耐火材料的废钢比较难熔化，出钢时会堵塞偏心底出钢口，所以含有明显不导电耐火材料或炉渣的废钢应该处理后入炉是很必要的。这类废钢主要指：渣铁、连铸的中间包铸余、模铸的中铸管、汤道、地沟铁、事故钢包的冷钢、钢包浇完的包底等。

7.6.1.7 对于高锰废钢的要求

目前高锰废钢的循环量处在一个上升的时期，包括各种履带车辆的履带、耐磨铸球、碳素工具废钢等。由于高锰废钢中带入的锰含量较高，所以会增加冶炼中脱磷脱碳的难度，影响冶炼的进程，所以高锰废钢应该分类堆放后，均匀地小批量加入，以消除高锰带来的影响。

7.6.1.8 对于高硫废钢的要求

电炉流程冶炼的一个显著特点是电炉出钢时和精炼工序具有较强的脱硫能力。但是，配入一些硫含量特别高的废钢，会导致钢中的硫含量特别高，导致精炼炉冶炼时间延长，冶炼成本超过了企业承受的底线。所以，高硫废钢的配入应该考虑到综合平衡，使粗炼钢水的硫控制在一个合理的水平很重要。硫特别高的废钢主要有以下几种：制药厂的一些锅炉蒸馏器的管道、易切削钢（例如一些机械厂的切削碎屑）、汽车零部件、使用过的铸铁暖气片、部分报废的生铁、一些汽车的拆解部分、属于高硫的耐候钢。在使用这类废钢时要慎重，要考虑使用大量优质低硫的废钢，少量配入此类废钢，达到“稀释原料中硫含量”的目的。

需要特别说明的是，随着废钢资源的萎缩，一些报废的自行车、汽车车轮在使用以前要求将橡胶轮胎清除，这些轮胎也是造成入炉废钢硫含量较高的主要原因之一。

7.6.1.9 对于高磷废钢的要求

与高硫废钢相比，高磷废钢的配加也要考虑到对于冶炼成分控制的影响，以及对于冶炼成本的影响，做到全面平衡。一些高磷废钢的使用，也要依靠大量优质低磷废钢与之搭配使用，达到“稀释”的目的。我们在生产中由于对于废钢搭配不重视，发生过这样的事故：冶炼普通钢时，对于脱磷的要求不高，加上由于一直使用优质的低磷废钢，所以没有发生过脱磷的问题。有一次由于配入的磷过高，粗炼钢水温度和碳的成分合适后，炼钢工只是注意了成分中的碳和锰，忽略了磷，把磷的成分0.07%认为是0.007%，出钢后造成了废品。所以，高磷废钢的使用，特别是以下几种的废钢尤其要注意：一些焊管、易切削钢的碎屑、废的炮弹皮、油罐车的罐体和支架、低碳镀锡钢板、一些民营小高炉冶炼的铸造铁等。

7.6.2 对于废钢尺寸的要求

大块废钢难熔，会影响吹氧操作，造成吹氧过程的飞溅和氧气射流的反射，增加冶炼过程中的操作难度。为了熔化这些大块废钢，需要提高熔池的温度，而且大块废钢在加料过程中会对炉衬产生冲击。此外，大块废钢在穿井过程中砸断电极也是冶炼中常见的事故之一。所以，电炉冶炼用废钢的尺寸要求如下：废钢堆密度应大于$0.7t/m^3$。最大长度不超过1.2m，最大断面小于500mm×500mm，最大单重不超过500kg。为了便于配料，各种类型的废钢应分类堆放。重型废钢包括：各种机器废钢件、零部件、各种铆焊件、火车轮轴、铁轨、圆钢切头等；中型废钢包括：各种机器废钢件、零部件、各种铆焊件、船板、铁轨、管切头、螺纹钢切头、圆钢切头等；小型废钢包括：各种机器废钢件、零部件、各种铆焊件、船板、管切头等。废钢的分类标准见表7-9。

表7-9 电炉炼钢对于废钢的尺寸的要求

类 型	单重/kg	长/mm	宽/mm	高/mm	厚度/mm
重型废钢	>300	>1000	≤500	≤500	≥10
中型废钢	100～300	600～1000	≤500	≤300	≥6
轻薄废钢	<100	<600	≤400	≤300	≥4

7.6.3 一些特殊废钢的消化和处理方法

7.6.3.1 渣铁的消化和处理

在炼钢生产过程中，钢包铸余钢水有时候会倒入渣盆，电炉炼钢过程中有时候经常会遇到钢水从炉门溢出到渣坑，这些金属料生产过程中通常称为渣铁或者渣钢。渣铁上面常常含有炉渣，而且一般块度较大，它们一般适合在电炉消化回收。

电炉在消化回收过程中，需要注意：

（1）粘在上面的炉渣导电性不好，存在折断电极的危险，加入的时候需要加在料篮的中下部，避开电极穿井区。

（2）渣铁一般较难熔化，即使在1650℃的出钢温度下，加在EBT冷区的渣铁也容易堵塞出钢口，配料时必须避免加在EBT冷区位置。

（3）在高比例热装铁水冶炼的条件下，消化渣铁是一种较好的选择。

渣铁块度较大的时候，一般采用人工烧氧切割成为小块。含渣量较多的时候，通常采用行车吊起落锤（直径0.5～1m的铁球或大钢块）反复击打渣铁，达到除渣的目的。电炉使用渣铁的主要要求如下：

（1）渣铁表面不得混有大块或大面积的炉渣，但允许渣铁表面黏结少量浮渣粒。

（2）允许渣钢存在从表面向内部延伸的炉渣层，表面不得混有大块或大面积的炉渣，但允许渣钢表面黏结少量浮渣粒。

（3）供电炉的渣钢重量不大于1000kg/块，渣钢含钢量超过70%。

（4）最大长度在1200～1500mm时，最大宽度不大于800mm、平板形渣钢厚度不大于250mm、锥形渣钢高度不大于350mm；最大长度在不大于1200mm时，最大宽度不大于1100mm、平板形渣钢厚度不大于250mm、锥形渣铁高度不大于300mm。

7.6.3.2 中间包大块的处理和消化方法

连铸机浇铸结束以后，会产生一部分中间包铸余，在翻包以后，这部分中间包的废钢大多数也会返回到电炉炉前进行消化，通常叫做中间包大块。这类废钢的特点主要有：

（1）翻包过程中，中间包的耐火材料会黏附在上面，形成不导电物质，容易折断电极。

（2）有的中间包塞棒、座砖、水口也会混杂其间，不仅形成不导电物质，而且还是难熔物质，出钢过程中堵塞在EBT中间，会产生很大的麻烦，并且没有好的方法处理。

（3）中间包铸余量较大的中间包大块，在电炉不易熔化。

处理的方法主要有：

（1）从源头抓起，要求连铸不能够将各类耐火材料在浇铸结束以后扔进中间包。

（2）中间包铸余大块高度不能够大于1500mm，超过尺寸要求的必须切割加工。

（3）含有座砖的必须去除以后才能够消化，否则加入以后的损失和风险会急剧增加。

（4）黏有中间包涂抹料耐火材料的必须经过落锤处理，或者切割成为小块，在高比例铁水冶炼的时候消化。

消化的方法基本和渣铁一样，需要额外说明的是，它们不能够加在超声速集束氧枪的枪口位置或者烧嘴的正前方。

7.6.3.3 粒钢的消化方法

电炉和转炉炼钢过程中，炉渣中间弥散有部分的小铁珠，随炉渣进入渣场，此外炉渣中间含有15%～45%的氧化铁，它们在渣场通过磁选的方法可以回收。回收以后呈现为颗粒状，通常称为粒钢，也可以小批量加入电炉消化，以达到降低钢铁料消耗的目的。

消化粒钢时，需要注意到以下几点：

（1）由于粒钢含有氧化铁，会增加冶炼电耗，所以在有铁水的情况下消化较为理想。在没有铁水热装的条件下，增加留钢量和炉料的配碳量很关键。

（2）粒钢一般在第一批料随渣料一起加入，效果会比较好。

（3）配加粒钢的炉次冶炼的时候，吹氧量必须注意控制，氧耗要求在正常冶炼氧耗的基础上有所减少。

7.6.3.4 含土量较大废钢的处理和消化

部分废钢由于料型的原因，如细小、破碎、块度小，以及存放、转运等原因，如装载机装运，会混入大量的垃圾和土，有的严重锈蚀（含氢氧化铁等），这些废钢如果直接入炉，一般会产生以下的负面影响：

（1）含土量较大，会降低炉渣的碱度降低（土的主要成分为二氧化硅），造成炉渣的脱磷能力大幅度下降，给炼钢工造成错觉，认为炉料的磷含量很高。

（2）电耗上升，通电时间延长，冶炼周期增加。

（3）由于炉渣碱度降低，脱碳反应会受到抑制，吹氧控制不得当，会造成炉门翻钢水现象的频繁发生。

（4）钢铁料的回收率较低。

消化这类废钢的方法主要有：

（1）废钢加入以前，利用液压抓斗进行抖料去土，即用抓斗子抓起废钢然后抖落1～3次，这样，废钢中间含有的渣土大部分就落在废钢下面，然后将废钢抓起加入料篮，渣土积累到一定的程度，利用装载机挖出，转运到渣场进行磁选或者其他方法进行分类，然后用于炼铁或者烧结，也有将这些含铁量较高的渣土，进行处理以后，加入沥青焦油，作为电炉的原料重新使用。

（2）在没有好的去土方法的条件下，可以小批量配加含土较多的废钢冶炼普钢。加料以后，补加足量的石灰，吹氧的时候，必须注意化渣充分以后才能够使用最大的供氧强度吹氧，避免炉门翻钢水的事故。

（3）兑加合适比例的铁水，保证足够的石灰加入量，也是消化此类废钢的较好的途径之一。

7.6.4　料篮配料操作

在废钢料场向料篮配加废钢时，进行配料操作前从主控室计算机画面上调出由调度站传来的当班生产调度信息或直接与值班调度联系，确定本班的配料要求（即每炉铁水、生铁块及废钢的加入比例）。料篮中渣料的配加操作和废钢的配加需要注意：

（1）料篮中物料的加入顺序是：石灰→白云石→焦炭→废钢（含生铁块）。

（2）石灰加入量的确定：对于普通建筑钢，全废钢两料篮料操作时，按大约2.5%～3.5%的金属加入量来配加石灰；对于质量要求比较高的钢种，电炉冶炼石灰加入量按普通钢种的1.1～1.2倍计算。采用加生铁块、兑铁水需要一料篮料操作时，基本石灰加入量仍然按上述比例计算，但是每增加1t铁水或生铁块需额外增加20～25kg的石灰加入量。

（3）白云石的加入量按石灰加入量的20%～25%计算。

（4）考虑到直流电弧炉对炉料导电性的特殊要求，如果冶炼采用全废钢两次或三次加料操作时，渣料（石灰、焦炭及白云石）均不应在第一料篮加入，应视具体情况在第二料篮或第三料篮内一次加入炉内。交流电炉可以将渣料分为两批加入，第二批的渣料应该比第一批要多200～500kg。

（5）电炉焦炭的配加量应根据钢种而定，一般情况下，炉料中配碳量高于钢种上限碳含量0.3%～1.2%。对于不同钢种所需的熔清后的脱碳量，原则上非合金钢为大于0.1%，合金钢为大于0.3%。采用全废钢两次加料操作时，所有焦炭在第二料篮全部加入炉内。

（6）电炉有一定的脱磷能力，但磷过高会造成电耗增加和冶炼时间延长。因此，配料时应注意使炉料中磷含量小于0.10%。如果冶炼钢种对磷含量有特殊要求，则要按要求进行配料，配加低磷或者高磷废钢。

（7）装入量要求：装入量的控制应以出钢量及留钢量稳定、适当为前提。原则上应确保出钢量稳定在电炉的公称容量±2t左右，同时应确保炉内留钢量在10t左右。应根据前一炉留钢量确定适当的装入量。

（8）新炉衬前2炉使用全废钢配料操作。

（9）在使用全废钢两次加料操作时，原则上第一料篮应加入总加入量的65%～75%，其余的在第二料篮加入。

(10) 正常冶炼按电炉公称容量的出钢量进行配料操作，钢铁料收得率按 90% ~95% 计算。

(11) 如果需要补炉底或其他情况需将钢水出尽时，应从出倒空炉子前两炉开始逐步减少废钢加入量，倒空炉的配料按公称出钢量进行配加，以满足正常出钢的要求，同时不配加白云石，以降低炉渣的黏度便于将炉渣倒干净。具体的废钢配加量视炉内的实际留钢量而定。

(12) 废钢配料顺序：料篮中各类废钢的加入顺序是：轻薄废钢（钢板、轻统型废钢）→中型废钢（打包料、统料型废钢或生铁块）→重型废钢→轻薄料（或轻统型废钢）。但应注意不要将大（重）型废钢装在料篮中部靠近炉门的一侧，以免影响炉门炭氧枪的使用。对于采用炉壁炭氧枪以及超声速集束氧枪吹炼的电炉配料，大块和难熔废钢应该避免加在氧枪的吹炼正前方。

(13) 各种类型废钢加入量的控制：轻薄废钢按料篮总加入量的 30% ~50% 进行配加，料篮底部和料篮顶部各加一半；中型废钢按料篮总加入量的30% ~40% 进行配加，但打包料的加入量不得超过 10%；重型废钢应控制在加入量的 20% 以内。由于重型废钢对炉底冲击大，不利于提高底电极寿命，因而单重大于 500kg、小于 1000kg 的重型废钢每炉配加不得超过 1 块，且只能在第一料篮内加入。此外，如果炉子是冷炉子或新炉子时，严禁使用任何类型的重型废钢。

(14) 考虑到电炉供氧方式，供氧能力和电炉的脱碳能力，因而电炉生铁的配加量应控制在一定的范围以内，不同钢种对生铁配加量的要求，按照分钢种工艺指导卡进行配加。

(15) 考虑到不同钢种对残余元素的不同要求，配料必须满足冶炼钢种对各种元素（尤其是残余元素）的要求。如果冶炼钢种对某种不易氧化元素有特殊的要求，可在配料时加入含有该元素的合金废钢。

(16) 料篮中料位不得过高，以保证加料及冶炼过程的顺利进行。

(17) 入炉废钢、生铁必须符合技术要求，配料过程应认真负责，杜绝不合格炉料入炉。

(18) 配料时应注意，不得将非导电的物料加在料篮中上部，以免影响炉子送电起弧。

(19) 废钢配料必须根据由主控室传来的配料单进行，每一料篮的配料单必须经当班炼钢工或炼钢助手确认后方可通过合金计算机下传至废钢配料操作室，或者电话通知废钢配料间。

(20) 料篮装料结束后，应将对应料篮的全部信息通过配料计算机或者电话传送至炉前主控室。

7.7 现代电炉冶炼加料操作的主要注意事项

现代电炉冶炼加料操作的主要注意事项有：

(1) 装料前首先要核对料篮号，确认料篮号与所炼钢种及炉号一致。

(2) 加料前必须将炉门完全关闭，防止加料时钢渣从炉门喷出。

(3) 加料前应将炉子摇至 ±0°位置并锁定，除尘滑动烟道降至最低位，炉盖及电极升起并完全旋出，使炉膛完全打开。

(4) 加料前提前用行车将料篮吊至电炉炉前上方，待炉盖旋出后迅速将料篮对准炉子，将料篮降至其底部距炉子上沿约 50mm 处，用行车副钩将料篮打开向炉内加入废钢。加料时间控制在 2min 以内。

（5）当入炉炉料高于炉壳上沿而影响炉盖旋转和炉盖下降时，应用料篮进行压料处理，然后将炉盖旋回。压料时必须有人指挥，防止碰坏设备，严禁用炉盖挤压炉料。

（6）装料以后，炉沿上散落的废钢要清除干净，避免炉盖下落不平损坏提升机构、折断电极和损坏炉盖及水冷盘进出水管。并防止废钢与炉盖之间起弧，造成炉盖损坏。

（7）一旦料篮退出到炉子外面且炉沿上清理干净后，应立即将炉盖旋回并盖上，以减少热量损失。

（8）电炉加料时，除了行车工（行车遥控操作时）和电炉行车指挥人员以外，严禁任何人员在炉前区域逗留，同时打开警铃和警灯以示警告。

（9）电炉加料时，必须将电炉主控室窗户前的卷帘门放下，以免发生意外事故。加料完全结束后方可将卷帘门升起来。

（10）电炉加料时，若行车处于遥控操作，严禁行车工站在正对炉门的平台位置上，以免发生意外。行车工应站在炉前出渣操作台一侧。

7.8 原料原因引起电炉炉门下钢水的应对措施

根据多家短流程厂家的介绍，电炉炉门下钢水的事故是普遍现象。这不仅影响了冶炼的进程，也增加了铁耗，更为严重的是给铲渣作业的安全生产增加了隐患。笔者经过多年的实践操作，结合渣样化验分析，认为主要原因如下：

（1）脱碳反应进行的时候，钢液运动是自下而上的湍流运动，即像涌泉状的运动，在脱碳反应正常进行的时候，如果炉渣的碱度合适（在2.0以上），即使脱碳速度很快，也很少出现炉门翻钢水的事故。实践证明，个别炉次超装条件下，炉门翻钢水的现象存在，但是不严重。炉渣碱度不足，炉门翻钢水的情况就会恶化。

（2）炉渣碱度不足，炉渣覆盖钢液的能力下降，脱碳反应就会容易受到抑制。在脱碳反应没有进行，但是熔池已经熔清，吹氧压力过大，熔池内部的钢液运动呈现为“无序运动”状态，容易出现炉门翻钢水现象。

（3）炉渣没有熔化条件下的大功率送电、吹氧，也是炉门翻钢水的原因之一。

（4）炉门自耗式氧枪吹炼条件下，炉渣在脱碳反应剧烈期间，炉渣的返干，造成无炉渣覆盖钢液，也是炉门翻钢水的原因之一。超声速集束氧枪脱碳反应的剧烈期，不合理的喷吹炭粉也会造成这种现象发生。

（5）电炉原料中间配加的废钢铁原料中间，硅、锰、磷等抑制脱碳反应的元素含量较高，供电曲线控制得不好，和供氧曲线的脱节较大，熔池熔清了，吹氧量却没有达到应有的量，熔池内部钢液的硅锰磷还没有氧化掉，就急于脱碳，增加供氧强度，熔池内部的钢液出现“无序运动”状态，极易发生炉门翻钢水现象。

这些在冶炼的实践中间已经被证明，是电炉炉门翻钢水的主要原因。电炉的优点之一就是对于原料的适应性较强，能够将“垃圾”冶炼成为钢，所以合理地调整各类入炉的原料，是炼钢的关键技术之一。克服原料原因带来的炉门翻钢水的方法主要有：

（1）合理搭配入炉原料的硅、锰、磷、硫、碳的含量，特别是硅和磷、锰的含量，要求均衡搭配，入炉渣料的碱度要求保证在2.0以上。

（2）含土量较大的废钢入炉以后，一定要求保证炉渣的二元碱度在2.2以上。

（3）供电曲线和供氧曲线要求搭配好。供氧系统出现问题以后，就不要只送电不吹氧，这样只会是适得其反。氧枪出现故障以后，供氧强度达不到工艺要求，就停止送电冶炼，这是最经济的，也是最明智的方法。

（4）脱碳反应剧烈期间，合理地控制喷吹炭粉的数量很关键，可以有效防止炉渣返干造成炉门翻钢水的事故。

（5）合理地根据炉役情况、炉膛尺寸确定装入量，减少超装引起的脱碳反应期间炉门翻钢水的事故。

（6）吹氧的操作要求和熔池的炉渣熔化情况紧密结合，炉渣没有熔化完全，供氧应该以小流量化渣为主，炉渣不好，吹氧效果就不好。这时送电功率也要调整，或者暂时停止送电。

（7）保证渣料加入量的基础上留渣冶炼，会有效缓解炉门翻钢水的现象。

8 现代电炉冶炼的泡沫渣控制技术

8.1 石灰的溶解机理

8.1.1 石灰的溶解过程

石灰的溶解方式有两种，一种是在一定温度条件下的化学溶解，一种是在电弧高温区的直接熔化。

电炉的冶炼初期，液态渣主要来自上一炉次的留渣以及吹氧过程中废钢铁料中 Fe、Mn、Si、P 的氧化。此时在局部熔池内渣量少。由于低温阶段主要是 Si 的氧化，所以电炉冶炼过程中初渣中 SiO_2 的浓度很高。电炉初期氧化渣凝固以后的矿物组成是含 FeO、MnO 很高的钙镁橄榄石、2(FeO、MnO、MgO、CaO) · SiO_2 和酸性物质的玻璃体。随着熔池内废钢的不断熔化,熔池面积在不断扩大,石灰接触到局部熔池的初渣以后,立即在石灰块表面生成一层渣壳。渣壳的升温和熔化需要一定时间,对于粒度在 5 ~ 40mm 的石灰,渣壳的熔化时间为 25 ~ 50s。为了提高成渣的速度,电炉在条件允许的情况下,应该尽量把石灰加在第一批料的底部,尽可能以最大功率送电,以缩短渣壳的熔化时间,采用铁水热兑的电炉,预先加入石灰以后,即先加石灰后兑铁水,可以提高石灰的熔化速度,渣壳熔化后,石灰块的表面层开始与液态渣相接触,并发生反应。按照熔渣结构的离子理论,炉渣中存在着各种离子(其半径见表 8-1)。在阴离子中具有数量最多,离子半径最小的O^{2-}和F^-,其扩散速度最大,沿着石灰毛细裂缝及孔隙向内部渗入,生成高

表 8-1 炉渣中各种离子的离子半径

阳离子	阳离子半径/nm	阴离子	阴离子半径/nm
Ca^{2+}	0.106	O^{2-}	0.132
Mn^{2+}	0.080	S^{2-}	0.184
Mg^{2+}	0.078	F^-	0.133
Fe^{2+}	0.075	SiO_4^{4-}	0.279
Si^{4+}	0.039	PO_4^{3-}	0.276

FeO 低 CaO 的溶液及低 FeO 的 CaO 固溶体。这种溶液或低熔点的固溶体如果同初期渣会合,石灰便很快熔化。与此同时,初渣中的 SiO_2 与石灰外围 CaO 晶粒或者刚刚溶入初渣中的 CaO 反应,生成高熔点的固态化合物硅酸二钙 2CaO · SiO_2(C_2S)沉淀在石灰块周围,经过一段时间析出的 2CaO · SiO_2 聚集成一定厚度且致密的附面层。2CaO · SiO_2 熔点很高(2130℃),结构致密,石灰块表面包覆一层这样的组织时,Fe^{2+} 等向石灰块中的渗透将会遇到困难,因而严重地阻碍着石灰块的继续溶解。在熔池中磷含量较高的时候,也有部分的 CaO 与 P_2O_5 反应生成高熔点的 3CaO · P_2O_5,性质和 2CaO · SiO_2 接近。3CaO · P_2O_5 和 2CaO · SiO_2 成为电炉泡沫渣发泡的悬浮物质点。熔渣的离子理论认为,2CaO · SiO_2 的形成主要与渣中 SiO_2 成链状集团结构和渣中 SiO_2 含量有关,SiO_2 在熔渣中具有复杂的多晶结构。但是,构成各种形态的基本结构是相同的,即 SiO_4^{4-} 四面体。所以 SiO_2 具有四面体结构,(O∶Si = 4∶1) 硅原子处于四面体的中心,而氧原子则分布在四面体的 4 个顶点。在此基本结构中,当降低熔渣中 O∶Si 比值时(即碱性氧化物浓度

的降低)，O^{2-}的数量不足以形成单独的SiO_4^{4-}，于是便发生了SiO_4^{4-}聚合现象，生成更复杂的硅氧复合阴离子集团。如生成$Si_4O_{12}^{8-}$、$Si_6O_{18}^{12-}$的复合硅氧阴离子集团，其离子半径几乎是简单的SiO_4^{4-}四面体结构的整数倍，这种粗大的离子半径集团，不仅在渣中的迁移困难，使炉渣黏度明显升高，而且阻碍O^{2-}、F^-、Fe^{2+}、Mn^{2+}等进入石灰块内部，这是延缓石灰块溶解的重要原因。初期渣中随SiO_2含量的增加，石灰的溶解速度明显下降，这同样是由于生成$2CaO \cdot SiO_2$致密硬壳所致。但是，如果熔渣中Fe^{2+}的浓度很高(超声速氧枪采用高枪位吹渣，自耗式氧枪吹钢渣界面)，在石灰块表面附近的渣相，将会由CaO含量低的橄榄石变化为含CaO较高的橄榄石，不会形成纯$2CaO \cdot SiO_2$。这时石灰块表面的渣膜熔点没有纯$2CaO \cdot SiO_2$那么高，而且质地是疏松的，有利于石灰的继续溶解。当熔渣的碱度随着石灰的溶解以后会继续上升，石灰加入量过大时，在炉渣的二元碱度达到2.5～3.5时，渣中的$2CaO \cdot SiO_2$达到过饱和状态而呈弥散固相析出。这种现象常常发生在脱碳速度较快的时候，当处理不当时，如在电炉脱碳速度较快时大量地喷吹炭粉，使得(ΣFeO)急剧减少，熔渣熔点上升，而这时熔池温度不高于1600℃时，这样在弥散析出的$2CaO \cdot SiO_2$和渣中原有未熔颗粒石灰的共同作用下，熔渣的黏度剧增，出现“返干”现象。在电炉冶炼的氧化期的末期，由于熔池中的碳含量较低，(ΣFeO)增高，加上熔池温度已接近出钢温度，石灰的溶解速度增大。所以在电炉的冶炼过程中，超声速氧枪和超声速集束氧枪吹炼条件下的石灰溶解速度较慢，自耗式氧枪吹炼过程中，由于氧气射流经常处于吹钢渣界面的位置，渣中氧化铁含量能够维持在一个较高的水平，所以成渣速度高于前者。

总体来讲，电炉冶炼过程中，石灰在熔渣中的化学溶解成渣过程，可分解为如下步骤：

(1) 石灰块接触到初渣或金属液体的熔池；

(2) 颗粒块状石灰形成冷凝炉渣外壳；

(3) 石灰块温度升高，冷凝层逐渐熔化；

(4) 初渣FeO渗入石灰块内；

(5) 渣中SiO_2与石灰块外层CaO或熔入初渣中的CaO反应，一部分成渣，一部分生成$2CaO \cdot SiO_2$壳层；

(6) $2CaO \cdot SiO_2$被FeO等氧化物溶解，并重复步骤(4)～(6)逐渐成渣。

8.1.2 影响石灰溶解的因素

影响石灰溶解的因素有：

(1) 熔池温度。通常，一定成分的熔渣当升高温度时能改善其流动性。这是因为升高温度可提供更多液体流动所需要的黏流活化能，而且能使某些复杂的复合阴离子解体，或使固体微粒熔化。但是对于不同成分的熔渣，黏度受温度的影响是不同的，适当提高熔池温度和加入熔剂能增加熔渣的过热度，以降低熔渣的黏度。

(2) FeO的作用。FeO对石灰的溶解有较大的影响，FeO能显著地降低熔渣的黏度，因而改善了石灰溶解过程中的外部传质条件；在碱性渣系中，FeO属于表面活性物质，可以改善熔渣对石灰块的润湿程度和提高熔渣向石灰块缝隙中的渗透能力；FeO和CaO同是立方晶格，而且O^{2-}、F^{3+}、Fe^{2+}离子半径不大，它在石灰晶格中的迁移、扩散、置换和生成低熔点相都比较容易，促进石灰溶解；FeO能减少石灰块表面$2CaO \cdot SiO_2$的生成，同时FeO有穿透$2CaO \cdot SiO_2$渣壳作用，使$2CaO \cdot SiO_2$壳层松动，有利于$2CaO \cdot SiO_2$壳层的熔化。

(3) 萤石。萤石的主要成分为CaF_2，约占60%～75%，并含有少量的SiO_2，约占20%～25%，Fe_2O_3、Al_2O_3、$CaCO_3$约占3%～5.5%和少量P、S等杂质。萤石的熔点约930℃。萤石

加入炉内在高温下即爆裂成碎块并迅速熔化，它的主要作用是 CaF_2 与 CaO 作用可以形成熔点为1362℃的共晶体，直接促使石灰的熔化；萤石能显著降低 $2CaO \cdot SiO_2$ 的熔点，使炉渣在高碱度下有较低的熔化温度，CaF_2 不仅可以降低碱性炉渣的黏度，还由于 CaF_2 在熔渣中生成 F 离子能切断硅酸盐的链状结构，也为 FeO 进入石灰块内部创造了条件。一般情况下，萤石作为助熔剂，在电炉出钢过程中使用。

(4) SiO_2 的影响。在一定成分的熔渣中，增加 SiO_2（在不超过20%的范围内），可以使熔渣的熔点下降，黏度值下降，使熔渣对石灰块的润湿情况有所改善，从而导致石灰溶解的推动力 $\Delta(CaO)$ 的增大和熔渣对于石灰吸收活性的提高，但当（SiO_2）超过最佳值时，它促进 $2CaO \cdot SiO_2$ 的形成，因而阻碍熔渣向石灰块内的渗透。当（SiO_2）超过30%时，由于形成大量的复合硅氧阴离子而使熔渣的黏度大大增加。

(5) MgO 的影响。采用白云石造渣，使初渣中 MgO 不超过8%的条件下，提高初期渣中 MgO 含量，有利于早化渣并推迟石灰块表面形成高熔点致密的 $2CaO \cdot SiO_2$ 壳层，在 CaO-FeO-SiO_2 三元系炉渣中增加 MgO，有可能生成一些含镁的矿物，如镁黄长石（$2CaO \cdot MgO \cdot SiO_2$，熔点1450℃）、镁橄榄石（$2MgO \cdot SiO_2$，熔点1890℃）、透辉石（$CaO \cdot MgO \cdot 2SiO_2$，熔点1370℃）和镁硅钙石（$3CaO \cdot MgO \cdot 2SiO_2$，熔点1550℃），它们的熔点均比 $2CaO \cdot SiO_2$ 低得多，因此有利于初期石灰的熔化。但是这种作用是在渣中有足够的（ΣFeO），且（MgO）含量不超过8%的条件下发生的，否则熔渣黏度增大，影响石灰的溶解速度。

(6) MnO 的影响。MnO 对石灰溶解所起的作用比 FeO 差，仅在（FeO）足够的情况下，MnO 才能有效地帮助石灰溶解，而当（MnO）超过26%时，如果（FeO）不足，反而会延滞石灰的溶解，这也是电炉冶炼过程中加入高锰钢过多以后炉渣熔化速度较慢的原因。

所以，在电炉的冶炼过程中，加入石灰的气孔率和体积密度对石灰的溶解速度有明显的影响，使用气孔率较大和体积密度较小的活性石灰加入电炉，采用留渣操作，电炉炉内的熔渣会迅速地沿着石灰的孔隙和裂缝向内部渗透，使熔渣和石灰间的接触面积显著增大，熔渣和石灰之间的传热和传质过程加快，从而改善了石灰溶解的过程。

8.2　现代电炉炼钢对熔渣的要求与泡沫渣的功能

电炉炼钢过程中的熔渣的来源主要有：

(1) 炼钢过程中有目的加入的造渣材料，如石灰、石灰石、萤石、硅石及火砖块等。

(2) 一部分是炼钢过程中的必然产物，包括原材料带入的杂质及合金元素的氧化产物或脱硫产物，在冶炼过程中上浮到钢液的表面。如 [Fe]、[Si]、[Mn]、[Cr]、[Ti]、[V]、[Al]、[P] 的氧化物及 [Ca]、[Mn]、[Mg] 的硫化物等。

(3) 化学和高温热对炉衬耐火材料的侵蚀作用物，也是熔渣的主要来源之一，如碱性渣中的 MgO 和酸性渣中的 SiO_2 等。

电炉炼钢对熔渣有以下要求：

(1) 导电能力大以及熔点不宜太高，并具有适当的流动性和相对的稳定性，即在一定的温度下，不因成分的微小变化而引起黏度急剧的改变。

(2) 能确保冶炼过程中各项化学反应的顺利进行。

(3) 渣钢易于分离。

(4) 对炉衬耐火材料的侵蚀要轻微。

(5) 选用的造渣材料资源丰富、价格便宜。

泡沫渣技术是现代电弧炉炼钢发展的产物和新技术，随着电炉输入功率的增加，二次侧电压最高可以达到1000V以上，电弧长度最长的可以达到1.5m以上，电弧的裸露不仅降低了热效率，增加了电极的消耗，恶化了钢水质量，而且对于电炉的水冷盘和耐火材料都是一个挑战和威胁。为了应对以上矛盾，电炉除了改进和发展性能优良的耐火材料外，泡沫渣技术成为解决以上矛盾的核心，所以超高功率电炉的冶炼操作，全程造泡沫渣的冶炼技术是工艺要求的核心。从泡沫渣的质量就可以直观地看出一座电炉的运行情况。目前泡沫渣的冶金功能有了更多的扩展，主要功能有：

（1）反应介质，参与去除［P］、［S］、［Zn］、［Pb］、［Si］、［C］等不需要的杂质。我们的统计以及有关文献都表明，良好的泡沫渣可以成百倍地提高钢渣反应的界面，可以极大地提高钢渣间的物理化学反应，使电炉粗炼钢水的质量得到极大的提高。

（2）覆盖钢液，防止钢液的吸气降温。实践的统计结果表明，碱度在2.0～3.0之间，泡沫渣持续时间大于12min完全埋弧的泡沫渣，炉膛保持在微正压左右的条件下，可以基本消除电弧区电弧电离炉气使钢液吸气的影响，减轻电极喷淋水进入熔池后导致钢水中氢含量增加的现象。

（3）埋弧传热，防止电弧裸露对炉衬的高温辐射。实践证明，泡沫渣完全埋住电弧时，热效率大于90%；在泡沫渣埋弧高度达到弧长50%以上不能完全埋弧时，电能的热效率约为75%；泡沫渣埋弧高度达到弧长的40%以下时，热效率小于70%。而且对于直流电炉来讲，存在"偏弧现象"，即由于磁场对于电弧的吸引，电弧会向靠近变压器一侧偏移，弧光辐射产生的高强热负荷会对炉壁造成不良影响。电弧区的高温对于该区域的耐火材料和水冷盘的冲击效果非常明显。偏弧区的耐火材料侵蚀速度是其他区域的0.7～1.6倍；偏弧区水冷盘的温度，升高400次（超过80℃），就有可能发生一次水冷盘被击穿的停炉事故。

（4）提高输入电能的速度，减少"断弧"现象，弱化闪变对于电网的冲击，减少电弧的热辐射损失和噪声损失。实践生产中，泡沫渣不能埋弧时，高档位送电由于弧长较长，容易引起水冷盘温度升高以后跳电，只能够低档位送电，输入电能的速度较慢，而且弧光和噪声会恶化操作环境，降低操作工的劳动效率。实际上当泡沫渣不能完全埋弧时，29%以上的输入电能转化为弧光辐射和声能损失。良好的泡沫渣可以屏蔽部分噪声，可以降低噪声10～30dB。

（5）冶炼过程中作为保护炉衬耐火材料的重要组成部分，可以减少渣线部位的耐火材料及炉衬的侵蚀速度。冶炼过程中的脱碳反应会使钢水剧烈沸腾，泡沫渣的覆盖作用会减轻这种剧烈沸腾对于炉衬的物理冲刷侵蚀，而且在氧化镁含量较高的泡沫渣（氧化镁含量大于5%），会降低钢渣对于镁炭砖的侵蚀速度。

（6）可以作为良好的夹杂物吸附剂。吸附溶解钢中大颗粒的一次氧化物，提高粗炼钢水的洁净度。在电炉的吹炼过程中，良好的泡沫渣是吸附一次氧化产物成为硅酸盐，磷酸盐的吸附剂，是提高粗炼钢水洁净度的主要手段。

（7）防止或减少吹炼过程中铁及其氧化物的飞溅损失。目前超高功率电炉普遍的采用增加供氧强度的手段来强化冶炼，这对于冶炼过程产生的金属飞溅是不利的。良好的泡沫渣可以覆盖钢液，会减轻和降低冶炼过程的飞溅损失。实践统计表明，同比条件下，全程泡沫渣质量不好的冶炼炉次，与全程泡沫渣质量较好的冶炼炉次相比，金属收得率低3%～8%。良好的泡沫渣对于除尘系统的压力也比较小。

8.3　泡沫渣原理

当石灰和白云石被溶解成为渣液后，在渣中有气体逸出时，溶解的渣液成为气体的液膜，形成一个个气泡，由 $2CaO \cdot SiO_2$、$3CaO \cdot P_2O_5$、MgO、$MgO \cdot SiO_2$ 等悬浮物质点分割开，随着气体的不断逸出，气泡压力的增大，溶解的渣液体积随着气体的膨胀变大到几十，甚至上百倍，这是泡沫渣的形成原理，图 8-1 说明了泡沫渣的基本原理。

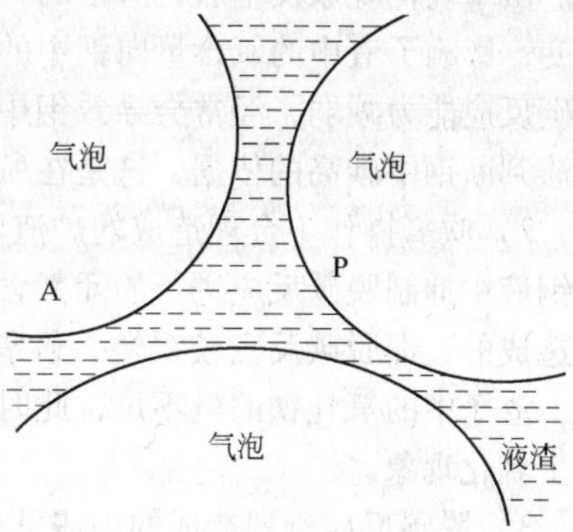

图 8-1　泡沫渣的基本原理图

冶炼过程中炉渣发泡的能力决定于两个重要条件：

（1）炉渣具有一定能量的气体存在。

（2）炉渣应具有相适应的物理性质与化学组成。

具有这两个条件时才能使炉渣泡沫化。形成炉渣泡沫化的基本过程是：当大量的气体进入炉渣并且被分散。这主要是炉渣有分散的多个不连续的界面来决定的。如果炉渣的表面张力小而且体系的界面自由焓有较小的值，使体系的能量仍处在较低的状态，炉渣中分散的细小的气泡就不至于合并而成为稳定的泡沫渣。在泡沫渣内部，气泡被液膜分隔以后，提高了液膜的强度，可以延迟气泡排出液膜的时间，气泡在压力作用下上升，引起炉渣体积的不断变化，促使了炉渣的泡沫化。由于要保持炉渣埋弧的稳定性，要求发泡的炉渣表面有一定的张力，这就要求炉渣有一定的黏度和适当的固体颗粒，即悬浮物质点。经典的研究认为，二元碱度在 1.8～2.5 之间，可以保证炉渣发泡的碱度和悬浮物质点存在的需要。

以下笔者结合实践，针对不同的碱度和氧化铁的含量对各种炉渣的成渣机理与冶金过程产生的作用和影响进行分析：

（1）碱度在 1 以下，即(SiO_2)的量大于(CaO)的量后，炉渣出现玻璃体，这种炉渣称为玻璃渣。由于缺少足够的泡沫渣发泡的主要悬浮物质点 $2CaO \cdot SiO_2$，炉渣的黏度低，表面张力小，炉渣的气泡容易迅速从炉渣中逸出，泡沫渣发泡时间短，不稳定，并且在氧化铁的助熔作用下，对以氧化镁为主的碱性炉衬发生复杂的化学反应，它的侵蚀作用是比较明显的，而且对于吸附钢水中上浮的夹杂物的能力也比较小，直接影响炼钢过程的脱磷和脱硫反应。这种炉渣在生产中出现后的危害是多方面的，保证有足够的石灰是避免这种炉渣出现的唯一的途径。

（2）水渣的概念是渣中的氧化铁超过 20% 以后，从炉渣中解离出氧离子，使 Si_xO_y 解体，变成简单的离子，导致渣中的主要悬浮物质点 $2CaO \cdot SiO_2$ 被降解成为低熔点的硅灰石和铁橄榄石。炉渣的黏度比较低，流动性的视觉效果接近于水，在实际生产中被称为水渣。由于缺少了悬浮物质点，炉渣不能被分隔成若干个小气泡，气体容易汇集在有限的气泡内，气泡内的气压容易冲破气泡液膜逸出，从而导致泡沫渣发泡指数低，泡沫渣不稳定，冶金效果达不到超高功率电炉的冶炼要求。

（3）炉渣的乳化现象。乳化现象主要特征是钢渣之间不分层，炉渣覆盖不住钢液，是影响冶炼的主要不利因素。炉渣乳化以后，炉渣看起来接近于水渣和玻璃渣之间。高碱度乳化渣形成的基本原因是：

1）喷吹炭粉控制不合理造成的乳化现象。在冶炼过程中的脱碳反应有一部分在钢水内部发生时，在钢水内部产生气泡排出，气泡是以钢液为表面液膜的，气泡进入渣层破裂时，将金属小液滴带入渣中，形成自由的小铁珠，在脱碳反应较快和供氧强度较大的时候，进入渣子中的小铁珠将会大量增加。氧化钙被氧化铁从大颗粒的石灰表面溶解剥离以后形成低熔点的铁酸钙，在没有被二氧化硅结合之前，遇到化学键的结合能力大于铁元素时，氧化铁还原成为铁珠（比如喷吹的炭粉），将会影响石灰的溶解速度，容易在气体—熔池—炉渣三相间发生乳化现象。由于乳化现象发生后，渣中的（FeO）低于钢液中的［FeO］，渣—钢间氧的分配关系发生改变，影响了渣中的氧含量向钢中的扩散，从而减弱了钢渣界面的脱碳反应，由于钢渣界面的脱碳反应能力减弱，经常会导致钢中碳高，这是以上“炉渣变稀”的原因，也是操作工根据炉渣判断钢中碳高的依据，这是在所有的操作要点中最难理解和掌握的。

2）吹氧操作不合理造成的炉渣乳化。这种乳化现象主要发生在熔池刚刚熔清以后，熔池内钢液中抑制脱碳反应进行的元素含量较高，吹氧过程中氧气在熔池内部进行了选择氧化的原因造成的，即脱碳反应较缓慢，供氧强度较大，氧气射流将钢液冲击为细小的铁珠进入炉渣中，渣子中的氧化铁的量不足，此时炉渣中的石灰溶解将会受到阻碍，从而与气体、金属液滴发生乳化现象。

3）脱碳反应剧烈造成的炉渣乳化。这一类的乳化现象在超声速氧枪（包括超声速集束氧枪）吹炼条件下发生的几率比较大，自耗式氧枪吹炼过程中发生的几率较小。当氧气射流在钢液内部进行脱碳反应，脱碳速度比较快时，如果炉渣的碱度较高，黏度较大，大量的气泡携带着金属小铁珠直接进入渣子中，造成炉渣轻度的乳化现象。自耗式氧枪吹炼过程中，由于脱碳速度较快，渣中的氧化铁含量降低，如果没有调整吹炼方式，也会产生轻度的乳化现象。此类乳化现象的危害较小，而且随着熔池内碳含量的降低，渣中氧化铁含量的增加，比较容易消除。炉渣碱度不够最容易引起炉渣的乳化现象产生。炉渣碱度较低时，炉渣的张力过大，钢渣之间不分层的现象比较普遍。熔池内脱碳速度较快，或者吹氧量较大时，炉渣的乳化现象就会出现，危害也最明显，是造成吹炼过程中钢水从炉门溢出的主要原因。

（4）良好的泡沫渣应该具备以下的特征：

1）炉渣的原料应该能够迅速熔化成为黏度合适的液态，成为气泡的液膜，当气体排出时形成的气泡能够保持一定的时间，即成泡时间与气泡破裂时间在 4 ~ 8s（这段时间称为泡沫渣的发泡指数）。

2）炉渣的黏度要适宜，保证炉渣的流动性良好，既要防止黏度过大，影响冶金过程的化学反应要求的碱度（比如脱磷反应的放渣操作），也要避免炉渣过于稀，对于炉衬的侵蚀加剧，还要保持一定数量的悬浮物质点，如 $2CaO \cdot SiO_2$（是液相中间最早出现的固相颗粒）。含有 MgO 的复杂化合物颗粒，如 $2CaO \cdot SiO_2 \cdot MgO$、$MgO \cdot SiO_2$，能稳定泡沫渣的化合物，能够满足保持泡沫渣的稳定性。

3）渣中氧化铁在 14% ~20% 之间，氧化铁含量能满足炉渣溶解需要的当量浓度。

4）良好的泡沫渣，渣中的金属铁珠应该保持在一个合理的水平，目测从炉门流出的炉渣应该没有乳化的特征，即流入渣坑的炉渣没有明显的金属铁珠的火化，碱度大于 2.2 的应该呈现出云絮状为最佳，碱度在 2.0 左右的呈现出鱼鳞状为最佳。

泡沫渣形泡过程原理见图 8-1。其中，在钢液内部生成 CO 气泡上浮是以金属 Fe 作为液膜上浮进入渣中，同时将金属铁带入渣中。

8.4　衡量泡沫渣的指标

衡量泡沫渣好坏的指标包括：

（1）泡沫渣的马恩果尼效应。在炼钢过程中炉渣的主要成分是以 CaO 为主的液体，如果增加渣中表面活性物质 P_2O_5、SiO_2、CaF_2、FeO 等，在液膜上富集，能提高液膜的弹性。由于渣液中的气泡是以高熔点物质为形核物质的，如 $2CaO \cdot SiO_2$、$MgO \cdot SiO_2$，熔渣中悬浮的固体分散粒子，主要有溶解的 CaO、MgO 颗粒能附在气泡上使液膜强度增加，弹性减弱（FeO、P_2O_5 是增强弹性减弱强度的物质），这些表面活性物质分布不均匀将形成表面张力梯度，能够引起渣液的流动，这种现象称为马恩果尼效应。其中气泡液膜弹性大，强度不足和弹性小将会容易产生快速消泡，发泡指数下降，马恩果尼效应不明显，炼钢过程的冶金效果质量也将下降。发泡指数与马恩果尼效应在实际生产中的应用比较重要，这用发泡指数来直观的反应更加符合实际生产。一般来讲发泡指数越大，马恩果尼效应越好，冶金效果越好。

（2）发泡指数。发泡指数即炉渣从发泡开始到气泡破裂消泡这一段时间，通常用“s”作单位。发泡指数是衡量泡沫渣质量的重要指标，也是操作工控制冶金反应的视觉参数。发泡指数在实际生产中可以这样来描述：在一定碱度条件下的炉渣，熔池中的碳含量合适时，泡沫渣高度下降到最低的时候，喷吹一定数量的炭粉，使炉渣泡沫化并且高度达到最高，然后停止喷吹炭粉，使泡沫渣的高度从最高降低到最低这一段时间就是这种炉渣的发泡指数。

（3）泡沫渣的高度。一方面是高度不够，也就是泡沫渣的质量不好，达不到埋弧要求。另一方面就是高度过剩，即泡沫渣的高度完全满足埋弧，炉渣大量从炉门流出，或者炉渣从炉壁没有密封处溢出。在实际生产中，操作工泡沫渣的控制操作是随机的，保持炉渣的发泡高度达到完全埋弧即可，泡沫渣高度过高过低都是不利于冶炼的。

8.5 影响泡沫渣质量的因素

影响泡沫渣质量的因素主要有炉渣的碱度、炉渣中氧化铁含量、炉渣中氧化镁含量、吹氧量、熔池的温度、喷吹炭粉的质量等。

8.5.1 碱度对泡沫渣质量的影响

碱度是影响泡沫渣质量的最主要的一个因素。炉渣的二元碱度低于1.5以后，炉渣的发泡性能是很差的，炉渣有发泡的可能，但是发泡指数很低。我们在一段时间内做的渣样分析表明：二元碱度保持在1.5左右，在较大的喷碳量保证的前提下，炉渣的发泡高度也可以达到基本埋弧的要求，但是泡沫渣不稳定。特别是在泡沫渣中后期，泡沫渣质量下降，不能完全满足冶炼过程中的综合要求，负面影响比较大。所以，在110t交流电炉生产流程中的泡沫渣碱度一般维持在2.0以上。二元碱度在2.0～3.0之间的泡沫渣，炉渣的发泡高度变化不大，但是随着碱度的提高，泡沫渣的发泡指数增加，泡沫渣的稳定性会更好。从碱度影响的角度讲，碱度在1.8～3.0之间，泡沫渣的发泡高度将会达到最大值。以上的描述可以把泡沫渣的高度与碱度的关系用图8-2表示。

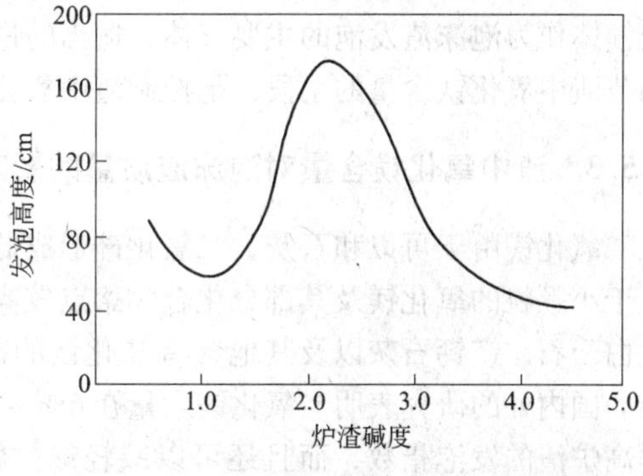

图8-2 碱度与泡沫渣发泡高度的示意图

需要特别说明的是，碱度对于冶炼的影响是很重要的，在有些时候，碱度没有达到2.0以上，炉渣虽然可以满足埋弧的需要，炉料中的磷含量不高时，脱磷也可以达到目标值，但是负面的影响就突出表现出来了。例如，金属收得率下降，在供氧强度较大的时候，还会发生炉渣过稀，在靠近除尘烟道区的水冷盘会出现结渣现象，严重时会导致炉沿过高，影响炉盖的旋转，而且这种低碱度的炉渣飞溅现象严重，有时候会看不到有合适的渣量从炉门排出，甚至会导致炉壁后方氧气吹炼的方向结冷钢，有时候会把炉盖与炉壁黏结在一起。在适当提高了炉渣碱度后，这种情况得到了改善和消除。但是炉渣的碱度也不能太高，石灰加入量过多，也会出现石灰化不掉，飞溅严重，炉沿上涨旋转不出去的现象。所以电炉炼钢最重要的原则之一就是，不能节省石灰来降低成本，碱度不够，消耗的负面影响是非常巨大的。当然，也不能碱度太高，碱度大于3.0以后，石灰就不能完全溶解，而且铁耗也会上升，最佳的实际碱度在2.0~3.0是最好的。

8.5.2　渣中氧化铁含量与泡沫渣质量的关系

炉渣中石灰的溶解主要是以氧化铁为溶剂进行的，而且在冶炼过程中需要氧化铁为熔剂来稳定一些化合物和保证渣系的性质，使炉渣能够满足冶炼的需要。这包括氧化性的炉渣脱磷，含有适量的氧化铁保证炉渣的流动性。而且在熔池中钢水的碳含量很低时，需要喷入发泡剂炭粉与渣中氧化铁反应产生发泡所需要的气体。渣中氧化铁含量过高，特别是含量大于20%以后，会降解炉渣发泡所需要的悬浮物质点硅酸二钙，导致炉渣发泡质量下降，增加了铁耗，对于炉衬的侵蚀也是特别明显。渣中氧化铁的含量可以通过操作来进行动态控制的，例如合理地控制各个阶段的供氧强度，调整喷吹炭粉的流量，调整炉料中的配碳量。文献介绍，已经有厂家介绍采用含碳的泡沫渣稳定剂，利用电炉的高位料仓，在泡沫渣中后期从炉顶第三孔或者第四孔加料孔加入，来降低渣中氧化铁含量，达到埋弧和降低铁耗，减少钢中氧含量的目的。这种泡沫渣稳定剂据介绍效果明显，实际上就是利用了泡沫渣基本原理制成的。需要说明的是，喷吹炭粉和加入泡沫渣稳定剂降解渣中氧化铁的反应是一个还原吸热反应，会影响熔池的升温速度。在强化冶炼时，要考虑到这一因素。大量的实践证明，渣中氧化铁在14%~20%之间，炉渣的泡沫化可以顺利进行，渣中氧化铁在20%~40%之间，将会出现水渣，在此阶段减少或者停止吹氧，增加喷吹炭粉的流量，会改善炉渣的泡沫化质量，但是相应地延长了冶炼周期，增加了电耗。当炉渣中的氧化铁含量低于7%以后，炉渣有可能出现乳化现象或者炉渣黏度过大，不利于钢渣间的物理化学反应和从炉门流渣的操作。控制好供氧制度和总配碳量，喷吹炭粉的流量是解决渣中氧化铁含量稳定在合理数值的关键，而且三者是对立统一的，解决好三者的关系是造好泡沫渣的关键。实际操作中要控制的要点是：利用钢水中的碳氧化生成的一氧化碳气体作为泡沫渣发泡的主要气体，适当的进行吹渣操作，机动控制调节喷吹炭粉的流量作为调节渣中氧化铁含量的手段，是控制渣中氧化铁含量的最好途径。

8.5.3　渣中氧化镁含量对泡沫渣质量的影响

氧化镁由于可以和石灰、二氧化硅形成低熔点的钙镁橄榄石，提高炉渣的成渣速度，并且由于小颗粒的氧化镁及其部分化合物熔点较高，可以成为炉渣发泡的悬浮物质点，所以利用轻烧白云石、镁钙石灰以及其他含有氧化镁的矿物质造渣是提高炉渣发泡指数的一个有效的途径。国内外的研究表明，氧化镁含量在6%~14%之间，对于炉渣的黏度影响不大，不仅可以提高炉渣的发泡指数，而且还可以减轻炉衬的侵蚀速度，从另外一个角度讲，电炉生产过程中，有些钢种对于磷、硫的要求不高，而且合适的渣量不仅可以减少炉渣熔化的热支出，降低电耗。在渣量不同的渣液中，在氧化铁含量相同的条件下，渣量的减少有利于减少金属铁的损耗，所以以合适的渣量来满足冶炼过程的化学反应需要，利用其他促使炉渣发泡的有利条件，来改善泡沫渣的质量，成为一种节能降耗的手段。增加渣中氧化镁含量成为了首选。渣中氧化镁含量与发泡指数的关系见图8-3。

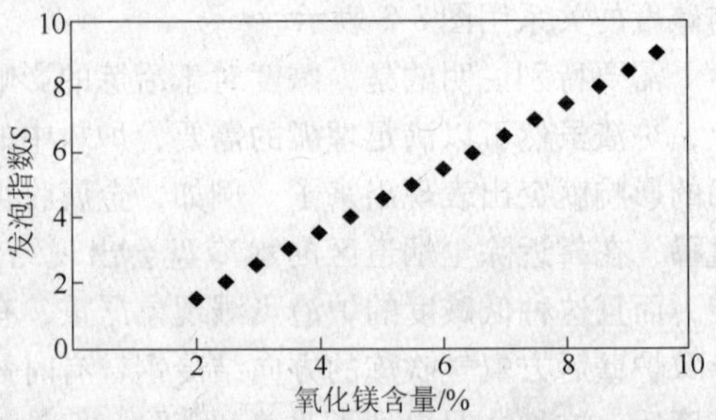

图8-3　渣中氧化镁的含量和发泡指数的关系

8.5.4　吹氧量对泡沫渣质量的影响

一般情况下，在渣中氧化钙含量相同，熔池中有脱碳反应的条件下，吹氧量越大，脱碳产生的气体越多，渣中氧化铁含量也随之增加，泡沫渣的高度越大，在熔池中碳含量较低的情况下，吹氧量越大，渣中氧化铁含量越高，泡沫渣越不稳定，图8-4是我们在70t直流电炉所做的供氧强度与泡沫渣高度关系的分析图。

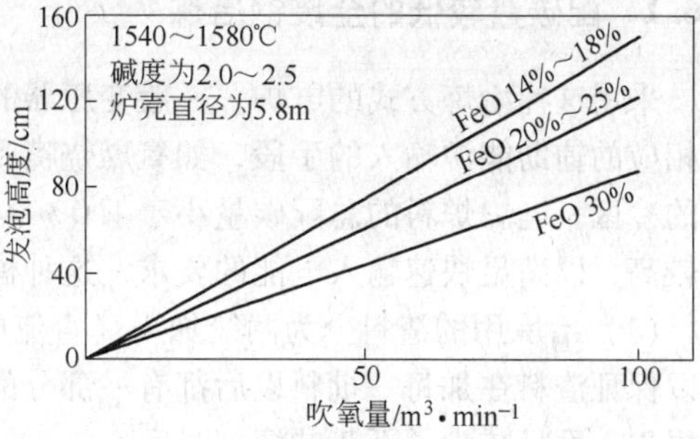

图8-4　供氧强度与发泡高度的关系

8.5.5　温度对泡沫渣质量的影响

温度是保证炉渣熔化的基本条件，只要渣料熔化以后，炉渣或者熔池中有碳氧反应进行，炉渣就可以泡沫化。温度对于泡沫渣的影响比较小，这里需要强调的是碱度为2.0～3.0之间的炉渣，在温度逐渐升高后，特别是温度大于1650℃以后，泡沫渣的质量会出现明显下降的现象。这也成为操作工判断熔池温度的一个基本常识。

8.5.6　喷吹炭粉对泡沫渣质量的影响

喷吹炭粉主要产生两个方面的作用：一是降低渣中氧化铁的含量，提高泡沫渣的黏度，提高泡沫渣的质量；二是喷吹炭粉与渣中的氧化铁反应生成一氧化碳气体，为炉渣发泡提供气源。目前喷吹炭粉主要由两种方法生产：一是石油化工行业的副产品石油焦，经过粒化后使用；二是由焦炭粒化后使用，经过不同厂家的使用效果来看，石油焦由于杂质少，粒度小，使用后的发泡效果比使用焦炭为原料的喷吹炭粉效果好。

8.6　自耗式氧枪吹炼条件下的泡沫渣操作

自耗式氧枪的优点之一是可以调整吹氧的角度和调整氧枪的枪管长度控制吹炼的反应进程。自耗式氧枪的氧枪枪管和电炉内钢液面之间的夹角，简称吹氧角度，吹氧的角度可以通过倾动炉体，调整自耗式氧枪的枪架机械高度和氧枪枪头的高低来实现。冶炼过程中，造泡沫渣的操作期间，要注意氧枪的吹氧角度的控制。吹氧的角度对于造渣和炉门耐火材料的侵蚀速度影响都比较大，对于氧枪的枪管消耗也有明显的影响。由于自耗式氧枪吹氧的氧气射流在离开枪管后是逐渐发散的，所以吹氧角度过大，依靠氧枪氧气的射流引起的钢液内部脱碳的量较少。大角度的吹氧会引起钢液炉渣及反应气体的乳化现象，枪管消耗快，脱碳反应慢，不能满足冶炼要求；角度过小，吹氧的结果可能是钢渣间铁的氧化反应导致氧化铁富集，炉渣水化，脱碳效率低，吹氧的效率低，炉渣由于聚集了大量的氧化铁，容易引起大沸腾事故。所以，自耗式氧枪的泡沫渣操作关键之一是控制好吹氧的角度和调整好枪管在钢渣中的长度，良好的操作不仅可以提高吹氧的效率，而且可以提高泡沫渣的质量，全面地影响冶炼的综合指标。操作过程中，氧枪的吹氧角度控制在30°左右是比较合理的，既可以提高钢渣间的反应能力，又可以使氧气射流保持对于熔池钢液最佳的射入状态，在钢液表层内部产生脱碳气泡，促使脱碳反应的进行，是控制泡沫渣操作的理想吹氧角度。吹渣操作是指氧枪的枪头离开炉渣一段距离，以一定的角度和氧气流量，进行吹氧的操作。氧枪枪管在炉渣内，刻意地调整吹氧角度和流量，使氧枪射流吹钢渣界面的操作也叫吹渣操作。吹渣操作的主要目的是增加渣中氧化铁的含量，促进渣料的熔化以及脱磷、脱碳反应的进行。

8.6.1 配碳量较低的全废钢冶炼

采用这种冶炼方式的电炉，一般变压器的容量比较大，电能输入的速度比较快，而且配备有相应的辅助能源输入的手段，如氧燃烧嘴和二次燃烧枪等，以便提高化学能的利用和消除电炉的冷区。电炉炉料的总配碳量小于1.0%，这类电炉强调的是产能水平，对于泡沫渣的要求比较高，以满足快速输入电能的要求，这种模式下的泡沫渣操作的特点如下：

（1）冶炼用的渣料分为两篮加入（直流电炉除外），渣料采用石灰配加白云石为主，这样可以保证渣料在加每一批料以后都有一部分的溶解，参与化学反应，覆盖熔池减少吹炼时的飞溅损失，而且减少了石灰的溶解时间。

（2）采用合适的留钢量和留渣量。熔化期一支枪切割处于红热状态的废钢，一支枪在电炉的留钢和留渣组成的局部熔池吹氧，或者两支枪全部用来切割废钢，以达到快速加料的目的。

（3）在炉内废钢熔清60%左右，就开始泡沫渣的操作，两支氧枪根据炉内的具体情况，先进行“吹渣操作”，以促使炉渣熔化，炭枪开始喷吹炭粉的操作，或者一支氧枪进行吹渣操作，一支氧枪吹钢渣界面进行早期的脱碳。

（4）炉体的倾动和氧枪吹氧的角度要紧密配合，以提高吹氧的效率，炭粉的喷吹根据炉渣的发泡高度，进行动态的控制，以保证有较快的脱碳速度。

（5）脱碳和脱磷的任务一般要求在泡沫渣持续8～12min左右完成，整个泡沫渣时间控制在15min左右。由于电能输入速度较快，电炉的流渣（也叫放渣）操作一般在测温取样的时候，完成60%左右。

（6）电炉的装入量和留钢量一般是恒定的，波动变化较小，以便于稳定冶炼过程中的操作。

8.6.2 配碳量较大的全废钢冶炼

采用较大配碳量冶炼的电炉，一般变压器容量属于中等或者偏小，有的采用了辅助能源输入手段，有的没有。这类电炉一般是生产合金钢或者质量要求较高的钢种，要求泡沫渣持续的时间较长，以满足脱磷脱气和埋弧升温的要求。电炉的配碳量在0.8%～2.4%。这种冶炼模式下的泡沫渣操作主要特点如下：

（1）采用较大的留钢量和留渣量，以提高熔化期吹氧的效率。

（2）熔化期炉体向前倾斜在1°～3°之间，两支枪伸入炉底的热区吹氧，以达到早期脱除杂质和部分碳的任务。

（3）在第一批料的时候，只要有“局部熔池”存在，就要进行泡沫渣的操作，以达到埋弧，提高已经形成的“局部熔池”的温度，达到扩大“局部熔池”的面积，实现促进废钢熔化的目的。

（4）废钢铁料全部加入后，也是以第一批料的操作模式为主，向热区吹氧造泡沫渣为主。造成熔池的逐渐扩大，等到加入的渣料和炉料的全部溶解，根据炉渣的黏度和发泡高度调整喷吹炭粉的流量，炉渣黏度过大时，减小喷吹炭粉的量，或者增加供氧强度；炉渣黏度过低时，增加喷吹炭粉的量，或者减少供氧强度。

（5）在泡沫渣初步形成以后，要用一支枪及时清理炉门区的冷钢，以便于流渣操作和测温取样的操作。

（6）由于冶炼的钢种对于磷的要求较高，所以一般采用晚期流渣的操作，泡沫渣的整体持续时间在10～25min。

8.6.3　热装铁水的泡沫渣操作

热装铁水冶炼时，泡沫渣的操作方法主要以兑加铁水的比例和总体的配碳量来决定的，泡沫渣的操作要以泡沫渣脱碳脱磷的时间与送电升温到出钢目标值的时间相统一为最佳，电炉热兑铁水时的泡沫渣操作主要特点有：

（1）熔化期在兑加铁水以后，氧枪以吹局部熔池为主，达到氧化部分的磷、硅、锰以及脱除部分的碳。如果切割废钢，会导致后期的泡沫渣操作难度加大。

（2）由于热兑铁水生产时，一般情况下，熔池形成的时间比较快，石灰溶解的时间短，在熔化期结束时，氧枪要保持2～5min的吹渣时间很必要，以保证炉渣的熔化。

（3）开始造泡沫渣以后，根据炉渣的具体状况，决定氧枪的操作。炉渣较干的时候，两支枪同时以中低流量吹渣，炭粉可以低流量喷入，或者暂时不喷吹；炉渣较稀时，喷吹高流量的炭粉以调剂炉渣的氧化铁含量，氧枪可以降低供氧强度进行吹炼。

（4）熔池碳含量较高的时候，氧枪要间歇性地有目的吹钢渣界面，以保持渣中氧化铁的含量稳定。当炉渣呈现波峰状、跳动有力的情况时，说明炉渣的氧化性良好，可以根据炉渣的发泡高度，间歇性地喷吹炭粉，或者一直以低流量的操作喷吹炭粉造渣，氧气以最大的流量吹炼。这样对于兼顾泡沫渣操作和脱碳比较有利。熔池碳含量适中或者偏低的时候，可以按照正常的泡沫渣操作程序操作。

（5）不同时期的炉型，主要是炉底的深浅、料况的变化，对于脱碳反应的影响比较大，在不同时期的炉型和料型，要调整铁水的兑加量以及其他的配碳量，调整渣料的量。保持稳定的留钢量和留渣量，对于泡沫渣的操作有积极的意义。

8.6.4　自耗式氧枪吹炼时炉渣乳化现象出现以后的消除

炉渣的乳化现象的基本特征是：

（1）炉渣视觉黏度低，吹炼时炉渣大量从炉门溢出。

（2）无明显较强的脱碳反应，表现在冶炼时烟道无明显的碳火。特别说明的是，即使是大量喷吹炭粉，所产生的碳火在烟道内也表现得飘忽无力，而脱碳反应产生的碳火在烟道内比较强劲有力。

（3）自耗式氧枪枪管消耗很快，冶炼进程不容易控制。

（4）炉渣从炉门溢出时伴随有明显的金属铁液滴的火花。

炉渣的乳化现象的主要危害有：

（1）容易造成碳高磷高，延长了冶炼周期。

（2）乳化渣形成后阻碍了脱碳反应的进行，熔池传热效果差，所以渣温较高，对于炉衬和水冷盘的侵蚀与损害比较明显，我们在70t和110t电炉大量的实践证明，穿炉衬和水冷盘漏水70%以上与炉渣的乳化有直接和间接的关系。

（3）乳化现象发生后，有大量的金属铁随炉渣流入渣坑，降低了金属收得率。

（4）自耗式氧枪的枪管损耗太快，发生乳化现象后，自耗式氧枪很难控制冶炼的进程。

（5）冶炼时间的延长不容易控制温度，容易形成高温钢。

产生乳化现象后的消除主要手段有：

（1）炉渣碱度足够，乳化现象刚刚出现时，可以减小输入电能的功率或者停止送电，停止喷吹炭粉，将自耗式氧枪的枪头距离炉渣2～10cm吹渣操作，氧气保持中低流量。有脱碳反应的碳火出现，或者炉渣熔化良好时再进行正常的操作。

(2) 乳化现象发生的后期，由于炉渣大量的溢出，为了保证脱磷，不宜再进行放渣操作。

(3) 乳化现象发生后，镇静完毕后吹炼要使氧枪吹炼角度与熔池钢液面保持30°，或者为了快速脱碳，氧枪吹炼角度与熔池钢液面保持在45°~60°之间，并且及时将枪管进入熔池钢渣界面，防止枪管不够后吊吹，形成二次乳化或者发生大沸腾事故。

(4) 炉渣碱度在1.5左右产生的乳化现象很严重时，应该立即停电停止吹氧，将炉体向出渣方向倾动倒出部分乳化渣后摇平炉体镇静2~5min后再继续冶炼操作，一般情况下乳化现象会得到消除或缓解。

(5) 对于炉渣碱度过低的炉渣出现乳化以后，不论是自耗式氧枪还是超声速氧枪吹炼，除了补加石灰，或者在不补加石灰的条件下，只有降低供氧强度，减缓脱碳速度以外，没有其他更好的处理方法。

8.6.5　碳高脱碳时的泡沫渣操作

自耗式氧枪操作下的脱碳反应大多数是以间接氧化为主的，即通过渣钢之间的传质反应进行的。碳高以后的泡沫渣操作要注意以下两点：

(1) 脱碳反应和脱磷反应要兼顾，避免脱碳反应结束后磷高，也要避免炉渣乳化后引起的各种不良后果。

(2) 在临界碳含量范围内要注意防止大沸腾事故的发生。

所以，冶炼中出现碳高以后的泡沫渣操作，以控制好温度和调整碳含量为主进行操作。在临界碳含量以上时，可以降低或者停止送电的功率，自耗式氧枪枪头距离炉渣液面5~10cm进行吹炼1~5min左右，先进行脱磷的吹渣脱磷操作。当脱碳反应开始后根据脱碳反应的程度及时地倾动炉体，调整吹氧角度，为了提高脱碳反应的速度，喷碳量可以做动态调整，减少或者间歇性的喷碳。当熔池中的碳含量在临界碳含量范围（0.2%~0.8%）以内时，为了增加碳向反应界面的扩散，防止大沸腾事故，最好是通电操作。吹氧时必须喷吹炭粉，调节渣中氧化铁含量，防止氧化铁富集，吹氧角度和炉体的倾动必须紧密配合，吹氧角度或者是通电操作下的30°角吹炼，或者非通电条件下的大角度吹氧，并且及时地进枪。

8.7　超声速氧枪控制下的泡沫渣实用技术

8.7.1　超声速氧枪吹炼条件下泡沫渣控制的特点

大多数超声速碳氧枪是布置在炉门，也有的是安装在炉壁进行冶炼操作的。超声速氧枪的氧气射流对于熔池具有较大的冲击动能，较强的穿透钢渣界面的能力，脱碳能力较强，其反应可以认为有部分氧气直接进入钢液参与脱碳，脱碳速度大于自耗式氧枪的脱碳速度，实际测量最快可以达到0.12%/min。控制良好的泡沫渣，渣中的氧化铁含量在15%左右，远远低于自耗式氧枪控制的泡沫渣的渣中氧化铁的含量。可以提高铁水的热装比例和配加生铁的比例，以及其他的配碳用的原料，以降低铁耗。超声速氧枪吹炼时，脱碳反应没有开始时，主要是硅、锰、磷和铁的氧化，石灰的溶解也在进行，如果初渣中的氧化铁含量较高，初渣的传质反应也比较慢，所以在炉渣没有形成覆盖住熔池的时候，一般采用低的供氧强度进行吹氧，采用高的供氧强度，会增加钢铁料的吹损损失。目前超声速氧枪的吹炼一般设有2~5个档位或者吹氧模式，有的厂家为了规范操作，将吹氧模式与送电的输入功率连锁，在不同的电耗阶段，有不同的吹氧模式或者档位，以不同的供氧强度进行供氧吹炼操作。

超声速氧枪吹炼时的负面影响主要表现在：

（1）超声速射流冲击作用造成枪体的结钢渣现象时有发生，严重时钢渣的飞溅在烟道附近大量聚集，将水冷壁与上炉盖粘在一起，影响了旋开炉盖加料操作的顺利进行。

（2）配碳量较高时，炉渣返干现象普遍。在脱碳速度最大的时候，泡沫渣容易发泡，甚至从炉壁或 EBT 附近溢出。冶炼后期熔池碳含量较低时，泡沫渣的高度不足，不能满足长弧高功率输入的要求。喷吹炭粉控制不好时，一罐炭粉会出现不够冶炼一炉钢的现象，给冶炼造成被动。炭粉喷空以后需要二次充填或者需要人工从炉门加发泡剂炭粉。

（3）渣料加入量过大时，加入的渣料不容易充分的熔化，石灰和白云石的利用率较低，在一些炉次，渣料在氧枪射流的作用下，聚集在 EBT 冷区，影响 EBT 的填料操作。渣料加入量过小时，容易出现乳化现象。典型的超声速氧枪吹炼的泡沫渣渣样分析见表 8-2。

表 8-2　超声速氧枪吹炼条件下的泡沫渣的成分分析（%）

成　分	SiO_2	CaO	MgO	FeO	碱度（－）
1	13.22	41.95	1.44	10.28	3.2
2	13.95	36.65	2.02	13.08	2.6
3	12.44	40.17	2.46	11.88	3.2
4	12.57	34.41	—	20.85	2.7
5	13.45	35.37	0.01	17.1	2.6

（4）在炉渣碱度合适的情况下，有部分炉次，脱碳任务完成以后，脱磷的任务仍然没有完成，需要进一步的脱磷操作，给冶炼造成被动。

超声速氧枪的泡沫渣操作一般分为全废钢冶炼和热装铁水的冶炼两种。

8.7.2　全废钢冶炼时泡沫渣的控制

全废钢冶炼时的泡沫渣的操作主要体现在：

（1）炉料的配碳量要合理。我们计算和实践后推荐的配碳量在 1.0% ~2.6% 之间。不能超过上限，超过上限后，会增加脱碳的操作时间；配碳量也不能过低，配碳过低，虽然可以通过减少供氧强度和增加喷炭量实现调节，但是配碳过低会增加吹损，终点碳含量过低的几率也会增加，导致出现水渣。配碳量的大小要根据废钢铁料中的硅、锰、磷的含量决定，这些元素含量较高的时候，就要减少配碳量，增加石灰的加入量。

（2）冶炼时，生铁等含碳量较高的配碳原料 60% 以上加在第一批料，吹氧操作要在一批料熔化到接近熔清前，熔池有明显的脱碳反应出现最好，这主要体现在烟道和炉盖四周有碳火出现。

（3）由于脱碳反应和石灰的溶解分别是两个相互影响的化学反应，所以超声速氧枪吹炼全废钢的一个主要的原则就是，如果氧枪吹炼的热点区出现局部熔池，就要进行喷炭操作，以降低渣中氧化铁含量，使其保持在 25% 以下，这样会促进石灰的溶解，增加局部熔池的埋弧升温和传质反应，从而改善冶炼的进程，待炉渣充分泡沫化后，根据炉渣的情况，进行吹氧和喷炭，送电的调整。

（4）造好全废钢冶炼的泡沫渣的另外一个原则就是掌握好留钢留渣量。合理的留钢留渣会提高吹氧的利用率，提高化学热的利用，对于废钢的及早熔化，造好泡沫渣有着积极的意义。

（5）渣中的氧化铁含量对于渣料的熔化起着决定性的作用。熔化期的后期，熔池的初渣中一般氧化铁含量较高，这是因为此时熔池内的温度较低，脱碳反应没有开始时，铁的氧化量最大，加入的渣料没有完全熔化，氧枪吹炼时产生的大量氧化铁会进入到炉渣中，渣中氧化铁过高，炉渣的密度增加，传质反应的能力减弱，所以熔化期的后期，只要有炉渣形成，就要较早喷炭，以减少渣中氧化铁的含量，以促使炉渣提高发泡能力和未能溶解的石灰进行进一步溶解。

（6）在脱碳反应开始后，要控制好喷吹炭粉的流量，调剂泡沫渣的高度。有的厂家介绍的经验认为，熔池碳含量在0.3%以上时，可以减少喷吹炭粉。全废钢冶炼时，始终以合适的流量喷吹炭粉，对于稳定的控制炉内的反应气氛，减少吹损还是比较有利的。

（7）放渣的操作一般在冶炼的中期开始适量的放渣，即熔池碳含量在0.3%～0.6%之间，放渣比较容易，在熔池碳含量较低，炉渣碱度偏低时，炉渣不容易从炉门排出，会增加出钢下渣的几率。

（8）单纯的超声速氧枪吹炼，泡沫渣的全面控制有一定的难度，采用复合吹炼方式，泡沫渣的控制会更好。例如，炉壁超声速氧枪和炉门自耗式氧枪复合吹炼，炉门超声速氧枪联合炉壁集束氧枪吹炼，或者联合使用具有化渣和脱碳功能的多功能烧嘴。我们在两条生产线上使用的炉壁氧枪与炉门自耗式氧枪复合吹炼，炉门自耗式氧枪和超声速集束氧枪复合吹炼，所取得的效果是很有说明意义的。

（9）炉渣的最佳碱度控制在2.0～3.0之间，对于全废钢冶炼的泡沫渣控制比较有利。

8.7.3 热装铁水冶炼时泡沫渣的控制

热装铁水冶炼时，泡沫渣的控制必须与脱碳反应，通电升温有机地结合起来，脱碳的任务必须提前在熔池的温度达到出钢温度要求以前1～5min完成。控制好热装铁水泡沫渣的关键在于：

（1）熔化初期，将炉体向出渣方向倾动，以炉门不溢出钢渣为原则，这样对于炉门式的水冷超声速氧枪或者炉壁水冷超声速氧枪的操作都是比较有利的。在冶炼前期，将吹氧化渣，脱磷放在首位，控制氧枪的枪位，使氧枪的枪头离开熔池有10～50cm的距离吹氧，吹氧的流量保持在中档左右，使射流以亚声速冲击钢渣界面，重点进行化渣、脱磷。脱碳任务在炉渣充分泡沫化后进行，脱碳的效率会比较高。实际操作中，枪位的控制以炉顶电极孔处飞溅物不严重为标准。

（2）在脱碳反应开始后，要根据脱碳反应的情况和炉渣的状况进行控制喷吹炭粉的操作，一般来讲，在临界碳含量范围中上限的时候（0.5%～0.8%），如果炉渣泡沫化的高度可以满足埋弧的要求，可以减少或者停止喷吹炭粉的操作，因为喷吹炭粉在钢渣中的还原反应属于吸热反应，会影响熔池的升温，增加冶炼周期。在临界碳含量中下限范围（0.2%～0.5%），要降低“枪位”，即把氧枪向熔池内移动，进行喷吹炭粉的操作，这样可以减少渣中氧化铁含量，增加金属收得率，降低剧烈沸腾的几率。炭氧枪的进枪长度，根据反应的特征，主要是根据烟道的碳火大小，以及熔池的沸腾程度，做机动调整。脱碳反应剧烈时，适当退枪，以维持碳氧反应的正常进行为准。脱碳反应减弱时，进行进枪，使得氧枪的枪头尽可能地靠近熔池吹氧。

（3）实践证明，增加吹氧化渣时间是解决超声速氧枪吹炼条件下钢渣飞溅损失的有效手段，而且化渣这段时间也是促使钢中的硅、锰、磷氧化的有利时机，为泡沫渣的控制和脱碳的顺利进行创造了有利条件，脱碳反应又推动了炉渣泡沫化的优化控制，实现了操作的良性循环。

（4）热装铁水的送电操作，前期以最大的功率送电，使熔池的温度尽可能达到脱碳反应需要的温度范围，然后根据泡沫渣的埋弧情况，综合脱碳反应的程度，决定送电的档位。实际生产中，超声速氧枪在脱碳速度最快的时候，泡沫渣的埋弧效果并不好，中低档位送电是合适的，只有在脱碳任务快结束时，渣中氧化铁含量合适时，泡沫渣的埋弧效果才会理想，这时候大功率送电提温也比较符合冶炼的程序。

（5）熔池含碳量在0.3%以上时，不必喷吹炭粉进行泡沫渣的操作，这在电炉高比例热装铁水生产时，是很必要的。

（6）高比例兑加铁水（热装铁水的比例大于30%）冶炼时，配加直接还原铁或者氧化铁皮，对于优化泡沫渣的操作有积极的作用。

（7）热装铁水时，炉渣的最佳碱度控制在2.2～3.0之间是合理的，也是我们通过大量的冶炼跟踪和渣样分析得到的。

8.7.4 超声速氧枪吹炼条件下炉渣乳化以后的操作

超声速氧枪吹炼过程中，乳化现象的出现大部分是碳高引起的。在熔化期结束时，炉渣很稀，熔池影响脱碳反应进行的元素含量较高时，由于选择氧化的作用，脱碳反应被抑制。氧气流股冲击熔池，引起熔池的金属小铁珠大量弥散在炉渣中，造成这种钢渣不分层的乳化现象。这种现象会导致脱碳困难和磷高，吹损会大幅度上升，而且炉役后期会增加炉衬的危险性。所以，解决乳化渣的方法主要有：

（1）减低吹氧量，把氧枪从炉内向外退出一段距离，进行吹渣，直到炉渣大部分熔化后，再增加吹氧量进行脱碳操作和泡沫渣的控制。事实上，当吹渣操作进行到炉渣大部分熔化后，熔池就会出现脱碳反应，乳化现象就会减轻或消除。在这种情况下，强行高强度供氧，只会引起钢水和炉渣从炉门大量溢出，脱碳反应不一定就能够及时出现。

（2）炉渣碱度较低，出现较严重的乳化渣后，不要急于吹炼，可以将冶炼做停顿。停止吹氧和送电，待炉渣和熔池镇静后再继续冶炼，重新冶炼时应该以中低供氧强度吹钢渣界面，待出现脱碳反应后增加供氧强度。效果会比继续冶炼好。

（3）如果镇静后重新冶炼，炉渣仍然出现乳化现象，可以继续镇静，并且炉体向出渣方向倾动，倒出少部分的低碱度乳化渣。倒渣结束后，炉渣处于镇静状态，再继续冶炼，效果会进一步改善，如果继续乳化，则继续倒渣镇静处理，再继续冶炼。这是我们多年实践后的经验，也是唯一处理炉渣碱度较低的乳化现象，和消除大沸腾现象的一个有效的方法。

（4）出现乳化现象后，要注意出钢量的控制，出钢量要比正常少3%～10%。

（5）炉渣碱度低引起的乳化现象，就要考虑下一炉次的冶炼时，增加渣料的加入量，降低炉料的配碳量，或者改变废钢铁料的料型结构。如果电炉具有通过高位料仓加渣料的条件，低碱度炉渣出现的乳化现象，可以通过补加石灰以后，进行合理的吹渣操作来消除，操作难度会降低。

8.7.5 渣中氧化铁过高引起的相间起弧

相间起弧主要有两种：

（1）超声速氧枪具有较强的脱碳反应能力，脱碳反应速度较快，如果熔池内的碳含量较低时，渣中的氧化铁含量就会急剧上升，当氧化铁含量超过35%以后，炉渣就会出现水渣现象，钢液内部的溶解氧超过0.07%时（定氧仪测定的结果），向熔池大量的喷吹炭粉，渣中的碳氧反应会很迅速，产生大量的二氧化碳气体，迅速从炉渣内排出，导致交流电炉三相电极间的气体电离起弧。

（2）脱碳速度过快，脱碳速度在0.07%/min以上时，脱碳反应的气体主要是一氧化碳，也会导致相间起弧。

发生相间起弧后，提升电极，也很难进行断电操作，因为此时高压负载处于带负荷状态，只有降低送电功率。它的危害主要体现在：

（1）相间起弧会损害电极和小炉盖的使用寿命。

（2）输入的电能50%以上是无效的，增加了冶炼电耗。

（3）有可能导致断电极事故的发生。

所以防止相间起弧是影响冶炼的一个关键环节，具体方法如下：

（1）冶炼时要注意有合理的配碳量，脱碳量应该控制在0.95%～1.85%之间。

（2）配碳量较低，配碳量在1.0%左右，如果出现了有炉渣覆盖的局部熔池，就进行喷炭操作，在脱碳反应趋于减弱时，增加喷吹炭粉的流量，或者减小吹氧量。

（3）炉料的配碳较高，脱碳速度较快时，降低送电档位，或者暂时停止送电。

（4）在连续冶炼的两炉以上，出现相间起弧后，可以适当地增加炉渣碱度，炉渣碱度增加后，脱碳反应的气体排出的速度会减慢，这种情况会得到改善。

（5）出现相间起弧以后，停止吹氧和喷炭，可以在短时间内达到消除相间起弧的现象。

8.8　超声速集束氧枪吹炼条件下的泡沫渣控制

超声速集束氧枪吹炼一般采用3～4个吹氧点，实行多点喷吹炭粉。由于吹氧量比较大，一般吨钢氧耗为40～55m^3/t，所以渣中氧化铁含量较高。泡沫渣的控制在配碳量合适，炉渣碱度合适的条件下，泡沫渣比较容易发泡。但是存在的问题也会很多，炉渣乳化的几率增加，炉门跑钢水的次数增多，钢铁料的吹损量增加，炉沿黏结钢渣以后上涨。这些现象都要求在解决脱磷脱碳问题的同时兼顾，泡沫渣的控制特点主要有：

（1）保持合适的炉型尺寸，炉底过深时，及时修补炉底，保证吹炼时氧气的利用率。

（2）炉渣的二元碱度合理的范围在2.2～3.5之间。

（3）采用较大的留钢留渣量，以提高吹氧的效率，促进泡沫渣及早形成。

（4）采用高氧（或者叫高焰）脱碳时，最好的时机在炉渣泡沫化较好的时候进行，这样有利于减少吹损和飞溅。

（5）炉渣高度满足冶炼埋弧要求时，要控制喷吹炭粉的流量，加以调剂泡沫渣的高度。泡沫渣高度过高，从炉沿以及其他密封不好的部位流渣，对于仪表的测温线和设备水冷管路的威胁比较大。

（6）装入量要合理，稳定在一个合适的范围，这对于泡沫渣的操作的稳定，减少人为干预的次数有利。

（7）由于超声速集束氧枪的吹炼特点和选择氧化的作用，脱磷的反应效果没有自耗式氧枪吹炼时的好，所以放渣操作要在温度接近出钢温度前5min，测温取样的操作结束以后进行。

（8）对于采用热兑铁水比例大于40%的电炉，脱碳反应开始以后，控制好一定的脱碳速度，对于防止炉门跑钢水很有效。

（9）炉渣碱度合适时，发生乳化以后，如果炉门区还处于冷区状态，即炉门废钢还没有化开，可以以较大的氧气流量喷吹，在脱碳反应开始进行以后，乳化现象就会缓解或者消失。

如果乳化现象发生后，炉门区有钢渣大量溢出，要及时的采用低氧或者中氧吹炼处理，以减少炉门跑钢水的量。炉渣碱度较低发生乳化现象以后，降低供氧强度进行冶炼是操作的首要选择。

（10）超声速集束氧枪的枪位和吹氧角度是固定的，吹渣操作可以通过调整供氧强度来调节射流的长度，并且倾动炉体，使选择化渣的氧枪射流能够吹在钢渣界面上，实现吹渣操作。超声速集束氧枪的吹渣时间不能太长，否则会引起大沸腾事故。

8.9 不同类型泡沫渣的冶炼效果分析

8.9.1 理想的泡沫渣

我们实践中得出的最佳碱度在2.0~3.0之间（自耗式氧枪吹炼为2.0~2.5，超声速氧枪吹炼在2.0~3.0之间），渣中氧化铁含量在11%~20%之间，渣中氧化镁含量控制在4%~10%之间，这种状况下的炉渣不仅可以满足埋弧升温的需要，还可以轻松地完成电炉的成分控制，可以通过控制配碳量和吹氧量来人为调整泡沫渣的高度，顺利实现流渣放渣的操作，为测温取样创造条件。而且这种炉渣对于覆盖钢液、减少吹损有着重要的意义，冶炼的钢中夹杂物和气体含量普遍低。表8-3是比较理想的渣样分析（70t直流电炉自耗式氧枪吹炼）。

表8-3 70t直流电炉冶炼优质弹簧钢时的电炉渣样分析（%）

冶炼钢种	石灰/kg	SiO_2	CaO	MgO	TFe	Al_2O_3	P_2O_5	碱度（-）
60Si2Mn	4000	12.33	29.54	0.15	27.35	3.88	1.03	2.408
60Si2Mn	4200	17.85	39.92	1.04	19.36	3.63	0.82	2.295
60Si2Mn	4200	14.72	34.08	0.13	24.65	3.12	0.76	2.324
60Si2Mn	4000	16.8	38.3	0.11	19.98	3.11	0.91	2.286
60Si2Mn	4000	12.42	37.14	0.12	27.15	2.76	0.65	3.000
60Si2Cr	4000	11.06	33.15	0.12	30.96	2.85	0.67	3.008
60Si2Cr	4000	13.38	28.94	1.72	28.92	3.51	0.62	2.291
60Si2Cr	4000	17.87	39.92	1.04	19.36	3.63	0.71	2.292
60Si2Cr	4000	13.23	35.06	0.11	26.54	3.12	0.76	2.658

8.9.2 低碱度泡沫渣

炉渣的流动是层流，而钢液的流动是湍流，这是对于炉渣碱度和成分都比较理想的炉渣而言的。对于低碱度的炉渣来讲，炉渣的流动是处于湍流与层流两种状态，我们从实践中得出的结论和理论分析是极其吻合的。炉渣碱度低于1.8以后，炉渣的流动性变差，物化反应能力减弱，炉渣对于钢水的覆盖作用减弱，冶炼时的飞溅严重，炉壁炉沿结渣严重，不仅影响了冶炼结束以后进行炉盖旋转出去以后的加料操作，而且金属收得率降低，无法正确确定金属的收得率，导致出钢下渣，钢中的夹杂物含量和气体含量明显地高于正常炉次。表8-4是典型的泡沫渣质量较差的渣样分析。从表中可以看出，较差的泡沫渣一是碱度不够，二是渣中全铁含量高，渣中氧化镁含量低。

表 8-4　70t 电炉自耗式氧枪吹炼较差泡沫渣的渣样分析（%）

石灰/kg	白云石/kg	SiO_2	Al_2O_3	CaO	MgO	TFe	P_2O_5	炉渣碱度（-）
3500	200	17.03	3.89	21.08	1.37	23.8	0.6	1.318262
3500	200	20.32	4.08	23.25	2.88	17.08	0.65	1.285925
3500	200	17.34	3.52	23.15	1.83	23.39	0.65	1.4406
3500	200	17.34	3.44	23.3	2.1	22.9	0.63	1.464821
3500	200	19.17	3.85	22.86	3.94	18.32	0.54	1.398018
3500	200	15.58	3.57	21.01	1.43	27	0.43	1.440308
3500	200	16.26	3.64	21.57	1.68	25.67	0.48	1.429889
3800	200	17.18	3.02	26.77	0.001	22.04	0.74	1.558265
3800	200	10.83	3.05	22.76	0.001	35.26	0.48	2.101662
3800	200	12.13	2.89	24.9	0.001	32.44	0.52	2.052844
3800	200	12.69	3.25	24.31	0.001	32.19	0.55	1.91576
3600	300	12.91	3.17	23.97	0.001	34.14	0.52	1.856778
3800	200	13.76	3.17	23.96	0.001	33.83	0.51	1.741352
3800	200	16.07	3.28	26.11	0.001	25.08	0.56	1.624829

8.9.3　高氧化铁含量的泡沫渣

泡沫渣氧化铁含量过高，炉渣出现水渣，这时会出现两种情况：

（1）炉渣的密度增加，喷吹炭粉时，炉渣大量地从炉门流出，造成铁耗增加，自耗式氧枪的枪管在不停地消耗，碳高时脱碳反应不能够进行，或者脱碳反应的速度较慢，这是由于熔池碳在 0.2% ~0.8% 之间，脱碳反应取决于熔池碳向钢渣界面的传递速度造成的。在这种情况下还会出现大沸腾事故。

（2）熔池中碳含量较低，熔池中钢液溶解氧含量高，喷吹炭粉和渣中的氧化铁产生还原反应，此反应为典型的吸热反应，还会造成反应气体与电弧在远离熔池的地方起弧，形成电极之间的相间起弧现象，起不了加热钢液的作用，浪费了电能，而且不利于消除电炉冷区的冷钢。所以造高氧化铁的泡沫渣危害性是多方面的。

8.9.4　高氧化镁含量的泡沫渣

泡沫渣渣中氧化镁含量超过 8%，碱度大于 2.8 以后，炉渣的黏度会随渣中氧化镁含量的增加而增加。炉渣会淤积在炉门区，增加了清理炉门的工作。合理地喷炭与吹氧对于调整炉渣的黏度会起到一个积极的作用。合理地调整石灰和白云石的加入量，可以解决好这种矛盾。

8.9.5　泡沫渣乳化以后的冶炼效果

泡沫渣乳化后会影响石灰的溶解，增加操作的难度，物理化学反应能力减弱。我们在实践中常常遇到这样的情况，一样的料型结构，一样的渣料加入量，有的班次操作的炉渣渣样分析碱度始终偏低，渣况较稀，究其原因，就是因为没有解决好炉渣的乳化现象，炉渣乳化后最直接的是金属的收得率大幅度降低。解决乳化现象的关键在于合理地加入石灰，冶炼初期，要注意吹渣操作和控制合理的供氧量以及喷吹炭粉量。

8.10　破碎镁炭砖、氧化铁皮、电炉除尘灰、泡沫渣改进剂在泡沫渣工艺中的应用

8.10.1　破碎镁炭砖在泡沫渣操作中的应用

电炉生产线因为炉衬退役和钢包拆修后产生大量的废弃镁炭砖，每年有上千吨的废弃镁炭砖，有的作为生产电炉炉门快补料的原料，有的作为垃圾丢弃处理。由于熔渣中的$2CaO \cdot SiO_2 \cdot MgO$、$MgO \cdot SiO_2$等含MgO的稳定化合物是泡沫渣发泡的悬浮物质点，是保持泡沫渣稳定性的关键。所以，把废弃的镁炭砖进行破碎处理，作为泡沫渣的稳定剂加入，粒度保持在5~10mm左右，随渣料一起加入，每炉钢加入400kg，对于泡沫渣的操作和炉衬的维护有积极的意义。

一般破碎镁炭砖的加入可以分为两种方式：

（1）没有采用包装的，通过高位料仓的加料系统直接加在料篮里或者电炉内，这样不影响冶炼的操作。

（2）采用袋装的，行车用链条直接吊起，加在炉内。这种方式可以使破碎镁炭砖加在炉衬侵蚀较快的区域，对于炉衬的寿命也是有利的。这种方式耗时1~3min。

破碎镁炭砖在一座70t的电炉应用以后，效果比较明显，主要体现在：

（1）电炉炉渣改进前炉渣中的MgO含量为0.586%，改进后每炉钢加入400kg破碎镁炭砖将渣中的MgO含量提高至1.16%，提高了炉渣的稳定性。降低了炉衬侵蚀速度。电炉在前500炉不进行补炉操作的前提下，仍然使电炉全废钢炉衬寿命稳定在600炉，小炉盖平均寿命为724炉，降低了电炉的耐火材料消耗。

（2）添加破碎镁炭砖以后，每炉冶炼的通电时间比没有添加的炉次减少0.79min，表明电炉的电能利用率有了极大的提高，降低了冶炼电耗，提高了电炉的产能。

（3）加入破碎镁炭砖后加快了化渣速度，并改善了渣系的流动性，钢渣界面的物化反应能力有了显著的增加。不仅显著提高了泡沫渣埋弧效果，而且对于成分的控制有了明显的进步，脱磷率提高了10%~15%。

（4）减少了渣料中轻烧白云石的加入量，降低了渣料的消耗。

添加破碎镁炭砖前后的渣样分析见表8-5和表8-6。

表8-5　电炉未加破碎镁炭砖前渣样分析（%）

SiO_2	CaO	MgO	TFe	S	P_2O_5	Al_2O_3	碱度（-）
18.4	21.53	0.45	19.9	0.03	0.45	3.75	1.19
19.7	24.23	1.38	17.34	0.03	0.48	3.72	1.3
17	21.36	0.4	23.24	0.03	0.42	3.64	1.28
17.4	22.87	0.38	22.42	0.03	0.51	3.46	1.34
17.8	20.6	0.32	20.49	0.03	0.4	3.72	1.18

表8-6　电炉加破碎镁炭砖后渣样分析（%）

SiO_2	CaO	MgO	TFe	Al_2O_3	S	P_2O_5	碱度（-）
14.42	28.94	1.06	20.04	3.36	0.046	0.85	2.08
13.14	25.17	1.25	19.77	3.57	0.046	0.62	2.01
17.97	30.24	1.3	18.3	3.82	0.035	0.77	1.76
13.38	28.94	1.72	21.92	3.51	0.051	0.62	2.29

8.10.2 氧化铁皮在泡沫渣操作中的应用

在炼钢过程中，石灰的溶解、脱磷脱碳反应都与氧化铁有关，在炉渣中如果有氧化铁原料的加入，会降低氧气的消耗。生产过程中，在炼钢的后道工序，连铸和轧钢会产生数量可观的氧化铁，它们作为化渣剂也会提高泡沫渣的成渣速度，来自轧钢的氧化铁皮黏附有油污和水分，生产优质钢时使用，会增加钢中氢的含量，所以使用前要经过烘烤处理，连铸工序产生的氧化铁皮可以烘干后直接加入使用。氧化铁皮的使用量每炉加入500~4000kg。

使用方法为：

(1) 全废钢冶炼时一般不加氧化铁，否则，冶炼电耗会明显上升，影响冶炼周期；铁水热装比例在20%以上加入使用，应用的综合效果比较好。

(2) 第一批料熔清后加入第二批料，石灰和氧化铁加在第二批料的料篮底部。加在第一批料，对于冶炼的操作有不利的影响。

(3) 针对氧化铁是渣料的辅助熔剂这一特点，将氧化铁皮应用于热装铁水生产低磷优质钢的熔剂，在［C］、［P］高时，随着萤石、石灰一起加入，作为留碳脱磷的脱磷剂。

加入后前期按正常工艺路线操作，后期按实际的冶炼钢种选择吹氧的供氧模式，控制供氧强度。由于脱磷操作是钢渣界面的反应，脱碳反应的主要部分也是在钢渣界面进行的，所以这种使用氧化铁皮的方式产生了积极的意义，既节省了吹氧量，又可达到顺利控制成分的目的。使用效果如下：

(1) 加入氧化铁皮后，炉渣的成渣速度比以前提高了1~5min，脱碳速度比以前有了明显的提高。

(2) 脱磷速度比以前有了明显的提高，脱磷和脱碳效率分别上升20%~40%和5%~20%，优化了工艺操作，降低了操作难度。

(3) 铁水的热装比例也大幅度上升，比以前提高了5%。

由于氧化铁的还原反应是吸热反应，所以导致冶炼电耗的上升。使用效果见表8-7。实际表明，氧化铁皮是一种优良的造泡沫渣的辅助材料。

表8-7 电炉使用氧化铁皮以后的冶炼效果

电耗/kW · h · t^{-1}	氧耗/m^3 · t^{-1}	脱磷率/%	成渣时间/min
+2~5	-1~3	+10~30	-3

8.10.3 电炉除尘灰在泡沫渣操作中的应用

电炉除尘灰一般的全铁含量在53%左右（氧化铁在7%左右），并且含有1.5%~2.8%的二氧化硅，5%~9%的氧化钙，1.8%~3.5%的锌和铅，3%左右的氧化锰。由于含有锌，所以不适合大批量的造球后应用于高炉炼铁，原因是高炉原料锌含量较高以后，影响了高炉炉缸内的热循环，影响料柱的透气性。如果不加处理，直接在废钢加料车间用电磁盘吸起加入料篮，应用于电炉炼钢，会被除尘系统迅速抽走，不仅收得率低，而且加重了除尘的负担。我们在一段时间里做过生产实践，即加入较大量的除尘灰（每炉3000~5000kg），除尘系统的排灰量也相应增加，所以电炉产生的除尘灰，目前已经被用于批量的烧结造球，或者添加石灰、石油焦、沥青焦油以后造球，应用于电炉造泡沫渣。加入的方法和使用渣料一样，通过给料篮配加渣料的高位料仓加入料篮，或者通过炉前的高位料仓直接加入电炉内。由于含有含碳的成分，所以在电炉的泡沫渣操作中，会促进电炉的泡沫渣发泡。

8.10.4 泡沫渣改进剂的使用

在一些情况下，泡沫渣中的氧化铁含量大，会给钢水质量和炉衬带来危害，还会影响炉渣发泡的高度，增加铁耗，所以除了增加配碳量和喷炭量以外，泡沫渣改进剂的使用也是一种很好的解决途径。这种改进剂通常是由炉顶加料系统加入，也可以喷吹。这种改进剂制造的主要思路如下：

（1）以还原剂电石为主要的基体原料。

（2）添加部分的石油焦或者沥青焦为辅助添加材料，用来还原渣中的氧化铁。

（3）添加少量的白云石，用来增加炉渣中的氧化镁含量，增加发泡指数。

（4）添加少量的萤石，用来提高改进剂的快速溶解。

这种改进剂的使用，可以通过降低炉渣中氧化铁的含量，从而达到降低熔池中氧含量的目的。喷吹炭粉的载流气体可使熔池溶解气体的含量增加，泡沫渣改进剂则可以减少熔池吸气的可能性。加入方式是通过电炉炉前加渣料的高位料仓加入电炉的。

9 现代电炉用氧技术和辅助燃烧技术

9.1 现代电炉用氧技术

目前电炉炼钢的用氧技术主要有四种：

（1）以德国巴登公司为代表的自耗式 BSE 炉门炭氧枪。

（2）以 PTI 公司为代表的水冷超声速炭氧枪，分为炉门式和炉壁式两种，其中以炉门式的居多。

（3）超声速集束射流氧枪，或者集束射流氧气喷吹系统。

（4）多功能氧燃烧嘴，或者氧油烧嘴。这些烧嘴在不同的冶炼阶段起不同的作用，在熔化期起烧嘴作用，在氧化期起氧枪的作用。

总的来讲，氧枪可以划分为助熔废钢用氧枪和脱碳控制成分和造泡沫渣的氧枪两类。现代电炉炼钢厂将不同的用氧方式进行组合使用，如德国的 BSW 将自耗式氧枪和超声速集束射流氧枪联合使用，使用炉门炭氧枪的同时，在出钢口 EBT 附近增加了一支集束氧枪；新疆八钢第三炼钢厂的 110t 电炉在使用了炉壁超声速氧枪的同时，增加了一支炉门自耗式氧枪联合使用，70t 直流电炉采用集束氧枪和炉门自耗式氧枪联合使用等。

9.1.1 炉门自耗式氧枪及其操作

自耗式氧枪通常在炉门使用，氧气流量（标态）控制在 2500 ~ 7500m^3/h 之间，图 9-1 是冶炼时的实体照片。这种供氧方式优点在于：

（1）安装简单，操作简单。

（2）使用方便，便于维护。

（3）泡沫渣容易控制，可以动态地人为干预炉内的冶炼进程。

（4）可以比较容易地实现留碳操作，对于冶炼品种钢来讲是一种最佳的选择之一。

（5）可以灵活地使用氧枪，根据要求可以升降氧枪，左右、上下摆动氧枪，每一个氧枪好比一个移动的点热源，可以消除炉门区的冷钢。

图 9-1 冶炼时的现场照片

缺点在于：

（1）脱碳效率低。据我们测算和实际的对比，并且参考多家外厂的实际情况，认为这种氧枪脱碳速度在 0.03% ~0.08%/min 之间。

（2）工人更换自耗式枪管的劳动量比较大，需要专门的吹氧管和吹氧管的接长装置，也有的厂家采用焊接吹氧管的方法，即把消耗了的残余吹氧管与新的吹氧管焊接在一起，劳动量比较大。

（3）吹炼时受炉门废钢的限制，所以炉门炭氧枪使用与炉壁烧嘴、炉门叉车要紧密配合起来，才会收到满意的效果。

（4）炉门区的耐火材料消耗较快。

9.1.1.1 炉门自耗式氧枪吹炼的特点

自耗式氧枪的氧气流股离开枪管以后，就呈现出迅速发散的状态，氧气流股的冲击面积较大，但是冲击动能没有超声速氧枪的大，所以吹炼时要求将自耗式枪管进入一个合适的吹炼位置，以达到吹炼效果，熔化期以切割废钢为主，兼顾熔化期的脱碳任务，熔池出现后，要考虑造泡沫渣和脱碳脱磷统一，枪管不能进入到电弧区，防止电极与枪体起弧烧坏炭氧枪，实验室的水模实验与我们的长期操作实践的结果是一致的，即自耗式氧枪吹炼过程中，氧枪枪管的长度应该在进入熔池后钢渣界面吹炼，氧枪枪管的入射角度与熔池之间的夹角保持在30°左右，在脱碳期间，一支氧枪吹钢渣界面，另外一支氧枪吹钢液，可以取得最佳的吹炼效果。吹炼过程角度过大，在枪管较短的时候，容易吹损炉门区的耐火材料，而且吹氧效率会下降。

9.1.1.2 自耗式氧枪的射流特性

自耗式氧枪的枪管是直筒形的，氧气离开枪管以后，流股发散得比较快，天津钢管公司对此做过相关的实验，测出了氧枪的氧气流股特性。氧枪的射流的发散特性见图9-2。

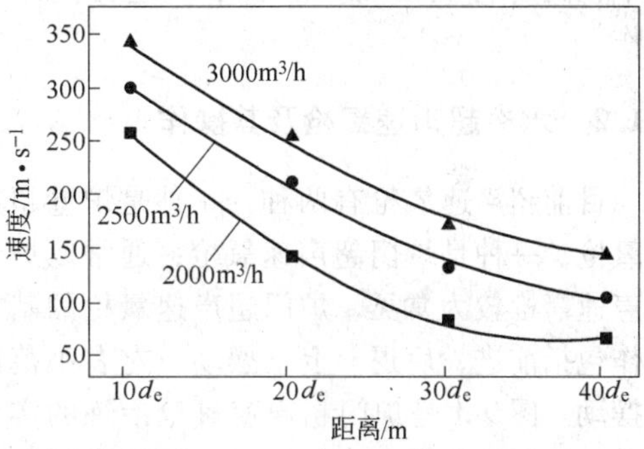

图9-2 自耗式氧枪的射流特性

由图可以看出：射流的速度在离开枪口$20d_e$（d_e为氧枪枪管内径）之前衰减较快，氧气流量越大，其射流衰减越慢。当单枪流量在$3000m^3/h$时，枪口附近的氧气射流速度仍然能够达到超声速的水平，所以在强化脱碳的时候，需要不断地进枪管，以便使氧气射流以较大的动能冲击熔池，增加脱碳速度。据测试，氧气流量在$6000m^3/h$时，两支氧枪的射流出口动量达到704kg·m/s。射流在熔池的水平方向和垂直方向的冲击深度分别表示为：

$$L_s = 0.62Q^{1.2}d_e\cos\theta + 6.2 \tag{9-1}$$

$$L_c = 0.61Q^{1.6}d_e\sin\theta + 3.1 \tag{9-2}$$

式中，L_s，L_c分别为射流在熔池水平方向和垂直方向的冲击深度，cm；d_e为氧枪枪管内径；θ为枪管与熔池的夹角；Q为喷吹气体的流量，m^3/h。

9.1.1.3 炉门自耗式炭氧枪的基本操作

炉门自耗式炭氧枪的基本操作主要有：

（1）电炉加料结束后，应尽早将炉门炭氧枪旋转到位，并调整好喷枪的长度及角度，以便尽早将炭氧枪投入使用。

（2）电炉冶炼不加铁水时，正常供电5min（或供电2MW·h）之后开始使用炉门炭氧枪供氧进行切割废钢的操作；第二料篮料加入之后，可以在送电的同时立即用炭氧枪进行供氧操作。在炉门区两侧有氧燃烧嘴的电炉，废钢加入以后也可以立即使用氧枪工作。

（3）采用兑铁水操作时，铁水加入后可立即用炉门炭氧枪进行供氧。如果加料前进行过补炉门操作，则在第一料篮料时禁止使用炉门炭氧枪。

(4) 开新炉时炭氧枪供氧操作应该在全部废钢加入后使用，并且控制好供氧强度，尽量避免供氧强度过大的吹氧操作。

(5) 喷炭操作一般在炉料完全熔化之后进行。严禁炉料完全熔化之前用炭粉打火进行废钢切割操作。

(6) 炉门炭氧枪前期用于切割炉门区域的废钢、清理炉门，以便炭氧枪尽快到达钢水熔池，因此前期供氧强度不得太大，以免火焰反射回来损坏水冷炉壁，一般氧气流量选择在最大流量的50%左右。随着氧枪插入深度的增加可逐步加大氧气流量直至最大流量。这时两支炭氧枪应有分工，一支枪左右摆动切割废钢，另外一支枪则不断进枪，以尽快到达熔池进行脱碳操作。

(7) 电炉熔清后炭氧枪主要用于造泡沫渣，此时炭枪也开始启动。这时两支氧枪都采用最大供氧量（也可以根据实际情况适当调节），一支氧枪插入钢水中，而另一支氧枪则插入渣层中，同时将炭枪插入渣层中以进行泡沫渣操作。

9.1.2　水冷超声速氧枪及其操作

图 9-3　炉门超声速氧枪冶炼的照片

目前超声速氧枪有两种，一种是炉壁超声速氧枪，一种是炉门超声速氧枪，通常以炉门超声速氧枪较为常见。炉门超声速氧枪的基本动作包括前进、后退、上下摆动、左右小范围的摆动。图 9-3 是炉门超声速氧枪冶炼的实体照片。炉门超声速水冷氧枪有的是把炭枪和氧枪集成为一个整体，有的则是把炭枪和氧枪分开，其使用寿命大约在 300 炉左右。炉壁超声速氧枪通常是布置在与炉门中心线成 30°的位置，在炉壁水冷盘上开一个比枪体外径稍大的进枪孔，只有向上向下，前进与后退四个动作。并且向上的动作只是将枪体升高到进枪孔，完成进枪动作，向下的动作只是在冶炼结束后，出钢前将枪放在停泊位的动作。炉壁超声速水冷氧枪的炭枪和氧枪是集成为一个整体的。图 9-4 是枪体的实体照片，照片中较粗的孔是喷炭孔。较细的两个孔为氧气的拉瓦尔喷嘴。图 9-5 是侧壁氧枪和炉门自耗式氧枪复合吹炼的实体照片。

图 9-4　超声速氧枪的枪体实体照片

图 9-5　炉壁超声速氧枪和炉门自耗式氧枪复合吹炼的实体照片

9.1.2.1　超声速氧枪吹炼的优点和缺点

超声速氧枪吹炼的优点在于：

(1) 氧气的利用效率较高，脱碳反应速度较快。

(2) 省去了人工更换枪管的环节，节省了工人的劳动力。

(3) 设备的故障点较少，便于维护。

(4) 渣中氧化铁含量较低。

缺点在于：

(1) 氧枪使用不灵活，受炉门的冷钢限制，限制了氧枪的及早使用。为了克服这一缺陷，有的厂家在炉门超声速炭氧枪上同时加装了氧气—油或者氧气—燃气烧嘴，使用这些措施，使炉门区的废钢出现红热或者熔化状态后才开始使用。炉壁超声速氧枪由于受废钢的限制条件更多，影响了氧气的使用，还会发生烧枪的事故以及枪体黏结钢渣退不出来的事故，影响了电炉的作业率。

(2) 对于操作工的要求较高，石灰的溶解速度较慢，泡沫渣不容易控制。

(3) 容易发生氧化期碳高脱碳时的大沸腾事故。

(4) 冶炼过程中脱磷的反应速度比较慢。

(5) 氧枪发生漏水以后，容易产生安全事故。

9.1.2.2 超声速氧枪吹炼的特点

超声速氧枪吹炼的特点主要包括以下三点：

(1) 射流长度。电炉炼钢过程中的射流长度是指氧气从拉瓦尔嘴出口从1.5~2.4马赫衰减到亚声速这一段距离，在实际的操作中，从炉门处观察的氧气射流是一种逐渐扩散的流股，这需要在脱碳反应中后期，熔池沸腾适中的时候可以从氧气流股在炉气中穿过的痕迹得到，或者在熔池碳含量低于0.10%时，从枪头的位置离熔池的距离观察到氧气流股冲击钢渣的情况判断得到。生产中，在炉渣没有充分化好的时候，如果以超声速射流冲击熔池，会引起飞溅加剧，导致烧枪、粘枪，炉壁与炉盖法兰处黏结渣铁，炉盖不能旋转，铁耗上升。在炉渣化好后，需要以超声速或者声速的射流冲击钢渣界面，使射流具有较大的冲击动能，以获得理想的化学反应速度。所以，射流长度是我们冶炼操作中的一个重要的基础参数，在氧化期初期，需要控制进枪的长度，使射流长度刚好近似等于熔池到拉瓦尔喉口的距离，以亚声速射流化渣，是冶炼的关键步骤，射流长度 L 可以有两种计算方法，一种是计算等速核心区长度，近似等于射流长度，计算方法为：

$$L = Dp_a \times 2.52 \times 10^{-5} \tag{9-3}$$

式中，D 为拉瓦尔喉口直径；p_a 为氧气压力。

另外一种是根据文献比对后直接得出，射流长度为：

$$L = (45 \sim 52)D \tag{9-4}$$

经过计算后得出的射流长度在0.85~1.2m之间，与实际生产的观察值基本上是吻合的。

(2) 脱碳的热效应与氧耗。超声速氧枪吹炼状态下，在合适的条件下，脱碳反应比较快，脱碳反应的热效应主要有3个方面：

1) 气态氧和钢中的碳相互反应放热，热效应特别明显。这一点，超声速氧枪吹炼过程中显得尤其重要，低枪位的吹炼，以射流直接进入熔池脱碳，这种模式下的电耗比高枪位吹炼的低，就说明了这一点，反应的方程式如下：

$$\{O_2\} + 2[C] = 2\{CO\} \qquad \Delta H = -152.47\text{kJ} \tag{9-5}$$

2) 渣中的氧化铁和钢中的碳或者和渣中喷入的发泡剂炭粉相互反应。这是一个还原反应，所以系统过程是吸热的。反应方程式如下：

$$(FeO) + [C] = [Fe] + \{CO\} \qquad \Delta H = 89.21\text{kJ} \tag{9-6}$$

$$(FeO) + (C) === [Fe] + \{CO\} \quad \Delta H = 88.21kJ \tag{9-7}$$

在实际生成中，有时候以大剂量的发泡剂炭粉维持泡沫渣，炉渣的发泡性能很好，可是电耗却不理想，充分证明了这一点，电炉原料中加入部分轧钢或者连铸的副产品氧化铁皮后，电耗急剧上升也证明了这一点。此外，在冶炼中如果发生剧烈的频繁沸腾，温度就会下降，这是渣中氧化铁与碳的吸热反应、剧烈沸腾引起炉气短时间大量逸出、钢水裸露三方面造成的结果。

3）钢中的碳和氧相互反应的热效应。钢中的溶解氧和碳反应也是一个放热反应，只不过热效应不太明显。反应方程式如下：

$$[O] + [C] === [CO] \quad \Delta H = -35.61kJ \tag{9-8}$$

由于射流氧枪能够将氧气射入钢液内部脱碳，所以每脱除0.01%的碳所需要的理想氧耗 Q 可以由下式计算：

$$Q = (1.12/12) \times G/Z = 0.0978G \tag{9-9}$$

式中，G 为钢水量与钢水中含碳百分含量的积；Z 为氧气纯度，一般约为98%。

实际氧耗需要考虑到氧气的利用率、吹炼方式等。

9.1.2.3 超声速氧枪冶炼过程的特点和操作程序

超声速氧枪冶炼过程中，大多数情况下渣中的氧化铁含量比自耗式氧枪吹炼过程的渣中的氧化铁含量低，成渣速度比较慢，所以吹炼过程中要求将吹渣化渣作为重点对待，此外由于超声速射流具有较大的冲击动能，在过吹条件下钢中可以溶解大量的自由氧，造成钢中溶解氧过多引起的沸腾，我们用定氧仪实测的最大钢中氧含量超过0.16%以后，熔池会发生氧含量过高引起的沸腾，这种沸腾容易引起炉衬侵蚀严重，钢水质量恶化，甚至会出现废品和从炉门溢钢水的事故。所以要控制好吹氧的量，在造泡沫渣的过程将脱碳脱磷反应与送电有机地结合起来。水冷超声速炭氧枪操作程序主要有以下几点：

（1）在下列条件下将炭氧枪插入炉内：

1）全废钢冶炼时，第一次加料送电后，待炉门区废钢被油氧枪或氧燃喷枪加热发红，电耗时达到9.0kW·h/t左右时投入吹氧。加铁水冶炼可以根据具体情况迅速使用。

2）全废钢冶炼，第二次加料结束送电后，炉门区废钢被氧燃喷枪加热发红，二批料电耗达到7.0kW·h/t左右时进行吹氧操作。加铁水冶炼可以根据具体情况迅速投入使用。

（2）操纵炭氧枪，将氧枪从炉子氧枪孔或者炉门插入炉内，直至枪头接触到废钢堆，将炭氧枪退回约300~500mm。避免氧枪和废钢接触，防止射流反射烧坏枪头，以及枪头和废钢之间起弧烧坏枪头。

（3）当炭氧枪开始插入炉内时，一般使用流量低流量的供氧模式，这种模式的供氧强度一般为1800~4500m³/h。

（4）当炉膛内有熔池出现时，可以根据具体情况逐渐增加供氧强度，使用中等流量的供氧工作模式，此时供氧强度一般为4300~6800m³/h。

（5）熔池强化脱碳使用时，供氧强度可以选择使用最大的供氧强度脱碳，氧枪的进枪长度应该参考脱碳反应的碳火，碳火浓烈时可以适当地退枪或者降低供氧强度来平稳的控制炉内反应的均衡进行。脱碳反应速度较慢时，可以适当进枪，并且增加供氧强度，用来提高脱碳反应速度。最大的供氧强度一般在6800~8500m³/h。

（6）如果操作过程中，炉渣发泡高度过高，可以考虑控制喷吹炭粉的量，适当地把枪从炉内退出一段距离。

（7）泡沫渣的控制主要是依靠喷炭来实现的，如果炭枪枪口堵塞，应该及时清理。

（8）只要炭氧枪处于炉内，喷炭孔要始终保持有压缩空气或氮气吹出，防止堵塞喷炭孔。

（9）超声速水冷氧枪的枪头可以接触发泡良好的炉渣，但是不能和钢水长时间接触。

9.1.3 超声速集束射流氧枪及其操作

9.1.3.1 超声速聚合射流氧枪概述

超声速集束射流氧枪（也叫氧气喷射器）是在超声速氧枪的基础上发展起来的。其原理是在氧气拉瓦尔喷嘴周围增加烧嘴或者介质喷嘴，使得射流氧气在高温低密度的燃气介质或者辅助介质中前进。这类介质主要有辅吹氧气、各类燃气或者雾化油、氮气或者氩气。这项技术最早在美国的 MacSteel 钢厂 60t 电炉改造中被应用，在随后的时间里，世界上有超过 60 座的电炉采用了这项技术，目前被作为电炉高效化改造以及电炉炼钢转炉化的首选技术。世界各国有实力的公司已经有多家介入到此技术的研发。超声速集束射流氧枪已经由美国多家公司取得了集束射流技术的专利技术，目前应用于生产的公司主要是 PTI 公司、普莱克斯公司、ACI 公司以及德国 BSE 公司。国内的北京科技大学也开发了这项技术。

聚合射流氧枪工作原理如下：

（1）氧枪的中心为氧气拉瓦尔喷嘴，保证氧气离开喷嘴后有较大的动能。

（2）氧气射流的长度调节是通过调整氧气的不同压力（或者流量）来实现的，以满足冶炼过程中不同阶段对于射流长度的要求。

（3）氧枪的中心孔四周为燃气烧嘴孔，可以喷吹天然气、煤气或者其他气体，有的厂家在没有燃气的条件下，使用的是氧气辅吹。这些亚声速气体成为超声速氧气射流的外层包裹气流，限制了射流的发散，使得射流的长度增加，达到了射流较强穿透熔池的目的。一般集束氧枪的射流可以达到 2.0m 左右。

超声速集束氧枪的射流和普通超声速氧枪的射流对比见图 9-6。图 9-7 是两种不同射流冲击熔池的示意图。

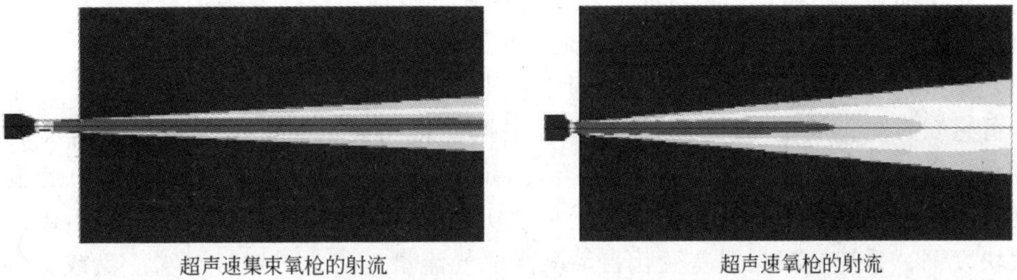

图 9-6 超声速集束氧枪的射流和普通超声速氧枪的射流对比

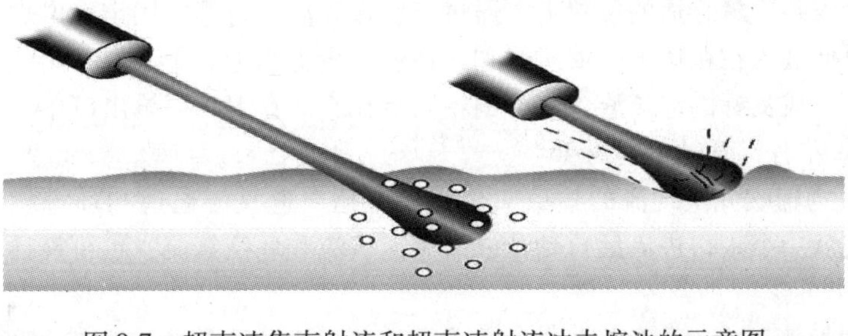

图 9-7 超声速集束射流和超声速射流冲击熔池的示意图

国内宝钢的150t直流电炉和韶钢的90t康斯迪电炉采用了美国普莱克斯公司（Praxair）的Cojet氧枪装置。该技术应用于炼钢生产的Cojet氧枪装置由多个炉壁式集束射流喷射器组成，每个集束射流喷射器具有炉壁烧嘴、氧枪和二次燃烧功能。该设备应用后能将现有的炉门炭氧枪、炉壁烧嘴、二次燃烧烧嘴汇集一起，并能极大地提高氧气的利用率，节约了成本。

最早的集束氧枪是安装在炉壁较高的地方，带来的负面影响是在冶炼过程中，水冷盘的热冲击比较大，吹炼过程氧气射流的反射和金属料的飞溅会造成水冷盘漏水或者炉壁黏结冷钢严重。在炉役后期熔池较低的时候，这种聚合射流氧枪的脱碳反应速度也会受到影响，而且影响泡沫渣的控制因素比较多。所以，集束氧枪的目前最新发展是Jetbox™技术，也就是把氧气喷射器安装在一个特制的铜质水冷箱体内。为了防止加料时候的损坏，铜箱做了专门的设计，将氧枪的喷射装置向下移到了炉壁耐火砖上方，这样使得氧气的射流距离熔池更近，氧气的效率更高，而且减少了吹氧过程产生的热量对于水冷盘的冲击，炭粉喷枪也移到了与氧枪平行的位置或者有一个微小夹角的位置，在平行方向上，氧气射流产生的柏努利效应会对炭粉产生引流作用，有利于炭粉喷入钢渣界面，提高了炭粉的利用率和泡沫渣的质量。此外，也有的生产厂家对于炭枪也做了多功能化，在炭枪里面加装一个特殊的喷头，喷嘴中心是炭粉流，四周环绕氧气流和燃气流，在熔化期起烧嘴助熔作用，在炉料大部分熔化后作炭枪用。

Jetbox技术解决了现行使用的传统固定式侧壁氧枪的主要难题：增强了安全性，防止堵塞和提高效率。炭/氧喷嘴的安装位置更低，更短的射流行程，更大喷射角度，更高的氧气效率，甚至可以不要燃气，这使得Jetbox系统特别适合于有热铁水或留钢操作的电炉强化冶炼。

9.1.3.2 超声速集束射流氧枪的结构

集束射流氧枪枪体的主要结构特征有：

（1）氧枪由拉瓦尔喷嘴、枪套两部分组成。枪体有内置的冷却水管道。

（2）每个喷射氧枪枪体材质为钢，枪套为纯铜。枪体用螺栓安装于集束射氧箱（Jetbox）上（材质为脱氧纯铜铸焊件，内含水冷通道，箱体外表面有挂渣槽）。

（3）集束射流氧箱。箱体内置有冷却水管道，在其冷却水入口及出口处安装有温度检测器，可感知并防止氧流气反射。控制系统根据铜箱和氧枪的进出冷却水温度及铜箱热端温度变化，实时地监测火焰反射的情况，给出报警信号并能及时采取自动保护措施。控制系统会自动根据炉况增加氧气和燃气流量帮助切割被电能预热过的钢块。一旦Jetbox系统前方有大块废钢，系统会根据温差变化自动减少氧气流量，防止对炉衬、水冷盘或Jetbox造成损坏。

（4）用于固定和保护集束氧枪的铜箱，上有氧枪孔和炭枪孔，可通过此箱体将氧枪和炭枪以最好的组合安装于最合适的位置上。通过安装板和法兰将箱体固定在电炉侧壁水冷盘合适的位置上，可以使嵌入在箱体中的喷炭管和超声速氧枪更靠近炉中心以及熔池，有效地提高化学能的利用率，形成良好的泡沫渣。水冷铜箱固定在水冷盘上，氧枪出口中心距离钢液面的垂直距离为600mm左右，喷射角度约45°。

（5）以氧气为辅吹介质气流的集束氧枪，内有超声速氧流通道和环流氧气通道，枪体的专利设计使氧气从一个入口进入后自动分成超声速氧流和环绕氧流，也可设计为单独控制的保护环氧。

（6）集束射氧箱基本上是免维护的，寿命在1年以上，当箱体出现较大磨损时，可更换下来进行修复。集束氧枪是免维护的，只有氧枪中的枪套（枪头）部分为铜质易损件，正常使用寿命约为3～6个月。超声速集束氧枪系统的基本结构见图9-8。

图9-8　超声速集束氧枪系统的基本结构实体照片

9.1.3.3　超声速集束氧枪的安装

超声速氧枪喷射器沿电弧炉四周，安装在炉壁水冷盘上。根据供氧强度，烧嘴功率和二次燃烧的要求，电炉集束氧枪系统一般配置1～4个喷射器。这种喷射器被安置在炉壁上，管道连接于氧气和燃料气阀架。氧气和燃料气阀架可单独计量和控制。Jetbox布置的基本考虑主要有：

（1）要避开炉门口和EBT位置。

（2）对于交流电炉来讲，要避开三个电极的位置，减少对电极消耗的影响；对于直流电炉来讲，尽量不在偏弧区的“热点”位置安装，避免电弧对于Jetbox箱体和损伤。如果安装在热区，对于该区域炉衬的热负荷也会增加。

（3）避开除尘烟道口下方位置。

（4）有一个靠近炉门口，消除炉门冷区和废钢。

（5）增加对熔池的搅拌。

（6）现场检修维护和操作上的方便。

目前超声速集束氧枪的安装主要特点有：

（1）安装位置低，离钢液面的距离约为500～700mm，可充分利用热铁水和残留钢水，提前泡沫渣的形成。

（2）减少从氧气和炭粉喷嘴到达钢水面的射流行程，以便提高喷氧效率，降低氧耗，提高脱碳速度。

（3）更陡的氧气喷射角度（40°～48°），优化射流对熔池的冲击，降低钢水和炉渣对炉顶及电极的喷溅。射流冲击点远离电极，减少电极消耗。

（4）容量较大的电炉一般安装四个超声速集束氧枪，安装位置在炉门两侧和靠近出钢口的两侧；容量较小的安装三个超声速集束氧枪，一般在炉门两侧各自安装一个，在EBT区安装一个。

典型的安装见图9-9～图9-11。

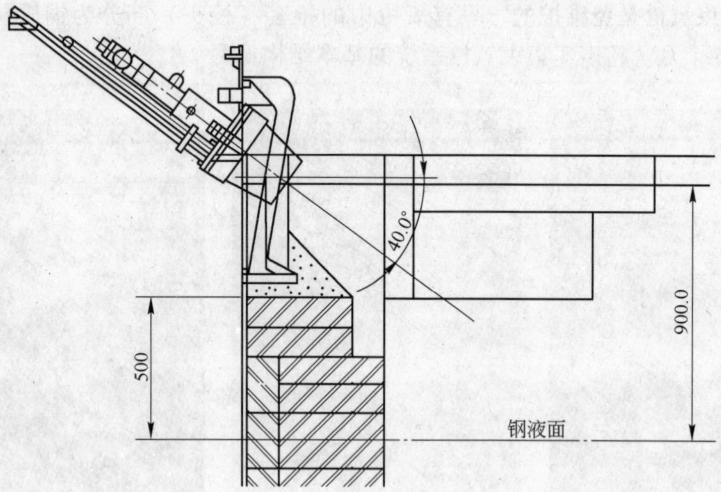

图 9-9　一种典型的超声速集束氧枪的安装

图 9-10　超声速集束氧枪安装的外观照片

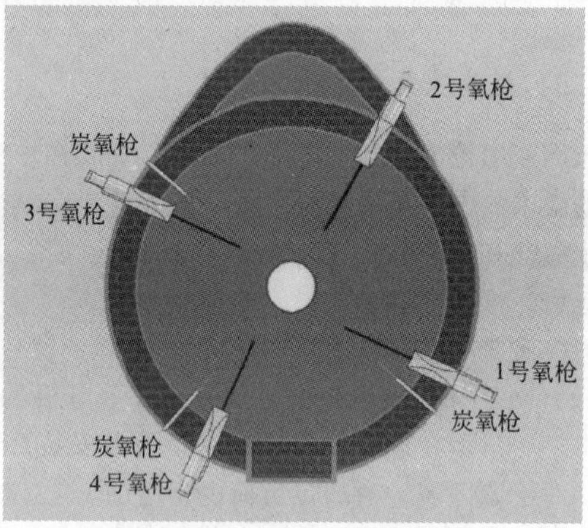

图 9-11　一座 70t 直流电炉的安装示意图

9.1.3.4　超声速集束氧枪的操作

超声速集束氧枪根据不同的炉料组成、冶炼工艺以及钢种的变化等情况，系统设置一般有 5 种以上操作模式。有自动模式和手动模式两种，手动模式主要在特殊情况下使用。控制系统能执行安全生产所需的逻辑控制，并可提供故障诊断和报警指示。采用自动模式，系统可以根据以下主要信息，在不同阶段实行不同的操作控制：

（1）输入电炉内的电耗。

（2）冶炼结束出钢的信号。这个信号可以从出钢滑板拉开给出的滑板限位信号给出，也可以从炉体的倾动最大角度的信号给出，以及其他典型的代表出钢操作的信号给出。

（3）送电起弧的信号。

（4）加料的信号。

（5）加料次数的信号。这可以从炉盖旋开次数，有旋转编码器给出，也可以人工输入。

一般的模式包括：

（1）停止模式：停炉时使用，使得系统处于关闭状态。

（2）保持模式（也称为维持模式）：使用压缩空气，燃气或者氮气吹扫，保持烧嘴正压，防止堵塞。

（3）低氧吹炼模式（也称为低焰模式）：废钢预热。

（4）中氧吹炼模式（也称为中焰模式）：废钢切割和熔化。

（5）高氧吹炼模式（也称为高焰模式）：升温，脱碳，喷嘴速度为2马赫，额定供氧能力一般为20～50m^3/min。

与之相关的喷炭系统也有4种喷炭模式：高、中、低、停止四种模式，喷炭系统的模式选择根据泡沫渣和熔池中的碳含量来决定的，选择较高的喷炭量主要是为了降低渣中氧化铁的含量，降低铁耗。喷射器的操作控制是采用设在电弧炉操作室的操作台上的电脑或者控制面板，根据工业以太网采集的数据进行的。在自动模式下，当加料完毕，炼钢工在操作台（或者电脑）上启动烧嘴模式的启动键，集束喷射器根据电耗值，以烧嘴模式进行操作，助熔炉料。炉料熔化后期，采用中氧模式的穿透性火焰。炉料熔清之后，采用超声速氧枪的脱碳模式，喷射器会自动切换到吹氧脱碳模式。

9.1.3.5　超声速集束氧枪的工艺特点

超声速集束氧枪的主要优点有：

（1）在吨钢供氧强度1.2m^3/(min·t)（总的氧气流量为公称容量与供氧强度的乘积）时，当炉中的碳大于0.20%时，脱碳速度可达0.08～0.15%/min，当炉中的碳小于0.20%时，脱碳速度为0.05～0.06%/min。系统独特的火焰结构使得早期便能脱碳。碳含量在0.2%～0.8%的临界值时，Jetbox的多点反应和高效的集束射氧仍能保持高的脱碳速度。

（2）可充分利用热铁水和残留钢水钢渣，提前促使泡沫渣的形成。

（3）喷氧的效率高，无效的自由氧少，脱碳速度快。

（4）集束射流在一定的距离内（1～2m），保持其起始速度、流股直径、氧气浓度和冲击力，明显长于任何传统射流。可以实现多点脱碳，炉内化学成分比较均匀。特别适合于热装铁水和利用大量冷生铁高配碳的电炉生产。在热装铁水生产时，铁水的热装比例最高可以达到70%左右，可以实现零电耗的冶炼，冶炼周期不会明显增加。

（5）熔池混合均匀所需时间，相当于采用炉底底吹气技术的搅拌方法。

（6）大沸腾的现象大幅度减少。

（7）提高配碳量后，增加了化学热的利用，降低了冶炼电耗，提高了粗炼钢水的质量。

（8）设备的安装、组成简洁，操作工艺简易化，设备的维护得到了简化。

集束氧枪的缺点：

（1）对于安装该系统的资源环境要求较高。一般集束氧枪大多数采用多点喷炭，增加了设备的维护点。

（2）钢水过度氧化（也叫过吹）的几率增加，炉后脱氧的任务增加了难度，增加了脱氧剂和合金的消耗。

（3）操作不当时，造成的钢渣飞溅现象严重。对于水冷盘的热冲击和热负荷加大，炉壁炉沿上黏结冷钢的现象比较普遍，炉沿黏结钢渣后造成炉沿上涨，对于炉盖旋开加料形式的电炉来讲，是一个要注意避免的关键的难点。所以，对于操作工的要求较高。

（4）石灰渣料的熔化速度将会减慢，石灰的利用率会下降。

（5）简化了操作工艺，但是带来的负面影响较多，例如不适合留碳操作，或者留碳操作的难度加大。钢水过氧化后，脱氧剂的使用量增加，相应地增加了钢中的夹杂物含量和钢的成本。

（6）炉衬寿命降低，特别是枪口附近和炉底的耐火材料侵蚀比其他供氧方式要严重。

（7）脱碳速度快，容易造成炉门翻钢水跑钢，导致渣坑中渣铁量的增加。

（8）由于选择氧化的原因，吹炼过程中配碳量过大，乳化现象容易产生，也是炉门容易跑钢水的主要原因，而且乳化现象产生以后，影响了冶炼的正常进行。

（9）在炉役后期，特别是炉底加深以后，超声速集束氧枪也会同样产生脱碳困难的问题。

（10）超声速集束氧枪吹炼过程中，产生大沸腾事故的后果损害比其他吹炼方式产生大沸腾事故的后果要严重。

（11）操作不当时，容易造成烧枪的事故，这种事故包括氧枪回火，钢渣倒灌堵塞枪体喷头，造成氧枪不能正常使用。

9.1.3.6　一座超高功率电炉使用超声速集束氧枪的基本过程

为了保证氧枪系统的安全和冶炼过程中综合成本的降低，这种规程对于操作工来讲是很必要的，主要有以下几点：

（1）在电炉冶炼以前，仔细从电脑画面检查氧枪系统的各类气体介质的压力，冷却水系统的压力和流量以及温度，从现场检查系统管路和阀站的密封性和可靠度，各种参数必须满足工艺要求才能够冶炼。

（2）废钢的配加要注意，不能把大块难熔的废钢加在氧枪系统的枪头正前方，防止氧枪吹炼过程中的气流反射，引发烧枪事故。

（3）第一炉的冶炼前，氧枪系统处在吹扫状态，防止枪头的堵塞。等到送电一段时间，电炉内废钢的温度达到550℃以上，才能够开启氧枪的辅吹气体，以低氧状态对废钢进行助熔，待炉内废钢熔化60%左右，电炉内出现熔池以后才能够切换到中氧状态进行吹炼，在炉渣形成以后就必须立即进行喷炭操作，流量根据冶炼的具体情况进行调节。

（4）高氧吹炼状态对于炉底耐火材料的侵蚀影响比较大，所以在配碳量较高时才能够使用，熔池内碳含量不高时，采用中氧吹炼，以降低钢水的过吹几率。

（5）测温取样以及出钢时，为了保证安全，氧枪系统必须保持在维持吹扫状态。

（6）氧枪系统的水冷箱温度是判别氧枪安全使用的重要参照物，冶炼过程中必须密切注意，发现问题及时处理。

（7）冶炼过程中，如果某一支氧枪出现堵塞，漏水以后，就要停止使用该枪，禁止氧枪带病作业。

（8）在停炉和检修时，氧枪系统必须首先进行辅吹气体和氧枪主管路进行吹扫以后，才能够停止系统，进入检修或停炉状态。

9.2　辅助能源输入技术

9.2.1　烧嘴的用途

现代的电炉炼钢为了提高产能水平，除了采用废钢预热技术以外，辅助能源输入和二次燃烧技术已经成为一个重要的手段。各种烧嘴在国内外的应用已经很普遍。有的钢厂把废钢预热和输入辅助能源技术以及二次燃烧技术联合使用，效果非常明显。为了说明烧嘴和二次燃烧喷枪的布置，我们在实际生产中把电炉比作一个钟表表盘，炉门的位置为时间上的6点钟方向，

EBT 为 12 点钟方向，变压器和电极横臂在 9 点钟方向，来简洁地说明烧嘴的位置。电炉炼钢过程中，由于各种原因，存在着冷区。在这些冷区部位，冶炼过程可能存在着难熔化的冷钢，影响了冶炼的节奏，有时候会造成出钢过程的“塌料现象”，造成成分偏差大，出现质量事故；有时候会造成出钢量偏小，出现下渣；更为严重的是 EBT 冷区出现难熔废钢，会造成出钢时的不自流以及出钢后 EBT 堵冷钢，需要烧氧处理。交流电炉的冷区分布主要在 5 点、7 点、10 ~ 12 点、1 ~ 3 点，直流电炉的冷区分布主要在 5 点、7 点、1 ~ 3 点，偏弧区在 9 ~ 10 点为热点区。为了解决以上的矛盾，通常的处理方法是：

（1）增加配碳量，加大熔池的沸腾力度来消除冷区。

（2）采用底吹气系统，增加熔池的钢液的搅拌，以达到消除冷区的目的。

（3）提高出钢温度，在冶炼中后期将炉体向冷区倾动，利用高温钢水熔化冷区。

（4）减少升温速度，采用缓慢升温达到熔池均匀化的目的。

以上的方法对于提高电炉的炉龄和产能水平都存在着负面的影响。烧嘴在冷区的应用将在某种意义上解决了冷区存在的问题，德国著名的 BSW 厂 90t 电炉就是在 EBT 增加了超声速烧嘴后，实现了单炉日产 51 炉钢的佳绩。

使用烧嘴的主要优点如下：

（1）输入辅助能源以后，加速了废钢的熔化，可以使氧枪供氧的操作提前，增加供氧强度，相应增加了化学热的利用。

（2）由于增加了化学热，可以减少吨钢电耗，缩短送电时间，缩短冶炼周期。

（3）烧嘴主要布置在炉门两侧和 EBT 冷区，可以消除电炉的冷区，减少冷区冷钢不能快速熔化引发的各类事故。

（4）在 EBT 冷区增加烧嘴，可以提高 EBT 的自流率，降低出钢温度，提高炉龄。

（5）减少电极消耗。

（6）在金属炉料熔化前，及早地去除其中的可燃物和游离的水分。

（7）由于输入辅助能源后，可以降低电耗，对于一些电力紧缺的地区，用低价的燃油燃气取代电能，有利于降低炼钢的成本。

烧嘴的高温火焰向炉内废钢传输热量的途径有：

（1）燃烧火焰用强制对流的形式传输热量。为了达到最佳的效果，必须使传热系数，废钢表面积和火焰与废钢之间的温差达到最大值。传热系数随火焰温度的升高和火焰出口速度的增加而提高。所以，目前的烧嘴在熔化期通常是满功率运行的，在熔化期结束以后功率逐渐的降低使用。

（2）通过燃烧产物的辐射传输热量。在燃烧温度下火焰所表现出的红外线辐射传热与火焰温度的 4 次方成函数关系，提高火焰的温度很重要。这一点在生产中是通过调剂氧气和燃烧介质的比例来实现的。

（3）火焰中过剩的氧气氧化废钢铁料所产生的热能直接传导给炉料。

9.2.2 烧嘴的结构

烧嘴按照输入的辅助能源方式分为：氧—油烧嘴（或者氧油枪）；氧—燃气烧嘴（或者叫氧气燃气喷枪）；氧—煤粉烧嘴。

9.2.2.1 氧气—燃气烧嘴

电炉氧燃烧嘴最初的设计是“管套管”结构，氧气喷嘴在中间，燃气通过两层管间的环缝进行喷吹，这种结构简单，但是冷却效果不好，所以目前的烧嘴设计是在铜制喷头上集中了数个燃气孔和氧气孔，氧气孔被设计成为拉瓦尔喷头。铜制喷头安装在一个铜制的水冷套内，铜制的水冷套相当于一个燃烧室，它能够保护喷头不受钢水和炉渣的侵蚀，改善了燃气在喷嘴出口处的混合效果，这种烧嘴在加热熔化废钢时，通常是满功率的，在钢水脱碳时，采用小流量的维持模式。氧燃烧嘴所使用的燃烧介质，主要是比较清洁的能源天然气，也有使用煤气和焦炉煤气的。所以氧燃烧嘴应用的较多。这种烧嘴燃烧后产生的热量比较丰富，设备较简单，易于维护，优势比较明显，对环境的友好程度比较高。一种典型烧嘴的实体照片见图 9-12。

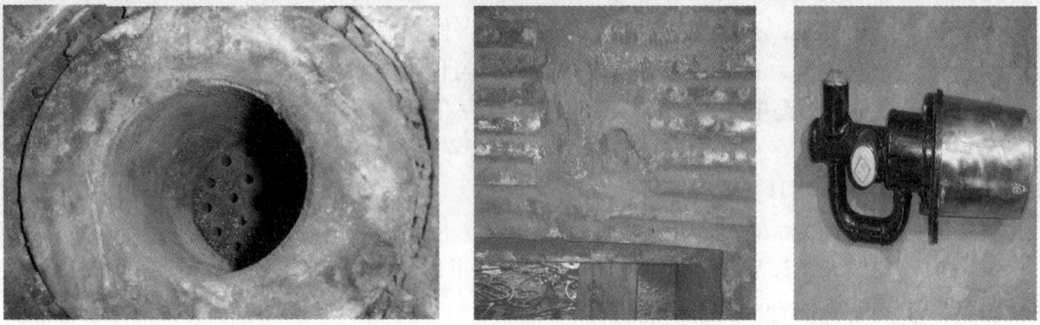

图 9-12 一种典型的氧燃烧嘴实体和使用的照片

9.2.2.2 氧气—燃油烧嘴

氧气—燃油烧嘴主要使用轻质柴油或者其他燃油为燃烧介质，使用前燃油进入尾部前经过压缩空气雾化成为油气再由纯氧助燃，燃油烧嘴的结构见图 9-13。

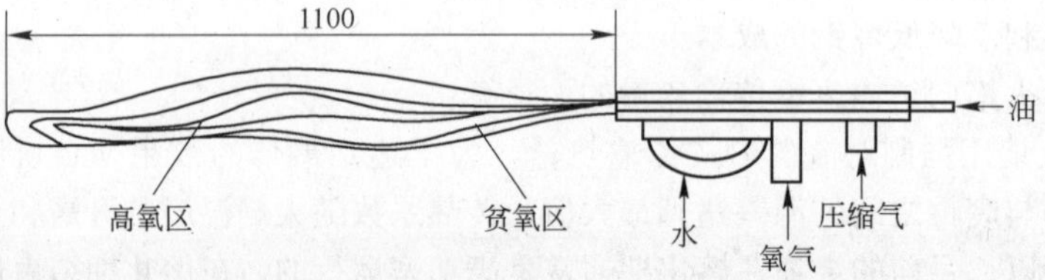

图 9-13 氧油烧嘴的结构和火焰特性简图

燃油烧嘴主要使用在燃气资源缺乏的地区。国内的珠钢就采用了 6 ~ 7 个燃油烧嘴，每个烧嘴的最大功率在 3.5MW。安钢采用了 5 个氧油烧嘴，采用轻质柴油为燃烧介质，每个烧嘴的功率在 3.0MW 左右。燃油在工业纯氧的助燃条件下，燃烧后火焰的最高温度可以达到 2500℃左右，使用过量的氧气可以使燃油燃烧得比较充分。为了确保烧嘴的安全，防止回火，供油供氧管路上设有逆止阀，烧嘴采用铜制水冷结构，烧嘴与燃烧介质管路之间采用快速接头连接以便于烧嘴的更换，维护和检查。氧—油烧嘴的氧—油比例在 2.33∶1 左右，吨钢油耗在 3.5 ~ 7L 之间比较合理。氧油烧嘴的燃烧效率取决于废钢温度和受热面积。一般情况下，熔化期氧油烧嘴的利用率最高，在废钢熔清后，氧油烧嘴的使用效率就会下降，所以在不同的阶段要适时的调整氧油比例，或者停止烧嘴燃油的喷吹，采用气体介质进行吹扫，防止烧嘴被钢渣堵塞。氧油烧嘴的缺陷主要有：

（1）烧嘴的结构比较复杂。

（2）燃烧介质成本较高。

（3）燃烧介质的供应系统比燃气烧嘴复杂。

（4）燃烧不充分时，烧嘴喷头会产生积碳，堵塞喷头，需要定期检查清理。

（5）产生积碳后会造成燃烧不充分，火力发散，烧嘴的功率降低。

（6）除尘系统的负荷较大。

9.2.2.3 氧气—燃油枪

氧气—燃油枪也叫油氧枪，主要适用于以炉门水冷氧枪为主要供氧方式的电炉。由于炉门水冷氧枪吹炼时，受到炉门冷态废钢的影响，为了及时地使用水冷氧枪，通常在炉门水冷氧枪的机构上加装一支氧气—燃油枪，在废钢加入炉内，送电开始后，首先投入氧油枪预热炉门废钢，在2~5min左右，炉门废钢就呈现红热状态，氧枪使用后可以迅速熔化炉门废钢，然后氧枪进入炉内进行吹氧操作。炉门废钢大部分熔化以后，炉门油氧枪就可以停止工作了。氧油枪由于在炉门区使用，比较容易控制。也有使用炉门氧—燃气枪的。我们也使用过在炉门加无烟煤或普通煤的助熔方法，即在加料前人工在炉门加袋装的无烟煤，加料后氧枪投入工作，效果也可以。

9.2.2.4 氧气—煤粉烧嘴

氧煤烧嘴在20世纪80年代末期发展的速度较快，主要由煤粉喷吹罐和供氧设施两部分组成，煤粉喷吹罐和造泡沫渣的炭粉喷吹罐的原理基本相同。使用时，煤粉用辅吹载流气体氮气或者压缩空气输送。氧气分为旋流和环形直流双氧通道形式，这样既能保证烧嘴出口处形成回流区，有利于点火，又能够在外部形成约束火焰的氧气射流，提高火焰的穿透能力。这种烧嘴由于受到热效率和辅助环节多的影响，使用的多见于普通功率的电炉。

9.2.3 烧嘴的布置

烧嘴的布置是根据电炉容量的大小和变压器的功率、炉型决定的。一般布置在电炉的冷区，安装在电炉水冷盘上预留出的安装位置上。烧嘴气体流量的设定，是根据不同阶段来设定烧嘴的气体流量的。在冶炼开始时，一般使用较大流量的燃气量，以及使燃气充分燃烧甚至过剩的氧气量。随着电能的输入增加和废钢的熔化，需要减少燃气的量，或者保持维持火模式来优化操作。有人认为直流电炉的偏弧区不必增加烧嘴，这需要根据具体情况决定。对容量较大的直流电炉，炉膛较大时，偏弧现象会减轻，增加烧嘴是必要的。这是因为减少化料时间，增加利用泡沫渣埋弧操作时间的操作，相对来讲更加有利于电炉的生产，与偏弧现象的负面效应相比也是一种积极的手段。德国的BSW厂2号电炉是在炉门左侧5点布置了1个烧嘴，在右侧7点布置了2个，EBT冷区11点布置了2个，3点布置了2个，1号电炉是在左右5点钟和7点钟方向侧各布置了1个，左侧9点钟和EBT冷区12点半钟方向各布置了一个。天然气的消耗在4.5~5m^3/t之间，烧嘴的氧耗在9.5~15m^3/t之间，每个烧嘴的功率在2.5~3.0MW，效果特别明显，对于节省化料时间、缩短冶炼电耗产生了巨大的推动作用。新疆八钢装备了5个（实际使用了3个）氧气—焦炉煤气烧嘴，烧嘴的燃气消耗在1.5m^3/t左右，烧嘴的氧耗在4.5m^3/t左右，也取得了良好的效果，在空载实验条件下，烧嘴火焰最长可以达到2.5m左右。

9.2.4 烧嘴使用实例

烧嘴的使用一般有手动和自动两种，有的是通过操作台上的按钮实现的，有的是通过 PLC 输入命令执行的。较为合理的是通过 PLC 工业电脑实现的。在多个烧嘴同时使用时，可以实现自动控制下的集群控制，也可以单独对某一个烧嘴进行调整喷吹模式。烧嘴的燃烧模式根据气体流量的不同，设有不同的燃烧模式，可以选择。

目前，通过技术的进步，已经实现了把输入辅助能源和二次燃烧技术集成为一体的多功能烧嘴技术，烧嘴除了以上的功能外，还具备了其他的功能，例如“化渣脱碳”的功能，减少了不同功能烧嘴在炉壁上的安装数量。新疆八一钢股份公司第三炼钢厂（以下简称三炼钢）根据本厂有丰富的焦炉煤气资源的状况，就采用了这样一套的多功能烧嘴。在某一种意义上讲，超声速集束氧枪就是多功能烧嘴的一种演化。以下介绍新疆八钢 110t 电炉的多功能烧嘴使用情况。

9.2.4.1 烧嘴的基本设置介绍

该厂的烧嘴是烧嘴中心为一个拉瓦尔氧气喷头，可以实现喷射氧气的超声速化，四周为数个燃气喷头，整个烧嘴安装在一个水冷套内。烧嘴具有输入焦炉煤气和氧气为辅助能源进行助熔、二次燃烧和脱碳三种作用。烧嘴设置有氮气吹扫、维持火、枪火等不同功能的功能设置，可以实现不同阶段的操作需要。烧嘴的实体照片见图 9-14，在空载实验时（图 9-15），利用红外线测温枪测得火焰的高温区在外焰达到 1300℃，低温区底焰达到 450℃。

图 9-14 烧嘴的实体照片

图 9-15 空载实验的烧嘴燃烧状态

9.2.4.2 烧嘴的使用特点

这套烧嘴系统的使用特点主要有：

（1）由于焦炉煤气点火温度为 500 ~ 650℃左右，所以烧嘴使用时炉内温度必须要高于 500℃去点燃烧嘴，达到安全点燃烧嘴的比较好的识别标志是烧嘴前端的废钢炽热发红，一般来讲在开新炉子第一炉时，送电前保持烧嘴的氮气吹扫状态（主要为了防止烧嘴堵塞），送电达到 4 ~ 5MW · h，如果系统在启动状态，就可以自动点火。

（2）一旦烧嘴点燃，一般情况下设置在自动模式操作，在这种模式下，烧嘴将循环执行其预设火焰模式，这种循环是通过输入炉内的电量来执行的。在通常操作条件下，烧嘴置于自动模式，在特殊情况下，烧嘴可以手动操作就能够控制。例如，烧嘴在当前的操作模式下，如果在送电过程中供电在一个时间内被中断（电极断手动提升，生产系统中断要求停炉），在这种情形下，烧嘴将置于维持火模式或者系统关闭。

（3）在废钢加料过程中，烧嘴要置于维持火（Hot Fire）模式，这段时间内，烧嘴容易被喷的渣子堵塞，将烧嘴置于 Hot Fire 模式，将会减少烧嘴堵塞的几率，延长烧嘴使用寿命。

（4）点击每支烧嘴旁边的 Burner 按钮，将弹出对话框。如果烧嘴出现漏水、漏气，可以实现烧嘴的单独停止使用和隔离，点击 Lock out 以后，可以停止该烧嘴的使用，集群控制烧嘴时，该烧嘴不再接受集群控制命令。点击 Stop 后，该烧嘴停止使用，但是在一些情况下可以接受集群控制命令，例如该烧嘴漏气，处理结束后可以接受集群控制命令。

9.2.4.3 烧嘴的参数设置

焦炉煤气的成分为甲烷 24% 左右，氢气 55% 左右，一氧化碳 2% 左右，苯 3% 左右，氮气 7% 左右，焦油 3% 左右，其他 6% 左右，发热值约 175.7kJ/m^3，与空气混合比例在 1∶4.39 为完全燃烧比例，如果换算成氧气（空气中氧气含量为 21%），则与氧气混合比例为 1∶0.921。在实际应用中，为考虑焦炉煤气的利用率，使用焦炉煤气时该厂增大了一倍左右氧气的比例，一般在 1∶（1.8 ~ 2.2）。烧嘴在三批料的设定值见表 9-1 ~ 表 9-3。由于在废钢情况不好或者冶炼新炉役第一炉时，需要加入三批料操作，所以该厂在烧嘴的程序控制上增加了三批料烧嘴模式，其设定值见表 9-3。

表 9-1 第一次加料后烧嘴自动模式的参数设定

吨钢电耗 /kW·h·t^{-1}	程序设定节点	1 号烧嘴		2 号烧嘴		3 号烧嘴		4 号烧嘴		5 号烧嘴	
		燃气量	氧气量	燃气量	氧气量	燃气量	氧气量	燃气量	氧气量	燃气量	氧气量
		m^3/h	m^3/h	m^3/h	m^3/h	m^3/h	m^3/h	m^3/h	m^3/h	m^3/h	m^3/h
40	1	128	255	128	255	128	255	128	255	128	255
90	2	250	450	250	450	250	450	250	450	250	450
120	3	360	650	360	650	360	650	300	650	360	650
140	4	420	756	420	756	420	756	300	756	420	756
160	5	480	864	480	864	480	864	300	864	480	864
180	6	420	954	420	954	420	954	300	954	420	756
200	7	360	648	360	1050	360	1050	300	860	360	648
220	8	300	540	300	1173	300	1173	300	600	300	540
300	9	240	432	240	1280	240	1280	240	450	240	430
999	10	180	324	180	1600	180	1600	180	360	180	324

表 9-2 第二次加料后烧嘴自动模式的参数设定

吨钢电耗 /kW·h·t^{-1}	程序设定节点	1 号烧嘴		2 号烧嘴		3 号烧嘴		4 号烧嘴		5 号烧嘴	
		燃气量	氧气量	燃气量	氧气量	燃气量	氧气量	燃气量	氧气量	燃气量	氧气量
		m^3/h	m^3/h	m^3/h	m^3/h	m^3/h	m^3/h	m^3/h	m^3/h	m^3/h	m^3/h
30	1	128	255	128	255	128	255	128	255	128	255
80	2	250	450	250	450	250	450	250	450	250	450

续表 9-2

吨钢电耗 /kW·h·t^{-1}	程序设定节点	1 号烧嘴		2 号烧嘴		3 号烧嘴		4 号烧嘴		5 号烧嘴	
		燃气量	氧气量	燃气量	氧气量	燃气量	氧气量	燃气量	氧气量	燃气量	氧气量
		m^3/h	m^3/h	m^3/h	m^3/h	m^3/h	m^3/h	m^3/h	m^3/h	m^3/h	m^3/h
110	3	360	650	360	650	360	650	360	650	360	650
120	4	420	756	420	756	420	756	420	756	420	756
150	5	480	864	480	864	480	864	480	864	480	864
170	6	420	954	420	954	420	954	420	954	420	756
180	7	360	648	360	1050	360	1050	360	860	360	648
200	8	300	540	300	1173	300	1173	300	600	300	540
300	9	240	432	240	1280	240	1280	240	450	240	430
999	10	180	324	180	1600	180	1600	180	360	180	324

表 9-3　第三批料加料以后的烧嘴模式设定值

吨钢电耗 /kW·h·t^{-1}	程序设定节点	1 号烧嘴		2 号烧嘴		3 号烧嘴		4 号烧嘴		5 号烧嘴	
		燃气量	氧气量	燃气量	氧气量	燃气量	氧气量	燃气量	氧气量	燃气量	氧气量
		m^3/h	m^3/h	m^3/h	m^3/h	m^3/h	m^3/h	m^3/h	m^3/h	m^3/h	m^3/h
30	1	128	255	128	255	128	255	128	255	128	255
70	2	250	450	250	450	250	450	250	450	250	450
100	3	360	650	360	650	360	650	360	650	360	650
110	4	420	756	420	756	420	756	420	756	420	756
140	5	480	864	480	864	480	864	480	864	480	864
160	6	420	954	420	954	420	954	420	954	420	756
180	7	360	648	360	1050	360	1050	360	860	360	648
300	8	300	540	300	1173	300	1173	300	600	300	540
999	9	240	432	240	1280	240	1280	240	450	240	430
999	10	180	324	180	1600	180	1600	180	360	180	324

注：实际上三次料后自动模式转换电量约为一次料的 0.85 左右。

9.2.4.4　烧嘴的使用效果

(1) 在实际生产中每个烧嘴的煤气消耗在 60 ~ 100m^3，烧嘴的氧气消耗在 250 ~ 330m^3 左右，煤气产生的热效应为 2.4 ~ 4.2MW · h 之间，考虑到使用的热效率和二次燃烧的效果，实际每个烧嘴的热效应相当于 3MW · h 的电。由于目前每输入 1MW · h 的电需要 1min，所以每多使用一个烧嘴，冶炼周期将会缩短 3min。这与实践的结果是紧密吻合的。在 5 个烧嘴投入使用后，由于密封问题，EBT 冷区和靠近 EBT 附近的 2 个烧嘴出现了穿渣现象，得不到解决，所以目前使用了 3 个烧嘴，投入使用后效果很好，冶炼周期在不断进步，从设计的 65min 下降到目前的平均 55min，最快的冶炼周期达到了 41min（热兑铁水的条件下）和 42min（全废钢冶炼）。

（2）烧嘴的使用，大幅度地减少了熔化期的时间，尤其是加速了一批料的熔化，缩短了送电时间，减少了通电时间和加料时旋开炉盖的热辐射损失，降低了电耗和冶炼时间。实践中使用 3 个烧嘴比不使用烧嘴可以节省化料时间 3min 以上。

（3）烧嘴的使用，可以合理增加电炉的装入量。由于烧嘴辅助能源的输入，提高了氧枪的吹氧效率，化学能的利用率增加。目前 110t 电炉的装入量由过去的 120t 增加到了 125t，但是冶炼周期没有延长。表 9-4 是使用烧嘴和不使用烧嘴的统计。

表 9-4　使用烧嘴和不使用烧嘴的冶炼情况对比

烧嘴数量/个	不使用烧嘴	1	2	3
冶炼周期/min	65 ~ 72	62 ~ 70	57	55
电耗/$kW \cdot h \cdot t^{-1}$	396 ~ 450	390 ~ 420	357	342

注：以上数据为装入量在 125t，全废钢冶炼情况下采集。

目前烧嘴存在的主要问题是 EBT 冷区箱式水冷盘上烧嘴的密封情况不好，烧嘴投入使用后，烧嘴与水冷盘安装的连接点发生穿渣现象，以及水冷盘抗热冲击的能力较差，水冷盘容易升温报警跳电，中断冶炼，解决好以上的矛盾后，电炉的出钢温度可以比目前平均的 1630℃ 降低 5 ~ 15℃，对于提高电炉炉龄有积极的意义。

该厂原有设计的 5 个烧嘴，由于以上的原因只是使用了 3 个。尽管如此，通过一年多的使用，烧嘴还是体现出了巨大的作用，对于缩短冶炼周期，节电和提高台时产量起到了不可替代的作用，也说明焦炉煤气作为氧燃烧嘴的介质气体，是可以充分满足电炉炼钢对于燃烧气体的要求的，可以预测，在解决了烧嘴的密封情况，穿渣和漏水的问题后，投入 5 个烧嘴，电炉的平均冶炼时间可以控制在 45 ~ 55min 之间，甚至更快，从而增加电炉的生存竞争力。德国 BSW 厂的 90t 电炉，其冶炼周期控制在 30min 左右，比同等出钢量的顶底复吹转炉还要快，就充分说明了这一点。

9.2.5　烧嘴使用中出现的问题及其解决方法

烧嘴堵塞：烧嘴在使用过程中，有的因为喷吹气体中的炭化沉积物积累在喷嘴里造成堵塞，也有的是因为冶炼过程中的钢渣飞溅造成堵塞。以上两种情况发生的几率较小，而且发生堵塞的可能是个别的。有的堵塞以后只是气体流量减小了，还可以继续使用，也比较容易处理，只需要在检修或者短时间停炉时，卸下烧嘴疏通即可继续安装使用。最常见的是操作工在冶炼开始后忘记了启动烧嘴，既没有吹扫气体的吹扫，也没有利用维持火模式来防止烧嘴的堵塞，炉壁挂渣以后烧嘴有可能全部堵塞。还有一种情况是冶炼过程中处理事故时，暂时停止了烧嘴的使用，事故处理结束以后，重新送电冶炼时忘记了烧嘴的启动，导致了烧嘴里面灌入了钢渣堵塞。这种情况下一般不能强行开启烧嘴，防止烧嘴里的氧气反射在水冷盘上，造成水冷盘漏水。正确的处理方法是取出烧嘴，用氧气管（直径 3cm 左右的铁管）吹开烧嘴前面的钢渣后装入烧嘴后就可以重新使用了。

烧嘴漏水：由于烧嘴处于火焰的燃烧热区，有时候会因为氧气的反射造成漏水。烧嘴漏水以后的特征，主要是从炉门或炉顶观察到烧嘴处有水流出，烧嘴下方红热状态的镁炭砖有部分呈现黑色，或者烧嘴安装点的位置处出现没有熔化的废钢，随着冶炼炉数的增加而积累。如果某一个烧嘴漏水以后，应该将该烧嘴停止使用，并且关闭烧嘴的冷却水，待检修或停炉时重新更换。

烧嘴密封处反射火焰，冶炼过程穿钢穿渣：烧嘴安装以后，烧嘴水冷套和水冷盘的连接处如果缝隙过大，会造成使用时反射火焰，在冶炼过程中脱碳反应剧烈或者炉渣乳化以后，钢渣会从烧嘴处流出。以上情况的出现，对于机械设备和烧嘴本身都有危害。预防的手段是除了减少安装的误差以外，在安装烧嘴以后，用耐火泥将烧嘴的薄弱处做强化封闭处理。在必要的情况下，在烧嘴外部用耐火砖和耐火泥做砌筑封闭处理，效果会比较好。在冶炼过程中出现上述情况，也是利用耐火泥和耐火砖做封闭处理的。

烧嘴正常使用时气体流量减少：这种情况是供气的阀门在控制上出现了问题，这需要电气、仪表和机械维护人员一起检查处理，一般比较容易处理。如果气体流量达不到维持烧嘴火焰的流量，就要停炉检查处理。如果流量还可以维持冶炼的进行，可以不停止冶炼处理。

9.2.6 炉壁氧燃烧嘴自动控制实例

一种炉壁氧燃系统的主画面见图 9-16（该系统 5 号烧嘴附近为炉壁炭氧枪）。

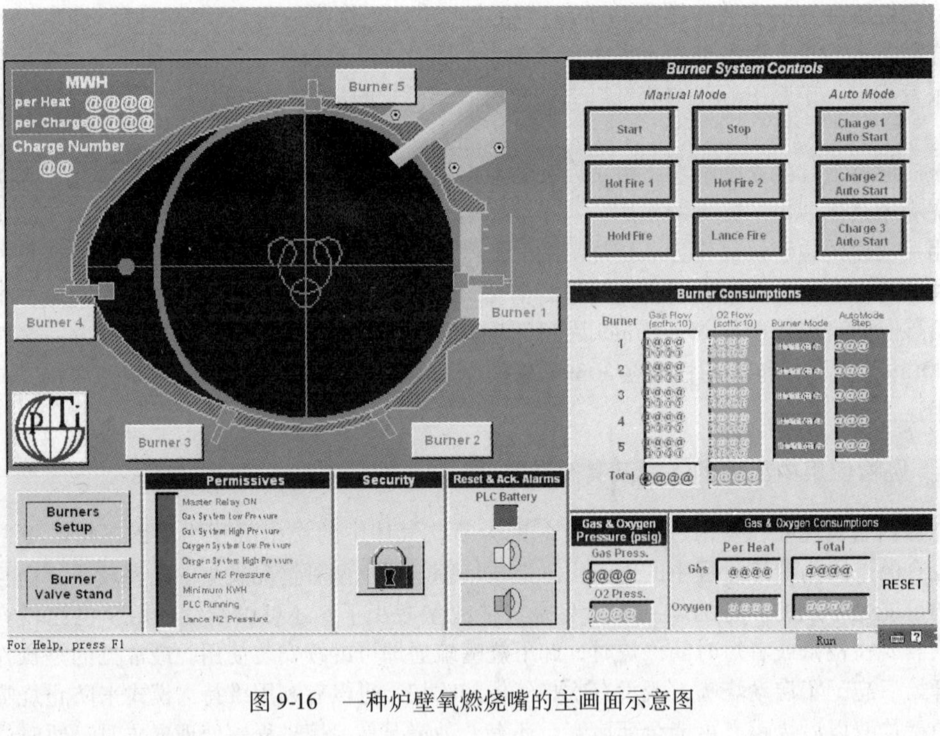

图 9-16　一种炉壁氧燃烧嘴的主画面示意图

9.2.6.1 主要功能菜单

主画面上的烧嘴及炭氧枪布置图上，每个烧嘴旁边有一个 Burner 号按钮，点击该按钮，将出现一对话框。画面右上方是 Burner System Controls，分别手动模式 Manual Mode 及自动模式 Auto Mode，用于控制全部烧嘴。

在 Manual Mode 下方，有六个按钮，分别是：

Start：启动全部烧嘴；

Stop：停止全部烧嘴；

Hot Fire 1：将全部烧嘴置于 Hot Fire 1 模式；

Hot Fire 2：将全部烧嘴置于 Hot Fire 2 模式；

Hold Fire：将全部烧嘴置于 Hold Fire 模式；

Lance Fire：将全部烧嘴置于 Lance Fire 模式。

在 Auto Mode 下方，有三个按钮：

Charge 1 Auto Start：点击按钮，一次加料后进行自动喷氧及燃气程序；

Charge 2 Auto Start：二次加料后进入自动喷氧及燃气程序；

Charge 3 Auto Start：三次加料后进入自动喷氧及燃气程序。

9.2.6.2 单枪操作模式

点击每支烧嘴旁边的 Burner 按钮，将弹出如图 9-17 所示的对话框。

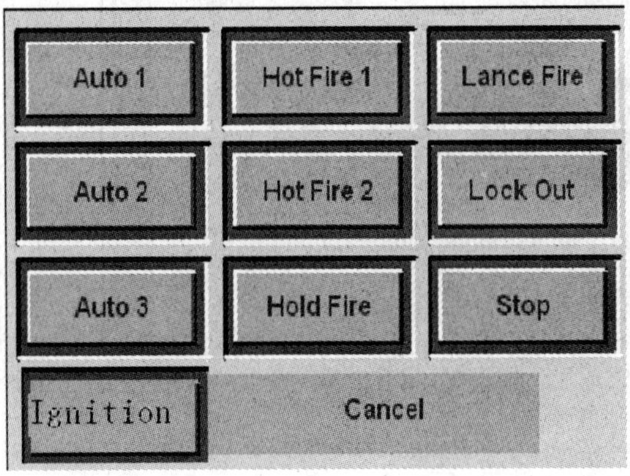

图 9-17 单枪操作模式对话框

点击 Auto 1，该烧嘴进入自动模式 1；点击 Auto 2，该烧嘴进入自动模式 2；点击 Auto 3，该烧嘴进入自动模式 3。

点击 Ignition，该烧嘴自动进入点火模式，此时氧气调节阀及切断阀关闭，燃气切断阀打开，调节阀关闭，依燃气的旁通回路实现点火。该模式只是在冷炉第一炉或炉子检修完后使用，一般正常生产情况下不用。

点击 Hot Fire 1，该烧嘴进入 Hot Fire 1 模式。

点击 Hot Fire 2，该烧嘴进入 Hot Fire 2 模式。

点击 Hold Fire，该烧嘴进入 Hold Fire 模式。

点击 Lance Fire，该烧嘴进入 Lance Fire 模式。

点击 Lock Out，锁住该枪，无法进行操作，其他任何操作都不会激活该烧嘴，除非重新点击该按钮来解锁。

点击 Stop，该枪停止，但如果操作所有烧嘴的集群控制模式，该枪又可被操作。

9.2.6.3 参数设定画面

点击主画面上的 Burners Setup 按钮，弹出如图 9-18 所示的 Setup Manual Modes 及 Setup Operating Modes 对话框，如下：

Setup Manual Modes：用于设置手动模式下各种烧嘴模式的喷氧量及煤气量；

Setup Operating Modes：用于设置各个烧嘴各个模式氧流量及煤气流量，以及每种模式自动切换的条件。每种模式之间的转换是根据炉子送电量来转换的。其中：Charge 1 是加一次料时每个烧嘴在各种模式工作的转换条件；Charge 2 是加二次料时每个烧嘴在各种模式下工作的转换条件；Charge 3 是加三次料时每个烧嘴在各种模式工作的转换条件。

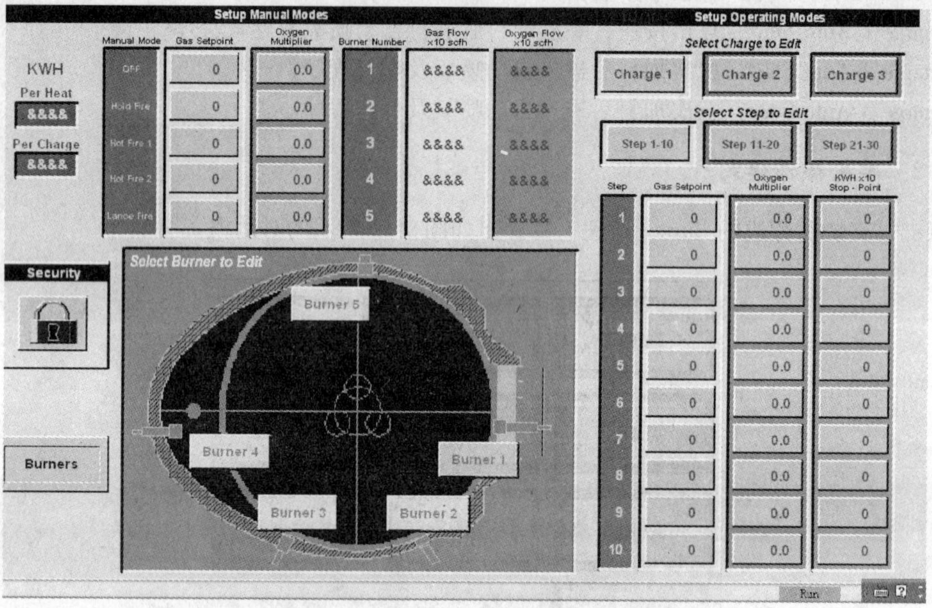

图 9-18　烧嘴参数设定对话框

9.2.6.4　消耗数据

主画面左上角有电耗显示，分别显示该炉钢的电耗值，该次加料后的电耗值及加料次数。

在 Burners Consumption 下方，分别显示：每支烧嘴的燃气流量、每支烧嘴氧气流量、全部烧嘴氧气、燃气总的流量、各支烧嘴所在自动模式的步骤。

在主画面的右下方，分别显示：燃气压力、氧气压力、该炉燃气消耗量、该氧气消耗量、总的氧气消耗、总的燃气消耗。还有复位按钮，可将消耗的燃气量及总氧气消耗量恢复为0。

9.2.6.5　报警和许可

Alarms and Permissives（报警和许可）内容包括：

Master Relay ON：主继电器打开；Gas System Low Pressure：燃气系统低压；Gas System Hight Pressure：燃气系统高压；Oxygen System Low Pressure：氧气系统低压；Oxygen System Hight Pressure：氧气系统高压；Burner N2 Pressure：烧嘴氮气压力；Minimum kW · h：最小电量；PLC Running：PLC 运行；Lance N2 Pressure：氧枪氮气压力。

上述哪项前部红色亮，说明该项故障存在，可按复位按钮恢复，如果事故条件仍存在，5 秒后事故灯又重新亮起来。

在 Reset & Ack. Alarms（故障及复位）下方，有 PLC 电池显示及复位按钮。

9.2.6.6 阀门站

点击主画面左下角 Burner Valve Stand 按钮，将会弹出氧气阀门站及燃气阀门站示意图，上面显示阀门站上每台调节阀及切断阀的开启状态。

9.3 二次燃烧技术

9.3.1 二次燃烧技术概述

对于一些利用冷生铁或铁水以及其他方式配碳，并且配碳量较大的电炉，在熔化期和氧化期的脱碳反应中，产生大量的一氧化碳气体，如果不加以利用，直接进入除尘系统，不仅损失了气体中的热，而且加剧了除尘的负担。在电炉炼钢过程中碳氧化成 CO，再把产物 CO 氧化成 CO_2 的过程就叫电炉炼钢过程的二次燃烧技术，简称 PC（post-combustion）技术。二次燃烧的基本原理如下：

$$2C + O_2 = 2CO \qquad \Delta H_1 = 5.04 \times 10^6 \text{J/kg} \tag{9-10}$$

$$CO + \frac{1}{2}O_2 = CO_2 \qquad \Delta H_2 = 20.88 \times 10^6 \text{J/kg} \tag{9-11}$$

由以上的化学反应方程式可知，使 CO 氧化成 CO_2 产生的热量是常规脱碳产生热量的 4 倍，所以目前二次燃烧技术已经普遍应用在超高功率电炉上，二次燃烧技术采用的手段有专门的二次燃烧枪或者烧嘴来实现二次燃烧的目的。二次燃烧比可以由下式表述：

$$PCR = CO_2/(CO_2 + CO) \tag{9-12}$$

$$HTE = q/Q \tag{9-13}$$

式中，PCR 为二次燃烧比,%；HTE 为热效率,%；q 为熔池吸收由二次燃烧产生的热量，J；Q 为二次燃烧产生的理论热量，J。

电炉操作中，PCR 可超过 80%。当炉中有冷废钢时，HTE 可望达到 65%。

电炉炼钢过程中，由炉料中配碳、造泡沫渣和外加热源用材料等在冶炼过程中产生大量 CO，只要有足够的氧使其二次燃烧以后，就能得到可利用的热量。

二次燃烧的优点如下：

（1）缩短冶炼时间。实测知，采用二次燃烧消耗 $1m^3/t$ 氧气可缩短冶炼时间 0.43 ~ 0.50min。德、意、法等国应用二次燃烧的电炉可缩短从通电到出钢时间的 8% ~15%。

（2）降低单位电耗。各种文献介绍，测得用于二次燃烧的 $1m^3/t$ O_2 可节电 5.8kW · h/t。德国 BSW 公司的大量试验得出，一般用于二次燃烧的氧量为 $16.8m^3/t$，该厂实际节电 62kW · h/t；若能将冶炼过程中来自吹氧和泡沫渣中产生的 CO 完全燃烧成 CO_2，可节电 80kW · h/t。美国 Nucor 公司在一座 60t 电炉上实测得到，使用二次燃烧技术以后，每炉钢的冶炼时间从 58min 降为 54min；电耗从 380 ~400kW · h/t 降为 332kW · h/t。据报道，电炉采用二次燃烧后，因减轻对除尘系统的负荷，由此除尘系统可节电 10kW · h/t。

（3）提高生产率。电炉使用二次燃烧后改善了电特性，且产生大量的化学热，又由于二次燃烧可减少 CO 向环境的放散，这样在炼钢原料中较大量地加入 DRI、HBI 和 Fe_3C 等也不会增加 CO 的放散量，大大有助于提高生产率。CASCADE 公司应用二次燃烧后，使粗钢产量从 0.54Mt/a 上升到 0.66Mt/a；另外一家公司采用二次燃烧技术以后，平均产量从 67t/h 增加到 75t/h，提高生产率 12%。

（4）减轻电炉的热负荷。对炉子热损失测定表明，只要合理使用二次燃烧技术，从水冷炉壁、烟道进出口冷却水温度测知，二次燃烧技术对于其升温的影响几乎可以忽略；只有水冷炉壁的热损失有所增加，最大可达 21.96MJ/t。但由于冶炼时间缩短，产量增加，实际热损失从 76.32MJ/t 降到了 72.72MJ/t。

（5）对其他指标的影响。从采用二次燃烧技术后的大量生产实践统计得到，除氧和碳的用量有不同程度的增加外，只要正确应用二次燃烧技术，其他指标均可得到改善。美国 Nucor 公司测定，二次燃烧形成的泡沫渣对电极的屏蔽作用使单位电极消耗下降；普遍关注的因受炉气中氧势的变化而影响较大的铁损（即铁耗）问题，也经实测得到，渣中 FeO 达到低水平，并不造成铁损增大。某公司应用二次燃烧后，使侧壁烧嘴的工作时间减少 15%，降低天然气消耗 20%，相当于节约天然气 0.9m^3/t。

德国 BSW 公司应用 ALARC-PC 技术，合理调节并尽可能增大氧耗，使输入电功率降低 7%，生产率提高 7%，结果见表 9-5。

表 9-5　使用 ALARC-PC 技术对消耗指标和生产率的影响

项　目	无 ALARC-PC	用 ALARC-PC
电耗/kW · h · t^{-1}	372.0	347.0
总氧耗/m^3 · t^{-1}	35.6	45.6
冶炼周期/min	51.5	47.8

（6）对环境的影响。在电炉冶炼过程中，*PCR* 最高可达 80%，废气中 CO 含量从 20% ~ 30% 降到 5% ~ 10%；CO_2 从 10% ~ 20% 增加到 30% ~ 35%，且大大减少了 NO_x 有害气体向环境的放散，有利于环境的改善。

二次燃烧技术在电炉炼钢过程中的应用具有潜在优势。但冶炼过程中的炉气成分及数量受诸多因素影响而变化。为此，应有针对性的操作工艺，才能使这一技术真正发挥效益。

9.3.2　二次燃烧喷枪的布置

二次燃烧喷枪一般的安装是在炉门两侧 5 ~ 6 点和 7 ~ 8 点，EBT 冷区两侧 10 ~ 11 点，1 ~ 2 点的位置，以利于消除冷区和发挥二次燃烧的最大功率，德国 BSW 厂 2 号电炉在 4、8、10、1 点钟布置了二次燃烧喷枪，1 号电炉在 4、8、10、2 点钟各安装了后燃烧喷枪，八钢 70t 直流电炉在 4、8、3 点钟方向各安装了一支意大利 More 公司提供的二次燃烧喷枪。

9.3.3　二次燃烧喷枪的使用

二次燃烧喷枪使用时有 3 种模式选择：

（1）手动模式。手动模式下，选择好二次燃烧喷枪的数量，在人机界面上或者操作桌面上，通过操作设定所需要的氧气量，这些信号将会输入 PLC，按下启动按钮后，喷枪开始向电炉内喷氧，停止使用时，按下停止按钮就停止喷氧，开始用氮气吹扫。这种工作模式简单，可以通过 PLC 的人机界面或者操作台上的按钮对每支枪单独操作。缺点是对于氧气的使用盲目性较大。

（2）自动模式。在自动模式下，根据工艺冶炼的不同阶段来划分时间段，时间段的划分常用冶炼的电耗变化为基准。由程序控制自动调整执行，PLC 能够根据电耗的变化和氧气设定值自动进行调整喷吹氧气的操作。

（3）动态模式。动态模式下是随时对烟道里烟气的氧含量进行分析，根据分析结果调整所需要的氧气量。它是利用安装在烟道上的氧化锆探头对烟气进行检测，通过分析仪器分析出氧含量，并且将其转化为4～20mA的模拟信号，传至PLC，通过PLC来控制二次燃烧喷枪的喷氧量。

动态模式和自动模式可以互换，如果烟气检测探头受到了干扰或者故障，氧气测量不能够进行，滑动烟道开启打开，PLC系统从动态模式下切入自动模式下工作。

9.3.4　二次燃烧技术的操作工艺要点

在二次燃烧的操作工艺中，供氧是关键，同时应配以相应措施方能取得最佳效果，因此必须做到以下几点：

（1）根据电炉的冶炼特点进行自动或者手动调节。一炉钢的冶炼过程中的气体成分变化很大，即便在相同的工艺条件下，炉次之间气体成分的重现性较差，为此应连续分析炉气成分，以便在线控制吹氧量，达到理想的*PCR*和*HTE*。

（2）冶炼过程中应注意控制用于熔池反应和二次燃烧的氧量在不同阶段的变化和相互间的匹配。如二次燃烧用氧过大，不但使金属收得率下降，而且电极消耗增加。

（3）二次燃烧时尽可能做到炉膛的正压操作，否则渗入的空气与炉气发生二次燃烧，因氮气带走大量热而使放出的热量只有40%被利用。

（4）一般应采用装在炉膛部位的低速氧枪。这是因为高速氧流往往造成Fe和C被O_2及CO_2氧化的反应发生。最佳的供氧方法是低速（亚声速）逆流供氧，在炉内形成漩涡气流，使氧与CO、H_2能充分混合，且使产物CO_2、H_2O有较长的滞留时间，提高*PCR*和*HTE*；烧嘴或者氧枪应有微调功能；吹氧时要控制角度，尽可能使整个熔池的渣面进行二次燃烧，扩大传热面积，提高*HTE*；同时要适时控制含碳的原料、含氧化铁的原料和氧的加入速度，保持合适的碳氧比。若供氧不足，则二次燃烧产物与碳、含碳金属和渣中铁滴反应，不但降低*PCR*，而且影响*HTE*。

（5）为保持高的*PCR*和*HTE*，当废钢熔化时，将二次燃烧产生的热量传给冷废钢是最佳时机。在废钢开始熔化阶段*HTE*可以达到75%～80%，当废钢加热后只有65%；当熔池升温后，渣的黏度下降，渣中CO_2量减少，使*HTE*进一步降低，此时应进行合适的熔池搅拌；但过分的熔池搅拌使大量铁滴弥散进入渣中而被氧化，夺去了大量本来用于氧化CO的氧，使*PCR*降低，同时会产生大量烟尘。

（6）电炉的二次燃烧在三个部位进行：炉膛内；废钢熔化阶段在渣面上；熔池形成后在渣中。炉膛内的二次燃烧会增加炉体的热负荷，*HTE*比较低；废钢熔化阶段在渣面上的二次燃烧可得到最佳效果；熔池形成后在渣中进行的二次燃烧，要控制熔池适当的碳含量（如加入DRI、HBI、Fe_3C等），否则会造成铁和电极氧化。应进行厚渣层操作，即泡沫渣的操作有助于增加*PCR*和减少烟尘的产生，也不易使炉中形成的CO_2与熔池中的碳反应生成CO而降低*PCR*。

（7）控制电炉炉气中含10% CO为最合适的操作。如果废气中含CO<5%，则在废气系统中加稀释空气使其完全燃烧是困难的；在高温条件下，CO与NO反应生成N_2和CO_2，可减少NO有害气体的逸出。基于环保考虑，CO排出电炉的经济下限是5%～10%。

9.4　超声速集束氧枪使用实例

以下是一座135t电炉使用超声速集束氧枪、二次燃烧枪、炉门自耗式氧枪电炉的供氧的基本过程。

9.4.1　电炉工艺技术参数

电炉的公称容量	135t
装入量	135～165t

供氧的方式	炉门自耗式氧枪，炉壁超声速集束氧枪（4套）
自耗式氧枪的形式	BSE 自耗式氧枪（作为清除炉门冷区废钢和辅助造渣和脱碳使用）
自耗式氧枪的构成	2支氧枪，1支喷炭枪
每支氧枪的氧气流量	1500～3500m^3/h
炭枪的喷炭流量	25～90kg/min

9.4.2　多功能氧枪的主要结构及规格

在135t电炉的炉壳上，分别装有1号、2号、3号、4号、5号共5组多功能集束射流氧枪，见图9-19。枪体安装在下水冷炉壁炉门两侧的水冷板和偏心区两侧的水冷板上，每组多功能集束射流枪包括1支主氧枪、1支炭粉枪及1支二次燃烧枪。多功能集束射流枪由以下五个部分组成：安装框架、水冷底板、集束射流主氧枪、炭粉枪及二次燃烧枪。

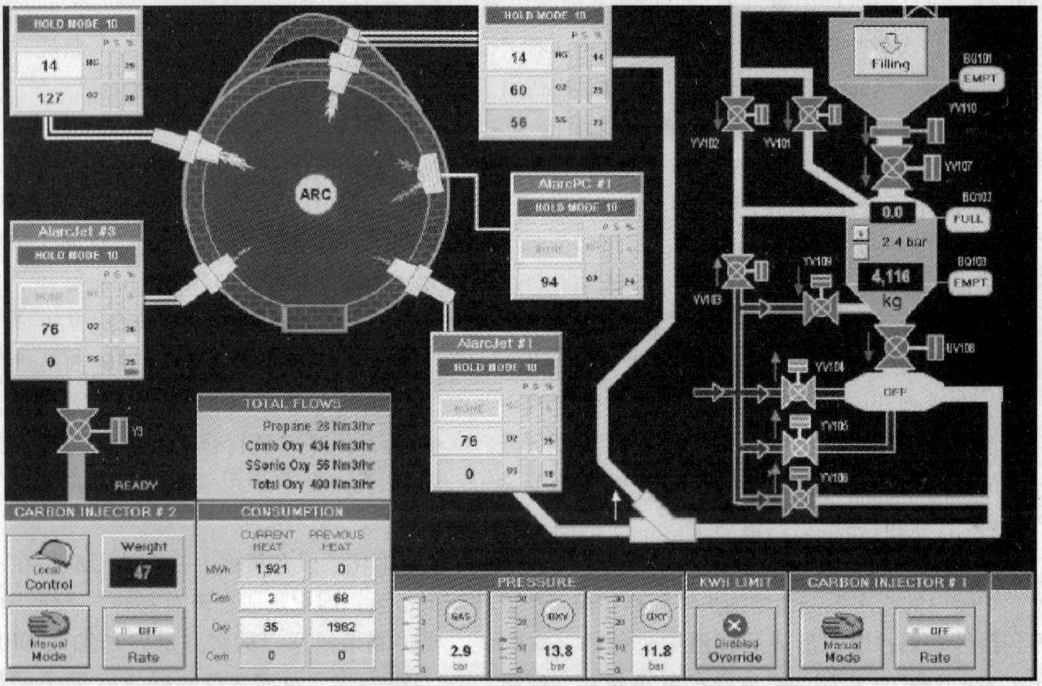

图9-19　多功能集束射流枪布置示意

9.4.2.1　安装框架

多功能集束射流枪安装在水冷炉壁上，在对应的安装位置开孔，开孔处固定多功能集束射流枪的安装框架。安装框架的尺寸、重量及材质如下：

尺寸	785mm×788mm
重量	165kg
材质	碳钢焊接

9.4.2.2　水冷底板

水冷底板采用铜质制造，用楔钉固定在安装框架上，可快速拆装。水冷底板上安装主氧枪（兼烧嘴功能）、炭粉枪及二次燃烧枪，如图9-20所示。

图 9-20 水冷底板

水冷底板的相关技术参数如下：

尺寸	545mm × 550mm × 100mm
材质	铜
重量	420kg
冷却水进出口直径	50.8mm（2in）
冷却水进出口温差	20℃
冷却水进出口压差	总 0.05MPa
冷却水流量	总 200L/min
正常使用寿命	24 月

9.4.2.3 二次燃烧枪

二次燃烧枪位于主氧枪一侧，喷口直径 ϕ16.6mm。其作用是向炉内喷入氧气，与炉气中的 CO 反应产生热量，达到节电和提高生产率的目的。二次燃烧枪主要规格和技术参数如下：

设计最大氧气流量	500m^3/h
氧气压力	1.2MPa
氧气纯度	99.6%
氧气管接口直径	50.8mm（2in）
正常使用寿命	36 月

9.4.2.4 集束射流主氧枪

主氧枪采用楔钉固定在水冷底板的安装孔内。主氧枪可用作脱碳氧枪，也可用作烧嘴模式预热废钢。主氧枪为三层套管结构，中心管通主氧气，喷口直径 ϕ36.3mm，中间管通焦炉煤气，喷口直径 ϕ8.4mm × 12mm，外层管通辅助氧气（环氧），喷口直径 ϕ7.6mm × 12mm，辅助氧气和焦炉煤气燃烧在主氧气射流周围形成环状高温保护气流，使得主氧气射流形成类似于激光束的氧气射流。主氧枪与水平向夹角为 40°，与电炉径向夹角为 15°，枪头距熔池表面 1300mm，安装时在水平方向可调范围为 ±15°，垂直方向为 ±5°。主氧枪的主要规格和技术参数如下：

主氧气最大流量	$3200m^3/h$
辅助氧气最大流量	$400m^3/h$
氧气压力	1.2MPa
氧气纯度	≥99.6%
主氧气管接口直径	76.2mm（3in）
辅助氧气管接口直径	50.8mm（2in）
焦炉煤气最大流量	$620m^3/h$
焦炉煤气压力	0.25MPa
主氧枪材质	碳钢、铜焊接
主氧枪重量	22.7kg（含水冷套）
主氧枪的正常寿命	18~22月

9.4.2.5 炭粉枪

炭粉枪是一根自耗式钢焊管。炭粉枪内径31.5mm，利用压力不小于0.4MPa的压缩空气作为载流气体的介质，在需要时将炭粉喷入电炉内造泡沫渣。炭粉枪位置略低于主氧枪，与水平方向夹角为37.6°，与主氧枪的径向夹角为5°，这一点是基于“柏努利效应”的考虑设计的，即由氧气射流的柏努利效应将喷吹的炭粉引入熔池，达到喷吹炭粉效益的最大化。炭粉枪的主要规格及技术参数如下：

枪身材质	钢质
枪身重量	4.5kg
正常使用寿命	0.5月

炭粉的储存仓为$120m^3$，储存仓下分为4个$1m^3$的喷吹仓，每个喷吹仓下各安装一个旋转给料机（Rotofeed），其能力为10~50kg/min，炭粉经旋转给料机后经分配器分成两路，输送到两支炭粉枪。

9.4.3 多功能氧枪的基本设定点及常用设定点菜单

多功能氧枪的主氧气（Main）、二次燃烧氧气（PC）、环氧（S_{O_2}）以及焦炉煤气（COG）流量可根据所执行的任务进行调节，主要设定点（Set Point）的功能如表9-6所示。

表9-6 多功能氧枪主要设定点的功能

Set Point（设定点）	Main（主氧）	PC（二次燃烧氧气）	S_{O_2}（环氧）	COG（焦炉煤气）	任务及选用条件
Idle Fire（维持火A）	250	65	65	65	最小可控流量，不通电时才能选用，防止熄火及喷孔堵塞。加废钢或者兑铁水时严禁采用此模式
Hold Fire（维持火）	320	210	250	300	通电状态下未采用其他模式且钢水在炉内时选用以及熄火后重新点火时选用。主原料进料时严禁采用此模式
Charge Fire（加料模式）	450	400	400	480	主原料入炉过程（废钢入炉及兑铁操作）选用，防止喷孔堵塞

续表 9-6

Set Point（设定点）	Main（主氧）	PC（二次燃烧氧气）	S_{O_2}（环氧）	COG（焦炉煤气）	任务及选用条件
Burner 1（烧嘴模式 1）	310	200	200	480	主原料已入炉，作为烧嘴模式进行废钢预热及预脱碳，加快废钢熔化，仅当废钢未熔清时采用此模式才有效
Burner 2（烧嘴模式 2）	520	200	300	650	
Burner 3（烧嘴模式 3）	820	200	400	800	
Lance 1（脱碳模式 1）	3200	200	190	485	主原料已部分熔化，形成熔池，作为氧枪模式，进行熔池脱碳和加热升温；同时，炭枪可喷吹炭粉造泡沫渣。Cojet 可在 Hold 模式和 Lance 模式间切换；达到所需的碳含量后应停止 Lance 模式
Lance 2（脱碳模式 2）	3200	300	134	340	
Lance 3（脱碳模式 3）	3200	450	84	220	

在冶炼的不同阶段，一般根据冶炼电耗指标，多功能氧枪选用不同的设定点，从而形成对应于电耗的设定点菜单，常用的设定点菜单如表 9-7 ~ 表 9-11 所示。各个模式的表示方法为：停止模式：O（off）；烧嘴模式 1：B1（burner 1）；烧嘴模式 2：B2；维持吹扫模式：H（hold-fire）；脱碳模式 1：L1（lance 1）；脱碳模式 2：L2；强脱碳模式：L3；焦炉煤气（COGas）。

表 9-7 超声速集束氧枪使用的模式 1

内 容	方 案 1					
适用条件	40% ~50% 废钢 +50% ~60% 铁水模式					
氧枪设定	电耗/$kW \cdot h \cdot t^{-1}$	1 号枪	2 号枪	3 号枪	4 号枪	5 号枪
	0	O	O	O	O	O
	5	H	B1	B1	B1	B1
	10	H	B2	B2	B2	B2
	15	H	B3	B3	B3	B3
	20	B	L1	H	L1	H
	26	B	H	L3	H	L3
	34	B	L2	H	L2	H
	39	B	L1	L1	L1	L1
	43	B	H	H	H	H
	100	B	H	H	H	H

表 9-8　超声速集束氧枪使用的模式 2

内　容	方　案　2					
适用条件	50% 废钢（不加回收渣铁）+50% 铁水模式					
	电耗/kW·h·t^{-1}	1 号枪	2 号枪	3 号枪	4 号枪	5 号枪
氧枪设定	0	O	B1	B1	B1	B1
	2	O	B2	B2	B2	B2
	6	O	B3	B3	B3	B3
	10	O	L1	L1	L1	L1
	13	O	L3	L3	L3	L3
	24	O	L3	H	L3	H
	26	O	H	L3	H	L3
	29	O	L3	L3	L3	L3
	31	O	L3	H	L3	H
	100	O	L3	L3	L3	L3

表 9-9　超声速集束氧枪使用的模式 3

内　容	方　案　3					
适用条件	补炉后第一炉（烘炉不加铁水）					
	电耗/kW·h·t^{-1}	1 号枪	2 号枪	3 号枪	4 号枪	5 号枪
氧枪设定	0	O	H	H	H	H
	5	O	B1	B1	B1	B1
	10	O	B2	B2	B2	B2
	15	O	B3	B3	B3	B3
	20	O	L1	H	L1	H
	26	O	H	L3	H	L3
	34	O	L2	H	L2	H
	39	O	L1	L1	L1	L1
	43	O	H	H	H	H
	100	O	H	H	H	H

表 9-10　超声速集束氧枪使用的模式 4

内　容	方　案　4					
适用条件	40% 的废钢 +60% 的铁水模式					
	电耗/kW·h·t^{-1}	1 号枪	2 号枪	3 号枪	4 号枪	5 号枪
氧枪设定	0	O	B1	B1	B1	B1
	2	O	B2	B2	B2	B2
	5	O	B3	B3	B3	B3
	9	O	L1	L1	L1	L1
	12	O	H	L3	L3	L3

续表 9-10

内　容	方　案　4					
适用条件	40%的废钢+60%的铁水模式					
氧枪设定	电耗/kW·h·t^{-1}	1号枪	2号枪	3号枪	4号枪	5号枪
	15	O	L3	H	L3	L3
	19	O	H	H	L3	L3
	23	O	L3	L3	H	H
	25	O	H	H	L3	L3
	28	O	L3	L3	H	H
	29	O	H	H	H	H
	100	O	H	H	H	H

表 9-11　超声速集束氧枪使用的模式 5

内　容	方　案　5					
适用条件	无预热，45%的废钢（加入渣铁）+55%的铁水模式					
氧枪设定	电耗/kW·h·t^{-1}	1号枪	2号枪	3号枪	4号枪	5号枪
	0	O	B1	B1	B1	B1
	2	O	B2	B2	B2	B2
	6	O	B3	B3	B3	B3
	10	O	L1	L1	L1	L1
	13	O	L3	L3	L3	L3
	24	O	L3	H	L3	H
	26	O	H	L3	H	L3
	28	O	H	H	L3	L3
	30	O	L3	H	L3	H
	32	O	L3	L3	L3	L3
	34	O	H	H	H	H
	100	O	H	H	H	H

以上为五种常用多功能氧枪设定点方案。在冶炼某炉钢前（通电前），根据该炉钢的主原料配料模式，选择对应的多功能氧枪设定模式，在自动状态下，通电后氧枪的设定点会随电耗的累计而自动切换。如实际需要，在冶炼过程中也可手动对多功能氧枪的设定点进行调节。

为防止枪头损坏，在预热阶段电耗达到切换电耗后才可循序从 Burner 1 切换到 Burner 3，且必须到规定的电耗后才能用从 Burner 模式切换至 Lance 模式。到达 Lance 模式后，因开始阶段产生的 CO 少且废钢熔化少、熔池表面比较低，采用高的 COG（焦炉煤气）流量最高的 Lance 1 模式；当 CO 产生量逐渐增多且熔池上升后，可逐渐切换成焦炉煤气流量较低的 Lance 2、Lance 3 模式。

炉门氧枪在炉内废钢熔化接近 65% 的时候，将炉门枪的废钢切割开，便于氧化期的流渣操作，在炉渣熔化较慢的时候，也可以吹渣化渣，在炉壁超声速集束氧枪脱碳困难的时候，做辅助脱碳使用。

全废钢冶炼的操作模式可以参考烧嘴的模式制定，即吨钢电耗达到冶炼目标电耗的40% ~ 50% 的时候，逐级使用氧枪脱碳模式。这主要是基于“因为冶炼电耗的 50% 是用于熔化废钢”的原则考虑的。实际生产中间，可以根据留钢量和配碳量、原料情况进行修正。

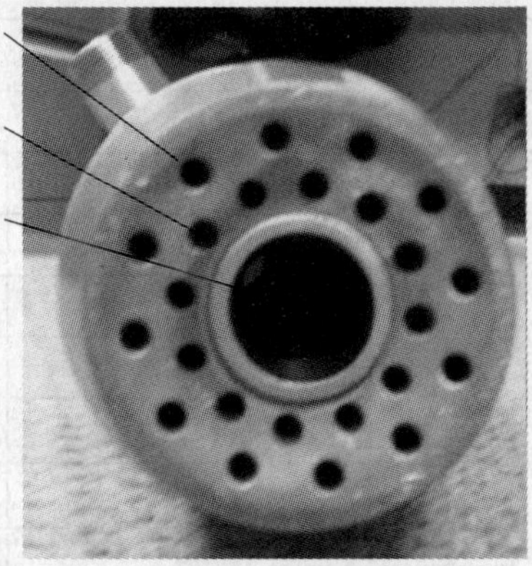

图 9-21 普通超声速集束氧枪枪头的示意图

普通超声速集束氧枪（不配置二次燃烧氧枪，见图 9-21）的操作，参考第 10 章留碳脱碳操作内容。

9.5 电炉用氧安全基础

电炉炼钢过程中，不论是烧嘴，还是各类氧枪，在使用过程中，使用不正确，都会发生各类事故，以下就电炉氧气使用的安全知识做一些介绍。

9.5.1 氧气的特性与氧气安全常识

氧气本身不燃烧，但是氧气的化学性质决定了氧气支持燃烧，即具有助燃作用，纯铁和部分的金属都会在纯氧里面燃烧。炼钢使用的部分原料，如炭粉、煤气、燃油、天然气等原料在一定的条件下，在氧气中会发生猛烈燃烧，有时会引发爆炸。空气中的氧气浓度增高后，潜在的火灾风险也就越大。空气中氧的含量超过 23% 时，火灾的风险就提高了。起火或爆炸的发生需要可燃物、氧气、火种三个因素。

氧气引起燃烧的主要原因为：

（1）由于氧气管道不清洁，管道含有泥土、铁锈或者其他颗粒状物质，在氧气流动过程中被高速氧气带动，随氧气高速运动，不断地被加速，本身具有了较高的能量，在氧气管道的弯头或者滤芯处，碰撞管壁或者滤芯，产生火花，加上管壁和滤芯吸收能量以后，温度就会升高，发生燃烧事故。氧气管道系统没经过严格的最低标准的清洁将产生足够的能量起火燃烧。图 9-22 上显示的锥形滤芯是在一次设备调试期间发现的，由于氧气管线清洗不合格，发现了大量的铁锈、木屑和泥土。图 9-23 中的阀站被氧气烧毁的主要原因是氧气管道不清洁。

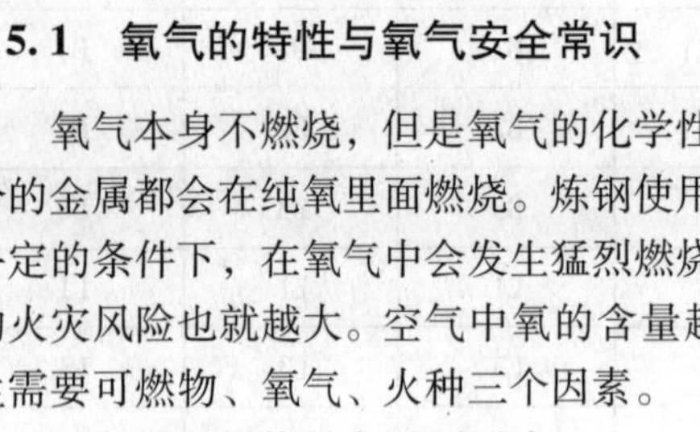
图 9-22 检修时发现被污染的锥形滤芯

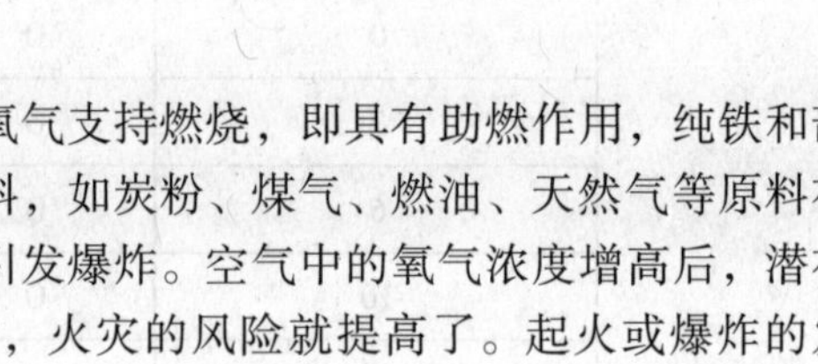
图 9-23 由于管道的不清洁引起的氧气阀站被烧毁的实体照片

（2）氧气在炼钢使用过程中，如果使用的压力突然下降，如果回火阀门没有及时切断氧气的回路，炉膛内部的高温烟气将会进入氧气管道发生回火燃烧爆炸事故。图9-24是110t电炉氧气管路因为氧气压力的突然降低导致的阀站回火烧毁的实体照片。

图9-24　回火以后氧气管道烧毁的实体照片

（3）油和油脂类物质以及含有这些物质的混合物或者化合物，在富氧的环境压力下只需要极低的能量就极容易被点燃并剧烈地燃烧或爆炸，点火可能是自发的，所以氧气管道和阀门必须是干净、没有被油脂污染过的，而且绝对不能使用油或油脂润滑氧气设备。

（4）大多数的原料能够在富氧的气氛里燃烧，氧气管道的泄漏会导致富氧，增加了起火的可能性，容易发生泄漏的点主要有连接件、法兰、密封圈、阀门等，泄漏点附近没有良好的通风，将会导致火灾危险的增加。

（5）氧气和一些气体混合以后将会发生爆炸事故，例如使用烧嘴，开启烧嘴的开始，如果同时开启数个烧嘴，电炉内部就可能在开通氧气的时候发生爆炸。

（6）氧气和一些油气混合以后会发生闪爆。

（7）氧气和炼钢使用的喷吹炭粉混合以后会发生爆炸。

使用氧气的安全常识如下：

（1）所有的设备，新装配的或经过维修的，必须使用特定的材料（如肥皂水），经过十分彻底的泄漏检测后才能投用，所有的残渣必须移除。

（2）必须确保使用的管线、部件、阀门等氧气专用件是从经过专业的认可的供应商处获得，必须经过专业认证部门认可的方式进行清洁。

（3）深沟、电缆沟、低处的带围墙的地段、地下通道、下水道、气罐周围、通风口附近、密闭的通风不良的区域，如果这些区域有氧气的管道或者阀站通过，将会成为富氧区，在这些区域内，要求确保不吸烟，不动明火，不进行焊接操作，穿着防火服或纯棉质地的衣服及内衣。

（4）高温作业，包括焊接、火焰切割、低温焊接、研磨等工作，或在封闭的空间工作，需要先进行检查并确认是安全的，使用时保证通风良好。

（5）如果暴露在富氧环境下或离开可能的富氧环境：那么必须在开放的环境下通风至少15min方可吸烟或靠近火源。

（6）电炉的烧氧操作，例如清理EBT、清理冷钢使用的橡胶管，接头处不能够漏气，橡胶管不能有破损漏气点存在，烧氧过程中必须使用电焊手套。

（7）电炉氧枪必须设有回火逆止阀，在氧气管道经过的区域禁止动火、使用柴油等油脂清洗和润滑设备。

9.5.2　超声速集束氧枪使用和维护的安全事项

超声速集束氧枪使用和维护的安全事项包括：

（1）超声速集束氧枪一般在炉壁上设有1～5套喷吹系统，由于有高压和高速氧气流动，为安全起见，全部管线和氧气阀站应由不锈钢建造，氧气阀站经预清洗处理以适应氧气的应用。

（2）用于电炉炉壁氧枪的天然气，焦炉煤气阀站应该有独立的一套，主阀线及独立的分支，各通向一个炉壁氧枪。每套管线都具有独立的流量测量及流量控制能力。

（3）每套主阀线应包括带法兰（双向）的清理弯头、手动的关闭阀门、双重过滤器、各种计量表、压力开关、压力交送器、安全关闭阀、测漏开关及手动关闭阀、手动阻断阀、流量测量元件、控制阀、清理弯头、止回阀。

（4）所有的部件都带有双向法兰，以便于更容易地检查和更换，压力测量更可以随时检测所使用仪器的泄漏。

（5）主阀门及控制阀门采用气控，所有阀口站使用的电信号为24V直流。每套氧枪都应该有独立的分区管线，专门输送氧气，每条氧气管线都能够独立地控制，用于超声速氧气流量控制。

（6）超声速集束氧枪的每套喷吹氧枪系统，都应该设有单独的分区控制管路系统，分区控制焦炉煤气流量，每条管线均可单独控制。

（7）在修炉或检修时对枪体（枪头、枪孔）进行检查，有堵塞用通条或电钻清理即可。

（8）要注意主画面上流量及阀门开启度和设定点的关系，如果偏差较大，在排除阀门故障后，说明氧枪头上的气孔大部分已被堵住，需尽快清理或更换枪头。

9.5.3 焦炉煤气管线的安全事项

焦炉煤气管线的安全事项包括：

（1）需要额外经常清理的弯头，为了便于清理，应该安装于系统较低的位置，并且设有手动阀以放出湿气。

（2）在尽可能多的位置采用法兰连接，以便于分解及清理检修。与天然气管线比较，需使用大尺寸的管线。

（3）测量表及小阀门均由钢制造（因气体中含 H_2S，不允许使用铜及黄铜部件）。

（4）垫圈等材料都需适用于焦炉煤气。

9.5.4 超声速集束氧枪的启动条件

超声速集束氧枪的启动条件为：

（1）高压合闸信号接通（第一炉或冷炉时），或冷炉状态不超过10min，屏幕右上方系统准备好相应的颜色信号（一般为绿色信号）显示。

（2）控制面板上的流量状态开关处于HOLD（保持）位置。

（3）控制面板上的操作模式开关处于MANUAL（手动）位置。

（4）无故障报警信号。

（5）启动OVERRIDE，确认氧枪需要开启。

（6）逐一开启氧枪开关，不要同时打开，防止大量混合气同时入炉发生爆燃。

（7）水冷铜块等进出水阀门开启，水冷回路畅通。

9.5.5 超声速集束氧枪使用中的注意事项

超声速集束氧枪使用中的注意事项包括：

（1）每支氧枪均具有保持、加热、亚声速、超声速四种工作状态。

（2）每炉进料前把氧枪模式转换成HOT（加热）状态，防止飞溅的钢水和钢渣堵塞枪头（通常提前10s）。

（3）加料后，要严格执行每一步骤，严禁跳跃性操作，要意识到超声速氧气射流安全操作的重要性。

（4）全废钢冶炼：手动模式下，加料后转至加热模式4～5min，低速氧3～4min左右，然后转入超声速状态，进入保持模式直至上料小车开始上料，再次转入超声速模式。

（5）自动模式下必须要记住每篮加料后按下相应的料篮按钮，以确保自动程序能够识别料篮号，并转入对应的设定点，否则有烧枪/铜块的危险。

（6）随时注意炭粉罐内存碳量，不足时及时添加。

（7）超声速氧使用时，炉前工要远离电炉，进行测温取样时，应提前将氧枪转至保持模式。

（8）超声速氧和炭粉要共同喷吹，铁水比高时尤其要注意。

（9）冶炼后期注意用氧强度，防止大沸腾。

（10）氧枪点火时，人员须远离氧枪及气源，并按顺序依次开启氧枪。

（11）氧枪在使用时，发生异常应立即关闭氧枪，按下急停按钮，切断气源。

（12）使用中人员不得在氧枪及阀站边停留。

（13）阀站周围严禁烟火，保持通风良好。

（14）如对氧枪进行维修，必须关闭气体阀门，切断电源。

（15）如需进入炉内工作，必须在确认安全条件满足后方可进行。

（16）氧枪使用过程中注意炉周巡检，定期检查阀门。

9.5.6　氧枪使用过程中的注意事项

氧枪使用过程中的注意事项包括：

（1）故障报警的处理：故障排除后使用RESET键清除报警。

（2）密切关注氧气压力变化，如氧压低于1MPa，需及时调整超声速射流氧的使用量（关闭部分氧枪的超声速模式，改为保持模式等）。

（3）要求造好泡沫渣，超声速氧气的使用应伴随着炭粉的喷吹，冶炼后期尤其应该注意，炭氧协同喷吹可保护耐火材料。

（4）在炉壁氧枪喷炭粉功能不能使用的情况下，从炉门加入炭粉。

（5）炭粉吹扫压缩空气常开，要求吹扫压力为恒压，以防止管口堵塞。如有管线破损需及时更换及修复。

（6）在精炼的后期，如因取样等原因停止送电，则系统默认跳至保持模式，如需再次启动超声速模式，应使用手动模式操作。

9.5.7　阀站的维护

阀站的维护包括：

（1）阀站要注意防水，定期进行吹扫，清洁，检查有无泄漏。

（2）滤芯定期清洁（尤其是初期投用期），阀门动作正常。

9.5.8　水冷铜块及水冷燃烧室的维护

水冷铜块及水冷燃烧室的维护包括：

（1）使用炭粉系统后，维护人员要定期对炭粉管的损耗进行补充（定期向炉内推入约2～8cm，以防炭粉过度侵蚀水冷铜块和燃烧室）。

（2）定期对氧枪冷却系统进行检查，经常注意检查水冷铜块和氧枪回水管线的温度，通常该处的温度过高是由于水冷通道堵塞所致。

（3）避免超声速氧气使用过早，超声速射流通道尚未打开，造成火焰反弹，引起水冷铜块或氧枪烧损。

（4）画面上的温度报警设定点一般为50℃。

（5）冷炉时，要进入炉内检查枪头与水冷铜板及水冷壁炉之间有无缝隙，要仔细检查水冷氧枪，燃烧室和水冷铜块之间装配无间隙，保证冷却效果。水冷铜块和水冷铜板之间如有空隙应用耐火材料塞好，尤其是氧枪周围以及水冷铜块和水冷铜板间的缝隙。

（6）检查氧气管路是否通畅，有无堵塞、泄漏。

（7）检查枪体上的炭粉管磨损状况，定期更换。

（8）检查所有的连接件是否紧固，有无气体泄漏，软管连接能否满足炉体倾动要求。

（9）检查所有水冷件的冷却水路是否畅通，进回水路确保连接正确。

（10）检查所有的阀门，不锈钢软管使用石棉布包裹保护。

（11）注意阀站连接处是否泄漏。

10　现代电炉冶炼过程脱碳留碳操作技术

10.1　脱碳反应的作用和配碳量的确定

脱碳反应是电炉炼钢过程中最重要的化学反应，脱碳反应在炼钢过程中主要有以下的作用：

（1）脱碳反应的热效应是最主要的化学反应热，为电炉炼钢提供了必要的化学热。

（2）脱碳反应在熔池进行后，提供了冶金反应的主要动力学条件，可以搅动熔池传热，加速冶金反应的传质速度，成倍地提高反应速度，对于消除电炉炼钢的冷区起着决定性的作用。

（3）配碳可以降低铁素体的熔点，促使熔池尽快形成，对于缩短冶炼周期有积极的意义。

（4）碳优先于铁和氧反应，采用合适的配碳以后，脱碳反应有利于降低铁的吹损，有利于提高金属收得率。

（5）熔池内部脱碳反应产生的一氧化碳气泡是电炉脱除氢、氮的最经济、最有效的手段。

（6）脱碳反应是搅动熔池运动，促使熔池内大颗粒夹杂物上浮被炉渣吸收去除，提高粗炼钢水质量的保证。

（7）脱碳反应产生的气体是超高功率电炉泡沫渣操作的主要气源。

所以超高功率电炉冶炼过程中的配碳和脱碳是电炉炼钢最重要的环节之一，也是冶炼纯净钢的必需手段。配碳量一般控制在0.6%～2.8%之间，配碳量的大小主要根据以下几个方面综合考虑的：

（1）冶炼钢种。优质中高碳钢配碳偏中上限，以保证有足够的脱碳沸腾量，以保证去除夹杂物和气体。冶炼普通钢一般在中下限，保证有一定的沸腾量即可，以降低因为利用生铁或者铁水、焦炭来配碳所带来的成本上升和增加。

（2）变压器容量。目前提高电炉产能水平是超高功率电炉的一个显著的特点，也是电炉钢赢得竞争的出路。变压器容量较大的电炉，采取配碳量控制在中下限，以减少脱碳时间，利用电能快速提温，以达到缩短冶炼周期的目的。例如德国巴登 BSW5 的 90t 交流电炉，每炉的配碳只加入500～600kg 的焦炭，总的配碳量在0.6%～0.8%之间，冶炼周期控制在30min 左右。变压器容量偏小的配碳量一般控制在中上限，以便利用脱碳反应的化学热增加钢水的升温速度和兼顾泡沫渣操作，新疆八一钢铁股份公司 70t 电炉在铁水充足的时候，配碳量最高达到2.2%，冶炼周期控制在50min 以内。

（3）供氧强度。供氧强度较大的电炉，配碳量偏上限，反之亦然。

（4）氧枪的形式。由于自耗式氧枪和超声速氧枪的脱碳方式以及速度是不同的，超声速氧枪的脱碳速度比自耗式氧枪的脱碳速度快20%～50%，所以超声速氧枪冶炼的配碳量比自耗式氧枪的要大。超声速集束氧枪的多点吹氧，脱碳速度更快，配碳量最高可以达到2.8%以上。

（5）其他特殊考虑。例如采取 DPP（底吹气）技术的可以允许调整配碳，采用炉壁辅助能源输入手段的，也可以考虑减少或者增加配碳量。

此外，配碳量还要根据配碳原料的情况综合考虑，以达到配碳、脱碳、成本、质量、操作五者之间有一个平衡点，原则是送电升温时间与脱碳时间相匹配。配碳量过高或过低，都不会有利于生产。

配碳量过低，会有以下的负面影响：

（1）钢铁料的吹损将会增加，金属收得率降低。

（2）由于脱碳反应的沸腾作用减弱，电炉冷区残留冷钢的几率加大。

（3）冶炼过程的软熔现象增加，取样分析波动大。

（4）冶炼过程的泡沫渣不容易控制。

（5）由于脱碳反应的化学热减少，所以冶炼电耗增加。

（6）粗炼钢水的质量得不到保证，粗炼钢水中的氢、氮含量以及夹杂物的数量偏高。

（7）由于电耗的增加，导致通电时间延长，冶炼周期也随之增加。

（8）通电时间的延长导致电极消耗增加。

（9）渣中氧化铁增加，会给炉衬带来负面影响。

配碳量过高将会带来以下的负面影响：

（1）脱碳时间增加，延长冶炼周期。

（2）炉渣熔化时间延长，由于成渣速度慢，造成吹损增加。吹氧脱碳的反应会增加钢渣乳化现象发生的几率，增加炉渣中的全铁量，导致金属收得率降低。

（3）熔池中碳含量较高，渣中氧化铁含量将会降低，从而影响脱磷反应，容易造成碳高磷高的现象。

（4）操作不容易控制，容易出高温钢。

（5）长时间剧烈的脱碳反应会加剧钢水对于炉衬的物理冲刷，影响炉衬寿命，在炉衬使用的中后期，脱碳反应剧烈和高温钢是导致炉体穿钢的主要因素。

10.2 配碳方式分析

配碳主要原料是含碳量较高的原料，主要有冷生铁、直接还原铁、焦炭、热兑铁水、脱碳粒铁等，各种配碳原料的优缺点如下：

（1）冷生铁配碳。目前随着炼钢原料的紧缺，冷生铁的供给量有限，有的冷生铁成分多数是不适合转炉炼钢的废品生铁铸造的。冷生铁配碳的优点有：

1）块度特别适合电炉炼钢的原料要求，可以改变料型结构，减少压料时间。

2）金属铁含量高，可以提高金属收得率，保证出钢量。

3）冷生铁里面的有害重金属含量较低，可以稀释钢水里面有害重金属元素的含量，如铬、镍、铜。

4）原料比较容易获得，容易储存和运输。

5）配碳量比较稳定，容易计算控制，在冶炼中高碳钢时，可以实现留碳出钢的目的。

冷生铁配碳的缺点有：

1）配碳的成本较高。

2）大多数冷生铁是高炉的废品生铁，如硅高、硫高后转炉不能利用而铸造后的生铁，这类生铁配碳后容易造成磷、硫含量较高。

3）生铁的铸造过程带入的水分和铁锈会增加粗炼钢水中的气体含量。

4）冷生铁不容易熔化，出钢温度不合适时，会导致出钢以后成分偏差较大。

（2）热兑铁水配碳。热兑铁水是理想的配碳原料之一，除了具有上述生铁配碳的优点外，还带入大量的物理热与化学热，减少了带入的氢的含量，特别有利于缩短冶炼周期和留碳操作。

(3) 直接还原铁配碳。有的直接还原铁中含碳量不高，有的含碳量适中，直接还原铁配碳的优点有：

1) 含碳量在0.3%～2%之间的直接还原铁，可以适量地加入配碳。

2) 直接还原铁里的有害重金属含量较低，有害的气体含量小，可以稀释钢水里有害重金属元素的含量，是冶炼优质钢水的理想原料。

3) 原料中磷、硫含量较低，有利于脱除磷、硫的操作。

直接还原铁配碳的缺点有：

1) 目前国内产量较少，不容易获得，部分钢厂从国外进口，成本较高。

2) 金属化率没有生铁高。

3) 原料内的非金属原料含量较高，主要是脉石，增加了炼钢过程渣料的使用量，影响冶炼电耗。

4) 容易形成冷区，不利于快速熔化。

5) 氧化铁含量高的直接还原铁，会导致冶炼电耗上升。

6) 直接还原铁中碳含量不稳定，不容易计算控制。

(4) 脱碳粒铁的配碳。脱碳粒铁的碳含量介于冷生铁和直接还原铁之间，所以利用脱碳粒铁的配碳的优缺点介于生铁与直接还原铁之间。

(5) 焦炭配碳。焦炭配碳的优点有：

1) 原料比较容易获得，配碳成本相比而言比较低。

2) 容易储存，便于生产的储备。

焦炭配碳的缺点有：

1) 利用焦炭配碳时，碳的回收不稳定，配碳量不容易控制。

2) 焦炭中的灰分带入的杂质较多，会引起钢中硫含量的升高，给精炼炉工序的影响较大。

3) 不利于冶炼中高碳钢的留碳操作。

4) 有的焦炭在仓储过程中，受潮或温度过高以后，会产生煤气，给安全生产带来影响。在检查焦炭料仓时，我们的职工遇到过煤气中毒的事故，由于发现和抢救及时，才没有造成事故。

5) 焦炭配碳带入熔池的气体含量比较高。

10.3　工艺条件对脱碳反应的影响

10.3.1　熔池成分对脱碳反应速度的影响

在电炉的冶炼过程中，有熔池形成就可能有脱碳反应的进行。由于不同的原料带入熔池的成分也是千差万别。熔池成分中影响脱碳反应的主要元素是金属活动顺序在碳元素以前的元素，常见的有 [Si]、[Mn]、[P] 等。它们在不同的温度条件下与氧结合的能力，在不同的条件下有时候比碳元素强。它们在熔池中的存在，限制了氧在熔池中的溶解，现在许多的教科书给出了不同温度下它们的氧势图，即[O]-[Si]平衡图、[Mn]-[O]平衡图。它们的含量直接决定了脱碳反应的进行。由于氧与 [Si]、[Mn]、[C] 的氧化反应在一定温度的影响下，具有氧化反应的优先选择性，其中 [Si] 的作用尤其明显，C 与 Si 的选择氧化可以由下式决定：

$$(SiO_2) + 2[C] = 2CO + [Si] \tag{10-1}$$

理论上计算的碳开始氧化反应的温度为1368℃，熔池温度升高到1480℃以后开始剧烈反应。

10.3.2　温度对脱碳速度的影响

一般来讲，温度越高，钢液的内能越高，越利于脱碳反应。实际上，电炉炼钢过程中，只有熔池形成后，脱碳反应才有可能进行，判断脱碳反应开始的简单依据就是看熔池的沸腾状况或者看电极孔或者除尘弯管里是否有碳火出现。熔池平均温度大于1540℃以后，由于熔池温度高，炉渣的结构将会向有利于脱碳反应的方向改变。主要是温度过高后，炉渣黏度降低，氧化铁有利于向脱碳反应区扩散，脱碳反应优先于脱磷等其他反应进行。

10.3.3　炉渣性质对脱碳反应的影响

炉渣对于脱碳反应的影响主要包括炉渣的物理化学状况，包括炉渣的碱度、黏度、渣量、渣中氧化铁含量、炉渣的温度等。可以从以下几点分析：

（1）炉渣的碱度。炉渣的碱度对于脱碳有着决定性的作用。由于炉渣的二元碱度在大于1.5呈碱性时，有利于脱除抑制碳氧反应元素的进行，包括脱磷、脱硅和锰元素的氧化，炉渣的离子结构对于脱碳反应气体的排出有利，而且有利于渣中氧化铁的扩散，促使钢渣界面的脱碳反应的进行。碱度小于1.0时，炉渣的结构会出现玻璃体，不仅不利于脱除抑制碳氧反应元素的进行，包括脱磷、脱硅和锰元素的氧化。而且脱碳反应气体 CO、CO_2 气泡的析出，会使炉渣和钢液不容易分层，恶化了钢渣间的反应能力，从而影响了脱碳反应的进行。并且炉渣渣中的氧化铁向反应界面迁移的速度受到限制，容易造成富集，引发脱碳反应过程中大沸腾现象的发生。在2001年流行转炉“少渣炼钢”的工艺，某电炉企业，由于受到“少渣炼钢”的影响，在原料较好的情况下，减少了配加的渣料石灰1t左右，结果电炉冶炼一次，大沸腾一次，生产无法正常进行，笔者分析以后增加了渣料的量，操作情况得到了扭转。炉渣好，脱碳操作就好，这是笔者与国内外同行交流时的共识。

（2）炉渣的黏度。炉渣黏度过大，渣中氧化铁的扩散速度会减弱，会减慢脱碳反应的进行。炉渣的黏度过低，吹炼时，钢渣的飞溅现象严重，炉渣吸附氧化物的能力较差，也会影响脱碳反应的进行。

（3）渣量对于脱碳反应的影响。渣量过大，在同等的供氧条件下，渣中氧化铁含量相应的比较低，减少了炉渣与钢液界面间的氧化铁扩散量和脱碳反应的量，影响了脱碳速度。并且在超声速氧枪吹炼时，阻碍了射流冲击钢渣界面的能力，影响了射流进入熔池内部进行脱碳反应的能力。

（4）渣中氧化铁含量。渣中氧化铁是石灰溶解的溶剂，可以解离炉渣以硅酸钙为主的“渣系基体”，氧化铁偏大偏小都不利于脱碳反应的进行。渣中氧化铁的含量过大是引起大沸腾的基本因素，而且氧化铁含量过高，炉渣的比重增加，炉渣的泡沫化程度会受到影响，弱化了钢渣界面的脱碳反应。实际生产中，自耗式氧枪吹炼时，渣中氧化铁含量在12%～35%之间，超声速氧枪吹炼时，渣中氧化铁含量在10%～35%之间是正常的。渣中氧化铁含量过高，可以通过喷入发泡剂炭粉，降低供氧强度，调整吹氧角度或者吹炼方式，增加喷炭来解决。渣中氧化铁含量过低可以通过增加供氧强度，减少喷吹炭粉的流量，调整吹氧角度，包括增加吹渣时间，吹炼方式来解决。

10.3.4　吹炼方式对脱碳反应的影响

超高功率电炉的吹炼采用炉门自耗式氧枪、超声速氧枪、超声速集束氧枪，或者集烧嘴氧枪于一体的氧燃烧嘴进行脱碳脱磷的操作。脱碳反应主要方式有两种，一种是主要通过钢渣界面进行，另一种是以氧气射流直接冲击熔池，进入钢液内部进行脱碳。自耗式氧枪主要是前者占大多数，后者占少数，超声速氧枪则是二者兼有，依靠炉渣脱碳的数量和氧气射流进入钢液内部脱碳的数量要根据吹炼的方式决定，总体来讲，超声速氧枪吹炼时的脱碳量，依靠炉渣在钢渣界面脱碳的数量占大多数。

10.3.5　供氧压力对脱碳的影响

一般情况下，氧气的压力增加，对于自耗式氧枪来讲，氧气的流量增加，出口的压力增加，用于破碎钢渣界面以及冲击钢液内部的动能增加，有利于增加氧气的利用率，增加脱碳速度；对于超声速氧枪来讲同样增加了射流长度，有利于脱碳反应。当然，氧气的压力不是越大越好，氧气的压力保持在一个合理的水平，对于冶炼是有益的，否则会产生负面的影响，如脱碳反应速度过于剧烈，炉门翻钢水和钢铁料的吹损增加，氧气压力过低，会导致氧气利用率低，脱碳反应速度低，渣中氧化铁的富集，还会导致大沸腾事故的发生。所以氧气的流量或者压力要保持在一个合理的范围，既能够破碎钢渣界面增加渣中氧化铁的含量，又能够有部分的氧气射流冲击到钢液内部，在钢液内部进行部分的脱碳反应，搅动钢液，促进熔池内的碳向钢渣反应界面扩散，促进脱碳反应处在一个良性循环的过程中进行。氧气压力与氧气利用率的关系见图 10-1。

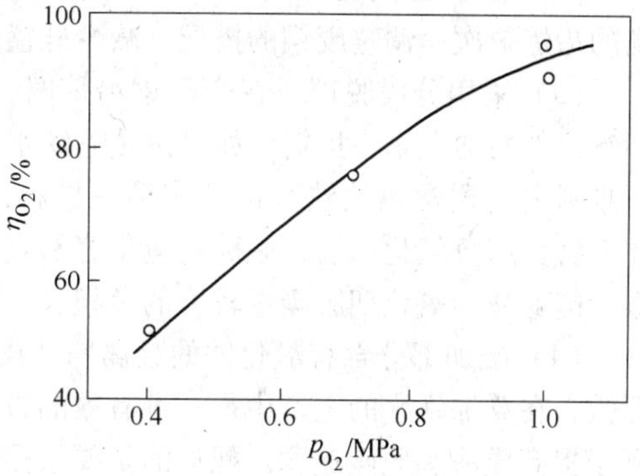

图 10-1　氧气压力与氧气利用率的关系

10.3.6　复合吹炼对脱碳的影响

任何的一种氧枪吹炼方式都有优点和缺点，采用复合吹炼就可以优势互补，优化操作。

对于自耗式氧枪来讲，可以比较容易进行化渣操作和脱磷，还可以比较准确地进行留碳操作；超声速氧枪的脱碳速度较快，通过控制枪位也能够进行化渣操作和脱磷；超声速集束氧枪脱碳速度最快，但是脱磷操作没有自耗式氧枪和超声速氧枪好，而且不容易实现留碳操作。几种主要的复合吹炼方式对于脱碳的影响分析如下：

（1）炉门超声速炭氧枪和炉壁超声速集束氧枪复合吹炼。这种吹炼方式，在熔化期采用炉门超声速氧枪化渣脱磷，在氧化期联合使用两种氧枪强化脱碳，脱碳结束后，可以停止一种吹氧方式或者减弱吹氧强度。这种方式特别适合于冶炼低碳钢。

（2）炉门自耗式氧枪和炉壁超声速氧枪复合吹炼。这种吹炼方式对于脱碳、脱磷都比较有利，可以实现留碳操作。炉门自耗式氧枪可以解决炉渣熔化速度慢的问题，消除炉门冷区的存在带来的负面影响，更主要的是炉门自耗式氧枪可以预防和消除炉渣的轻度乳化现象，诱发脱碳反应在钢渣界面及早进行。笔者做过多次实验，在炉壁超声速氧枪吹炼过程中，脱碳反应缓慢时，利用炉门自耗式氧枪在炉门区吹渣 3min 左右，脱碳反应的速度就会明显增加，炉渣碱度合适时，短时间的吹渣操作，没有危险的因素，炉渣碱度较低时，会产生钢水从炉门剧烈溢出的大沸腾现象，炉门自耗式氧枪枪管进入熔池较长时，脱碳反应会更快。

（3）炉门自耗式氧枪和超声速集束氧枪复合吹炼。这种吹炼方式可以认为是最有利于脱碳操作的复合吹炼方式，有利于高比例热兑铁水条件下的生产。

通过在 70t 直流电炉 8 年的自耗式氧枪吹炼和联合集束氧枪的复合吹炼，110t 交流电炉半年的炉壁超声速氧枪的单一吹炼和半年的联合炉门自耗式氧枪的复合吹炼总结，实践的结果表明，钢渣界面的脱碳是最主要的脱碳反应方式。

10.4 现代电炉生产中提高脱碳速度的方法

在实际生产中，冶炼高质量的钢种，提高配碳量是保证质量的前提，提高脱碳速度是缩短冶炼周期的主要限制环节。在实际生产中，提高脱碳速度的主要方法有：

(1) 合适的留钢和留渣量。由于电炉出钢以后的留钢和留渣中，一般氧含量比较高，增加留钢量和留渣量，对于早期脱除废钢炉料内影响脱碳反应进行的元素比较有利，也可以提高吹氧的效率，增加脱碳反应的速度。

(2) 合理地搭配炉料。一炉钢的冶炼进程，有 50% 以上的因素取决于配料。在配碳量较高的冶炼炉次，调整废钢的搭配，减少硅锰含量较高的废钢，对于简化脱碳反应是很必要的。

(3) 采用分段脱碳。在全废钢冶炼时，将配碳的原料，如生铁，在第一批料的时候，把 60% 以上的加在第一批料。如果是热兑铁水，则可以在第一批料加入后，全部加入。这样在第一批料内（通常热兑铁水也算在第一批料内）的碳含量较高，吹氧的操作以强化脱碳为主。在硅锰大部分氧化以后，脱碳反应很容易进行。这种操作可以在熔化期脱除 20% ~50% 左右的碳，能够减轻氧化期脱碳量较大的负担。

(4) 配加部分含有氧化铁的金属料。配加部分含有氧化铁的原料，如氧化铁皮、直接还原铁，在兑加铁水的生产中是一种有效的方法。这种方法可以增加炉渣中的氧化铁的含量，有利于提高成渣和脱碳速度。配加的量要根据铁水的配加比例决定，加入量过大，会影响熔池的升温，影响脱碳反应。氧化铁皮和直接还原铁的加入量，实际生产中的推荐数值为铁水加入量的 20% ~50% 。

(5) 合理的送电操作。冶炼前期以最大的功率送电，提高熔池的温度。使熔池温度尽可能快地达到最有利于脱碳反应进行的温度区间。脱碳反应开始以后，根据具体情况，调整送电的档位，或者停电，依靠脱碳反应升温。在温度接近或者已经达到出钢温度的时候，脱碳反应仍然没有结束，合理地以较小功率送电，电弧的冲击作用，可以增加熔池内部钢液的运动，促进脱碳反应的进行。这一点在直流电炉的应用效果是比较明显的。

(6) 调整好炉渣碱度。二元碱度在 2.0 ~ 3.0 之间的泡沫渣，特别有利于脱碳反应的进行，有利于自耗式氧枪枪管上的裹渣，减少枪管的消耗，优化脱碳操作。

(7) 采用复合吹炼。超声速集束氧枪的射流在钢液内部脱碳的能力比较强，在钢渣界面的氧化反应能力较弱，相应弱化了钢渣界面的脱碳和脱磷的能力，采用复合吹炼，二者可以兼顾，有利于提高脱碳速度。

(8) 保持合理的炉型结构。合理的炉型结构，对于钢液的循环运动、氧气破碎钢渣界面的能力都很有利，炉底过深，负面影响会加剧，脱碳反应就会受到影响。在生产实践中，炉役后期脱碳比较困难，是一个普遍的问题，及时地修补炉底，对于脱碳反应是有利的。

(9) 合理地保持炉体的倾动。冶炼过程中，不断保持合理的炉体来回倾动，是促进熔池中的碳向反应区扩散的一种方法，比较有利于氧枪的吹炼。在冶炼前期，熔池面积很小，向出渣方向倾动，在冶炼中后期，脱碳反应开始以后，熔池的面积和高度会增加，向出钢方向倾动，在脱碳反应减弱以后，炉体来回前后倾动，对于提高脱碳反应速度是必要的。

(10) 提高供氧强度。氧气的压力越大，氧气的利用率越高，越有利于提高脱碳反应的速度。

10.5 脱碳过程中大沸腾现象的原因和预防

10.5.1 自耗式炭氧枪和超声速氧枪脱碳过程中大沸腾现象的原因和预防

大沸腾现象是指脱碳反应在短时间内突然发生或者脱碳速度在短时间内猛烈增加，脱碳速度在0.10%~0.15%/min之间，钢水、炉渣和炉气从炉内剧烈喷出，发生烧坏生产设备、伤害炉体附近的人员、引起停产的安全事故。这种事故在内地同类厂家都有发生，而且有专门的文献介绍。发生大沸腾事故的原因有以下两种：

（1）因为电炉存在着冷区，脱碳反应在氧气吹炼的局部熔池进行，脱碳反应区温度较高，冷区存在未溶解的废钢，或者存在“软熔现象”。脱碳过程中会出现反应区为“贫碳区”，冷区塌落的废钢进入“贫碳区”，或者软熔区含碳量较高的炉料进入“贫碳区”，形成脱碳反应区脱碳反应速度突然增加，出现由于塌料引起的大沸腾事故。

（2）炼钢过程的脱碳反应，当碳的浓度在一定的范围内，供氧强度为一定值时，脱碳速度主要取决于［C］向反应界面的扩散，这一范围的［C］浓度称为临界［C］含量。临界［C］含量通过实践中多次的统计测算在0.2%~0.8%之间。在临界碳含量范围以上，即熔池内的碳含量在大于0.8%以后，炉渣碱度合适，在熔池内硅锰磷这些元素大部分氧化以后，只要在合理的供氧强度范围以内吹氧，就会有脱碳反应产生，不会发生大沸腾事故。在临界［C］浓度范围内脱碳操作表现为，有部分炉次熔清后造泡沫渣进行脱碳，没有明显的脱碳反应，直接产生两种结果：

1）冶炼低碳钢（出钢终点要求［C］≤0.2%）时终点取样碳高，其中95%以上的炉次［C］的范围在0.2%~0.8%之间。

2）吹炼过程中，渣中FeO大量富集，送电过程中炉膛内炉渣不埋弧，炉膛内的炉气呈现“白色”，烟道内的烟气也出现白色。当温度在1540℃以上时，自耗式氧枪增加供氧强度或者把氧枪枪管向炉内伸入一段距离以后，脱碳反应被诱发以后突然开始，熔池内的［C］与渣中FeO在短时间内产生剧烈反应，是大沸腾事故发生的原因。超声速氧枪吹炼条件下，炉膛内也是炉气呈现白色，烟道内的烟气也呈现白色，没有碳火出现，在倾动炉体、送电、调整枪位、喷吹炭粉四个环节中，任何一个环节的改变就可能诱发脱碳反应的进行，导致大沸腾现象的出现。

以上两种原因中，第一种原因造成的大沸腾的危害一般不是很严重，第二种原因造成的危害是最大的。第二种原因造成的大沸腾，曾经把EBT区的扇形水冷盘冲开，钢水不仅从炉门喷出8m远，而且从炉后喷出，有时候钢水甚至冲上炉顶小炉盖，给操作工带来极大的精神压力。

表10-1为自耗式氧枪吹炼条件下主要大沸腾事故的技术统计。表10-2为超声速氧枪吹炼以及复合炉门自耗式氧枪吹炼条件下的大沸腾事故的技术统计。

表10-1 自耗式氧枪脱碳引发大沸腾事故的技术统计

事故统计序号	停产时间/h	总配碳量/%	炉渣实际碱度（二元）	大沸腾事故前的碳浓度/%	大沸腾事故后的碳浓度/%	氧气流量（标态）/m^3	渣料配比（石灰/白云石）
1起	≥8	<1.2	1.6	没有取样	0.54	4126	2900/200
1起	≥8	<1.2	1.55	没有取样	0.47	4400	2950/150
4起	≥4	<1.0	1.88	0.2~0.7	0.2~0.6	3800~4200	3000/250
8起	≥0.5	>1.1	2.09	0.2~0.83	0.2~0.71	3000~4200	2500~2800

表 10-2　超声速氧枪吹炼为主的条件下大沸腾事故的统计

事故序号	吹炼方式	事故时间	炉渣碱度	事故前［C］/%	事故后［C］/%
1	超声速氧枪	第一批料	1.4	未取样	未取样
2	复合吹炼	氧化期	1.7	0.66	0.45
3	复合吹炼	氧化期	1.6	0.67	0.61
4	复合吹炼	氧化期	1.4	0.42	0.25

针对以上的分析，并参考有关文献，我们认为消除渣中（FeO）大量富集就可以消除大沸腾事故，对操作做了以下改进：即在温度合适后，仍然没有[C]-[O]反应的特征时，不断把自耗式枪管伸进熔池，采取大角度（氧枪与熔池的夹角）将氧气直接吹入钢液中进行脱碳操作，超声速氧枪以最低的枪位吹氧，以促进［C］向反应界面的扩散，在此过程中保证发泡剂炭粉的喷入，用来降解渣中（FeO）的含量，取得了初步的进步，但是存在以下问题：

（1）基本避免了恶性大沸腾事故，但是一般破坏性的大沸腾事故仍然不可避免。

（2）这种操作方式容易引起脱碳过程的钢水—炉渣—气体三相间的乳化，脱碳反应开始后，反应剧烈，不容易控制，钢水容易从炉门与炉渣一起流入渣坑，铁耗大幅度上升。

（3）自耗式氧枪管消耗很快，增加了专门换枪的时间，相应延长了冶炼周期。

（4）操作工在这种情况面前精神高度紧张，即使全力以赴，发生一般性大沸腾的事故仍然避免不了。

事故多发阶段的渣样分析的平均分析见表 10-3。

表 10-3　事故多发阶段的渣样分析（%）

序 号	石灰/白云石配比	SiO_2	CaO	MgO	FeO	MnO
1	3800/400	17.29	25.12	0.51	31.22	6.058
2	3300/400	14.98	24.63	1.7	29.88	14.42
3	4000/350	11.05	22.98	微量	42.58	5.71
4	4000/400	13.51	25.15	0.74	34.4	7.29
5	4000/400	13.24	25.49	微量	33.88	5.71
6	4000/400	12.04	23.26	微量	36.33	8.59
7	3810/400	12.85	23.39	微量	310.22	7.97
8	3000/600	17.88	22.96	微量	23.33	7.7
9	3000/600	13.24	110.36	0.49	33.56	10.13

说明：渣样分析中只给出了 TFe 的含量，（FeO）的量是由物料平衡的计算方法得出的。

基于以上情况并参考冶炼情况较好炉次的渣样分析进行对比认为：

（1）调整炉渣的碱度和炉渣中 FeO 含量是解决问题的关键。

（2）低碱度的炉渣是造成（FeO）容易大量富集的根本原因。

（3）（FeO）大量富集（>30%）将会造成炉渣的密度增加，减弱泡沫渣的马恩果尼作用，抑制了[C]-[O]的界面的正常反应。

（4）部分炉次的渣样化学分析结果表明，碱度过低与渣样中存在大量没有溶解的石灰小颗粒说明了这些炉次的石灰没有充分溶解。

所以我们认为炉渣传递氧脱碳是最有效的脱碳方法，正常生产中的大部分碳是由炉渣参与脱除的，在采取以下措施后，取得了满意的效果：

（1）熔清后自耗式氧枪全程采用小角度吹氧（氧枪与熔池的夹角），保证化渣充分，熔池沸腾良好后再喷入炭粉造渣，避免大角度吹氧和长时间的吹渣操作；超声速氧枪首先小流量化渣后再增加供氧强度进行脱碳，防止乳化现象的发生和（FeO）大量富集。

（2）石灰和白云石按照目标碱度2.0～3.5加入，避免低碱度的泡沫渣。

（3）在临界［C］浓度范围内的脱碳操作，尽量保证通电操作，利用电路磁场的搅拌作用促进熔池内部的［C］向反应界面的扩散。

（4）在临界碳含量范围以内，自耗式氧枪以大角度吹氧，氧枪枪管在没有脱碳反应征兆以前，不断地进枪，前面章节已经分析过，自耗式氧枪的射流，在氧气流量大于5000m^3/h，氧气离开枪管的一段距离内，射流仍然可以达到超声速的水平，可以增加氧气射入熔池的数量，在钢液内部脱碳，并且可以增加熔池的搅拌。

（5）冶炼过程中，不断地来回倾动炉体，增加熔池内钢液的运动，增加熔池内［C］向反应区的扩散。

（6）在脱碳有难度的操作中，吹氧的过程一直保持炭枪喷吹炭粉的操作，防止渣中氧化铁的富集。

采取以上措施以后，基本上消除了大沸腾现象。发生大沸腾事故后，首先要停止吹氧和送电操作，将氧枪退回停泊位，炉体最好保持不动，或者向出钢方向倾动，以减少钢水从炉门喷出的损失。特别说明的是：在熔池有明显的脱碳反应过程中，一般不会发生大沸腾事故，脱碳反应速度过快时，可以在炉门不翻钢水的前提下，向出渣方向倾动，既可以增加脱碳速度，还可以消除渣中氧化铁富集的危害。是否要减低供氧强度，可以根据具体的冶炼情况而定，合理的喷吹炭粉，能够起到调剂脱碳速度的作用。

此外，还有一种大沸腾现象是由氧枪大量漏水、水冷盘或者炉盖大量漏水进入熔池中引起的。这种漏水在熔化期，炉内和烟道内有大量的黄色的火焰出现，有时候是白色的蒸汽夹杂着火焰从炉门剧烈地喷出。在熔化期，由于废钢没有完全熔化，危险性较小。在熔池进入氧化期以后，炉内出现钢水剧烈沸腾，炉内和烟道黄色的烟气大量出现，发生这种情况以后，应该立即停止送电和吹氧，按下冷却水的“紧急停止”按钮（一般电炉操作桌面上都设有冷却水紧急停止和电紧急停止按钮，以保证在特殊情况下快速使用），炉体保持不动，然后组织人员撤离。情况紧急时，可以先按下两个紧急停止按钮以后，人员迅速从安全通道撤离电炉现场，防止事故的扩大化。这种大沸腾现象的原因主要有两个：

（1）冷却水进入沸腾的熔池后，水汽化以后体积增加，与钢渣混合以后导致这种混合体体积急剧膨胀，造成喷溅。

（2）水在高温钢水中分解为氢和氧，氧可以进行脱碳反应，氢则发生剧烈燃烧，将会加剧熔池的喷溅。

10.5.2 超声速集束氧枪吹炼时大沸腾事故的预防

超声速集束氧枪吹炼时，按照超声速集束氧枪吹炼的特点来讲是可以降低大沸腾事故的发生几率。但是实际生产中的实践证明，超声速集束氧枪吹炼时发生大沸腾事故的几率在操作不当时，也很普遍，我们在70t电炉进行了超声速集束氧枪的改造以后，大沸腾事故还是不可避免地发生了，事故的影响比自耗式氧枪吹炼过程中的大沸腾事故和超声速氧枪复合吹炼时大沸腾事故的影响要大，在详细分析了冶炼的工艺情况以后，可以认为超声速集束氧枪吹炼时发生大沸腾事故的主要原因如下：

（1）炉渣的碱度不够。事故发生前取样分析表明，钢中的磷含量在0.03%左右，炉渣的表观现象是炉渣较稀，渣样与做过渣样分析的标准渣样相比明显地碱度不够。

（2）冶炼过程中吹氧的制度和供电制度衔接得不理想，超声速氧枪的多点吹氧，导致了熔池温度较低的时候，渣中氧化铁大量的富集。

（3）冶炼过程中炭枪不能正常喷炭工作，影响了降解渣中氧化铁的含量。

（4）炉料中的影响脱碳反应的元素含量过高，吹炼过程中的选择氧化现象抑制了脱碳反应的进行，射流射入钢液内部以后并没有引起脱碳反应的大量进行，随着冶炼的进行，渣中氧化铁不断富集，脱碳反应被诱发开始以后，造成了大沸腾事故的发生。

所以超声速集束氧枪吹炼时，避免大沸腾事故的关键在于：

（1）冶炼过程中要保证炉渣的二元碱度在2.0左右，提高炉渣的传质反应能力。

（2）废钢铁料的搭配要合理，配碳量要合理，抑制脱碳反应进行的高锰钢和高硅钢，杂质含量较高的废钢铁料要均匀合理地加入，一次的加入量不能过大。

（3）冶炼过程中炭枪要保证正常工作，冶炼过程中的喷炭量要根据冶炼的具体情况进行调整。

（4）吹氧量要和熔池的通电升温紧密结合，防止低温下的强供氧操作，增加铁的氧化量进入渣中富集。

（5）熔池的深度要保持在一个合理的尺寸范围，防止熔池过深，射流不能射入钢液内部强化脱碳，造成射流在钢渣界面处剧烈的氧化，形成氧化铁进入渣中。

（6）在脱碳反应没有开始时，要进行合理的通电操作，增加熔池的搅拌能力，促进［C］向射流的反应界面扩散。

10.6 冶炼过程中碳高的原因和常见处理方法

实际生产中，经过氧化期的脱碳操作，温度已经达到或者接近出钢温度，熔池中的碳含量仍然高于出钢的成分要求，我们称为“碳高现象”。出现碳高的原因是多方面的，也有可能是单方面原因造成的。

10.6.1 出现碳高现象的基本特征

冶炼过程中，及时地判断熔池内碳含量的范围，对于减少取样次数、缩短冶炼周期、避免操作事故有积极的意义。冶炼过程中出现碳高（碳含量大于0.2%）以后的基本特征可以从以下几个方面判断：

（1）炉渣状况：

1）炉渣出现乳化现象。炉渣乳化以后，有超过90%以上的炉次是碳高引起的。这是因为炉渣中氧化铁含量不高，造成炉渣没有熔化造成的。或者是炉渣的碱度过低，引起炉渣和钢液不分层，炉渣覆盖不住钢液造成的。

2）炉渣没有出现乳化，但是炉渣较干。这种情况下，一般碳含量在0.2%以上。

3）炉渣在炭枪喷炭量较小时，炉渣泡沫化良好；持续喷炭，并且喷炭量较大时炉渣返干。这种情况下熔池内的碳含量在0.2%～0.8%之间。

一般熔池内碳低于0.10%以后，在没有喷炭的条件下，炉渣黏度较低，而且表面是“碎裂的”。

（2）炉体的倾动角度。熔池内碳含量高，在吹炼过程中的化学反应会造成熔池液面较高，即通常所说的“炉子摇不下来”。

（3）电耗。冶炼过程中，装入量和配碳量差别不大的炉次，假设如果正常冶炼的电耗为300kW·h/t，温度达到1600℃，碳高的炉次，电耗达到300kW·h/t，温度远远低于1600℃，就有可能是碳高引起的。这是因为熔池内的碳没有氧化完，脱碳反应的化学热没有释放造成的。

（4）冶炼过程的碳火持续时间。一般情况下，冶炼过程的脱碳反应的主要特征是除尘弯管里有脱碳反应产生的一氧化碳气体，在除尘烟道与炉盖轴管之间，以及炉沿与炉盖之间的空隙里燃烧的火焰（平时叫碳火）出现，配碳量较高，碳火持续的时间越长。在不喷炭粉的条件下，有碳火出现，说明熔池内有脱碳反应。如果没有碳火出现，或者持续时间短，就说明有可能碳高。

（5）炉渣中飞溅出的铁珠碳花长短。炼钢过程中，从炉门或其他空隙处，可以出现飞溅的铁珠，碳高时，炉门区飞溅出的铁珠，碳花分叉多并且较长，这是因为碳高时钢中溶解氧较低，凝固时，碳氧之间的平衡被破坏，造成这种现象。分叉少，碳花较短说明碳低。

10.6.2　硅含量较高引起的碳高和处理方法

10.6.2.1　炉料内［Si］含量较高引起碳高的原因

［Si］元素与氧元素的结合能力优先于碳元素，温度因素对于［Si］元素的氧化有一定的限制。在正常冶炼的冶炼过程中，［Si］在熔化期或者氧化前期就基本上被脱除在0.05%以下，当熔池中的［Si］元素过高（大于0.10%），温度在1540℃以下，基本上没有明显的脱碳反应。冶炼特征是熔池中没有碳火出现，熔池比较平静，随着吹炼的进行，熔池内的渣量变大，炉渣变稀，除尘弯管或者电极孔没有碳火，当温度大于1540℃后，有脱碳反应的特征出现，但是脱碳速度小于0.05%。这与各种文献给出的氧势图的计算是相吻合的，当［Si］含量低于0.05%后，温度小于1540℃，脱碳反应仍然缓慢，温度大于1540℃后，脱碳速度将会提高，同等条件下自耗式氧枪的脱碳速度小于超声速氧枪。熔池中的［Si］高以后，带来的负面影响是熔池升温过快，影响了后面的脱磷脱碳的操作。在实际生产中，温度达到1600℃，全废钢冶炼时，脱碳反应会出现间歇性的剧烈脱碳反应，在热兑铁水的时候，脱碳反应速度较低，取样分析，当熔池内的碳含量小于0.10%时，熔池内的［Si］含量有时候会超过0.05%，说明了温度对于选择氧化的作用是比较明显的。

10.6.2.2　熔池中［Si］高引起碳高以后的处理措施

熔池中［Si］高引起碳高以后的处理措施包括：

（1）［Si］高以后，按照化学反应平衡移动的原理，最有效的方法是不断适量的放渣，减少渣中反应生成物（Si）的含量，促使［Si］氧化速度的提高。在吹氧的方式方面，自耗式氧枪提高供氧强度后，沿钢渣界面以30°角吹氧，超声速氧枪增加供氧强度，高枪位软吹的效果最为明显。不同的氧枪在吹炼过程中，保持适量的炉渣，防止吹炼过程中角度过大或者射流冲击剧烈，引起的乳化现象是解决问题的关键。

（2）［Si］高以后，应该充分考虑到后期的脱磷脱碳，注意送电的控制，防止熔池温度过高，影响脱磷反应的进行。

（3）如果放渣后的炉渣碱度过低，玻璃体炉渣出现后，不仅无法进行后期的脱磷操作，而且脱碳反应开始后，由于玻璃体炉渣透气性不好，会导致钢铁料的吹损增加，炉门翻钢水，氧枪消耗快，或者超声速氧枪粘枪烧枪事故的发生，明智的做法是停止冶炼，补加石灰后再进行冶炼操作。

（4）出现一炉［Si］高后，多数是由于兑加的铁水中的［Si］含量高引起的，也有在全废钢冶炼时，废钢中加入了含［Si］量较高的弹簧钢废料、硅钢片、不合格的冷生铁等。出现硅高后，要及时了解铁水的成分和加入废钢的情况，调整配料，增加渣料的配加量，连续3炉以上没有硅高后，再做渣料的重新调整。

10.6.3　锰含量过高引起的碳高

10.6.3.1　锰含量过高引起的碳高的原因

金属元素锰与氧元素结合的能力接近碳，在低温时（温度小于1540℃），锰的氧化反应优先于碳进行，氧化后在渣中的氧化物不稳定，在喷入发泡剂炭粉后会有一部分还原进入钢液，在温度大于1560℃后，碳与锰结合的能力接近，这一点可在[Mn]-[O]势图与[O]-[C]平衡图中比较后得到。锰含量过高会引起两种后果：

（1）经过了氧化期的吹氧脱碳操作，熔池中的碳仍然偏高。这种碳高的情况会导致炉渣的泡沫化情况不好，钢渣界面反应能力下降，炉渣有时候较稀，有时候较干。炉渣冶金功能下降，脱碳速度比较慢。这种情况下的吹炼方式对于脱碳反应有着决定性的作用。超声速氧枪的射流由于可以深入钢渣界面，氧气在钢液在钢液内部随温度的变化进行选择氧化反应，既可以脱碳，也可以脱锰。炉渣泡沫化程度良好时，脱碳速度随供氧强度的增加而增加，炉渣泡沫化不好时，脱碳速度较慢，脱碳速度在增加供氧强度后改变不大；自耗式氧枪由于氧枪吹炼的特点，脱碳速度慢于超声速氧枪，只有锰元素大量氧化以后，脱碳反应才能够较快地进行，而且渣况对于自耗式氧枪的要求更高。

（2）锰高后由于锰的氧化反应是放热反应，同时限制了氧在钢液中的溶解度，所以锰高后的脱磷反应进行得比较慢，锰高后磷高的几率比较大，而且磷高后的脱磷操作难度较大。

10.6.3.2　锰高后的特点与操作处理措施

锰高后的特点是：

（1）在相同的渣料条件下，熔池成分出现锰高的炉次炉渣比较干，泡沫化程度不好。

（2）自耗式氧枪吹炼时，前期没有脱碳反应的特征出现，即炉内没有碳火出现，后期出现碳火后，碳火反应不稳定，时有时无；超声速氧枪吹炼时碳火不大，炉渣乳化现象比较普遍。

（3）相同的装入量和相同的配碳量条件下，锰高后熔池的升温速度较快。

（4）在喷入发泡剂炭粉后，有轻度乳化现象的炉渣，炉渣的乳化现象将会进一步加剧，没有乳化现象的炉渣有可能出现乳化现象。

锰高后的处理措施：

（1）锰高后（大于0.35%），控制好熔池温度，减小输入功率对于后期的处理比较有利。

（2）自耗式氧枪首先沿钢渣界面以低流量化渣，炉渣泡沫化充分后，增加流量，以小角度吹钢渣界面，不断地小批量流渣，注意在碳火没有出现之前，少喷或者不喷发泡剂炭粉是减少渣中锰还原进入钢液的关键。超声速氧枪可以增加软吹化渣时间，在碳火出现之前少喷或者不喷发泡剂炭粉，小批量流渣，出现碳火后增加供氧强度，但是要注意防止炉渣的乳化。熔清后取样，如果[Mn]>0.35%，磷含量也偏高时，自耗式氧枪吹炼可以考虑在大量流渣后重新加入渣料进行冶炼，是提高脱碳速度，缩短冶炼时间，最明智的做法之一。超声速氧枪可以考虑在炉渣充分化好后，降低枪位，以射流直接射入钢液进行脱碳。可以不做补加石灰的操作。

超声速集束氧枪吹炼时，这些情况出现的几率会降低。

10.6.4　炉渣乳化后引起的碳高

炉渣乳化以后，导致的钢渣不分层现象，主要是减弱了钢渣界面间的化学反应能力。出现这种现象以后，自耗式氧枪吹炼条件下的表现是氧枪枪管消耗快，钢渣混合在一起，从炉门流出，没有脱碳反应的明显特征；超声速氧枪吹炼条件下，炉渣大量从炉门夹带着钢水流出，没有脱碳反应的碳火出现，炉渣乳化以后，一是普遍的碳高，二是磷高，三是金属收得率较低。

出现乳化现象以后的脱碳操作，不论是哪一种氧枪的吹炼方式，降低吹氧的强度，适当地吹渣化渣操作是解决问题的最有效的途径之一。碱度过低时，补加石灰是必要的。这一点在泡沫渣一章中已经详细地给予了分析。

10.6.5　熔池尺寸变化引起的脱碳反应受抑制

熔池尺寸在炉衬受侵蚀以后，炉底会加深，影响氧气吹炼的效果，这主要表现在：

（1）氧枪枪管或枪头距离熔池的距离增加，减弱了氧气破碎钢渣界面的能力，氧气射流冲击钢液的动能减小，钢液传质的速度减弱，影响了冶炼过程中的脱碳反应。

（2）熔池过深，熔池内钢液的运动受到阻碍，影响了熔池内部碳向反应区的扩散，脱碳反应产生的气泡不容易排出，抑制了脱碳反应的进行。

在熔池加深以后，除了垫补炉底外，处理的方法有：

（1）增加留钢量，提高熔池的高度，增加氧气的利用率。

（2）炉体向出渣方向倾动，保持在合理的位置进行脱碳。

（3）增加自耗式氧枪的枪管进入熔池的长度进行吹炼，超声速氧枪也同样把枪进入到最低位，减少氧枪枪头与熔池之间的距离进行吹炼。

10.7　现代电炉冶炼过程的留碳操作技术

留碳操作技术是指冶炼中高碳合金钢时，通过操作工控制吹氧的量与吹氧的方式，在完成脱磷任务和足够的脱碳纯沸腾量以后，把粗炼钢水中的碳控制在出钢时，达到冶炼钢种要求的下限以下0.02%～0.06%左右的技术，这种技术在出钢过程中可少增碳或者不增碳。主要的原理是：根据熔池内部的碳含量在临界碳含量范围以内，脱碳反应取决于熔池内部的碳含量向钢渣反应界面的迁移能力，通过控制供氧强度和温度，渣中氧化铁的含量，使得熔池内部的化学反应以脱磷和造渣埋弧为主，抑制和减少脱碳反应的进行，实现留炭的目的。

目前超高功率电炉冶炼的一个特点就是采用TPC（terminal process control）技术，也叫不留碳技术。即通过提高供氧强度，把碳和磷氧化到一个较低的水平，使温度成分在同一时间内达到出钢要求，来缩短冶炼周期，TPC技术的电炉出钢终点碳一般不大于0.20%。所以与TPC技术相比，留碳操作技术具有以下优点：

（1）粗炼钢水出钢的终点碳可以控制在0.20%～0.80%之间，可以减少出钢时，利用增碳剂炭粉进行增碳的使用量，减少了钢水由于增碳剂带入的气体和夹杂物。

（2）出钢前将粗炼钢水中的溶解氧浓度［O］可控制在0.02%以内，就可以将［P］脱除在0.001%以下，气体含量［N］的质量浓度控制在0.006%以下。

（3）由于钢中的［C］［O］的积在一定的温度下是一个常数，所以留碳操作可以减少粗炼钢水中的溶解氧的含量，相应地减少了脱氧剂的使用量，提高了合金的回收率，降低了钢水中氧化物的总数，可以减轻后道工序脱氧的负担。

(4) 不采用留碳技术生产的中高碳钢，钢中氧化物夹杂数量过多，实践统计中，在只有LF炉精炼的条件下，弹簧钢的抗疲劳强度的次数只有2.5×10^6次左右，采用留碳操作，弹簧钢的抗疲劳强度的次数会提高30%以上。

留碳操作的缺点在于冶炼时间比不留碳操作延长3～12min，电耗有所增加。

10.7.1　冶炼中高碳钢的留碳操作

10.7.1.1　电炉留碳操作生产中高碳钢的配碳方式

目前配碳的常见方式有三种：冶金焦炭、冷生铁、热兑铁水三种。在没有废钢预热手段和辅助能源输入手段的条件下。冷生铁配碳具有脱磷困难和冶炼周期较长的缺点，不适合快节奏冶炼的留碳操作要求。在有废钢预热或者辅助能源输入手段的条件下，也可以实现留碳操作。焦炭配碳由于缺陷多，一般不适合留碳操作。在没有废钢预热手段的工艺条件下，热兑铁水是实现留碳操作的最佳选择。

留碳操作采用热兑铁水的比例可以通过两种模式选择来确定：

(1) 吹炼过程中不减氧操作的高比例热兑铁水模式。这种情况下，可以根据冶炼钢种的具体成分中的碳含量来确定铁水的加入比例，其比例在30%～70%之间。自耗式氧枪吹炼在20%～48%，超声速氧枪和超声速集束氧枪的吹炼条件下，铁水的加入比例可以达到70%。这种高比例热兑铁水模式的冶炼优点是冶炼电耗低，冶炼钢水的质量比较好；缺点是对于操作工的操作技能，主要是脱磷的操作技能要求较高。

(2) 吹炼过程中，在氧化期要进行“减氧操作”的低比例热兑铁水的模式。这种模式下，一般铁水的热兑比例在20%～55%之间。这种模式下的操作优点是脱磷留碳操作易于掌握，操作难度低；缺点是冶炼电耗较高，在留碳过高时，进行脱碳操作对于操作工的要求较高，也比较容易发生大沸腾事故。

留碳操作的两种不同方法：

(1) 不减氧操作的模式。这种模式下生产时，根据所炼钢种的成分，出钢温度，当时的氧气流量来确定铁水的热兑比例，铁水的加入量，可以根据以下经验公式确定：

$$Q = (\alpha + \beta)G/(3.5\% \sim 4.3\%) \tag{10-2}$$

式中，Q为铁水的加入量；G为总装入量，为铁水加入量与废钢加入量之和；α为钢种成分中碳的成分下限，%；β为氧化期脱碳量，%。

其中氧化期的脱碳量等于氧化期吹氧脱碳的时间与氧化期平均脱碳速度的积。氧化期期间的平均脱碳速度是一定条件下供氧强度的一次函数。

在这种模式下，不需要降低供氧的强度，在完成熔化期和“氧化期前期”的脱磷操作后，氧化期进行脱碳操作，当氧气消耗达到目标要求后，取样分析，如果熔池内成分中碳高，可以继续喷吹氧气后再次取样，目标成分合适后出钢。如果熔池成分中碳含量低于要求目标值，温度已经合适就可以出钢；温度不合适，可以减少喷吹氧气的量，进行吹渣操作的同时，喷吹炭粉造泡沫渣送电升温，温度合适后，再次取样以后，核对成分以后出钢。这种操作模式下，钢水的质量高，电耗低，操作容易控制，缺陷就是对吹氧量的控制范围要求较严，要求供氧强度保持稳定，氧气流量如果波动大，将会延长脱碳时间，增加冶炼周期。

(2) 减氧操作模式。这种操作模式下的主要操作要点是：熔化期不减氧，在氧化期的中后期减少吹氧量达到留碳操作的目的，这种操作情况主要是用于以下几种情况：

1）铁水的供应量不足。

2）铁水的硅含量大于1.2%。

3）废钢原料中磷含量较高。

4）钢中磷含量要求小于0.015%以下的钢种。

5）供氧强度不大，氧气流量在正常范围的中下限范围以内。

在这种操作条件下，铁水的装入量 Q 可以由以下的公式来确定：

$$Q = (\alpha + 0.45\%)G/(2.4\% \sim 3.3\%) \quad (10\text{-}3)$$

式中，Q 为铁水的加入量；G 为总装入量，为铁水加入量与废钢加入量之和；α 为钢种成分中碳的成分下限,%。

这种留碳操作的具体方法是：石灰分两次加入，第一批料加入45%左右的石灰，第二批料加入55%左右的石灰，熔化期将氧枪深入炉底的局部熔池内进行脱硅脱磷操作，进入氧化期以后进行进一步的脱磷操作和脱碳操作。在氧化后期进行减氧吹炼，控制脱碳速度。在温度达到取样要求后，取样分析后，在等待化学分析结果以前，继续吹渣提温，分析结果出来后，视具体的成分进行成分的最终调整后出钢。这种操作模式可控制性强，操作简单，是最常用的操作模式；缺点是电耗不能大幅度降低，要求操作工根据脱碳反应的时间和吹氧量以及铁水的加入量来判断和计算熔池钢液内部的碳含量。

10.7.1.2 留碳操作技术对于炉渣的碱度要求

由于电炉脱碳反应中的大部分碳是通过钢-渣界面，由炉渣传递氧化铁来实现的，炉渣的碱度和渣中氧化铁的活度对于脱磷反应有着决定性的作用，所以留碳操作技术的二元碱度要求一般在2.0~3.5之间，实践中，不同的成分要求与碱度的对应关系见表10-4。

表10-4 不同成分要求与碱度的对应关系

[P]/%	≤0.020	≤0.015	≤0.010	≤0.010	≤0.020
[C]/%	0.2~0.4	0.2~0.4	0.2~0.4	0.4~0.8	0.4~0.8
碱度(CaO/SiO_2)	2.0~2.5	2.0~3.5	2.0~3.5	2.2~3.5	2.2~3.5

10.7.1.3 电炉留碳冶炼的要点分析与操作

A 电炉留碳操作中脱碳速度的确定

冶炼过程中，钢中溶解的大部分氢、氮小气泡，在压力的作用下，会进入电炉脱碳反应产生的［CO］气泡内，在上浮出钢液后去除。我们的实践研究的结果是：氧化精炼期脱碳速度在0.03%~0.08%/min之间，纯脱碳量大于30%的脱气效果最好。粗炼钢水的终点氮含量最低可以达到0.003%。

B 留碳操作的基本分析和方法

电炉炼钢过程中，当[C]>0.8%后，脱碳的限制环节是供氧强度；［C］<0.8%时，脱碳速度随碳浓度的下降而降低；当[C]=0.2%~0.8%时，脱碳的主要制约因素是碳向反应界面的扩散速度。把供氧强度控制在一个合适的范围内，并且控制调剂发泡剂炭粉的喷入量，来控制渣中氧化铁的浓度，可实现脱碳反应以合适的速度进行、脱磷反应的正常进行，达到留碳脱

磷的目的。具体做法是：

（1）采用第一批废钢入炉后，立即兑入铁水，兑入铁水后氧枪伸入留钢留渣与兑入铁水组成的局部熔池吹氧，在此阶段供氧强度控制在1～1.14m^3/(min·t)之间，在送电3min左右，炉料中大部分的硅、锰和部分的磷首先氧化，同时可达到脱碳的温度要求开始脱碳。这种操作方法的优点是，熔化期的脱碳量占总配碳量的30%～40%，为留碳操作提供了计算依据。

（2）熔清后不喷发泡剂炭粉，供氧强度保持在0.9～1.14m^3/(min·t)之间，进行吹渣脱磷操作，直到脱碳反应开始后（以除尘弯管里出现碳氧反应的黑色火焰为标准），开始喷入炭粉造泡沫渣，渣泡沫的马恩果尼效应对于提高钢渣界面的化学反应能力十分有利。在这一阶段输入最大功率的电能进行钢液的升温，由于温度的限制，在这一阶段脱磷的反应将会优先进行。

（3）在脱碳反应进行到计算的时间后（此时间可以根据热兑铁水的配碳量与氧气的消耗来确定），调整吹氧量，供氧强度保持在0.66～0.85m^3/(min·t)之间，在冶炼电耗达到测温要求后，测温取样，如果温度低于取样要求，继续通电提温，在这一阶段供氧强度保持在0.66～0.85m^3/(min·t)之间，进行造泡沫渣埋弧提温的操作，喷入炭粉的量控制在30kg/min左右，防止渣中氧化铁的浓度超过20%。在这一阶段由于温度对于脱碳有利，但是此时的反应遵循方式优先的原则，不同的操作的诱变反应也各不相同。生产实践证明，在碱度大于2.0时，供氧强度不小于0.85m^3/(min·t)，脱碳反应由强变弱，脱磷反应由弱变强；供氧强度在0.58m^3/(min·t)以下，吹渣操作不会有明显的脱碳反应的进行。在送电达到目标要求后，进行测温取样，如果成分合适，温度不合适，继续上述的操作，直到温度达到出钢的要求为止。在上述的操作中，如果出现明显的脱碳反应，应该立即降低供氧强度，并且适量的增加喷炭的速度，达到留碳的目的。

10.7.1.4 留碳操作中出现的问题及解决方法

在留碳操作中出现的主要问题是碳高与磷高两种，具体情况如下：

（1）留碳过高需要脱除部分的碳。留碳过高时的脱碳操作时，供氧强度保持在最大，自耗式氧枪调整好进枪的长度以后，直接把氧气大角度吹入钢液中；超声速氧枪调整好枪位，超声速集束氧枪调整好氧气压力，利用气—液两相间的脱碳反应搅动熔池，同时进行通电操作，以加强对熔池的搅拌作用。诱发碳向钢渣界面传递的界面反应，避免渣中的氧化铁富集，防止发生脱碳速度大于0.10%/min的剧烈脱碳反应。在脱碳反应开始后，可以根据熔池温度，停电或者降低输入功率。脱碳速度的控制可以用式10-4表示，氧耗可以用式10-5来表示（实际氧耗需要考虑到氧气的利用率、吹炼方式）：

$$v = 0.107I\alpha \tag{10-4}$$

式中，v为脱碳速度，%/min；I为供氧强度，m^3/(min·t)；α为氧气利用率，取40%～92%。

$$Q = (1.12/12)G/Z \tag{10-5}$$

式中，G为钢水量与钢水中含碳量为0.01%的积；Z为氧气纯度；Q为氧气的消耗量，m^3。

利用当时吹入的氧气量即可以掌握钢液的留碳量。如一般情况下，70t电炉在熔池中[C]>0.20%时，自耗式氧枪每吹入10m^3的氧气可以脱除0.01%的碳。110t电炉中的[C]>0.20%时，超声速氧枪在不同的碳含量范围内每脱除0.01%的碳，对应的氧耗关系见表10-5。事实上，在某些情况下，氧耗和脱碳量是呈非线性关系的。

表 10-5　110t 电炉不同碳含量范围内脱碳与氧耗的对应关系

碳含量/%	>1.6	1.0	0.9~0.8	0.6~0.4	0.4~0.2	≤0.15
脱 0.01% [C] 的氧耗/m^3	0.8~1.2	1.8~2.2	1.2~4	1.8~6.2	3.3~6.5	10

(2) 留碳操作中出现磷高的现象。出现磷高主要有以下两种原因：

1) 加入的石灰量足够，取第一个样子分析时 [P] 低，在温度达到出钢温度后，二次取样出现 [P] 含量升高的现象，[P] 高于出钢的成分要求。这是由于在电炉冶炼过程中存在冷区，局部熔池存在的软熔现象。软熔现象造成了 1540~1580℃ 取样期间，局部软熔区的 [P] 向熔池反应界面没有迁移或者迁移速度过慢造成的。在这种情况下，脱磷操作的反应服从方式优先的反应原则，即渣中氧化铁的量不超过 20%，供氧强度在 0.58m^3/(min·t) 以下的吹渣操作反应向脱磷的反应方向进行，喷炭的操作对于炉渣回磷的影响不明显。

2) 炉渣碱度不够，造成熔化期和氧化期前期尽管强化脱磷的操作也不能达到出钢 [P] 的要求。在这种情况下，最有效的留碳脱磷操作是补加石灰，为了达到快速成渣和脱磷的目的，在补加石灰时，同时补加 50~120kg 的萤石和 50~100kg 的氧化铁铁皮（轧钢或炼钢连铸工序的副产品），以满足脱磷的要求。这样，在低的供氧强度条件下就可以达到脱磷留碳的目的。

留碳操作出现磷高碳高的现象，按照先脱磷后脱碳的顺序操作。磷高于目标值 0.02% 以上时，补加渣料，高于目标值 0.010% 以下时，可以考虑吹渣操作先去磷。熔池温度大于 1540℃ 时，供氧强度保持在 1.1m^3/(min·t) 以下，供氧强度超过此值，脱碳反应会抑制脱磷反应的进行。等到脱磷任务完成以后再进行强化脱碳的操作。

10.7.2　冶炼低碳钢的留碳操作

目前在冶炼一些低碳钢，尤其是板坯，如 SPHC、08AL 等钢中，要求成品的碳含量在 0.04%~0.10% 之间，电炉出钢的碳要求在 0.4%~0.8% 之间，准确地控制终点的碳含量是减少脱氧剂使用量，提高钢水质量，提高脱硫率的关键，也是降低铁耗的主要环节。事实上，在冶炼低碳钢 SPHC，当出钢的碳增加 0.01% 时，成本吨钢下降最少在 15 元以上。如在 1620℃，钢中碳含量为 0.04% 时，氧含量为 0.052%，碳含量为 0.03% 时，氧含量实际可以达到 0.08%。脱氧任务的差距是很明显的。终点碳控制的最佳范围的确定，是基于以下原则：

(1) 保证经过精炼和连铸的正常操作后浇铸的成品碳含量在客户要求的范围内。

(2) 用最合理的碳含量来控制避免熔池中铁的过度氧化。

(3) 不同温度下出钢的终点碳的最佳数值是多少。

傅杰等人在研究了珠钢和大冶钢厂的超高功率电炉的实际生产后得出了温度在 1600~1660℃ 之间，碳和氧的关系为：

$$[O] = 0.0032[C]^{-0.9441} \tag{10-6}$$

他们通过图 10-2 计算的碳氧平衡图与实测的碳氧平衡图 10-3 对比后认为实际的氧含量高于理论的氧含量，证明了熔池中存在过剩的氧，计算出了电炉炼钢过程中 Fe-C 的选择氧化的平衡点为 [C] = 0.035%。计算时的渣样成分见表 10-6。图 10-4 是我们实测的结果统计图，图 10-5 是在 1600℃ 时，碳铁氧化曲线。

表 10-6　计算时的渣样成分

成　分	FeO	MnO	CaO	MgO	SiO_2	P_2O_5
含量/%	15	10	40	10	20	5

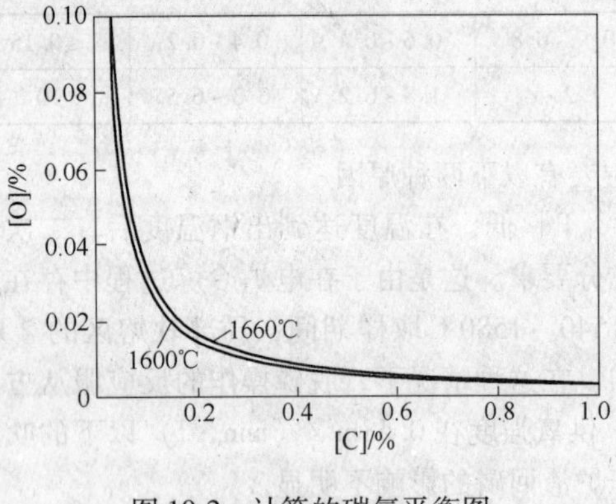

图 10-2 计算的碳氧平衡图

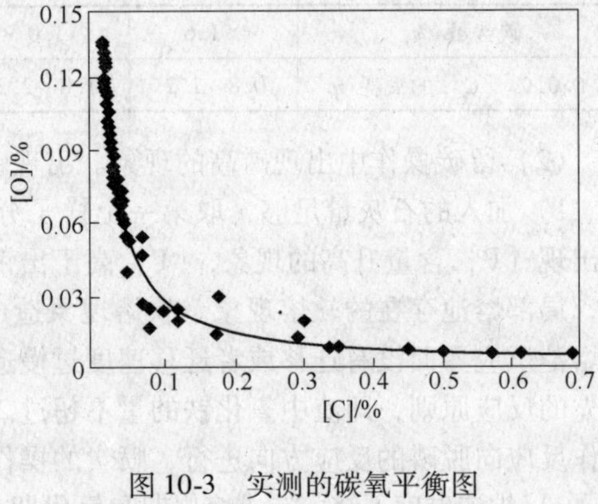

图 10-3 实测的碳氧平衡图

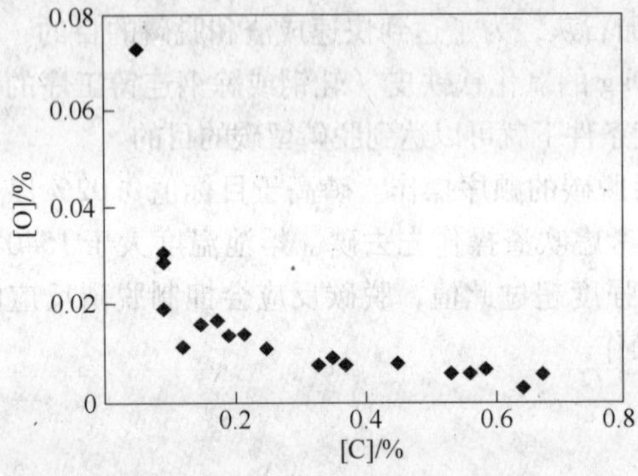

图 10-4 八钢实测的碳氧平衡图（1600℃）

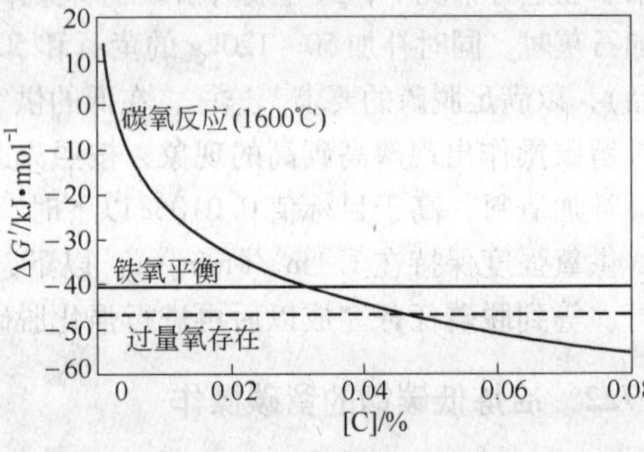

图 10-5 1600℃碳铁氧化曲线

以上的结果与我们的实测结果是一致的。所以对于冶炼碳含量低于 0.06% 的钢来讲，电炉终点碳含量应该控制在 0.04% ~0.045%，冶炼碳含量低于 0.10% 的钢终点碳含量应该控制在 0.055% ~0.075% 之间，对于取得综合冶炼效果有着积极的意义。

留碳操作的要点有：

（1）由于碳含量低于 0.20% 以后的脱碳反应比较难以控制，容易造成吹炼时间长或者过吹。所以冶炼此类钢时，要注意一次吹炼到位，温度与成分要求同时命中，在测温定氧后就能够满足出钢的要求，效果最好。

（2）冶炼低碳钢的炉渣最佳碱度为 2.5 ~3.0 之间，这样既有利于脱磷反应，同时也有利于造泡沫渣埋弧和脱碳反应的顺利进行，也会减少钢水过量溶解氧的量。

（3）温度控制要尽量靠近中限，温度越高，钢中溶解氧越多。

（4）操作过程中碳低于 0.10% 的工艺特点是：

1）炉渣黏度下降。有向水渣方向转化的趋势。

2）炉渣没有乳化现象发生。

3）熔池没有剧烈的沸腾现象。

4）除尘烟道弯管处的火焰呈现出白色软弱状，飘忽无力。

5）吹炼过程炉体可以向出渣方向较大角度倾动，炉门区无明显的向外溢钢水的现象。

6）超声速氧枪吹炼区出现褐红色烟尘，说明碳含量已经低于 0.10% 以下了。如果出现了明显的水渣，也说明了碳含量较低。

(5) 正常的脱碳过程的特征是：碳火由黑色浓烈转变为软弱白色或者淡黄色，炉体随着碳火可以向下倾动而熔池没有剧烈的沸腾，说明碳的控制由临界碳脱至0.10%左右。

(6) 碳高补吹时，温度越高，一般碱度合适的条件下，脱碳的速度越快。一座110t的交流电炉，熔池温度在1580℃以上，熔池中［C］含量在0.20%以下，实际脱0.01%的碳需要的氧气是4.8～7.2m^3。

(7) 遇到过氧化的情况以后，如果在时间允许的条件下，向炉渣渣面喷吹炭粉，可以有效地减少钢水中的溶解氧，既可以降低渣中氧化铁的含量，又可以减轻脱氧的难度。具体做法为：停止吹氧，用炭枪喷吹炭粉，直到炉渣由稀变得黏度合适为止，在此操作条件下，如果碱度合适，对于钢液回磷的影响不大。在此过程可以根据炉渣的情况和熔池的温度决定是否送电，如果能够小功率送电，效果会比较明显。

总之，留碳操作过程中，不论是何种吹炼方式，计算出脱碳速度和氧耗，把握好电炉冶炼过程化学反应的特点和顺序，是实现留碳操作的核心。

10.8　超声速集束氧枪和炉门自耗式氧枪吹炼条件下的留碳操作

现在国内采用超声速集束氧枪吹炼的电炉，一般为了消除炉门冷区废钢，通常采用炉门自耗式氧枪作为补充吹炼手段，效果较好，在超声速集束氧枪吹炼条件下的留碳操作，通过采用控制集束氧枪的吹氧模式，在脱碳量满足冶炼要求以后，通过改变喷吹氧气的流量，使得超声速集束氧枪的射流由超声速向亚声速转变，使得氧气射流冲击在钢渣界面附近的位置，一样可以实现留碳操作，以下是笔者在一座70t直流电炉实现留碳操作的工艺思路和实践过程。

10.8.1　工艺技术参数

电炉型式	70t直流偏心炉底出钢电炉
出钢量	70～90t
留钢量	6～15t
加料方式	炉盖旋开式由料篮分1～2次加入铁水、废钢及渣料
供氧方式	自耗式炭氧枪（2支氧枪、1支炭枪）、ACI超声速集束氧枪系统（4支氧枪，多点喷炭）
变压器容量	60MV·A
自耗式氧枪氧气流量	3000～6000m^3/h(标态)可分三档调节(超声速集束氧枪的布置见图10-6)
留碳冶炼的钢种	中高碳钢65号、55号、77MnA等

10.8.2　留碳操作的关键技术

10.8.2.1　留碳操作数学模型的建立

实现留碳操作首先要求明确各个阶段的供氧量的控制，以便达到精确命中成分的要求。电炉炼钢过程中的供氧，主要用于原料中硅、锰、磷的氧化以及碳的氧化。入炉原料的基本成分见表10-7，采用炉门自耗式氧枪，超声速集束氧枪的环氧流量和焦炉煤气，主氧流量参数见表10-8。

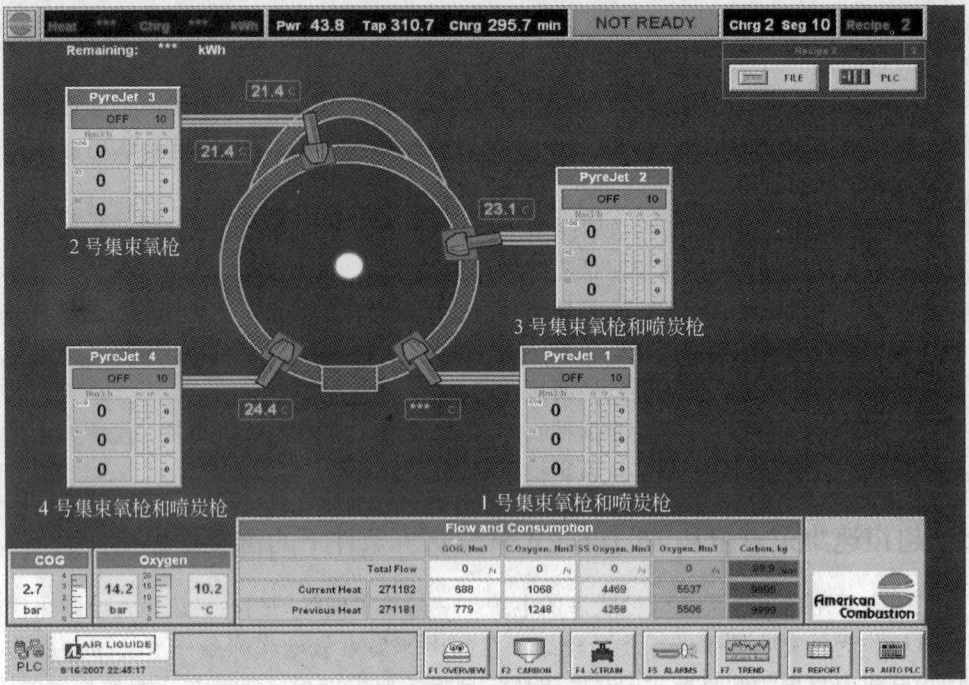

图 10-6　ACI 超声速集束氧枪在 70t 直流电炉的布置图

表 10-7　入炉原料的主要成分

项　目	平均成分/%			
	Si	Mn	C	P
废　钢	0.40	0.45 ~ 0.6	0.4	0.05 ~ 0.06
铁　水	1.9	0.35	4	0.05

表 10-8　超声速集束氧枪的各种参数

项目 \ 模式	M1	M2	M3	M4	M5	M6	M7	M8	M9	M10
焦炉煤气/$m^3 \cdot h^{-1}$	210	280	330	400	160	175	255	260	240	170
环氧/$m^3 \cdot h^{-1}$	240	135	150	200	145	110	100	120	120	110
主氧/$m^3 \cdot h^{-1}$	130	278	250	400	170	1500	2500	2850	3000	1200
喷吹炭粉/$kg \cdot min^{-1}$	0 ~ 120，分为高低档可调									

注：环氧为辅吹焦炉煤气的氧气，主氧为超声速集束氧枪的射流氧气。

10.8.2.2　分离固定项目

由于电炉采用留渣留钢操作，留钢留渣中间含有的溶解氧和氧化铁，它们中间的氧含量折算为氧气含量相当于 541m^3 氧气（按照留渣 2t，留钢 5t 计算），锰的氧化量从表 10-7 中看出，锰含量处于正常的成分范围以内，氧化铁水中和废钢中锰的需氧量之和等量于炉渣中氧含氧量的 28.6%。电炉冶炼的特点之一就是脱磷条件较好，一般情况下，炉渣碱度和渣中氧化铁含量合适的条件下，脱磷反应不是主要矛盾，脱磷反应的氧耗可以包含在炉渣溶解需要的氧耗之间，这样分离影响较小的氧化锰和氧化磷所需要氧气的因素，可以简化问题的处理。

所以总的氧耗可以表示为：

$$\Sigma O = O_{Si} + O_{渣} + O_{C} \tag{10-7}$$

式中，ΣO 为总的氧耗；O_{Si}为脱硅需要的氧耗；$O_{渣}$ 为化渣的氧耗；O_{C} 为脱碳反应的氧耗。

10.8.2.3 按照炼钢反应过程中的反应顺序确定氧耗

(1) 脱硅需要的氧耗。由于铁水硅含量较高，在氧耗的计算过程中，硅的氧化量较大，氧耗重点考虑、加上大量加入高硅铁水，配碳量较高，氧耗是留炭操作的主要计算项目。

铁水加入量为 Mt，废钢加入量为 Nt，硅含量见表 10-7。则炉料中间配入的硅的质量分数为：

$$\mathrm{Si} = \frac{M \times 1.9\% + N \times 0.4\%}{M + N} \times 100\% \tag{10-8}$$

氧气的利用率和工业氧气的纯度分别表示为 α 和 β，则脱硅反应的氧耗（m^3）计算模型为：

$$O_{Si} = 22.4 \times \frac{(M + N) \times \mathrm{Si} \times 1000}{\alpha \times \beta \times 28} \tag{10-9}$$

(2) 化渣（包括脱磷）需要的氧耗。渣量为μt，假设炉渣中间的氧化铁含量为ε，渣量的计算在做渣样分析以后，可以参考热平衡一章的介绍。

由于石灰的溶解是以氧化铁为溶剂进行的，所以参考渣样分析为依据，即炉渣中间的氧化铁含量来计算出需要相应的氧耗（m^3），计算方法如下：

$$O_{渣} = 22.4 \times \frac{16 \times \mu \times \varepsilon \times 1000}{32 \times 72} \tag{10-10}$$

(3) 脱碳需要的氧耗。配碳量的计算方法如下：

$$C = \frac{M \times 4\% + N \times 0.4\%}{M + N} \times 100\% \tag{10-11}$$

脱碳反应的氧耗（m^3）表示为：

$$O_{C} = 22.4 \times \frac{W \times (C - C_{\tau}) \times 1000}{\alpha \times \beta \times 2 \times 12} \tag{10-12}$$

式中，C_{τ}为冶炼钢种的碳含量成分要求（一般低于冶炼钢种碳成分下限的 0.03% 左右）。

要达到留碳目的所需要的氧耗（m^3）表示为：

$$\Sigma O = 22.4 \times 1000 \times \left\{ \frac{(M + N)\,\mathrm{Si}}{\alpha \times \beta \times 28} + \frac{16 \times \mu \times \varepsilon}{32 \times 72} + \frac{W(C - C_{\tau})}{\alpha \times \beta \times 24} \right\} \tag{10-13}$$

在氧耗达到以上的计算范围，根据吹氧的效率，就可以确定调整吹氧的流量和模式，进行取样化验分析，根据化验结果，决定下一步的操作。

需要说明的是，冶炼过程中的总的氧耗是略大于留碳计算所需要的氧耗。这是因为留碳以后，需要继续供氧造渣升温，或者调整出钢磷含量，都需要吹氧操作的原因造成的。

10.8.2.4 炉渣碱度的设计

合适的炉渣碱度能够提高泡沫渣的发泡指数和脱磷指数，以及能够实现脱碳反应的可控制操作。炉渣碱度的不合理，不仅会影响留碳操作，而且容易引起大沸腾事故，炉渣碱度过高，炉渣容易返干，脱碳反应容易进行，不易实现留碳操作，所以经过长期的摸索，我们根据不同的出钢碳含量的要求设计了不同的炉渣碱度，在实践中间应用以后取得了极大的成功，具体见表10-9。

表 10-9　不同终点留碳量需要的最佳炉渣碱度

终点碳的质量分数/%	需要的最佳炉渣碱度（CaO/SiO_2）	出钢磷含量要求/%
0.15~0.20	1.8~2.2	<0.020
0.2~0.4	2.5	<0.010
0.4~0.65	2.5~3.0	<0.010

10.8.2.5　利用配碳量，电能和熔池温度判断熔池碳含量的数学计算

根据计算和实践表明，以出钢温度1600℃为基准，此温度下钢水的物理热为396kW·h/t，铁水每加入1%，综合热效应为吨钢电耗降低5.2kW·h（其中铁水每加1%，铁水的物理热可降低冶炼电耗2.2kW·h/t，铁水中的碳完全氧化至0.12%，铁水的化学热可以降低冶炼电耗3.0kW·h/t，反之亦然，碳的氧化量每减少0.05%，冶炼电耗的降低值呈现非线性变化）。由此可以计算得出，实现留碳操作，电炉热装铁水的冶炼电耗（kW·h/t）将会随着留碳量的增加而出现缓慢的下降状态，可以表示为：

$$E = (396 - 12 - 2.2\varepsilon - \Delta x) \tag{10-14}$$

式中，396为1600℃钢水的物理热；ε为铁水的热装比例的百分数；12为4支超声速集束氧枪燃烧辅吹焦炉煤气的综合化学热；Δx为铁水中碳氧化释放的化学热对于吨钢产生的热效应。

此项的计算，由于铁水温度不同，铁水中硅、锰、磷、硫含量不同，将会出现的偏差较大，但是能够完全作为留碳操作的判断依据，在炉前二级计算机加强的条件下，可以实现电炉炼钢的智能一体化。例如热装铁水比例为30%的时候。三者的关系如表10-10所示。

表 10-10　不同熔池碳含量和不同的熔池温度下对应的冶炼电耗（kW·h/t）计算结果

熔池温度/℃	熔池碳含量/%						
	0.12~0.17	0.17~0.22	0.22~0.27	0.27~0.36	0.37~0.41	0.42~0.48	0.50~0.60
1530	140.3	147.3	157.3	168.3	188.3	199.3	209.3
1540	161.0	168.0	178.0	189.0	209.0	220.0	230.0
1550	175.3	182.3	192.3	203.3	223.3	234.3	288.0
1560	188.3	195.3	205.3	216.3	236.3	247.3	297.0
1570	196.1	203.1	213.1	224.1	244.1	255.1	305.0
1580	209.1	216.1	226.1	237.1	257.1	268.1	308.2
1590	223.4	230.4	240.4	251.4	271.4	282.4	311.4
1600	228.6	235.6	245.6	256.6	276.6	287.6	315.1

注：计算时装入量为82t，铁水的硅含量为0.8%，铁水温度为1250℃，氧耗为$39m^3/t$，泡沫渣埋弧操作处于理想状态，熔池熔清以后假设为理想溶液。

10.8.3　留碳冶炼的操作步骤

实际生产中，根据不同的铁水热装比，计算出相应的熔池碳含量和熔池对应的温度对照

表。在确定了铁水成分和加入量以后，将冶炼钢种的出钢碳含量等各项内容输入式10-11以后，就会得到冶炼该钢种的留碳操作的基准吹氧量，具体冶炼步骤如下：

(1) 为了减少误差，入炉废钢铁料必须少加含土较多的废钢，防止酸性物质增加降低炉渣碱度，影响留碳操作。

(2) 电炉的装入量要求根据炉役情况做好动态调整，保证熔池高度，以提高超声速集束氧枪的吹氧效率，避免熔池过低引起的渣中氧化铁富集导致的大沸腾事故，以及熔池过高造成脱碳反应剧烈时炉门翻钢水的现象，实践表明，装入量过高，脱磷的操作不好控制。炉役小于50炉时，最佳装入量为77t，炉役大于50炉，最佳装入量为77～90t。

(3) 第一批料和铁水入炉以后，炉门氧枪投入工作，炉壁超声速集束氧枪按照各个阶段的不同模式投入。在熔化期，集束氧枪做烧嘴模式助熔。

(4) 加料结束以后，熔清以前，炉门自耗式氧枪主要用于做清理炉门废钢，刚刚熔清以后主要是沿着钢渣界面吹氧化渣，进行脱磷反应，暂时不进行喷炭操作，集束氧枪选择表10-8中M1～M6的模式进行操作，炉渣熔化充分，继续进行吹渣脱磷3～5min，喷吹炭粉以后，炉渣泡沫化程度较好时，集束氧枪使用表10-8中M6～M10的模式进行脱碳，炉门氧枪一般停留在工作位，做间歇性的喷吹炭粉和吹渣操作，在配碳量较高的时候也配合超声速集束氧枪继续脱碳操作。

(5) 在整个期间，送电档位根据泡沫渣的埋弧程度进行调整，原则上以中等偏上的功率进行送电，温度的调整要求留有25℃的余地。

(6) 待脱碳反应进行一段时间，氧气的消耗达到计算留碳需要的吹氧量（也叫基准吹氧量）时，停电停氧进行测温取样，温度的高低就可以基本判断出熔池碳含量的范围，根据表10-8中的温度和冶炼电耗可以对应的确定出熔池的碳含量。基准吹氧量包括炉门枪和集束氧枪两部分，氧气的利用率根据吹氧冶炼操作的具体情况而定，一般在80%～92.5%。

(7) 留碳在目标范围以内，温度没有达到出钢要求时，集束氧枪采用M1～M4模式，炉门氧枪以较低流量吹渣，并且采用较大的喷炭量进行喷炭造泡沫渣埋弧送电提温，以抑制脱碳反应的进行，温度合适以后出钢。

(8) 如果留碳过高，则采用集束氧枪M6～M10的脱碳模式进行脱碳操作和温度的调整，调整结束以后取样分析，成分合适以后出钢。集束氧枪每脱碳0.01%的氧耗和熔池中不同碳浓度的关系见表10-11。

表10-11　集束氧枪脱碳0.01%的氧耗和熔池碳浓度的关系

熔池［C］浓度/%	>1.0	0.8～1.0	0.6～0.8	0.2～0.6	0.12～0.2	<0.10
脱碳0.01%的氧耗/m^3	4.02	4.5	5.1	5.45	5.74	7.55

10.8.4　实践结果

电炉采用以上的研究结果应用于操作以后，电炉的留碳操作成功率超过85%，典型操作结果见表10-12，计算结果和实践结果的误差不超过5%，说明了以上计算的可靠性。

据成本分析，电炉冶炼55号钢，留碳操作的成本比不留碳操作的成本，吨钢最少降低251元，产生了巨大的经济效益，是一项值得推广的先进技术。

表 10-12　留碳操作的冶炼技术参数（出钢温度 1600℃）

钢　种	铁水/t	装入量/t	电耗/kW · h · t^{-1}	炉门枪氧耗/m^3	主氧/m^3	环氧/m^3	煤气/m^3	终点[C]/%
55 号	20.0	85.0	271	2808	127	93	156	0.080
	28.0	85.0	313	2823	128	95	158	0.550
	25.0	83.5	298	3572	133	95	168	0.490
	20.0	79.8	252	2665	168	99	125	0.190
	20.0	78.2	268	2413	174	72	117	0.25
	25.0	83.3	304	2760	131	94	144	0.540
	18.0	79.6	278	2605	164	68	105	0.250
	20.0	81.6	268	2556	98	70	110	0.380
	15.0	81.8	256	2687	105	74	122	0.550
	28.0	88.8	298	2969	141	99	158	0.310
	23.0	83.6	249	3012	141	99	122	0.400

10.9　喷炭系统自动控制实例

喷炭系统是冶炼过程中的重要设备，关系到冶炼过程的安全和钢水的质量。喷炭系统中，不同生产厂家的设备各有不同，但是原理和逻辑关系是大同小异的，以下介绍一种双罐式喷炭系统的参数设定和逻辑关系。

炭粉罐的一般结构示意图见图 10-7。

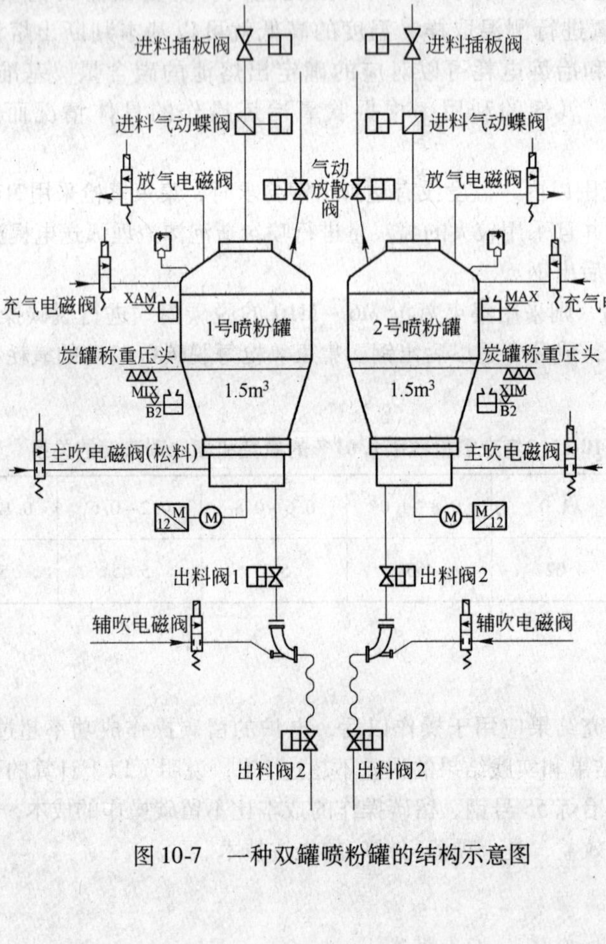

图 10-7　一种双罐喷粉罐的结构示意图

10.9.1 参数设定

控制气源汇流排　　压力值：0.45～0.60MPa

主吹系统　　压力值：0.3～0.35MPa

（注意：主吹压力要略高于辅吹系统压力0.05MPa左右）

辅吹系统　　压力值：0.25～0.3MPa

（注意：辅吹压力主要保持喷炭口不堵塞为原则，尽可能偏低点，如果该压力调低，主吹压力也一起调低）

喷粉罐上安全阀　　压力放散值：0.6MPa

（该安全阀在安装前，必须经专业安全阀校检部门设定并铅封。在罐内压力一旦高于0.6MPa时自动开启）

变频器　　高喷炭模式：40Hz

低喷炭模式：15Hz

PID系统　　压力范围在0.15～0.35MPa，频率调节范围在10～40Hz

低喷炭模式：0.3MPa/10Hz，出料阀1每1min开40s，关20s

高喷炭模式：0.35MPa/30Hz，出料阀1常开

10.9.2 各阀之间动作逻辑关系

10.9.2.1 加料动作（往喷炭罐中加料）

前提条件：

（1）罐内炭粉未达到上限（上料位信号未来）；

（2）喷吹气汇流排入口和控制气源汇流排的入口及出口球阀全部开启；

（3）主喷吹、助吹、PID系统的一次手动调节阀全部开启；

（4）控制气源汇流排至各气动阀的球阀全部开启；

（5）喷吹气源及控制气源供气压力正常；

（6）供电正常。

加料动作：

（1）电磁放气阀（减压阀）开启，待喷炭罐内压力降为0.1MPa时，放散阀打开，罐内压力降为0后（罐内压力降为0.01MPa时，系统便认为罐内压力为0），延时5s，再启动下列操作；

（2）打开进料气动蝶阀，待行程限位到位后，打开进料气动插板阀；

（3）在加料过程中，因进料气动蝶阀及进料气动插板阀，阀门开不到位或极限故障均会使自动加料停止；

（4）加料1000kg左右（参考操作箱称量仪及上位机数据）达到罐内上限上料位信号来，发出“料满”信号，自动停止加料，或手动按下加料停止按键（现场操作箱及上位机）系统将停止加料。

系统停止加料工作过程如下：

（1）关闭进料气动插板阀，待其限位到位后，关闭进料气动蝶阀；

（2）关闭气动放散阀，关闭放气电磁阀。

注：以上操作全部自动完成。

如果上料位有料满信号，加料气动插板阀及气动蝶阀打不开，系统将自动退出加料工作。

10.9.2.2　喷粉动作

(1) 充气电磁阀得电充气，至罐内压力达到设定压力时，再自动启动下列操作；

(2) 出料气动球阀 2 打开（正常喷粉生产过程中该球阀长期打开），限位到位后→辅吹电磁阀打开（正常生产条件下该阀长期打开）→主吹电磁阀打开→出料气动球阀 1 打开→变频马达启动；

(3) 压力调节系统投入运行，随喷粉罐内压力的波动，压力变送器采集信号，分别指令充气电磁阀及放气电磁阀动作，对喷粉罐内补充压缩空气或排放压缩空气（根据喷炭模式选择设定压力）；

当发生如下故障时喷粉自动停止：本喷粉系统出料阀 1 开故障、本喷粉系统出料阀 2 开故障、另一个喷粉系统出料阀 2 关故障、本喷粉系统变频器故障。故障类型：(1) 阀门开关不到位；(2) 阀门相关极限不到位，变频器故障。故障处理完成后需复位才能继续喷粉。

10.9.2.3　喷粉停止

(1) 变频马达停止→主吹电磁阀关闭→出料气动球阀 1 关闭；

(2) 非正常喷粉停止：当喷粉罐内炭粉量少于一定程度，达到罐内下限下料位信号来，发出“料低”信号，自动停止喷粉。

注：如果达到罐内下限下料位信号来，发出“料低”信号，喷炭启动后 10s 就自动停止。

完成喷炭停止动作后，依次关闭辅吹电磁阀及出料气动球阀 2。

10.9.2.4　紧急停止

在发生紧急事故时，使用紧急停止按钮，将迅速停止两套喷炭（加料）系统的电源，两套系统所有的马达及气动阀门将停止和关闭，此操作如果有一套系统正在喷炭，可能会造成管路堵塞，使用时需慎用。按下此按钮后，需将故障处理完成后，经故障复位键复位后，才可重新启动电源投入喷炭或加料。

注意事项：两罐不能同时进行喷炭操作，一罐喷炭工作，另一罐停止或加料。两罐切换工作时，一罐停后，一定在将炉前炭枪处炭管汇合处的球阀换个方向，将准备停用的那支炭管球阀关闭，准备启用的那支炭管球阀打开，然后换向到另一罐工作操作，否则会造成炭管堵塞。

在检修模式上，各个阀门动作顺序没有限制，可以任意操作任何阀门。

10.9.3　就地操作箱操作说明

就地操作箱上设置有以下按钮及显示装置：

(1) 喷炭装置模拟图，上面标明了各个阀门的开启状态及料位状态；

(2) 料仓重量显示，1 号罐重量显示，2 号罐重量显示；

(3) 现场操作各种转换开关、指示灯、按钮等。

以下所有现场操作，须将右边柜门上的二位钥匙转换开关转到就地位置。就地操作箱的操作说明：

(1) 1 号罐加料操作。将左边柜门上的三位转换开关转换到 2 号罐，此时左柜门下方的 2 号罐指示灯亮，将右边柜门上 1 号罐上的二位钥匙转换开关转换到自动位，直接按下 1 号加料启动按钮，此时，1 号罐放气阀打开，在右边模拟图上 1 号罐放气阀打开指示灯亮，待罐内压力降为0.1MPa时，放散阀打开（罐内压力直接往炭粉仓内放散），右边模拟图上1号罐放散阀打开指示灯亮，压力降为0.01MPa时，系统认为罐内压力为零，上料气动蝶阀打开（模拟图上有打开指示），待其限位到位后，上料气动插板阀打开。开始加料，上料位到位后，气动放气阀、放散阀关闭、气动插板阀关闭（模拟图上均有显示），待插板阀限位到位后，气动蝶阀关闭，限位到位后（模拟图上有显示），加料过程完成。

上料有料满信号，按下加料按钮，所有加料的阀门不动作（无法加料）。

（2）2号罐加料操作。将三位转换开关转换到1号罐，其他操作与1号罐一样。

注意：1）三位转换开关转到1号罐时，1号罐能进行喷炭操作，不能进行加料操作，2号罐能进行加料操作，不能进行喷炭操作；反之，三位转换开关转换到2号罐时，2号罐能进行喷炭操作，不能进行加料操作，1号罐能进行加料操作，不能进行喷炭操作。

2）如果阀门限位不能到位，下一步动作将无法进行。

如果上料位有料满信号，加料过程无法进行。

（3）1号罐喷粉操作。将左边柜门上的三位转换开关转换到1号罐，此时左柜门下方的1号罐指示灯亮，将右边柜门上1号罐上的二位钥匙转换开关转换到自动位，出料阀2及辅吹电磁阀打开（模拟图有显示）。直接按下1号喷炭启动按钮，此时如果罐内的压力低于设定压力，充气阀打开（模拟图有显示）给喷炭罐充气，待罐内压力达到设定压力时，主吹电磁阀（松料阀）打开，出料阀1打开，变频器启动，喷炭开始进行。

（4）1号罐喷炭停止。按下1号喷炭停止按钮，关闭出料阀2，关闭主吹电磁阀，关闭变频器停止给料器。

（5）2号罐喷粉操作。将左边柜门上的三位转换开关转换到2号罐，此时左柜门下方的2号罐指示灯亮，将右边柜门上2号罐上的二位钥匙转换开关转换到自动位，出料阀2及辅吹电磁阀打开（模拟图有显示）。直接按下2号喷炭启动按钮，此时如果罐内的压力低于设定压力，充气阀打开（模拟图有显示）给喷炭罐充气，待罐内压力达到设定压力，主吹电磁阀（松料阀）打开，出料阀1打开，变频器启动，喷炭开始进行。

（6）2号罐喷炭停止。按下2号喷炭停止按钮，关闭出料阀2，关闭主吹电磁阀，关闭变频器停止给料器。

（7）检修模式。将左边柜门上的三位转换开关转换到检修位，检修指示灯亮，将1号罐（或2号罐）的二位钥匙转换按钮转换到手动位，将十二位转换开关到下列位置，按下单动启动或单动停止按钮，分别可打开或关闭下列阀门：

1）转到1：按单动启动，打开充压阀，按单动停止，关闭充压阀；

2）转到2：按单动启动，打开放气阀（减压阀），按单动停止，关闭放气阀（减压阀）；

3）转到3：按单动启动，打开主吹阀（松料阀），按单动停止，关闭主吹阀（松料阀）；

4）转到4：按单动启动，打开辅吹阀，按单动停止，关闭辅吹阀；

5）转到5：按单动启动，打开插板阀（上加料阀），按单动停止，关闭插板阀（上加料阀）；

6）转到5：按单动启动，打开气动插板阀（上加料阀），按单动停止，关闭气动插板阀；

7）转到7：按单动启动，打开气动蝶阀（下加料阀），按单动停止，关闭气动蝶阀；

8）转到8：按单动启动，打开气动放散蝶阀，按单动停止，关闭气动放散阀；

9）转到9：按单动启动，打开阀出料阀1，按单动停止，关闭出料阀1；

10）转到10：按单动启动，打开阀出料阀2，按单动停止，关闭出料阀2；

11）转到11：按单动启动，启动变频器，按单动停止，关闭变频器。

（8）试灯。按一下试灯按钮，模拟图上所有指示灯亮。

(9) 自动手动转换开关。当该钥匙转换开关转换到自动位时，所有手动操作均无效。

注：只要就地操作箱上三位选择开关转到哪个罐，那个罐的出料气动球阀 2 及辅吹电磁阀就打开，在上位机上将如此。

10.9.4 主控室电脑上人机界面的操作说明

电脑人机界面上的画面主要是喷炭系统简图，每个喷炭罐设置有 8 个按钮：Off、Start、Fill、Fill off、Low、Hight、E-Stop、Reset。

Off：该罐停止按钮，按下此按钮后，该无法进行操作。

Start：该罐启动按钮，系统方允许该罐操作。

Fill：自动加料按钮，按下此按钮，该罐进入自动加料模式（前提是转换开关转换到另一罐）。

Fill off：自动加料停止按钮，按下此按钮，加料停止。一般情况下，加料至上料位计料满后，加料过程自动停止。

Low：低模式喷吹按钮，按下此按钮，采用低模式喷炭。

Hight：高模式喷吹按钮，按下此按钮，采用高模式喷炭。

E-Stop：急停按钮，按下此按钮，该罐电源切断，所有阀门全部关闭。

Reset：复位按钮。

另外还有一个转换按钮，转换到 1 号罐，1 号罐可以进行喷炭操作及高或低喷炭模式操作，但不能进行加料操作；转到 2 号罐，2 号罐可以进行喷炭操作及高或低喷炭模式操作，但不能进行加料操作。

注：转换按钮转到 1 号罐，1 号罐的出料阀 2 及辅吹阀打开，转到 2 号罐，1 号罐的出料阀 2 及辅吹阀关闭，2 号罐的出料阀 2 及辅吹阀打开。

注意：

(1) 当转换开关从 1 号罐转换到 2 号罐时，需要人工将炉前喷炭管上的 1 号炭管的球阀关闭，将 2 号罐的炭管球阀打开；反之亦然。

(2) 当需要将转换按钮从 1 号罐转到 2 号罐之前，必须是喷炭操作停止半分钟以上，否则可能造成炭管道堵塞。炉前炭管上的手动球阀也是需要喷炭操作停止半分钟以上（辅吹管道半分钟以上）。

11 现代电炉冶炼过程脱除有害杂质操作技术

11.1 脱磷操作技术

11.1.1 磷在钢中的作用

对于绝大多数钢种来讲，磷在钢中的存在是有害的，这主要体现在磷能够使钢产生“冷脆”现象。

由于磷元素能够完全溶解于铁素体，在浇铸过程中能够显著扩大两相区，使钢液凝固时的选择结晶进行得很充分，即先结晶的钢中磷的含量很低，而最后凝固在晶界处的磷含量很高，形成 Fe_2P 的脆性夹层，从而导致钢的塑性和冲击韧性大幅度地降低，这种现象在低温时的危害尤为明显，通常称为冷脆。试验表明，随着钢中碳、氧、氮含量的增加，磷的冷脆危害加剧。磷的含量还会使钢的焊接性能变坏，冷弯性能变差。目前超高功率电炉生产的钢种，一般的要求是钢种的磷含量小于 0.020%。

从另一方面讲，磷的存在对于钢的某些性能是有益的，这主要体现在：

（1）磷能够提高钢的强度和硬度，它的固溶强化作用仅次于碳，所以在一些特殊用途的钢中，磷是当作合金元素使用的。在一些低碳镀锡薄板中，磷的含量有的控制在 0.08% 左右。

（2）磷的存在可以提高钢的抗腐蚀能力。在一些耐候钢中，磷含量在 0.08% ~0.13%。为了抑制磷的冷脆危害，钢中加入一些特殊的元素，如 RE。

（3）磷的存在可以提高钢的切削能力。所以易切削钢中的磷含量较高，有的在 0.09% 左右。

（4）磷可以改善钢液的流动性。在一些铸造钢中，利用增加钢中的磷含量改善钢水的流动性是一种有效的手段。

（5）利用增加钢中的磷含量，来增加钢的冷脆性能，用来制造炮弹钢，可以提高杀伤力。

11.1.2 电炉冶炼过程的脱磷

目前电炉炼钢脱磷最有效的原料是 BaO，最常见的是 CaO 和 BaO 的搭配使用，主要用于不锈钢的脱磷冶炼以及精炼过程的脱磷，CaO 普遍应用于大多数钢种的冶炼。一般情况下，电炉采用石灰和白云石作为脱磷使用的渣料。熔渣结构的分子理论认为，磷在渣钢间的分配系数和渣中的 FeO 和 CaO 的活度有直接的关系，渣中的 FeO 的作用是将磷氧化为 P_2O_5，是去磷的必要条件，渣中的 CaO 的作用是与 P_2O_5 结合生成稳定的磷酸盐固定在渣中，单方面地增加 FeO 或者 CaO 都会削弱对方的作用而影响脱磷的总体效果，二者之间存在着动态的平衡关系。

脱磷反应的常见基本表达式为：

$$2[P] + 5(FeO) + 4(CaO) = (4CaO \cdot P_2O_5) + 5Fe \qquad (11\text{-}1)$$

启普曼得出的脱磷反应的平衡常数和温度之间的关系式为：

$$\lg K_P = a_{(4CaO \cdot P_2O_5)} / (a_{[P]}^2 a_{(FeO)}^5 a_{(CaO)}^4) = 40067/T - 15.06 \qquad (11\text{-}2)$$

现代电炉的实际生产中，脱磷主要在熔化期和氧化期的前期完成。脱磷反应主要在钢渣界面进行，脱磷的产物在渣中以高熔点并且稳定性较好的磷酸三钙和较不稳定的磷酸四钙存在。现代电炉采用的强化供氧的措施，熔化期废钢熔化的速度比较快，在大部分废钢熔化以后，熔池形成进入氧化期的期间，熔池的升温速度比较快，影响电炉脱磷最常见的影响因素是相互影响的。在低温阶段，首先是熔池内包括磷在内的非金属元素的氧化，然后是金属活动顺序较强的元素依次氧化，在不同的温度阶段还存在着选择氧化的反应，所以不同的吹炼条件下，脱磷的效果也是不一样的。在相同的原料条件下，自耗式氧枪吹炼条件下的脱磷效果要好于超声速氧枪，超声速氧枪的脱磷效果又好于超声速集束氧枪的脱磷效果。

11.1.3 影响脱磷进行的因素

影响脱磷进行的因素包括：温度、石灰与白云石的理化指标与炉渣的碱度、钢中的硅和锰的含量、熔池内的碳含量、炉渣中 FeO 的含量以及炉渣的泡沫化程度和喷吹炭粉。

11.1.3.1 温度对脱磷影响的实践结果

脱磷反应是一个放热反应，大多数的文献介绍的脱磷的最佳温度是1450~1550℃之间，实践中经过验证认为，在现代超高功率电炉的冶炼中，最佳的脱磷温度在1360~1580℃之间。在1600~1620℃之间，采用良好的操作、诱变反应的应用（这一点在前面有过介绍），也可以使冶炼达到满意的脱磷效果。温度低于1550℃的脱磷操作较容易掌握，但是在此温度下，由于钢液的黏度较大，存在着熔池中的磷向反应界面迁移速度较慢的问题，软熔现象也会导致第一次取样磷的成分合适，二次取样后磷的成分又超标的问题。所以，温度1450~1550℃之间更适合于普通功率的电炉脱磷操作。在超高功率电炉冶炼的条件下，温度在1540~1580℃之间的脱磷操作反应进行得比较彻底，在此温度期间，泡沫渣的马恩果尼效应最强，熔池中的碳氧反应会促使钢中的磷向反应界面转移，脱碳反应的同时伴随着脱磷反应的进行。温度在1600~1720℃，电炉的脱磷操作会有难度，合理地控制操作的方法，脱磷反应也可以顺利地进行。在实际生产操作中，脱磷的温度最佳范围不是固定的，灵活性比较大。

11.1.3.2 石灰与白云石的理化指标与炉渣的碱度对脱磷的影响

现代电炉采用石灰和白云石作为脱磷使用的渣料。采用不同的生产方式生产的石灰，石灰的成分和活性度也不同，这导致了渣料的溶解速度和成渣速度也不相同，加上成分的差异（主要指有效氧化钙含量），会导致脱磷的速度也不相同。使用活性石灰，由于活性石灰中氧化钙含量高，活性度大，成渣速度快，应用于冶炼使操作中会降低脱磷的难度。白云石的加入有两个目的，一是由于镁钙橄榄石 MgO · CaO · SiO_2 的熔点低，可以提高成渣速度；二是增加渣中氧化镁的含量，可以增加炉渣的黏度，提高发泡指数，有利于泡沫渣的稳定，提高钢渣界面的反应能力，增强脱磷的效果。在一些厂家，采用镁钙石灰脱磷，效果就比较好。石灰的加入量在冶炼操作中按照二元碱度的计算方法计算加入，考虑到实际操作中的各种动态影响因素，理论计算碱度保持在2.2~3.5是适合生产需要的，也比较简单实用。有关文献介绍的三元碱度，即$(CaO)/(SiO_2+P_2O_5)$，在废钢等原料缺少化学分析的情况下，利用三元碱度和炉渣磷容量的计算配加石灰的加入量，可以更加精确。从化学反应平衡移动的角度来讲，增加渣料有利于脱磷反应，这一点与提高炉渣的碱度是一个目的。不同碱度下脱磷的实测效果见图 11-1。

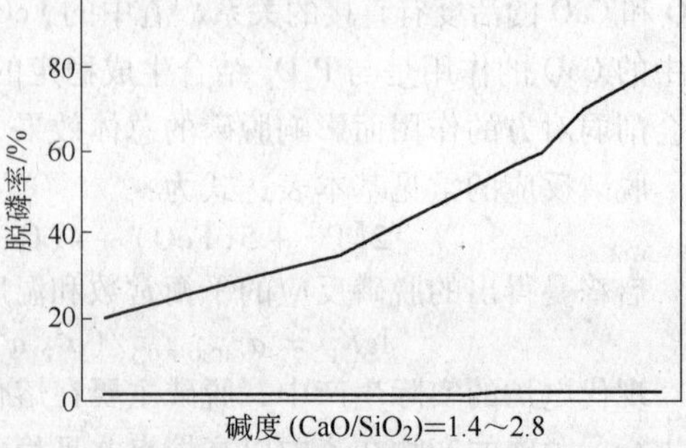

图 11-1 碱度与脱磷率的实测关系

表11-1为冶炼优质钢时的典型渣样分析（出钢要求磷低于0.010%）。表11-2为冶炼普钢的渣样分析（出钢的磷要求低于0.020%）。

表11-1 冶炼优质钢时的渣样分析（%）

炉 号	SiO_2	CaO	Al_2O_3	TFe	S	P	碱度（-）
15	13.57	32.87	3.27	23.01	0.110	0.62	2.422
16	14.32	33.24	3.78	22.68	0.063	0.62	2.321
17	12.24	32.8	3.58	27.87	0.095	0.5	2.680
18	15.84	35.29	3.29	21.00	0.064	0.75	2.228
19	13.31	35.69	2.97	23.14	0.083	0.66	2.681
27	12.74	34.41	2.88	24.80	0.086	0.79	2.701
28	14.78	34.35	3.19	23.70	0.065	0.56	2.324
37	17.2	35.68	2.88	19.26	0.046	0.65	2.074
38	15.37	35.71	3.35	22.43	0.059	0.73	2.323
40	11.92	33.34	2.99	28.37	0.081	0.82	2.797

表11-2 冶炼普通钢种的典型渣样分析（%）

炉 号	SiO_2	CaO	MgO	TFe	S	P_2O_5	MnO	碱度（-）
D05706	17.29	25.12	0.51	20.27	0.065	0.64	6.05	1.48236
D05707	14.98	24.63	1.7	18.24	0.073	0.53	14.42	1.757677
D05722	11.05	22.98	0	33.12	0.076	0.54	5.71	2.079638
D05729	13.51	25.15	0.74	28.29	0.07	0.59	7.29	1.916358
D05731	13.24	25.49	0	27.96	0.075	0.54	5.71	1.925227
D05746	12.04	23.36	0	28.23	0.066	0.51	8.95	1.940199
D05747	12.85	23.39	0	28.21	0.067	0.54	7.98	1.820233
D05752	11.48	21.4	0	36.11	0.062	0.44	5.24	1.864111
D05753	10.96	20.25	1.45	37.03	0.058	0.46	6.05	1.979927
D05765	17.88	22.92	0	25.18	0.065	0.53	7.7	1.281879
D05766	13.24	19.36	0.48	34.02	0.056	0.5	10.13	1.498489

11.1.3.3 钢中硅和锰含量对脱磷的影响

在熔化期，锰元素与氧的结合能力大于铁而小于磷和硅两种元素。所以熔化前期吹入的氧气基本上多数与非金属元素硅和磷反应，然后与锰元素反应。废钢原料中如果带入熔池中的硅含量较高时，会降低炉渣的碱度，影响脱磷的能力。如果原料中带入熔池的锰含量较高，熔池形成后钢中的锰含量大于0.45%以后，在选择氧化的作用下，氧气优先与锰反应后进入渣中，生成的氧化铁较少，所以溶解的石灰量较少。在熔渣中随着（P_2O_5）浓度的增加，脱磷反应的进行将会受到抑制，从而影响了脱磷反应平衡常数的增加，脱磷指数变小。而且炉渣容易发生乳化现象，由于锰氧化的热效应，随着锰的氧化，还会造成升温过快，氧化期经过吹炼以后，熔池中的碳和磷同时超标，需要进一步的吹氧处理。

11.1.3.4　熔池内碳含量对脱磷的影响

合适的配碳量对于脱磷是有利的。这主要是碳的存在，可以降低熔池形成的温度，有利于早期脱磷。在脱碳开始以后，脱碳反应的沸腾作用，可以促使磷向钢渣界面传递，同时脱碳产生的气泡可以增加炉渣的泡沫化程度，有利于提高脱磷反应的速度。需要说明的是，由于熔池内部的钢液运动是湍流，炉渣的运动是层流。由炭枪喷入的发泡剂炭粉只能够引起炉渣的运动，不能够促使钢液运动。配入熔池内的碳氧化以后，既可以引起钢液运动，上升到炉渣中，又可以促使炉渣运动。配碳量过低，会导致沸腾量不足，导致熔池内钢液的磷不能及时的向反应区迁移，影响脱磷效果。配碳过高，渣中氧化铁一般较低，会造成脱磷反应和脱碳反应不能合理的兼顾解决。所以电炉在冶炼低磷钢的时候，配碳量一般小于2.8%，合理的操作，可以实现电炉出钢终点碳在0.2%~0.8%时，能够将磷脱除在0.010%以下的目的。

11.1.3.5　炉渣中的FeO含量以及炉渣的泡沫化程度对脱磷的影响

渣中氧化铁的作用在于溶解石灰和参与脱磷脱碳的反应。一般情况下渣中的氧化铁含量在10%~20%之间比较合适。当渣中的氧化铁含量超过20%以后，会降解渣中高熔点的悬浮物质点硅酸二钙和磷酸三钙，导致泡沫渣质量的下降。实践的结论是，冶炼优钢留碳操作时，渣中氧化铁含量在14%~20%之间可以充分的满足脱磷的要求。冶炼普通钢时，渣中氧化铁含量在16%~30%之间，既可以满足脱磷要求，还可以缩短冶炼周期。

由于炉渣中的硅酸二钙和磷酸三钙是高熔点的化合物，是炉渣泡沫化时气泡的形核质点，所以炉渣泡沫化程度可以直接反应出脱磷的效果。在冶炼高碳钢的时候，应依据炉渣泡沫化的程度，来判断脱磷的好坏。在超声速氧枪和超声速集束氧枪吹炼的过程中，取样以后发现碳低（<0.10%）磷高，在吹渣的同时，向渣面喷吹炭粉，炉渣发泡能够溢出炉门，达到放渣的目的以后，1~5min就可以脱除30%~60%的磷，说明炉渣泡沫化程度对于脱磷反应是很重要的。改变脱磷反应的一个因素，就可以增加化学反应的平衡移动速度，达到脱磷的目的。表11-3是冶炼中高碳钢时的终点成分与渣样分析。表11-3显示了渣中全铁的量和熔池中的终点成分，说明低氧化铁脱磷是可行的。

表11-3　冶炼优钢时的脱磷效果与渣样分析

炉　号	出钢成分/%		渣样成分/%					
	[C]	[P]	SiO_2	CaO	TFe	S	P_2O_5	碱度（-）
06D00015	0.42	0.004	13.57	32.87	23.01	0.1100	0.62	2.422
06D00016	0.39	0.008	14.32	33.24	22.68	0.0630	0.62	2.321
06D00017	0.44	0.009	12.24	32.80	27.87	0.0950	0.50	2.680
06D00018	0.51	0.010	15.84	35.29	21.00	0.0640	0.75	2.228
06D00019	0.29	0.005	13.31	35.69	23.14	0.0830	0.66	2.681
06D00027	0.47	0.008	12.74	34.41	24.80	0.0860	0.79	2.701
06D00028	0.43	0.007	14.78	34.35	23.7	0.065	0.56	2.324
06D00037	0.50	0.009	17.2	35.68	19.26	0.0460	0.65	2.074
06D00038	0.45	0.011	15.37	35.71	22.43	0.0590	0.73	2.323
06D00040	0.19	0.004	11.92	33.34	28.37	0.0810	0.82	2.797
06D00058	0.38	0.009	11.5	34.71	28	0.1300	0.79	3.018

11.1.3.6 喷吹炭粉对于脱磷的影响

喷吹炭粉的主要目的是造泡沫渣，喷入渣层中的炭粉主要与渣中的氧化铁反应，生成一氧化碳气体促使炉渣泡沫化，这一反应为吸热反应，喷吹炭粉的目的是调节泡沫渣的质量，控制喷吹炭粉的目的是调节渣中氧化铁的含量，达到脱磷的要求，由于炭粉可以还原氧化锰，锰可以还原磷酸盐中的磷，反应式可以表示为：

$$(4CaO \cdot P_2O_5) + 2(SiO_2) = 2(2CaO \cdot SiO_2) + (P_2O_5) \tag{11-3}$$

$$(C) + (MnO) = \{CO\} + (Mn) \tag{11-4}$$

$$5(Mn) + (P_2O_5) = 2[P] + 5(MnO) \tag{11-5}$$

所以在保证泡沫渣质量的前提下，减少喷吹炭粉有利于脱磷操作的进行。

11.1.4 提高电炉脱磷操作的主要方法

提高脱磷速度的主要方法有：

（1）合理地配料。现代电炉的脱磷能力一般在50%～80%，保证合理的配料，从源头上保证废钢原料带入电炉的磷含量在一个合理的范围，即废钢铁料配入的磷含量低于0.06%，是减轻脱磷任务的保证。高磷废钢要分为多炉次均匀地加入。最理想的结果是，在冶炼中脱磷的任务随着脱碳的结束而结束。渣料的搭配要合理的根据废钢条件的变化做机动调整。比较典型的是在清除料池底部的时候，碎料和渣滓多的时候，要格外注意调整渣料。我们曾经遇到过在连续冶炼中，终点成分的磷含量一直很低，有一炉次，化验室传过来的磷含量实际为0.07%，操作工误以为是0.007%，出钢以后才发现磷含量超标，导致多次倒包处理以后才避免了一起废品事故。

（2）合理地留渣留钢。合理地留渣和留钢，可以提高吹氧的效率，对于早期的脱磷非常有利。由于留渣中一般含有较高的氧化铁，在兑加铁水时，脱磷的效果尤其明显。

（3）吹炼的控制。在电炉的吹氧操作中，熔化期的强化脱磷，可以把脱磷任务的50%以上在熔化期完成。对于自耗式氧枪来讲，尽量不割料，氧枪吹炉底的局部熔池，超声速氧枪在炉渣没有形成之前，保证合理的吹渣操作，化渣充分以后保证泡沫渣的操作，是脱磷的关键。超声速集束氧枪在炉渣没有形成以前，以中低氧（或者叫低焰中焰）模式吹炼，是很必要的。事实上，不论何种吹炼方式，炉渣没有覆盖钢液的吹炼，不仅不利于脱磷，对于脱碳也同样是不利的。

11.1.5 超声速氧枪吹炼条件下的脱磷

超声速氧枪吹炼条件下（包括集束氧枪），氧气射流可以穿透钢渣深入钢液内部进行脱碳反应，脱碳速度很快，但是脱磷反应主要在钢渣界面进行，所以超声速氧枪条件下的脱磷操作，在多数的情况下适用于自耗式氧枪吹炼条件下的脱磷操作，有些细节略有不同，特别是在冶炼一些低磷钢的时候，需要调整操作，主要有以下几点：

（1）由于在超声速和集束氧枪吹炼条件下渣中氧化铁含量比较低，远远低于自耗式氧枪吹炼条件下渣中的氧化铁含量，所以超声速和集束氧枪吹炼条件下要保证炉渣的二元碱度在2.0～3.0之间，以保证脱磷和脱碳反应的条件同时能够满足。

（2）冶炼过程中需要有必要的化渣时间，这对于造泡沫渣和脱磷脱碳都很重要。这需要在熔化末期调整吹氧量和控制枪位，一般对于超声速氧枪来讲需要提高枪位，以氧气刚好能够射入钢渣面为宜，目测炉盖电极孔无剧烈的飞溅颗粒为标准（或者炉壁进枪孔、烟道、炉盖缝隙处也可以为参照点），吹炼2～5min，时间控制以有脱碳反应的特征开始出现为依据，如烟道或者炉盖孔有碳火出现、熔池内炉渣沸腾正常、泡沫化情况良好等。对于超声速集束氧枪来讲，熔化末期要保持中氧（或者在操作界面上称之为平焰）进行化渣一段时间后改为高氧进行脱碳。

（3）脱碳反应剧烈时，可以适当地调整枪位或者减小吹氧量防止炉渣不被乳化，增加钢渣界面的反应能力。由于脱碳速度过快，钢水冲破炉渣以后，再次进入熔池的过程中，炉渣中弥散铁珠的数量会增加，也会导致乳化现象的发生。

（4）在配碳量低于1.5%时，脱碳至0.10%左右，由于钢中和渣中氧化铁含量基本上达到了石灰大部分熔化的条件，脱碳反应结束后，脱磷反应基本上也能够达到目标值，全程鱼鳞渣或者棉花渣操作，脱磷反应的效果基本上都很理想。

（5）在热装铁水或者生铁量加入量较大的时候，会出现脱碳反应结束后，炉渣没有明显的泡沫化从炉门溢出，如果炉渣的碱度达到了2.0以上，这说明石灰没有完全溶解。这种情况下出现的磷高的几率会比较大，需要格外注意，取样成分中出现磷高后，这种情况下的处理方法如下：

1）测温后根据温度决定送电，如果温度大于1600°C，就可以不要送电，以低氧气流量吹渣1～5min，进行喷吹炭粉，促使炉渣泡沫化，泡沫渣从炉门流出后保持2min左右就可以取样，一般情况下脱磷的时间可以控制在5min以内完成。

2）测温后如果温度在1580℃左右，可以低档位小功率送电，这样有利于化好炉渣，依照以上的操作就可以满足脱磷的需要。

3）多数的文献介绍低温有利于脱磷，事实上温度在1600～1700℃之间，依照上面的操作，脱磷反应仍然可以达到目标。只是存在高温带来的各种危害，如溶解氧在钢中大幅度上升、对炉衬的侵蚀严重等。

4）如果取样温度在1540℃左右磷高，就要考虑尽量不让炉渣溢出，进行全程的泡沫渣升温操作，脱磷反应基本上在终点可以达到要求。

5）如果取样后碳过低，在0.05%以下，根据脱磷反应的方程式可以知道，增加氧化铁含量会抑制脱磷反应向正方向移动，所以间歇性地以氧气吹渣，大流量的喷炭会促使炉渣泡沫化，加速脱磷反应的进行。这种情况下，炉渣泡沫化良好后1～5min，也可以完成脱磷操作。

（6）在超声速和集束氧枪吹炼条件下，保持合适的配碳量，控制好泡沫渣是简化脱磷操作的关键。根据炉渣情况控制喷炭量，点动喷炭和减少喷炭量防止炉渣返干对于脱磷操作是最重要的一点。

（7）合适的留钢留渣量对于脱磷反应有积极的意义。

（8）在冶炼新炉役第一炉时，由于没有留渣留钢，炉渣不能充分化好得几率较大，所以在开新炉役第一炉时，石灰量要加大，比正常冶炼要多1/3～1/4，冶炼时要把脱磷操作作为重点。

（9）在碳高磷高的情况下，如果碳含量在0.2%～0.8%，一般情况下，造泡沫渣脱碳结束后，脱磷操作也会伴随结束。

（10）冶炼末期，如果炉渣碱度不够，炉料中带入的磷较高时，也会引起磷高。具体判断为：

1）炉渣从炉门溢出时，炉渣黏度低，炉渣表面有暗黑色物质或者颗粒存在（我们的化验分析证明是未溶解的氧化镁颗粒），二元炉渣碱度一般低于1.8。

2）冶炼过程炉门没有明显的炉渣溢出，冶炼结束后炉渣较稀并且少，化渣操作和喷炭操作处理后，炉渣的泡沫化情况仍然不好，停电从炉门观察没有未溶解的石灰存在。

这种情况下如果磷高于成分控制的范围，可以按照前面所述的方法操作，控制好反应平衡移动也可以达到脱磷的目的，如果达不到需要就要进行补加石灰的操作。在补加石灰后按照前面的步骤，待炉渣泡沫化2~5min后就可以取样化验，直到成分合适，如果出钢成分中磷的成分在靠近成分范围5个以下，出钢时，要避免下渣，防止下渣回磷。实际生产中，我们测得的炉渣下渣回磷的数值在0.003%~0.010%之间，调整成分时，合金和脱氧剂也会带入一定量的磷。

11.1.6　磷高以后的特征和处理

在冶炼过程中，炉渣的状况可以直接反应出脱磷的效果和判断熔池内磷含量的大概范围。磷高的炉渣特征主要有炉渣乳化、炉渣返干和炉渣一直较干、碱度不够引起的炉渣较稀、锰高引起的脱磷困难。

11.1.6.1　炉渣长时间乳化引起的磷高

乳化现象是指气体、渣料、金属液滴三相相互作用后的乳化。乳化液的概念是：一种液相中含有另一种液相的小微粒，如果相邻液滴之间的距离足够大，液滴间能够独立运动，这样的体系称为乳化液。出现这种现象主要是由于吹氧压力过大和过小，常见于吹氧流量大于5500m^3/h或者小于3000m^3/h，操作控制不当引起的。主要原因是炉渣没有及时形成，吹入的氧气首先与硅锰等元素优先反应，生成氧化物进入渣中，而渣中的氧化铁较少，氧气压力过大，将导致吹氧过程氧气流冲击钢液导致的飞溅现象加剧，飞溅使部分金属液滴和氧化铁进入渣中，部分进入炉气或者黏结在炉壁后部，渣中氧化铁较少，石灰渣料的溶解没有充分进行，只是部分溶解参与反应，这种熔渣与进入熔渣的金属液滴形成了乳化现象。随着冶炼的进行，为了埋弧，喷入发泡剂炭粉后，炭粉与渣中的氧化铁、氧化锰会发生还原反应，这种现象将会加剧和持续。当氧气流量过小时，虽然飞溅现象在很大程度上减少了，但是由于氧化铁生成速度较慢，也不能促进渣料的溶解，也会产生乳化现象。这种情况下发生乳化现象的几率远远小于前者。这种三相间的乳化现象的危害是影响冶炼脱磷进程的主要因素之一。这种乳化现象的炉渣的表观特征是：炉渣视觉黏度低，流动性接近水渣，呈沸腾的稀“米粥状”，炉渣流出炉门时，有明显的金属液滴，喷炭操作时炉渣中有碳花现象。典型的渣样分析成分为：R（二元碱度）$\leqslant 1.5$，（FeO）$<15\%$。冶炼过程中如果炉渣乳化的时间较长，乳化现象消除以后，炉渣碱度较低。这主要是炉渣乳化以后，钢渣间的物理化学反应能力降低，熔池内部的传质速度下降，部分渣料没有熔化参与反应就从炉门流失了，会造成磷高。

对于乳化现象的处理，前面已经做了介绍，需要说明的是，超声速集束氧枪的吹炼模式下（没有复合吹炼的自耗式氧枪做辅助吹氧手段），乳化现象比较常见，氧化期前面一段时间，保持炉门废钢的存在，避免渣料乳化以后流失很重要。

11.1.6.2　锰含量高以后导致磷偏高的处理

锰高以后，引起炉渣中的氧化铁含量低，在配碳量较高时，炉渣出现返干和乳化引起的磷高比较常见。配碳量偏低时，在炉渣碱度合适时，出现磷高的几率不大。锰高以后导致的乳化现象处理的方法如下：

（1）乳化现象不严重时，氧气流量调至中低档，氧枪距离熔池渣面10~30cm，氧枪与熔池的水平夹角控制在25°~30°之间进行吹渣操作（集束氧枪除外），将炉体摇至最低位（以不从炉门流渣为准），降低供电功率，停止喷吹炭粉的操作，直到乳化现象结束或者有脱碳反应的特征出现（在除尘弯管有碳火出现）。乳化现象严重时，停止送电和吹氧一段时间以后，等待熔池平静，开始以小流量的氧气吹渣，然后流渣操作或者造泡沫渣，再次取样分析后，如果[P]仍然超标，最明智的处理措施是补加渣料。采用自耗式氧枪复合吹炼方式的，可以考虑减少超声速氧枪的氧气流量，以超声速氧枪和自耗式氧枪吹渣，这样可以把炉渣中的铁珠氧化为氧化铁，增加了渣中氧化铁的量，对于解决乳化脱磷比较实用。这种吹渣的操作是基于以下原因的：

1）以较小的氧气流量吹炉渣操作时，氧气吹入渣中会氧化渣中弥散的铁珠，成为氧化铁，增加了渣中氧化铁的含量。

2）以较小的氧气流量吹渣时，一部分氧气会到达钢渣界面，在钢渣界面反应时，钢液表面会大量生成氧化铁进入炉渣，可以实现增加氧化铁的含量。

（2）通知废钢配料间调整废钢中高锰钢的配入量。

（3）如果废钢原料条件特殊，高锰钢较多，无法在较大程度上改变配料结构，合理地增加石灰和白云石的加入量，在熔化前期尽量吹渣和流渣操作，可以降低炉渣中的氧化锰含量和磷含量，有利于后期脱磷反应的化学平衡移动，促进脱磷。

11.1.6.3　炉渣较干和后期返干出现的磷高处理

炉渣较干以及冶炼后期返干，对于脱磷反应都有影响，对于自耗式氧枪来讲，主要出现在配碳量较高的炉次，主要表现为：

（1）有的炉次氧化期开始，炉渣泡沫化情况正常，随着流渣操作和喷炭操作，炉渣出现返干，表现为熔池内炉渣出现龟裂状，裂缝处有钢花溢出，或者钢液面上没有炉渣，钢水呈现“涌泉”状的湍流运动。石灰在靠近出钢口区呈现堆积状态。

（2）部分炉次钢渣一直没有出现泡沫化，喷炭后烟道内的黑色烟尘加剧。

出现以上情况，有效的解决途径有：

（1）钢液面没有炉渣覆盖时，以氧枪离开渣面一段距离，以最小角度沿着钢渣面以较小的氧气流量吹炼，待渣面出现小部分炉渣后，喷入炭粉促使炉渣泡沫化，炉渣泡沫化以后可以提高炉渣的持续溶解石灰的速度，增加吹氧的效率。需要注意的是，炭粉的喷吹要根据炉渣的泡沫化程度增减，避免炉渣的二次返干。在吹炼过程中，可以以较低的送电档位，间歇性地送电化渣。

（2）炉渣较干时，用氧枪离开渣面一段距离，用中低流量吹渣，此时最好不做喷吹炭粉的操作，炉渣完全溶解并且黏度合适以后，加大喷吹氧气的流量，同时喷入炭粉，促使炉渣泡沫化，实现脱磷的目的。

以上的操作对于脱磷和脱碳都有利，也是唯一的解决办法。在此期间根据熔池的温度，以合适的档位送电也是必要的。

超声速氧枪的脱磷操作难度较大，前面已做说明。

11.1.6.4　炉渣较稀出现的磷高

炉渣较稀出现的磷高主要是炉渣碱度不够造成的，或者是炉渣碱度在1.5左右，但是炉渣内氧化铁含量偏高造成的。主要特征如下：

（1）部分炉次在配碳量较低的时候，前期炉渣泡沫化程度勉强在高流量的喷炭的条件下能够埋弧，后期炉渣泡沫化的质量迅速下降。

（2）部分炉次泡沫渣一直不能达到冶炼的要求，炉渣差的时候甚至不能从炉门适量的流出。

出现以上情况导致磷高以后，对于离成分要求不大的炉次，可以根据熔池具体的磷含量和碳含量来决定是否补加石灰。因为补加石灰，对于从料篮加入石灰的电炉来讲，是一种损失，对于有炉顶加料条件的，操作难度就会下降。处理的方法如下：

（1）如果碳含量在0.10%以上，可以造泡沫渣继续吹炼。如果泡沫渣能够持续一段时间，随着熔池碳含量的进一步降低，脱磷反应也会伴随进行，取样后，如果脱磷达到目标要求的最低限度，就可以出钢。需要注意的是，出钢过程要避免下渣，防止下渣回磷。

（2）如果熔池内的碳含量低于0.05%，磷含量离目标值不远，可以考虑增加喷炭量，减少吹氧量，促使炉渣发泡，增加界面反应能力。这是因为渣中的氧化铁含量高，炉渣密度增加，炉渣内部的传质反应能力降低，炉渣中会出现$3FeO \cdot P_2O_5$。随着渣中氧化铁的降低，炉渣脱磷的反应可以进一步进行，待炉渣发泡后，适量流渣后就可以取样，成分合适以后，就可以出钢。

（3）如果炉渣不能够从炉门流出，熔池内碳含量低于0.05%，炉渣增加喷炭流量的操作也不能发泡，磷含量高于目标成分0.005%以上，补加石灰是必须的。补加石灰以后按照前面的操作步骤操作，石灰补加的量正常范围在300～1500kg。

11.1.7 钢液的回磷及其预防

电炉出钢过程中，如果出钢的终点成分磷含量离目标要求在0.005%左右，出钢以后，如果控制不当，出钢下渣，就有可能产生精炼炉到站冶炼时，成分磷含量超标的现象，这一过程叫回磷。需要说明的是，脱氧剂合金本身也是含磷的。此外，在冶炼中高碳钢的留碳操作时，电炉出钢温度过高，炉渣碱度低，炉渣中的氧化铁含量低，在停止冶炼等待出钢的这一段时间，也会出现回磷现象。这里所述的是电炉出钢下渣产生的回磷。

电炉出钢下渣的回磷，是因为电炉的含磷氧化渣进入了钢包，精炼炉冶炼过程中的还原反应，使得炉渣中不稳定的磷酸四钙发生了分解，造成回磷。反应方程式如下：

$$2(FeO) + [Si] = SiO_2 + 2[Fe] \tag{11-6}$$

$$(FeO) + [Mn] = (MnO) + [Fe] \tag{11-7}$$

$$(4CaO \cdot P_2O_5) + 2(SiO_2) = 2(2CaO \cdot SiO_2) + (P_2O_5) \tag{11-8}$$

$$2(P_2O_5) + 5[SiO_2] = 4[P] + 5(SiO_2) \tag{11-9}$$

$$(P_2O_5) + 5[Mn] = 2[P] + 5(MnO) \tag{11-10}$$

$$3(P_2O_5) + 10[Al] = 5(Al_2O_3) + 6[P] \tag{11-11}$$

在电炉出钢过程中加入的脱氧剂也会直接还原不稳定的磷酸四钙，产生钢液回磷，反应式如下：

$$(4CaO \cdot P_2O_5) + 5[Mn] = 2[P] + 5(MnO) + 4(CaO) \tag{11-12}$$

$$2(4CaO \cdot P_2O_5) + 5[Si] = 4[P] + 5(SiO_2) + 8(CaO) \tag{11-13}$$

$$3(4CaO \cdot P_2O_5) + 10[Al] = 6[P] + 5(Al_2O_3) + 12(CaO) \tag{11-14}$$

防止电炉出钢下渣回磷的主要操作方法有：

（1）减少出钢量，提前回摇炉体，减少下渣量。

（2）出钢口过大，下渣难免时，出钢时增加石灰的配加量。

（3）电炉出钢下渣以后，钢包要及时地进行泼渣处理。

（4）电炉出钢下渣量较少，泼渣困难时，精炼炉冶炼时增加石灰的加入量，增加碱度后，钢液的回磷现象会减轻。而且碱度较高的炉渣，在精炼炉的还原气氛下仍然可以脱除少量的磷。

（5）电炉终点磷含量离成分要求差距较大，出钢口偏大，容易下渣时，电炉的冶炼要做深脱磷的操作处理，减少回磷对于成分控制的影响。

11.2　脱硫分析和操作要点

11.2.1　硫在钢中的作用

硫在钢中的溶解有着巨大的差异，在液态中能够无限溶解，在固态铁中却溶解很少（溶解的范围在0.015%～0.020%），在钢液凝固时便析出 FeS，熔点为1195℃，FeS 与 Fe 结合，会生成 Fe-FeS 的共晶体，其熔点为988℃，沿晶界呈连续和不连续的网状分布。如果钢中氧化铁含量高，FeS 又会与 FeO 生成共晶，熔点为940℃，由于选分结晶的结果，硫将会富集于最后的凝固部位，加剧了上述共晶化合物的形成。在钢坯热加工时，这些共晶化合物将会熔化，在压力的作用下开裂，形成热脆。在连铸过程中，硫含量较高时，也会表现在铸坯横向裂纹的直接出现。硫在钢中的其他危害主要有：

（1）硫和硫化物夹杂对于钢的力学性能和物理化学性能都有不良的影响，使钢材的横向力学性能，特别是冲击韧性显著降低。

（2）在耐候钢和耐腐蚀钢中，硫化物是引起点腐蚀的根源。

（3）在铁磁性材料中，硫提高铁损，降低了磁导率。

（4）在焊接过程中，硫化锰夹杂会引起焊缝热影响区的热撕裂，降低了钢的焊接性能。

钢中硫的来源主要是生铁、焦炭、铁合金以及渣料和废钢的带入。

11.2.2　电炉冶炼过程的脱硫

电炉钢水的脱硫一般有两种方式：一种是在氧化气氛下的离子交换形式进行脱除，在这种条件下脱除的量很少，总量在20%以下；另一种是在还原条件下脱除，为脱硫的主要方式。对于超高功率电炉来讲的脱硫就是出钢过程的脱硫。脱硫反应在钢-渣界面进行，限制环节为温度和反应的活化能，活化能取决于渣钢间的氧的分配系数。由于在一定的温度下，钢水中溶解的氧与碳的含量存在着以下线性关系：

$$[O][C]=0.0025K_1 \tag{11-15}$$

$$[C][S]=0.011K_2 \tag{11-16}$$

由此可以推出$[S]=4K[O]$，其中，K_1、K_2 为温度系数；K 为反应系数。通过以上的分析可以定性地认为脱氧的过程也一定伴随着脱硫反应的进行。

对超高功率电炉来讲，大氧气量的泡沫渣操作，脱硫的操作相对比较容易，面对硫高的操作，传统的处理方法是在 LF 内进行主要的脱硫操作。如果电炉出钢以后，精炼炉到站成分中的［S］过高（实际生产中我们遇到过精炼炉第一个成分中的硫含量大于0.12%），冶炼质合金钢时，时间长，而且效果不能达到最优。冶炼低合金钢的时候，因为影响脱硫反应进行的活性元素［Si］和［Mn］的含量较低，造成脱硫操作时间长产生的各种事故。严重的炉次会导致脱硫操作时间长，连铸断钢水停机的事故。所以，目前强化电炉出钢过程的脱硫是一种节能降耗的有效手段。电炉出钢脱硫的优点在于：

（1）电炉出钢过程中，是钢渣间脱硫反应最好的时机。

（2）利用电炉出钢脱硫，良好的控制可以在2~5min的时间，脱除50%以上的硫，脱硫速度是精炼炉脱硫的数倍以上。

（3）可以减少精炼炉的压力，为钢水的精炼提供更大的缓冲力。

（4）电炉出钢过程的脱硫操作，可以促使钢中夹杂物及早地上浮排出，有利于提高钢水的质量。

电炉出钢过程的脱硫反应可以分为合金钢的脱硫以及低碳铝镇静钢的脱硫两种。

11.2.3　冶炼合金钢出钢过程的脱硫操作

在电炉出钢脱氧合金化时，由于出钢过程中加入一定量的脱氧剂和合金，在脱氧的时候伴随脱硫反应的进行。反应的步骤为：

（1）钢液中的硫化物首先向钢渣界面扩散进入渣中：

$$[FeS] \longrightarrow (FeS) \tag{11-17}$$

（2）渣中的FeS与游离的CaO产生反应：

$$(FeS) + (CaO) = (CaS) + (FeO) \tag{11-18}$$

从以上方程式可以看出，减少渣中氧化铁的含量，对于脱硫反应的影响很重要。电炉出钢过程中，由于钢渣混冲，反应界面大，还会发生以下的反应：

$$[FeS] + (CaO) + C = (CaS) + [Fe] + CO \tag{11-19}$$

$$2[FeS] + 2(CaO) + Si = 2(CaS) + (SiO_2) + 2[Fe] \tag{11-20}$$

$$3[FeS] + 2(CaO) + (CaC_2) = 3(CaS) + 3[Fe] + CO_2 \tag{11-21}$$

$$3[FeS] + 3(CaO) + 2Al = 3(CaS) + 3[Fe] + (Al_2O_3) \tag{11-22}$$

电炉冶炼合金钢出钢脱硫的主要操作有：

（1）电炉冶炼过程中，如果是中高碳钢，尽量采用留碳操作，降低渣中的氧化铁含量，减少钢中的溶解氧和渣中的氧化铁含量，以减少出钢过程的脱氧难度。

（2）在冶炼低碳合金钢时，增加炉后脱氧的电石、精炼剂的使用量。出钢过程中，电石和精炼剂随钢流加入，加入量可以根据具体情况，如电炉终点碳含量的成分决定，防止因为加入电石和精炼剂造成碳高的事故。

（3）避免电炉出钢过程的下渣。这一点可以通过修补出钢口和更换出钢口、冶炼过程中适当的流渣、出钢过程中通过减少出钢量、提早回摇炉体实现。

（4）适当地提高出钢温度，保证钢包内的温度在1560℃左右。这对于石灰的熔化和脱硫比较有利。

（5）控制好氩气的搅拌强度，使钢渣能够强烈地混冲，出钢结束2min左右减少氩气的搅拌强度。

（6）适当增加出钢过程的渣料加入量，调整好萤石的量。

如果电炉下渣量较大时，就要减少吹氩的流量，出钢后进行泼渣处理，在电炉大量下渣以后，脱硫率一般很低，不超过20%。表11-4为一座70t电炉出钢脱硫的技术统计。

由以上的分析可以清楚地看到，电炉出钢过程中钢水中的碳浓度和脱氧精炼渣，出钢温度和电炉下渣量决定了脱硫的效率。初渣的碱度（以合金中硅的氧化量和下渣量计算得出）在1.5~2.0之间，对于脱硫的比较有利，这和渣钢间的硫的分配系数 $L_S=(S\%)/[S\%]$ 的计算是一致的。温度的影响表现为渣料溶解的速度加快，有利于脱硫反应的进行。所以在生产中，在炉料硫高的时候，采用增加炉后脱氧剂的使用量的方法，脱硫的效果在40%以上，个别炉次的一次脱硫率虽然没有达到预期目标，但是对在LF工位的白渣脱硫十分有利，达到了生产匹配时间的要求。

表11-4 70t电炉出钢过程脱硫操作的实验数据

出钢[S]/%	出钢温度/℃	电炉终点[C]/%	合成渣和石灰加入量/kg	出钢时带渣量/kg	LF初始[S]/%
0.087	1630	0.056	250/400	≤100	0.048
0.063	1620	0.068	250/450	≤100	0.052
0.074	1630	0.045	150/450	≤100	0.038
0.066	1610	0.078	110/400	≤100	0.064
0.089	1625	0.08	80/400	120	0.081
0.069	1625	0.056	100/400	120	0.053
0.057	1610	0.068	150/400	120	0.042
0.088	1640	0.086	250/400	120	0.038

11.2.4 冶炼低碳铝镇静钢的脱硫操作

低碳铝镇静钢主要是板坯冷轧深冲用钢，典型的有SPHC、08Al。这类钢中的主要成分是C≤0.10%，Si≤0.03%，Mn≤0.4%，钢中的酸溶铝的含量为0.020%~0.045%。冶炼此类钢时，最大的难度在于钢中气体含量的控制和脱硫的操作。含硫较高的电炉钢水在精炼炉脱硫操作，不仅会增加钢水吸氮的风险，而且会造成钢液硅含量超标。冶炼此类钢成功的关键就是弱化精炼炉的操作，加强连铸的保护浇铸操作。此类钢种电炉脱硫的反应主要以式11-21和式11-22的反应为主，关键操作主要有以下几点：

（1）冶炼此类钢时，从原料入手，减少配入电炉的硫含量。采用兑加铁水、直接还原铁等低硫的原料。

（2）电炉出钢时，采用“定氧留碳”操作，争取终点［C］为0.04%~0.065%，根据定氧仪测出的氧含量配加铝铁或者铝块，将电炉出钢的全铝控制在0.04%~0.06%。

（3）电炉的出钢时间要保证在120s以上，保证有必要的脱硫时间。如果出钢时间在120s以内，就要考虑修补或者更换出钢口。

（4）电炉的出钢温度控制在1630~1650℃，保证石灰能够熔化参与反应。钢包出完钢以后到达精炼炉的初始温度保持在1560℃左右。

（5）出钢前加入低熔点的预熔渣 $12CaO \cdot 7Al_2O_3$（熔点为1455℃），以增加去除脱氧夹杂物的能力，同时可以有效地促进石灰的溶解。

（6）出钢时加入一定量的石灰，石灰的加入量要保证电炉出钢后，钢包内的炉渣碱度 $CaO/Al_2O_3=2.0\sim2.5$。为了促进石灰的溶解，可以配入少量的萤石。由于萤石里含有 SiO_2，

加入过多会造成 SiO_2 里的 Si 还原进入钢中。

(7) 仅仅靠铝脱氧促进脱硫反应是不够的，这种方式的脱硫和采用电石脱硫的方式联合使用，脱硫效果会更好。电石的加入量可以根据终点碳含量来决定。电石随钢流加入，效果是最好的。

(8) 增加搅拌气体的流量，促使钢渣剧烈搅拌脱硫。这时候考虑钢液吸氮会顾此失彼的。出钢结束后 1min 调小搅拌气体的流量。

(9) 冶炼此类钢脱硫最大的危害就是出钢下渣或者带渣，控制好出钢下渣和带渣很重要。出钢下渣和带渣以后，进行泼渣处理对于精炼炉的脱硫很重要。

(10) 在过吹严重的条件下，即使没有带渣（因为精炼炉的初渣渣中氧化铁含量较高），出钢以后泼出一部分氧化渣以后进行精炼，对于精炼脱硫反应很有利。

11.3 脱氮分析和操作要点

11.3.1 氮在钢中的作用

短流程生产线与长流程生产线相比，一个主要的区别就是，短流程生产线的氮含量比长流程的要高 0.003% 以上。氮在钢中起着双重作用，既有有益的一面也有有害的一面，主要的负面影响有：

(1) 应力时效。对于低碳钢，氮可以导致时效和蓝脆现象。时效现象通常是发生在 100 ~ 200℃之间，但事实上当氮是以间隙状存在时，应力时效可在室温下进行。这种现象对要求有良好深冲性的薄板钢产生危害，也降低了冷轧结构钢的断裂韧性。氮在 α 铁中的溶解度在 590℃时达到最大，约 0.1%，在室温时则降至 0.0015% 以下。当将氮含量较高的钢自高温较快地冷却时，铁素体就会被氮“过饱和”。如果将此钢材在室温下静置，随着时间的延长，氮将逐渐以 Fe_4N 的形式析出，将会引起晶格扭曲，这虽然能使钢的强度和硬度上升，但是塑性和韧性下降，这种现象称为时效，或者称为时效老化或者时效硬化。钢中自由氮含量越高，时效现象越严重。

(2) 降低钢的成形性。钢中的自由氮形成固溶体，造成固溶强化，加上时效作用，使钢的塑性和韧性降低，冷加工性能下降。为了减少氮的固溶硬化作用，需加入与氮结合能力强的元素 Ti、Al、B 或 V 形成氮化物。这种类型的典型钢种是 IF 钢。

(3) 降低钢的高温韧性和塑性。氮含量影响着结构钢的生产。已经证实氮促进钢水连铸时铸坯开裂，这是由于 AlN 的析出是在奥氏体边界上，减少了连铸过程中产生的应力的释放。因为氮高造成的连铸裂纹可通过加入一定的钛来降低自由氮含量，可以得到良好的效果。降低钢中的残铝量是解决裂纹问题的方法之一，最好的途径是把铝和氮同时降下来。

(4) 破坏钢材的焊接性能。氮对 HSLA 钢的焊接性能的影响比较大。在氩弧埋弧焊管线钢时，存在较大的焊接冲稀作用，影响焊接质量。焊缝的氮含量取决于母体的氮含量。母体的氮含量越高，焊缝的氮含量越高。即使氮在母体中以氮化物形式存在，氮的传递依然存在。氮含量越高，钢的脆性转变温度升高，韧性下降。韧性降低的原因是由于有益的针状铁素体数量随氮含量增加而减少造成的。因此，降低母材中的氮含量是提高钢的焊接性能的唯一办法。

此外，钢中的氮还会使镇静钢铸坯产生皮下气泡，降低磁导率、电导率，并且增加矫顽力和磁滞损失等。

氮在钢中的有益作用分别如下：

(1) 增加强度。尽管氮在铁素体中的溶解度不高，但是氮能显著提高钢的屈服强度。氮的溶解度每增加0.01%，钢的屈服强度增加50MPa，远远比其他固溶强化剂（如P、Mn）的效果好。氮在奥氏体不锈钢中溶解度很大，氮的强化是由于生成氮化物而引起的沉淀强化。因此，氮可作为不锈钢的一种有价值的固溶硬化剂。在高铬钢中，氮的固熔强化作用能使钢的强度提高，塑性几乎没有降低。

（2）晶粒细化。晶粒细化是在热处理过程中由氮化物粒子提供的。正火钢中析出的细小AlN，是非常有效的晶粒细化剂，它能够阻止奥氏体的长大。

（3）表面渗氮或碳氮共渗。渗氮或碳氮共渗的作用是增加耐磨性、硬度、疲劳强度、红硬性及抗腐蚀性。由于渗氮在钢件表面形成ε相（含氮8.1%~11.2%的Fe_2N），它硬度极高，耐磨、耐蚀性能好，其次是$\varepsilon+\gamma'$也具有良好的耐蚀性。在合金钢的氮化层表面除存在铁氮化合物外，还有一定数量的合金氮化物如AlN、CrN、MoN、TiN等。这些氮化物，特别是AlN具有较高的硬度，它们非常细小且分布在回火索氏体基体上，从而大改善基体的表面性能。碳氮共渗的效果更好，处理时间更短。

（4）耐腐蚀性。氮在奥氏体不锈钢中有三大作用：耐高温性能增加、增加强度、抗腐蚀能力增强。氮含量增加，不锈钢抗点蚀的能力会增强。

所以，在一些钢中氮是作为合金元素加入的。

11.3.2 钢中氮的来源和存在形式

氮主要由以下形式进入钢液：

（1）铁水。铁水中通常含有0.004%~0.01%的氮。这主要是由于铁水氧含量低，高炉风口处的氮气分压较高造成的。

（2）废钢带入。

（3）渣料和合金带入。它以溶解的形式或以空气组分（在缝隙和块料之间的空隙里含有的氮）带入的。

（4）焦炭带入。这在以焦炭为配碳原料的电炉特别明显。

目前开发的直接还原铁等新铁料含氮量较低，是稀释氮含量的良好原料。采用废钢预热的电炉，在预热阶段，一些含氮的化合物以及附着在钢铁料表面的含氮有机物和无机物，会在200~800℃的高温条件下分解后随烟气排出，所以采用废钢预热的电炉脱氮比没有采用废钢预热的电炉要容易。

氮在液态钢水中的存在形式有两种：

（1）自由状态的氮原子［N］。自由状态的氮原子［N］在液态钢水中由气体溶解进入或者电离后进入：

$$\frac{1}{2}N_2 = [N] \tag{11-23}$$

影响自由氮原子在钢中溶解的因素有：气相氮分压、温度、钢中化学成分。氮在钢中的溶解是一微弱的吸热反应，因此温度升高，氮在钢中的溶解度增加。在炼钢过程中温度的变化不大，因此氮在钢中的溶解因为温度的变化而变化的量较小，一般可以不用考虑，影响氮在钢中的溶解度的最大因素是氮的实际分压。实际分压与平衡分压的差距越大，氮的传质速率越大，所以电炉炼钢保持炉膛的微负压操作是防止钢液吸氮的一个主要措施。

（2）结合状态的氮离子（如AlN、TiN）。这主要是有原料中以各种氮化物形式带入的。

11.3.3 电炉冶炼过程的脱氮

脱氮主要是利用脱碳反应过程在钢液内部产生的CO气泡上升来实现的，氮在钢液内部的分压很小，产生的CO气泡好比一个真空室，氮和氢遇到CO气泡后，就进入CO气泡内，随CO气泡的上升而上升去除。目前国内对于钢液脱氮的研究已经达到了一个很高的高度，研究认为，在钢中自由氧含量在0.02%以上，钢液基本上不吸氮，这是由于钢渣界面的氧化铁的作用阻碍了氮的扩散吸收。但是随着温度的升高，大于1650°C以后，这种作用将会消失，钢液吸氮的作用将会明显。同时研究发现钢中硫含量在0.035%以上钢水基本上也不吸氮。这两点在我们的实践中得到了充分的证实。目前电炉生产低氮钢主要是利用提高配碳量，增加熔池的沸腾量来实现的，从另一方面，利用含氮低的原料，如直接还原铁、碳化铁等来稀释原料中的氮含量。

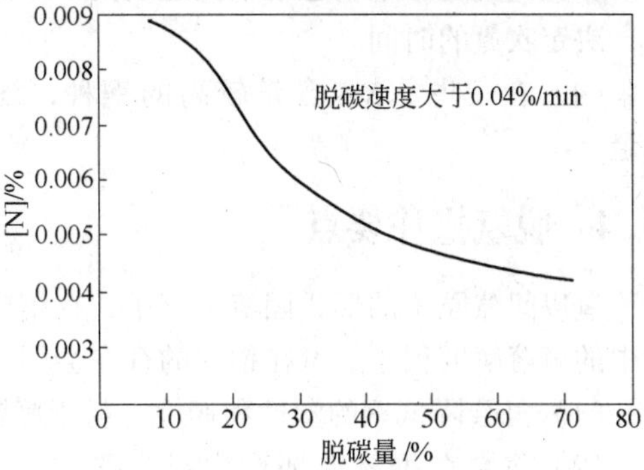

图11-2　钢水终点的氮含量和脱碳量之间的关系

操作过程的控制要点主要有：

（1）保证一定的脱碳量和脱碳速度。钢中氮含量和脱碳量的关系见图11-2。由图可以看出，脱碳反应的量越大，钢液脱氮的效果越好。

（2）缩短冶炼周期。冶炼周期越长，钢液吸气的几率越大，这与冶炼时间长，送电时候的泡沫渣质量不好，脱碳反应速度慢，钢液裸露的几率大都有关系。

（3）冶炼过程中，尽可能地关闭炉门，保持炉内气氛呈现负压状态，减少从炉门进入炉膛的气体量。

（4）保持全程泡沫渣操作。因为熔池内碳含量大于0.20%，钢液就有可能吸氮，良好的泡沫渣可以分割炉气和钢液的接触，减少电极区电极电离炉气导致钢液增加氮含量的可能。

（5）控制电炉的出钢温度，争取成分和温度一次同时命中。由于温度高，特别是在冶炼后期，钢中的氧含量在0.03%的时候，泡沫渣的质量下降，钢液吸氮的可能性增加，高温出钢，在出钢过程吸气的几率增加。

（6）在冶炼底氮钢的时候，喷吹炭粉的辅吹气体尽可能使用压缩空气，不采用氮气辅吹。

（7）出钢温度控制在1600～1650℃，保证出钢后钢包内的温度在1560℃左右，减少精炼炉送电提温的时间，减少精炼炉钢液吸氮的量。

（8）此外，在冶炼一些高合金钢时，为了减少合金带入的氮含量，可以采用合金预热的方式。这种预热可以采用专用的设施或者预先把合金加在钢包内，出钢前在燃气烘烤器下烘烤来减少加合金增加氮的可能性，这在生产中很有效。

在合理的操作模式下，电炉出钢的氮可以达到0.004%左右，接近转炉生产钢种的氮含量。

11.3.4　生产较高氮含量钢种的操作

电炉生产的有些钢种，常见的有非调质钢和部分高强度钢筋，要求氮含量较高，有的要求成品氮含量在0.015%以上，如非调质抽油杆钢FT9780要求成品的氮含量在0.012%～0.018%，含V元素的HRB600要求的氮含量也在0.012%左右，同时要求钢中氢含量要尽可能的低。生产此类钢时，主要的关键操作有：

(1) 电炉的冶炼过程中，首先脱氢脱氮，不能减少电炉脱碳的沸腾量。

(2) 出钢过程中适当增加钢包搅拌气体的量，保证精炼炉钢水的到站温度在钢种的液相线温度40℃以上。

(3) 在精炼炉冶炼的中期取样分析，如果氮含量较低，采用吹氮气作为钢包炉的搅拌气体，吹氮气的过程中钢包的吸氮速度为0.0001%～0.0006/min。综合考虑连铸浇铸过程的吸氮量，决定吹氮的时间。

(4) 在一些要求氮含量较高的钢种，终点微调氮含量时，可以考虑加入含氮量较高的合金。

11.4 脱氢操作要点

氢以间隙原子的形式固溶于钢中，在钢中的溶解度很小，并且随着温度的降低而降低，钢材中的氢溶解度很小。氢在钢中的存在会引起以下缺陷：

(1) 氢会降低钢的塑性和韧性，易于脆断，引起氢脆。

(2) 氢会在钢材内部产生显微裂纹，破坏钢材基体的连续性。由氢造成的微裂纹有两种：在钢材试样横向酸蚀面上呈现放射状的细裂纹，在钢材断口上为银亮色的斑点；氢气泡和显微孔隙在加工时，沿轧制方向上被拉长而形成的微裂纹，前者称为白点，后者称为发纹。

(3) 造成铸坯形成皮下气泡。

钢中的氢来源主要有：

(1) 潮湿的炉料带入，包括潮湿的钢铁料、容易吸水的渣料和脱氧剂，如石灰、电石等。

(2) 油污严重的废钢铁料带入。这类废钢进入电炉以后，油污的裂解会带入一部分的氢。

(3) 一些吸附氢能力较强的合金带入，典型的主要有镍铁。

(4) 电炉冶炼过程中进入熔池的水，包括电极喷淋水、水冷盘渗漏的水。

(5) 锈蚀严重的废钢含有氢氧化铁，也会带入熔池一定的氢。

电炉脱氢的原理与脱氮的原理基本一致，在冶炼一些对于氢含量要求严格的钢种时，除了增加脱碳量，保证全程的良好泡沫渣操作以外，在源头上杜绝氢的来源。主要措施有：

(1) 不加入含有油污的废钢。废钢铁料中不能带入汽车轮胎等橡胶制品。

(2) 锈蚀严重的废钢要尽量少加或者不加。

(3) 冶炼前检查水冷盘是否有漏水，如果有漏水现象，必须处理好以后才能生产。冶炼过程中减少或停止电极喷淋水的使用量。

(4) 加入的石灰和萤石必须是干燥的，没有储存过期。

(5) 电炉出钢合金化过程使用的渣料、合金要保证没有受潮，如果能够烘烤合金，效果会进一步的改善。

11.5 脱铅、脱锌分析

作为原子量和密度大于铁的元素，铅和锌在钢中的存在将会破坏铁素体的基体和晶格结构，从而影响钢的力学性能。铅和锌还会沉降在炉底，对于底电极和炉底耐火材料造成破坏，所以铅和锌的危害是多方面的。铅和锌的脱除在冶炼操作工艺上也是比较困难的。欧洲由于废钢质量的原因，引起的铅和锌超标的冶炼炉次比较常见，促使在脱铅和锌的操作技术上有了领先的地方。其中德国 BSW 厂的 90t 电炉的技术已经在实际生产中成为了一门成熟的技术，我们在直流电炉中也做过实践，效果也是能够满足生产要求的，在此予以浅述。

由于铅是一种低氧化值状态稳定的元素，在炼钢条件下能迅速蒸发，所以如果钢中铅氧化后，进入渣中，利用发泡剂炭粉能迅速还原并且蒸发，使其进入炉气内排出，达到脱除的目的。其过程可以表示为：

$$PbO_2 \longrightarrow Pb^{2+} \longrightarrow Pb \quad (11\text{-}24)$$

所以在生产中熔清取样后发现［Pb］的成分超标后，首先停止喷炭的操作，增大吹氧的强度和角度，将钢水中的碳氧化在 0.10% 以下，并且剧烈搅拌钢水，提高钢水的温度，促使沉降在炉底的铅通过钢水中的溶解氧氧化后被炉渣捕集，此阶段的操作时间在 2～6min 之间。随后喷入发泡剂炭粉，铅的氧化物很快会被还原剂炭粉还原成铅蒸发进入炉气，达到脱除部分铅的目的。这种方法在新疆八一钢铁股份公司电炉厂的操作中的随机统计中证明，脱除部分的铅在 25% 以上，是一种值得推广的技术。

由于锌的化学性质和物理性质，主要是氧化性和汽化温度与铅比较接近，所以锌的脱除操作与铅的脱除操作是基本一样的，脱除效果更加明显。

12 现代电炉出钢技术

12.1 留钢留渣分析与操作

电炉冶炼过程中不把炉渣全部排出倒入渣坑，而是有意识合理地把一部分炉渣留在炉内，这叫“留渣”；出钢时根据装入量和收得率，只是把大部分钢水出掉，剩余部分钢水留在炉内，这叫“留钢”。“留渣留钢”的技术是现代电炉炼钢采用的一门比较重要的实用技术。美国纽柯公司 Berkeley 厂有两台 160t 的直流电炉，每台电炉都配有两套 80MV·A 的变压器，通电时间 28~30min，冶炼周期 35~40min，每次的留钢量达到 100t，留渣量 10~20t，年产量达到 300 万 t。国内的部分钢厂，留钢量和留渣量达到了电炉出钢量的 1/6~1/3 之间。电炉留渣留钢的技术是近代电炉炼钢采用的一门比较重要的实用技术，这项技术产生的意义和作用是多方面的。

12.1.1 留钢留渣的意义和作用

在直流电炉中，留钢是不能缺少的，留钢作为底电极的一部分，帮助导电起弧，在交流电炉中则是把出钢留钢留渣当作一门综合的技术来应用，其主要的作用有：

（1）留钢留渣对炉底和炉衬有积极的保护作用，既可以减少加料时候废钢对于炉底的冲击，还可以防止旋开炉盖后，炉膛温度迅速下降引起耐火材料的热稳定性的变化。通过恒定的留钢留渣量可以调整炼钢过程中熔池的液面，稳定渣线的位置，对于减少炉底的龟裂和提高炉衬的使用寿命有积极的意义。美国纽柯 Berkeley 厂的直流电炉留钢留渣量最多为 120t，底电极寿命在 600~1000 炉。笔者在一座 70t 直流电炉和一座 110t 交流电炉中，对于炉役寿命较长的冶炼期间的分析证明，合适的留钢留渣量，炉渣的泡沫渣成渣时间比过去提前 2~8min，炉底的侵蚀比平时减少 10%~25%，渣线以下的炉衬镁炭砖部位的侵蚀比平时的减轻 20%。

（2）电炉冶炼周期 1/3 以上的时间是用在熔化期的。氧气与废钢反应有一定的温度要求，并且电炉炼钢过程中 50% 以上的能量是用来熔化废钢的，所以合适的留钢留渣在炉料入炉后，可以迅速使底部的冷料发红，有利于氧枪及早投入工作，对于提高吹氧效率、节省电耗、缩短冶炼周期都有积极的促进作用。留钢留渣技术可以使冶炼过程的化学热的利用率有显著的提高。实践表明，我们在全废钢冶炼时，合适的留钢留渣量可以缩短冶炼周期 3~5min，热兑铁水时缩短冶炼周期 2~6min，吨钢氧耗降低 1.5~4m^3。

（3）由于留钢留渣在炉料入炉后可以预热废钢，所以可以加快电极穿井的速度，对于减少电极的消耗有明显的作用。同时穿井时的高分贝噪声持续时间也得到了减少。如果没有留钢，电炉穿井过程中，电极电弧辐射到炉底，将会加剧炉底耐火材料的侵蚀速度。

（4）由于 EBT 填料的自流率取决于填料上部高黏度液相出现的时间和中部烧结层的厚度，所以，合适的留钢留渣有利于提高 EBT 的自流率。

（5）由于留钢留渣中含有大量的氧化铁和溶解氧，在热兑铁水生产时，可以迅速氧化铁水中的硅、锰、磷、碳，增强石灰的溶解能力，加快成渣速度覆盖熔池表面，减少铁耗，减轻氧化期的脱磷任务效果非常的显著。同时，留渣可以起到替代部分渣料的作用。我们在冶炼操作中，对于留渣量较大炉次，实践中将渣料的加入量减少 100~500kg 后，基本上不影响成分的控制和泡沫渣的成渣操作，主要原因是留钢留渣促进了石灰的溶解，石灰的利用率得到了提高，并且留渣参与了脱磷的反应。

（6）合适的留渣和合理的增大留钢量有利于出钢过程中减少出钢箱部位的钢水产生的涡流现象，对于减少出钢带渣的作用十分的明显。

（7）在高比例的热装铁水操作中，合适的留钢留渣对于熔化期的早期脱碳有积极的意义，可以减轻氧化期的脱碳任务。在超声速氧枪和超声速集束氧枪吹炼的过程中，炉底侵蚀加深后，由于射流达不到穿透钢渣界面，经常出现碳高，冶炼周期延长的事故，在不补炉底的条件下，增加留钢量，可以顺利地解决和弱化脱碳困难的矛盾。

（8）留钢留渣以后熔池内部始终有熔池存在，可以及早形成泡沫渣并且能保持较好的稳定性。

（9）有利于二次燃烧的及时实现。

12.1.2 留钢留渣的负面影响

留钢留渣的负面影响有：

（1）留渣量掌握不当时，在出钢口后期的时候，出钢结束回摇炉体时，容易造成大量的钢渣进入钢包。这种负面的影响可以通过及时地修补出钢口或者更换出钢口得到避免。

（2）留钢留渣过大，对于炉盖旋开加料形式的电炉来讲，热兑铁水时会导致炉门或者炉壁枪孔溢出钢渣的现象发生。这种情况下，兑加铁水需要格外小心，可以通过减少加铁水前的通电穿井时间，加铁水前少吹氧或者不吹氧来消除。对于连续加料的电炉和竖井式电炉来讲，通常铁水的加入是通过炉壁专用的加铁水流槽进行的，由于可以控制铁水的加入速度，情况会有所改善。

12.1.3 合理留钢量的确定

由于超高功率电炉的定义是单位功率大于0.7kV·A/t，电炉快速熔化废钢的速度是由其变压器的输出功率和装入废钢的量二者的关系决定的，对于留钢留渣量较大的炉次，装入量控制在电炉公称容量的中上限，留钢留渣带来的热量和留渣留钢以后化学热的较好利用，可以提高电炉的热效应，可以消除电炉因为增加装入量对于冶炼带来的影响。装入量的确定一般分为以下几种情况来决定：

（1）直流电炉一般的留钢量为公称容量的8%~40%，留渣量根据具体情况来决定，炉役前期，熔池较浅的时候，控制在中下限，炉役中后期，留钢量控制在中上限。

（2）交流电炉的留钢量一般控制在电炉公称容量的5%~40%，留渣量根据冶炼过程的具体情况决定，留钢留渣量的大小根据炉役的具体阶段决定。

（3）竖式电炉和连续加料式的Consteel电炉，留钢量和留渣量可以适当地予以增加，使得废钢铁料的加入始终在有熔池的情况下进行，可以极大地提高吹氧的效率，缩短冶炼周期。

（4）对于有铁水热装的电炉，留钢量可以适当地减小，增加留渣量，可以提高电炉的出钢量，增加台时产量。

（5）采用超声速集束氧枪吹炼的电炉，留钢量和留渣量要偏大一些，对于提高氧枪的利用率、早期造泡沫渣的操作比较有利。留钢量和留渣量偏小，氧气的利用率会下降，氧枪发生火焰发射的几率会增加，不利于冶炼的进行。

（6）对于采用炉盖旋开加料形式的电炉来讲，留钢量过大，加料的时候，容易发生废钢加入时的冲击作用，留钢从炉门溢出的事故，所以留钢量要比竖式电炉和连续加料式的Consteel 电炉要小一些。

12.1.4 实现留钢留渣的操作方法

实现留钢留渣的操作方法包括：

(1) 要保证炉型的合理，熔池与出钢口之间要有一定的坡度和高度，否则出钢时采用留钢留渣的操作以后，出钢结束炉体回摇以后，钢水和炉渣容易从出钢口流出，影响填充 EBT 的操作，而且容易引起安全事故。

(2) 留钢留渣的操作要从冶炼第一炉一开始就要实行，在第一炉冶炼的时候，装入量控制得偏大一些，出钢的时候考虑好吹损量、出钢量、决定留钢量。

(3) 在冶炼中要保证炉渣有较合适的碱度，渣中氧化铁含量不能太高，否则会造成出钢下渣。

(4) 电炉要实现留渣操作，利用留渣操作优化冶炼，炉渣的二元碱度要在 2.0 ~ 2.5 之间为最佳。如炉渣碱度过低，留渣以后的效果产生的负面影响比较大，还不如不留渣操作。

(5) 出钢前炉渣较稀，渣中氧化铁含量较高时，在不吹氧的条件下，利用炭枪向渣面喷吹一段时间炭粉，降解渣中的氧化铁，增加炉渣的黏度，有利于实现留渣的操作。

(6) 冶炼过程中，渣料的加入量要保证，配碳量要合适，否则冶炼过程中由于低碱度炉渣造成的频繁沸腾和炉渣过稀，炉渣乳化，就很难实现留钢留渣的目的。

(7) 连续生产的时候，要根据吹炼的情况决定出钢量，炉门出现跑钢，氧化期发生过大沸腾和炉渣乳化现象的，要酌情考虑减少出钢量，保证留钢量。

(8) 采用较大的留钢量和留渣量，要保证电炉的配碳量和脱碳量，出钢温度要合适，配碳量过低，出钢温度不合适，会有大块废钢没有熔化沉积在炉底，出钢时容易造成下渣，并且这一炉次的留钢留渣产生的效果就会受到削弱。留渣的碱度要合适，较高碱度的炉渣在下一炉次的冶炼中，产生的效果比较明显。

12.1.5 全废钢冶炼时留钢留渣操作的关键环节技术

全废钢冶炼时，我们在 110t 交流电炉（该电炉的设计冶炼周期为 65min）上做了专题的统计，把装入总量控制在公称加入量中上限之间（废钢 + 留钢）以确保功率水平不小于 0.7kV · A/t，然后按照不同的留钢留渣量进行分组分析（每组 20 炉），得到的结果是，留钢量和留渣量越大，冶炼的综合效果越好，结果见表 12-1。

表 12-1 不同的留钢留渣量对于冶炼周期的影响

留钢留渣量/t	≤10	15 ~ 20	15 ~ 25
冶炼周期/min	55	53	48
电耗/kW · h · t^{-1}	406	395	375
氧耗（标态）/m^3 · t^{-1}	19 ~ 37	19 ~ 35	19 ~ 34
铁耗/kg · t^{-1}	1129.2	11342.4	1171.5

冶炼过程中关键的操作主要分为以下几点：

(1) 全废钢冶炼时，留钢量控制在电炉总装入量的 8% ~ 40% 之间；留渣量应该根据出钢口的大小、废钢的料况和成分等具体的情况决定，炉渣碱度较高的时候，大量留渣，并且适量地减少下一炉石灰的加入量，下一炉次冶炼时，炉渣碱度合适时，恢复正常的渣料加入量。炉渣碱度较低时，留渣量控制在渣料加入量的30%～50%之间，并且增加下一炉次的石灰加入量。

(2) 配料的时候将轻薄料加在料篮的底部，配碳用的生铁加在轻薄料的上方，控制大块废钢的加入量，每次加入的大块废钢不超过3块，尽量加在电弧区的热点位置附近，对于尺寸偏小的大块废钢也可以加在炉门区的氧枪吹炼的热点位置。

(3) 吹炼的时候，自耗式氧枪的枪头伸入留钢留渣的局部熔池吹氧，尽量不采用切割废钢的操作，以减少吹炼时的飞溅损失。超声速水冷氧枪可以按照正常的工艺要求和步骤进行操作。熔化期的后期，对于炉门区的大块废钢，采用旋开炉门氧枪，用叉车将大块废钢捣入熔池以后再继续吹炼。

(4) 采用较大留钢量冶炼的炉次，第一批料一般熔化的速度比较快，在炉内废钢熔化大部分的时候，就要进行加第二批料的操作，防止熔池温度过高，加入第二批料的时候，从炉门跑钢水的事故。

(5) 采用较大留钢量的时候，第一批废钢铁料的加入量占总的废钢加入量的70%左右，并且重型废钢在第一批料的时候全部加入，第二批料只加轻薄型废钢和中型废钢，这样的料型结构，在第二批料加入以后，电极可以迅速地穿井到达底部，加速废钢铁料的熔化，进入氧化期。

(6) 氧化期将炉体向出钢的方向倾动在2°～3°之间，不进行专门的流渣放渣操作，只有在炉渣碱度较低，熔池成分中磷含量较高时，才进行专门的放渣操作。渣量偏大的时候做专门的放渣操作。

(7) 冶炼过程中要把控制炉渣的碱度作为首要的关键环节来控制，根据废钢铁料的情况动态地调整石灰和白云石的加入量，避免炉渣碱度过低，引起留渣留钢的操作难度；也要避免渣料加入过多，石灰如不能完全溶解，和废钢黏结在一起形成的难熔冷区，影响冶炼的正常进行。

(8) 电炉冶炼的中后期，严格地根据成分的需要控制吹氧量和喷炭量，防止钢水过氧化引起的出钢下渣。钢水过氧化以后，在出钢前向渣面喷吹一段时间的炭粉，待炉渣的黏度增加以后再进行出钢的操作。

(9) 在炉役后期，炉底较深，冶炼过程中脱碳困难，冶炼周期较长的时候，增加留钢留渣量，最多达到35t，弱化了脱碳的困难，缩短了冶炼周期。

12.1.6 热装铁水的留钢留渣操作

热装铁水的留钢留渣操作包括：

(1) 热装铁水的冶炼的过程中，铁水可以相当于留钢，但是不能等同于留钢的作用，这主要区别在它们对于冶炼过程中成分控制的影响有着较大的不同。

(2) 热装铁水的正常生产中，铁水的热装比例为10%～35%，最佳的留钢留渣量为总装入量的8%～25%。铁水的热装比例小于10%，留钢量和留渣量的控制可以参考全废钢冶炼过程中留钢留渣量的控制，炉役前期，留钢量适当减少，留渣量适当增加。

(3) 铁水的热装比例大于25%以后，电炉的配料可以适当增加大块废钢和重型废钢的加入量，这样可以调整大块废钢的消化和控制熔池温度。

(4) 采用较大的留钢量时，要调整废钢的加入速度，即缓慢打开料篮加入废钢，避免炉内的留钢受冲击飞溅，铁水要尽量提前加入。

(5) 热装铁水的比例大于25%以上的生产时，增大留渣量和减少留钢量，对于增加出钢量、提高台时产量很有利，能够提高生产效率。需要注意的是留渣的碱度必须合适，保持在2.0~3.0之间比较有利于冶炼过程的控制，留渣的碱度过低，留渣的功能将会削弱，甚至会起到负面的影响作用。

(6) 废钢铁料的配加控制，第一批料要保证配加的废钢铁料占全部废钢铁料的70%以上，大块废钢和重型废钢在第一批料全部加入，第二批料只加轻薄废钢和中型废钢，保证第二批料入炉以后，吹氧操作能够很快进入脱碳脱磷的操作阶段。

(7) 采用超声速集束氧枪吹炼的电炉，可以大量留渣，少量留钢，采用高比例的兑加铁水，效果与增加了留钢量的效果差别不大。

(8) 热装铁水冶炼过程中，氧枪的操作以吹熔池化渣脱碳脱磷为主，以提高氧气的利用率和减少脱碳脱磷的负担，缩短冶炼周期。

以下是在增加留渣留钢量以后，一座110t交流电炉和一座70t直流电炉（该直流电炉的设计冶炼周期为47min），热装铁水生产情况的综合分析效果见表12-2。从表中可以看出，由于合理地控制了留钢留渣的量；各项指标在预期的目标范围以内，收到了良好的效果。

表12-2 留钢留渣量对于热装铁水生产的影响（25%的热装比例）

留钢留渣量/t	≤10	5	10~25
冶炼周期/min	>47	46.7	45.6
脱碳命中率/%	90	96	97
冶炼电耗/$kW \cdot h \cdot t^{-1}$	310	274	281
氧耗/$m^3 \cdot t^{-1}$	21~34	15~32	15~31.7
铁耗/$kg \cdot t^{-1}$	1115	1121.2	1104

总的来说，留钢留渣的量需要进行动态的调整，以提高吹氧效率，满足电炉缩短冶炼周期的需要，才是我们追求的目的。

12.2 偏心炉底出钢技术——EBT技术

12.2.1 EBT技术简介

EBT（Eccentric Bottom Tapping）技术是由德国曼内斯曼·德马克公司（Mannecman-Demag）和蒂森公司（Thyssen）在1978年开发成功的技术，这项技术应用于电炉炼钢具有以下的优点：

(1) 可以扩大炉壁水冷的范围。

(2) 能够实现少渣甚至无渣出钢。

(3) 提高了合金的回收率。

(4) 节省了出钢的时间，缩短了冶炼周期。

(5) 与传统的出钢槽出钢方式相比，降低了出钢温度，节省了出钢过程中能量的浪费。

(6) 减少了炉衬和钢包的耐火材料的损失。

(7) 减少出钢时的炉体倾动角度，减轻了机械设备的倾动负荷。一般EBT出钢炉体的倾动角度在-7°~15°之间。

(8) 由于减少了炉体的出钢倾动角度，相应地减少了母线水冷电缆的长度，有利于减少短网的热损失，有利于提高功率因数，有利于节电。

EBT技术是在炉体的后部靠近炉壁20~60cm的炉底增加了一个出钢口，出钢口分为两层，即座砖和出钢口通道砖（也叫出钢砖或者袖砖），出钢砖是装在座砖内的，座砖固定在出钢口部位，四周使用炉底捣打料和炉底耐火材料连接，上部的叫 EBT 顶砖，最下部的叫尾砖。出钢口上方设有一个填料孔，冶炼期间使用耐火材料封堵。出钢口在冶炼期间中间使用填充料填充，底部使用滑板封闭，出钢时将滑板拉开，填充料在重力和钢水静压力的作用下流出后，钢水可以流出实现出钢。有时候钢水不自流时，可以采用在出钢口底部进行吹氧引流操作。滑板采用旋转式或者直线往复式两种机械方式封闭，有气动和液压两种提供动力的方式。EBT 填料应该具有以下的性质：

（1）冶炼期间，EBT 填料作为炉底耐火材料的一部分，必须保证冶炼期间的安全。

（2）应该具备合适的烧结性能，以便形成均匀而较薄的烧结层，使得烧结层既可以防止高温钢水向出钢口下部渗漏，又要保证填料不上浮。

（3）EBT 填料的粒度必须合适，颗粒不能太大，防止冶炼过程中钢水渗透进入填料的内部，出现危险。

（4）EBT 填料在冶炼期间应该分为三层：最上面为高黏度液相层，高黏度液相层下面为烧结层，最下面为松散层。

12.2.2 EBT 出钢的关键操作和控制

采用 EBT 出钢方式进行出钢，最主要的是提高出钢过程的自流率。

自流率影响电炉的作业率、能源消耗、原材料的消耗、安全以及钢水的质量。钢水不自流的危害主要有：

（1）增加了冶炼的辅助时间，延长了冶炼周期。

（2）烧氧操作会给操作工带来氧气回火的可能性，也有可能造成烫伤的事故，增加了安全风险，增加了工人的劳动强度。

（3）烧氧的操作不利于出钢口砖延长使用寿命。

（4）不自流烧氧操作期间，钢包和炉内的温度都会降低，有时候需要通电吹氧提温，增加了热支出，相应增加了炼钢的成本。

（5）烧氧引流期间，钢水的吸气降温，甚至送电加热都会降低钢水的质量。

影响 EBT 出钢过程中钢水自流率的因素主要有：

（1）烧结层强度要足够低，烧结层的厚度要适宜。这是由填充料的自身性能决定的，包括出现液相的最低温度，冶炼过程中液相产生的速度和生成量，出现的液相的黏度，填充料的粒度、导热能力。如果液相不能及时出现，或者及时出现了液相，但是生成的量少或者黏度低，上部填充料被卷走或者浮起，这将会使烧结层出现在出钢口内部或者烧结层加厚。

（2）有足够的破坏力，使出钢口上方的烧结层破坏。由于出钢口上方是一个冷区，如果有未溶解的废钢，或者出钢的温度不高，会导致破坏烧结层的力量减弱，影响自流率，所以目前在 EBT 冷区增加烧嘴是提高自流率的重要手段。冶炼过程中要有一段时间将炉体向后倾动，保证熔池内部的脱碳反应加速 EBT 冷区废钢铁料的溶解，出钢前将炉体向后倾动在一个较高的角度，一般在 +3°左右，以增加自流的可能性，这一点也是出钢连锁条件的内容之一，炉体的倾动角度小于 +3°，出钢桌不能够被激活启动出钢的操作。

（3）下部松散料要顺利地流出，否则会成为烧结层的破碎阻力，影响自流。这一点在修补出钢口的时候尤其重要，修补后要强调清理内腔和 EBT 尾砖。

（4）当冶炼周期较长时，液相不能及时出现，填料上部被卷走，烧结层出现在出钢口内，烧结层加厚，影响了钢水破坏烧结层。

（5）填料的粒度搭配不合理，导致钢液渗入填料内部，导致烧结层过厚。

（6）填料的材料组成成分搭配不合理，填充料的烧结温度过低，导致烧结层过厚，需要长时间的烧氧处理。

提高 EBT 的自流率主要从以下几个方面入手：

（1）提高和改善填充料的材料性质。EBT 填料通常有镁硅质、镁铝质、铬镁质、钙镁橄榄石质等几种。表 12-3 为两种常见的填料的化学成分和物理参数。

表 12-3　填料的化学成分和理化指标

类　别	成分/%					物理参数	
	MgO	Al_2O_3	CaO	Fe_2O_3	SiO_2	堆积密度/$g \cdot cm^{-2}$	粒度/mm
填料一	88.47	0.98	2.4	6.0	0.91	1.74	2~5
填料二	41.85	0.46	0.6	7.7	39.1	1.7	2~5

在使用不同的填料条件下，EBT 的自流率是不同的，如果一种材料的填料自流率一直持续较低，就要考虑材料的配比是否合理，需要调整。

（2）完善填料操作。出钢口正常的填料操作是在出钢口滑板关闭以后，使用 EBT 填料将 EBT 的内腔填满，上方微微隆起，呈现馒头状，这样可以保证 EBT 填料在出现高黏度液相层以后，形成的烧结层厚度比较合适，以利于自流率的提高。如果 EBT 内腔没有填满，烧结层出现在 EBT 内腔，烧结层会加厚，就会影响出钢时的自流，有时候填料过少，甚至会发生出钢口被钢水烧穿的事故。

（3）EBT 填料操作结束时，填料的粒度较大的时候，应该使用钢钎将 EBT 填料捣实，防止钢液渗透到 EBT 填料的内部。

（4）冶炼时间的影响。如果冶炼时间过长，出钢口填料的烧结层就会加厚。一般情况下，为了解决烧结层加厚的问题，通常是提高出钢温度，在高温情况下，烧结层会转化一部分为高黏度液相层，有利于自流或者引流。冶炼时间较长或者停炉时间较长，开炉后出钢的合理温度为 1630~1650℃。

（5）温度的影响。在一些情况下，测温取样后温度接近或者低于出钢温度的下限，为了争取时间，不继续升温出钢的情况下，EBT 出现引流的情况比较多。在生产中要注意超高功率电炉的升温速度是很快的，如果为了节省 2min 低温出钢或许会浪费 20min，所以在冶炼过程中要把握出钢的合理温度，避免出低温钢，出钢前还要观察 EBT 及炉内的冷钢是否完全化完，要保证炉内熔清，提高自流率和成分的命中就十分必要。

（6）合适的留钢量会促使合适的烧结层的出现，有利于自流率的提高。

12.2.3　EBT 常见事故及其处理

12.2.3.1　EBT 堵塞

堵塞物为冷钢、耐火材料以及电极块。EBT 堵塞后一般采用吹氧清理操作，从 EBT 上方的填料孔向出钢口上方的废钢进行烧氧操作，如果是小块冷钢，可以很快地处理后填料冶炼，如果是大块，烧氧操作的时间可能要长。大块废钢堵塞时，沿着废钢较薄弱的区域开始吹氧，采用逐渐扩大的方法比较快捷，如果大块很大，整个大块又很厚，覆盖了出钢口上方较大的面积，可以在出钢口正上方烧氧，同时从下面烧氧，处理的速度会更快一点。采用这种操作时要注意上下之间的配合，注意安全。如果是耐火材料或者是电极块，小块的可以使用钢棒或者钢管做的工具钩开后填料；而大块无法处理的，需要在填料正常冶炼后，利用熔池内钢液的循环冲刷逐渐减少大块的尺寸，直到溶解完。在直流电炉，经常会遇到补底电极的炉底料龟裂后翻起，堵塞在EBT上方。这种情况是没有较好的处理手段的，只有想办法尽快填料，等待堵塞物逐渐溶解变小。处理的方法主要有：

（1）从出钢口下方用撬棒顶开一个空隙，进行填料，这种情况下要确认EBT内腔是干净的。

（2）从下方烧氧，观察氧气烧氧时熔化物的飞溅方向或者没有可熔物时气流的方向，判断缝隙的位置，使用长颈漏斗（见图12-1），采用自然堆角的原理进行填料（示意图见图12-2）。填料前，首先不关闭滑板，填EBT观察，看EBT填料是否从出钢口漏出，如果漏出，关闭滑板进行填料，如果没有漏出，需要继续处理，直到漏出料为止。

以上的操作方法需要格外谨慎，漏料时需要从最合理的部位或者可观察到的部位漏料，填料时需要多填1～3袋，保证烧结层不出现在出钢口内部。从图12-2可以看到，使用漏斗，填料从下部流出漏斗后，堆积的角度大于45°的时候，根据自然堆角原理，填充料会从缝隙向出钢口内腔流进，达到填料的目的。

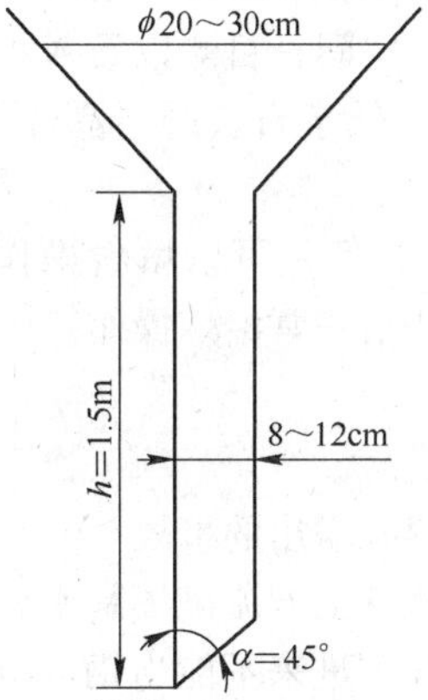

图12-1　事故状态下填料的长颈漏斗（长颈漏斗的长度h不小于EBT填料孔到出钢口上方的距离）

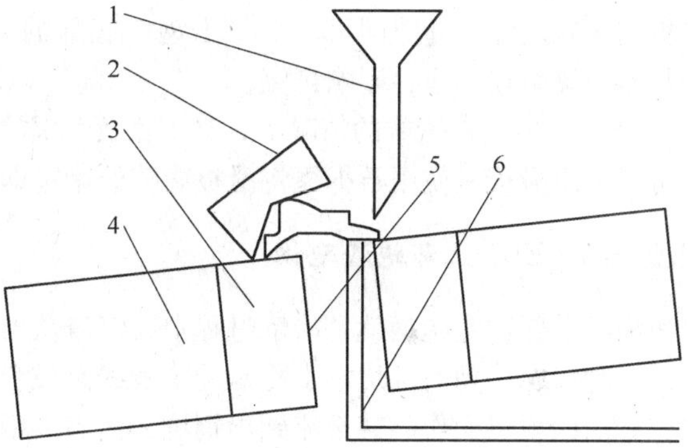

图12-2　事故状态的填料操作示意图

1—填料漏斗；2—难熔废钢或耐火材料；3—出钢口流钢砖（或叫套砖）；4—炉底耐火材料；5—出钢口内腔；6—吹氧管

（3）如果出钢口内嵌有耐火材料，又无法取出，如果耐火材料的尺寸长度小于出钢口的1/2，可以进行不做处理，进行填料冶炼，不过填料要把EBT上部填起，不能留有缝隙。

（4）如果出钢口上方有难熔冷钢或耐火材料，有小部分进入出钢口，不好处理，或者处理也不一定能够处理好，这时候可以不用处理，直接进行填料操作，只需要出钢时提高出钢温度就可以解决了。

12.2.3.2　EBT早期穿钢或穿渣

EBT填料，主要是采用优质的耐火材料，配加复合烧结剂、润滑剂、稳定剂等原料，采用混合设备混合后制成的，有的原料添加无定形炭粉，有的材料制作或者运输保管环节中使填料含有水分，这两种情况都会使气体在填料后从出钢口内腔排出，形成一个钢渣可以到达底部的通道，造成EBT早期穿钢或穿渣。这种情况发生在填完出钢口摇炉加料或者加料冶炼不久后发生，发生这种情况，需要停止冶炼，拉开滑板检查滑板是否烧伤，然后再烧开出钢口后，重新选择填料操作。一般情况下，EBT 顶砖应该略高于熔池，出钢箱的位置应该打结的比熔池高。这种情况发生后的处理过程会得到改善，而且可以有利于防止下渣和 EBT 的修补。

这种情况主要发生在冬季和春季，保持填料耐火材料的干燥和改善填料耐火材料的材质配比很重要，也是预防的唯一途径。

12.2.3.3　EBT 尾砖与滑板间隙过大

EBT 尾砖与滑板间隙过大，填料后出钢口填料从缝隙处漏掉，会造成冶炼过程出钢口穿。

出现这种事故对于生产的影响是很大的，需要更换滑板，有时候穿钢能够烧坏设备，处理时间会长达数小时，杜绝这种事故是电炉出钢的重点工作。这种事故需要以预防为主，在安装滑板后要测试滑板与尾砖之间的缝隙大小，进行调整，直到滑板与尾砖之间的间隙既不影响滑板的关闭和打开，也不能够让填充料漏掉，通常的缝隙是小于 2mm。在填料前操作工要每一炉进行观察，如果缝隙过大，应急的处理方法如下：

（1）在滑板关闭后，现出钢口内腔底部添加少量的石灰，石灰的量盖住出钢口底部，然后添加出钢口填料后正常冶炼操作。石灰的粒度保持在 10～60mm 之间，目测以石灰粒度大于滑板与尾砖之间的缝隙即可，由于出钢口底部的温度小于 500℃，低于石灰的结晶烧结温度，石灰不会烧结在一起，影响自流。

（2）在出钢口堵塞的情况下，从上面无法添加大颗粒的石灰，但是可以填料操作，这时候可以关闭滑板，使用石棉绳将滑板缝隙处堵塞即可进行填料操作后正常冶炼操作。

12.2.3.4　EBT 上部跑渣跑钢

EBT 上部跑渣跑钢就是冶炼过程中，钢渣从出钢口上方的填料孔溢出的事故。

这种情况出现后会烧坏水冷盘的仪表线路或者金属软管，钢渣从上方流满填料平台，影响出完钢后的填料操作。甚至流到出钢坑，沾满出钢车导轨，钢车开不进来不能出钢。所以发现这种情况必须停下来处理好以后，再继续冶炼。产生这种事故的主要原因有：

（1）装入量过大，氧化期为了防止炉门下钢水，炉体向后倾动时间过长，造成炉渣从填料孔溢出。

（2）炉门被废钢或冷炉渣堵塞得比较严重，泡沫渣质量过剩，造成这种情况。

（3）大沸腾产生以后，剧烈的炉气和钢渣的冲击力将 EBT 盖板冲走。

（4）填料结束以后，忘记了封闭填料孔。

这种事故大部分是责任心事故。加强填料结束后，填料孔的维护和封堵，合理控制废钢铁料的加入量，避免大沸腾事故的发生，及时清理炉门，是解决问题的积极方法。

12.2.3.5　出钢口上部出钢砖侵蚀严重穿钢

当出钢口上部砖侵蚀严重，出钢口高度不足原有高度的 4/5 时，需要更换或者修补出钢口，在这种情况下填料操作以后，会造成引流砂上浮 EBT 穿的事故，添加石灰以后，石灰有可能烧结死，EBT 需要长时间的引流操作。这种事故我们已经交了足够的学费。

12.2.3.6　出钢口滑板卡阻事故

出钢口另外的一种常见事故是出钢口滑板卡阻事故。这种事故的表现为出钢口滑板动作慢，或者动作一半以后停止动作。造成的后果是拉开滑板的操作结束以后，滑板拉开速度太慢，或者拉开一半以后，钢水下来直接把滑板烧毁。造成这种情况的主要原因有：

（1）拉开滑板的气动系统压力低。

（2）滑板变形，造成滑板和出钢口下部尾砖摩擦力过大。

（3）EBT 底部出钢以后没有清理彻底，有冷钢渣存在，关闭滑板时，将冷钢渣挤在滑板与出钢口底部的尾砖之间，拉开时阻力增加。

（4）EBT 不平衡，滑板和后部的支撑系统的连杆机构不在一个平面。

预防这种事故的方法主要有：

（1）出钢前仔细检查气压系统的压力，压力低于操作拉开滑板的允许值，就不能冒险出钢。

（2）每次出钢结束以后，将出钢口底部的钢渣清理干净。

（3）滑板和滑板机构产生变形时，不能带病作业，必须更换或修复处理。

12.2.4　EBT 出钢口的修补和更换

出钢口主要在以下情况时修补：

（1）如果出钢时间小于 1.5min 或出钢时下渣量过多或者散流严重时，应进行出钢口修补。此外，出钢口寿命大于 120 炉，底部尾砖侵蚀严重，下部出现喇叭状，出完钢以后底部冷钢难以清理时，也应修补出钢口。

（2）出钢口内腔有伤痕，裂缝的时候，情况严重时也必须修补。

（3）出钢口座砖侵蚀严重时，会导致出钢口穿钢的事故，也要修补处理。

修补出钢口前，应与连铸协调好，以免造成连铸断钢水停浇。同时将修补所需的耐火材料准备好。修补出钢口的材料主要有：

（1）修补出钢口的耐火材料，一般使用铬刚玉料比较普遍，一般 160mm 的出钢口，前期修补，需要 150kg 左右，后期需要 200 ~ 250kg 左右。

（2）特制的圆柱状钢制套筒，也可以是厚铁皮焊合的圆柱状铁皮桶，钢制套筒可以在废钢中找到，也可以用外径等于出钢口内腔的钢管切割加工，厚度为 1 ~ 2cm 左右的最佳，长度不小于出钢口长度。钢管或者套筒不容易变形，而铁皮焊合的铁皮桶容易受热变形，影响修补质量，所以铁皮桶是没有钢桶或者钢管时的替代品。修补前，在套筒或者铁皮桶上面要制作一个中间留有小孔的盖子，防止修补料填料时落入钢桶内腔。

（3）1 ~ 3 个长度在 4m 左右，直径为 4cm 左右的吹氧管。

（4）3 ~ 5 个小桶子，用来装和好的修补料。

（5）一个长度为 50cm 左右的流槽。流槽可以是粗钢管解剖开制作的，也可以是槽钢切割制作的。

修补出钢口的程序主要是：

（1）修补出钢口的冶炼炉次，冶炼前要通知配料时不要配加大块冷钢或者难熔废钢，以防止 EBT 堵塞。

（2）出钢前需要提高出钢温度，防止 EBT 冷区堵料，影响修补，如果出钢后发现 EBT 冷区堵料严重，无法尽快处理时，修补应该延后，填料冶炼一炉后再修补。

（3）出钢前 5min，将铬刚玉料用水和好，和料时最前面用的和稀一点，能够像稠粥一样即可，或者还可以稀一点。

（4）出钢结束后，将炉子向出渣方向倾动到 $-2° \sim -7°$之间，用氧气将出钢口内腔清理干净，使出钢孔砖的耐火材料完全暴露出来。然后将 EBT 出钢滑板关闭。

(5) 将修补出钢口的钢筒或者铁皮桶从 EBT 盖板上方的填砂孔放入出钢孔中。可以采用细吹氧管对准伸入出钢口内腔，将钢筒或者铁皮桶套在吹氧管外面，然后送入出钢口内腔，然后加盖。操作过程中应该尽量使钢筒与出钢孔砖之间的间隙均匀。

(6) 将准备好的修补耐火材料用流槽填入钢筒与耐火砖之间的间隙中，填料过程中要注意随时改变流槽下料的方向，使得耐火材料均匀地填在出钢口内腔的四周。填料使得底部修补起来后，即底部料加入 5~7 桶后，料逐渐凝固时，拉开滑板，防止修补耐火材料将出钢口内腔堵塞，拉开滑板后，清理内腔，内腔通畅后继续修补结束，修补结束后，再次清理内腔，然后关闭滑板填充 EBT 填料，进行冶炼操作。

(7) 修补结束后，有厂家介绍需要将钢套筒取出，我们的实践结果是，钢套筒厚度不超过 3cm 时，不取出没有任何的不利因素存在。

(8) 修补后的出钢孔应高出周围炉底约 20mm，同时还应将炉底出钢口周围的区域用出钢口修补料打结成与出钢口一样的高度。

修补出钢口的正常时间为 15min 左右。

如果需要更换出钢口，应首先与当班调度联系好，并将更换出钢口所需的各种工器具、耐火材料准备齐全。将预制好的出钢口砖放在 EBT 维护平台上。需要更换出钢口时，应将炉内钢水出尽。此时可同步进行底电极或者炉底维护和补炉坡以及渣线的工作。主要操作程序如下：

(1) 出钢结束后，将电炉摇在一个有利于更换的位置上。

(2) 将一个手动葫芦挂在行车的主钩上（如果炉后的旋臂吊可用也可以使用旋臂吊），用链条将出钢口下的法兰托住，然后将固定出钢口尾砖法兰的楔形块打掉，将法兰与出钢口尾砖放到 EBT 维护平台上。然后将维护平台退回到停泊位。

(3) 将链条从出钢口取出，用风镐清除旧的出钢孔砖。操作时应注意不得损坏出钢口座砖。残砖及钢渣可以直接落入 EBT 下方的出钢坑中。

(4) 清理干净后，同时将维护平台开入。同样将链条从 EBT 出钢口处放到炉下，然后将准备好的新出钢口装入。装的时候要确保出钢孔的垂直度。将法兰固定在炉壳上。然后将出钢孔砖与座砖之间的间隙用捣打料捣实。将链条取出，关闭出钢滑板，更换结束后要检查滑板与出钢口之间的间隙，如果间隙合适，填入引流砂，进行冶炼操作。

12.2.5　EBT 出钢的操作

EBT 出钢主要有以下的操作要求：

(1) 出钢时温度要满足工艺要求，防止和杜绝低温出钢。

(2) 出钢时要确保出钢车在出钢位。一般来讲，出钢车与出钢条件是相互连锁的，即出钢车不在出钢位，出钢滑板是不允许打开的。在一些特殊的条件下，出钢口是有手动操作模式的，手动打开滑板模式可以绕开连锁条件打开滑板，钢包车不在出钢位手动打开滑板出钢，会导致钢水出在出钢坑内，造成事故。

(3) 出钢时要保证炉体的倾动速度合适，炉体倾动的角度要与装入量和出钢的吨位密切配合，出钢箱内的钢水液位不能过高，防止钢水从 EBT 填料孔溢出或者烧坏水冷盘。

(4) 出钢时出钢箱的钢水液位也不能过低，防止钢水液位过低，出钢时的涡流现象卷渣进入钢包。

(5) EBT 出钢时，在没有合金和脱氧剂进入钢包前，不能进行增碳的操作，防止增碳时的碳氧反应造成钢水溢出钢包。

（6）EBT出钢要有一定的出钢时间，防止出钢时间太短，合金和渣料，脱氧剂没有加完，钢水已经出完，造成钢包内因为脱氧程度不够引起的钢包内翻钢水事故。正常的出钢时间在2～5min。

一般来讲，装入量在50～150t的电炉，出钢时，在炉衬维护良好，出钢口良好时，炉体的倾动角度和出钢吨位之间的关系大致如下：

+5°	15～35t
+6°	25～50t
+7°	35～65t
+8°	45～70t
+9°	55～95t
+10°	70～100t
+12°～+14°	80～145t

电炉采用EBT出钢时的实体照片见图12-3。

图12-3　电炉EBT出钢时的实体照片

12.2.6　EBT典型事故案例

以下是几起出钢时EBT滑板烧穿或者损坏的事故经过和分析。

12.2.6.1　案例1：出钢口滑板穿

事件经过：冶炼时加一批料以后，因为冶炼过程中磷高补加三次石灰，造成冶炼时间长达77min，在等样出钢时发生滑板穿钢水，将滑板烧坏，生产中断113min。事故发生后检查发现出钢坑滑板下方有引流砂，滑板两侧缝隙在规定范围内，滑板前端被烧损。

事故原因分析：

（1）滑板机构与座砖在使用过程中发生膨胀变形导致前端缝隙过大，引流砂在冶炼过程中逐渐漏出是事故的主要原因；

（2）钢水冶炼时间过长是事故的间接原因；

（3）冶炼前只是检查了滑板两侧，未检查滑板前端，检查不到位是事故的间接原因。

事故损失：出钢滑板烧坏，生产中断113min。

防范措施：

（1）针对滑板与座砖膨胀变形导致缝隙大加强冶炼前的检查，要求滑板两侧和前端都要检查到位，发现问题及时解决；

（2）加强配料工和炼钢工操作技能的培训，避免冶炼时间过长；

（3）出钢口在后期时，当冶炼时间超过65min时，将钢包车开进出钢位。

12.2.6.2　案例2：滑板烧坏

事故经过：2006年6月，某厂电炉冶炼时，因为出钢口上方有大块耐火材料堵塞出钢口，因为无法处理，炼钢工从缝隙处进行了出钢口的填充工作，然后加料冶炼下一炉。冶炼中，为了提高出钢温度，以便于处理出钢口，测温取样后，钢包开进出钢位准备出钢，但是温度没有达到目标值。在继续提温准备出钢时，出钢口滑板穿，将滑板烧坏，部分钢水从滑板头部流出，未进入钢包内，直接沿包壁外侧流到钢包车轨道，出钢车轨道粘死，出钢车开不出去，处理8小时后，钢包内钢水已经完全凝固报废，整个事故影响停产达到20小时。

事故原因：滑板与座砖间隙过大，填充的引流砂从缝隙处逐渐流出，导致了滑板烧毁事故。

12.2.6.3　案例3：滑板早期穿钢水

某厂电炉冶炼时，由于连铸事故退钢水，要求电炉出钢量控制在70t，该炉总装入量122t，按照要求出钢70t以后，填好出钢口，准备加下一炉的废钢铁料前，还没有旋转炉盖，从监视屏幕发现出钢口滑板处穿钢，随即迅速将炉体向出渣方向倾动后拉开滑板，所幸是留钢温度已经下降，只是将滑板烧红，清理完滑板冷钢后，发现座砖底部掉了一块，与滑板之间的缝隙过大，引流砂填充好后，炉体回摇时，引流砂从缝隙处流掉，造成滑板穿钢，随后在出钢口添加半桶石灰后，再填加引流砂继续冶炼，整个处理时间45min。

12.2.6.4　案例4：EBT滑板粘冷钢

事故经过：某厂电炉冶炼时，10∶41测温1565℃，10∶46测温1614℃，准备出钢，出钢时滑板未拉开，通知钳工处理后仍然打不开，待经过炉内钢水降温处理以后，钢包车开出检查时发现，出钢滑板前端和拖爪被冷钢粘死，将滑板拆下后观察出钢口内剩余不到一袋引流砂，仅在出钢口下端有一块冷钢，出钢口其他部位干净通畅。

事故原因：

（1）EBT滑板和拖圈之间缝隙过大，引流砂在送电冶炼过程中逐渐从缝隙中流出使钢水渗漏到滑板上粘死滑板、拖圈和拖爪，造成出钢滑板打不开；

（2）出钢滑板检修后滑板虽经检查满足工艺要求但在调试滑板过程中开关次数少，不能保证检查时的效果和正常使用时一样；

（3）滑板在使用过程中出现变形未能及时观察到，滑板缝隙不能满足工艺要求后未能停炉处理；

（4）炼钢工冶炼过程中，工作存在习惯性操作，出钢前未仔细观察炉内状况，考虑问题不够周全。

预防措施：

（1）在检修后滑板开关次数至少10次以上保证检查的效果；

（2）不仅要检查滑板和拖圈的缝隙，同时也要检查拖圈和炉体的缝隙；

（3）检修滑板以后，要有专人负责检查滑板缝隙，出现问题及时处理。

12.2.6.5　案例5：EBT滑板烧穿

事故经过：某厂电炉出完钢后发现出钢口内有耐火材料，因两边有缝隙，就将引流砂填好后继续冶炼下一炉钢，下一炉熔清取样温度1568℃，出钢时测温1600℃，滑板拉开后钢水散流，出完钢后清理EBT托圈周围冷钢时，发现滑板前部和托圈烧毁。

事故原因：

（1）上一炉出完钢后，出钢口未清理干净；

（2）出钢温度偏低，炉内有未化完的冷钢；

（3）发现散流后没有及时采取措施；

（4）炼钢工冶炼过程中，工作存在习惯性操作，出钢前未仔细观察炉内状况，考虑问题不够周全。

预防措施：

（1）出钢口内有异物及时清理；

（2）上炉出钢后发现出钢口周围有冷钢，出钢温度应适当偏高；

（3）发现散流，影响到设备时及时采取措施，将炉子回摇，避免烧毁设备。

12.2.6.6 案例6：低温出钢滑板烧坏

事故经过：2005年12月12日，冶炼20MnSi1，由于连铸开机结瘤严重，被迫退钢水致使05D009337炉仅出钢54t，炉内留钢量较大。05D009338炉废钢配加量67.5t，当时铁水来得较晚，第二批料送电12.8MW·h兑入铁水，EBT有翻渣现象，送电21.2MW·h测温取样1567℃，待样子来时，测温1588℃。助手看炉内无废钢，摇至出钢位出钢，当时出钢流很小，打旁通送电至出钢吨位10.7t，停止送电，出钢流稍微大了一点，出至40t左右，出钢散流，致使出钢滑板烧坏。

事故原因：

（1）连铸退钢水后，要求减少出钢量，造成炉内留钢较多，铁水兑入较晚，EBT冷区炉底结有部分冷钢；

（2）出钢温度过低，是事故的主要原因；

（3）出钢散流时采取的补救措施不当。

预防措施：

（1）留钢量大及兑铁水较晚时，正确判断炉内状况，掌握好合适的出钢温度；

（2）进入冬季，过程温降大应适当提高出钢温度；

（3）发现出钢散流时应与助手配合好，采取适当的补救措施；

（4）加强对事故案例的学习，杜绝同类事故的再次发生。

12.2.6.7 案例7：EBT滑板穿钢事故

事故经过：2004年2月16日，冶炼D001196炉，熔清后感觉碳高，送电电字为31MW·h，吹氧量为2945m^3时测温取样后[C]=0.96%，[P]=0.035%温度为1520℃，与配料工联系后得知此炉配加铸件较多，然后1档送电，在补吹氧气480m^3后取第二个样子时，化验室传过来的成分显示：[C]=0.60%，[P]=0.029%，[Mn]=0.45%，温度为1567℃，电耗电字为34MW·h。然后取第三个样子以后又继续吹氧392m^3，为了加快脱碳，吹氧过程中又进行了送电操作，送电电耗总计达到36.2MW·h，测温时温度为1651℃，这时第三个试样的成分传回主控室，[C]=0.33%，[P]=0.028%。在等化学成分时又吹氧250m^3，以后取第四个样子，在等样子过程中EBT滑板穿。由于在取样的时候，钢包车已经开到出钢位等待出钢，滑板烧穿以后钢水出在钢包内，没有造成钢水损失，滑板烧毁处理4小时。

事故原因：

（1）由于配料工在配料时加入的铸件过多，造成碳高冶炼周期长，脱碳过程使熔池温度过高；

（2）出钢口在后期内径过大（210~220mm），而且出钢口在后期第一层座砖及套砖吃损过快已无，残砖过短，有效高度未达到工艺要求；且表面呈喇叭状钢水对其表面静压力增加，引流砂上部高黏度液相层在高温下不断上浮，不断地形成液相层又上浮，导致滑板烧穿。

预防措施：

（1）将后期出钢口的维护作为一项制度贯彻到班组，在出钢口大，座砖及套砖侵蚀较快的情况下及时修补；

（2）控制好出钢温度，缩短冶炼周期；

（3）对入炉废钢要进行严格的选配，铸件、高锰钢要分炉分批少加。

12.2.7 EBT 填料操作

12.2.7.1 EBT 填料操作程序

EBT 的填料操作是在电炉出钢结束以后，炉体回摇在出渣方向以后进行的，主要的操作程序如下：

（1）电炉出钢以后，炉体回摇到出渣方向的 -7°左右，无钢渣流出时，炼钢工助手将钢包车开出出钢位，炉前工人一人在 EBT 维修平台小车上清理 EBT 下部，将黏结在 EBT 底部的冷钢和渣子清理干净。清理工作一般采用钢管或者钢管前面焊有铁铲的工具捣掉。在 EBT 底部冷钢黏结严重，出钢口后期不好清理时，采用吹氧清理。

（2）炉前操作工一人上到 EBT 填料的平台，揭开 EBT 填料孔的盖板，观察 EBT 内腔是否干净，如果 EBT 有冷钢存在或者出钢口内腔堵塞有冷钢，影响填料，采用烧氧操作进行清理，清理结束以后，通知炼钢工助手关闭滑板，炼钢工助手在确认 EBT 底部清理干净以后，关闭滑板，通知进行填料操作。

（3）负责填料的操作工人，在确认 EBT 滑板已经关闭的情况下，从 EBT 填料孔将填料用漏斗或者流槽填入出钢口内腔，直到填料微微隆起，呈现馒头状即可。

（4）在 EBT 填料颗粒较大的时候，填料结束以后，必须用钢管或者钢钎将填料捣实，EBT 填料颗粒合适时，这一过程可以省略。

（5）填料结束以后，用 EBT 填料孔专用盖板盖好填料孔，填料孔与盖板之间应该密封良好。盖好盖板以后，通知炼钢工助手填料已经结束，可以倾动炉体进行下一步的冶炼加料操作。

（6）炼钢工助手进一步向负责清理 EBT 底部的炉前工人确认滑板的密封情况，确认没有问题以后，通知炼钢工执行加料的操作。

填料操作过程中的关键一点是 EBT 有钢渣流出的时候，填料操作要等钢渣不流，出钢口内腔干净以后才能够进行，否则，关闭滑板以后，钢渣有可能将滑板与 EBT 底部粘死，发生滑板打不开的事故。炉内留渣较多，出钢结束以后，如果有大量的炉渣从出钢口流出的情况下，可以考虑将炉体向出钢方向倾动，将炉内留渣排出一部分流到出钢坑，然后向出渣方向倾动炉体，待出钢口不流炉渣时，再清理出钢口，进行填料操作，下一炉次的冶炼要注意减少冶炼的留渣量。在出钢口有少量的流渣时，也可以根据具体情况，从填料口使用冷的炉渣或者填料堵住流渣，也是一种事故状态的应急措施。其他复杂情况的处理，前面已经做了介绍。

12.2.7.2 提高 EBT 填料操作速度的方法

要提高 EBT 填料操作的速度，主要有以下几点：

（1）工欲善其事，必先利其器。工器具准备要充分，清理 EBT 底部的铁铲、吹氧管，填料平台上的撬棒、榔头、流槽、铁锹、吹氧管等工具要事先准备齐全。有的厂家在出钢口区上部平台装有填料的旋转漏斗，填料时拉开漏斗底部的插板用漏斗直接填料。漏斗内的填料用完以后，在填料结束以后进行补充。

（2）EBT 底部的清理工作要迅速。钢包车开出以后就要迅速清理 EBT 底部的黏结的钢渣，EBT 底部的黏结的钢渣在红热状态下很容易清理，如果 EBT 底部黏结的钢渣变冷发黑以后，就不容易清理了。

（3）EBT 填料的包装重量要合适，在 10 ~ 15kg/袋左右，包装重量过大，不易于工人搬运。

（4）填料操作由两人执行，一人填料，一人配合，可以提高填料的速度，两人的相互确认，能够保证填料操作的安全。

13 现代电炉炼钢过程中热平衡与物料平衡的应用

对于炼钢操作工人来讲，基础计算和热平衡计算，就是掌握炼一炉钢需要送多少电，吹多少氧，加多少石灰可以炼出一炉钢的基本技能。

13.1 电炉炼钢过程中的基础计算

电炉炼钢过程中经常会遇到一些计算，例如氧耗的计算、渣料加入量的计算等，这些计算是控制炼钢过程中的依据，所以很重要。计算的方法多种多样，从什么样的角度和需要考虑，就会有什么样的计算方法和计算结果，不同的计算方法在计算同一个问题的时候，计算结果和实践结果都会有或多或少的偏差，这是正常的，因为在电炉炼钢过程中，相互影响的因素较多，考虑的因素并不会是实践过程中的真正因素，抓住主要的内容，弱化其他的项目，这样计算相对比较容易，而且实践证明，这也是最有效的。例如电炉炼钢过程中铁的氧化量究竟有多少，根据氧耗计算误差较大，因为铁的氧化量，影响着石灰的溶解，石灰溶解以后，渣中氧化铁的含量又会影响脱磷、脱碳和脱硫反应，也会影响其他元素的反应。所以笔者在大量的调研以后，结合实践认为，不同的条件下，计算时分离不同的变量计算，结果很理想。某厂使用最先进的炼钢过程控制软件，以期望达到电炉炼钢的自动化，这种自动化的控制，出钢温度和出钢碳含量，实际效果不理想。笔者采用分离变量的计算方法，在实践的过程中应用以后，效果非常理想。在采用热装铁水的过程中，根据铁水的加入量、电耗、脱碳情况、在测温以前预报钢水的温度，误差不超过5℃。在原料情况多变的情况下，以生产工艺为指导，计算的预报模型和生产实践的结果误差不超过5%，就说明了炼钢过程中的计算必须服务于生产。电炉炼钢过程中常见的计算所使用的元素相对原子质量如表13-1所示。

表13-1 电炉炼钢过程中常见计算的元素相对原子质量

元素	相对原子质量	元素	相对原子质量
C	12	Pb	207
Si	28	Ba	137
S	32	Nb	92
P	31	Ti	48
Mg	24	V	51
Mn	55	Fe	56
Cr	52	H	1
B	11	N	14
O	16	Zn	65

13.1.1 氧耗的计算

理论上讲，总体的氧耗等于氧化钢中各类元素消耗氧气 O_j 的总和，即：

$$\Sigma O = O_{Si} + O_{Mn} + O_P + O_C + O_{\Sigma\text{渣中氧化铁折算的氧耗}}$$

假设电炉的加入量为 W(t)；σ_j 为炉料中间某种元素的质量分数（%），如碳的质量分数就是生产中的炉料的配碳量；τ_j 为钢种的成分下限的质量分数（%）；α 为氧气的纯度（%）；β 为氧气的利用率（%）；渣量为 μ(t)。假设炉渣中的氧化铁含量为 ε，冶炼低碳钢一般在20%～35%，留碳冶炼中高碳钢一般在14%～20%。

因为熔池中间的碳含量大于0.2%，脱碳反应产生的气体95%以上为CO，熔池中间的碳含量小于0.2%，产生的气体主要是以 CO_2 为主，所以脱碳反应的氧耗（m^3）计算方法有两种：

（1）冶炼中高碳钢（出钢的终点成分碳要求在0.2%以上的）：

$$O_C = 22.4 \times \frac{W \times (\sigma_C - \tau_C) \times 1000}{\alpha \times \beta \times 2 \times 12} \tag{13-1}$$

（2）出钢要求碳含量低于0.2%的：

$$O_C = 22.4 \times 1000\left[\frac{W \times (\sigma_C - 0.2\%)}{\alpha \times \beta \times 2 \times 12} + \frac{W \times (0.2\% - \tau_C)}{\alpha \times \beta \times 12}\right] \tag{13-2}$$

因为钢中硅含量接近完全氧化以后，脱磷、脱碳反应才能够顺利进行，所以硅完全氧化需要的氧耗（m^3）可以表示为：

$$O_{Si} = 22.4 \times \frac{W \times \sigma_{Si} \times 1000}{\alpha \times \beta \times 28} \tag{13-3}$$

脱磷反应的氧耗（m^3）为：

$$O_P = 22.4 \times \frac{5W \times (\sigma_P - \tau_P) \times 1000}{4 \times \alpha \times \beta \times 31} \tag{13-4}$$

因为熔池中的锰含量降低到0.2%以下，脱碳、脱磷反应才能够较快进行，所以熔池中锰氧化到0.2%，脱锰反应需要的氧耗（m^3）可以表示为：

$$O_{Mn} = 22.4 \times \frac{W \times (\sigma_{Mn} - 0.2\%) \times 1000}{2 \times \alpha \times \beta \times 55} \tag{13-5}$$

炉渣中氧化铁含量折算出需要的氧耗（m^3）为：

$$O_{渣} = 22.4 \times \frac{16 \times \mu \times \varepsilon \times 1000}{32 \times 72} \tag{13-6}$$

由于电炉炼钢过程中硫的氧化去除量很少，一般不予考虑。

13.1.2 渣量的确定和计算

由于炉渣的碱度不够是电炉冶炼事故多发的根源，所以炉渣碱度计算时没有分离可变量。

电炉每炉兑加满罐铁水，要求原料提高废钢质量，减少废钢中土的含量。具体装入量根据熔池变化调整：炉膛较大，炉底较深，加大装入量，以利于超声速氧枪（集束氧枪）的射流射入钢液，提高吹氧效率；炉底较浅时，减少装入量，防止吹炼时从炉门翻钢水。

由炉料带入的硅氧化以后，按理论计算产生的 SiO_2 量（t）为：

$$W_{SiO_2} = \frac{60W \times \sigma_{Si}}{\alpha \times \beta \times 28} \tag{13-7}$$

如果废钢中间带入的渣土（主要是 SiO_2）的数量为 Q（t），SiO_2 的总量可以表示为：

$$\Sigma SiO_2 = W_{SiO_2} + Q \tag{13-8}$$

说明：渣土中间的 SiO_2 一般占95%，渣土的量按照废钢加入量的0.6%计算。

考虑到高比例的热装铁水冶炼过程中，渣中氧化铁含量在中前期较低，可以考虑二元碱度为2.2的石灰加入方法，碱度按照2.2计算，需要的石灰量（t）为：

$$W_{CaO} = 2.2 \times \frac{\Sigma SiO_2}{\gamma} \qquad (13\text{-}9)$$

式中，γ 为石灰中有效氧化钙的含量。

需要说明的是，炉渣的碱度越高（碱度小于2.8），脱碳反应速度越快，碱度低于1.5以后，脱碳反应将会受到抑制，特别在消化高硅铁水的时候，会发生炉渣过稀，自耗式氧枪枪管消耗快，炉门翻钢水甚至产生大沸腾事故。建议石灰的加入量为计算值的基础上多加入5%。泡沫渣可能出现的成分如图13-1所示。

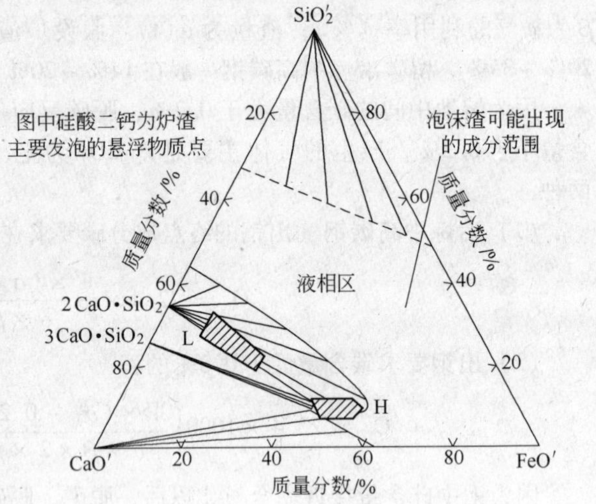

图13-1　电炉泡沫渣可能出现的成分范围

13.1.3　消化高硅铁水时候的计算

某厂大型高炉投产初期，产生了大量的高硅铁水，由于铁水硅含量很高，转炉消化会增加困难，只有在电炉消化。为此，笔者做了计算分析和预测，取得了理想的效果。

13.1.3.1　消化高硅铁水（或者高硅生铁）的主要难点分析

消化高硅铁水（或者生铁）的主要难点在于炉渣的控制、脱碳反应的控制和脱磷反应的控制和热平衡的控制。

大量加入高硅铁水以后，由于硅元素氧化以后，放热不仅会降低炉渣的碱度，而且会给电炉温度的控制和把握带来困难，相应地对于脱磷反应和脱碳反应产生负面影响。电炉炼钢过程中主要元素与氧的反应活动顺序为：硅→锰→磷→碳，主要反应见表13-2。典型高硅铁水的成分见表13-3。

表13-2　电炉炼钢过程中的主要化学反应

组　元	化学反应	反应热效应 ΔH/kJ·kg^{-1}
C	$[C]+0.5\{O_2\}=\{CO\}$	-11639
C	$[C]+\{O_2\}=\{CO_2\}$	-34834
Si	$[Si]+\{O_2\}=(SiO_2)$	-29202
Mn	$[Mn]+0.5\{O_2\}=(MnO)$	-6594
P	$2[P]+5/2\{O_2\}=(P_2O_5)$	-18980

表13-3　典型的高硅铁水（生铁）的化学成分

元　素	C	Si	Mn	P
含量/%	3.8~4.2	3.2	0.35	0.055

为了及时地消化完全高硅铁水，缩短冶炼周期是关键，影响冶炼周期的关键是脱碳和脱磷以及控制合理的出钢温度，防止出钢温度过高，给生产线的连续性带来冲击。

炼钢过程中的化学反应是多级反应，为了不积压铁水，我们选择了冶炼操作技术较为成熟的钢种，即低碳钢，出钢碳含量为0.15%，脱碳反应主要生成物为一氧化碳。那么要缩短冶炼周期，在不考虑其他因素的条件下，只考虑主要影响冶炼周期的因素时，就可以简化计算。

13.1.3.2　氧耗的计算

由于电炉采用留渣留钢操作，留钢留渣中含有溶解氧和氧化铁，炉渣中的氧含量折算为氧气含量分别是：70t电炉相当于541m^{3}氧气（按照留渣2t，留钢5t计算），110t电炉相当于721m^{3}氧气。废钢中硅的氧化需要的氧量计算结果等量于炉渣中氧化铁中氧含量的23%，锰含量处于正常的成分范围以内。电炉冶炼的特点之一就是脱磷条件较好，一般情况下，在炉渣碱度和渣中氧化铁含量合适的条件下，脱磷反应不是主要矛盾，加上消化高硅铁水的大渣量，炉渣的磷容量较大，脱磷反应的氧耗可以包含在炉渣溶解需要的氧耗之间。这样，分离影响较小的变量因素，即忽略锰氧化和磷氧化需要的氧耗，可以简化问题的处理。

由于高硅铁水硅含量较高，在氧耗的计算过程中，硅的氧化量较大，氧耗必须考虑；大量加入高硅铁水，配碳量较高，氧耗必须考虑。所以，总的氧耗可以表示为：

$$\Sigma O = O_{Si} + O_C + \Sigma O_{渣中氧化铁折算的氧耗} \tag{13-10}$$

式中，ΣO为总的氧耗；O_{Si}为脱硅需要的氧耗；O_C为脱碳反应的氧耗；$\Sigma O_{渣中氧化铁折算的氧耗}$为化渣的氧耗。

计算铁水的加入量为45～50t左右，70t电炉的计算总的最大氧耗为3855～5658m^3，110t氧耗为：3150～5100m^{3}之间（烧嘴、炉门枪和炉壁枪的总氧耗）。氧耗的实际量取决于留钢留渣量、铁水成分、吹氧效率以及炉渣碱度。计算的氧耗结果与实践结果对比，误差不超过150m^3。

在原料条件不好的情况下，留钢留渣的操作是优化操作的一种明智的选择。

13.1.3.3　热平衡的计算和供电方式的预测

高硅铁水带入的硅含量较高，根据研究和实践证明，硅氧化放热，但是同时加入过量的石灰，化渣热支出也与之基本平衡。铁水每加1%，计算结果是电耗降低5.2kW·h/t，电耗的控制如下：

如加入量为79t，其中加入45t铁水，热装比例为：45/79=57%，降低电耗为57×5.2=296kW·h/t；

出钢以1600°C计算：冶炼电耗为：396（钢水的物理热）－296=100kW·h/t，送电电字为：100kW·h/t×79t=7.9个电字（实际最多不超过12个电字）。

考虑到脱硅反应的特点，即低温下有利于脱硅，送电建议前期以较小的档位送电化料脱硅，6min送电至5个电字，炉渣形成以后较稀时，适量流渣。后期根据冶炼情况决定送电的档位和时间控制（如送电加强搅拌，诱发脱碳反应）。由于渣量较大，建议冶炼前期适量流渣（一批料），减少渣层厚度，有益于氧气射流脱碳。

13.1.3.4　关于事故的控制

消化高硅铁水主要讲求生产的连续性和稳定性，控制事故是关键。影响电炉生产的主要事故是大沸腾事故，所以我们把脱碳速度可以表示为：

$$v_C = -\frac{dw[O]_{\%}}{dt} = \frac{A}{V_M}\frac{D_O}{\delta_M}(w[O]_{\%} - w[O]_{\%}^*) \tag{13-11}$$

式中，A 为气—液两相的界面积，cm^2；V_M 为钢液的体积，cm^3；D_O 为氧的扩散系数，cm^3/s；δ_M 为扩散边界层的厚度，cm；$w[O]_{\%}$为钢液中氧的质量分数；$w[O]_{\%}^*$为气泡钢液界面上氧的质量分数。

超声速（集束）氧枪的多点供氧，射流射入金属熔池的最高脱碳速度可以超过0.10%/min以上。由于多点供氧，熔池是均匀沸腾，不容易产生爆炸反应，所以脱碳反应进行期间，控制得当，不会出现钢渣喷溅事故；当脱碳反应被抑制以后，钢渣间氧的浓度差过大，就会引起爆炸反应，导致钢渣喷溅剧烈的事故。所以，抑制脱碳反应速度的因素和操作环节的控制必须考虑周全，我们将炉渣的碱度控制作为重点控制。计算认为，硅含量大于3.2%，铁水加入量为45t时，两座电炉的吹氧氧耗在1920m^3左右，没有脱碳反应属于正常现象，此阶段为硅锰的氧化期，脱碳反应被抑制。

13.1.3.5 实践结果

实践结果证明，采取的数学分离变量的模型计算结果与生产实践吻合，对于渣料的配加、吹氧量的预测、冶炼周期，与实践的误差小于5%，事故的控制比较理想。在消化高硅铁水的前期，由于严格执行了预案方法，基本上生产处于较理想的可控制状态。在消化后期，由于思想上的麻痹和传统的经验式操作，70t电炉发生了一起较严重的大沸腾事故，110t电炉发生了5~9起小沸腾事故，事故的原因和预案分析是一致的。因此，此次数学分离变量的模型计算是积极可信的。

需要说明的是，当电炉加入的原料质量较差，硅、锰、磷、硫的含量都比较高的时候，留钢留渣的量不理想，氧耗的计算就要求不能够轻易分离变量，而是要求全面考虑。

13.2 现代电炉炼钢的一些基本数据的应用

理论上讲，熔化1t废钢需要用电300~320kW·h，将其加热到钢的熔点以上的温度，继续需要50~80kW·h的电能，加热1t的渣料到1600℃需要用电530kW·h。电炉炼钢过程的主要能源是电能和冶炼过程的化学能、辅助能源输入的热。1600℃时，钢水需要的物理热为380~396kW·h/t。现代超高功率电炉的能量平衡值为625kW·h/t，此数值适合于冶炼周期低于70min，氧耗在20~35m^3/t的电炉。多吹1m^3/t的氧，可以节电2.7~3.4kW·h/t。如果采用强供氧技术、辅助能源输入技术，冶炼周期进一步降低，则这一数值会有所波动，但是范围不大。一般情况下，电能占55%~70%，化学热占30%~45%。此外在不同工艺的条件下，热平衡的条件是不一样的。如在热装铁水时，每增加1%的铁水，电耗下降4.2~5kW·h/t（自耗式氧枪吹炼和超声速氧枪吹炼的效果各有不同，铁水的温度和成分不同电耗下降的数值也不同）。目前在一些厂家，如大冶钢厂、韶钢，采用70%以上的铁水比例生产，加上烧嘴及一些强供氧手段后，实现了零电耗冶炼。所以，计算电炉的热平衡，需要首先明白热输入和热支出的数量，再确定冶炼的进程，决定诸如吹氧脱碳的控制、测温取样的操作、出钢的准备，对于避免钢水温度的过高过低、节省操作时间有积极的意义。

以下是笔者对于两种不同电炉热平衡的计算和应用分析，结果与实践的误差不超过5%，对于生产有极大的促进意义，对于TPC（成分终点控制技术）有关键的意义。主要表现在：

（1）如在热平衡范围内，电耗已经达到计算的目标要求，温度还没有达到要求，就说明化学热没有充分利用，有可能碳高，或者装入量比实际装入量偏大，还有就是泡沫渣质量太差，炉内有难以熔化的大块废钢。

（2）在热平衡范围内，电耗已经达到目标要求，钢水温度偏高。这就要考虑钢水是否过度氧化，炉料加入量是否比实际量偏少，称量系统是否误差较大，还有炉内可能有未熔化的冷钢，需要仔细观察，防止出低温钢造成成分出格，或者 EBT 堵塞，不自流，出完钢后 EBT 无法填充，需要烧氧处理这类的事故。

（3）在原有条件下的热支出和热输入平衡被破坏后，要做相应的平衡调整。例如带有 3 个烧嘴的电炉，每个烧嘴的功率为 3MW · h，在一个烧嘴不能使用后，电能就要相应增加，如加入量为 100t，则吨钢必须多输入 30kW · h 的电能。要达到节省电耗的目的，就必须通过提高配碳量，增加供氧强度多吹氧，利用化学热来实现能量的平衡转移。

（4）根据电耗的平衡点，在辅助时间一定的条件下，确定最佳的加入量，使得通电时间最优，以达到最佳的台时产量。

以下是笔者对于两座电炉的热平衡分析及其应用，通过分析可以大概了解冶炼过程中能量的平衡关系。

13.2.1　70t 直流电炉热平衡的分析与应用

在实际的炼钢生产中，应用能量守恒的观点分析电炉实际生产的热能来源，热能的消耗和损耗，对于钢水终点的温度控制、测温取样时间的把握、吹氧制度的改进、工艺技术的调整有积极的指导意义。

电炉操作采用的先进工艺有：长弧泡沫渣技术、留钢留渣技术、铁水热装技术、炉壁后燃烧技术。

能量平衡中的主要因素包括：供电工艺制度、吹氧工艺制度、后燃烧制度、钢水温度制度、留钢留渣制度。

能量平衡中的依据是能量守恒定理，即：

$$热收入\ Q_1 = 热支出\ Q_2$$

化学热的计算是以 1600℃ 的钢水温度和吨钢氧耗在 20～35m^3/t 为基础进行的。

13.2.1.1　热收入

A　电能

电能是电炉炼钢的主要来源，电能的供应由电炉变压器抽头级数决定送电的档位，由送电的档位和电流值的大小来决定输入电炉的电能，输入的电能进行和热能、声能之间的转换，分以下几个方面进行转换：

（1）与废钢或者熔池进行热交换，在泡沫渣埋弧的条件下，70% 以上的电能转化为热能被熔池吸收。实际操作中根据电弧的埋弧情况决定送电档位的大小，以减少能量损失。

（2）以光辐射的形式大部分被炉壁、炉顶的水冷件吸收。

（3）以噪声的形式散失。

对于 70t 直流电炉，在全废钢冶炼条件下，电能消耗的典型数值为 365～400kW · h/t。良好的泡沫渣埋弧操作可以增加电能和热能之间的转换。

B　炉门炭氧枪产生的热能

炉门 BSE 自耗式炭氧枪是一个可以移动控制的点热源，产生的热能包括氧化熔池中的金属和非金属元素的化学反应放热和产物成渣放热，同时炭氧枪喷吹炭粉也放出一定量的化学热（各个元素的化学热效应见表 13-4），通过强化供氧，可以去除钢中的硅、锰、磷、碳、硫、钛、铅、锌等多余的杂质，它们的生成物以金属氧化物和非金属氧化物的形式进入渣子中或者炉气中。由于电炉的50%以上的电能量用来熔化废钢，所以早期的吹氧效率对于快速熔化废钢、减少炉气和炉壁的热支出有积极的意义。为此，合理的留钢留渣技术对于提高吹氧效率、减轻废钢对炉底的冲击有双层的积极作用。化学热的计算值为 220kW · h/t。

表 13-4　各个元素的化学热效应值

组　元	化学反应	反应热效应 ΔH/kJ · kg^{-1}
C	$[C]+0.5\{O_2\}=\{CO\}$	-11639
C	$[C]+\{O_2\}=\{CO_2\}$	-34834
Si	$[Si]+\{O_2\}=(SiO_2)$	-29202
Mn	$[Mn]+0.5\{O_2\}=(MnO)$	-6594
P	$2[P]+5/2\{O_2\}=(P_2O_5)$	-18980
Fe	$[Fe]+1/2\{O_2\}=(FeO)$	-4250
Fe	$2[Fe]+3/2\{O_2\}=(Fe_2O_3)$	-6460
SiO_2	$(SiO_2)+2(CaO)=2CaO\cdot SiO_2$	-1620
P_2O_5	$(P_2O_5)+4(CaO)=4CaO\cdot P_2O_5$	-4880
$CaCO_3$	$CaCO_3=(CaO)+\{CO_2\}$	1690
$MgCO_3$	$MgCO_3=(MgO)+\{CO_2\}$	1450

C　炉壁二次燃烧产生的热能

炉壁设置的流量为 5m^3/min 的 MORE 型烧嘴，利用燃烧 CO 二次放热，它产生的热能为 8kW · h/t。

D　铁水的物理热

铁水带来的物理热（kW · h）可以由以下的公式计算：

$$E_T = \frac{1}{3600}Gc(t - t_0) \tag{13-12}$$

式中，G 为装入的铁水量，kg；c 为铁水的平均热容量，为 0.7955kJ/(kg · ℃)；t 为兑入铁水的温度，℃；t_0 为室温，取 25℃。

其物理热与化学热的综合热效应表现为：铁水每增加 1%，吨钢电耗下降 5kW · h/t。

13.2.1.2　热支出

A　能量的消耗

70t 电炉的能量的消耗主要用来加热熔化废钢和炉渣：

(1) 加热熔化废钢的能量。典型的钢水吸收的能量为 400kW · h/t，该值可以认为是一个常数。

(2) 加热熔化炉渣的能量。炉渣的物理热取决于渣的温度与渣量的多少，合理的渣系可以降低成渣的温度和提高埋弧的效果，渣量的合理控制是节能降耗的主要途径之一，八钢 70t

电炉炉渣带走的热能为55kW·h/t。

B　能量的损耗

70t电炉的能量损耗包括冷却水和炉气带走的热量、线路阻抗的发热损失、炉体表面散热和热辐射：

（1）冷却水带走的热量按照操作流量、温度差，计算分析认为为60kW·h/t。

（2）炉气带走的热量主要是指从除尘烟道里烟气带走的热以及电极孔烟气带走的热。合理的脱碳速度与滑动烟道的调节，用适当的炉渣黏度来控制气体从熔池排除的速度，保证炉膛的微正压是减少炉气带走的热量的有效方法。八钢70t电炉炉气带走的热能计算值为70kW·h/t。

（3）短网上的热损失 Q 取决于短网电阻 R 的大小和通过电流的强度 I 以及通电时间 t，可以表示为：

$$Q = I^2Rt \tag{13-13}$$

在生产中的典型值为22kW·h/t。

（4）炉体表面散热和热辐射的总量为18kW·h/t。

13.2.1.3　热平衡及其实际应用

能量平衡表见表13-5。

表13-5　全废钢冶炼的能量平衡表

能量的供应		能量的消耗与损耗	
项　目	供应的能量/kW·h·t^{-1}	项　目	消耗量/kW·h·t^{-1}
电　能	397	加热熔化废钢	400
化学热	220	加热熔化炉渣	55
二次燃烧热	8	冷却水	60
		炉气带走热	70
		炉体散热	18
		短网热损失	22
合　计	625		625

八钢70t电炉具备90%以上的炉次进行热兑铁水生产，对于根据热装铁水比例来确定输入电能的量目前是依靠经验来判断的，能量的平衡分析将会以计算结果进行初步预测，做到心中有数。

例如，废钢装入量为60t，热装铁水为30t，冶炼正常时。在考虑有留钢10t左右的条件下，热装比例为30%。由以上分析我们可以认为，热装铁水比例每增加1%，电耗下降5kW·h/t，所以吨钢电耗降低的数值为：30 × 5kW·h/t = 150kW·h/t；冶炼中吨钢电耗的数值为：397kW·h/t − 150kW·h/t = 247kW·h/t；输入电能为：247kW·h/t ×（60t + 30t + 10t）= 24.7MW·h。也就是说，正常冶炼过程中，输入的电能达到24.7MW·h左右，即电炉的电耗达到24.7MW·h，就可以测温取样的操作了。

全废钢冶炼时，在降低电耗时可以根据热平衡表和元素热效应表调整配碳量，优化渣系，确定最佳装入量，对于冶炼有积极的指导意义。

13.2.2　110t交流电炉的热平衡和物料平衡的计算与实践

新疆八一钢铁股份公司为了调整产品结构，从美国Newport钢厂购买了一座Fuchs公司的

110t 交流电炉，于 2006 年 4 月底顺利投产。该电炉采用了超声速氧枪冶炼技术、炉壁氧燃烧嘴技术、EBT 技术、留钢留渣技术，已经成功生产了上百万吨合格钢水。为了更好地给生产提供参考，笔者采集了数百炉具有参考价值的生产数据，参考大量文献，做分析后予以介绍，结果与实践的误差不到2%。

13.2.2.1　工艺技术参数

电炉形式	110t 超高功率交流电炉（EBT）
变压器容量	82MV · A
二次侧电压	375-1 ~ 150V
电弧弧长	375 ~ 1150mm
氧气喷头数量	2
氧枪拉瓦尔喉口直径	26 ~ 32mm
超声速氧枪氧气流量	分 A，B，C 三种模式 1500 ~ 7500m^3/h
炭粉喷吹速度	30 ~ 110kg/min（分高低两档）
料型结构	铁水 + 废钢
加料次数	1 ~ 3 次
铁水的比例	0 ~ 45%
渣料主要结构	石灰 + 白云石
设计冶炼周期	65min

13.2.2.2　根据超高功率的概念确定装入量

超高功率电炉炼钢的吨钢额定功率越大，电炉的升温速度越快，越有利于缩短冶炼周期，吨钢额定功率大于 700kV · A/t 是超高功率电炉的概念界限，所以 110t 电炉的装入量应该围绕这一中心概念进行。考虑留钢留渣量确定装入量，所以装入量的计算可以用以下公式进行：

$$G < 82000/700 - P \tag{13-14}$$

式中，G 为装入量，t；P 为留钢量，t。

考虑到变压器的实际容量大于 82MV · A，所以全废钢冶炼的最佳装入量为 117t（包括留钢量）。由于热装铁水可以带入丰富的物理热和部分化学热，热装铁水比例每增加 1%，电耗下降 4.7 ~ 5.2kW · h/t，所以热装铁水时的装入量控制在 120 ~ 135t 之间。

13.2.2.3　渣料的确定

超高功率电炉冶炼普遍采用长弧泡沫渣技术，最佳的泡沫渣碱度为 2.0。针对国内首条 CSP 生产线珠钢已经采用了二元碱度为 2.5 的泡沫渣，所以渣料加入量的确定应该以泡沫渣的成渣条件为核心。目前有关文献介绍的渣料加入量的计算方法虽然精确，但是考虑的因素过多，如每一批次废钢炉料成分的检测、渣料成分的检测，不利于简化生产中的操作。所以根据炉渣的渣样分析，推算出废钢中产生的主要酸性物质 SiO_2 的量，按照二元碱度为 2.2 ~ 2.5 的目标加入渣料可以积极服从于生产，是切实可行的。表 13-6 为 110t 电炉冶炼的渣料成分，表 13-7 为渣样的分析结果。在确定渣料加入量的时候，同时也要考虑到炉渣的分解主要是依靠氧化铁来完成的，渣量过大，化渣时间将会增加，随渣中流失的全铁量也将会增加，不利于缩短冶炼周期和降低冶炼过程的铁耗。

表 13-6　渣料的主要化学成分（%）

组　分	CaO	MgO	SiO_2	P	S	粒度/mm
石　灰	>84.6	<5	<2.5	<0.3	<0.05	20~50
白云石	>50	<25		<0.2	<0.05	10~50

表 13-7　渣样分析结果（%）

成　分	SiO_2	CaO	MgO	FeO	碱度（-）
001 炉	13.22	41.95	1.44	10.28	3.2
002 炉	13.95	36.65	2.02	13.08	2.6
003 炉	12.44	40.17	2.46	11.88	3.2
014 炉	12.57	34.41		20.85	2.7
055 炉	13.45	35.37	0.01	17.1	2.6

由以上五炉不同废钢情况的渣样分析可以得到渣量、二元碱度 R、渣中 SiO_2 的含量，根据这些条件可以为分析调节渣料的加入量提供依据，计算方法如下：

$$Q = (Q_1X_1 + Q_2X_2)/\alpha \tag{13-15}$$

$$G = (Q_1X_1 + Q_2X_2)/R \tag{13-16}$$

$$R = \alpha/\beta \tag{13-17}$$

$$W = RG/X_1 \tag{13-18}$$

式中，Q 为一炉钢的渣量；Q_1，X_1 为石灰加入量和石灰氧化钙含量；Q_2，X_2 为白云石加入量和白云石中氧化钙含量；α 为渣样分析中 CaO 的百分含量；β 为渣样分析中 SiO_2 的百分含量；G 为一炉钢的渣量中 SiO_2 的含量；R 为炉渣的二元碱度；W 为石灰的加入量。

经过渣样分析的计算，得到了一炉钢的炉渣中 SiO_2 的含量，我们认为石灰的合理加入量为 5300~5800kg/炉，白云石的加入量为 350~600kg/炉，可以保证泡沫渣的碱度在 2.0~2.5 之间。实际生产也证实了这一点，石灰的实际加入量由热试初期的 7000kg/炉下降到目前平均的 5500kg/炉，电耗和氧耗也有了明显的下降。石灰每增加 300kg，二元碱度即可增加 0.1，渣量由过去的 10t 左右下降到目前的 8t 左右，每炉可以降低铁耗 160kg。

13.2.2.4　氧燃烧嘴

氧燃烧嘴使用焦炉煤气，实际生产中每个烧嘴的煤气消耗在 60~100m^3，烧嘴的氧气消耗在 250~330m^3 左右。每 1m^3 的焦炉煤气的燃烧热为 15480~18830kJ/m^3（天然气为 33470~50200kJ/m^3），可以得到煤气产生的热效应为 2.4~4.2MW·h 之间，考虑到实际使用的热效率，实际每个烧嘴的热效应相当于 3MW·h 的电。而且由于每输入 1MW·h 的电需要 1min，所以每多使用一个烧嘴，冶炼周期将会缩短 3min。

13.2.2.5　电炉冶炼测温取样电耗的确定

对于全废钢连续生产冶炼，理论上熔化 1t 的废钢需要电耗 300kW·h，把钢水的温度提升到熔点以上的温度，需要额外的 50~80kW·h 的热，考虑到炉渣、烟气、水冷盘冷却水带走的热与化学热基本平衡，所以测温的吨钢电耗在 370kW·h 左右。在加料结束后输入所加入的废钢总数，在操作主画面即可看出测温取样的电耗，或者根据送电的电能消耗数字控制，具体方法如下：

$$M = G \times 370/1000 \tag{13-19}$$

式中，M 为电耗数值，MW · h；G 为加料的总量，t。

如加料量为 140t 的全废钢冶炼，取样电耗为 140t × 370kW · h/t = 51. 8MW · h 左右。如果使用 3 个烧嘴，那么取样的电耗为 51. 8 − 3 × 3 = 42. 8MW · h。

热装铁水由于可以带入化学热和物理热，我们目前的实际值为：在钢中碳 95% 以上被氧化放热后，超声速氧枪吹炼条件下，铁水比例每增加 1%，电耗下降 4. 5kW · h/t。所以根据加入铁水的量，确定取样测温的电耗，如热装铁水为 40t，总装入量为 120t，所以取样电耗的计算过程如下：

吨钢电耗为：

$$370\text{kW}\cdot\text{h/t} - (40 \div 120) \times 100 \times 4.5\text{kW}\cdot\text{h/t} = 221\text{kW}\cdot\text{h/t}$$

测温取样的电耗数值为：

$$221\text{kW}\cdot\text{h/t} \times 120\text{t} = 26.5\text{MW}\cdot\text{h}$$

实际生产中，全废钢冶炼的实际情况是完全与计算吻合的，热装铁水生产时，由于加料环节和脱碳速度的限制，实际值与计算值略有偏差（在 5% 以内），符合物料平衡和热平衡计算的原则要求。

通过以上的计算分析可以得到：

（1）110t 电炉的最佳装入量为 117t，超过 130t 以后，升温速度将会下降，通电时间将会延长，从而影响冶炼周期。

（2）合理的控制渣料，是控制冶炼进程的关键环节，根据渣样作计算是一项简单实用的方法。

（3）氧燃烧嘴每增加一个，冶炼周期将会缩短 3min 左右。

13. 3 送电升温的控制基本方法

在冶炼中，会出现这样的问题，测温取样以后，电炉的熔池温度还没有达到出钢的要求，需要继续送电吹氧提温，送电的电字达到多少，能够满足要求，不同的装入量和吹氧模式也各不一样，具体的计算方法如下：

（1）根据装入量计算炉内钢水从现有温度每升高 10℃需要的电能的量。这可以从钢水的质量热容表中查出，从而计算出钢水的理论热能单耗。

（2）根据熔池内的碳含量和吹氧量，计算出化学热的产生量。如果熔池内碳高，就要以碳氧化的放热值为主，如果熔池内碳含量低于 0. 10%，就要考虑以铁的氧化放热值为主。

（3）根据送电时泡沫渣的埋弧效果判断送电的电能利用率。

（4）从电能单耗减去化学放热的值，就是电能的输入量。

（5）如果出现测温取样时，熔池内成分中碳高，计算的脱碳热效应大于升温需要的电能值，说明不需要送电提温，只需要脱碳反应放热的能量就可以满足熔池升温的要求了。

以上的计算与物理课中计算加热一杯水需要多少热量的道理是一样的。如装入量为 120t 的交流电炉，熔池温度为 1560℃，熔池内碳含量低于 0. 10% 时，采用 7100m^3/h 的氧气吹炼，每送电 1MW·h，熔池升温 25～30℃，如果 1min 送电的速度可以达到 1MW·h，那么提温速度就是 25～30℃/min，也就是说送电吹炼 1min，就可以达到出钢的温度范围；采用 5500m^3/h 的氧气吹炼，每送电 1MW·h，熔池升温 20～25℃。这种计算虽然误差比较大，但是对于现代电炉炼钢来讲，是可以忽略误差的。有时候实际生产中，这些数值可以通过统计分析得出，即测温取样以后，送电的同时，采用不同的流量吹氧，送电 1min 以后，再次测温，估计出每分钟不同流量吹氧的条件下，熔池升温的送电。经过多次统计分类以后，就可以得到生产中控制熔池升温送电的基本数值。

14 现代电炉炼钢过程缩短冶炼周期与控制冶炼成本的操作

14.1 现代电炉炼钢缩短冶炼周期的关键操作

电炉冶炼周期是决定电炉竞争力的一个重要的指标，所以目前在废钢资源紧缺的时期，缩短电炉冶炼周期显得尤为重要。德国 BSW 的两座 90t 电炉，在装入量 100t，出钢量 90t 的情况下，冶炼周期平均在 30min 左右，最快的达到 28min，相当于相同出钢量的顶底复吹转炉的水平。八钢的两座电炉，经过不懈的追求和努力，冶炼周期都取得了长足的进步，70t 直流电炉的冶炼周期由设计的 47min 下降到目前的 45min，最快的达到 35min 以内；110t 电炉冶炼周期由设计的 65min 下降到平均 55min，最快的达到 41min（热装铁水）和 42min（全废钢冶炼）。电炉冶炼周期是由通电时间和辅助时间两部分组成的。在热兑铁水冶炼时热装比每升高 1%，理论电耗降低 4.2 ~5.2kW · h/t，其操作时间的表现形式可由式 14-1 来表示：

$$T = 60CW/(P\alpha) + t_0 \tag{14-1}$$

式中，T 为冶炼周期，min；C 为吨钢电耗，kW · h/t；W 为钢水总重量，t；P 为变压器容量，MV · A；α 为变压器利用率,%；t_0 为冶炼周期内非通电时间总和，包括出钢以后处理填充 EBT 的时间、测温取样时间、加废钢铁料的时间等。

由式 14-1 可知，在钢水总重量 W 和变压器容量 P 不变的情况下，C 和 t_0 值越小，α 值越大，则 T 值越小。要缩短冶炼周期，也就是要减少通电时间和辅助时间。缩短冶炼周期通常从以下几个方面来做工作。

14.1.1 优化装入量

超高功率电炉的吨钢额定功率越大，电炉的升温速度越快，越有利于缩短冶炼周期，所以电炉的装入量应该围绕这一中心概念进行，考虑留钢留渣量确定装入量，所以装入量的计算可以用以下公式进行：

$$G < P/700 - Q \tag{14-2}$$

式中，G 为装入量，t；P 为变压器的容量，MV · A；Q 为留钢量，t；700 为超高功率电弧炉吨钢占有变压器容量的最低值，kV · A/t。

生产中的统计表明，变压器功率不高的电炉，全废钢生产时，装入量超过公称容量 25t 以上时，冶炼过程中会出现以下情况：

（1）冶炼时间延长。这主要是由于装入量过多，需要的电能增加，延长了通电时间。

（2）冷区未熔化的冷钢的量增加，升温困难。这是因为装入量过大以后，电炉熔池内的钢水的高度增加，阻碍了钢水湍流运动的速度，相应地减弱了熔池传热的效率，熔池内部存在局部高温区域。这些局部高温区域主要是电弧区和吹炼过程氧气的主要反应区。造成测温取样时，温度偏差大，取样没有代表性，需要反复的提温操作和取样测温，延长了辅助时间。

（3）容易造成过氧化的频率增加，出钢后成分偏差大。造成这种情况的原因主要是通电时间的延长，需要在通电时间内造泡沫渣埋弧，增加了氧耗；冷区的存在，意味着熔池内存在成分的偏差，为了消除这种偏差，吹氧是必需的，这也增加了氧耗。我们在实际中，把这种因为装入量过大，引起成分控制上的模糊导致操作上的不精确，称为模糊操作。模糊操作往往是把成分中的［C］向最保险的控制方向努力，造成了钢水过氧化的频率增加。

（4）自流率下降。出钢时不自流，需要烧氧引流，而且出钢以后出钢口容易堵塞。造成这种情况是因为出钢口不仅是冷区，而且是熔池内钢水湍流循环最弱的地区，即使有烧嘴助熔，情况能够改善，但是不能够消除。

（5）炉门下钢水的次数增加。

在热装铁水生产时，如果加入的铁水量较大，增加配碳量以后，由于铁水带来的物理热可以抵消大部分的负面影响，可以适当的增加装入量。但是装入量超过公称装入量25t以上时，总体平均冶炼周期还是有所延长，会出现以下问题：

（1）炉役前期，容易造成从炉门下钢水。消除这种现象的手段是减少氧气的流量进行吹炼，减轻脱碳反应的速度，防止脱碳反应过快引起钢水从炉门溢出，这样就相应延长了脱碳时间，增加了冶炼周期。

（2）送电时间延长，相应地增加了通电时间。

（3）由于增加了装入量，相应地增加了电炉的不安全性。在炉役前期，水冷盘和下炉壳接缝处，如果封闭不好，容易造成钢渣流出，烧坏设备；在炉役后期，炉衬耐火材料渣线部位的危险性加大，操作工会转移注意力，影响了炼钢工操作水平的稳定发挥。

（4）炉役后期，配碳量较小，会产生与全废钢冶炼时一样的问题，配碳量加大时，又容易造成碳高，延长冶炼周期。

所以对于变压器功率不是很大的电炉，避免小马（变压器）拉大车（装入量）的现象。控制好装入量，是缩短冶炼周期的关键。

14.1.2 增加辅助能源的输入

辅助能源的输入，可以有效地消除电炉的冷区，缩短通电时间。BSW厂的两座电炉，除了各自装有4个炉壁二次燃烧枪外，1号电炉装有4个功率为2.5MW的氧气—天然气烧嘴，2号电炉装有7个氧气—天然气烧嘴，通电时间大幅度地得到了降低。八钢110t交流电炉上装有5个氧气—焦炉煤气烧嘴，实际使用了3个，也使通电时间由45min下降到了38min，缩短了冶炼时间6min以上。在实际操作中，合理地控制烧嘴的模式，减少人为事故造成的烧嘴堵塞，对于缩短冶炼周期很重要。把烧嘴全部输入的能量换算为电能，把这部分电能与变压器每分钟输入电炉电能的速度相除，就是烧嘴节省出的通电时间。例如一座电炉全部烧嘴产生的热量转换成的电能是16MW·h，变压器每分钟最大功率送电可以输入电炉2MW·h，那么烧嘴对于缩短冶炼周期节省出了8min。我们在110t电炉全废钢生产时，使用3个烧嘴，8小时正常冶炼8炉钢；而没有烧嘴时，相同的原料情况下，8小时只能冶炼6炉钢。

14.1.3 热装铁水比例的控制

热装铁水可以带入大量的化学热和物理热，可以缩短通电时间。电炉热装铁水生产的主要矛盾是解决脱碳的问题。目前铁水的热装比例保持在20%～45%和45%～70%，前者适合炉门自耗式氧枪或者水冷超声速氧枪（包括炉壁超声速氧枪），后者适合于超声速集束氧枪；前者的最佳比例为25%～31%，后者的最佳比例是45%～55%。实际生产的统计表明，超声速集束氧枪的多点吹氧能够提高脱碳速度，当铁水热装比例增加到55%以上时，脱碳时间延长影响冶炼周期是难免的，乳化现象也会延长冶炼时间，所以超声速集束氧枪的铁水热装比例控制在50%左右是合理的。铁水比例保持在50%左右，通电操作，对于促使炉渣及早熔化，优化成分控制的操作很有利，而且可以给操作工解决冶炼过程中出现的问题提供更加宽松的余地，有利于缩短冶炼周期。

实际生产中，冶炼过程出现碳高并不可怕，而且碳高时碳含量大多数在临界范围以内，只要操作合理，一般5min左右就可以解决好这个矛盾。可怕的是脱碳时干扰操作的原因太多，典型的现象是脱碳时，温度已经很高，已经具有了危险性，不能继续通电搅拌熔池了，这时的脱碳还要避免大沸腾事故，那么脱碳时间就会明显增加了。图14-1是韶钢90tConsteel电炉采用炉门水冷炭氧枪吹炼时，铁水热装比例和冶炼周期之间的关系（该厂在后来将供氧模式改为美国普莱克斯公司的超声速集束氧枪，实现了电炉炼钢转炉化）。图14-2是该厂冶炼电耗与铁水热装比例之间的关系。

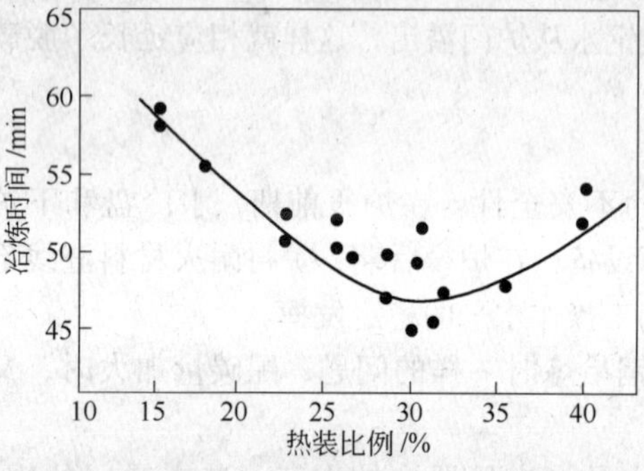

图14-1　韶钢90t Consteel电炉热装铁水比例与冶炼周期之间的关系

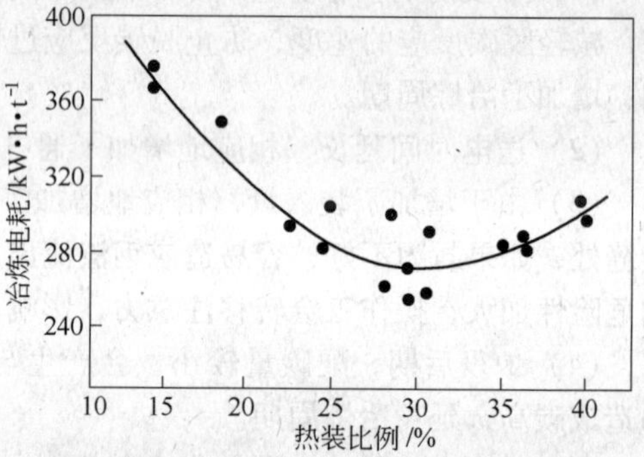

图14-2　韶钢90t Consteel电炉热装铁水比例与冶炼电耗之间的关系

由图可以看出，铁水热装比例在25%～31%是最佳的，铁水比例超过35%以后，引起碳高以后，需要通电搅拌熔池，加速吹氧脱碳的速度，从而影响了电耗的降低，延长了冶炼周期。

正常的生产中，把铁水的比例控制在最佳范围，既可以缩短冶炼周期，也可以减轻工人的劳动强度和精神压力，提高劳动生产率。

14.1.4　废钢预热

废钢利用预热后，可以减少通电时间，达到缩短冶炼周期的目的。在一些产能要求较高，但是不具备铁水热装的电炉，进行电炉的改造，采用竖式电炉或者其他预热手段的工艺，效果要远远超出以减少辅助时间来缩短冶炼周期的效果。

14.1.5　减少辅助时间

辅助时间主要包括测温取样、填出钢口以及加料的时间。减少辅助时间主要包括以下几点：

（1）把握好测温取样的时机，避免温度不够取不出样子，反复送电提高熔池的温度取样，每多一次测温取样的时间，冶炼周期就要延长1～5min。

（2）保持合理的出钢温度，避免EBT堵塞废钢的几率，减少处理出钢口的时间。出钢口堵塞以后，处理冷钢的时间为2～30min。如果是含有耐火材料的冷钢或者大块渣铁，处理时间会更长。

（3）把握好加二批或者三批废钢铁料时机，减少压料的操作。一般料高以后的压料时间为1～5min。

（4）采用出钢前的定氧技术。采用出钢前的定氧，可以得出熔池中的碳含量，在炉渣泡沫化良好时，可以减少等待化验结果的时间，一般可以减少时间2～5min。

（5）争取终点成分和温度的同时命中，减少反复取样等待试样结果的时间。

14.1.6　冶炼操作中关键环节的控制

冶炼过程中关键环节的控制包括以下内容：

（1）掌握好配料的加入量，搭配好废钢的料型结构，减少压料的几率。通常第一批料占总配料的60%～75%，第二批料占35%～40%，有利于减少压料时间，减少辅助时间。这是因为出钢后炉膛内是全空的，容积最大，第一批料加入后，压料的几率少，压料的操作比较容易进行。

（2）把握好二批料的入炉时间。二批料加料越早，炉体旋开炉盖后的热辐射越少，有利于节省电耗，缩短冶炼周期。反之，如果加料时间没有把握好，加料时间过早，炉内废钢没有化完，加料造成的料高，压料操作将延长冶炼周期。

（3）把握好入炉废钢的配碳量。一般最佳的铁水加入比例为31%～45%，这对于自耗式氧枪和超声速氧枪都是适用的，包括采用复合吹炼方式的电炉，采用超声速集束氧枪进行吹炼的电炉，铁水加入比例可以增加到50%。生铁配碳的加入量最佳值为35%～65%，自耗式氧枪取下限，超声速氧枪和超声速集束氧枪取中上限。合理的最佳铁水配碳比例，可以使通电升温的时间与脱碳时间达到统一。脱碳期间，如果泡沫渣状况良好，电能以最大的档位和功率输入，脱碳结束后，电能的输入值可以使钢水达到出钢的要求，脱碳的时间要不大于加入二批料以后的通电时间。这一点对于减少辅助时间来讲是最重要的。温度在1560℃左右，在取样以后，通常化验室3～5min即可完成成分分析的操作，在这段时间，电炉可以从容地完成提温到出钢温度的范围，并且能够做好出钢准备，化验结果一到，就可以出钢，是最合理的方式之一。表14-1为一座70t电炉热兑铁水采用自耗式氧枪吹炼的最佳统计，表14-2为110t电炉热兑铁水和全废钢冶炼的最佳统计。采用生铁配碳时，合理的生铁加入量可以改变料型结构，减少压料时间，同时配碳量取中上限时，脱碳反应的作用可以剧烈地搅拌熔池，有利于泡沫渣的控制和化学热的利用，有利于冶炼操作。实践表明，配碳量在中上限时，出钢温度取中限，炉内的冷区消除的比较充分，同时可以减少过氧化的次数。

表14-1　70t电炉热兑铁水在自耗式氧枪吹炼下的最佳统计

装入量/t	铁水量/t	加二批料电字/MW·h	冶炼周期/min	通电时间/min	出钢量/t	出钢电字/MW·h
64.65	25.82	8.85	41.27	30.36	85.64	21.83
61.44	28.5	8.06	41.25	30.67	87.5	21.05
60.40	25.33	7.85	39.67	29.17	87.17	21.23

表14-2　超声速氧枪吹炼条件下的最佳冶炼操作统计

装入量/t	铁水量/t	加二批料电字/MW·h	冶炼周期/min	通电时间/min	出钢量/t	出钢电字/MW·h
80	45	9.5	44	25	115	26
75	50	8.2	53	24	110	24
82	40	10	48	28	112	27
120	55	14.5	51	38	108	38
125	60	14	49	41	110	39
120	50	15.5	54	40	106	41

（4）采用合理的留钢留渣量。在变压器功率水平处在中低水平的电炉，实际生产中，大量增加留钢量，会导致吨钢占有变压器的额定功率下降，所以全废钢时留钢量控制在10%左右，留渣量可以根据实际情况决定。例如出钢口后期或者出钢口与熔池之间的炉坡较小时，可以减少留渣量，避免出钢下渣，反之则可以增加留渣量；高比例热装铁水时，可以将留钢量适当减少，增加留渣量，在炉底较深时，也可以考虑增加留渣留钢量，以减少脱碳的困难。采用以上措施后，不论是哪一批料，吹氧时自耗式氧枪伸入由留钢留渣形成的熔池内吹氧，增加吹氧效率和进行早期脱碳；超声速氧枪在能够将射流进入到熔池的距离后，开始吹氧脱碳。在配碳量较大的时候，氧枪以脱碳为主的操作方式，效果远远优于以切割化料为主的操作。表14-3为一座110t电炉在不同留钢量的冶炼条件下的统计。

表14-3　不同装入量和留钢量条件下的冶炼分析

装入量/t	铁水量/t	留钢留渣量/t	冶炼周期/min	通电时间/min	出钢量/t	出钢电字/MW·h
80	45	5	47	28	115	26
75	50	5~8	52	26	110	25
85	40	10	48	25	115	25
115	55	10	46	38	105	38
125	60	10	51	41	110	39
120	50	15	48	40	108	41

（5）调整好合理的渣料，确保冶炼过程脱碳和脱磷的顺利完成。渣料石灰和白云石不是加得越多越好，渣料过量后，会增加化渣的热支出，增加了渣料，也就相应地增加了电耗和铁耗，所以根据加入废钢铁料的情况，动态调整渣料的加入量，保证炉渣的二元碱度在2.0~3.0之间，确保脱磷反应与脱碳反应在冶炼结束时同时命中，避免因为磷高补加石灰增加冶炼时间。表14-4是冶炼最快炉次的渣样分析。

表14-4　电炉冶炼周期最短的炉次的渣样分析（%）

SiO_2	CaO	MgO	TFe	Al_2O_3	S	P_2O_5	碱度
12.33	29.54	0.15	27.35	3.88	0.1100	1.03	2.408
17.85	39.92	1.04	19.36	3.63	0.1600	0.82	2.295
14.72	34.08	0.13	24.65	3.12	0.0750	0.76	2.324
16.8	38.3	0.11	19.98	3.11	0.0700	0.91	2.286
12.42	37.14	0.12	27.15	2.76	0.1100	0.65	3.000
11.06	33.15	0.12	30.96	2.85	0.1000	0.67	3.008
13.38	28.94	1.72	28.92	3.51	0.0510	0.62	2.291

（6）采用成分控制的一次性命中。在冶炼过程中，争取脱碳和脱磷一次性达到目标要求。自耗式氧枪吹炼前期以吹渣为主，待炉渣泡沫化充分后调整吹氧角度和控制喷炭量，全力脱碳同时兼顾脱磷，此时的操作要尽量避免炉渣乳化，低碳钢比较容易做到脱碳结束后脱磷任务也随之结束，高碳钢的留碳操作在送电接近目标以后，测温取样后确定留碳的大概范围，然后根据留碳量的高低，吹入所需要的氧气量，吹入的氧气量由前面所给的公式大概估算。对于超声

速氧枪吹炼条件下的脱碳、脱磷，如果炉渣泡沫化一直良好，脱碳结束后，脱磷也会结束。有时候会出现脱碳结束后，炉体向出渣方向倾动，炉渣返干，流渣情况不好。这是因为超声速氧枪吹炼的一个特点，是渣中氧化铁含量低的原因，出现磷高的可能性会很普遍，这时将氧枪以中低的供氧强度下吊吹渣面，并且在炉渣化开后喷吹炭粉，此操作持续2~4min，开始取样，会增加脱碳和脱磷的同时命中率。一般情况下，泡沫渣的时间在10~20min之间的操作，成分的控制比较容易做到，对于泡沫渣时间低于10min的炉次（指炉渣没有充分泡沫化，埋弧效果一直较差），要注意成分的控制，一般成分出格的可能性较大。

（7）掌握好冶炼过程的放渣操作。在冶炼过程中，合适的放渣时机对于冶炼的影响很大。放渣过早，会导致后期的泡沫渣埋弧效果下降，脱磷的操作也会受到影响；放渣过晚，会增加专门的放渣时间，炉渣过多，还会影响测温取样的操作。所以在炉渣充分泡沫化后，将炉体摇定在一个合适的位置，正常的在0°~+2.8°之间，只要炉门不溢出钢水就由炉渣自然溢出，接近冶炼结束2~3min时，可以摇炉子放渣后直接取样出钢，可以节省放渣时间2~5min。

（8）在特殊情况下，如某一炉因为连铸钢水紧张，需要电炉尽快出钢，可以采用装入量和配碳量的调整。装入量控制在公称装入量的下限，这样会使吨钢的额定功率增加，提高熔化废钢的速度，减少通电时间。调整配碳量可以减少碳高的几率，从而缩短冶炼周期。减少配料后的冶炼统计我们做了多次，说明这种措施是最好的，效益也是最佳的，统计结果见表14-5。

表14-5　减少装入量以后电炉的冶炼情况统计（共计120炉）

装入量/t	110	115	120
平均冶炼周期/min	49	52	55
平均出钢量/t	102	103	106.5
平均电耗/kW·h·t^{-1}	326	340	377

通过统计可以看出，电炉的冶炼周期与经济指标是紧密相连的，正常情况下，冶炼周期越短，经济效益越好。

（9）采用终点定氧技术。在冶炼一些低碳钢时，通常采用终点取样并且定氧的技术。使用定氧仪可以直接定出钢水的温度、碳含量和氧含量。为了争取时间，可以在定氧前5min左右取样，化验钢中的磷以及其他元素的含量做参考，脱碳结束后直接定碳后出钢，可以节省时间5min左右。

（10）加一批料的操作。在废钢情况良好的情况下，加一批料不压料的前提下，将渣料和废钢采用一批料加入后兑加铁水冶炼，也可以明显地缩短冶炼时间。

（11）在电炉冶炼不正常的时候，采用电炉冶炼过程中的误工软件进行适时分析，找出影响冶炼的主要因素重点加以解决。这种软件在德国BSW厂开发应用的效果比较有效，能够对电炉的生产过程进行诊断分析。

总之，缩短冶炼周期是一个综合性的工作，全面考虑，优化操作，是缩短冶炼周期的核心，单纯强调一个因素，是不能达到目标的。

14.2　现代电炉炼钢控制冶炼成本的操作

随着废钢铁原料的涨价，电炉炼钢过程中，成本的控制是争取利润空间的关键。国内电炉炼钢的主要成本构成见表14-6，各种原材料的价格是波动变化的，电炉的成本也是可变的，但是构成的比例波动范围不大。

表 14-6　我国电炉炼钢的主要成本构成

项目	钢铁料	设备维修	电能	电极	合金	人工	渣料	耐火材料	氧气
比例/%	61.8	13.9	10.5	3.4	2.3	1.6	1.0	4.0	1.4

14.2.1　降低废钢铁料消耗的操作控制

电炉冶炼过程中，铁耗的主要原因在以下几个方面：

(1) 吹损，主要包括熔化期氧枪切割废钢铁料时 Fe_xO_y 烟尘被炉气抽走，氧化期 Fe_xO_y 烟尘的发生量。

(2) 冶炼过程中随炉渣排出的 Fe_xO_y 与弥散的铁珠进入烟尘的数量。

(3) 在电弧高温区的蒸发（3000～6000℃），这一部分占有的量较小，一般情况下在物料平衡的计算时考虑得较少。

(4) 脱碳反应速度过快时，或者发生大沸腾事故以后从炉门或其他部位损失的钢水。

根据以上的分析，降低铁耗要从以下几个方面做工作：

(1) 减少吹损的量。这要求吹氧操作时分段供氧，在钢铁料没有出现红热状态时，以小流量吹氧，炉渣没有形成时，氧气流量也不能过大。氧化期脱碳反应时炉渣起码要能够均匀地覆盖在钢液表面，泡沫化程度要适当，以减少钢铁料的吹损。泡沫渣对于减少烟尘进入烟道和电弧区的蒸发量都有好处。泡沫渣的高度与吹损之间的关系见图 14-3，吹氧量与铁耗的关系见图 14-4。

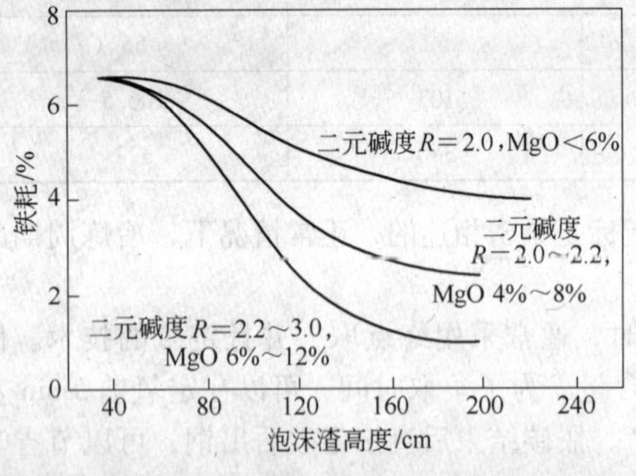

图 14-3　泡沫渣的高度与吹损之间的关系

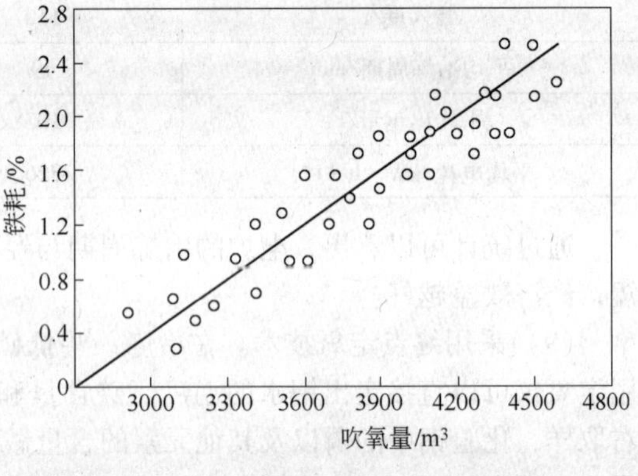

图 14-4　吹氧量与铁耗之间的关系

(2) 保持合适的配碳量。合适的配碳量可以减少吹损，这在有关脱碳操作的章节中已经做了说明。配碳量较低时，保持较大的喷炭量是降低渣中氧化铁含量的主要手段。喷炭量与铁耗之间的关系见图 14-5。配碳量较高，吹氧脱碳反应时间较长，烟尘的发生量和渣中氧化铁都会增加，相应增加了铁耗。一般情况下，一炉钢的冶炼周期越短，铁耗越低。铁耗与冶炼周期的关系见图 14-6。

(3) 保持炉门有合适的高度，防止钢水在脱碳反应剧烈时从炉门溢出。

(4) 渣料的加入量和搭配要合理，只要能够充分满足冶炼的要求就可以，加入量不能使渣料的量过剩。渣中保持含有一定数量的氧化铁是冶炼的需要，渣量越大，铁耗越高。

(5) 废钢的搭配要合理，既要保证穿井迅速，减少电弧区的金属料的蒸发量。理想的料型搭配为：底部加轻薄料，中间为重型废钢，生铁或者中型废钢，最上面为轻薄料。重型废钢要避免加在电极正下方、炉门区、EBT 冷区、氧枪口对面。不同的废钢收得率见表 14-7。

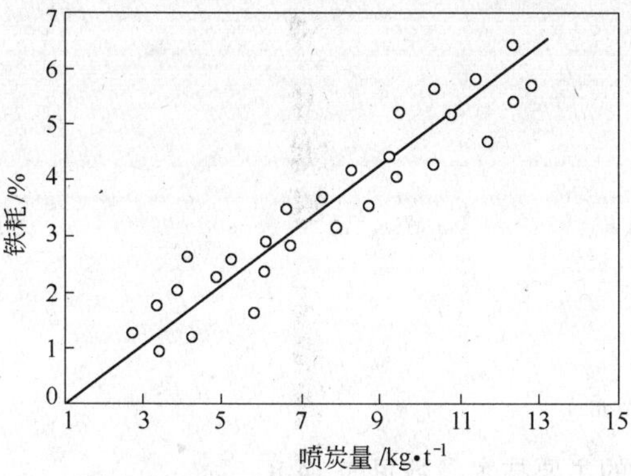

图 14-5 喷炭量与铁耗之间的关系

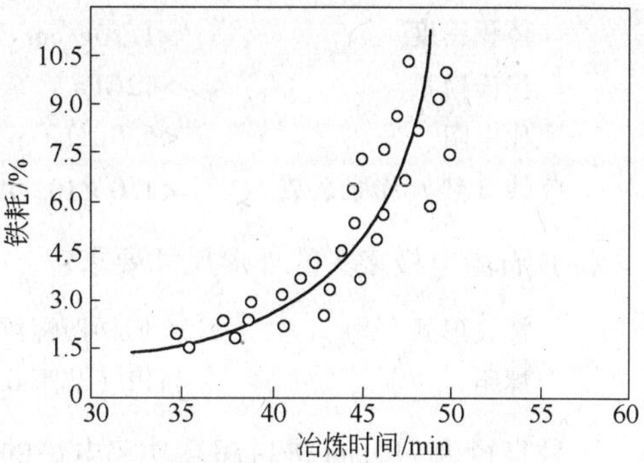

图 14-6 冶炼周期与铁耗之间的关系

表 14-7 不同废钢的收得率

废钢类型	单重/kg	收得率/%	废钢类型	单重/kg	收得率/%
重型废钢	100~1500	93~98	渣 铁	1~100	82
中型废钢	10~100	90~95	粒 钢		50
小型废钢	1~10	88~93	生 铁	5~25	98

（6）料型的配加要做到加料时尽量不压料，防止加料过程中废钢铁料从炉沿上掉入渣坑。

（7）适当地配加渣坑中回收的渣铁、渣场磁选回收的粒钢、连铸和轧钢过程产生的氧化铁皮。

（8）装入量要适中，防止装入量过大引起的炉门翻钢水。

（9）氧化期控制好脱碳速度，避免脱碳反应过于剧烈引起的炉门翻钢水和大沸腾事故的发生。

（10）采用较合适的留钢量和留渣量，使吹氧在有熔池的区域进行，这样的操作可以使废钢铁料熔化以后，迅速进入熔池被炉渣保护，减少吹损。

14.2.2 降低电极消耗的操作控制

14.2.2.1 电极消耗的原因分析

超高功率电极的一般质量要求主要有：

（1）石墨电极理化性能要求：

体积密度	$>1.65g/cm^3$
显气孔	<25%
电阻	$<6.0\mu\Omega\cdot m$
线（热）膨胀系数	$<1.2\times10^{-6}/℃$

（2）石墨电极的外形尺寸要求：

直径	600~610±3mm，应用于交流电炉
	700~711±3mm，应用于直流电炉
长度	2275~2475mm

（3）石墨电极接头的技术要求：

体积密度　>1.70g/cm³
杨氏模量　>12GPa
比电阻　<5.0μΩ · m
线（热）膨胀系数　<1.0×10⁻⁶/℃

（4）石墨电极接头的外形尺寸要求：

螺纹形式　锥形梯形螺纹
螺距　4TPI（节距6.35mm面）

一种直径为710mm进口超高功率电炉的电极的主要技术参数见表14-8。

表14-8　φ710mm超高功率电炉电极的主要技术参数

项　目	主体部分	接头部分	项　目	主体部分	接头部分
允许电流强度/kA	≥120		比电阻/μΩ · m	4.5～5.5	2.8～3.8
灰分/%	≤0.2		热膨胀系数(100～200℃时)/℃⁻¹	(0.3～1.0)×10⁻⁶	应与本体相匹配
真密度/g · cm⁻³	2.20～2.25				
堆密度/g · cm⁻³	1.65～1.75	1.76～1.84	固定碳/%	≥99.8	
气孔率/%	20～30		公称直径/mm	>710	
弯曲应力/MPa	10～15	26～34	直径公差/mm	±2	
杨氏模量/GPa	9～13	18～21.5	长度/mm	2250～2800	

电极的制造一般分为：选料→混料→称量→挤压造型→焙烧→电极生坯→高压浸渍→二次焙烧→高温石墨化→机加工→储运。几个流程，目前直径700mm的石墨电极价格已经涨到37元/kg，国产直径600mm的电极也涨到了27元/kg，电极的消耗是影响成本的一个主要的部分。一般情况下，热装铁水情况下（12%～24%），直流电炉的电极消耗在0.45～1.12kg/t，交流电炉的电极消耗在1.25～1.83kg/t之间，全废钢冶炼的情况下有所增加。

电极的消耗主要分为两部分：电极的头部氧化损失和侧面氧化损失。电极的头部损失可以用下式表示：

$$C_S = 0.02 I^2 T_{pt} / P \tag{14-3}$$

式中，C_S为电极的头部损失，kg/t；I为电流，kA；T_{pt}为通电时间，h；P为生产率，t/h。

电极的侧面损失可以用下式来表示：

$$C_F = SRT/C \tag{14-4}$$

式中，C_F为电极的侧面损失，kg/t；S为电极能够氧化反应的表面积，cm²；R为平均氧化速率，kg/(cm² · h)；C为电炉的出钢量，t；T为出钢到出钢时间，h。

从以上的公式可以看出，电极的消耗和通电时间、电极发红的长度面积、冶炼周期有主要关系。电极氧化表面积的大小主要取决于电极的表面温度高低，通过喷水冷却可降低表面温度。平均氧化速率的高低，取决于炉内不同阶段吹氧量的控制和吹氧时间的长短，以及炉内的氧的浓度。降低电极消耗的主要措施有：

（1）注意氧枪的吹炼角度，这一点对于自耗式氧枪来讲就是不要把氧枪枪管伸入电极的电弧区吹氧。对于超声速集束氧枪来讲，氧枪的位置布置要尽量避开电极，使得射流不正对着电极吹氧。

(2) 注意分段供氧，保持合理的氧耗，控制好炉内的气氛。

(3) 造好泡沫渣。电极头部被泡沫渣包围以后，电极的氧化速度和侧面发红的长度，温度就会减少和降低。

(4) 采用电极喷淋水喷淋水冷电极，减少电极发红的长度。

(5) 除尘要调节好风机的转速，使得炉内的烟气大部分从烟道抽走，减少高温烟气从电极孔溢出的数量，降低对电极的热负荷。

(6) 保持炉底有合理的高度，减少因为炉底较深，电极伸入熔池的距离过长，电极发红长度增加，氧化速度增加的现象。

(7) 防止和减少电极的折断事故。

(8) 提高电极的抗氧化能力。不同生产厂家的电极的抗氧化能力是不一样的，如中钢吉碳的电极抗氧化能力就远远高于国外印度一家公司的产品。

14.2.2.2 冶炼过程中电极折断的处理

冶炼过程中，电极折断是一种常见事故，造成电极折断的原因有多种，主要有：

(1) 电极的质量问题。这种因为质量问题引起的断电极现象多数表现在电极和电极接头处折断，即螺丝头断裂。

(2) 电极头部接长部分开裂，导致电极从接长处断裂。这种情况多数是因为电极夹紧时的位置不合适，将夹头夹紧在电极的接头以内白线以内。还有电极的质量不过关也是造成这种情况的原因之一。

(3) 冶炼过程中塌料造成的电极折断。单重在55kg以上的大料是造成塌料断电极的原因。

(4) 电极穿井过程中，废钢铁料中的不导电物质可以引起电极折断。

(5) 电极接长过程中操作质量不过关，引起的电极折断或者从螺丝头处断开。

(6) 小炉盖和电极的对中情况不好，电极与小炉盖之间的间隙小，电极与小炉盖相互摩擦，电极受外力以后折断。

(7) 设备故障引起的电极折断，主要是电气或者机械故障引起的。

断电极以后的处理主要有以下几个方面：

(1) 电极折断以后，如果断电极的头部露在小炉盖以外，可以用钢丝绳绑紧以后吊出，换上新的电极继续冶炼。

(2) 电极折断以后长度没有露出小炉盖，可以旋开炉盖，使用专用的吊具将电极吊出即可，然后旋入炉盖继续换上新电极冶炼。

(3) 如果电极折断以后，炉内废钢已经大部分熔化，电极无法捞出，可以继续换上新电极继续冶炼，出钢时注意控制好终点的碳含量即可，出钢的温度要高。断电极在炉内的增碳速度为0.01%～0.04%/min，出钢前的终点碳比平时要低0.03%左右，并且出钢时炉后不做增碳的操作，这样处理以后对于冶炼的影响不大。断电极在炉内经过2～5炉就可以充分溶化。

(4) 如果断电极是因为炉内有不导电物质造成的，在处理完断电极以后，不导电物质如果能够取出，就可以继续冶炼，如果不导电物质无法取出，要在断电极的穿井部位加入废钢，将“井”填满以后继续冶炼，冶炼时送电档位要低，吹氧的操作要加强，以便熔池尽快形成，防止二次断电极的事故发生。

(5) 电极与小炉盖不对中，或者对中情况不好时，不能急于冶炼，要在处理以后才能够正常冶炼操作。

14.2.2.3 电极接长过程的注意事项

电极的接长过程中，操作质量对于减少电极的折断是很重要的，主要分为以下几点；

（1）电极接长前，对于要接长的电极必须做吹灰处理。如果没有做电极吹灰处理，灰尘堆积在两个电极接长的螺丝头之间，由于灰尘的电阻大，会导致电极接头部位局部过热，引起应力增加，导致断电极。

（2）电极接长前，要在被接长的电极孔上方做木质的垫圈，以便于对中和防止螺纹损坏。

（3）电极接长过程中，出现的电极碎小颗粒要及时清理，否则这些小颗粒可能会增加接紧过程的阻力，引起电极螺纹头产生外力损伤。

（4）电极从冶炼时换下来以后，电极螺丝头由于受热膨胀的原因，可能不好卸下，这时候不能蛮干，一是采用浇水冷却，或者吹压缩空气冷却，或者是等到自然冷却以后，再进行接长处理。

（5）电极在热状态下接紧以后，冷却以后螺丝头可能会出现松动，使用前要再次做旋紧处理。

（6）对于电极直径大于 700mm 的电极，最后的旋紧要由专门的旋紧机械装置进行旋紧操作。

（7）电极在接长和吊装过程中，要注意轻放，操作要平稳，防止电极的碰撞损伤。

14.2.2.4 冶炼过程中断电极的典型事故分析

以下是几起断电极的典型事故：

（1）事故名称：电极砸断。

事故经过：2005 年 2 月 28 日电炉丙班在冶炼 05D001624 炉送电至 5.7kW·h 时，电压电流突然消失，而电极臂继续下行，怀疑是电极断，于是断电升电极臂检查，发现电极最下一节断至炉内，旋开炉盖在断的电极旁有一齿轮状大废钢，重约 1t 左右，确认是废钢跨下来把电极撞断。

事故原因：1）从断裂的截面来看，电极接长螺丝头存在质量问题；2）配料操作存在一定的问题，将大块废钢加在料篮上部是造成事故的主要原因。

防范措施：1）提高进厂的电极质量；2）进一步加强配料操作。

（2）事故名称：电炉电极断。

事故经过：2005 年 4 月 30 日冶炼 D003423 炉换电极，电极长度适中（螺丝头已完全用完），夹在正常位置使用，换完电极第二炉起弧行程、弧压正常；冶炼至 D003426 炉，四炉钢后，第一批料送电至 6.899MW 时电极断。电极断表现状况为：接长段螺丝头大部分从被接长段中脱出。

事故原因：1）电极接长时丝扣紧固不够；2）估计有忽然垮落的大块废钢正落在电极下部，弧压突然发生变化，电极瞬间振动较大而断。

防范措施：1）改善夹紧机构，提高紧固质量；2）密切注意送电过程的变化，有异常情况及时停电或变换送电档位。

（3）事故名称：电炉出完钢回摇时电极断。

事故经过：接班正常冶炼第二炉钢炉号 05D000979 出钢回摇时，电极第二、三节自螺丝头连接处断入炉内，吊出后检查发现新换电极的螺丝头下部有 30～40mm 断入第二节电极内且电极丝口全部拉坏。经查记录电极是乙班接的，电极接长记录标记对齐，丁班在 05D000976 换的，冶炼了四炉钢电极断，造成停炉处理了 40min。

事故原因：电极接长螺丝头存在质量问题。

防范措施：

1）提高进厂的电极质量；2）电极接长操作进一步加强。

（4）事故名称：设备引起的断电极。

事故经过：2004年7月28日凌晨6∶50分电炉乙班在冶炼D005255炉，电送到4.3MW·h时，突然听到外面一声清脆的响声，然后发现电极已断开，上去检查未发现异常情况。

事故原因：事后检查的结果发现，电气的压力感应设备失灵，导致电极失去过压保护，造成电极折断。

（5）事故名称：机械连锁条件引起的断电极。

事故经过：2004年8月6日丙班中班，D005493炉第一批料换电极，因电极长，夹在第二根电极送电。D005954炉加够料松电极，正常冶炼三炉钢后，在出钢回摇过程中电极从第一根与第二根连接处断开。

事故原因：电炉机械连锁装置失灵，导致在回摇过程中炉盖移位碰断电极。

14.2.3　避免下渣的操作控制

电炉炼钢过程中的出钢下渣危害是多方面的，主要体现在以下的几个方面：

（1）出钢下渣以后，下渣量较大的时候，炉渣会从钢包内溢出，烧坏钢包底部的吹氩管道、钢水称量装置的仪表线路、电气线路、钢包车的机械设备。

（2）钢水下渣以后，钢包内的剧烈沸腾会导致钢水溢出钢包，粘死钢包车的道轨，造成钢包车开不出去的事故。

（3）出钢下渣以后，电炉氧化铁含量较高的氧化渣进入钢包，增加了钢包内渣中的氧化铁含量，降低了合金的回收率，其中硅铁的回收率降低10%～50%，铝的回收率降低20%～65%，锰铁的回收率降低5%～25%，而且如果不做泼渣处理的时候，锰的回收率在钢包炉不好控制，原因是电炉渣中的氧化锰被还原进入了钢液，给钢包炉的操作增加了难度。

（4）电炉出钢下渣以后进行泼渣操作，泼渣过程中操作不当时，钢包内的钢水会有一部分泼入渣盆内，增加了钢水的损失。钢液的吸气降温现象很普遍，电炉出钢过程中加入的石灰渣料基本上大部分没有起作用，就浪费了。电炉出钢过程中的脱硫率下降20%以上。

（5）电炉出钢过程中的下渣，会使得钢液中的夹杂物数量增加，影响钢液的质量。

（6）电炉出钢时如果磷含量接近成分的中上限，下渣以后钢渣内的磷酸四钙被还原进入钢液，有可能会导致钢水的磷含量超标。

所以目前大多数的电炉企业把出钢下渣作为冶炼过程中的事故来对待，电炉出钢过程中避免出钢下渣的主要途径和方法如下：

（1）电炉冶炼过程中掌握合适的加入量，废钢铁料的搭配要合理，轻薄料的加入量要控制在25%以内，出钢的时候根据冶炼的情况和加料的情况决定留钢量，防止出钢量过大引起的出钢下渣。

（2）目前有的钢厂已经采用了钢水冶炼的在线称重技术，根据炉内的钢水称量的重量，计算出钢渣的重量，来判断出钢量的精确范围，可以有效地避免出钢下渣的几率。

（3）出钢前确保出钢钢包的电子秤是完好的，可以保证出钢时有可靠的参考依据，做到出钢时心中有数。

（4）出钢时炼钢工助手摇炉出钢，炼钢工在侧面观测出钢情况，一般来讲出钢距离出钢的目标值2～10t的时候就要回摇炉体结束出钢，因为出钢回摇过程还会有钢水继续流出。回摇炉体的时候要根据出钢口的大小决定，出钢口内径较小的时候，可以晚一点回摇炉体，在距离出钢目标值2～5t的时候回摇炉体；在出钢口后期，出钢口内径较大的时候，在距离出钢目标值 5 ~ 10t 的时候回摇炉体。

(5) 炼钢工助手出钢时，在出钢过程中密切注意出钢时间和出钢秤的显示，出钢称显示减缓时就要考虑结束出钢。炼钢工根据出钢的钢流情况判断出钢的情况，正常情况下，出钢的钢流外围出现环流或者钢流变得不再致密有力、流股变细、出钢口有下渣现象等情况下要通知炼钢工助手结束出钢。需要说明的是，在有些时候，出钢时钢流中有难熔的废钢块或者耐火材料、碎的电极块流出时，卡在出钢口的中间，钢流也可能变细，这种情况下需要继续出钢操作，钢水在流出的过程中，会逐渐把这些堵塞物冲走。

(6) 出钢前炼钢工或者助手要从炉门仔细观察炉内废钢的熔化情况，避免因为电炉内有未熔化的废钢出钢，造成出钢下渣。

(7) 及时修补出钢口或者更换出钢口，消除出钢下渣的工艺因素。

(8) 电炉出钢的温度要合适，既不能温度太低，也不能太高，温度大于 1650℃以后，电炉出钢的下渣几率会增加。

(9) 电炉出钢前炉渣中的氧化铁含量较高，炉渣较稀的时候，不要急于出钢，适量的用炭氧枪向渣面喷吹炭粉，待炉渣黏度增加以后再出钢。

(10) 电炉停炉时间大于 1 小时以后，出钢秤就有可能会处于休眠状态，出钢前要及时激活，防止出钢时没有出钢的重量显示，导致出钢下渣。

14.2.4 合理降低合金消耗的途径

合金的消耗也是炼钢成本中可以控制的项目，所以合理地控制合金的消耗是降低冶炼成本的关键环节之一，降低合金的成本主要从以下几个方面入手：

(1) 做好原料的分类工作，将不同类型的废钢分类堆放，进料的时候按照冶炼的钢种组织进料，冶炼的时候根据所炼的钢种进行配加。例如，高锰钢和高锰铸件在冶炼含锰量较高的时候，在不影响脱碳操作的前提下，分批适量的加入；含铬量较高的废钢在冶炼含铬的弹簧钢或者其他钢种时适量的加入。

(2) 电炉出钢时避免出钢下渣，合金的加入在采用低成本的精炼渣和电石预脱氧的情况下加入，这样在提高钢水质量的同时，可以提高合金的回收率。

(3) 电炉冶炼过程中采用留碳操作,可以大幅度地减少钢中的氧含量,提高合金的回收率。

(4) 保持合理的出钢温度和出钢时候的氩气搅拌强度，保证合金在出钢时全部熔化，避免合金没有熔化在钢包渣面上结块，钢包炉冶炼加热时的烧损。

(5) 贵重合金和难熔的合金选择在钢包炉脱氧良好的情况下加入，以提高回收率。

(6) 合理控制钢水成分的范围，防止成分控制偏上限出现质量过剩，增加合金的消耗。

(7) 减少合金加入过程中的抛撒浪费，出钢过程中需要人工加入的合金要从合金溜槽加入，防止加在钢包外面造成浪费。

(8) 难熔的合金，或者冶炼高合金钢，加入的合金量比较大的时候，采用预先把合金加入包底，在钢包烘烤器下进行预热烘烤，提高合金的熔化速度，减少因为合金的难熔造成精炼炉冶炼时的浪费。

冶炼过程中，吨钢的成本控制，除了铁耗和电极消耗以外，其余的消耗控制主要体现在以下几点：

(1) 加强设备的维护和点检，减少设备带病作业的次数，避免设备事故的扩大化。

(2) 冶炼过程中，不能采用拼设备抢产量的生产模式。

(3) 减少冶炼过程中的重大事故，如大沸腾事故、倒包事故、废品事故。

15　现代电炉炼钢用耐火材料和炉衬长寿技术

电炉是高温冶金设备，经常处于近2000℃左右的高温下作业，所以其内衬必须用耐火材料砌筑。耐火材料不仅要承受高温钢水与熔渣的化学侵蚀，还要承受电弧、钢水、炉渣和炉气的物理冲刷作用，以及废钢加入时的机械冲撞等。因而电炉内衬用耐火材料的性质与质量，不但直接关系到炉衬使用的寿命，还影响着炼钢的质量和安全。炼钢工不仅要懂得炼钢，还应对电炉用耐火材料的种类、性质、影响炉衬寿命的因素，以及炉衬的日常维护等都应该清楚明白。

对于电炉冶炼来讲，维护好炉衬是一个基础的重点问题，尤其是超高功率电炉的发展，催生了许多新型耐火材料，其中以晶界工程原理和耗散理论为基础研制的电炉炉底捣打料，以其良好的化学稳定性和物理热力学性能、易烧结性和优异的高温体积热稳定性，取代了传统的耐火砖修砌炉底的工艺，基本上实现了现代电炉炉底材料的不定型化，在砌筑时采用冷铺震动，按照炉型熔池工艺尺寸捣打严实后投入使用，炉底服役中采用热补和冷补以延长炉龄，炉体退役大修时，除了直流电炉外，很少采取全拆全修方法，极大地提高了作业率和生产率。此外，由于石墨很难被炉渣浸润，具有良好的导热性和韧性，因而能提高耐火材料的抗渣性、抗热震稳定性及炉衬的使用寿命，所以促进了以石墨为主的含碳系列耐火材料的发展。把石墨引入到耐火材料中来，是在20世纪70年代，首先研制成功的镁炭砖，有含碳量在8%～14%和12%～20%两种，最先用于超高功率电炉的渣线及热点部位，其后用于转炉，由于使用效果良好，得以迅速普及。尤其是含有鳞片状石墨等的耐火材料已经占了耐火材料的主流，如镁炭质耐火材料，镁炭砖是以高温死烧镁砂或电熔镁砂为原料，用各种碳质结合剂制成的不烧耐火材料。它既保持了碱性耐火材料的优点，同时又改变了以往碱性耐火材料热稳定性差、耐剥落的性能差、抗渣性差的缺点。现代超高功率电炉的升温速度比较快，在氧化期最快的升温速度可以达到30～50℃/min，如果不能了解电炉耐火材料的性能，就不能控制好冶炼的过程，在电炉炼钢的生产中，炉役后期电炉不埋弧冶炼，电炉温度过高，造成电炉渣线部位穿和炉门下部穿钢的事故是常见的生产事故之一。

15.1　耐火材料的分类

凡是具有抵抗高温及在高温下能够抵抗所产生的物理化学作用的材料统称为耐火材料。它们一般是无机非金属材料和金属氧化物的制品。

耐火材料的种类繁多，根据不同的使用目的和要求，有许多分类方法，常用的几种分类方法如下：

（1）按耐火度分类有：

1）普通耐火材料，耐火度为1580～1770℃；

2）高级耐火材料，耐火度为1770～2000℃；

3）特级耐火材料，耐火度为2000～3000℃；

4）超特级耐火材料，耐火度为3000℃以上。

（2）按制品外形尺寸分类有：

1）标准型砖、直角形砖、纵楔形砖、横楔形砖；

2）普型砖；

3）异型砖；

4）特异型砖。

（3）按用途、制作工艺分类：

1）耐火材料按用途分类，如电炉炉衬用砖、炉盖用砖、钢包用砖等；

2）耐火材料按制作工艺不同分为烧成砖、不烧砖、熔铸砖等；

3）此外，还按照形状分为定形耐火材料和不定形耐火材料。炉底捣打料和电炉炉衬喷补料属于不定形耐火材料。

（4）按化学性质分类有：

1）酸性耐火材料，通常是指氧化硅质耐火材料。它的主要特点是在高温下能抵抗酸性熔渣的侵蚀，易与碱性熔渣起反应，如石英（硅石）、硅砖等。半酸性耐火材料如半硅砖等。

2）中性耐火材料，通常是在高温下，与碱性或酸性熔渣都不易起明显反应的耐火材料，如铬砖、黏土砖、高铝砖、黏土质耐火泥等。

3）碱性耐火材料，是指以 MgO 或 MgO 和 CaO 为主要成分的耐火材料。这类耐火材料的耐火度都很高，能够抵抗碱性熔渣的侵蚀，如镁炭砖、镁砖、镁铬砖、镁铝砖、白云石砖、镁砂、白云石及镁砂、白云石及镁质耐火泥等。

15.2　电炉耐火材料的主要性能指标

电炉用耐火材料主要是指镁炭砖和炉底捣打料，它们的主要性能指标包括：

（1）耐火度。耐火材料抵抗高温作用而不熔化的性能称为耐火度。耐火材料没有固定的熔点，所以耐火度实际上是指耐火材料软化到一定程度时的温度。耐火度是耐火材料的重要指标，选用耐火材料的耐火度，应高于其最高使用温度。耐火度的测试是将待测的耐火材料按照规定做成锥体试样，与标准试样一起加热，锥体受高温作用软化而弯倒，当其弯倒至锥体的尖端接触底盘时的温度，即为该耐火材料的耐火度。由于超高功率电炉的升温速度很快，熔池温度过高带有危险性，所以说明这一点很重要，图 15-1 为耐火度测试的说明。电炉主要使用的是镁炭砖，耐火度应该大于 1800℃以上。

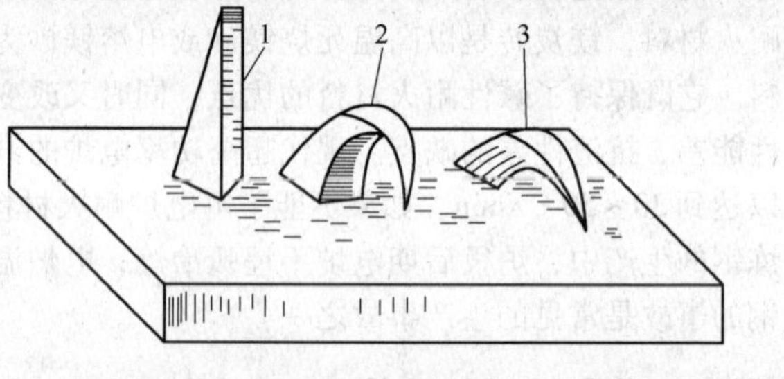

图 15-1　耐火材料耐火度的测试示意图

1—软化前的试样；2—在耐火度时弯倒；3—超过耐火度弯倒

（2）热稳定性。耐火材料随温度急剧变化而不开裂、不损坏的能力，以及在使用中抵抗碎裂或破裂的能力，称为耐火材料的热稳定性。耐火材料的热稳定性用急冷急热的次数表示，也称耐急冷急热性。电炉炼钢从出钢到装料几分钟时间内温度急剧变化，温度由原来的1600℃左右骤然下降到900℃以下，因此要求耐火材料具有良好的热稳定性。电炉炼钢过程中，炉体水冷盘漏水后，对于镁炭砖的热稳定性破坏很明显，所以电炉水冷盘或者炉盖漏水，水流在耐火砖上时，要做停炉处理，否则会引起炉役寿命缩短或者炉体穿钢事故，这一点，已经有很多的文献报道，我们在实际生产中也多次发生过这类事故。

（3）抗渣性。耐火材料在高温下抵抗炉渣侵蚀的能力称为抗渣性。要提高炉衬的寿命，一方面生产商要提供抗渣性好的镁炭砖耐火材料，另一方面，生产中合适的碱度是减少炉衬侵蚀的保证。生产实践证明，保证炉渣碱度和减少渣中氧化铁是提高耐火材料抗渣性的有效方法，目前的高碱度低氧化铁泡沫渣技术、电炉内多点喷炭技术就是改善耐火材料抗渣性的有效措施。

（4）体积稳定性。耐火材料在高温下长期受热时抵抗体积变化的能力称为体积稳定性，也称为重烧收缩或膨胀。在生产中保证生产的连续性和稳定性，合适稳定的熔池稳定是操作中提高炉衬寿命的主要因素。

（5）荷重软化温度，也称为荷重软化点。耐火制品在常温下耐压强度很高，但是在高温下承受载荷后，就会发生变形，降低了耐压强度。荷重软化温度是指在高温承受恒定载荷的条件下，产生一定变形的温度。

（6）体积密度。耐火材料在110℃下干燥后的质量与体积之比为体积密度，电炉使用镁炭砖的体积密度在2.77～2.9g/cm^3之间。

（7）真密度。耐火材料在110℃下干燥后的质量同真体积之比，称真体积密度。真体积指试样总体积与试样中孔隙所占的体积之差。

（8）气孔率。气孔率包括：

1）显气孔率，为耐火材料与大气相通的孔隙（开口气孔）的体积与总体积之比。电炉镁炭砖的显气孔率一般小于5%。

2）真气孔率，为耐火材料全部孔隙的体积（包括开口气孔和闭口气孔、贯穿气孔的体积）与总体积之比。

两种气孔率都用%表示。电炉用的镁炭砖要求气孔率要低，气孔率过高，熔渣和溶蚀性气体通过气孔会加剧镁炭砖的侵蚀速度。图15-2为耐火材料气孔的类型。

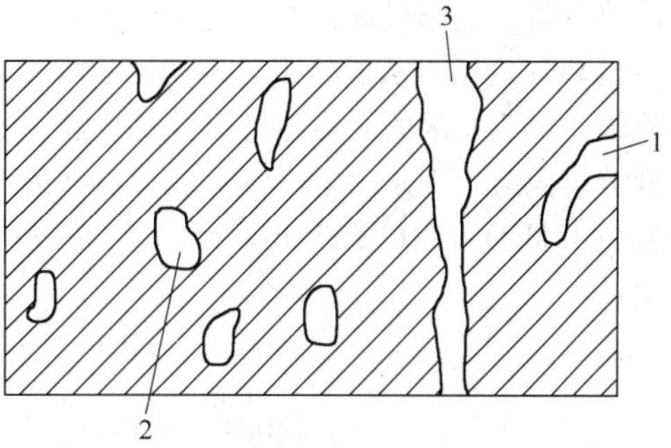

图15-2　耐火材料的气孔类型

1—开口气孔；2—闭口气孔；3—贯穿气孔

（9）常温耐压强度。耐火材料在常温下单位面积承受负荷的能力称为常温耐压强度。电炉炉衬在装料时受炉料冲击，冶炼时受钢液的静压和脱碳反应造成钢水流动的冲击，出钢时受钢流的冲刷，操作时又受机械振动，因此电炉耐火材料必须有高的耐压强度。一般电炉镁炭砖的常温耐压强度大于30MPa。

除上述性能指标外，耐火材料还有导热性、导电性、可塑性、通气性及吸水率等一些重要的指标。耐火材料的外形和尺寸，对于耐火材料的实际应用也具有很大的影响，它直接影响到砌筑时的砖缝。耐火材料的外观检查项目有尺寸公差、缺角、缺棱、扭曲、裂纹、熔洞渣蚀等。一般制品的尺寸公差不得超过±3%。电炉常用镁炭砖的理化指标见表15-1。

表15-1　电炉常用镁炭砖的理化指标

砖　型	MgO/%	C/%	体积密度/g·cm^{-3}	显气孔率/%	常温耐压强度/MPa
渣线MT-148	78	14	>2.95	≤3	≥40
MT-10AT	83	10	>3.1	≤1	≥40
MT-10A	82	10	>3.05	≤3	≥40

15.3　炉衬损耗机理

15.3.1　炉底捣打料的使用和损耗机理

炉底捣打料是近十几年发展起来新型不定形耐火材料，炉底捣打料牌号与特性参数见表 15-2。

表 15-2　炉底捣打料的化学矿物组成

特　性		牌　号			
		HYDL-85	HYDL-D86	HYDL-D85	HYDL-D84
化学组成/%	MgO + CaO	>92	>93	>92.5	>92
	Fe_2O_3	3.9 ~ 4.3	3.8 ~ 4.2	4 ~ 4.5	5 ~ 5.5
	SiO_2	≤1.0	<1.0	<1.0	<1.2
	Al_2O_3	<0.3	<0.3	<0.3	<0.4
结合特征		全部为陶瓷结合			
粒度范围/mm		6 ~ 0	6 ~ 0	6 ~ 0	10 ~ 0
使用温度界限/℃		1850	1850	1850	1800
应用范围		交流电炉	直流电炉小炉底	直流电炉外围炉坡	补　炉

捣打料的烧结机理：在电炉生产送电后，当温度达到 1250℃时，炉底材料的少量 Fe_2O_3 可以降低 CaO 的熔点从而析出少量的液相溶于方镁石中，而方镁石也少量溶于铁酸钙液相中形成固溶体。形成有限的固溶体可促进材料烧结。当废钢熔化以后，在温度进一步上升后，微液相继续分解固溶于 MgO 中形成 RO 相，CaO 形成富钙液相或析出 CaO 晶体或同 SiO_2 形成 C_2S，原始材料由 MgO + C_2F 变成 RO + SiO_2，完成烧结过程，由于方镁石与水蒸气可以发生以下的反应：

$$MgO_{(s)} + H_2O_{(g)} \longrightarrow Mg(OH)_{(g)} \tag{15-1}$$

$$2MgO_{(s)} + H_2O_{(g)} \longrightarrow 2Mg(OH)_{(g)} + \frac{1}{2}O_{2(g)} \tag{15-2}$$

所以防止捣打料的受潮和防止烘烤新炉时的漏水是关键的操作之一。而炉底溶蚀损耗作用受时间和温度限制，是缓慢轻微的循环反应。而且，这一反应是，当下一炉次炼钢时，与钢水接触，则 C_2F 重新分解，使炉底工作层表面小于 1mm 厚的氧化层在不断地消失与新生循环往复。此外，为了防止加料对于炉底的冲击，保证有足够的烧结层也是不容忽视的要点。当温度过高时液相向钢液的迁移会导致捣打料的龟裂现象产生。这些在烘炉工艺中尤其要注意到，而重要的是保持合适的温度，使捣打料完成烧结相后保持炉底熔池的工艺尺寸要求，这是基本的任务。在实际的生产中，工人们形象地把这一过程比喻为“和面粉”的过程，一碗水倒在一盆面粉中间，和钢水与炉底耐火材料作用的原理有相同的地方。

15.3.2　炉衬镁炭砖烘烤时发生的主要化学反应

一般镁炭砖使用优质镁砂，并且配加高纯石墨以及硅、碳化硅等添加物，用酚醛树脂作结合剂压制而成，电炉对于镁炭砖的基本要求是：导热率低，以保证热损失少，提高电炉的热效率；抗热化学和热物理蚀损系数高，即要求具有良好的体积稳定性能；抗渣、抗剥落、抗氧化性及较高的耐压强度，从而获得低消耗与高寿命；透气度不能够太高，以减少侵蚀性流体通过的能力，减缓炉衬砌体的侵蚀速度。烘烤新炉衬时，在炉衬温度达到 750℃时由于会发生以下的主要反应：

$$MgO_{(s)} + C_{(s)} \longrightarrow Mg_{(g)} + CO_{(g)} \tag{15-3}$$

$$Mg_{(g)} + R_nO_m \longrightarrow MgOR_nO_{(m-1)(s)} \tag{15-4}$$

式15-3主要是生成的镁蒸气和一氧化碳气体延孔隙迁移到高温区，式15-4是在炉壁表层镁蒸气再次被氧化物氧化成氧化镁，并且与镁炭砖砖中的微量其他化合物组成高熔点的岩相化合物。所以，控制烘炉的温度制度，对于控制以上的反应，防止式15-3反应的大量发生是保持镁炭砖的体积稳定性的关键，这一点不论在转炉还是在电炉，尤其重要。烘炉失败的直接后果是炉衬垮塌，或者是炉衬寿命大幅度降低，这一点在国内大多数的厂家已经有为数不少的经验与教训。

15.3.3　炉衬正常使用时的侵蚀与保护措施

在正常冶炼时，炉衬与高温钢水和熔渣直接接触，工作条件十分恶劣，炉衬损坏的原因有：

（1）电弧的辐射造成的热剥落和高温状态的化学侵蚀；

（2）熔渣、钢水、炉气对炉衬的冲刷作用；

（3）熔渣对炉衬的化学侵蚀；

（4）温度变化引起的剥落；

（5）由于炉衬砖本身的矿物组成的分解引起的层裂等；

（6）加废钢和兑铁水时对炉衬的机械冲撞和冲刷。

这些因素单独或综合作用导致炉衬砖的损坏。

炉衬砖的蚀损机理是：镁炭砖中含有相当数量的碳，与熔渣的润湿性较差，阻碍着熔渣向砖体内的渗入。镁炭砖在使用过程中，工作表面的碳受到氧化性熔渣中FeO等氧化物及供入的O_2、炉气中CO_2等氧化性气氛的氧化作用，以及高温条件下MgO的还原作用使得镁炭砖表面形成脱碳层。其反应如下：

$$FeO + C \longrightarrow CO + Fe \tag{15-5}$$

$$CO_2 + C \longrightarrow CO\uparrow \tag{15-6}$$

$$MgO + C \longrightarrow Mg + CO\uparrow \tag{15-7}$$

在反光显微镜下观察镁炭砖残砖，发现脱碳层中有金属铁粒存在，这是由于碳被氧化，铁被还原所致。镁炭砖体的工作表面由于碳的氧化脱除，砖体组织结构松动脆化，在钢液的冲刷下流失而被蚀损；同时由于碳脱除所形成的空隙和镁砂颗粒的松动，熔渣从孔隙和缝隙中渗入，基于上述情况的共同作用使砖体熔损。

影响炉衬寿命的因素有：

（1）炉衬耐火砖的材质；

（2）冶炼钢水的条件；

（3）冶炼过程的操作；

（4）终点出钢温度的控制；

（5）护炉工艺；

（6）减少停炉次数和时间，避免炉衬激冷，防止炉衬局部严重损坏。

提高炉衬寿命的措施主要有以下几点：

（1）使用质量、性能好的耐火材料。不同生产厂家的镁炭砖，生产工艺大致相同的情况下，炉衬的寿命是不同的，在招标过程中，有的厂家可以保证炉衬寿命达到800炉，有的却只能保证700炉，只是价格比较低。使用质量、性能好的耐火材料，对于炼钢的成本的降低是很有利的，而且能够减轻炼钢工人的思想压力，降低工人维护炉衬的劳动生产强度，减少炉衬的修补或者挖补次数。

（2）优化系统炼钢工艺。这包括合理的炉衬烘烤工艺、泡沫渣的控制工艺、出钢温度的制度等。

（3）强化炉衬的维护工作。这包括炉门薄弱区的及时垫补、渣线部位的喷补、直流电炉偏弧区的喷补和挖补等。

（4）新炉役第一炉的烘烤很重要，是提高炉衬寿命的基础。这主要指烘烤炉体时的工艺制度，使炉衬既能够在烘烤时渡过耐火材料的“危险期”，又能够保持炉衬和炉膛保持合理的工艺尺寸，满足冶炼的工艺要求。从另外一个角度讲，炉衬和炉膛内的合理尺寸，会提高冶炼时的脱碳速度、升温速度，有利于缩短冶炼周期，这就促进了炉衬寿命的提高，使得二者处于良性循环之中。炉衬在服役一段时间以后，炉底加深，脱碳速度下降以后，影响冶炼周期时，就要及时修补炉底，使得炉膛尺寸有利于冶炼过程物理化学反应的进行。

15.4　炉衬的修砌与烘烤

电炉的炉缸一般采用球形和圆锥形联合的形状，炉底为球形，熔池为截头锥形，圆锥侧面与垂线成45°。球形底面高度约占钢液总深度的20%，球形底部的作用在于熔化期易于聚集钢液，既可以保护炉底，不使电弧直接在炉底燃烧，又可以加速熔化。炉膛一般也是锥台形，炉墙倾角为6°~7°，炉墙倾斜是为了便于补炉，延长炉衬寿命，但是倾角过大，就会增加炉壳直径，加大热损失，机械装置也要增大。

炉衬的修砌要保证炉体有合理的炉型尺寸，既有利于炉膛内冶金反应的正常进行，也要有利于炉衬寿命的提高，有利于炉内热交换的进行。

我们在2000年的一次因为烘烤工艺不当后，70t直流电炉熔池的工艺尺寸发生了改变，炉底与EBT出钢口平齐，导致出钢大量下渣而被迫使炉衬提前退役，炉龄仅仅286炉。2007年发生过因为炉门区炉坡捣打料的厚度不够，炉门与熔池间的炉底捣打料没有捣打成应该有的过渡角度，造成炉门区镁炭砖破损后炉门穿钢水的事故，超过80t的钢水从炉门区下方穿出，进入渣坑，烧毁了炉体钢结构，停产超过了30小时。所以修砌新炉体时，一是要保证砌砖的质量；二是要把炉坡墙角铺厚，杜绝墙角经过侵蚀后掉砖或者炉墙倒塌事故，也有利于炉役中后期的补炉操作；三是要保证炉坡倾角小于45°，最好保持在30°~35°之间。

以下是交流电炉和直流电炉炉衬修砌过程简要和烘烤的思路，对于读者也许更为便于理解和分析对比。

15.4.1　一座90~130t超高功率交流电炉的砌筑方案

15.4.1.1　施工人员与工具

工作量	耐火砖48~68t，散装料40~68t，合计88~136t
人员	6~8人（三班轮流制）
工时	48小时
工具	板锹3把、排气叉2把、震动板2台、透明塑料软管1条（ϕ10mm，长10m）、水平尺1个、卷尺、钢丝绳2条、切砖机1台、行车

15.4.1.2　施工注意事项

施工注意事项包括：

（1）根据检修施工计划，落实准确的上场时间，及时组织好施工人员到场。

（2）检修施工前，检查施工机具，工程材料的准备情况，落实好施工用的水、电、气源。

（3）在施工中，协调好施工顺序，劳动力组织施工配合等工作。

（4）检查和确认施工安全情况。

15.4.1.3 具体施工步骤

在炉墙和炉门砌筑施工前，要将砌筑体表面清扫干净。

炉衬砌筑步骤为：

（1）砌筑炉底永久层。错缝平铺3层：砖型M-1；材质MZ-91；重量：20.58t；人员8人（炉内6人，炉外2人）；工时6小时。

（2）铺设炉底捣打料第1层：

1）捣打时分层铺料，铺料厚度控制在200～250mm。

2）捣打采用风动枪3把，工作风压控制在0.4～0.5MPa。

3）捣打时首先使用排气叉进行排行捣打，连续作业不小于1小时。

4）排气捣打结束后，震动板进行密实捣打，连续作业不小于1小时。

5）在炉底炉坡捣打施工中，特别要注意炉坡形状的控制要做好捣打料的材料数量，炉坡最高点为炉墙11层上沿，最低点为炉壳中心向上732mm，其余自然过渡。

捣打料QD-1；重量18t；人员同上；工时3小时。

（3）砌筑下炉墙（1～8层）：

1）砌筑开始时，要确认耐火砖的牌号、规格，按照每层砖规格，配比准确进料。

2）在炉墙镁炭砖砌筑时，采取错缝干砌，每砌筑完成一层砖时砖缝要及时用与砖成分相适应的干细耐火粉填充满。在充填砖缝前，先将工作层与永久层和钢壳之间填料填实。

3）炉墙镁炭砖每层合门砖设在炉门处，上下层交错布置，合门砖尺寸不小于整砖宽度的1/2。

4）在炉门镁砖砌筑时，均要错缝砌筑，砖缝用与砖成分相适应的耐火粉填充满。

5）严禁将缺棱掉角的，或经过加工的砖面砌筑在朝向炉膛或是与炉气接触的地方。

6）在耐火砖砌筑时，严禁用金属工具直接敲击砖面。

7）镁炭砖、镁砖砌筑砖缝要求控制在≤2mm以内。

8）炉墙第1层找平要求准确，平面度控制在2mm以内。

砖型M-1（QMZ-91）、45/0、45/20、45/40、45/80；材质QMT10A；重量26.2t；人员同上；工时10小时。

（4）铺设炉底捣打料第2层。砌筑要求同炉底捣打料第1层。

（5）渣线、热点、操作口的砌筑（9～16层）。砌筑要求同下炉墙，但渣线、热点、操作口在三相弧区砖径向缝加1mm纸板做膨胀缝。

砖型M-1（QMZ-91）、45/0、45/20、45/40、45/80、45/80；材质QMT14A；重量23.83t；人员同上；工时9小时。

（6）上炉墙、热点的砌筑（17～21层）。砌筑要求同下炉墙。

砖型M-1（QMZ-91）、45/0、45/20、45/40、45/80；材质QMT14A、QMT10A；重量7.52t；人员同上；工时3小时。

（7）铺设炉底捣打料第3层达到图纸要求。要求同炉底捣打料第1层，工时4小时。

（8）出钢口的砌筑：

1）在出钢口外套砌筑一定要仔细，要控制好有关尺寸和角度。

2）在捣打出钢口外套周围的打材料时，要特别注意不要损坏外套砖。

砖型 ZZ、GZ、WZ；材质 QMT12A；重量 0.617t；人员 3 人；工时 2 小时。

注：WZ、2 层 ZZ 和 2 层 GZ 砖在步骤 1 后砌筑，其余 ZZ 和 GZ 砖在步骤（6）后砌筑。

（9）收尾、检查及验收（8 小时）。

在国外的一些厂家，为了提高修砌速度，将部分炉墙砖 1 ~ 3 层，打洞后用螺栓固定，直接摆放，能够增加修砌的速度。完成修砌的交流电炉各个部分的尺寸如图 15-3 所示。

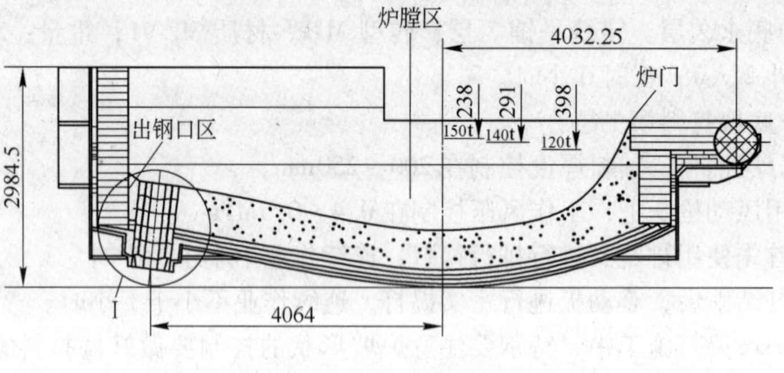

图 15-3　完成修砌的交流电炉各个部分的尺寸

15.4.2　一座 60 ~ 100t 超高功率直流电炉的砌筑

15.4.2.1　材料及工器具准备

材料及工器具准备：

（1）领用各类耐火材料须按设计技术要求核对实物材质，向供应部门索要质保书或质检书、总站检测报告，不合格耐火材料不得使用。

（2）各类耐火材料在搬运堆放时，应严格区分砖的材质、牌号、砖号，不得混乱，以防错用。重点应区分砖号同材质不同牌号的耐火材料。

（3）往炉内吊运各类耐火材料须指定专人负责，并做到以下要求：

1）扫除砖面的尘埃、异物，挑选出缺损超标者；

2）装卸时须轻拿轻放，避免损坏。

（4）准备好各种修炉工器具，修砌时行车的吊运须配合好。

15.4.2.2　砌筑工作的一般要求

砌筑工作的一般要求：

（1）拆完炉后清理炉壳内外异物并打扫干净，检查炉壳是否完好。

（2）修炉前须将炉壳固定牢，以避免在砌筑过程中因炉体移动而影响砌筑质量或造成人身安全事故。

（3）筑炉前应将各处轮廓线、中心线及各种定位线、基准找平线放好。

（4）取砖修砌时应注意砖号、材质是否符合于该部位。缺损超标的砖不得使用，须紧锁砖时须用胶皮管垫好后方可敲打到位。

（5）砌砖须错缝修砌，湿砌时须做到灰浆饱满，填充料须逐层捣打密实，炉底干式捣打料须逐层用振动叉子捣叉密实，施工上层前须将下层表面刮毛后再施工。

（6）不得在砌体上砍砖或凿砖，以免松动或损坏下面砌体。

（7）砌体灰缝要求：

1）永久层镁砖灰缝：湿砌，垂直缝<1.5mm，水平缝<2.0mm；

2）工作层镁炭砖灰缝：干砌，垂直缝<0.5mm，水平缝<1.0mm；

3）底电极袖砖及环浇砖灰缝：湿砌，<1.0mm；

4）出钢口座砖及出钢口砖灰缝：湿砌，<1.0mm。

15.4.2.3 永久层镁砖的砌筑

永久层镁砖的砌筑步骤为：

（1）镁质水泥的配制。在搅拌机内加清水配制，加水量30%～35%。

（2）底电极安装。安装前先将水冷钢棒底电极进行水压试验，不漏水时方可使用。将绝缘法兰垫配好，用行车吊好吊环，逐步上移，然后安装法兰固定在炉底上，装好后应检查其是否绝缘良好，绝缘不好时须返工，直到安装好后绝缘良好。

（3）采用3H6-76、3H10-76、3B28-64将炉底圆锥部分修好，要求逐环修砌，每环错缝，灰缝达到前述要求，共三环。

（4）采用2-76平砌圆锥底两层，要求上、下错缝，四个底电极处留出ϕ500mm圆孔（近似）。

（5）用2-76、2K15-76修砌炉底斜坡两层，上、下两层要求错缝，与炉壁结合处不得超过镁炭砖找平层。从圆锥体上部边缘向外逐环修砌，出钢口处留出ϕ800mm圆孔处不修砌永久层。

（6）炉门口永久层下部采用2-76平砌，平砌12层后，即距炉门电极顶部250mm处（注：由于石墨电极对于钢渣和钢水具有良好的不浸润作用，所以为了便于电炉的从炉门处放渣，一般电炉在炉门前方，与炉门平起的外部，放置一个废弃的电极，直径在610～710mm之间，以便于电炉排渣和保护炉壳），开始倒砌两层，向炉内处要求呈圆弧状，与炉壁永久层成同一圆弧（*R*2724）。

（7）炉壁永久层在出钢口处100.6°区域*R*1250处采用2P8-76立砌，厚76mm。

（8）炉壁永久层*R*9000处23.6°×2处采用2P3-76与2-76立砌，厚76mm。

（9）炉壁其他部位*R*2800处采用2P3-76与2-76立砌，厚76mm。

（10）逐环修砌，每环加入数块2K15-76作为锁紧砖，砌时先砌入2/3深度，每环结束后可垫胶后用锤子敲打楔入，要求每环错砌。

15.4.2.4 底电极袖砖及环绕砖的修砌及冷态修补

底电极袖砖及环绕砖的修砌：先修砌底电极袖砖，采用镁质水泥湿砌。然后采用炉底干式捣打料打结炉底圆锥体部厚375mm，找平。外层环绕砖每环均在炉外预砌组装好，然后整体吊入套装在袖砖外层，每个底电极共两环，要求上下环错缝。每修好一环即用Ankerhealth25捣打料捣实内外环间隙，最上环采用Ankerhealth-cp30。修砌用镁质水泥，采用Ankerfix-RP10。

底电极、袖砖及环浇砖的冷态修补：先将底电极、袖砖及环浇砖上部及周围冷钢用烧氧管清扫干净，然后用风镐拆除已侵蚀的袖砖及环浇砖，用氧割将底电极从形状规则处割断，并沿圈围打剖口，然后将加工好的钢棒底电极切取侵蚀掉的长度焊接好，重新砌好袖砖及环浇砖，并将其间隙用炉底干式捣打料捣实。

15.4.2.5 EBT 出钢口座砖及出钢口的修砌、更换及热态修补

EBT 出钢口座砖及出钢口的修砌：按修砌图先修砌出钢口砖，如果是整体也可直接吊装，如果是分块的则子母口接缝采用镁质水泥湿砌，然后逐级套装出钢口座砖其子母口处接缝采用镁质水泥湿砌，其间隙用炉底干式捣打料捣实，逐层捣打，捣打上层前先将下层表面刮毛。

出钢口砖及出钢口座砖的更换：先用烧氧管烧氧清理出钢口砖及出钢口座砖上部及周围冷钢，然后拆下上面一层出钢口及座砖和捣打料，间隙捣打料拆至未烧结层，将出钢口砖整体拆除，观察座砖是否损坏，如已损坏将座砖也全部拆除，重新修砌方法同 EBT 出钢口座砖及出钢口的修砌。

15.4.2.6 炉底及炉坡干式捣打料的施工

炉底干式捣打料施工：先在永久层镁炭砖上画出镁炭砖找平面位置，然后逐层再找平面以下填铺干式捣打料，每层厚度约 150mm，在底电极周围采用进口奥镁干式捣打料，靠近炉壁处采用国产干式捣打料，采用振动叉子使之致密化，捣打好一层后将表面刮毛在捣打施工上层，直到找平面为止，尤其是找平面应使其平整，并与所画线是同一平面。

炉坡干式捣打料的施工：找平面以上炉坡干式捣打料待炉壁镁炭砖修砌到第 6 层后，逐层支上胎膜板按炉底干式捣打料施工办法捣打炉坡，先不取出炉坡胎膜板，尤其应注意出钢口座砖与炉壁工作层之间间隙处捣打料应捣打结实。

15.4.2.7 炉壁镁炭砖修砌

在炉坡干式捣打料镁炭砖找平面上所示砖型及材质修砌镁炭砖，每砌一层须将工作层与永久层之间填充料捣实。每层砖应错缝修砌，加工每层锁砖均用 V3L-100 加工。尤其应注意砖型相同材质不同的砖不得用错位置。

最上层镁炭砖上垫上炉底干式捣打料，使之成坡形，厚约 10 ~ 100mm，炉门区域靠钢壳处全部采用 35% 湿砌。炉门口侧的 2-76 上也平铺上 20 ~ 30mm 厚干式捣打料，以利于炉门清理，并利于烧结牢固。

15.4.2.8 炉坡修整

取出炉坡干式捣打料胎膜板，并将台阶处刮平滑过渡曲面，然后在炉底，炉坡上铺上废钢板，以防止开新炉加料时砸坏炉底、炉坡、以利于整体烧结。

炉衬耐火材料：电炉炉衬由绝热层、永久层和工作层组成。绝热层一般用石棉板或耐火纤维砌筑；永久层用镁砖砌筑；工作层用镁炭砖砌筑。砌筑炉衬时，要求砖缝不大于 2mm。

炉底耐火材料及修砌要求：

（1）当小炉底电极套砖安装完并确认后，整体清理炉底落灰、杂物，清理完毕后进行小炉底打结工作。

（2）打结小炉底操作要求：一次只能铺 1 ~ 2 袋捣打料，并且料必须均匀铺平（保证每次摊料层厚度小于 200mm），铺平后先用振动叉逐点振动排气 2 ~ 3 遍，然后铺上干净油布或帆布，用平板电振机振动，振动机振动时平移速度小于 1.5m/min，反复振 3 ~ 4 遍（检验标准为：手持 $\phi 16$ 尖头钢钎（尖头高 30mm）静插入深度小于 20mm 为合格），再进行另一层打结，直至与底电极上端平齐。

（3）打结大炉底、溜坡度操作要求：一次只能铺3～4袋捣打料，料必须均匀铺平（保证每次摊料层厚度小于200mm），铺平后先用振动叉逐点振动排气2～3，然后铺上干净油布或帆布，用平板电振机振动，振动机振动时平移速度小于1.5m/min，反复振3～4遍（检验标准为：手持ϕ16尖头钢钎（尖头高30mm）静插入深度小于20mm为合格），再进行另一层打结，直至整个坡型打结完毕。

15.4.3　炉衬烘烤工艺的基本思路

由于电炉供电的50%以上的能量用于废钢的熔化，理论上熔化1t的废钢需要耗电300kV·A，所以基于以上的分析，根据变压器给出的输入功率水平，在电炉烘烤新炉时候，选择了缓慢升温—降温—保温—升温的工艺路线，即：新炉衬头两炉只能使用全废钢冶炼，不加铁水。

第一炉采用3次加料操作。第一篮料加炉料总量20%左右的小切头或者小型优质废钢，加料前，在炉底先铺一层纸板后再铺上一层铁皮。采用1～4档的小功率送电，待第一批料基本熔清后加入第二篮料，这一阶段的输入总能量控制在总能量的1/4左右。炉内炉壁的耐火材料的表层温度可以控制在750～950℃之间，保证镁炭砖内的化学反应缓慢进行，保证镁炭砖的体积稳定性，炉底温度控制在1250～1520℃之间，炉底可以均匀地进行烧结反应。第二篮料加炉料总量40%左右的轻型废钢或统料，起弧后1min左右即停电闷烘炉30～45min，再通电正常冶炼。在第二批料基本熔清后加第三批料，由于此时炉底烧结层烧结厚度不大，为了防止第三批料砸坏烧结层和破坏炉衬，第三批料加入渣料及炉料总量40%左右的轻型废钢或统料，不使用任何类型的重型或中型废钢。

第二炉可按正常两篮料进行配加，但也避免使用任何类型的重型或中型废钢。为了保证冷区的烧结层，新炉子第一炉出钢温度应控制在1630～1650℃左右。此外在冶炼的操作中，由于氧枪吹氧时氧枪是一个移动的“点热源”，所以为了防止局部升温我们把吹氧操作放在第三篮料基本熔清后开始将炭氧枪投入使用，第二炉以后以正常的操作方式操作炭氧枪。

15.4.4　一座100～120t电炉新炉第一炉冶炼操作的技术要点

15.4.4.1　检查与确认

开炉前维护人员及操作人员要进行检查和确认，其内容包括：

（1）检查除尘器的设备情况，并确认其处于良好状态。

（2）检查电炉体上下两部分的连接情况、电极升降情况、炉盖升降情况、炉体倾动系统等部位情况，并确认其处于良好状态。

（3）检查炭氧枪全套设备的运行情况，并确认其处于良好状态。

（4）检查高位料仓的情况，并确认处于良好状态。

（5）检查炉底废钢铁板是否盖满，是否有其他杂物，有不利于炉底耐火材料烧结的要处理好。

（6）检查炉体、炉盖水冷系统、电极水冷系统及其他水冷系统情况，并确认处于良好状态。

（7）调试好炉前各开关、仪表、监控器以及通讯联络等装置。

（8）堵好EBT出钢口，其填料要略高于出钢口砖上表面，呈凸球形。

15.4.4.2　冶炼过程的关键操作和步骤

总装入量：第一炉的总金属装入量为公称容量的基础上增加 20～25t，吹损 7%，留钢量 10～15t，出钢量保证达到公称容量的吨位。

新炉第一炉冶炼操作要点为：

（1）第一炉不加铁水，由于炉体气体含量高，需保持较大的脱碳量，故第一炉电炉配碳量要求大于 1.00%。使用全废钢冶炼，分三次加料操作。

（2）第一篮料加 55t 左右的废钢，并加入渣料（其中小切头 30t，其余为轻型废钢）；第二篮料加 45t 左右的轻型废钢；第三篮料加入 15t 左右的轻型废钢和 30t 生铁及相应渣料。

（3）将料装入炉中时，要注意料筐不要太高，以免砸坏炉底，特别要指挥好行车避免料筐绳等刮带炉衬砖、水冷炉壁等设施。

（4）装完料后，要将伸到炉壳外的废钢铁料推入炉中而且废钢不能与上部的水冷炉壁有接触，以免连电起弧打漏炉壁。

（5）第一次料和第二次料冶炼期间严禁吹氧；第三次料装入完毕、在形成一定深度的熔池后，可以开始碳/氧喷吹。供氧量遵循由低到高的原则，在未形成良好的泡沫渣前，严禁大流量供氧。

（6）原则上，新炉子的供电升温速度要缓慢，以确保炉衬能够得到良好的烧结。第一篮切头基本上熔化完之后，炉内熔池基本形成之后，第一篮料送电时最高档位不得超过 4 档（建议使用低档供电），待炉料基本熔化完后再加第二篮料。第二篮料送电穿井结束之后，应停电 60min 左右对炉底捣打料进行烧结。

（7）新炉子第一炉出钢温度应控制在 1650～1680℃左右。

（8）其他操作参照“电炉冶炼技术操作规程”执行。

（9）冶炼第一炉的时候，要对各种设备运行情况进行检查，并确认处于良好状态。如发现问题要及时处理，如电极短时要更换等。

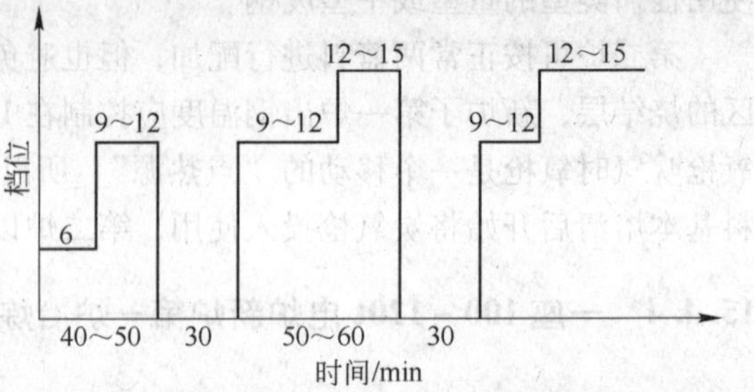

图 15-4　电炉烘烤炉衬的供电曲线

炉衬烘烤时的供电曲线如图 15-4 所示。一批料加入电炉以后，首先从 1 档起弧，电极穿井以后切换到 6 档，再继续切换成较大档位送电 40～45min 之间，炉料熔化以后，加入第二批废钢料，停电 30min 焖炉，保证炉底烧结。然后再中档或高档送电 50～60min，二批料熔化 85% 左右，加入第三批料，停电 30min 焖炉，然后穿井熔化三批料，进入正常冶炼程序。

15.4.5　一座 70～90t 直流电炉新炉开炉的操作

原料准备：

（1）新炉衬头两炉只能使用全废钢冶炼，即不加铁水。

（2）第一炉采用 3 次加料操作。第一篮料加 28t 左右的小切头，第二篮料加 40t 左右的轻型废钢或统料，第三篮料加入渣料及 30t 左右的轻型废钢或统料。第二炉可按正常两篮料进行配加，但不得使用重废钢。

（3）新炉子头两炉配料时不得加入打包料。

冶炼准备：

（1）如果炉壁和炉盖是新的，必须用喷补机向其内表面喷一层耐火材料以保护水冷盘。如果间隙太大喷补料挂不上去，可以使用浇注料或其他泥料将接缝填实。

（2）检查所有水冷设备冷却水流量、压力、温度是否符合要求以及是否有渗漏现象；检查炉体接地是否良好；底电极绝缘是否符合要求。

（3）检查引流砂是否填充完毕，其他检查工作按电炉装料前的检查工作执行。

（4）将启弧台架放入炉内，其四个脚与四个底电极分别焊接在一起，以便于炉子冷启动。

（5）为了保护炉底，在新炉子砌筑完毕后，应在炉底先铺上一层包装纸板，然后再铺一层薄铁板。

冶炼操作：

（1）原则上，新炉子的供电升温速度要缓慢，以确保炉衬能够得到良好的烧结。第一篮切头基本上熔化完之后，再加第二篮料。

（2）新炉子第一炉冶炼时炭氧枪操作要注意，头两篮料冶炼时不使用炭氧枪，第三篮料基本熔清后开始将炭氧枪投入使用。第二炉以后可以按正常的操作方式操作炭氧枪。

（3）新炉子第一炉出钢温度应控制在1630～1650℃左右。

（4）新炉子第一炉出钢合金配料应注意不要配得太高，以避免出钢量不足造成成分出格。

（5）供电曲线参考图15-4。

15.5　炉衬的日常维护

15.5.1　电炉炉衬维护的重点部位

炉衬的重点侵蚀部位一般在以下几个方面：

（1）直流电炉的底电极。这是决定直流电炉一切的重点部位。

（2）渣线部位。这是炉衬后期最容易出事故的部位。

（3）电弧辐射的热区。对于交流电炉来讲，是在靠近极心圆位置的圆内接正三角形延长线的区域，对于直流电炉来讲是靠近变压器一侧的偏弧区。

（4）炉门区及两侧。一般情况下，炉门区是冶炼过程自耗式氧枪吹炼的反应主要热区，加上钢渣的放渣，所以炉门两侧和炉门也是容易出现事故的部位。

（5）炉壁烧嘴的布置区域。由于烧嘴是一个点热源，所以烧嘴的部位容易出现穿渣穿钢的现象。

（6）炉壁超声速氧枪或者集束氧枪的吹炼反应区。

15.5.2　炉坡、炉底及底电极的维护

如果发现炉底、炉坡侵蚀严重或底电极温度上升过快时，应进行炉坡、炉底及底电极的维护修补工作。内容包括：

（1）进行炉坡、炉底修补和底电极维护之前应进行“炉子倒空操作”将炉内钢水倒尽、炉渣出尽。

（2）炉子倒空后，如果是交流电炉，可以直接修补炉底，直流电炉要立即将启弧台架安放到炉子中，以确保修补结束后可以顺利的重新启弧。

（3）指挥行车将修补炉底的干式捣打料吊到炉子上方，对准需要修补的部位将捣打料放入炉内。捣打料的用量根据具体情况而定，但只要能够恢复正常炉型即可，不得过量，以免炉

底上涨影响正常冶炼。

（4）用特制的耙子将捣打料耙平。

（5）使用捣打料维护炉坡时，炉坡和炉墙耐火砖之间出现的裂缝和蚀损严重的孔洞要做重点的垫补修理。

15.5.3 冶炼期间炉衬的安全预防手段

由于炉衬的安全决定着操作工和设备的安全，所以冶炼期间炉衬要做重点的监护，主要的措施有：

（1）一座电炉必须配备一把手持式的红外线测温枪，在炉衬使用的中后期，对于渣线以下的炉壳外部，每隔一段时间测温一次，温度大于400℃以后，要做好炉衬的重点监护和维护。某一个部位出现温度急剧上升的情况以后，要考虑停炉做维护或者挖补修理的工作。

（2）在电炉的重点要害部位，包括 EBT 部位、直流电炉的底电极部位、安装必要的摄像监视器，发现异常，及时处理。

（3）冶炼过程中，每次冶炼结束出钢以后，炼钢工或者炼钢工助手要从炉门观察炉衬的使用情况，检查是否有掉砖、漏水、渣线部位侵蚀的情况，做到炉炉观察，心中有数，发现有影响炉衬寿命的不安全因素要及时的处理。

（4）炉底捣打料的侵蚀速度一般在 1mm 左右，冶炼过程中要定期的检查炉底测温点的温度，并且根据炉底打结的厚度，确定定期的修补炉底计划。

15.5.4 渣线的维护

渣线是指炼钢炉内靠近熔渣层的这一部分炉衬叫渣线，渣线是一个随时变化的位置，随着熔池的深度和装入量的变化而变化。渣线部分的镁炭砖一般侵蚀比较快，这是因为炉渣与镁炭砖中的氧化镁反应，生成低熔点的化合物，降低了镁炭砖的耐火度，加上炉渣流动的物理冲刷，所以渣线部分的镁炭砖损坏的比较快，特别是在靠近电弧区的渣线，由于受到高温电弧的辐射，损坏更为严重。所以渣线的观察是每一炉出钢后必须要做的工作，一般来讲渣线的维护是应急的做法，目前主要是喷补。喷补在目前采用每个班次喷补 1 ~ 2 次，每次 15min 左右。喷补是用喷补机来完成的。喷补机主要采用压缩空气为载流气体，将喷补机料缸内的不定形粉状喷补料通过伸入炉内的管状喷枪，以水为黏结剂喷补在渣线或者目标位置。喷补时连接在喷枪后部的进水管供水，使喷补料在管内混合后湿补在目标位置，喷补料的主要成分为氧化镁，含量大于 75%，不含有磷和碳，使用温度在 1650℃以上，喷补的主要原则是薄补快补。喷补的要点有：

（1）当班炼钢工或炼钢工助手应在每炉出完钢以后认真检查炉衬，如果发现炉衬侵蚀严重、炉壁发黑等情况时，应及时进行渣线维护操作。

（2）喷补时应特别注意电炉偏弧区周围和烧嘴附近的炉衬侵蚀情况，以及炉壁氧枪射流区对面的炉衬情况。

（3）喷补机操作的顺序是，先开气，后开料，最后开水，停止喷吹时，先关水，后关料，最后用压缩空气多吹一会儿，再关气，防止堵塞喷枪。

（4）喷补工作应尽量在炉子处于红热状态下进行，这样可以确保喷补料在炉壁上附着良好。

（5）喷补时应控制好水的流量，以确保喷补料能够在渣线上良好附着。

（6）喷补时，以薄补和快补结合，喷补料喷补的超过 5cm 就会产生塌料现象，影响喷补效果。除了喷补炉墙上的坑或者洞，可以将坑或者洞填补以外，正常情况下，喷补的厚度保持在3cm左右为宜。

（7）喷补结束后可开始加料冶炼操作。

15.5.5 炉门区的维护

炉门区一般侵蚀比较明显，在炉门区两侧和炉门较低时，为了防止从炉门翻钢水和穿钢，需要对炉门进行修补，炉门区两侧可以通过喷补机喷补，炉门可以通过炉门快补料进行修补。炉门快补料一般由拆炉后废弃的镁炭砖破碎后，添加简单的黏结剂制成的。修补时，组织工人将快补料抛投在需要修补的位置就可以了。炉门修补后，要注意炉门枪的吹氧操作。

15.5.6 电炉小炉盖的准备与更换

电炉小炉盖是指定位在大炉盖上的，以高铝质浇铸料制成的，防止电极和大炉盖接触的耐火材料制品，叫小炉盖。电炉的小炉盖的寿命取决于以下三个方面：

（1）小炉盖的制作质量。这主要包括制作材料的质量和制作工艺的质量。

（2）电炉的供电曲线。包括启弧时注意以最小的档位启弧，减轻启弧时弧光反射对于小炉盖的侵蚀，冶炼过程中根据泡沫渣情况决定送电档位，减少小炉盖的热负荷。

（3）小炉盖的冷却。目前使用电极喷淋水，对于提高小炉盖寿命是有利的一种手段。喷淋水的使用，减轻了电极热区对于小炉盖的热负荷，防止了小炉盖的急冷急热引起的热剥落。

（4）电炉冶炼过程中，吹炼的作用会使一部分渣和铁聚集在电极孔和附着在电极上，电极上面附着的渣铁掉落以后，会堆积在小炉盖上面电极孔的周围，冶炼时会引起“拉弧现象”，及时清理这些渣铁，对于提高小炉盖的寿命非常重要。

电炉小炉盖最外侧使用水冷件冷却，中间部位使用耐火材料浇注，形状和大小与电极的极心圆比较接近。小炉盖的装备程序如下：

（1）电炉小炉盖由耐火材料厂家预先制作好，成为预制件。

（2）将小炉盖刚玉质预制件吊放入组装模内，要求定位准确，然后将水冷管吊装套在刚玉质预制件外侧及组装模内，定位后固定好，水冷管须加压试探确保不漏水后方可使用。

（3）将600～800kg刚玉质自流浇注料用搅拌机搅拌好，将其加入水冷管与刚玉质预制件环缝间隙中，用振动棒振动使之排气，填充密实。

（4）自然养护24小时后脱模，将制作好的整体小炉盖通水冷却烘烤，按小、中、大火各4小时，烘至自流浇注料不排蒸汽为止，烘烤后冷却至室温以被更换。

（5）电炉盖侵蚀严重或水冷管漏水时须更换，更换时将水冷管接头卸开，卸开前先将冷却水阀关闭，用行车吊下，将准备好的小炉盖整体吊装入水冷炉顶，将水冷管冷却水进，出水接头接好上紧至不漏水即可。

八钢由于正确的烘烤新炉衬的工艺，所以70t电炉烘烤新炉的成功率在99.5%以上，自2000年起，70t电炉每月都有一次新的炉衬投入使用，烘烤新炉衬的工艺已经成为一个成熟的技术，炉衬的寿命最高的达980多炉。110t电炉的烘炉技术也是一项成熟的技术。

15.6 炉衬长寿技术

炉衬长寿技术包含有多方面，既有耐火材料质量方面的控制因素，也有冶炼过程中的工艺控制因素，还有炉衬的维护修补等。

延长炉衬寿命主要从以下几个工艺方面来做：

（1）造好泡沫渣，减少电弧对于炉衬的辐射侵蚀，这一点对于直流电炉尤其的重要。泡沫渣技术对于炉衬寿命的影响是第一位的，这主要体现在：

1）良好的泡沫渣可以包裹电弧，减少电弧对于炉衬的辐射侵蚀，当电弧被泡沫渣覆盖时，不仅可以降低电极的消耗，而且炉壁的热负荷将会得到减轻，相应地延长了炉衬寿命。目前分为两次加料的电炉，一批料的泡沫渣操作也已经被应用，电弧区的温度在3000～6000℃之间，在不埋弧的情况下，炉衬后期的辐射损失是立竿见影的。70t 电炉有一段时间因为泡沫渣情况不好，导致偏弧区水冷盘的频繁报警，影响了生产，把水冷盘拆卸后用镁炭砖代替，结果情况更糟，所以泡沫渣的作用是不能用其他人为干预来替代的。某一个部位耐火材料的侵蚀系数可以用以下公式表示：

$$RE_W = U_{arc}^2 I_{arc}/R^2 \tag{15-8}$$

式中，RE_W 为耐火材料的侵蚀系数；U_{arc} 为实际电弧的电压；I_{arc} 为实际电弧的电流；R 为电极与炉墙之间的距离。

泡沫渣的最佳碱度在2.0，但是实践中我们的经验是，碱度在2.5～3.0之间，不仅能够满足埋弧和成分控制的需要，而且炉渣的黏度合适，流动速度也能够满足冶炼的排渣要求，能够有效地减轻炉渣对于渣线的物理冲刷侵蚀，同时可以利于脱碳反应速度的控制，减少钢水剧烈沸腾时对于炉衬的物理冲刷。大量的实践和文献表明，节省成本最关键的是控制好炉渣的碱度和埋弧效果。我们无数次的实践结果证明，低碱度高氧化铁的泡沫渣是影响炉衬寿命的主要因素。

2）降低泡沫渣中的氧化铁含量。前面已经说明了炉衬侵蚀原理，氧化铁是影响炉衬寿命的主要根源。泡沫渣中的氧化铁在16%～20%之间，可以充分满足泡沫渣的操作需要，超过20%以后，渣中氧化铁不仅降解了泡沫渣起泡的悬浮物质点，导致泡沫渣高度下降，而且氧化铁还会降低镁炭砖表面的高熔点岩相的软化温度，侵蚀炉衬。解决这一矛盾的方法是提高配碳量，冶炼过程实现多点喷炭，增加喷炭量，以及优化供氧操作，目前多数厂家已经在炉壁设有2～3 支炭枪，进行多点喷炭。

3）采用白云石或者破碎镁炭砖造泡沫渣。由于渣中氧化镁含量的增加，炉渣的发泡指数提高，而且炉渣的黏度增加，有利于保护炉衬。从化学角度上讲，炉渣中的氧化镁达到一定的值以后，渣中氧化铁侵蚀镁炭砖的影响就会减轻。更为重要的是白云石的加入，会提高成渣速度，这主要是由于钙镁橄榄石的熔点低，有利于提高石灰的熔化速度，有利于炉渣的最大速度的熔化。石灰的熔化速度 v_{CaO} 由下式表示为：

$$v_{CaO} = K(CaO\% + 1.35MgO\% + 2.75FeO\% + 1.9MnO\% - 39.1) \tag{15-9}$$

式中，K 为不同温度下的常数系数。

白云石的配加量与石灰的熔解速度见图 15-5。白云石加入量和炉渣碱度对于炉衬的侵蚀关系见图 15-6。

4）防止炉渣的乳化。炉渣乳化以后，电弧向熔池钢液传递温度的速度下降，炉渣较稀，而且乳化渣的温度较高，造成冶炼周期长。这种情况通常出现在碳高以后，而且经常是炉渣碱度不够造成的。在炉衬中后期危害极大，我们遇到的乳化现象发生后，炉衬不仅侵蚀严重，而且烧嘴和渣线部位出现穿渣和跑钢现象，杜绝乳化现象是提高炉衬使

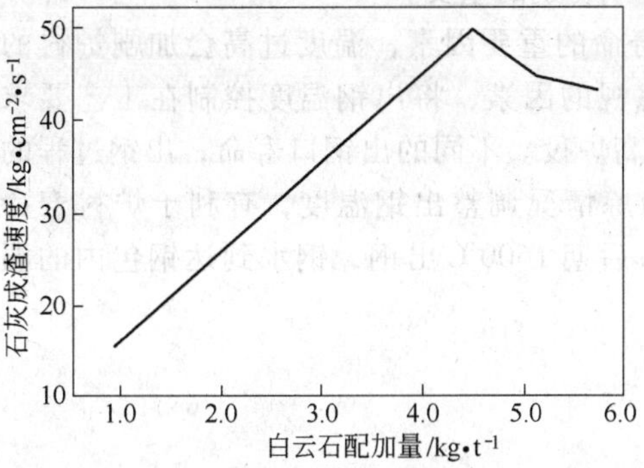

图 15-5 白云石加入量和成渣速度的关系

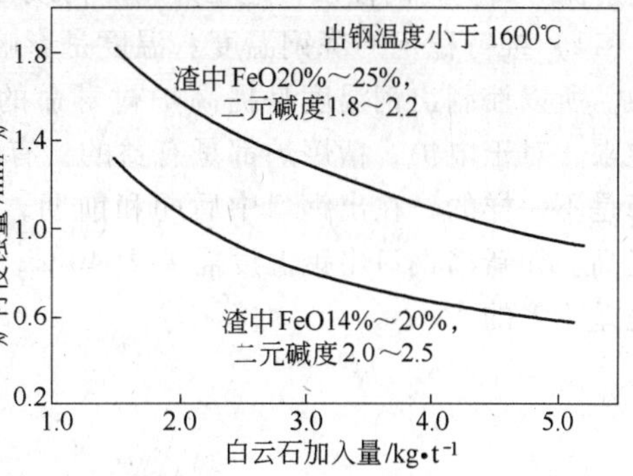

图 15-6 白云石加入量和炉渣碱度对于炉衬的侵蚀关系

用寿命的难点。

（2）缩短冶炼周期。由于冶炼周期越短，炉衬受钢水和炉渣侵蚀的时间就少，炉衬寿命就会显著提高。

（3）根据炉型合理地调整装入量，保证渣线的稳定。炼钢过程保持稳定的渣线，对于延长炉衬寿命，喷补炉衬有积极的意义，也可以预防炉衬后期穿钢水给设备带来的伤害，炉衬后期的渣线穿如果处理得当，可以为后面的抢修或者检修赢得时间。渣线的稳定，需要调整不同时期的装入量，以及及时地垫补炉底来解决。

（4）采用合理的供电曲线。合理的供电曲线，可以提高电能的利用率，防止电弧对于炉衬的辐射侵蚀。一般不同的工艺条件，供电曲线也是不同的，供电曲线的核心是最大限度地利用变压器的输出电能。

（5）合理的留钢留渣技术。留钢留渣的目的是尽最大可能利用化学热来缩短冶炼周期，也是减轻炉料加料时对于炉底的冲击，提高炉底耐火材料的使用寿命。

（6）增加水冷盘和水冷炉盖的维护力量，防止水冷盘漏水对于耐火材料带来的负面影响。

（7）保持合理的炉衬修砌。炉衬各个部位的受侵蚀情况是有差别的，在炉衬薄弱部位使用加长或者优质的镁炭砖，也是延长炉衬寿命的手段之一。如在偏弧区或者热区使用加长的镁炭砖，效果是不一样的。

（8）及时修补炉衬。炉衬使用到了一定的时期，难免有损伤，及时修补可以得到缓解，也可以为定期的炉衬检修赢得时间。

（9）炉壁挂渣技术的应用。炉壁挂渣，可以使炉渣或者废钢在渣线以上部位黏结，使炉衬渣线和水冷盘在冶炼过程中的热负荷侵蚀得到极大地缓解。这一点可以通过良好的泡沫渣技术来保证，同时调节水冷盘的水流量可以使炉壁的挂渣得到实现。炉壁挂渣后，可以极大地提高炉衬寿命。生产过程中，炉渣碱度在 2.0 以上，渣中氧化铁含量较低时，炉壁渣线以上的一些位置会有冷钢和炉渣黏结在上面，可以有效地减缓炉衬渣线部位的侵蚀速度。

（10）合理的供氧制度。合理的供氧制度是指不同条件下调节供氧的强度，减少氧气流股或射流对于炉壁的冲刷，也防止高氧化铁对于炉衬的侵蚀。主要包括：

1）炉门枪吹炼时，避免氧气管短，氧气在炉门附近吹炼或者靠近炉门两侧吹炼。

2）超声速或者集束氧枪在炉渣没有形成时，以较大的供氧强度吹炼，造成氧气的反射，影响炉衬寿命。

3）在不同的冶炼时期采用不同的供氧强度，避免氧气流股或射流对于炉底的冲击，对于氧气射流对面炉衬的侵蚀，这在开新炉衬或者炉役前期特别的重要。

(11) 维持稳定的炼钢温度。温度是影响炉衬寿命的重要因素，温度过高会加剧炉衬的侵蚀。所以控制出钢温度是提高炉衬寿命的不可忽视的因素，将出钢温度控制在工艺要求的中限，对于电炉、精炼炉都是有益的，有利于提高炉役。不同的出钢口寿命，出钢过程的温降是不一样的，在出钢口中后期和前期，根据冶炼情况调整出钢温度，有利于炉衬寿命的提高。如新出钢口出钢温度需要 1640℃，出钢口后期 1600℃出钢，钢水到达钢包内的温度是差不多的。

16 现代电炉冶炼过程的安全生产

电炉炼钢过程中，包含着许多危险的潜在因素，如果没有及时消除和采取相应的措施去避免，就会产生安全事故，我国在钢铁产量逐渐增加的同时，对于安全生产也越来越重视。要搞好安全生产，首先要为职工着想，从工艺和设备上提供安全生产的基础和保障，从制度上健全职工的行为规范，在思想上要让职工保持良好的心态和健康的情绪投入工作。在工作环境上要提供可靠的安全设施和工作工器具，防止环境的不安全性带给职工的损伤。在行为上要正确地引导职工，用制度杜绝冒险蛮干、抢产量夺效益的做法，使得安全行为受到鼓励和奖励。在使用职工时，要对于职工进行必要的安全知识的培训，使职工具有安全生产的技能和自我防护的意识，在薪资报酬上要提供给职工合理的工资水平，避免职工因为经济原因造成精力不集中发生事故。同时要编制好突发重大事故的紧急预案，并且组织员工演习。

电炉生产过程中，存在的危险是多方面的，包括高温烧伤和灼伤、氧气烧伤、钢水烫伤、煤气中毒、电击伤害、机械伤害、高空坠落砸伤、蒸汽烫伤、职业病等。下面是电炉冶炼过程中的主要安全生产注意事项。

16.1 现代电炉生产过程中的安全生产注意事项

16.1.1 加料安全生产注意事项

加料安全生产注意事项包括：

(1) 加料前须仔细检查料罐的装料情况，料罐布料不得太高，料罐法兰边及料罐外部钢结构上不得有废钢，防止起吊过程中有废钢坠落，砸坏设备或伤人。

(2) 行车起吊料罐前应确认主、副钩情况是否正常，防止吊挂不当脱落，造成事故。

(3) 起吊料罐时严禁斜拉歪吊损坏设备。

(4) 吊运料罐过程中，禁止料罐附近行人从吊运的料罐下通过。

(5) 加料时须严格按《技术规程》及《岗位作业标准》进行。

(6) 加完料后起吊料罐时严禁斜拉歪吊，允许有专人指挥进行的压料操作，但是严禁撞料，防止损坏水冷盘和设备。

(7) 加料结束后，必须检查炉壳法兰边是否有废钢，如有废钢堆积，必须处理，防止送电过程中起弧损坏水冷炉盖，或是下降炉盖时损坏软管和法兰边。

(8) 铁水车兑铁水应在加入废钢后进行，禁止在废钢未加入炉内前向炉内先兑入铁水，防止铁水与钢渣反应引发事故。

(9) 为防止对设备的损坏，加料过程中禁止野蛮作业。

(10) 加料过程中，必须将炉门关闭，防止加料过程中，钢渣受冲击后从炉门喷出。

16.1.2 主控室安全生产注意事项

主控室安全生产注意事项包括：

(1) 生产前必须检查主控室内设备的安全可靠性和灵敏性，发现问题及时处理，如不能处理的必须找相关技术人员处理，严禁擅自处理和解除连锁条件进行冶炼。

（2）生产前各岗位操作工应从计算机画面和现场了解检查各设备运行的情况、连锁情况，及时向炼钢工反应。

（3）对于关键项目的检查，包括直流电炉底电极的温度、炉役时间、冷却水压力及温度、氧燃烧嘴系统、介质气体的压力，必须采用确认制，确认与技术规程相符后方可生产。

（4）主控室送电前严格遵守确认制度，确认炉顶平台和送电区域无人，处于安全状态方可送电冶炼。

（5）送电严格按技术规程要求进行。

（6）旋开炉盖前应确认炉盖旋开区域是否有人作业，防止旋开炉盖时将填充 EBT 操作人员撞伤，或者水冷炉盖上的渣块坠落伤人。

（7）出钢或加料时必须严格执行连锁制度，即出钢时锁定电极旋转臂，电极处于中部位置，出钢后加料时锁定倾动平台等。

（8）停炉检修结束后，在冶炼前，炼钢工需同电炉人员检查电炉危险区域是否还有没有结束的工作，以及人员撤离危险区域的情况。

16.1.3 测温取样安全生产注意事项

测温取样安全生产注意事项包括：

（1）测温取样之前主控室必须将断路器断开，停止吹氧喷炭和送电的操作。

（2）测温取样前必须做放渣操作，测温取样时不允许放渣。

（3）测温取样工必须穿戴好专用测温取样防护服、耳塞、戴好炼钢镜，戴好防护手套。

（4）测温取样时，操作工必须站在于炉门成30°角的东北方向进行操作，以防止炉内可能出现的塌料或沸腾引发的喷溅伤人事故。

（5）测温取样的具体操作严格按照相应的岗位作业标准进行。

（6）取样结束打开取样器时，必须用专用钳夹进行，禁止将取样器乱磕，引起试样烫伤事故。炉内脱碳反应没有平静时严格禁止测温取样的操作。

（7）炉门区有漏水，或者炉内有漏水现象时，严格禁止测温取样操作。

16.1.4 出钢安全生产注意事项

出钢安全生产注意事项包括：

（1）出钢前应仔细检查钢包是否就位，钢包车是否运行正常，出钢辅助设备是否正常。

（2）出钢口下方不得有积水，如有积水必须用压缩空气吹扫或用石灰吸附处理后干燥以后方准出钢。

（3）出钢所需合金及渣料必须保持干燥，防止潮湿合金添加过程中爆炸伤人。

（4）出钢附近区域应保持畅通无杂物，如有杂物，必须清理，防止影响出钢过程中发生意外事故时的应急处理。

（5）通向 EBT 盖板的斜梯及 EBT 盖板、倾动平台上必须保持无杂物，防止倾动时滑滚坠落砸伤下方操作人员，防止磕绊 EBT 填料操作工，引发事故。

（6）出钢过程中，炉体倾动时有许多缝隙、孔、洞出现，为防止失足坠落等事故的发生，出钢过程中严禁非操作人员在倾动平台附近走动或通过。

（7）出钢时，如遇到 EBT 填料烧结不能自流，需烧氧引流时，严禁从 EBT 上方引流，只允许从 EBT 下方烧氧引流。

（8）EBT 烧氧引流时，必须两人同时进行，一人烧氧，一人负责开关氧气进行监护。

（9）烧氧引流时，EBT 维修平台必须保证运行正常，进退自如。

（10）烧氧操作工严禁握在氧枪接缝处，以防回火。

（11）出钢过程中如遇到过氧化（$C<0.10\%$）时，炼钢工必须做重点提醒，出钢增碳应在出钢量达到 20t 左右，预脱氧剂铝块加完后进行，并严格控制下渣，防止沸腾溢渣，发生烫坏吹氩设备和操作工。

（12）出钢时炉门必须关闭，防止出钢结束，炉子回倾所流钢渣从炉门泼出，发生事故。

（13）电炉炉内漏水严重时严格禁止出钢操作。

16.1.5　EBT 填料安全生产注意事项

EBT 填料安全生产注意事项包括：

（1）处理 EBT 下口渣圈冷钢时，必须在出钢结束，炉子回倾 $-3°\sim-7°$ 左右后进行，如遇留钢太多，或出钢发生事故不能出完钢时，方准用氧气吹扫冷钢渣圈，否则严禁用氧吹扫渣圈，防止损坏 EBT 底部法兰边。

（2）清理渣圈时，严禁同时从 EBT 盖板处用氧气清扫 EBT 内腔，防止清 EBT 内腔时从出钢口飞出钢渣烫伤清渣圈的操作工。

（3）清理 EBT 渣圈时，必须使用专用工具，并且站位要合理，以防 EBT 渣圈或热渣坠落烫伤操作工。

（4）清理 EBT 内腔的工作必须在 EBT 下口渣圈处理完后方可进行。

（5）清理 EBT 内腔时严禁用大压力氧气吹扫，吹扫时吹氧管必须折 $70°\sim90°$ 角后进行，吹氧时严禁正面观察吹扫情况，如需观察必须戴防护罩，或者从旁边保持一定的角度观察，或者关闭氧气，移开吹氧管后方可观察。

（6）清理 EBT 结束后必须检查滑板关闭情况及托板情况，如有变形，必须用石棉布处理，防止托板变形后引起 EBT 漏料跑钢。

（7）EBT 填料工作结束后必须盖好上口盖板。

（8）EBT 填料工作时必须有两人进行，互相监护，待上述工作结束后，方可通知主控室提升旋开炉盖，进行加料作业。

16.1.6　更换放长电极安全生产注意事项

更换放长电极安全生产注意事项包括：

（1）进行更换电极的操作必须在断电条件，即隔离开关必须断开，或连锁条件起作用的情况下，操作工方准上炉顶平台进行作业。

（2）吹扫夹头时，必须戴防护镜，防止高温粉尘烫伤。

（3）起吊电极时，必须与平台操作工规定统一手势动作，防止误操作。

（4）换电极时，吊起电极末端须高于炉顶平台障碍物，严禁斜吊。

（5）吊装电极时，行车操作必须稳定，严禁所吊电极在摇摆动作中对准夹头。

（6）松放电极时严禁无行车吊住情况下打开夹头松放电极，以防电极折断。

16.1.7　炉门炭氧枪机械手安全生产注意事项

炉门炭氧枪机械手安全生产注意事项包括：

（1）在设备运行前，必须保证没有维修工作在进行，也没有人在机器旁，也没有人在设备工作区域内。

（2）枪头不能被损坏，否则就不能保证炭氧枪的夹持器作用。

（3）吹氧管子的组装必须在停工时进行，避免氧气爆炸。

（4）在开始使用前必须检查炭氧枪是否夹紧。

（5）不准漏掉保护装置，也不能拿掉任何操作保护装置。

（6）必须定期的清理传动装置的积灰，以免设备失火。

（7）在操作期间不准人员停留在炭氧枪的旋转区域和工作区域内。

（8）开冷炉时，炉内温度低于800℃，不能使用炭氧枪机械手进行吹氧。

（9）如果炭氧枪放在熔池或渣中，必须吹氧、喷炭。

（10）炭氧枪不能用来推、挑废钢。

（11）炭氧枪机械手不能用来提升和移动重物；

（12）不允许用氧气吹扫工作平台。

（13）在冶炼期间测温取样时，必须停氧、停炭；禁止炭氧枪吹向两侧水冷盘。

（14）在冶炼其间如需短时间停炉，也须停氧、停炭。

（15）冶炼结束出钢时，炭氧枪必须停氧、停炭，并且旋回（退回）维修位。

（16）所有操作工在操作前必须接受专门培训，成绩合格后方可操作炭氧枪。

（17）在出现紧急情况时，按下紧急开关，避免发生事故以及事故扩大。

（18）只有氧气或炭粉达到粒度要求才能通过炭氧枪喷吹；

（19）为了防火，须安装所需的灭火器材，操作工熟悉使用方法，如果遇到大火要离开现场，并且通知消防队。

（20）在焊接和切割炭氧枪的设备时要通知安全员，在所有的防火保护措施进行后，才可开始焊、割工作，且焊、割工作由专职人员进行。

（21）在维护工作结束后，所有的安全装置和电器连锁条件必须返回起始的状态。

（22）在维护炭氧枪设备期间，维修人员要穿上合适的防护服；要穿专用鞋，以免滑倒造成人身伤害；在维修期间，要戴好手套以免烧伤；在狭窄空间中要戴好安全帽以免头部受伤；电器设备的工作由专职电器专家来执行；在工作期间确保液压系统和液压设备是没有压力或者是减压状态下的，在高压下的液体会发生油粒喷射穿透机体的伤害事故。

（23）如果维护工作需几人同时进行，要互相通气且指派专人对设备操作负责，如果设备被误操作启动，将会造成严重后果。

（24）检查用于氧气设备或氧气管的工具不沾油，一旦氧气与油或润滑油接触就有爆炸的危险。

（25）确保氧气设备在工作期间要有足够的通风（特别在狭小空间工作）。

（26）设备维护人员必须受过专业培训且成绩合格后方可进行炭氧枪的维护工作。

（27）主开关被合上前，要确保炭氧枪机械手没有维护和修理工作。

16.1.8 直流电炉底电极安全生产注意事项

直流电炉底电极安全生产注意事项包括：

（1）炉子运行时密切注意底电极的温度显示，只有底电极的温度显示上测量点小于500℃，下测量点小于400℃，才能进行冶炼操作。

（2）炉底电极平台仅用于点检底电极、底电极接头及水冷管，冶炼期间禁止进入。

（3）必须保证有足够的备用水，水池水位高于警戒水位，保证事故水能以充足的流量运行5小时以上，这些水必须是经过过滤的，不能堵塞底电极喷嘴。

（4）炉底电极热电偶温度超过报警温度（上测量点小于500℃，下测量点小于400℃）时，此时应观察温度上升速度，如果温度上升平缓，能保证这炉钢冶炼完，则冶炼完后，对底电极进行热修补或更换，如果在某个测温点有特别快的上升速度，不能保证这炉钢顺利冶炼，则要进行紧急出钢。

16.1.9　氧燃烧嘴安全生产注意事项

氧燃烧嘴安全生产注意事项包括：

（1）氧燃烧嘴使用前必须检查燃气介质系统和吹扫气体的介质系统的压力和设备的安全性，检查点阀箱和阀门的可靠性、电气机械系统的连锁条件、软管和接头的密封性，防止介质气体的跑冒现象。

（2）燃气介质系统的压力没有满足工艺要求的，烧嘴禁止使用，防止使用过程中的回火爆炸。

（3）燃气介质系统的输送管道和阀门，连接法兰有泄漏现象的，必须做处理以后才能够允许操作。

（4）燃气烧嘴的使用，必须在电炉炉内温度满足点火要求以后，才能够打开使用，在炉内温度没有达到点火要求以前，使用氮气吹扫程序，防止烧嘴的堵塞。

（5）烧嘴使用点火前，必须做必要的氮气吹扫，防止烧嘴管道开启前出现负压回火事故的发生。

（6）烧嘴正常使用时，一般采用自动模式，防止手动模式操作时发生误操作，引发事故。

（7）烧嘴使用过程中，如果发现某个烧嘴漏水，则必须关闭该烧嘴，并且保证该烧嘴处于封锁状态，封锁该烧嘴以后，还要检查确认阀门是否完全关闭。

（8）检修或者停炉要停止使用烧嘴时，必须按照先进行氮气吹扫1～3min，然后才能够关闭烧嘴，防止检修时管道内残存的煤气引起的中毒和爆炸事故。

（9）冶炼过程中，如果发现烧嘴堵塞，则要停止使用该烧嘴，防止烧嘴堵塞以后引起的烧嘴烧坏事故。

（10）在烧嘴使用期间，严格禁止操作维护人员在烧嘴管道附近和点阀箱处逗留。

16.1.10　冶炼过程中危险区域的安全生产注意事项

冶炼过程中危险区域的安全生产注意事项包括：

（1）冶炼期间，电炉高压母线附近禁止人员逗留，严格禁止从通电的高压母线下通过。

（2）冶炼期间，行车不能停留在电炉的正上方和母线附近。

（3）冶炼期间，直流电炉的底电极大电流汇流母排附近，不允许有杂物堆积，不允许有人工作。

（4）冶炼前，变压器室、变频器、电抗器室，必须做清理检查，防止有残留的垃圾和工器具留在电气室，尤其是钢铁类的垃圾和工器具，防止大电流磁场力作用的吸附作用引发的起弧破坏作用。

（5）冶炼期间，高压电气室和变压器室及其他电气室，必须锁好，挂牌，防止非专业人员的进入。

（6）电炉冶炼期间，带有心脏起搏器的人员禁止进入电炉冶炼区域。

（7）电炉的检修、临时性检修、更换电极、清理小炉盖、处理水冷盘等操作时，必须断开短路器，同时将隔离开关断开，挂牌以后，主控制必须有专人监护看守，防止误操作。

（8）冶炼期间，严格禁止人员从炉门区通过。

(9) 电炉加料时，出钢坑内严格禁止有人进入，电炉熔清以后，不许有人进入出钢坑作业。

(10) 电炉冶炼期间，要严格禁止从炉门下钢水流向出渣坑，出渣坑的打水冷却工作，必须将炉渣用铲车产出以后，待炉渣固化以后才能够打水冷却。

16.2 煤气使用期间突发事故的处理

16.2.1 工作区域内 CO 含量与允许作业时间的规定

在作业环境中，严格遵守国家卫生标准，工作环境 CO 浓度和作业时间标准。标准见表 16-1。

表 16-1 工作环境 CO 浓度和作业时间标准

序 号	工作区域中 CO 的浓度	允许工作时间
1	不超过 $30mg/m^3$ （24×10^{-6}）	可较长时间工作
2	不超过 $50mg/m^3$ （50×10^{-6}）	连续工作时间不超过 1h
3	不超过 $100mg/m^3$ （80×10^{-6}）	连续工作时间不超过 30min
4	不超过 $200mg/m^3$ （160×10^{-6}）	连续工作时间不超过 15min
5	含量超过 $200mg/m^3$ （160×10^{-6}）	要求职工必须撤离危险区域

16.2.2 发生煤气突发事故的处理

发生煤气管道撞坏、泄漏、着火的严重事故，操作人员立即给当班电炉中心调度室报告。中心调度室进行事故判断，如不符合应急预案启动条件，采取运行控制措施。否则启动预案。

启动预案的主要程序如下：

报警：如有人员伤亡，拨打电话 120，同时采取自救。

灭火：如果应煤气着火引发的其他火灾，火势不大，采取自行灭火；火势难以控制，自行灭火的同时拨打 119 请求协助灭火，消防人员到达现场后，向带队指挥员介绍现场火灾发生时的情况。

疏散：迅速安排无关人员撤离现场。

交通管制：防止其他无关人员进入现场危险区，并悬挂危险警示牌等安全措施。

信息传递：通知指挥中心、控制中心人员到位。

然后指挥中心、控制中心人员根据中调室的汇报，判断事件可能的发展程度，做出相应程度的选择。

16.2.3 煤气泄漏、着火事故的处理

由于设备不严密而轻微泄漏引起着火，可用湿泥、湿麻袋等堵住着火处灭火，火熄灭后，再按有关规定补漏。

直径小于 100mm 的管道着火时，可直接关闭阀门，切断煤气灭火。直径大于 100mm 的管道着火时，切记不能突然把阀门关闭，以防回火爆炸。

直径大于 100mm 的管道泄漏着火，采取逐渐关阀门降低压力，将着火点火源控制到最小，但不能熄灭，同时通入氮气或蒸汽灭火。

煤气泄漏、着火事故应急措施包括：

（1）发生煤气中毒、着火、爆炸和大量煤气泄漏事故时，事故作业区或现场人员应立即报厂调度室值班作业长，并由值班作业长根据现场情况向总调汇报；发生煤气中毒事故，应立即拨打通知附近医院的急救电话120，要求医院赶赴现场抢救。

（2）发生煤气中毒、着火、爆炸事故后应迅速查清事故现场情况，采取有效措施，如有人员中毒则要迅速抢救中毒人员脱离现场。抢救人员必须佩带氧气呼吸器。抢救事故的所有人员都必须服从统一领导和指挥，由值班作业长或班组长负责，并根据事故性质和波及的范围，布岗置哨，阻止非抢救人员进入。紧急状态下由值班作业长通知并组织当班工作人员立即紧急撤离现场。没有氧气呼吸器，即使有人员中毒，也不宜对处于高浓度煤气区域的人员施救，防止事故扩大。

（3）处理煤气事故，由值班作业长通知维护中心值班人员佩戴氧气（空气）呼吸器，进入煤气危险区域的抢险。严禁不戴防毒仪器或口罩等其他物品代替防毒仪器进入危险区域处理煤气事故，防止事故扩大化。

（4）事故得到控制和解除应急后，要对现场进行处理，开展生产恢复工作，并且通知相关人员召开事故分析会，形成事故报告，同时要采取改进措施。

16.3 氧燃烧嘴点火安全试车方案

净化的焦炉煤气是无色、有臭味的有毒气体，着火点为500～650℃左右，理论燃烧温度2150℃左右。焦炉煤气与空气混合达到一定比例，遇明火或550℃左右的高温就会产生强烈的爆炸。并且，焦炉煤气会造成中毒事故。因此，保证安全使用焦炉煤气是最重要的。烧嘴的调试工作是一项具有危险性的工作，以下介绍炉壁烧嘴的调试要求。

16.3.1 点火前的准备

人员准备：

（1）主控室操作人员：最少2人，其中烧嘴的供应制造商一人，负责烧嘴的使用程序，每人必须拿一对讲机联系。

（2）阀门站处：最少3人，其中1人注意阀门站动作，手中拿一对讲机，1人需随时准备快速关闭有关阀门，1人监护。

（3）炉前处：至少3人，其中1人负责点火，1人注意观察火焰的情况，1人监护。

（4）沿程煤气管道：至少4人，检查从阀门站到炉前烧嘴区域的管道泄漏情况，特别注意监护。

（5）仪表人员：若干。

安全装备准备：部分灭火器材，对讲机若干台，手操式煤气检测计，防毒面具。

16.3.2 点火注意事项

氧燃烧嘴点火注意事项包括：

（1）先试空阀动作：在点火前必须将总进气关闭，对所有调节阀、切断阀逐台试车，保证打开及关闭正常，还应对调节阀的开启度进行试车。

（2）如果阀门站已通煤气，还需按要求对管道用氮气吹扫符合要求后再试阀门动作。

（3）煤气点阀站主体设施周围附近严禁火源：除了点火用火种外，炉台上不允许有其他火种，严禁在炉台上进行电焊、切割作业。

（4）与试车无关的人员，一律撤到40m以外的区域。

(5) 煤气及氧气管道严禁搭接电焊线及地线。

(6) 带煤气工作时，必须使用铜制工具，防止工作时与设备碰撞产生火花。

(7) 如果点不着火或者着火后又熄灭，必须立即关闭煤气切断阀，并关闭总进气的手动阀门，并打开氮气吹扫，查清原因，再按规定程序重新点火。

(8) 如果发现管道泄漏，必须立即关闭煤气切断阀，并关闭阀门站进气总阀，并打开氮气吹扫，查清位置，处理完毕后，再按规定程序重新点火。

(9) 煤气设备及管道附近不准堆放易燃易爆物品。炉内所有东西清理干净。

16.3.3 点火程序

氧燃烧嘴点火程序为：

(1) 检查烧嘴水套通水情况，保证每支烧嘴通水正常。

(2) 检查煤气及氧气所有的计量工具：流量计、压力变送器，保证其正常，并且信号可靠连接到 PLC 及主控室的电脑；压力表显示正常。

(3) 每处的工作人员到位情况。

(4) 关闭煤气及氧气的总进气阀（管道已吹扫干净），在上位机上试一下每支枪的点火按钮（ignition），阀门站上煤气切断阀打开，再关闭，用对讲机确认。

(5) 打开阀门站上氧气与燃气的总进气阀。

(6) 将明火置于烧嘴前方（不容易熄灭的明火）。

氧燃烧嘴逐个点火程序为：

(1) 先试 1 号烧嘴：先在上位机按点火按钮（ignition），如果点着了，炉前观察，并通过对讲机确认，通知主控室操作人员进入下一步操作，在电脑上操作 1 号烧嘴的 Hold fire 模式，炉前人员观察，火焰形成后，通过对讲机确认，通知主控室操作人员进入下一步操作，再试其他的操作模式，炉前观察火焰，通过对讲机确认。

(2) 如果点不着火或者着火后又熄灭，必须立即通知主控室操作人员关闭煤气切断阀，并立即通知在阀门站处的人员关闭该烧嘴的手动阀门，并打开氮气吹扫。待吹扫符合要求后，查清原因，再按规定程序重新点火。

(3) 如果 1 号烧嘴点火正常，就可以对 2 号烧嘴进行点火，其操作步骤与 1 号烧嘴的操作程序一样。

(4) 依次对其他烧嘴进行点火。

(5) 如果其他的烧嘴点不着火，关闭所有烧嘴，立即吹扫所有烧嘴，待处理符合要求后，方可再进行点火。在点火过程中，相关人员可进行各专业需要的检测。

16.3.4 关闭烧嘴

关闭烧嘴时，通知主控室操作人员，启动关闭全部烧嘴（stop）的操作程序，并立即打开氮气吹扫按钮（N_2clear），并通知阀门站人员关闭阀门站进气总阀。

16.4 电炉恶性事故的预防与处理

16.4.1 电炉恶性大沸腾事故

电炉恶性大沸腾事故的控制主要在于炼钢工和吹氧的炼钢助手。恶性大沸腾事故可能产生的后果有：

（1）电炉附近人员烫伤，长时间停产。

（2）电炉附近机械设备如炭氧枪、液压缸等烧坏。

（3）电炉水冷炉壁漏水，水冷盘、炉盖移位。

（4）发生爆炸事故，造成大量钢水损失。

（5）电炉附近电气、仪表电缆烧毁，限位开关失灵。

预防措施有：

（1）严格按工艺规程要求控制炉料中配碳量。

（2）严格执行废钢分类管理制度，减少来源不明的高碳废钢混入。

（3）严格按工艺规程进行冶炼操作，使脱碳与升温同步。

（4）避免高温（>1560℃）时进行脱碳量大于0.15%的操作。一般情况下，钢水温度大于1560℃、碳含量在0.20%～0.80%时极易发生大沸腾事故。

（5）氧气压力低于0.8MPa时，严禁电炉冶炼。

（6）不得在停止供电、停止喷碳的情况下进行强化吹氧脱碳操作。

（7）控制好炭氧枪的插入角度及深度，避免供氧不均或局部过氧化。

恶性大沸腾事故发生以后的处理方法如下：

（1）发现大沸腾的预兆时立即停氧、炭和电，将电极升至最高位、除尘烟道调节阀全部打开，此时不得动炉子。

（2）发现火苗发白并且钢渣大量外溢或者喷出时，立即停止一切冶炼操作，将炭氧枪旋至（或者退回）停泊位，电极提升至最高位，滑动烟道提升至最高位，除尘风门全部打开，不得动炉子。

（3）所有人员迅速撤离电炉工作现场，电炉主控室将防护卷帘门放下。

（4）立即通知机修、电修及仪表等设备人员到电炉来，以免延误处理时间。

（5）如果事故没有造成大的设备损坏、可以继续进行冶炼操作，应立即确认各种连锁信号是否正常，然后应尽快将炉内钢水出掉，加完废钢之后再由维护人员进行常规检查处理，同时通知有关负责人。

（6）如果事故造成的破坏比较大，电炉无法继续冶炼操作，应立即将准备好的切头吊起来，准备加入炉内降温，并且通知有关负责人员，确认下一步的处理措施。

16.4.2　电炉穿炉事故

电炉穿炉事故可能造成的危害有：

（1）造成电炉炉壳及电炉附近机械设备严重损坏，造成电炉附近冷却水、液压油或其他介质气体泄漏。

（2）可能引发恶性爆炸事故。

（3）造成炉体周围及电炉附近仪表设备严重损坏。

（4）对电炉附近人员造成人身伤害，造成长时间停产。

（5）造成整炉钢水损失。

电炉穿炉的预防措施主要有：

（1）严格执行工艺操作规程，按要求各项检查确认无误后方可加料冶炼，电炉必须严格执行电炉开炉条件的规定、设备维护系统必须严格执行点检制度。

（2）严格控制出钢温度，避免出高温钢，认真、准确填写各项记录。

（3）认真进行修炉操作以及补炉等炉衬维护操作，使用合格耐火材料并严格遵守规定的程序和作业标准。

(4) 发现炉衬发黑时，应立即通知有关负责人，确认无误后方可开炉，对于后期炉子(炉龄超过400炉)，每班两次出完钢之后使用红外测温仪检查炉壁温度，温度超过450℃时必须停炉同时通知有关负责人进行确认。

(5) 密切注意炉底和炉壁周围温度变化，发现温度异常或急剧升高时（炉底超过300℃或炉壁氧枪周围温度超过450℃），必须立即停止冶炼并通知有关负责人，确认下一步的处理措施。

(6) 如果水冷炉壁或炉盖发生漏水，必须由相关负责人员确认之后方可开炉冶炼，否则必须停炉修复。如果炉衬使用期间曾发生过漏水事故，应密切注意漏水部位的炉衬情况，检修时应确认漏水部位炉衬是否完好，需要的话应进行更换。

(7) 应确保所有监测系统工作正常。

应急处理措施有：

(1) 必须立即停止冶炼，如果条件允许必须立即出钢。

(2) 如果情况紧急需要的话可以从炉门将钢水倒出。

(3) 如果发现炉底穿或炉壁穿（钢水已经流出），必须立即停电并提升电极、倾动炉体降低钢水损失值，以免发生恶性爆炸，同时通知炉子周围其他人员立即撤离现场。

(4) 电炉少量穿钢以后，待确认炉内没有钢水继续溢出时，应该打水冷却，防止热辐射对于设备的损坏。

(5) 直流电炉在底电极温度超过极限警戒值以后，要启动底电极冷却水的吹出程序，避免事故扩大化。

电炉冶炼过程中，出现炉衬局部穿渣和穿钢是比较难免的，这不仅要求炼钢工加强出钢以后的观察和维护，更要优化操作，防止冶炼过程中炉衬穿钢和穿渣。实践表明，冶炼过程的炉衬穿钢70%以上是操作有问题的炉次，这些问题体现在以下几个方面：

(1) 泡沫渣质量不好，达不到埋弧要求，在炉役后期，电弧的作用使得渣线某个部位侵蚀出现坑洞，造成穿钢穿渣。

(2) 电炉超装，使得电炉熔池内部的液面过高，钢渣从镁炭砖与水冷炉壁间渗漏，烧坏炉壳，造成穿钢。

(3) 电炉超装，氧化期又发生了碳高，炉渣乳化或者钢水温度过高，造成炉衬局部穿钢穿渣。

(4) 大沸腾引起的渣线部位局部垮塌，引起的穿渣穿钢。

(5) 水冷盘接缝处间隙过大，冶炼期间，钢渣从水冷盘接缝处流出。

(6) 吹氧方式不得当，造成炉门区比较薄弱，吹炼一段时间以后穿渣穿钢。

出现炉体穿钢或者穿渣以后的处理方法主要有：

(1) 炉衬出现穿渣穿钢时，安全是第一位的，首先要停电、停止吹氧的冶炼，待穿渣穿钢现象停止以后才能够进行处理。

(2) 在炉衬出现穿钢穿渣，如果是渣线以上部位，可以用耐火砖堵塞在漏点，然后用耐火材料搅拌成面团状，糊在漏点耐火砖的缝隙，可以继续冶炼。

(3) 炉衬渣线以下部位大量穿钢，不管成分是否合格，都要考虑把钢水从炉门或者出钢口倒出或者出掉，尤其是在电极升降装置部位的8~11点方向穿钢，要迅速把钢水从炉内出掉，防止事故扩大化。

(4) 由于超装引起的渣线以上部位的穿钢穿渣，这种穿钢穿渣多数是钢渣从耐火砖最上层流向耐火砖与水冷盘的连接的区域的空隙，修炉时没有做防护，就会发生钢渣从空隙处穿出。发生这种情况就要考虑从炉门倒出一部分钢水处理完毕漏点以后，继续冶炼；如果是穿渣，可以在处理漏点以后降低脱碳反应的速度，小心操作，直到出钢以后，再做进一步处理。下一炉次的冶炼就要严格的控制装入量。处理的方法是出钢以后利用喷补炉衬的喷补枪向漏点位置喷涂耐火材料，或者用快补料堆在漏点位置的方法。

（5）水冷盘接缝处的漏钢漏渣现象出现以后，可以用耐火泥在水冷盘外侧做封闭以后就可以继续冶炼了，炉壁挂渣以后，这种现象就会消除。

（6）烧嘴安装位置出现漏钢漏渣现象以后，处理的方法也是在停止冶炼以后，从漏点的外侧，将耐火泥和耐火砖塞住漏点，然后继续冶炼。冶炼结束出钢以后，从炉门观察漏点的情况，如果烧嘴区域的耐火材料侵蚀严重，要利用喷补枪进行喷补以后才可以冶炼。

（7）如果在炉衬后期发生渣线以及渣线以下部位穿钢，处理完毕以后，就要考虑停炉做炉衬的挖补或者更换炉衬的工作了。不能使炉衬带病作业，及时修补，避免更大事故的发生。

16.4.3 电炉出钢口滑板烧穿事故

出钢口滑板烧穿以后可能产生的后果有：

（1）造成电炉炉壳、EBT 滑板机构及出钢钢车等机械设备严重损坏，造成电炉附近电气、仪表设备严重损坏。

（2）可能引发恶性爆炸事故，造成长时间停产。

（3）对电炉附近人员造成人身伤害。

预防措施有：

（1）严格执行工艺操作规程，按要求检查 EBT 滑板机构，确认无误后方可加料冶炼。

（2）严格执行开炉条件的规定和设备点检制度。

（3）出钢结束后必须将出钢口和 EBT 托爪清理干净，确认 EBT 滑板运行平稳、无卡阻，确认出钢口清洁、通畅并且滑板完全关到位之后方可进行填充引流砂的操作。

（4）EBT 填料必须干燥，填充结束后必须将其捣实，引流砂填充量必须充足，新出钢口最少用量为 30～80kg/炉，后期出钢口用量为 60～300kg/炉。

（5）出钢前确认出钢条件满足，否则必须通知当班机修人员进行处理，发现异常情况时，必须待电钳工到场确认无误后方可进行下一步的操作。

（6）使用行车拉 EBT 滑板时，必须通知机修维护人员到场，使用的钢丝扣必须完好、无断股或大量毛刺，钢丝绳直径必须大于 18mm，钢丝扣应捆绑牢靠。

（7）定期更换出钢口，发现出钢口侵蚀严重（直径大于 200mm 或出钢时间小于 80s）时必须立即更换。

（8）进行引流操作时必须保证烧氧管垂直进入出钢口，以免将出钢口烧坏。

（9）设备维护人员必须严格按点检维护要求进行检查、确认，保证滑板的平稳运行。

应急处理措施主要有：

（1）如果穿钢发生在冶炼期间，必须立即停止冶炼并将炉子向出渣方向摇至 -7°～10°，尽量减少从 EBT 流出的钢水量。

（2）如果出钢时发生 EBT 滑板打开不到位，钢水流出散流现象严重，持续时间大于 2min 时，必须立即将炉子回摇至 -10°，将钢包车开离出钢位。防止散流钢水损坏钢包车。

（3）立即通知电修、机修及仪表系统人员到达现场，同时通知有关负责人员。

（4）待液体钢水凝固不流动之后，应立即进行打水冷却，以减少强烈热辐射造成的设备损坏。

16.4.4　钢包包壁烧穿事故

钢包包壁烧穿以后可能产生的后果有：

（1）造成电炉出钢钢包车、钢包炉钢包车等机械设备和附近电气、仪表设备严重损坏。

（2）损失部分或整炉钢水，可能引发恶性爆炸事故。

（3）对钢包附近人员造成人身伤害，造成长时间停产。

（4）如果在连铸穿，可能造成连铸回转台、中间包车及其附近设备烧毁，并造成连铸人员烫伤。

预防措施主要有：

（1）钢包投用前严格按照工艺规程对上渣线、包底、包壁及砖缝进行认真的检查和确认，尤其对于透气砖和这一侧的包壁做重点检查，严禁钢包超期服役，钢包包龄大于35炉后必须密切注意钢包的包况；包衬砖厚度小于50mm之后必须进行中修或更换。

（2）严格按规定修砌和维护钢包，永久衬出现破损或裂缝时必须及时进行修补，定期对永久衬进行更换。

（3）装包工必须认真填写记录，并将每个钢包的包况通知电炉、钢包炉炼钢工及调度，电炉炼钢工必须严格控制出钢量，以免锁口砖部位穿钢；对于精炼处理时间大于60min的钢包，钢包炉操作工必须每隔10min对整个钢包进行一次检查；对于后期钢包（包龄大于35炉），电炉必须严格控制出钢量、精炼必须严格控制精炼处理时间和温度。

（4）钢包炉精炼或连铸浇铸时，操作人员必须密切注意钢包状况，发现包壁发红或其他穿钢迹象时必须立即停止精炼或浇铸，将钢包吊离精炼炉或连铸回转台，进行倒包或将钢水倒入渣盘。

（5）必须确保电炉出钢车和精炼钢车下事故钢槽内清洁干燥，以免穿钢时发生恶性爆炸事故；连铸必须确保事故回转随时可投入使用，事故钢包要保持清洁干燥。对于后期钢包（包龄大于35炉），原则上不允许作为开机第一炉使用。

发生穿钢包事故后的应急措施主要有：

（1）如果钢包在电炉出钢位或精炼位发生穿包事故，必须立即将钢车开出至吊包位，确认钢包吊耳完好之后，立即将钢包吊走。

（2）如果钢包在连铸浇铸时穿，必须立即将钢包旋至吊包位，如果穿出钢水不会造成回转台损坏，可以待钢水停止流出后再将钢包吊开；否则必须立即将钢包吊走。

（3）如果钢包渣线穿，可以将钢水倒出一些或进行倒包处理，以减少事故损失。

（4）等到没有液体钢水流动后，应立即进行打水冷却，以减少强烈热辐射造成的设备损坏。

（5）立即通知有关负责人员到达现场进行处理。

16.4.5　电炉炉壁、炉盖漏水爆炸事故

电炉炉壁、炉盖漏水爆炸事故可能造成的后果有：

（1）电炉附近人员烫伤烧伤，长时间停产。

（2）电炉附近电气、仪表电缆烧毁，限位开关失灵。

（3）电炉附近机械设备如炭氧枪、液压缸等烧坏，电炉水冷炉壁漏水，水冷盘等损毁、炉盖移位。

（4）造成大量钢水损失。

预防措施有：

（1）电炉送电冶炼之前必须严格按工艺规程要求认真检查和确认，确认所有水冷系统的冷却水流量、压力正常，正常冶炼期间必须密切注意炉内各种情况，发现炉内钢水异常翻动或有蒸汽溢出时必须立即停止冶炼操作，认真检查确认无误之后方可继续冶炼，出钢前必须再次确认炉内是否有漏水现象，否则不得进行出钢操作，并且立即通知维护人员和有关负责人员确认，并且采取相应的措施。

（2）对炉壳、炉盖及其他水冷部件建立档案，定期进行更换。

（3）每次检修期间对水冷盘壁厚进行检测（尤其是电炉靠变压器室一侧的偏弧区域的水冷盘和漏水进行补焊处理过的水冷盘），发现问题及时更换。

（4）机修维护人员在对漏水的水冷盘进行焊接修理时必须严格执行焊接工艺规定并指派经验丰富的焊工进行处理，必须确保焊接质量以免发生意外。

（5）水冷炉壁检修后，必须在炉壁内侧工作面上喷涂一层耐火材料保护炉壁，电炉冶炼操作时必须造好泡沫渣进行埋弧冶炼，如果炉渣发泡效果不好时必须降低供电功率，以减少电弧对炉壁造成的损伤。

（6）仪表、电气系统必须确保电炉所有水冷系统的流量、压力和温度信号正常、准确。长时间停炉后重新开炉时必须认真进行检查，确认所有水冷部件完好，没有发生渗漏现象。如果发现有渗漏现象，必须进行处理，处理结束后还必须对渗漏部位的耐火材料进行认真检查，确认耐火材料干燥、完好之后方可开炉冶炼。

（7）严格按工艺规程的要求控制进厂原料的质量和进行冶炼，废钢中不得潮湿或带有冰雪、密闭容器及爆炸物等物料，以免发生爆炸引起水冷盘漏水，应杜绝恶性大沸腾事故的发生。

应急处理措施有：

（1）所有人员迅速撤离电炉工作现场，立即将电炉炉门关闭、电炉主控室将防护卷帘门放下。

（2）立即清点现场人员，确认是否发生人身伤害。如果发生人身伤害，立即采取临时措施进行处理同时通知值班司机将受伤人员送往医院进行治疗。

（3）立即通知机修、电修、仪表及有关负责人员等到电炉来，以免延误处理时间。

（4）如果事故没有造成大的设备损坏、漏水点可以通过关闭阀门应急处理，可以继续进行冶炼操作，应立即确认各种连锁信号是否正常，然后应尽快将炉内钢水出掉，加完废钢之后再由维护人员进行常规检查处理，同时通知有关负责人确认下一步的处理措施。

（5）如果事故造成的破坏比较大，电炉无法继续冶炼操作，应立即将准备好的切头吊起来，准备冷却电炉熔池的温度，通知有关负责人员，确认下一步的处理措施。

（6）如果造成水冷炉壁大量漏水，此时严禁动炉子，立即关闭漏水系统的气动阀门，或者拍下冷却水紧急停止按钮，通知水泵站采取相应的措施，待爆炸停止人员可以靠近炉子时立即关闭漏水部位的手动阀门。

（7）如果在出钢时发生恶性爆炸事故，如果炉子内发生漏水，则严禁摇动炉子，以免发生更大的爆炸。必须立即停止出钢操作，将钢包车开至吊包位。如果没有大量漏水，可将炉子摇回出渣方向 $-10°$ 左右。

16.5 典型安全事故案例

16.5.1 出钢漏水爆炸事故

事故经过：2001 年 1 月，电炉冶炼出钢时，由于出钢口没有自流，炉前操作工烧氧 5min 也没有烧开出钢口，炼钢工考虑到炉内温度已经有所降低，就回到主控室继续送电操作，送电 1min 时，炉内发生剧烈的爆炸，钢水从炉盖四周剧烈溢出，火焰将准备加脱氧剂的一名职工严重烧伤，电炉炉盖发生移位，电极被炸断，炉衬镁炭砖大部分被炸以后倒塌，设备处于瘫痪状态，处理时间超过了 4 天。

事后分析认为，电炉出钢口上方水冷盘原来就有轻微的漏水，为了抢产量，就没有做处理。出钢时没有自流，炉体向出钢方向倾动时，出钢箱内钢水的液位较高，加剧了水冷盘的漏点扩大化，送电时，漏点的冷却水大量进入熔池，形成了这次的恶性爆炸事故，事故发生以后，对于职工的心理产生了强烈的震撼，产生了消极的情绪。整个事故的损失超过了 20 万元以上。

16.5.2 冶炼过程中的电击事故

事故经过：某日，电炉冶炼时电极长度不够，准备松放电极时，发现松放电极的液压油管漏油，就通知了机械维护人员处理，由于准备时间较长，电炉准备出钢以后再处理，电炉在继续冶炼。机械维护人员爬进吊篮作准备，行车吊起吊篮离地 4m 左右以后，这时已经测温取样，准备出钢，行车工就将吊篮吊到靠近水冷母线 6m 的距离做抢修准备，此时又测了一次温度，炼钢工发现温度不够，就继续送电提温，在送电刚开始，母线产生的电磁力将吊篮吸附到母线上起弧，将行车钢丝绳击断，重量达 100kg 的吊篮和重量达 1500kg 的行车钩头一起掉下，坠落在墙壁，在吊篮内的机械维护人员反应敏捷，迅速从吊篮内爬出以后，钩头就砸落在吊篮上。

这次事故造成了母线绝缘系统烧坏，停产达 8h，事故损失超过 10 万元，当事的机械维护人员由于行动敏捷，抢回了自己的生命。通过这件事故，职工意识到了高压磁场电磁力的巨大伤害性，工艺规程也完善了这方面的内容。

16.5.3 炭氧枪操作事故

事故经过：2005 年 8 月，垫完炉门加料后行车开出加料位，操作工就将炭氧枪旋至操作位开始吹氧，由于料高炉盖旋不到位，行车又进行了压料操作，当炭氧枪旋出时发现旋不动，行车在压料完毕后，料篮底部带出一根钢丝绳，在料篮移出时，钢丝绳将炭氧枪挡渣板挂落，挡渣板随即将炭氧枪水管砸坏，由于漏水，钳工处理时间较长，影响电炉的正常生产。

事故发生以后，修改工艺规程规定：在炉盖旋至工作位后，方可进行炭氧枪的吹氧操作，以避免类似事故的发生。

16.5.4 电炉出钢事故

事故经过：2004 年 12 月，冶炼成分、温度合适以后，炼钢工将主控桌转到出钢操作台准备出钢，一助手在没有确认出钢条件、没有将钢包车开到位的情况下，将出钢滑板拉开，导致钢水出到出钢坑后将出钢车轨道粘死，当班炼钢工过来发现后才将炉子摇起。事故造成电炉停产时间达 827min，损失 30t 左右钢水。

事故原因主要是一助手在进行出钢操作时违章作业，在没有确认出钢条件是否满足、钢包车是否在位的情况下盲目出钢造成此次事故的主要原因；其次电炉出钢没有连锁条件是事故的间接原因。

事故发生以后，安全部门对职工重新进行岗位规程、安全规程、技术规程的培训，要求职工严格遵守操作规程；维护系统加装了手动出钢连锁条件，在电炉出钢滑板气路上加装电磁阀，钢包车到位、出钢条件满足后自动打开，气路通畅，这时开手动阀才能打开滑板。

16.5.5 电炉出钢时钢水沸腾事故

事故经过：2005 年 5 月，接班因冶炼 60Si2Mn 钢水紧张，调度通知冶炼 20MnSi-1，并用已停 40 多小时的冷钢包，包内有 25t 冷钢，出钢时测温 1667℃，C 0.15%。合金配加为高碳 FeMn 合金 205kg，炉后备 30kg 铝饼，出钢时钢水下来后发生剧烈反应，加铝以后钢水仍然剧烈地在钢包内沸腾，并且溢出钢包，出至 20t，炼钢工果断回摇炉子，并快速将钢包开出，轨道被钢水粘死，20t 钢水倒入渣盘，电炉停炉 40min 清冷钢。

事故原因：

（1）钢包内冷钢过多，内外温度不均匀，造成出钢反应剧烈钢水翻腾是此次事故的主要原因。

（2）出钢口稍大，出钢快是此次事故的间接原因。

（3）出钢合金配加量偏少是此次事故的另一个间接原因。

预防措施：

（1）钢包内有大于 5t 冷钢的钢包应停用。

（2）冷钢包使用时通知专业人员在现场指导工作。

（3）及时修补出钢口，避免出钢口过大。

16.5.6 自耗式炭氧枪起弧烧坏事故

事故经过：2004 年 2 月 19 日，一助手去吃饭，由行车工代替操作炭氧枪，熔清后因为进枪进得太长碰到了电极，启弧将箱体内的链条打断，滑道粘住，造成 2 号氧枪无法进退枪，20 日白班被迫停炉检修炭氧枪。

事故原因：

（1）行车工在操作炭氧枪时麻痹大意，在没有确认的情况下盲目进枪造成启弧是事故的主要原因。

（2）在一助手不在由行车工操作的情况下，炼钢工责任心没有尽到，没有起到应有的监督和指导作用是事故的间接原因。

预防措施：

（1）一助手不在时炭氧枪的操作应由炼钢工操作，或者在炼钢工指导下由他人操作。

（2）助手和炼钢工以外的人操作炭氧枪时，必须在助手或炼钢工的指导下进行。

（3）炭氧枪吹氧的操作要做到精心操作。

16.5.7 一批料熔化期大沸腾事故

事故经过：2005 年 5 月 14 日在冶炼 D003667 炉第一批料熔清后、电字显示为 9.1kW·h 时，炉内发生大沸腾和喷溅，将氧枪皮管烧坏，换皮管停炉 55min。

事故原因：

（1）操作上不精心，思想上麻痹大意，送电和吹氧操作不当造成渣中 FeO 大量富集发生沸腾，是事故的主要原因。

（2）当钢水有沸腾迹象时，让一助手停止吹氧后，钢水还未平静下来，一助手将氧气又打开，渣子立即就喷溅出来将氧枪皮管烧坏是事故的间接原因。

预防措施：

（1）熔化期熔池液面较浅，吹氧时氧枪要控制好进枪的长度，防止渣中氧化铁含量过高富集。

（2）一批料熔化时，炉内熔清以后，如果吹氧炉内没有碳火出现，就要考虑停止吹氧送电，进行加二批料。送电的电字不宜过多。

16.5.8　煤气中毒事故

事故经过：2006 年 1 月 16 日 3∶40，散装料操作工加完石灰，加焦炭时焦炭放不下来，到料仓口去捅焦炭，在皮带平台捅不下来，就到料仓上部去捅焦炭料仓，在上面捅了十几分钟，还是捅不动，此时觉得有点恶心，便坐在旁边想休息一下，过了一会就晕倒了。另外的一名操作工在 4∶10 从精炼炉回到散装料操作室没有人，上料仓检查发现这名职工晕倒，随即通知值班作业长处理。

事故原因：

（1）由于焦炭仓给料孔处焦炭自燃产生大量的一氧化碳从料仓上部逸出是这次事故的主要原因。

（2）职工安全意识不到位是这次事故的间接原因。

（3）作业区对焦炭自燃现象没有引起重视，在安全管理上不到位。

事故损失：人员受到轻微伤害，无损失工作日。

预防措施：

（1）根据每天的生产情况，控制好焦炭储备量，保证当天的使用，避免焦炭储存时间长自燃产生一氧化碳；

（2）设备维护人员恢复各料仓的料位计，保证正常使用。

（3）今后只允许白天检查料仓里的料位情况，上料仓前通知班组长，并带煤气报警仪测量煤气浓度值做好交接班记录，必须两人同行做好联保、互保工作。

思 考 题

第1章 电炉炼钢技术与电炉冶炼钢种

1. 为什么说电炉炼钢是对于环境友好型的炼钢方法？
2. 电炉炼钢技术的发展经历了哪些阶段，我国的电炉炼钢技术有哪些特点？
3. 电炉冶炼的钢种主要有哪些？
4. 以下表格是建筑用钢的国内外牌号的对比，试说明各个钢种国内牌号的标注意义。

牌号（钢级）	相近的中国牌号	牌号（钢级）	相近的中国牌号
A573 Gr58	Q390	SN400B	Q235B
A573 Gr65	Q460	SN400C	Q235C，14MnNbq
A573 Gr70	Q460	SN490B	Q345B
SN400A	Q235A		

5. 以下是一些钢种的牌号，说明哪些钢种适合于电炉冶炼？

产品类别	标准名称	钢种（牌号）
管线钢	API 5L	X70（HIC）
		X80
结构钢	JIS G3106	SM570
	JIS G3136	SN490C
结构钢	ASTM A710	Grade A
	API 2W	Grade 60
	JIS G3106	SMA490C
	JIS 3128	SHY 685NS
锅炉用钢	ASTM A302	Grade C
压力容器钢	JIS G3127	SL 3N440
耐大气腐蚀钢	JIS G3114	SMA 570W
工程机械用钢	JIS G4051	S 55C

第2章 电炉炼钢过程中的物理化学基础与钢渣性质

1. 热力学原理在炼钢反应过程中能够起到什么样的作用？
2. 化学反应速度的定义是什么？
3. 怎样正确表达化学平衡常数？
4. 以下化学反应达到平衡移动时的化学平衡常数表达是否正确，为什么？

$$\frac{x}{y}[M]+[O]=\!=\!=\frac{1}{y}(M_xO_y)$$

$$K^{\ominus} = \frac{a_{\mathrm{M}_x\mathrm{O}_y}^{1/y}}{a_{[\mathrm{O}]}a_{[\mathrm{M}]}^{x/y}} = \frac{a_{\mathrm{M}_x\mathrm{O}_y}^{1/y}}{(w_{[\mathrm{O}]})(w_{[\mathrm{M}]})^{x/y}} \times \frac{1}{f_{\mathrm{O}} f_{\mathrm{M}}^{x/y}}$$

5. 溶液的活度在炼钢研究过程中有什么样的实用意义？
6. 铁液中溶解度较大的常见金属元素有哪些，非金属元素有哪些？
7. 炼钢过程中用于钙处理的丝线，为什么没有纯钙线，添加其他粉剂的作用是什么？
8. 计算下表 X70 耐 HIC 钢的熔点和密度。

板厚/mm	C	Si	Mn	P	S	Cu	Ni	Cr	Mo	V	Nb	Al
12 ~ 20	0.05	0.30	1.25	≤0.010	≤0.001	0.25	0.25		0.140	0.050	0.040	0.025
上限值	0.06	0.35	1.30	0.010	0.001	0.30	0.30	0.10	0.150	0.055	0.045	0.040
下限值	0.04	0.25	1.20			0.20	0.20		0.130	0.045	0.035	0.015

9. 钢液的表面张力对钢渣界面的反应有什么样的影响？
10. 氢在钢液中的溶解度随着温度的变化有什么样的变化？
11. 炼钢炉渣的基本作用有哪些？
12. 电炉炼钢的液态炉渣是导电的，凝固以后基本上不导电，为什么？
13. 碱性渣的化学作用有哪些？
14. 下表是国内沿海某特钢企业的工艺卡的一部分，试根据钢种的化学成分，计算表格中间的空缺数据。

钢 种	50CrVA		断面	250mm × 375mm				用途	汽车弹簧	
成分/%	C	Si	Mn	P	S	Cr	Mo	Ni	Cu	V
下限	0.46	0.17	0.50			0.80	0.10			0.10
上限	0.54	0.37	0.80	0.030	0.030	1.10	0.20	0.35	0.25	0.20
区 域		浇 次		温度范围/℃			钢水过热度/℃		液相线温度/℃	
钢 包		第一炉		1560 ~ 1600			70 ~ 100		?	
		连浇炉		1550 ~ 1590			60 ~ 80			
中间包		第一炉		1530 ~ 1570			40 ~ 60			
		连浇炉		1495 ~ 1540			5 ~ 45			

第 3 章　电炉炼钢过程中的基本反应

1. 目前的文献已经证明，电炉炼钢过程中，吹氧温度在 570℃ 以下生成四氧化三铁，570℃ 以上生成氧化铁，要求开始供氧助熔时废钢的温度必须大于 570℃，为什么？
2. 硅的氧化反应有什么样的特点？
3. 电炉炼钢过程中加入的硅锰合金，锰的回收率通常可以达到 100%，硅的回收率在 60% ~ 95% 之间，说明原因。
4. 不锈钢冶炼过程中的脱碳保铬的原理是什么？
5. 钒铁和铌铁越来越多地应用于高强钢的冶炼过程中，具有细化晶粒等作用，根据钒、铌元素的氧化性特点，简述钒铁和铌铁的使用方法应该是怎样的？
6. 电炉炼钢过程中，吹氧条件下氧化损失很少的金属元素有哪些？
7. 电炉炼钢过程中脱硫反应应该在什么样的条件下进行？
8. 脱碳反应对于电炉炼钢有什么作用，电炉为什么要配碳？
9. 什么叫脱氧，扩散脱氧和沉淀脱氧的特点各是什么？

10. 根据下表中的化学成分，计算铁水加入30t，生铁加入20t，废钢加入50t，电炉的配碳量是多少？

$$\Omega = \frac{W_1\alpha + W_2\beta + W_3\gamma}{W_1 + W_2 + W_3} \times 100\%$$

式中　　Ω——配碳量；

W_1，W_2，W_3——分别为铁水、生铁、废钢的加入量；

α，β，γ——分别为铁水、生铁、废钢中间的含碳量。

项　目	平均成分/%			
	Si	Mn	C	P
废　钢	0.40	0.45~0.6	0.4	0.05~0.06
铁　水	0.5	0.35	4.2~5.2	0.055
生　铁	0.8	0.6	4.0	0.88

第4章　电炉热工基础和电炉设备

1. 电弧燃烧的温度大概是多少？
2. 电炉的传热有哪些特点？
3. 电炉底吹气技术对于传热有什么样的影响？
4. 直流电炉和交流电炉的区别有哪些？
5. 电炉的炉衬为什么不能够修砌成为垂直的？
6. 偏心底出钢技术有什么优点？
7. 计算熔化50t废钢需要的电能是多少kW·h？（不考虑其他因素）
8. 供电曲线的制定依据是什么，熔化期电炉的供电特点是什么？
9. 变压器的油水冷却方法有什么好处？
10. 为什么冶炼过程中大电流母线下面不许通行？

第5章　电炉炼钢流程和传统电炉基本操作工艺

1. 传统电炉炼钢的特点是什么？
2. 为什么传统的电炉炼钢方法现在落后了？
3. 传统电炉炼钢工艺流程有哪些？

第6章　现代电炉炼钢的特点与基本工艺操作

1. 现代超高功率电炉炼钢的特点有哪些？
2. 超高功率电炉炼钢的优势有哪些，超高功率电炉的概念是什么？
3. 简述废钢预热技术、强化用氧技术、电炉底吹气技术、密封罩技术和高效除尘技术的原理和作用。
4. 现代电炉炼钢的基本工艺操作过程中间，为什么工艺的准备工作特别的重要？
5. 现代电炉出钢操作有哪些需要注意的事项？
6. 直流电炉加入渣料的要求有哪些？

第7章　现代电炉炼钢用废钢铁料

1. 直接还原铁的理化指标要求有哪些？
2. 简述电炉炼钢对直接还原铁的性能要求。

3. 电炉炼钢过程中，为什么不能够用100%直接还原铁做原料，怎样计算直接还原铁使用后的金属收得率？
4. 简述碳化铁的加入方式。
5. 铁水热装技术的优缺点是什么，怎样提高电炉热装铁水的比例？
6. 电炉配料操作中间，料篮配料操作的关键环节有哪些？

第8章　现代电炉冶炼的泡沫渣控制技术

1. 电炉炼钢过程中石灰的溶解机理是怎样的？
2. 吹氧化渣的原理是什么？
3. 影响石灰溶解的因素有哪些？
4. 简述现代电炉炼钢对熔渣的要求与泡沫渣的功能。
5. 衡量泡沫渣质量好坏的标准是什么？
6. 电炉炼钢过程中，最佳泡沫渣的碱度是多少，氧化铁含量是多少？
7. 配加白云石对于泡沫渣的操作有什么样的影响？
8. 破碎镁炭砖、氧化铁皮、电炉除尘灰、泡沫渣改进剂在泡沫渣工艺中的应用有哪些特点？
9. 110t 电炉入炉料中间，二氧化硅的总量为 2.4t，需要加入氧化钙含量为 92%、二氧化硅含量为 2.14% 的石灰多少吨，才能使泡沫渣的质量最好？

第9章　现代电炉用氧技术和辅助燃烧技术

1. 现代电炉用氧技术的特点有哪些？
2. 简述炉门自耗式氧枪、水冷超声速氧枪、超声速集束射流氧枪的使用特点。
3. 烧嘴使用中出现的常见问题有哪些，怎样解决？
4. 二次燃烧技术有什么样的经济效益？
5. 假设电炉炼钢过程中，装入量 150t，配碳量为 2.1%，脱碳量为 92%，有 50% 的 CO 二次燃烧进行利用，节约电耗多少 kW · h？
6. 超声速集束氧枪使用过程中的安全注意事项有哪些？

第10章　现代电炉冶炼过程脱碳留碳操作技术

1. 电炉炼钢的配碳方式有哪几种？
2. 工艺条件对脱碳反应的影响有哪些？
3. 现代电炉生产中提高脱碳速度的方法有哪些？
4. 电炉脱碳过程中大沸腾现象的产生的原因是什么，怎样预防？
5. 装入量为 100t 的电炉采用超声速氧枪进行脱碳。如果电炉的配碳量为 1.6%，终点碳为 0.35%。熔化期碳的氧化量为 25%，电炉氧化期脱碳时间为 15min，计算氧化期的脱碳速度？
6. 超声速集束氧枪和炉门自耗式氧枪吹炼条件下的留碳操作怎样实现？
7. 喷吹炭粉的作用和目的是什么？

第11章　现代电炉冶炼过程脱除有害杂质操作技术

1. 磷在钢中的作用有哪些，耐候钢为什么添加磷铁进行合金化？
2. 电炉冶炼过程的脱磷操作要点有哪些？
3. 钢液的回磷原因是什么？在电炉冶炼过程中，喷吹炭粉对于脱磷有何影响？
4. 写出脱磷反应的方程式 $2[P] + 5(FeO) + 4(CaO) = (4CaO \cdot P_2O_5) + 5Fe$ 的平衡常数表达式。
5. 硫在钢中的作用有哪些？易切削钢中间添加硫作为合金化元素，作用是什么？

6. 冶炼低碳铝镇静钢的脱硫操作有哪些特点?
7. 转炉的脱碳速度在0.10~0.45%/min之间时有利于脱氮,为什么电炉的脱氮效果没有转炉好?
8. 电炉钢中氮的来源和存在形式有哪些?
9. 为什么氧化性气氛较强的条件下,钢液增氮量较小?
10. 电炉的冷区对于脱氮有什么样的影响?
11. 生产一些牌号的非调制钢的时候,需要钢中含有部分的氮作为合金化元素,为什么?
12. 铅元素在电炉冶炼中间怎样去除,铅对于电炉有何危害?
13. 易切削钢中添加铅来提高钢的易切削性,原理是什么?
14. 电炉的除尘灰造球以后,为什么不能够在高炉使用?
15. 电炉怎样脱锌,含锌的废钢铁原料有哪些?
16. 电炉脱氢操作中,泡沫渣的因素是否是关键操作因素?说明理由。

第12章 现代电炉出钢技术

1. 电炉留钢留渣的好处是什么?
2. 电炉热装铁水冶炼时,为什么留钢量对于脱碳反应有帮助?
3. 电炉留钢留渣操作对于炉衬耐材的帮助有哪些?
4. 怎样才能够实现留钢留渣?
5. 什么叫偏心炉底出钢技术——EBT技术?
6. 简述进行更换EBT的操作。
7. EBT填料的物理化学性能有哪些?
8. EBT填料操作的要点有哪些?

第13章 现代电炉炼钢过程中热平衡与物料平衡的应用

1. 电炉炼钢过程中的氧耗是怎样计算的?
2. 根据下表内的化学反应方程式,计算氧化1kg的硅、锰、磷、碳,需要的氧耗分别是多少?氧气的纯度为98%,利用率为95%。

组　元	化学反应	反应热效应 $\Delta H/kJ \cdot kg^{-1}$
C	$[C]+0.5\{O_2\}=\!=\!=\{CO\}$	-11639
Si	$[Si]+\{O_2\}=\!=\!=(SiO_2)$	-29202
Mn	$Mn+0.5\{O_2\}=\!=\!=(MnO)$	-6594
P	$2[P]+\frac{5}{2}\{O_2\}=\!=\!=(P_2O_5)$	-18980

3. 50t电炉,加入的石灰总量为2.2t,石灰中间氧化钙含量为95%,上一炉的留渣量为500kg,渣中氧化钙含量45%,氧化期石灰全部溶解以后,取样分析渣中氧化钙含量为48%,计算本炉次的渣量是多少?
4. 简要分析书中提到的110t交流电炉的热平衡和物料平衡。
5. 热平衡和物料平衡的计算对于炼钢有何帮助?
6. 假设90t电炉的钢水量为88t,目前熔池的温度为1590℃,出钢要求的温度为1620℃,如果电能的利用率为75%,不计其他因素,计算钢水升温到出钢的目标温度需要的电能消耗是多少kW·h?
7. 电炉的吹渣化渣操作需要消耗一定的氧气,根据炉渣中间的氧化铁含量能够计算出化渣需要相应的氧耗。计算公式为：$O_2 = S \times \beta \times \frac{56}{72 \times 32} \times 1000 \times 22.4$。$S$、$\beta$ 分别表示渣量和渣中氧化铁的含量、电炉渣中 $\beta = 20\%$、计算12t电炉渣中，消耗氧气是多少 m^3？

第14章　现代电炉炼钢过程缩短冶炼周期与控制冶炼成本的操作

1. 写出现代电炉炼钢冶炼周期最基本的数学表达式。
2. 怎样确定电炉的钢铁料装入量。
3. 电炉热装铁水的最佳比例在什么范围内？说明原因。
4. 废钢预热技术对于炼钢有哪些好处？
5. 什么是电炉炼钢的辅助时间，怎样缩短？
6. 怎样降低电炉炼钢过程中的废钢铁料消耗？
7. 怎样降低电极消耗？
8. 如何避免电炉出钢下渣？
9. 影响合金回收率的因素有哪些？
10. 电炉出钢下渣（也叫带渣）对于炼钢成本有何影响？

第15章　现代电炉炼钢用耐火材料和炉衬长寿技术

1. 什么是耐火材料，耐火材料是如何分类的？
2. 电炉耐火材料的主要性能指标有哪些？
3. 电炉炉衬的损耗机理是什么？
4. 电炉炉底捣打料的损耗机理是什么？
5. 电炉炉衬烘烤工艺的基本思路是什么？
6. 电炉冶炼新炉第一炉时，炉衬的烘烤为什么很重要？
7. 电炉炉衬维护的重点部位有哪些？
8. 电炉的渣线维护有哪些手段？

第16章　现代电炉冶炼过程的安全生产

1. 电炉大沸腾事故产生的原因和后果有哪些？
2. 国际著名的杜邦公司的安全理念认为，事故是可以预防和避免的，你对此如何理解？
3. 电炉烧嘴发生煤气泄漏，正确的处理方法有哪些？
4. 现代安全管理十大理念是：
   （1）所有安全事故都是可以预防的；
   （2）各级管理层对各自区域的安全直接负责；
   （3）所有安全操作隐患是可以控制的；
   （4）安全是被雇佣的一个条件；
   （5）员工必须接受严格的安全培训；
   （6）各级主管必须进行安全检查；
   （7）发现的安全隐患必须及时更正；
   （8）工作外的安全和工作中的安全同样重要；
   （9）员工的直接参与是关键；
   （10）良好的安全创造良好的业绩。
   你是如何评价这十条理念的，哪些对于你的职业最关键？
5. 下图是事故的冰山理论，该理论认为：一件事故的背后，存在着大量的违章现象，你是如何理解的？

6. 简述电炉冶炼过程中漏水以后的正确操作是什么？
7. 简述氧气使用的基本安全知识。
8. 煤气泄漏以后，应急的措施有哪些？

参考文献

[1] 汪学瑶. 当代电弧炉特殊钢企业工艺结构的现状和发展[R]. 大冶特殊钢股份有限公司技术中心，特殊钢杂志社（专题研究），1998.

[2] 华一新. 冶金过程动力学导论[M]. 北京：冶金工业出版社，2004.

[3] 郭茂先. 工业电炉[M]. 北京：冶金工业出版社，2002.

[4] 郑沛然. 炼钢学[M]. 北京：冶金工业出版社，1994：47～51.

[5] 奥特斯 F. 钢冶金学[M]. 北京：冶金工业出版社，1998.

[6] 黄希祜. 钢铁冶金学原理[M]. 北京：冶金工业出版社，2004.

[7] 冯捷，张红文. 炼钢基础知识[M]. 北京：冶金工业出版社，2005.

[8] 王中丙. 现代电炉—薄板坯连铸连轧[M]. 北京：冶金工业出版社，2004：33.

[9] 德国钢铁工程师协会，编. 渣图集[M]. 王俭，等译. 北京：冶金工业出版社，1989.

[10] 钱之荣，范广举. 耐火材料实用手册[M]. 北京：冶金工业出版社，1996：120.

[11] 向亚云，主编. 钢铁冶炼技术工艺常见疑难问题解答及处理方法[M]. 北京：中国科技文化出版社，2004.

[12] 黄礼胜，邓勇. 钢水过氧化及其危害[J]. 马钢技术，2002，(1)：5～10.

[13] 沈颐身. 150 吨电炉合理的泡沫渣工艺[J]. 特殊钢，1996，(3).

[14] 俞海明，李栋. 70 吨电炉的泡沫渣工艺[J]. 特殊钢，2001，(5).

[15] 栾心汉. 电弧炉埋弧炼钢工艺探讨[J]. 工业加热，1996，(5).

[16] 姜周华，马哲元. 长弧泡沫渣技术[J]. 宝钢技术，1997，(2).

[17] 俞海明，牛希浩. 70t 电炉热装铁水的实践[J]. 江苏冶金，2000，(3).

[18] 俞海明. 电弧炉炼钢过程中临界碳的实测和脱碳操作实践[J]. 特殊钢，2004，(3)：54～55.

[19] 龚坚，王庆祥，何环宇，等. 电炉新铁料及其冶炼效果[J]. 炼钢，2000，(4)：60.

[20] 周建国，肖今之. Pyrelance 氧枪系统在 50tUHP 电弧炉上的应用[J]. 特殊钢，2001，(4)：39.

[21] Andrew M. Cameron. Interfacing combustion technology with the electric furnace process steel technology [J]. 2000，May：32～34.

[22] 王成喜，刘骁. 电弧炉炼钢提高生产率的技术进展[J]. 炼钢，2004，(3)：49～52.

[23] 李晶，傅杰，等. 溶解氧对钢液吸氮影响的研究 [J]. 钢铁，2002，4（37）：19.

[24] 张庆国. 氧含量以下钢液吸氮的理论研究[J]. 炼钢，2003，(6)：25～28.

[25] 周国平，谭俊敏. 150 t 超高功率电弧炉使用直接还原铁的实践[J]. 特殊钢，1999，(4)：30.

[26] 倪红卫，苍大强，姜钧普. 电弧炉用碳化铁炼钢时有关问题的探讨[J]. 炼钢，1999，(2)：31.

[27] 田杭亮. 电弧炉节能技术[J]. 工业加热，2002，(6)：29.

[28] 程长建，沈明钢，苏在静. 聚合射流氧枪的特点及其应用[J]. 炼钢，2002，(5)：47～48.

[29] Frank A. Post－combustion for the electric arc furnace [J]. Iron & Steel Engineer，1995，72（6）：30.

[30] 赖柳祥. DC60t 电炉上氧燃烧嘴的设计及实践[J]. 冶金丛刊，2002，(4)：29.

[31] 李学军. 电炉炼钢用氧枪[J]. 山东冶金，2002，(6)：18.

[32] 李连州，译. 镁碳砖的损毁机理[J]. 国外耐火材料，2002，(3)：10.

[33] 阎立懿. 现代超高功率电炉的特征[J]. 特殊钢，2001，(1)：10.

[34] 李栋，俞海明. 70t 电炉 EBT 技术的优化[J]. 新疆钢铁，2002，(3)：30.

[35] 俞海明，段建勇. 降低电弧炉冶炼铁耗的工艺实践[J]. 特殊钢，2002，(5)：39.

[36] 李正邦，薛正良，张家雯，等. 合成渣处理对弹簧钢脱氧及夹杂物控制的影响[J]. 特殊钢，2000，(3)：10.

[37] 战东平，姜周华，等. 150tEAF—LF 预熔精炼渣脱硫实践[J]. 炼钢，2003，(2)：48.

[38] 徐国华．高效预熔精炼渣的冶金效果试验[J]. 炼钢，2002，(1)：55.
[39] 王庆祥，何环宇．提高渣－铁脱磷反应效果的理论分析[J]. 钢铁研究，2001，(5)：21.
[40] 傅杰，李晶，等．电弧炉冶炼终点碳的控制[J]. 钢铁，1999，36：20.
[41] 张晓玲．炼钢电弧炉热装铁水技术探讨[J]. 江苏冶金，2000，(5)：3.
[42] 俞海明．缩短 UHP-DC 炉冶炼周期的实践分析[J]. 工业加热，2002，(6)：51.
[43] 朱希圣，胡俊辉，刘明华．提高超高功率直流电弧炉炉底寿命的措施[J]. 特殊钢，2000，(2)：45.
[44] 谭俊敏，于平，宋嘉鹏．150 t 超高功率电弧炉使用直接还原铁的实践[J]. 特殊钢，1999，(4).
[45] 吴根土．泡沫渣行为研究[J]. 浙江冶金，1996，(4).
[46] 蔡开科．转炉—精炼—连铸过程钢中氧的控制[J]. 钢铁，2004：8：49～57.
[47] 俞海明，戴天山，李栋．热兑铁水生产弹簧钢的工艺优化[J]. 炼钢，2002，(2) 19～22.
[48] 陈建斌，武振廷，姜茂发．直流电弧炉炼钢过程的冶金反应特点[J]. 上海金属，1999，(2).
[49] 高崇．直流电弧炉技术特性评述[J]. 特殊钢，2000，(1)：30.
[50] 冯起．电炉形式和设备选择[J]. 钢铁，1998，(8).
[51] 华夏．直流电弧炉炼钢工艺及其导电耐火材料[J]. 钢铁研究，2000，(6).
[52] 刘昊．100tUHPEAF—LF（VD）—CCM 流程轴承钢氧含量的控制[J]. 特殊钢，2002，(5)：46.
[53] 宋嘉鹏，姜桂连．150t 超高功率电弧炉生产高质量钢的工艺技术[J]. 炼钢，2000，(5)：17.
[54] 张海，于辉，姚风臣．20CrMnTiH 钢的成分控制规范[J]. 钢铁研究学报，2001，(4)：42.
[55] 李远睿．20G 无缝钢管的热浸渗铝工艺[J]. 钢铁研究学报，2000，(5)：61.
[56] 张树新，冯建航，等．20MnSiV（N）新Ⅲ级螺纹钢筋的开发[J]. 炼钢，2002，(3)：10.
[57] 聂雨青．20MnSi 钢脱氧合金化工艺优化研究[J]. 湖南冶金，2000，(4)：18.
[58] 付常林，朱伟华，元宫廷．20MnSi 热轧带肋钢筋脆断分析[J]. 特殊钢，2001，(2)：44
[59] 李晶，傅杰，李建，等．60Si2MnA 弹簧钢脱氧工艺的优化[J]. 钢铁研究学报，2001，(3)：6.
[60] 张鹏，冯光纯．60Si2Mn 弹簧钢的控轧控冷工艺[J]. 特殊钢，2001，(2)：38.
[61] 赵同春，张麦仓，董建新，等．60Si2Mn 弹簧钢的热变形行为[J]. 钢铁研究学报，2002，(2)：28.
[62] 都祥元，苏国跃，孔凡亚，等．CaC_2-CaF_2 还原脱磷的实验研究[J]. 钢铁研究，2003，(1)：1.
[63] 涂传江，林晏民．Consteel 电炉生产的螺纹钢屈服强度不确定性的研究[J]. 钢铁研究，2002，(4)：39.
[64] 汤俊平．Consteel 连续炼钢电弧炉技术的应用[J]. 特殊钢，2001，(1)：29.
[65] 叶婷，肖爱平，李得胜，等．GCr15 轴承钢连铸坯质量的分析[J]. 特殊钢，2002，(3)：35.
[66] 王忠英，韩建淮，王重海．GCr15 轴承钢冶炼工艺分析和讨论[J]. 特殊钢，2003，(1)：33.
[67] 汤煜．LGZX-1 复合脱氧剂在 60t 电弧炉预脱氧中的应用[J]. 湖南冶金，2003，(1)：32.
[68] 张永禄．MgO-CaO-Fe_2O_3 系电弧炉炉底捣打料的优化[J]. 特殊钢，2002，(2)：46.
[69] 张树新，贾建平，刘占玲，等．Q195L 盘条钢的试制[J]. 炼钢，2002，(4)：6.
[70] 耿克，由梅．UHPEAF—LF—VD 低氧轴承钢生产工艺的改进[J]. 特殊钢，2001，(1)：36.
[71] 张义才，戴洪祥，戴志国．UHPEAF 新型氧枪研制及应用[J]. 炼钢，2000，(3)：20.
[72] 唐代明，张春兰，徐本平，等．VN 合金化对 20MnSiV 钢筋组织的影响[J]. 钢铁钒钛，2001，(1)：26.
[73] 卢向阳，刘明，贾斌，等．VN 合金在非调制钢中的应用[J]. 钢铁钒钛，2000，(3)：29.
[74] 杨才福，张永权，柳书平．V-N 微合金化钢筋的强化机制[J]. 钢铁，2001，36 (5)：56.
[75] 孙邦明，季怀忠，杨才福，等．V-N 微合金化钢筋中 V 的析出行为[J]. 钢铁，2001，(2)：44.
[76] 杨武，王忠英，王重海．钡合金脱氧对 GCr15 轴承钢夹杂物和疲劳寿命的影响[J]. 特殊钢，2003，(5)：49.
[77] 杨武，王忠英，王重海．钡合金对 GCr15 钢脱氧和夹杂物变性的研究[J]. 钢铁研究，2002，(4)：21.
[78] 王忠英．钡合金对钢水夹杂影响的研究[J]. 钢铁研究，2003，(6)：31.
[79] 王忠英．钡合金对钢脱氧及夹杂物变性影响的理论分析[J]. 钢铁研究，2003，(6)：31.
[80] 薛正良，李正邦，张家雯．不同生产工艺对高强度弹簧钢夹杂物尺寸分布及疲劳性能的影响[J].

钢铁, 2002, 37 (1): 22.
[81] 薛正良, 李正邦, 张家雯. 不同脱氧条件下弹簧钢非金属夹杂物尺寸分布[J]. 钢铁, 2001, 36 (12): 19.
[82] 薛正良, 李正邦, 张家雯, 等. 不同脱氧条件下弹簧钢氧化物夹杂的性质和形貌[J]. 特殊钢, 2002, (3): 24.
[83] 周德光, 傅杰, 王平, 等. 超纯轴承钢的生产工艺及质量进展[J]. 钢铁, 2000, 35 (12): 20.
[84] 陈峰. 短流程生产 20CrMnTi 齿轮钢[J]. 特殊钢, 2000, (2): 50.
[85] Ruscio E, Bergmen K, Oelund S. 创新的达涅利自动动态调整电弧炉[J]. 钢铁, 2003, (7): 45.
[86] 徐得祥, 尹钟. 大高强度弹簧钢的发展现状和趋势[J]. 钢铁, 2004, (1): 67.
[87] 薛正良, 李正邦, 张家雯. 弹簧钢氧化物夹杂成分和形态控制理论与实践[J]. 特殊钢, 2002, (1): 1.
[88] 季怀忠, 杨才福, 张永权. 氮对含钒 20MnSi 钢筋强化的影响[J]. 特殊钢, 2000, (5): 20.
[89] 龚得平, 何明兴, 罗开金, 等. 氮化钒合金在 400MPa 级钢筋中的应用[J]. 钢铁钒钛, 2001, (1): 21.
[90] 季怀忠, 杨才福, 张永权. 氮在非调制钢中的作用[J]. 钢铁, 2000, (7): 66.
[91] 曾新光. 电弧炉底吹氩气搅拌工艺[J]. 特殊钢, 2000, (3): 50.
[92] 陆锡才, 肖玉光, 黄承欣. 电弧炉钨钼氧化物间接加入合金化生产高速钢[J]. 特殊钢, 2003, (1): 49.
[93] 张广军, 刘广君, 邢智刚. 电弧炉冶炼不锈钢铬与镍回收率分析[J]. 特殊钢, 2001, (5): 41.
[94] 王忠丙, 傅杰, 周德光. 珠江电炉 - CSP 技术的最新进展[J]. 钢铁, 2003, (7): 16.
[95] 俞海明, 李栋, 王新成, 宋维兆. 电炉热装铁水生产纯净钢的技术[J]. 钢铁, 2002, (11): 16.
[96] 王齐铭, 杨进权, 刘凯旋. 电炉冶炼不锈钢 1Cr12Mo 脱磷工艺的试验[J]. 钢铁研究, 2000, (5): 11.
[97] 张郁亭. 电炉冶炼不锈钢的泡沫渣技术 [A]. 2001 年中国钢铁年会论文集[C]. 2001: 453.
[98] 高少平. 电炉冶炼纯净钢技术[J]. 上海金属, 2001, (4): 1.
[99] 张志明, 王三武, 涂传江. 等. Consteel 电弧炉冶炼高碳低磷钢的实践[J]. 钢铁研究, 2003, (2): 19.
[100] 许荣昌, 王淑华. 50t 超高功率电炉兑铁水操作的总结与分析 [J]. 钢铁研究, 2000, (1): 3.
[101] 刘战英, 那顺桑, 戴铁军, 等. 钒对 30MnSi 钢热变形行为的影响[J]. 钢铁研究学报, 2002, (5): 45.
[102] 马鸣图, 李志刚, 卢向阳. 钒对 35SiMnB 弹簧钢脱碳敏感性的影响[J]. 特殊钢, 2001, (5): 9.
[103] 范英俊, 刘明忠, 杨明生, 等. 转炉直接合金化冶炼 20MnSiV 的试验研究[J]. 钢铁, 2001, 36 (5): 26.
[104] 梁新维, 刘玮. 钒渣直接合金化冶炼 20MnSiV 生产新Ⅲ级钢筋[J]. 钢铁钒钛, 2001, (1): 16.
[105] 汤曙光, 焦兴利. 复合脱氧剂对钢力学性能影响的研究[J]. 钢铁, 2002, 37 (11): 58.
[106] 薛正良, 李正邦, 张家雯, 等. 改善弹簧钢中氧化物夹杂形态的热力学条件[J]. 钢铁研究学报, 2000, (6): 20.
[107] 薛正良, 李正邦, 张家雯. 钢的脱氧与氧化物夹杂控制[J]. 特殊钢, 2001, (6): 24.
[108] 武拥军, 姜周华, 梁连科, 等. 钢的液相线温度的计算[J]. 钢铁研究学报, 2002, (6): 6.
[109] 夏茂林, 孙卫华, 秦孝海. 高氮钒微合金化钢筋的应用研究[J]. 钢铁, 2000, 35 (11): 47.
[110] 郭上型, 董元篪, 张友平. 钢液氧势对钢液脱磷及回磷转变的影响[J]. 炼钢, 2002, (5): 12.
[111] 李素芹, 李士琦, 王雅娜. 钢中残余有害元素控制对策的分析与探讨[J]. 钢铁, 2001, 36(12): 70.
[112] 徐国华. 高效预熔精炼渣的冶金效果试验[J]. 炼钢, 2002, (1): 55.
[113] 付博, 张婕, 丛玉伟, 等. 固体脱硅剂的应用效果研究[J]. 炼钢, 2002, (4): 36.
[114] 张亚东, 田三妹. 广钢电炉 SVC 控制系统国产化的应用[J]. 冶金丛刊, 2003, (1): 25.
[115] 利顺添. 广钢电炉热装铁水工艺实践[J]. 南方钢铁, 2000, (12): 27.
[116] 王进, 孙维. 硅钡合金在炼钢脱氧中的应用研究[J]. 炼钢, 2000, (4): 37.
[117] 谢长川, 唐继山, 于学斌. 硅钢冶炼终点锰含量的控制[J]. 钢铁研究, 2001, (3): 15.
[118] 孙梦维, 姚玉国, 白连臣. 硅铝钡钙复合脱氧剂在转炉炼钢中的应用[J]. 炼钢, 2000, (3): 16.

[119] 储少军，牛强，成国光．硅铝铁合金脱氧工艺技术分析[J]．铁合金，2000，(1)：1.
[120] 代红庆，白风金，张立彪，等．硅系复合合金特性及应用[J]．炼钢，2001，(5)：32.
[121] 汤俊平．贵阳特殊钢公司炼钢车间 EAF—LF—CC 短流程生产线工艺设计 [J]．特殊钢，2000，(5)：46.
[122] 潘秀兰，郭艳玲，王艳红．国内外纯净钢生产技术的新进展[J]．鞍钢技术，2003，(5)：1.
[123] 彭兵，张传福，彭及．国外电弧炉炼钢的最新进展[J]．钢铁研究，2000，(3)：47.
[124] 李阳，姜周华，姜茂发．含钡合金在钢液中的脱氧行为研究[J]．炼钢，2003，(3)：26.
[125] 王厚听，姜周华，李阳，等．含钡合金对硬线钢的脱氧试验[J]．特殊钢，2003，(5)：19.
[126] 贺道中．衡钢 30tUHP - EAF（EBT）炼钢工艺改进探讨[J]．钢铁研究，2001，(2)：19.
[127] 张文基，祝宜明．江阴兴澄钢铁有限公司 EAF—LF（VD）—连铸—连轧特殊钢生产线[J]．特殊钢，2000，(5)：48.
[128] 余志祥，郑万，汪晓川，等．洁净钢的生产实践[J]．炼钢，2000，(3)：11.
[129] 张大德，王胜，李茂林．金属型脱氧剂脱氧研究与实践[J]．钢铁钒钛，2001，(3)：56.
[130] 马当先．静式动态无功补偿系统的应用[J]．钢铁，2002，37（8）：63.
[131] 邱卫峰．热装铁水工艺在韶钢 CONSTEEL 电炉的应用[J]．钢铁研究，2002，(6)：12.
[132] 李晶，傅杰，迪林，等．溶解氧对钢液吸氮影响的研究[J]．钢铁，37：19.
[133] 虞明全．上海五钢公司轴承钢的生产现状及近期发展战略[J]．上海金属，2001，(3)：35.
[134] 贾红玉．生产优质冶金石灰的条件[J]．钢铁，2000，35（11）：1.
[135] 胡文豪，袁永，刘骁，等．酸溶铝在钢中行为的探讨[J]．钢铁，2003，(7)：42.
[136] 张峰．提高 30t 直流电弧炉底电极寿命的措施[J]．四川冶金，2001，(6)：7.
[137] 王庆祥，何环宇．提高渣-铁脱磷反应效果的理论分析[J]．钢铁研究，2001，(5)：21.
[138] 张鹏立，王军学．提高中小型普通功率电炉生产效率的捷径[J]．钢铁研究学报，2002，(2)：72.
[139] 高扬，刘永长．我国轴承钢线材专业化生产线[J]．特殊钢，2001，(4)：27.
[140] 张建良，刘玉全，张宗旺，等．一种新型优质电炉炉料[J]．钢铁研究学报，2001，(4)：69.
[141] 唐亚新．影响石灰活性的因素分析[J]．炼钢，2001，(3)：50.
[142] 李光田，左秀荣，阎立懿，等．用 30tEAF—LF—VD 冶炼高级齿轮钢[J]．钢铁研究学报，2000，(6)：65.
[143] 张锦刚，费鹏，夏顶忠．用铝锰钛合金脱氧合金化的应用研究[J]．鞍钢技术，2002，(1)：28.
[144] 迪林，王平，傅杰．直接合金化炼钢工艺的研究及应用现状[J]．特殊钢，2000，(3)：26.
[145] 于桂玲，苗红生，刘惠民，等．轴承钢的脱氧工艺优化[J]．炼钢，2001，(1)：27.
[146] 孙卫华．济钢用稀土处理含钛钢的工业实践[J]．钢铁，2001，(9)．
[147] 邱绍岐，祝桂华．电炉炼钢原理及工艺[M]．北京：冶金工业出版社，2001.
[148] 王祖滨，宋青．世纪之交看低合金高强度钢的发展[J]．钢铁，2001，36（9）：66～70.
[149] 刘浏．超低磷钢的冶炼工艺[J]．特殊钢，2000，6：20～24.
[150] 刘中柱，蔡开科．纯净钢生产技术[J]．钢铁，2000，35（2）：64～68.
[151] 刘浏，曾加庆．纯净钢及其生产工艺的发展[J]．钢铁，2000，35（3）：68～71.
[152] 刘浏．超低硫钢生产工艺技术[J]．特殊钢，2000，5：29～33.